Citroën Evasion, Jumpy Diesel
Peugeot 806, Expert Diesel
Fiat Ulysse, Scudo Diesel
Lancia Z
1.8- und 2.0-Liter-Benzinmotoren (8 & 16V)
1.9-Liter-Dieselmotor
2.1-Liter-Dieselmotor
Ab Baubeginn bis 2001

1 Einleitung in die Modelle

1.1 Allgemeines

In Gemeinschaftsarbeit zwischen Peugeot, Citroën, Fiat und Lancia wurde im Jahre 1995 ein neues Fahrzeugmodell lanciert, welches unter unterschiedlichen Namen verkauft wurde, d.h. Citroën Evasion, Peugeot 806, Fiat Ulysse oder Lancia „Z", auch als „Zeta" bekannt. Der von Fiat hergestellte Fiat Scudo gleicht im Fahrgestellaufbau dem Ulysse, der von Citroën hergestellte Jumpy gleicht dem Evasion und der von Peugeot hergestellte Expert gleicht dem 806. Wie üblich gibt es bei den genannten Herstellern eine grosse Auswahl an Motoren, welche nicht alle in alle Modelle und auch nicht zum gleichen Zeitpunkt eingebaut wurden. Die Reparaturanleitung ist auf den von Citroën hergestellten Fahrzeugen aufgebaut.
Die Motoren gehören entweder der „XU"-Motorenfamilie (Benzin) oder der „XUD"-Familie (Diesel) an.

Fahrzeuge mit 1.8-Liter-Motor: Eingeführt für Baujahr 1997. Der Motor hat einen Hubraum von 1761 cm^3 mit einer Leistung von 66 kW (90 PS) und trägt die Bezeichnung „XU7 JP". Der Motor wird als Typ „LFW" geführt. Eine von Magnetti-Marelli hergestellte Mehrpunkt-Einspritzanlage (8P15) oder eine Bosch MP5.1-Anlage ist eingebaut.

Fahrzeuge mit 2.0-Liter-Motor: Der Motor hat einen Hubraum von 1998 cm^3, jedoch werden verschiedene Motoren mit diesem Motor eingebaut, einige Motoren mit 8 Ventilen, mit oder ohne Abgasturbolader und später mit 16 Ventilen.

Der 8V-Motor ohne Turbolader hat eine Leistung von 121/123 PS (89 kW). Die Kennzeichnung des Motors lautet „XU10J2C" (Typ RFU). Eine von Magnetti-Marelli hergestellte Mehrpunkt-Einspritzanlage (MM8P22) ist eingebaut.

Der 8V-Motor mit Turbolader hat eine Leistung von 147/150 PS (108 kW). „XU10J2CTE" (Typ RGX). Eine von Bosch hergestellte Mehrpunkt-Einspritzanlage (MP3.2) ist eingebaut.

Der 16V-Motor hat eine Leistung von 135 PS (97 kW). Die Kennzeichnung des Motors lautet „XU10J4R" (Typ RFV). Eine von Bosch hergestellte Mehrpunkt-Einspritzanlage (MP7.3) ist eingebaut.

Fahrzeuge mit 1.9-Liter-Dieselmotor: Der normale Motor hat einen Hubraum von 1905 cm^3 mit einer Leistung von 92 PS (67.5 kW) und trägt die „XUD9TF/L" (D8B). Sind ein Oxidationskatalysator und ein Abgasrückführungssystem eingebaut, wurde die Bezeichnung auf „XUD9TF/Y" (Typ DHX) geändert. Ausserdem ist die Leistung bei diesen Ausführungen mit 90 PS (66 kW) angegeben. Andernfalls sind beide Motoren baugleich. Bereits seit Baujahr 1998 wurde im Allgemeinen nur der zuletzt genannte Motor eingebaut. Eine von Bosch gebaute Dieseleinspritzanlage ist eingebaut.

Fahrzeuge mit 2.1-Liter-Dieselmotor: Der Motor hat einen Hubraum von 2088 cm^3 mit einer Leistung von 110 PS (80 kW) und trägt die Bezeichnung „XUD11BTE". Der Motor wird als Typ „P8C" geführt. Dieser Motor hat drei Ventile pro Zylinder Eine von Lucas hergestellte Dieseleinspritzanlage (EPIC) wird in diesen Motor eingebaut. EPIC bedeutet übersetzt „elektronisch programmierte Einspritzregulierung".

Bei allen Fahrzeugen ist ein Fünfganggetriebe eingebaut, jedoch hat dieses je nach eingebautem Motor eine von drei Bezeichnungen, d.h. ein „BE3/5"-Getriebe ist in Fahrzeuge mit 1.8-Liter-Motor und 2.0-Liter-Motor ohne Turbolader eingebaut. Hat der Motor

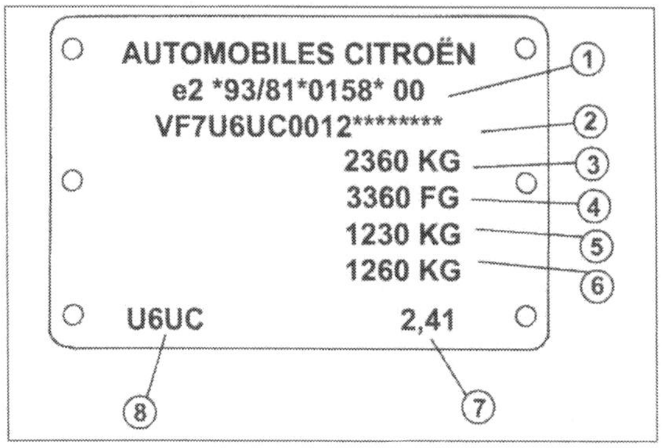

Bild 1
Ansicht des Typenschilds. Auf die Zahlen wird im Text eingegangen.

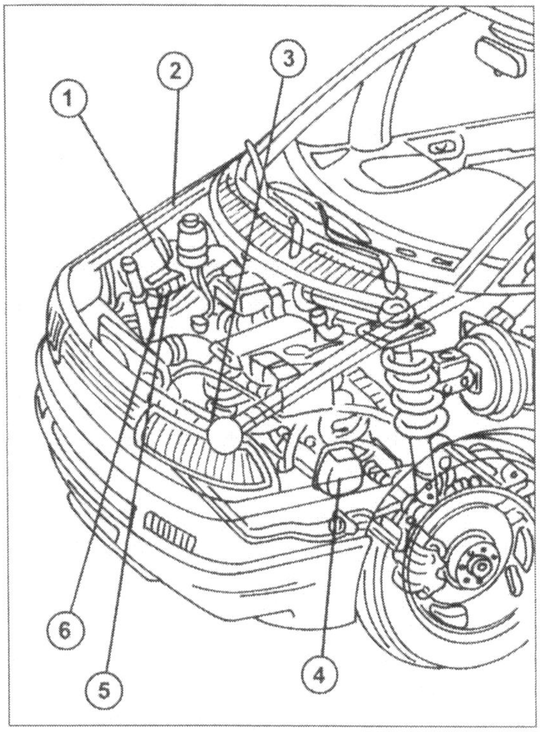

Bild 2
Die Lage wichtiger Fahrzeugkennzeichnungen.
1 Typenschild
2 Kennnummer des Herstellers (eingeschlagen).
3 Motornummer
4 Getriebenummer
5 Angabe des Ersatzteilcode (am rechten Radkasten)
6 Lackfarben-Kennzeichnung (am rechten Radkasten)

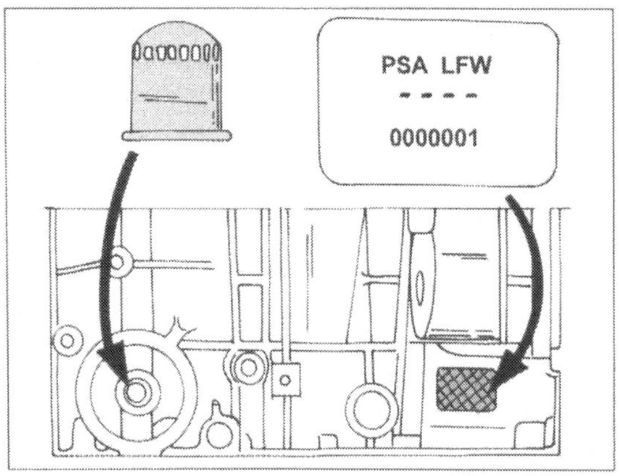

Bild 3
Die Lage der Motornummer bei eingebautem 1.8-Liter-Motor.

einen Turbolader, ist ein „ME5K"-Getriebe eingebaut, jedoch wurde im Laufe der Produktion ein „ML5E"-Getriebe mit diesem Motor verwendet. Das letztgenannte Getriebe kommt ebenfalls zusammen mit dem 16V-Motor zum Einbau.
Auch Fahrzeuge mit Dieselmotoren haben unterschiedliche Getriebe. Zusammen mit dem 1.9-Liter-Motor wurde das „ME5K"-Getriebe eingebaut, jedoch wurden die Getriebeübersetzungen speziell für das Fahrzeug ausgewählt. Ab ca. Baujahr 1997 wurde jedoch das bereits oben erwähnte „ML5E"-Getriebe auch bei diesen Modellen eingebaut. Beim 2.1-Liter-Modell wurde das bereits erwähnte „ML5E"-Getriebe eingebaut.
Der Antrieb geschieht bei allen Fahrzeugen auf die Vorderräder.
Einzelheiten über die Konstruktion der verbleibenden Baugruppen sind den entsprechenden Abschnitten zu entnehmen.
Seit der Einführung der genannten Modelle wurden verschiedene Änderungen vorgenommen, auf welche wir, falls zutreffend, im jeweiligen Kapitel eingehen werden.

1.2 Fahrzeugerkennung

Das Typenschild ist im inneren Kotflügelblech am rechten vorderen Radkasten angebracht und gibt die Bild 1 gezeigten Einzelheiten an. Zu beachten ist, dass es sich hier um das neu gestaltete Typenschild handelt, welches ab ca. Baujahr 1998 verwendet wird und der europäischen Norm entspricht. Wo das Typenschild sitzt, zeigt Ihnen Bild 2. Das Typenschild enthält die folgenden Angaben: Den Namen des Herstellers, die europäische Zulassungsnummer (1), die Seriennummer (2), das Gesamtgewicht des Fahrzeuges (3), das zulässige Gesamtgewicht mit Anhänger (4), die höchstzulässige Last auf die Vorderachse (5) und die höchstzulässige Last auf die Hinterachse (6). Bei einem Dieselmodell steht an Stelle (7) eine Zahl, die den Abgasausstoss angibt, an Stelle (8) die Typenbezeichnung des Fahrzeuges, welche Ihre Werkstatt im Fall von Ersatzteilfragen, usw. „übersetzen" kann. Ebenfalls können andere wichtige Angaben über das Fahrzeug Bild 1 entnommen werden.
Die nächstwichtigste Nummer Ihres Fahrzeuges ist die Motornummer und beginnt mit den Kennbuchstaben des eingebauten Motors. Aufgrund der verschiedenen Motoren liegen die Motornummern auch an verschiedenen Stellen. Bilder 3 bis 6 zeigen die verschiedenen Motoren. Anhand der Bildlegende werden Sie in der Lage sein, die für Ihren Motor zutreffende Nummer abzulesen. Um sich zu versichern, dass Sie sich mit dem richtigen Motor befassen, sollten Sie oben in der Vorstellung der Motoren nachlesen.
Wichtig beim Bestellen von Ersatzteilen ist die Angabe des Baujahres des Fahrzeuges.
Um sich über die Fahrgestellnummer und die Motornummer zu unterrichten, überprüft man diese am besten anhand des Kraftfahrzeugscheins oder Zulassungsscheins. Dies sind die offiziellen Angaben, welche Sie auch bei einem Fahrzeug aus zweiter Hand unbedingt nachprüfen sollten.

Bei Bestellung von Ersatzteilen ist es ebenfalls äusserst wichtig, dass man die Typenbezeichnung des Fahrzeuges angibt. Die verschiedenen Buchstaben weisen in der Hauptsache auf das Herstellerwerk und die Fahrzeugausführung hin.

Abklemmen der Batterie
Bei allen mit der elektrischen Anlage verbundenen Arbeiten muss man die Batterie abklemmen. Im modernen Automobilbau ist dies jedoch mit einigen Vorsichtsmassnahmen verbunden, um elektronische Bauteile nicht zu stören. Bei jeglichen Arbeiten ist deshalb zu beachten:

- Die Plus- und Minusleitung der Batterie kann man leicht verwechseln. Im Zweifelsfall die Polarität bis zur Batterie verfolgen und die Leitung kennzeichnen.
- Als Erstes das Minuskabel der Batterie abschrauben.
- Falls ein Autoradio mit Diebstahlcode eingebaut ist, sollten Sie den Code zur Hand haben, ehe die Batterie abgeklemmt wird. Der zum Betrieb des Radios wichtige Code wird durch das Abklemmen der Batterie gelöscht und muss neu eingegeben werden. Denken Sie ebenfalls daran, dass gespeicherte Sender nach Wiederanschliessen der Batterie neu abgespeichert werden müssen.
- Bestimmte Alarmeinrichtungen ertönen beim Abklemmen der Batterie. Aus diesem Grund sollten Sie wissen, wie man den Alarm neutralisieren kann, ehe man bei irgendwelchen Arbeiten die Batterie aus dem Stromkreis nimmt.
- Eine eingebaute elektrische Zeituhr verliert ihre Daten.
- Wird der Motor unter Verwendung einer Fremdbatterie angelassen, muss man die Starterkabel an allen Batteriepolen sicher anschliessen, ehe man den Anlasser betätigt. Funkenbildung unbedingt vermeiden.

1.3 Wartung und Pflege

Jedes moderne Auto braucht Wartung und Pflege. Sonst verliert selbst der teuerste Untersatz in kurzer Zeit rapide an Wert. Und kein Auto der Welt, sei es noch so perfekt konstruiert, ist gegen Verschleiss und Defekte gefeit. Die Pannenstatistiken von TÜV/DEKRA und ADAC oder der entsprechenden Stellen in anderen Ländern sprechen da eine deutliche Sprache. Natürlich können Sie Ihr Fahrzeug regelmässig von einer Werkstatt oder Tankstelle warten lassen. Sie werden sehen: Do it yourself spart nicht nur Geld, sondern macht auch Spass. Mit dem richtigen Know-how werden Sie leicht in der Lage sein, mit einigen Handgriffen das Auto wieder schnell auf der Strasse zu haben.

Wir versuchen, Ihnen mit dieser Anleitung bei der Wartung und Pflege Ihres Fahrzeuges behilflich zu sein und zeigen Ihnen, wie Sie viele Reparaturen selbst in die Hand nehmen können. Wir erklären, was Sie dazu über die Technik wissen müssen, welches Werkzeug Sie brauchen und wie Sie Ihre Arbeit schnell und effektiv durchführen. Wir schrecken auch nicht davon ab, Ihnen vorzuschlagen, wann Sie Ihr Fahrzeug besser in die Werkstatt bringen sollten.
Am Ende der Anleitung, im Abschnitt „Wartung und Pflege", weisen wir auf einige grundlegende Punkte hin, welche Sie bei allen Wartungsarbeiten beachten sollten.

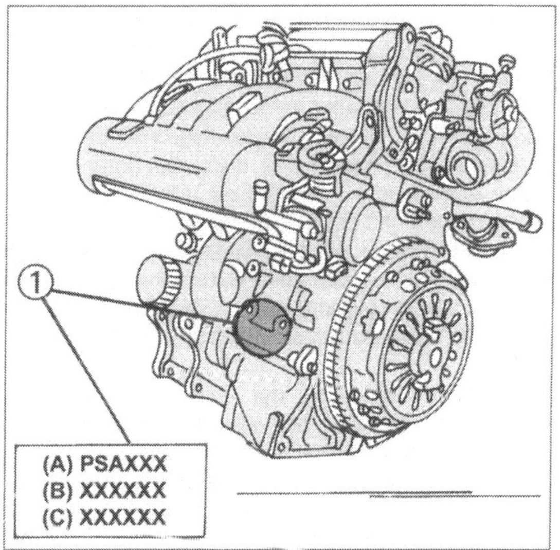

Bild 4
Die Lage der Motornummer (1) bei eingebautem 2.0-Liter-Motor (alle Ausführungen).

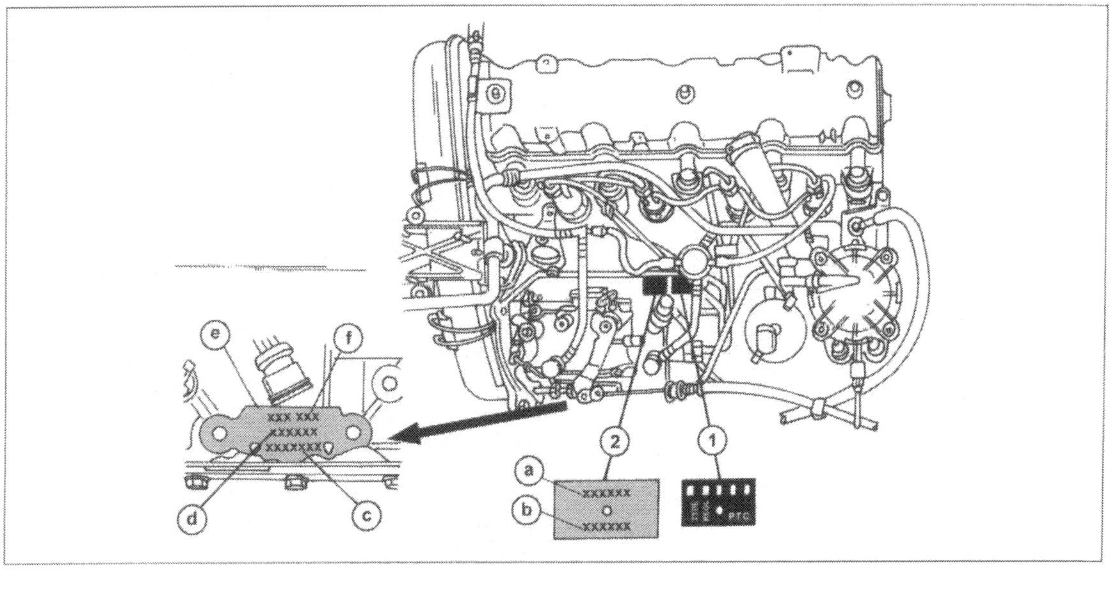

Bild 5
Die Lage der Motornummer bei eingebautem 1.9-Liter-Dieselmotor.

1 Typenschild mit Motor-Kennbuchstaben
2 Motornummer
a Teilnummer
b Produktionsseriennummer
c Motorseriennummer
d Bauteilreferenz
e Vercodung des Herstellers
f Zulassungsangaben

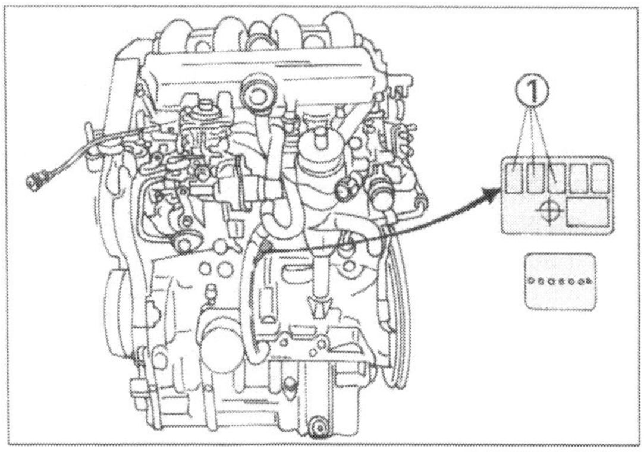

Bild 6
Die Lage der Motornummer (1) bei eingebautem 2.1-Liter-Dieselmotor.

1.4 Allgemeine Anweisungen bei Reparaturen

Die Beschreibungen in dieser Reparaturanleitung sind in einfacher Weise und allgemein verständlich gehalten. Wenn dem Text und den Abbildungen bei der Arbeit Schritt für Schritt gefolgt wird, dürften keine Schwierigkeiten auftreten. Die Mass- und Einstelltabelle am Ende des Buches ist hierbei ein wichtiger Teil und muss bei allen Reparaturarbeiten am Fahrzeug hinzugezogen werden. Innerhalb der einzelnen Anleitungen werden die notwendigen Massangaben oder Einstellwerte nicht immer angeführt, weshalb in der genannten Tabelle nachzuschlagen ist. Es sei besonders darauf hingewiesen, dass man unter dem in Frage kommenden Modell bzw. Motor nachlesen muss, um jegliche Fehler zu vermeiden.

Einfach Handgriffe, wie z.B. „Motorhaube öffnen" vor Arbeiten im Motorraum oder „Radmuttern lösen" vor Arbeiten an den Radbremsen, werden nicht immer erwähnt, da diese als selbstverständlich vorausgesetzt werden.

Dagegen befasst sich der Text ausführlich mit schwierigen Arbeiten, die in allen Einzelheiten so gut wie möglich beschrieben sind. Eine Reihe wichtiger Hinweise, die bei jeder Reparaturarbeit beachtet werden sollten, werden im folgenden Text angegeben:

- Schrauben und Muttern sind in sauberem Zustand und leicht eingeölt zu verwenden. Mutternflächen und Gewindegänge immer auf Beschädigung untersuchen und vorhandene Grate entfernen. Im Zweifelsfall neue Schrauben oder Muttern verwenden. Einmal gelöste, selbstsichernde Muttern sollten immer erneuert werden. Auf keinen Fall dürfen Muttern und Schrauben entfettet werden.

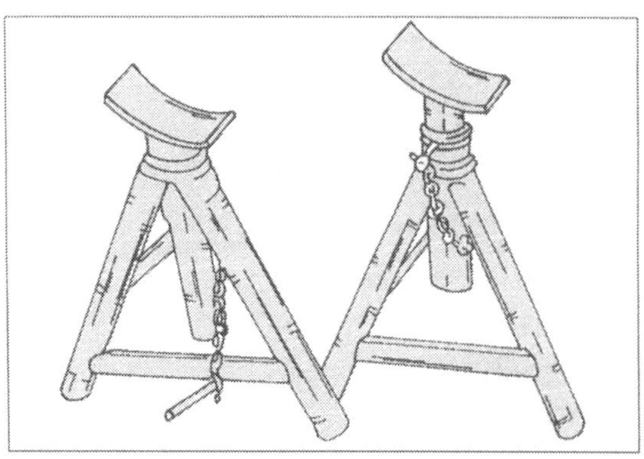

Bild 7
Ansicht der dreibeinigen Unterstellböcke. Der Feststellbolzen, normalerweise an einer Kette befestigt, darf nicht durch eine beliebige Schraube ähnlichen Durchmessers ersetzt werden (Ketten reissen gern ab), da es sein könnte, dass diese das Gewicht des Fahrzeuges nicht hält.

- Stets die in der Anzugsdrehmoment-Tabelle oder direkt im Text angeführten Anzugsdrehmomente beachten. Diese Werte sind nahezu in den gleichen Gruppen zusammengefasst, die auch die Kapitel dieser Reparaturanleitung bilden und lassen sich somit leicht auffinden. In den meisten Fällen versuchen wir die Anzugsdrehmomente im Laufe der Beschreibung anzugeben, um es Ihnen leichter zu machen dem Arbeitsablauf zu folgen.
- Alle Dichtscheiben, Dichtungen, Sicherungsbleche, Sicherungsscheiben, Splinte und O-Dichtringe (Rundschnurringe) sind beim Zusammenbau zu erneuern. Öldichtringe (Radialdichtringe, Simmerringe) sollten ebenfalls erneuert werden, sofern die Welle aus dem Dichtring genommen wurde. Die Lippe eines Dichtringes ist vor dem Zusammenbau mit Fett einzuschmieren. Man muss darauf achten, dass sie beim Einbau in die Richtung weist, aus welcher Öl oder Fett austreten kann.
- Bei Hinweisen auf die linke oder rechte Seite des Fahrzeuges wird angenommen, dass man aus der Fahrtrichtung bei Vorwärtsfahrt die Seitenbezeichnung ableiten kann, analog der Begriffe „vorn" und „hinten". Um Irrtümer zu vermeiden, wird im Text manchmal eine Erläuterung angegeben.
- Ganz besonders ist darauf zu achten, dass zu Arbeiten an den Bremsen, an der Radaufhängung oder allgemein an der Unterseite des Fahrzeuges für eine sichere Abstützung des hochgebockten Wagens gesorgt ist.
- Der dem Fahrzeug beiliegende Wagenheber ist nur zum Radwechsel für unterwegs vorgesehen. Falls er dennoch bei Reparaturen zur Hilfe genommen wird, ist lediglich der Wagen damit anzuheben und dann auf geeignete Montageböcke abzulassen. Im Kapitel „Aufbocken des Fahrzeuges" wird nochmals auf das Anheben des Fahrzeuges eingegangen.
- Die dreibeinigen Unterstellböcke, wie sie in Bild 7 gezeigt sind, sollen zur Sicherheit auch unter dem Fahrzeug platziert werden, wenn ein Garagenwagenheber zur Verfügung steht. Ziegelsteine sollten zum Unterbauen nicht verwendet werden, allenfalls Hohlblocksteine wegen ihren grösseren Auflageflächen, doch sind dann zwischen Fahrzeug und Steine noch genügend starke Holzbretter zu legen.
- Fette, Öle, Unterbodenschutz und alle mineralischen Substanzen wirken auf die Gummiteile des Fahrwerks und der Bremsanlage aggressiv. Besonders von Teilen der hydraulischen Anlage sind solche Mittel, zu denen auch Kraftstoff, gehört, fern zu halten. Für Reinigungsarbeiten an der Bremsanlage soll nur Bremsflüssigkeit oder Spiritus verwendet werden. Hierbei sei aber darauf verwiesen, dass Bremsflüssigkeit giftig ist und z.B. auf lackierte Flächen ätzend wirkt, d.h. Lackschäden könnten die Folge sein.
- Zur Erzielung der besten Reparaturergebnisse ist die Verwendung von Originalersatzteilen Voraussetzung. Um späteren Schwierigkeiten aus dem Wege zu gehen, muss der Einbau irgendwelcher Fremdprodukte unterbleiben. Ausnahmen sind nur bei Teilen der elektrischen Anlage gegeben oder falls das Herstellerwerk dementsprechende Freigaben macht.
- Alle Arbeiten am Fahrzeug, besonders solche an der Bremsanlage und an der Lenkung sowie Radauf-

hängung, sind mit Sorgfalt und Umsicht durchzuführen. Die Verkehrssicherheit des Fahrzeuges muss nach jeder Reparatur gewährleistet sein. Keine Arbeiten durchführen, wenn man mit der Baugruppe nicht vollkommen vertraut ist.

1.5 Arbeitsbedingungen und Werkzeuge

Um Reparaturarbeiten durchzuführen, benötigt man einen sauberen, gut beleuchteten Arbeitsplatz, der mit einer Werkbank und Schraubstock versehen ist. Es soll auch genügend Raum vorhanden sein, um die verschiedenen Teile auszulegen und zu ordnen, ohne dass man sie immer wieder wegräumen muss. In einer gut ausgerüsteten Werkstatt lässt sich gemütlich und ohne Hast arbeiten, die Maschine kann in einer sauberen Umgebung zerlegt und wieder zusammengebaut werden. Leider verfügt aber nicht jeder über einen solchen idealen Arbeitsplatz und dementsprechend muss auch da und dort improvisiert werden. Um diesen Nachteil auszugleichen, muss besonders viel Zeit und Sorgfalt aufgewendet werden.
Als Weiteres benötigt man unbedingt einen möglichst vollständigen Satz Qualitätswerkzeuge. Qualität ist hier oberstes Gebot, da billiges Werkzeug auf lange Sicht eher teuer werden kann, falls man damit abrutscht oder es zerbricht und dabei teuren Schrott baut. Ein gutes Qualitätswerkzeug wird sich lange verwenden lassen und rechtfertigt in jedem Falle die Anschaffungskosten. Die Grundlage des Werkzeugsatzes ist ein Satz Gabelschlüssel, die sich an jedem gut zugänglichen Teil des Fahrzeuges ansetzen lassen.
Um die Kosten tief zu halten, kann man sich auch mit einem Satz kombinierter Ringgabelschlüssel behelfen, diese tragen an einem Ende eine Gabelöffnung und am anderen einen Ring von der gleichen Weite (Bild 8). Derartige Schlüssel eignen sich besonders bei festsitzenden Schrauben und Muttern oder wo die Platzverhältnisse ungünstig sind. Stecknüsse (-einsätze) stellen ebenfalls eine lobenswerte Investition dar. Vorausgesetzt, dass der Aussendurchmesser der Nüsse nicht allzu gross ist, können auch sehr versteckt oder in Vertiefungen sitzende Muttern und Schrauben gelöst werden.
Weitere benötigte Werkzeuge sind ein Satz Kreuzschlitzschraubenzieher (Schraubendreher), Zangen und ein Hammer. Im Automobilbau werden mehr und mehr Schrauben mit so genannten „Torx"-Köpfen verwenden. Falls Ihnen der Name „Torx" kein Begriff ist, können Sie anhand von Bild 9 erkennen, wie die Köpfe dieser Schrauben aussehen. Zum Lösen derartiger Schrauben wird ein spezieller Stecknusssatz benutzt, der wie normale Sechskant-Stecknusssätze Einsätze verschiedener Grösse hat, die vor der Grössenangabe den Buchstaben „T" haben.
Zusätzlich zur Grundausrüstung kann man sich noch ein paar speziellere Werkzeuge beschaffen, die sich meistens als unschätzbare Hilfe erweisen, besonders wenn man gewisse Reparaturen immer wieder durchführen muss. Damit lässt sich also recht viel Zeit ersparen. Als Beispiel sei hier einmal der Schlagschraubendreher erwähnt, ohne den sich die maschinell angezogenen Kreuzschlitzschrauben kaum lösen lassen, ohne dass man sie dabei beschädigt. Selbstverständlich kann er auch zum Anziehen verwendet werden, um einen gasdichten Sitz zu gewährleisten.
Ebenfalls oft benötigt werden Seegerringzangen, da Getrieberäder, Wellen und ähnliche Teile meist durch Sicherungsringe gehalten werden, die sich mit einem Schraubenzieher nur schwer entfernen lassen. Es sind zwei Typen von Seegerringzangen erhältlich, einer für die Aussensicherungsringe, welche mit der in Bild 10 gezeigten Zange geöffnet werden, und einer für Innensicherungsringe. Sie sind mit geraden oder abgewinkelten Klauen erhältlich. Abgesehen von diesen Zangen, schaffen Sie sich Zangen der in Bild 11 gezeigten Ausführungen an.

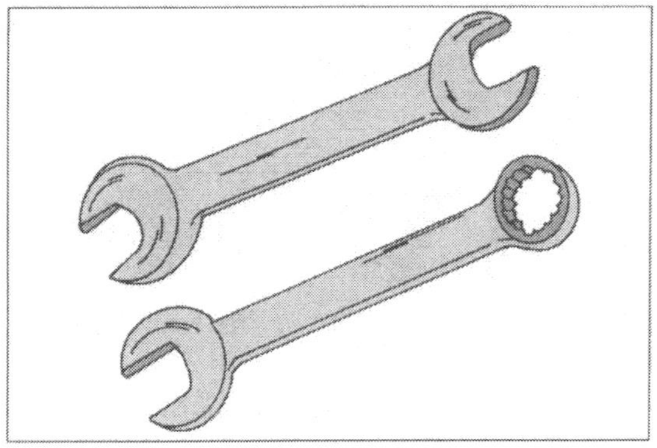

Bild 8
Ansicht eines doppelseitigen Gabelschlüssels (oben) und eines Ringgabelschlüssels (unten). Immer darauf achten, dass die Schlüsselweite der Grösse der Mutter oder des Schraubenkopfes entspricht.

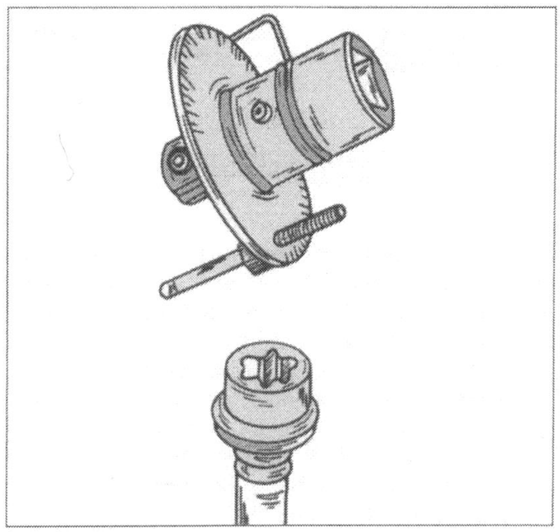

Bild 9
Eine Gradscheibe (oben) wird zum Winkelanzug von Schrauben und Muttern benutzt. Schrauben mit „Torx"-Köpfen haben das unten gezeigte Aussehen.

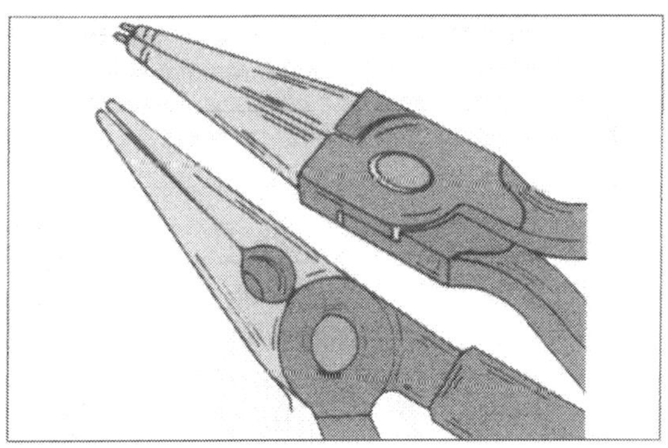

Bild 10
Seegerringzangen sehen wie im oberen Bild gezeigt aus. Die gezeigte Ausführung öffnet Aussensprengringe. Das untere Bild zeigt eine manchmal erwähnte Spitzzange.

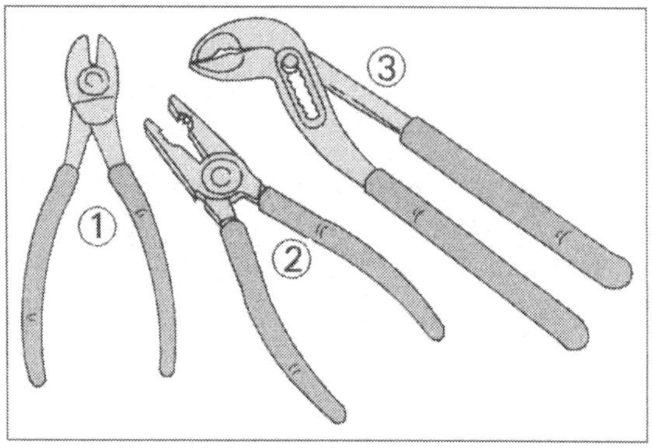

Bild 11
Ohne die gezeigten Zangen werden Sie kaum in der Lage sein, irgendwelche Arbeiten am Fahrzeug durchzuführen.
1 Seitenschneider
2 Kombizange
3 Wasserpumpenzange

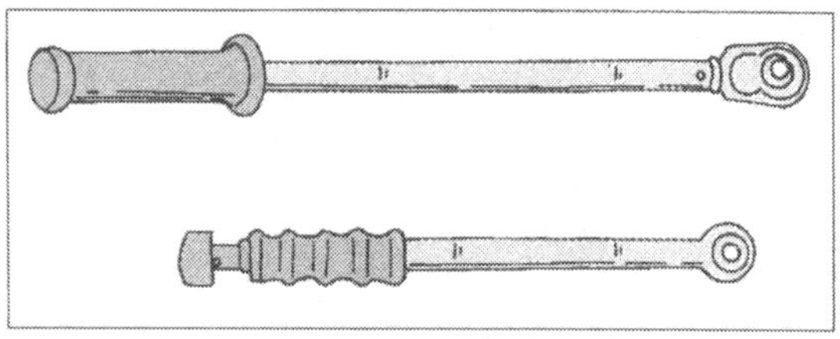

Bild 12
Drehmomentschlüssel sind in einer der gezeigten Formen erhältlich.

Eines der nützlichsten Werkzeuge ist der Drehmomentschlüssel, eigentlich eine Art Schraubenschlüssel, der so eingestellt werden kann, dass er durchrutscht, wenn ein gewisses Anzugsdrehmoment einer Schraube oder Mutter erreicht ist. Derartige Schlüssel sind ebenfalls mit einen Zeiger erhältlich, welcher das erreichte Drehmoment anzeigt. Falls Sie sich einen Drehmomentschlüssel anschaffen, schlagen wir vor, dass ein Schlüssel mit automatischer Auslösung beim Erreichen des Anzugsdrehmoments in Betracht gezogen wird. Die Schlüssel haben in den meisten Fällen die in Bild 12 gezeigte Form. Anzugsdrehmomente werden in jedem modernen Werkstatthandbuch oder jeder Reparaturanleitung aufgeführt, sodass auch besonders komplexe Baugruppen oder Komponenten, wie z.B. ein Zylinderkopf, angezogen werden können, ohne dass man Beschädigungen oder Lecks infolge Verzugs befürchten muss.

In diesem Zusammenhang soll auch eine Gradscheibe erwähnt werden. Eine solche hat das im oberen Teil von Bild 9 gezeigte Aussehen. Viele Schrauben und Muttern müssen um einen bestimmten Winkel nachgezogen werden (man spricht von einem Winkelanzug). Um den genauen Winkel zu erhalten, eignet sich eine Gradscheibe am besten.

Je höher entwickelt ein Automodell ist, desto mehr Werkzeuge benötigt man, um es im Do-it-yourself-Verfahren immer im bestmöglichen Zustand zu halten. Leider lassen sich aber einige ganz spezielle Arbeiten nicht ohne die richtige Ausrüstung durchführen, für die man meist tief in die Tasche greifen muss. Hier ist auch eine gewisse Vorsicht am Platz: Es gibt nun einfach verschiedene Arbeiten, die man am besten einem Fachmann überlässt. Obwohl ein Vielfachmessgerät zum Aufspüren von elektrischen Schäden eine grosse Hilfe darstellt, kann es in ungeübten Händen grossen Schaden anrichten.

Obschon in dieser Reparaturanleitung gezeigt wird, wie sich verschiedene Komponenten auch ohne Spezialwerkzeuge aus- und wieder einbauen lassen (falls nicht unbedingt nötig) empfiehlt es sich, die Anschaffung der gebräuchlichsten Spezialwerkzeuge in Betracht zu ziehen. Dies wird sich besonders dann lohnen, wenn man das Auto über längere Zeit behalten will. In Bild 13 sind einige der gebräuchlichsten Werkzeuge und Hilfswerkzeuge gezeigt, die man immer wieder brauchen wird. Man sollte sich diese im Laufe der Zeit anschaffen, wenn man die Absicht hat sein Auto selbst zu pflegen.

Auch mit den vorgeschlagenen, improvisierten Methoden und Werkzeugen lassen sich verschiedene Teile ohne Gefahr von Beschädigung aus- und ein-

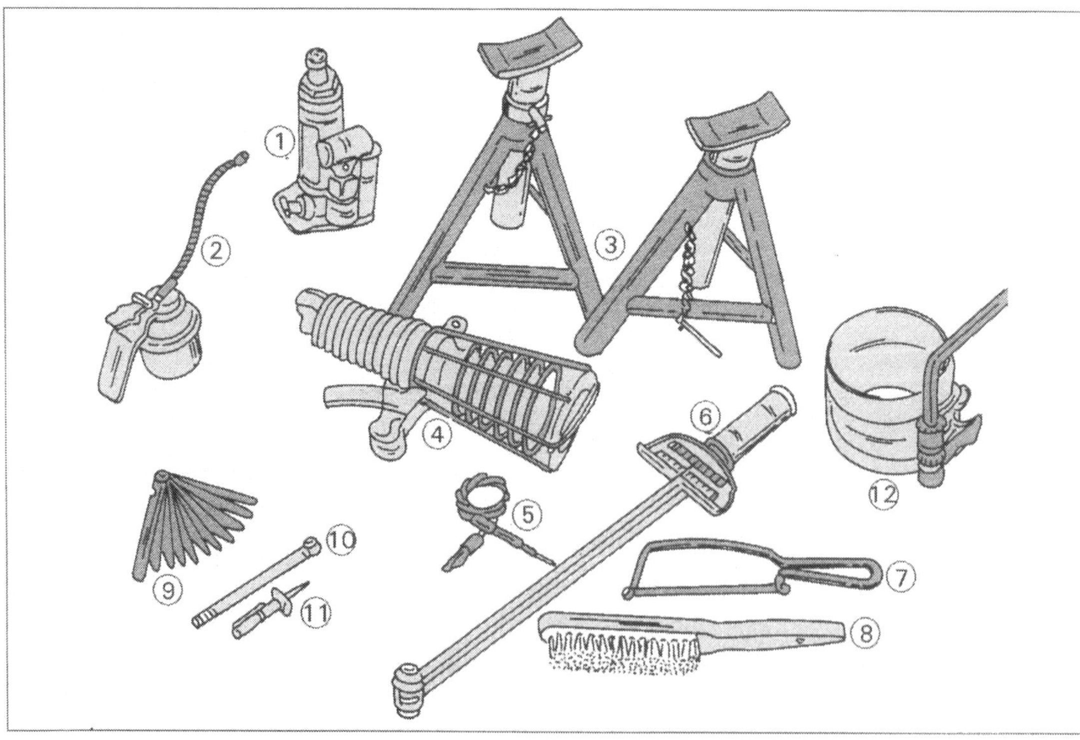

Bild 13
Vorgeschlagene Werkzeuge und Hilfswerkzeuge zur Pflege und Reparatur Ihres Fahrzeuges.
1 Hydraulischer Heber
2 Ölkanne
3 Unterstellböcke
4 Elektrische Handlampe
5 Prüflampe (12 Volt)
6 Drehmomentschlüssel
7 Minisäge
8 Drahtbürste
9 Blattfühlerlehren
10 Reifendruckprüfer
11 Reifenprofilmesser
12 Kolbenringspannband

bauen. In jedem Fall lässt sich mit den Spezialwerkzeugen, die vom Hersteller produziert und verkauft werden, eine Menge Zeit (und Ärger) sparen.
Ehe man irgendwelche Arbeiten an einem Fahrzeug durchführt, raten wir Ihnen, die folgenden Hinweise gründlichst durchzulesen und vielleicht einzuprägen, damit Sie vor allen Verletzungen, gleich welcher Art, bewahrt werden:

- Auf einen einzelnen Wagenheber kann man sich nie hundertprozentig verlassen. Immer zusätzliche Böcke unterstellen. Zwei übereinandergelegte, abgeschraubte Räder kann man z.B. auf der Seite der Reparatur entweder vorn oder hinten unterlegen, falls keine Böcke zur Verfügung stehen. Ein abrutschender Wagen wird dann wenigstens auf den Rädern landen.
- Niemals die Räder oder Achsmuttern anziehen, wenn das Fahrzeug aufgebockt ist.
- Niemals den Verschluss der Kühlanlage bei heissem Motor öffnen. Falls es unumgänglich ist, einen dicken Lappen um den Deckel legen und diesen bis zur ersten Raste lösen, damit der Dampf entweichen kann.
- Niemals das Motoröl ablassen, wenn das Fahrzeug bis zum letzten Moment gefahren wurde. Motoröl nur entsprechend den geltenden Vorschriften entsorgen, auf keinen Fall wegschütten.
- Keine Bremsflüssigkeit oder Frostschutzmittel auf Lackstellen tropfen lassen. Die hinterlassenen Flecke lassen sich nur schwer oder nicht entfernen.
- Keinen Bremsstaub einatmen. Obwohl Beläge und Bremsklotzmaterial jetzt asbestfrei hergestellt sind, schadet dies trotzdem Ihrer Gesundheit. Falls Sie Pressluft zum Ausblasen von Bremsen benutzen, kann man den Kopf von der Staubstelle wegdrehen. Erkundigen Sie sich über die Erhältlichkeit von Sprays, mit denen man die Bremsteile absprüht, um die Staubentwicklung zu vermeiden (Autozubehörgeschäft oder Werkstatt).
- Öl- oder Fettreste sofort vom Boden abwischen, ehe Sie selbst oder andere Leute darauf ausrutschen.
- Keine Schlüssel falscher Schlüsselweite oder ausgeweitete Schlüssel zum Lösen von festsitzenden Muttern oder Schrauben benutzen. Ein Abrutschen bedeutet in den meisten Fällen eine Verletzung. Offene Wunden auf jeden Fall „verpflastern" lassen, ehe Schmutz oder Öl usw. eindringen kann.
- Krawatten haben bei Arbeiten am Auto keinen Platz. Ebenfalls lange Hemdsärmel oder andere lose Kleidungsstücke fern von sich bewegenden Teilen halten. Lange Haare während der Arbeit festbinden. Fingerringe und Armbanduhren am besten abziehen. Abgesehen davon, dass man daran hängen bleiben kann, bieten sie auch einen Leiter für die elektrische Anlage.
- Den Arbeitsplatz von unnötigen Teilen befreien. Ein Stolpern wird dadurch offensichtlich weitgehend verringert.
- Falls es möglich ist, arbeiten Sie niemals allein an einem Fahrzeug. Familie, Freunde oder Bekannte können öfters mal kurz nachschauen, ob alles in Ordnung ist.
- Niemals versuchen eine Arbeit überhastet zu Ende zu führen. Viele Radmuttern wurden lose gelassen, um das Fahrzeug wieder schnell zum Fahren zu bringen.
- Niemals in der Nähe des Fahrzeuges rauchen oder andere rauchende Personen in die Nähe lassen. Ebenfalls aus diesem Grund sollte man die Batterie abklemmen, wenn Kraftstoffleitungen abgeschlossen werden. Mit Metallgegenständen hergestellte Kurzschlüsse könnten zu Funkenbildung führen. Sicherheitshalber sollten Sie einen Handfeuerlöscher bereit haben.
- Eine Handlampe niemals auf den Motor auflegen, um besser zu sehen. Bestimmte Handlampen entwickeln grosse Wärme und könnten Teile am Motor verbrennen, obwohl man annimmt, dass sie durch den Drahtkäfig geschützt werden. Am besten ist es, wenn man eine Handlampe bei Arbeiten im Motorraum an der geöffneten Motorhaube „anhängt".

Falls Sie die angeführten Hinweise sorgfältig beachten, sollten bei den im Buch beschriebenen Arbeiten keine Verletzung Ihrer Person oder Beschädigung des Fahrzeuges auftreten.

Achtung: Schlechte Werkzeuge führen in den meisten Fällen zu Verletzungen oder Beschädigung von Muttern, Schrauben usw. – unbedingt vermeiden. Die Anschaffung einer guten Werkzeugausrüstung ist ein guter Anfang zur Selbstpflege des Autos.

Falls Sie sich die unten genannten Werkzeuge und/ oder Hilfswerkzeuge besorgen, werden Sie bald zum Profi:

- Ein Sortiment Schraubendreher mit rutschfestem Griff für Schlitz-, Kreuzschlitz- und Torxschrauben.
- Innensechskantschlüssel (Inbusschlüssel) am Ring in den Grössen 2-8 Millimeter. Wir möchten darauf hinweisen, dass sich diese Schlüssel gern an den Kanten abnutzen. Wenn der Schlüssel mehr als einmal abrutschen sollte, ohne dass er seinen Zweck verrichtet, wird es Zeit, sich einen neuen Satz anzuschaffen.
- Mit einem Radkreuzschlüssel für Pkw lösen Sie auch fest sitzende Radschrauben. Andernfalls muss der im Bordwerkzeugsatz beigefügte Radschraubenschlüssel reichen.
- Kombizange, Wasserpumpenzange (Länge mindestens 240 mm) und Seitenschneider biegen, halten, drehen und trennen so ziemlich alle Materialien an Ihrem Fahrzeug. Die entsprechenden Zangen wurden bereits in Bild 11 gezeigt.
- Der Schlosserhammer (empfohlenes Gewicht ca. 300 g) wird als Schlagwerkzeug benutzt, um beispielsweise mit einem Durchschlag festsitzende Bolzen aus Verbindungen zu lösen. Empfindliche Bauteile wie Lager, gegossene oder gehärtete Teile sollten dagegen nur mit einem Kunststoff- oder Gummihammer bearbeitet werden. Bei Richtarbeiten an der Blechstruktur hilft ein Ausbeulhammer.
- Ein Körner hilft bei Bohrarbeiten an Metallen. Bringen Sie die gehärtete Spitze exakt an die gewünschte Bohrstelle. Mit einem leichten Hammerschlag auf den Schaft des Körners erzeugen Sie an der Oberfläche eine kleine Vertiefung, an der Sie den Metallbohrer ansetzen.
- Ein Durchschlag (Durchmesser 3 und 6 mm) ist bei Montage- und Demontagearbeiten an Fahrwerk, Motor und Bremsen universell einsetzbar. Wenn Sie da-

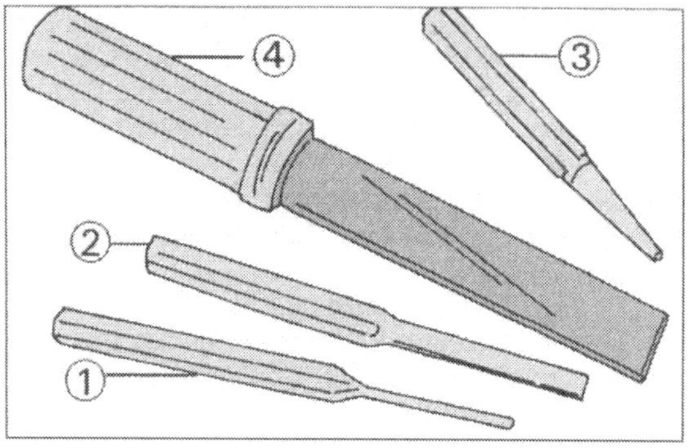

Bild 14
Zum Schlagen, Ausschlagen und Abschlagen gehören diese Werkzeuge in den Kasten.
1 Durchschlag (vorgeschlagen ca. 3 mm)
2 Durchschlag (vorgeschlagen ca. 6 mm)
3 Körner für Bohrungsarbeiten
4 Flachmeissel mit gehärteter Schneide

mit Haltebolzen entfernen: Achten Sie darauf, dass die Auflagefläche des Durchschlags etwa der Grösse der Bolzen entspricht, da diese sich sonst verformen. In Bild 14 geben wir Ihnen weitere Beispiele von Teilen, die im Werkzeugsatz unerlässlich sind. **Hier ein Wort der Warnung:** Nach mehrmaliger Benutzung eines Durchschlags bilden sich durch das Aufschlagen mit dem Hammer Grate, welche wie Ausfransungen aussehen. Ohne Vorwarnung kann es also passieren, dass sich ein Stück des breit geschlagenen Materials löst und in die Augen springt. Arbeiten Sie also nur mit Durchschlägen, welche auf der Aufschlagseite noch einwandfrei aussehen. Als Abhilfe kann man einen solchen Dorn kurz nachschleifen lassen, damit er wieder „unfallsicher" aussieht.

- Mit einem Flachmeissel (gehärtete Schneide, siehe Bild 14) werden Sie zur Not auch mit deformierten oder festgerosteten Schraubverbindungen fertig, indem Sie die Mutter mitsamt dem Gewindebolzen abmeisseln. An „weichen" Stellen sollten Sie jedoch von einem Helfer einen Hammer an der Schlagstelle unterhalten lassen, damit es keine Verbiegungen gibt. Lassen Sie keine Grate an der Aufschlagstelle „wachsen", da Splitter in die Augen springen können.

Bild 15
Anheben des Fahrzeuges mit einem Scherenwagenheber.

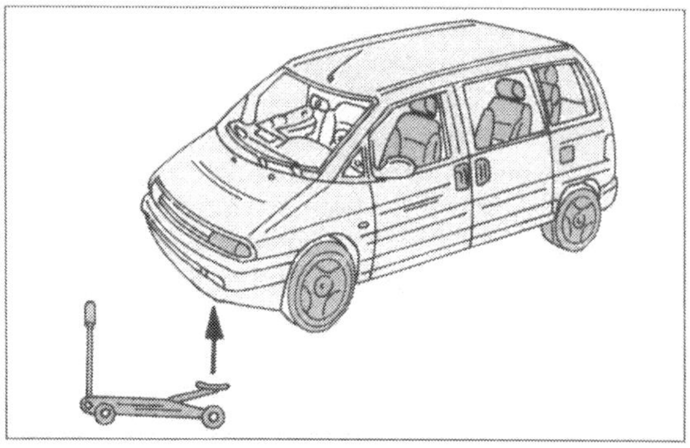

Bild 16
Anheben des Fahrzeuges an der Vorderseite. Den Kopf des Wagenhebers unter die Mitte des vorderen Aufhängungsquerträgers untersetzen.

- Für Arbeiten im Motorraum und unter dem Fahrzeug empfiehlt sich die Anschaffung eines Steckschlüsselsatzes mit den Einsätzen 10-32 Millimetern und einer Umschaltknarre mit 1/2-Zoll-Antrieb. Ein komplettes Set ist billiger als der Kauf der jeweils benötigten Einzeleinsätze. Hier gehören auch die bereits genannten Sets der „Torx"-Einsätze dazu.
- Für Arbeiten im Innenraum ist ebenfalls ein Steckschlüsselsatz sinnvoll, allerdings mit kleinerem 1/4-Zoll-Antrieb. Neben Kreuz-, Torx-, Schlitzschrauben und Kunststoffclips verbauen die Hersteller hier oft Schrauben mit SW 6 bis 13 Millimeter.
- Für Arbeiten an der Elektrik sind zu empfehlen: eine isolierte Kombizange, eine Quetschzange für Steckeranschlüsse und Kabelverbindungen, ein isolierter Schraubendreher und eine Phasenprüflampe mit Nadelspitze und separatem Massekabel.

Hinweis: Überprüfen Sie Ihr Bordwerkzeug. Die beste Grundausstattung in der Garage nützt nichts, wenn Ihnen bei einer Panne unterwegs die Hilfsmittel fehlen. Sind Wagenheber, Radkreuz und Schraubendreher an Bord? Bei einem Wackelkontakt oder einer gelösten Kabelverbindung helfen Elektrokombizange, ein paar Drähte und Isolierband. Ebenfalls sinnvoll: ein Lampenset und Ersatzsicherungen, Abschleppseil, Starthilfekabel und Taschenlampe. Und vergessen Sie nicht, dass man bei Reparaturen schmutzige Hände bekommt. Papiertaschentücher oder Papierhandtücher sollten immer einen Platz im Kofferraum haben, falls Sie eine Reise antreten (sie eignen sich auch immer wieder bei der Kontrolle des Ölstands im Motor, Flüssigkeitsbehälter der Servolenkung, usw.).

1.6 Aufbocken des Fahrzeuges

Der zum Anheben benutzte Wagenheber muss dem Gewicht des Fahrzeuges genügen. Überzeugen Sie sich deshalb vorher von der Tauglichkeit eines solchen Wagenhebers. Vor dem Aufbocken des Fahrzeuges sollte man sich immer davon überzeugen, dass keine zusätzlichen Lasten in der Innenseite des Fahrzeuges liegen.
Beim vollständigen Aufbocken des Fahrzeuges den Vorderwagen zuerst aufbocken. Die Hinterräder sollten entweder verkeilt werden (Ziegelsteine unterlegen), damit das Fahrzeug nicht abrollen kann, oder man zieht die Handbremse an.
Bei der folgenden Beschreibung beziehen wir uns auf die Benutzung eines Scherenwagenhebers und eines Rollwagenhebers sowie auf das Untersetzen von Böcken.

- Um eine Seite mit einem Scherenwagenheber anzuheben, setzt man diesen an der in Bild 15 gezeigten Stelle unter das Fahrzeug.
- Um eine Seite mit einem Rollwagenheber anzuheben, wird die gleiche Ansatzstelle wie beim Scherenwagenheber benutzt.
- Um die gesamte Vorderseite des Fahrzeuges anzuheben, setzt man einen Rollwagenheber an der in Bild 16 gezeigten Stelle unter dem Querträger der

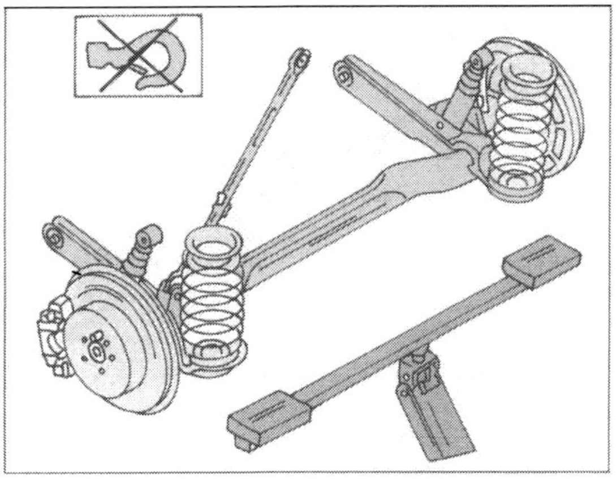

Bild 17
Anheben des Fahrzeuges an der Rückseite. Einen Querbalken der gezeigten Form unter die beiden Auflagen der Hinterfedern untersetzen. Den Kopf des Wagenhebers nicht direkt unter den Hinterachsträger untersetzen.

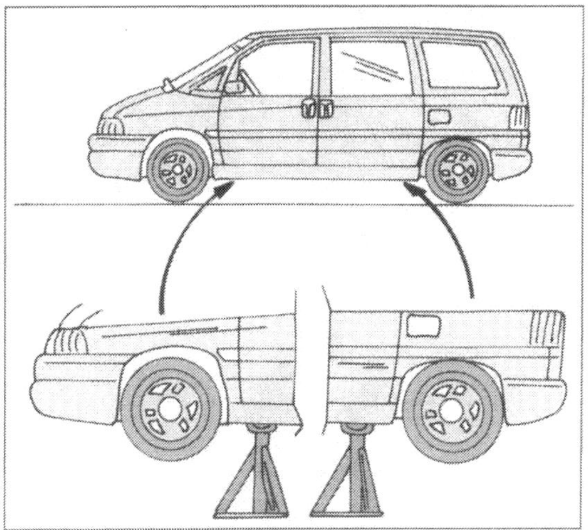

Bild 18
Unterstellböcke werden an den gezeigten Stellen unter die Seite der Karosserie untergesetzt.

Vorderradaufhängung an. Den Kopf des Wagenhebers dabei am unteren, mittleren Teil des Querträgers ansetzen.

- Das Anheben der Rückseite des Fahrzeuges ist mit einigen Schwierigkeiten verbunden, da man den Wagenheber nicht einfach unter die Mitte des hinteren Querträgers untersetzen kann. Das vorschriftsmässige Anheben der Hinterradaufhängung geschieht mit Hilfe eines Balkens, wie man ihn in Bild 17 sehen kann. Die beiden Enden des Balkens unter die Aufnahmen für die Hinterfedern untersetzen und das Ganze mit einem Rollwagenheber anheben. Dadurch wird die gesamte Rückseite des Fahrzeuges angehoben, sodass man leicht die Unterstellböcke unter die Seiten der Karosserie untersetzen kann.
- Unterstellböcke werden an der Vorderseite unter die gleichen Stellen wie der Scherenwagenheber untergesetzt. Diese sind nochmals in Bild 18 gezeigt. Um dies erfolgreich zu bewerkstelligen, muss man den Wagenheber entweder vorn oder hinten ansetzen, um das Fahrzeug zentral anzuheben. Die zum Absichern benutzten Böcke sollten eine „V"-Form haben, damit das Fahrzeug zusätzlich gesichert wird.
- Die Höhe der Böcke wird durch Versetzen der Bolzen in den verschiedenen Löchern eingestellt. Bei Herstellung wird die Festigkeit der Bolzen der Tragkraft der Böcke angepasst. Erfahrungen haben jedoch gezeigt, dass die mit den Bolzen verbundenen Ketten manchmal reissen und die Bolzen verloren gehen. Auf keinen Fall irgendwelche Schrauben geeigneten Durchmessers anstelle der Bolzen verwenden, es sei denn, dass diese aus Stahl hergestellt sind und die notwendige Tragkraft haben.

Hinweis: Aufgrund des Schwerpunktes des Fahrzeuges sollte man niemals zuerst eine Seite anheben und danach die andere, sondern zuerst vorn (oder hinten) und danach am anderen Ende. Dabei aufpassen, dass die gegenüberliegende Seite nicht abrutschen kann.

Vor dem Aufbocken des Fahrzeuges immer die Beschaffenheit des Bodens kontrollieren, da ein weicher Boden nachgibt und der Wagenheber einsinken kann.
Falls man annimmt, dass die verwendeten Unterstellböcke nicht hundertprozentig sicher sind, kann man z.B. eine Seite des Fahrzeuges aufbocken und das abgenommene Rad unter der freien Aufhängung unterlegen. Sollte das Fahrzeug abrutschen, verbleibt immer noch ein Raum der Stärke des Reifens zwischen Wagen und Boden und gibt Ihnen zusätzliche Sicherheit.

1.7 Umgang mit Gewinden, Schrauben, Muttern, usw.

Bei einem ziemlich neuen Fahrzeug, bzw. Motor wird man keine Schwierigkeiten mit dem Lösen von Schrauben, Muttern, Stiftschrauben, usw. haben. Ist das Fahrzeug jedoch älter, kommen schon mal Probleme beim Lösen von Gewindeverbindungen vor, vor allem wenn die Teile längere Zeit dem Strassenschmutz ausgesetzt waren. Die folgenden Hinweise sollten Ihnen helfen, diese Probleme aus dem Weg zu räumen.

- Beim Lösen von Muttern auf Stiftschrauben immer das herausstehende Gewinde mit einer Drahtbürste reinigen, um Schmutz oder auch Rost zu entfernen. Man erspart sich dadurch, dass die Mutter über die Schmutzstellen geschraubt werden muss. Die Verbindungsstelle jetzt mit einem Rostlösesprühmittel behandeln. Hier gibt es verschiedene Produkte, d.h. man muss den Gebrauchsanweisungen folgen.
- Falls eine in eine Schweissmutter eingedrehte Schraube gelöst werden soll (meistens in der Karosserie), möglichst die Gewindestelle von der Rückseite mit dem Rostlösemittel einsprühen. Schraubenköpfe derartiger Verbindungen reissen gern ab oder man löst die Schweissmutter.
- Schrauben mit Schlitz- oder Kreuzschlitzköpfen lassen sich manchmal nur sehr schwer lösen. Kreuzschlitzschraubendreher rutschen gern aus dem Kreuzschlitz heraus und beschädigen diesen dabei. Um diesem vorzubeugen, kann man einen Schraubendreher oder Kreuzschlitzschraubendreher mit einem durchgehenden Schaft an der Schraube ansetzen und durch einen kurzen Schlag mit einem Hammer „behandeln". In den meisten Fällen löst sich der Schraubenkopf von der Verbindung und die Schraube kann leicht herausgedreht werden.

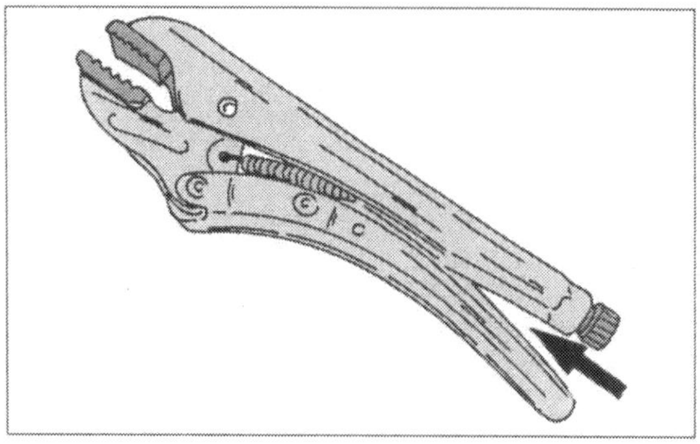

Bild 19
Benutzung einer Gripzange. Die Finger beim Schliessen der Zange aus der mit dem Pfeil gezeigten Gegend fern halten.

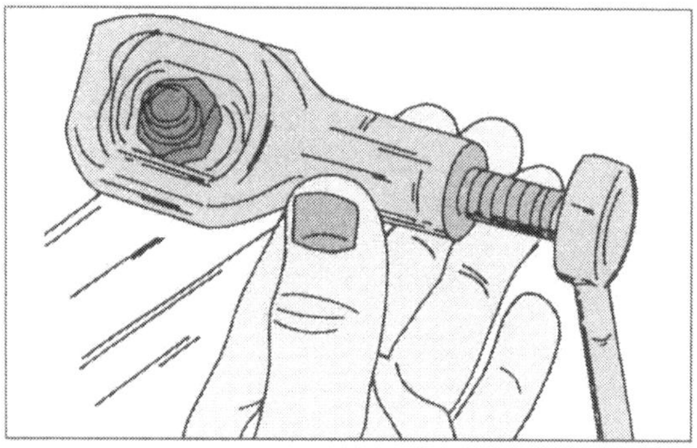

Bild 20
Benutzung eines Mutternspalters. Durch Anziehen der Schraube wird die Mutter in zwei Teile gespalten und kann abgenommen werden.

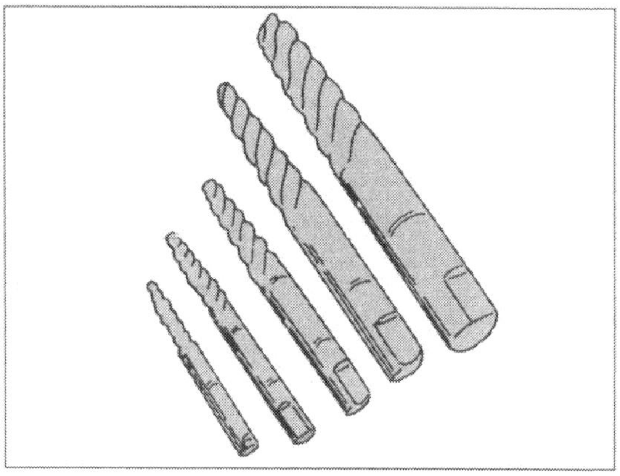

Bild 21
Ansicht von Linksgewindeausziehern zum Entfernen von abgescherten Schrauben oder Stehbolzen aus der Gewindebohrung.

● Im modernen Automobilbau werden mehr und mehr Schrauben mit Spezialköpfen verwendet, die ähnlich wie Kreuzschlitzköpfe aussehen, aber keine sind. Diese als „Torx"-Kopf bezeichneten Schraubenköpfe werden mit speziellen Einsätzen gelöst, die man in einem Satz erstehen kann. In Bild 9 kann man sehen, wie eine solche Schraube aussieht. Auf diese „Torx"-Stecknüsse kann man dann in normaler Weise eine Ratsche, Verlängerung, usw. ansetzen.

● Innensechskantschrauben (der bekannte „Inbuskopf") oder Schrauben mit „Polygon"-Kopf (Vielverzahnung, meistens 12 Ecken) können ebenfalls Schwierigkeiten beim Lösen bringen. Als Erstes reinigt man die Öffnung des Innensechskants einwandfrei (mit einem kleinen Schraubendreher zum Beispiel), um den Innensechskantschlüssel oder Vielzahnschlüssel anzusetzen. Falls möglich sollte man hier auch einen Steckeinsatz benutzen. Vor Lösen der Schrauben kann man einen Hammerschlag auf den Steckeinsatz geben, um das Beharrungsvermögen der Schraube zu lösen. Manchmal ist jedoch ein abgewinkelter Inbusschlüssel erforderlich. Durch dessen Winkelstellung wird das Lösen oftmals zum Problem. Wir schlagen vor: Den Schlüssel in die Schraube einsetzen und einen kleinen Ringschlüssel über das lange Ende des Inbusschlüssels schieben. Den Inbusschlüssel jetzt gut gerade halten und die Schraube durch Druck auf den Ringschlüssel lösen. Dadurch vermeidet man, dass sich der Winkelschlüssel bei festsetzenden Schrauben innerlich verdreht.

● Kleine jedoch zugängliche Inbusschraubenköpfe kann man auch mit einer Gripzange erfassen, und auf diese Weise die Schraube herausdrehen, vor allem, wenn das Innensechskant abgerundete Kanten erhalten hat. Beim Zusammendrücken der Gripzange nicht die Finger einquetschen (siehe Bild 19).

● Schwierigkeiten können auch manchmal beim Lösen von Muttern oder Schrauben auftreten, deren Kanten bereits durch unvorschriftsmässige Verwendung der falschen Schlüsselgrösse abgerundet sind (aus Erfahrung gesprochen bei Zweithandwagen manchmal anzutreffen). Mit der bereits erwähnten Gripzange kann man versuchen die Mutter oder Schraube zu lösen. Je nach Lage der Mutter kann man diese auch aufmeisseln oder am Gewinde entlang aufsägen. In diesem Zusammenhang möchten wir auch den Mutternspalter erwähnen, falls man zu dessen Benutzung genügend Arbeitsraum hat. Das Werkzeug arbeitet in der in Bild 20 gezeigten Weise, d.h. man zieht die Schraube an, bis die Mutter platzt. Ein Vorteil ist dabei, dass man das Gewinde der Schraube nicht beschädigt.

● Im Text werden oftmals selbstsichernde Muttern erwähnt. Wie der Name besagt, werden diese durch ihre eigene Sicherungsfähigkeit gesichert, welche nach dem Lösen meistens zerstört wird. Wenn selbstsichernde Muttern erwähnt werden, sollte man diese immer erneuern.

● Manchmal passiert es und eine Schraube reisst am Kopf ab. Um das verbleibende Gewindestück aus der Bohrung zu bekommen, bohrt man ein Loch in der Mitte der „Schraube" und benutzt einen so „Linksgewindezieher". Diese sind in Autozubehörgeschäften erhältlich und werden wie eine Schraube in das gebohrte Loch eingesetzt. Durch Anziehen schneidet sich das Werkzeug in das Schraubenstück ein und hoffnungsvoll zieht man es heraus. Bild 21 zeigt, wie diese Gewindeauszieher aussehen. Die einzige andere Lösung ist ein Aufbohren auf den ungefähren Gewindedurchmesser der Schraube (etwas weniger) und das Nachschneiden mit einem Gewindeschneider.

● Stehbolzen werden mit zwei gegeneinander gekonterten Muttern herausgedreht. Beim Herausdrehen den Schlüssel an der inneren Mutter ansetzen, zum Hineinschrauben den Schlüssel an der äusseren Mutter ansetzen. Bild 22 zeigt, wie man Bolzen aus- und einschrauben kann.

Beschädigte Gewinde wieder herstellen

● In Aluminiumteile eingearbeitete Gewinde werden manchmal beim Anziehen von Schrauben beschädigt. In Ihrer Werkstatt werden Sie Gewindeeinsätze unter der Markenbezeichnung „Heli-Coil" erhalten. Diese können entsprechend den Anweisungen in der Schachtel in das alte Gewindeloch eingezogen werden oder man bringt das beschädigte Teil zur Erneuerung des Gewindes in eine Werkstatt.

Blechschrauben ausbohren: Lässt sich in einem Schraubenkopf kein Werkzeug mehr ansetzen, hilft nur noch Ausbohren.

- Erst entfernt man mit einem entsprechend grossen Bohrer den Schraubenkopf. Eventuell mit einem kleineren Bohrer vorbohren.
- Das Gewindeteil einer Blechschraube lässt sich jetzt entweder durchstossen oder mit einer Zange von der Rückseite her abnehmen.
- Andernfalls mit einem dünnen Bohrer das Gewindeteil ausbohren. Wenn Sie dafür einen zu grossen Bohrerdurchmesser wählen, wird das Loch für die Schraube so vergrössert, dass später nur eine dickere Blechschraube hält.

Abgerissene Schrauben ausbohren: Das Gegengewinde, in dem die abgerissene Schraube steckt, sollte möglichst wenig Schaden nehmen.

- Den Schraubenrest genau in der Mitte mit einem Körnerschlag versehen.
- Das Ausbohren kann jetzt stattfinden. Bis zur Schraubengrösse M8 geht dies gleich mit dem so genannten Kernlochbohrer. Bis zur Schraubengrösse M6 gilt die Faustregel: Gewindedurchmesser multipliziert mit 0,8. Beispiel: Verschraubung M 6 x 0,8 = Kernlochdurchmesser 4,8. Ab Schrauben der Grösse M8 sollten Sie mit einem dünneren Bohrer vorbohren.
- Die in den Gewindegängen verbliebenen Metallreste lassen sich bisweilen mit einer Reissnadel entfernen. Meistens muss jedoch das Gewinde nachgeschnitten werden.

Gewinde schneiden: In Leichtmetall eingeschnittene Gewinde reissen besonders leicht aus, da das Material eine wesentlich geringere Festigkeit hat als etwa Stahl. Hat das Metall noch genug Substanz, können Sie ein grösseres Gewinde einschneiden. Andernfalls muss eine Gewindebuchse eingesetzt werden – eine Angelegenheit für die Werkstatt. Das Nach- oder Neuschneiden von Gewinden geht in drei Stufen vor sich. Die entsprechenden Gewindeschneider heissen daher Vorschneider (ein Ring am Schaft), Mittelschneider (zwei Ringe am Schaft) und Fertigschneider (ohne bzw. drei Ringe am Schaft).

- Die drei Gewindeschneider werden nacheinander unter ständigem Ölen in das vorgebohrte Kernloch hinein- und wieder herausgedreht.
- Um ein Abreissen des Gewindeschneiders zu vermeiden, muss beim Hineindrehen immer wieder abgesetzt und ein Stück zurückgedreht werden. Sonst werden die Metallspäne zu lang und klemmen.

Anzugsdrehmomente

Die Anzugsdrehmomente werden für die Schrauben und Muttern der wichtigsten Teile angegeben. Obwohl mit „47 Nm" oder „28 Nm" angegebene Anzugsdrehmomentwerte vielleicht als „50 Nm" oder „30 Nm" angegeben werden könnten, halten wir uns an die Angaben des Werks, falls keine „glatten" Zahlen angegeben werden. Um die Anzugsdrehmomente einzuhalten, muss man eine Stecknuss der passenden Schlüsselweite sowie einen Drehmomentschlüssel, manchmal mit einer Verlängerung, benutzen. In vielen Fällen ist es aber einfach nicht möglich

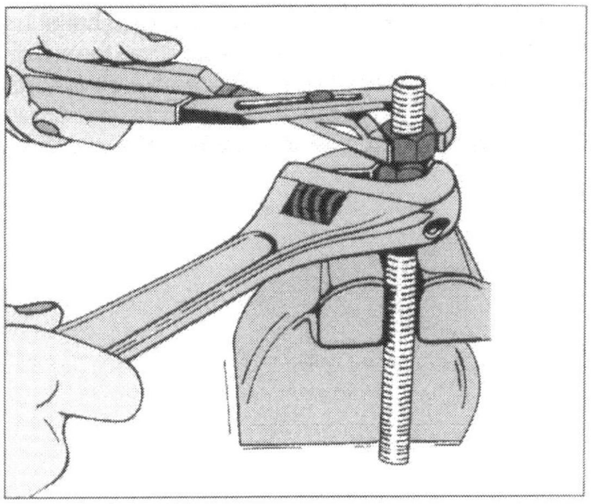

Bild 22
Stiftschrauben (Stehbolzen) werden nach Aufschrauben von zwei gegeneinander gekonterten Muttern aus- oder eingeschraubt.

an eine Schraube oder Mutter heranzukommen, um einen Drehmomentschlüssel anzusetzen, oder das Drehmoment ist zu klein, um es am Drehmomentschlüssel abzulesen. Hier heisst es das Drehmoment gut schätzen. Unter Berücksichtigung des Gewindedurchmessers der Schraubenverbindung heisst dies in der Mechanikersprache „gut anziehen", wobei Gefühl eine wichtige Rolle spielt, besonders bei Gewindedurchmessern von 6 oder 7 mm.

Für die gebräuchlichsten Schrauben- und Mutternverbindungen gelten folgende, allgemeine Drehmomente:

Gewindedurchmesser (mm)	Drehmoment (Nm)
6	10
8	25
10	49
12	85
14	135

1.8 Schmiermittel, Dichtungsmasse, „Loctite" etc.

Jeder Autohersteller empfiehlt die Verwendung von bestimmten Schmiermitteln, die während der Produktion auf das Fahrzeug abgestimmt wurden. Dies trifft ebenfalls auf die in Frage kommenden Hersteller zu und aus diesem Grund halten wir uns bei Reparaturen an die angegebenen Schmieröle, Fette und dergleichen. Die Herstelle benutzen die gleichen Dichtungsmassen, Gewindesicherungsmittel, usw.
Oft wird „Loctite" erwähnt. Bei diesem handelt es sich um eine Sicherungsflüssigkeit für Muttern- und Schraubengewinde, die ein Lösen von angezogenen Verbindungen verhindert. Obwohl im Text nur auf „Loctite" eingegangen wird, sollten Sie wissen, dass verschiedene Ausführungen zur Verfügung stehen. Ihr Ersatzteillager wird Sie über die Erhältlichkeit dieser Sicherungsmittel unterrichten.
Oftmals kommt es jedoch vor, dass andere, ebenfalls geeignete Mittel zum Sichern von Gewindeverbindungen benutzt werden. Auch hier sollten Sie in der Lage sein, dies in der Werkstatt zu erfahren.

Dichtungsmasse. Falls im Laufe der Beschreibung Dichtungsmasse erwähnt wird, erkundigen Sie sich in der Werkstatt, welches Mittel für ein bestimmtes Teil vorhanden ist, um zu gewährleisten, dass die Arbeiten einwandfrei durchgeführt werden können. Dichtungsmasse wird in vielen Fällen für Teile des Motors erwähnt, die jedoch nicht immer gleich ist, da sie manchmal zum Abdichten gegen Eintreten von Öl oder auch gegen Eindringen von Kühlmittel aufgetragen werden muss.

Die Bauteile des Motors

Um Ihnen einen kurzen Überblick über das Innenleben des Motors zu geben, führen wir die Hauptteile des Motors kurz an. Die Beschreibung gilt ebenfalls für die in den nachfolgenden Abschnitten beschriebenen Motoren.

Motorblock oder Zylinderblock. Hier sind die beweglichen Teile gelagert. Der Motorblock trägt auch Aggregate wie Lichtmaschine, Anlasser und Zündanlage. Auch als Kurbelgehäuse bekannt. Bei den „XU"-Motoren unterscheiden wir zwischen einem Motor mit „nassen" Zylinderlaufbüchsen, d.h. sie sind getrennt in den Zylinderblock eingesetzt und der Zylinderblock ist aus einer Leichtmetalllegierung hergestellt, und einem Motor mit Trockenlaufbüchsen, d.h. die Bohrungen sind in den Zylinderblock eingearbeitet. Bei den eingebauten Motoren wird ein Zylinderblock mit getrennten Laufbüchsen verwendet (1.8 Liter) oder der Motor hat Trockenlaufbüchsen (2.0-Liter-Motoren).

Zylinderkopf. Schliesst den Zylinder nach oben ab. Er enthält Kanäle für Frisch- und Abgas, Ventilsitze, Lager und Führungen für Teile der Ventilsteuerung, Zündkerzengewinde, Wasserkanäle und Brennraum. Die Zylinderkopfdichtung zwischen den Metallflächen von Zylinderkopf und Zylinderblock verhindert, dass an dieser Stelle Luft und Kühlwasser in den Zylinder gelangen. Die Nockenwelle oder die beiden Nockenwellen (16V-Motor sind ebenfalls in den Zylinderkopf eingebaut.

Zylinder. Bilden zusammen mit dem Zylinderkopf den Verbrennungsraum. Sie sind glatt ausgeschliffen (gehont) und exakt auf den Kolbendurchmesser ab gestimmt. Für die Kühlung sorgt Wasser, das durch Kanäle in der Zylinderwand fliesst. Die „nassen" Zylinderlaufbüchsen lassen sich getrennt ausbauen.

Kolben. Nehmen den Verbrennungsdruck auf und geben ihn über die Pleuel an die Kurbelwelle weiter. Die Hauptbestandteile sind Kolbenboden, Ringzone mit Kolbenringen, Schaft und Bolzenaugen. Die beiden oberen Kolbenringe (Verdichtungsringe) verhindern, dass Gas aus dem Verbrennungsraum ins Kurbelgehäuse entweicht. Der untere Ring (Ölabstreifring) führt überschüssiges Schmieröl von der Zylinderwand in die Ölwanne zurück.

Pleuel. Verbinden den Kolben mit der Kurbelwelle. Ihre Bestandteile: Pleuelkopf (umschliesst den Kolbenbolzen), Pleuelschaft, Pleuelfuss und Pleueldeckel (umschliessen den Kurbelzapfen).

Kurbelwelle. Wandelt das Auf und Ab der Kolben in eine Drehbewegung um. Ihre Teile: Wellenzapfen (für Lagerung im Kurbelgehäuse), Kurbelzapfen, Kurbelwangen (verbinden Kurbelzapfen und Wellenzapfen). Bei allen Motoren ist die Kurbelwelle an mehreren Stellen im Motorblock in auswechselbaren Gleitlagerschalen gelagert.

Ventile. Lassen Frischgas ein- und Abgas ausströmen. Sämtliche Teile, die am Öffnen und Schliessen der Ventile beteiligt sind, nennt man zusammenfassend „Ventiltrieb". Die behandelten Motoren haben entweder 8 oder 16 Ventile. Ventilspiele müssen mit Ausnahme des 16V-Motors eingestellt werden. Ventilspiele der Einlassventile 0,20 mm, der Auslassventile 0,40 mm.

Nockenwelle(n). Öffnet und schliesst die Ventile im richtigen Zeitpunkt. Jedes Ventil wird über Tassenstössel von einem Nocken betätigt. Die Nockenwelle wird bei allen behandelten Motoren über einen Zahnriemen von der Kurbelwelle angetrieben. Nockenwellen sind gekennzeichnet. Bei Erneuerung einer Welle immer eine dem Motor zugeordnete Welle einbauen.

2A.1 Aus- und Einbau des Triebwerks

2A.1.1 Ausbau

Aufgrund der verschiedenen Motoren ist es wichtig, bei Arbeiten am Motor und den damit verbundenen Teilen unter der richtigen Gruppe nachzulesen. Wie bereits erwähnt, fallen die Motoren technisch gesehen unter zwei Gruppen (drei Gruppen, wenn man den 16V-Motor dazuzählt). Verschiedene Typenbezeichnungen der einzelnen Motoren weisen in der Hauptsache darauf hin, ob der Motor zusammen mit einem Katalysator arbeitet oder keinen Katalysator hat. Die folgende Aufstellung gibt deshalb nur die Bezeichnung der Motorfamilie an:

1870 cm^2	XU7-Motor
1998 cm^2	XU10J2-Motor
1998 cm^2	XU10J4-Motor(16V)

Der Hauptunterschied zwischen den einzelnen Motoren liegt vielleicht in der Verwendung eines Aluminiumzylinderblocks mit nassen Laufbüchsen beim 1.8-Liter-Motor und der Einbau eines Gusseisenblocks bei den 2.0-Liter-Motoren. Abgesehen davon hat der 16V-Motor natürlich zwei Nockenwellen.

Obwohl Unterschiede zwischen den einzelnen Motoren vorhanden sind, werden alle XU-Motoren in diesem Kapitel behandelt, da es unmöglich ist, auf die verschiedenen Versionen einzugehen. Das Triebwerk wird als Ganzteil nach vorn aus dem Motorraum herausgehoben. Ein kräftiges Hebezeug ist eine Voraussetzung für diese Arbeit. In der Werkstatt wird dazu ein Tragtisch benutzt, auf welchen man das Triebwerk absetzt. Andernfalls das Triebwerk am Flaschenzug oder Handkran hängend nach vorn herausziehen und danach absenken.
Die Vorderseite des Fahrzeuges muss zum Ausbau auf Unterstellböcke gesetzt werden. Bei diesen Fahr-

zeugen ist es ebenfalls erforderlich das Vorderteil des Fahrzeuges auszubauen. Der folgende Text gibt in kurzen Umrissen eine generelle Beschreibung des Ausbaus, da es nicht möglich ist die Arbeiten für jedes einzelne Modell zu beschreiben. Je nach Modell sind die Arbeiten entsprechend abzuleiten.
Folgendermassen vorgehen:

- Die Radzierblenden ausbauen.
- Die Handbremse anziehen und die Muttern der beiden Antriebswellen mit einer geeigneten Stecknuss lösen, wie es in Bild 23 gezeigt ist, ohne sie vollkommen abzuschrauben.
- Die beiden Kabel der Batterie abklemmen.
- Kühlanlage, und Getriebe, falls erforderlich, entleeren.
- Das gesamte Vorderteil des Fahrzeuges in der in Bild 24 gezeigten Form ausbauen. Der Motorraum liegt jetzt in der in Bild 25 gezeigten Weise frei. Den Luftfilter (2) ausbauen und die Kühlerverkleidung zusammen mit der Lüftereinheit und dem Kühler ausbauen. Die Hersteller verwenden mehr und mehr Spezialanschlüsse und es könnte sein, dass der untere Schlauch mit einem Spezialanschluss versehen ist. In diesem Fall den Abschnitt „Kühlanlage" durchlesen, um die Arbeit erfolgreich durchzuführen. Auch die beiden Schläuche am Anschluss der Heizung sind in besonderer Weise befestigt. Aus diesem Grund soll kurz darauf eingegangen werden. In Bild 26 ist eine Sicherungsspange gezeigt, die man als Erstes herausziehen muss. Danach mit einem Schraubenzieher die Zunge (1) in Bild 27 nach rechts drücken und gleichzeitig die beiden Schläuche der Reihe nach von den Anschlüssen ziehen.
- Bei eingebautem Abgasturbolader wird der Ladeluftkühler ausgebaut, dessen Einbaulage in Bild 28 zu sehen ist. Falls das Fahrzeug eine Klimaanlage hat, kann man ebenfalls anhand dieses Bildes vorgehen. Auf keinen Fall die Anschlüsse der Klimaanlage öffnen. Zuerst den Kondensapparat und die angebrachten Schutzschilder und den Kompressor lösen. Auf der linken Seite des Fahrzeuges danach den Kondensapparat und den Kompressor ausbauen.
- Unter Bezug auf Bild 29 den Querträger (1) des vorderen Nebenrahmens ausbauen.
- Die Befestigung der Lenkhilfspumpe (2) in Bild 29 sowie den Vorratsbehälter für die Flüssigkeit (3) lösen und die Teile herausheben. *Nicht die Leitungen der Servolenkung öffnen.* Die Teile herausheben, ohne dass Flüssigkeit auf die Lackierung des Fahrzeuges tropfen kann.
- Das elektronische Steuergerät unter Bezug auf Bild 29 ausbauen (4). Auf der anderen Seite des Fahrzeuges das Steuergerät für die ABS-Anlage (5) ausbauen.
- Alle am Triebwerk angeschlossenen Schläuche, Kabel und Leitungen nach geeigneter Kennzeichnung abschliessen.
- Die Räder jetzt abschrauben. Die Radaufhängungen müssen frei herunterhängen.
- Fahrzeug vorn anheben und kräftige Unterstellböcke unter die Seiten der Karosserie untersetzen.
- Von der Unterseite des Fahrzeuges die Schaltseile am Getriebe abschliessen, die Tachometerspirale (am

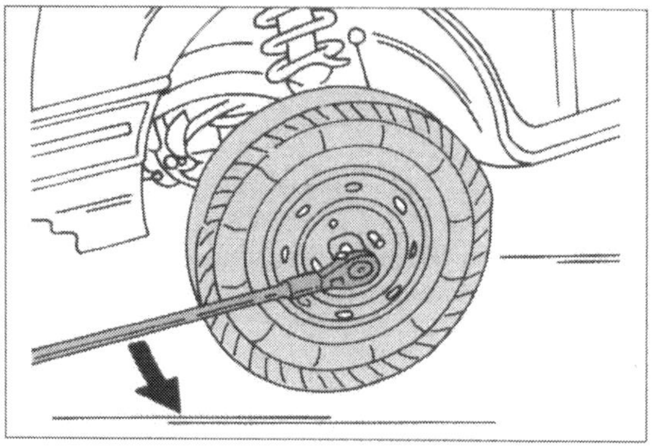

Bild 23
Lösen der Muttern für die Antriebswellen. Das Rad muss dabei auf dem Boden aufsitzen.

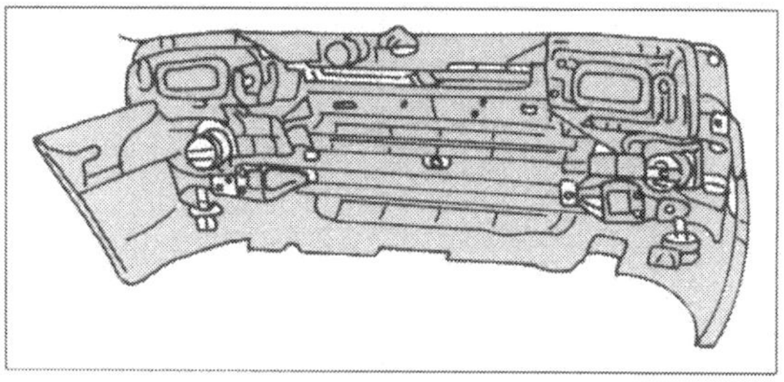

Bild 24
Das Vorderteil des Fahrzeuges wird in der gezeigten Weise als Ganzteil ausgebaut.

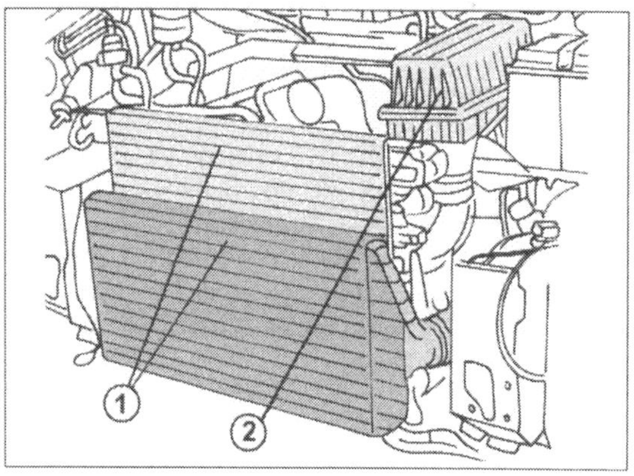

Bild 25
Nach Ausbau des in Bild 24 gezeigten Vorderteils die Lüfterverkleidung mit dem Lüfter und dem Kühler (1) ausbauen. Der Luftfilter (2) wird ebenfalls ausgebaut.

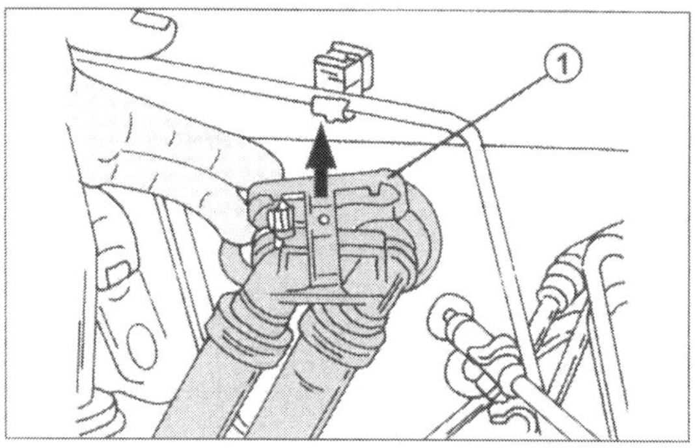

Bild 26
Die Sicherungsspange (1) in Pfeilrichtung nach oben ziehen, um die Schläuche der Heizung an der Stirnseite zu lösen.

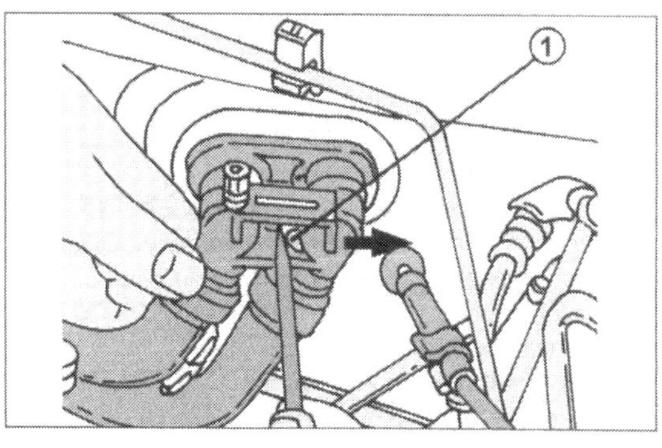

Bild 27
Die Befestigung der Heizungsschläuche an den Anschlüssen. Erst nach Drücken der Sicherungsspange in Pfeilrichtung können die Schläuche abgezogen werden.
1 Zunge

Getriebe), die Klemmschelle der Auspuffrohrverbindung lösen und das Kabel der Lambda-Sonde abschliessen.

- Bei einem Turbomotor den Regler des Turboladers von der Karosserie lösen.
- Die Antriebswellen ausbauen, wie es im betreffenden Kapitel beschrieben ist.
- Die beiden Schrauben (2) und (5) in Bild 30 entfernen und die Drehmomentstütze (3) herausnehmen.
- Elektrische Leitungen vom Getriebe abklemmen (z.B. Anlasserkabel und Kabel des Schalters der Rückfahrleuchten).
- Das Antriebsaggregat mit Ketten oder Seilen an einen Handkran oder anderes geeignetes Hebezeug hängen und das Triebwerk langsam anheben, bis man fühlen kann, dass die Ketten/Seile gut unter Spannung stehen.
- Die Aufhängungen von Motor und Getriebe lösen. Auf der einen Seite ist dies das in Bild 31 gezeigte Motorlager, die rechte Motoraufhängung ist in der unteren Ansicht gezeigt. In diesem Fall nur den Aufhängungsträger ausbauen, das Gummilager verbleibt im Fahrzeug.
- Nochmals kontrollieren, dass alle Anschlüsse getrennt wurden und den Triebwerkblock anheben und nach vorn aus dem Motorraum heben. Immer darauf achten, dass keine Anschlüsse, Leitungen, Kabel, usw. sich am Triebwerk verfangen können und dass keine Anschlüsse vergessen wurden. Das Triebwerk muss in einem bestimmten Winkel herausgehoben werden und ist entsprechend zu verdrehen.
- Nach dem Ausbau ist das Triebwerk auf einen geeigneten Motorträger, z.B. aus Holz, aufzubauen und gegen Umstürzen oder sonstige Beschädigungen zu sichern. Weiter ist das gesamte Triebwerk auf äusserliche Beschädigung und undichte Stellen, z.B. Ölspuren zu begutachten, was Hinweise auf beschädigte Teile geben kann. Danach den Motor äusserlich reinigen. Alle empfindlichen Teile abdecken.

2A.1.2 Einbau

Der Einbau des Antriebsaggregats erfolgt in umgekehrter Reihenfolge wie der Ausbau. Die folgenden Allgemeinanweisungen gelten wiederum für alle Modelle:

- Alle selbstsichernden Muttern, Sicherungsscheiben, die Öldichtringe des Achsantriebs und andere Verschleissteile immer erneuern.
- Der Motorraum ist, wie beim Ausbau beschrieben, so vorzubereiten, dass das Triebwerk leicht eingeführt werden kann.
- Alle losen Teile, Leitungen, Schläuche, usw. sind an die äusseren Wände zu binden oder mit Tesaband festzukleben.
- Anschlussbereiche gründlich reinigen und auf Roststellen usw. überprüfen.
- Vor dem Einbau des Motors darauf achten, dass die im Getriebe befindlichen Radialwellendichtringe erneuert sind. Die betreffenden Arbeiten sind beim Aus- und Einbau der Antriebswellen beschrieben. Vor dem Einbau die beiden Dichtringe leicht einölen und zwischen den Dichtlippen mit Fett einschmieren.

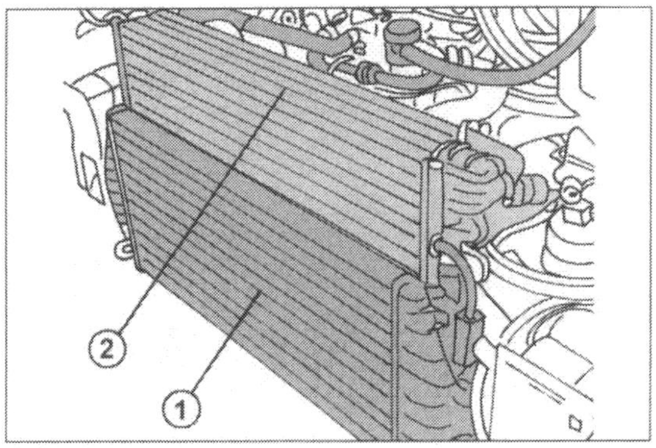

Bild 28
Der Ladeluftkühler (1) bei eingebautem Abgasturbolader und der Kondensapparat (2) bei eingebauter Klimaanlage.

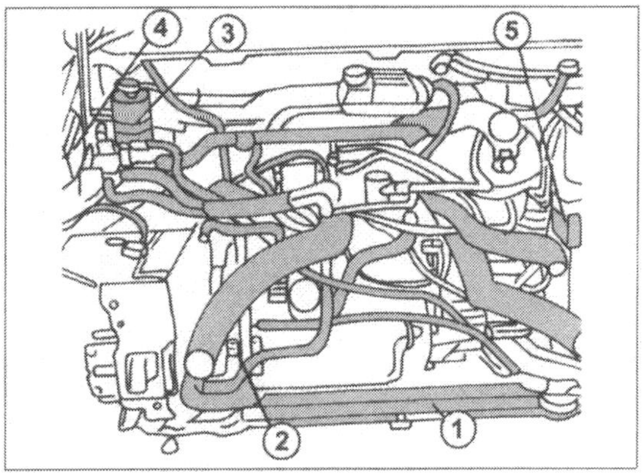

Bild 29
Die gezeigten Teile laut Anweisung ausbauen (siehe Beschreibung).

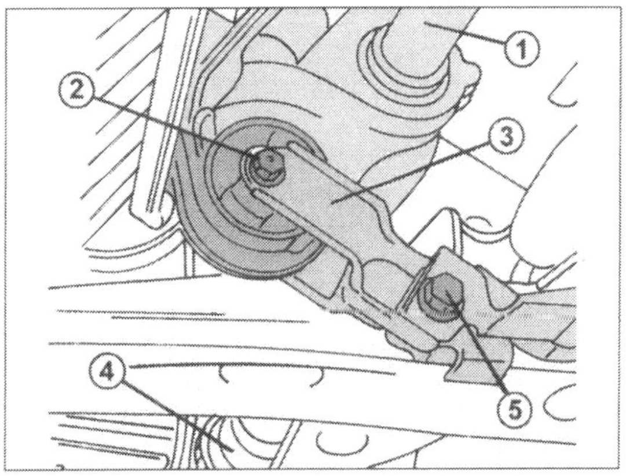

Bild 30
Befestigung der Drehmomentstutze.
1 Antriebswelle
2 Schraube, 65 Nm
3 Drehmomentstütze
4 Antriebswelle
5 Schraube, 90 Nm

- Nach dem Einbau des Triebwerks sind das Kühlmittel und das Motoröl einzufüllen. Die Füllmengen sind der Mass- und Einstelltabelle zu entnehmen.
- Triebwerk in die richtige Lage bringen, bis die Motoraufhängungen aufgerichtet sind, und die Motor/Getriebeaufhängung montieren. Das Anziehen der Triebwerkaufhängungen geschieht unter Bezug auf Bild 31. Das Gummilager (2) montieren und festschrauben. Der Bolzen des Gummilagers wird vorher mit etwas Fett eingeschmiert. Die Befestigungen (3) mit 25 Nm anziehen, die Befestigung in der Mitte (1) mit 80 Nm festziehen. Auf der rechten Seite das Aufhängungslager (6) montieren und die Befestigungen anziehen. Pos. 4 mit 65 Nm, Pos. 5 mit 45 Nm, Pos. 7 mit 60 Nm.
- Die Drehmomentstütze wieder einbauen. Schraube (5) mit 90 Nm anziehen, Schraube (2) mit 65 Nm.
- Die beiden Antriebswellen einbauen, wie es im betreffenden Kapitel beschrieben ist.
- Alle anderen Arbeiten in umgekehrter Reihenfolge wie beim Ausbau durchführen. Zur Überprüfung der

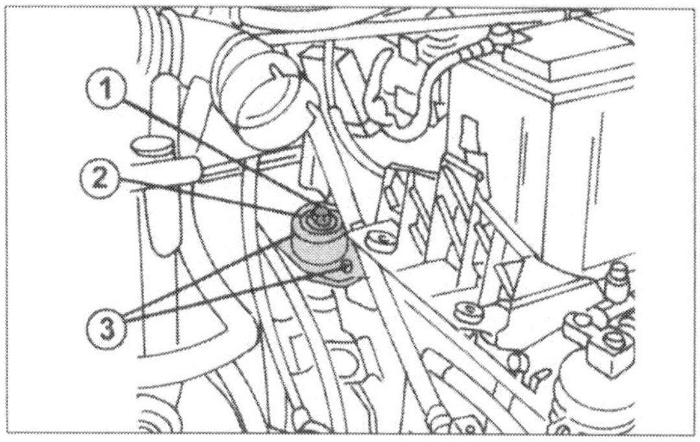

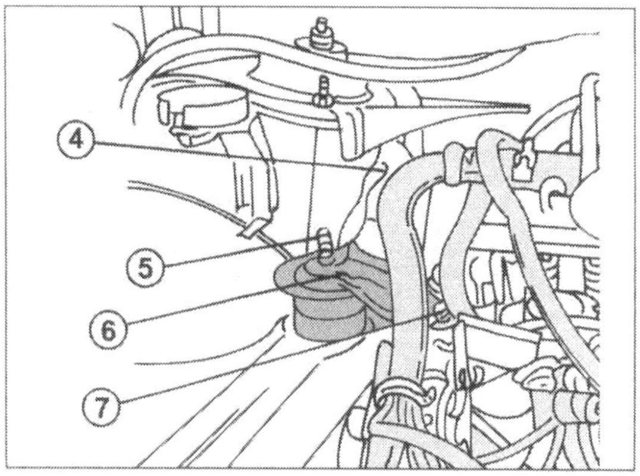

Bild 31
Die Triebwerkaufhängungen auf der linken und rechten Seite.
1 Mutter, 80 Nm
2 Motorgummilager
3 Schrauben, 25 Nm
4 Schrauben, 65 Nm
5 Mutter, 45 Nm
6 Rechtes Aufhängungslager
7 Schrauben, 60 Nm

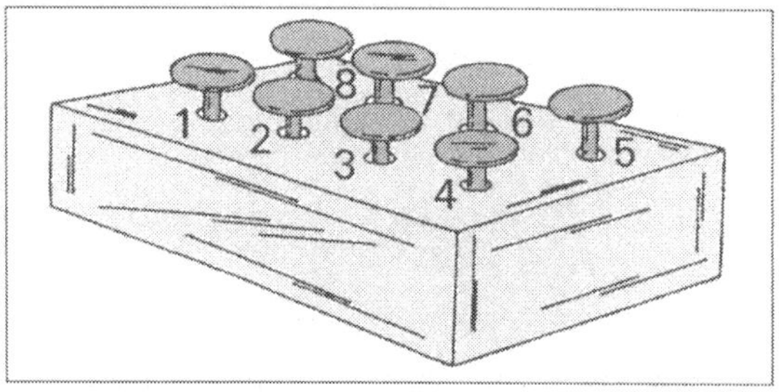

Bild 32
Ventile können in der gezeigten Weise durch den Boden einer umgekehrten Pappschachtel gestossen werden.

Kühlerdichtheit ist die Kühlanlage mit einer handelsüblichen Kühlerpumpe zu überprüfen. Hierbei vor allem die Anschlussschellen und die Anschlussenden der Schläuche beobachten, ob dort Wasser austritt.

- Ölstand mittels Ölmessstab überprüfen.
- Batterieanschlüsse auf Korrosionsfreiheit und festen Sitz überprüfen.
- Einwandfreie Arbeitsweise der Schaltung und Kupplung während einer kurzen Probefahrt kontrollieren.

2A.2 Zerlegung des Motors

Vor Beginn der Arbeiten sind alle Aussenflächen des Motors gründlich zu reinigen. Alle Öffnungen des Motors vorher mit einem sauberen Putzlappen abdecken, damit keine Fremdkörper in die Innenseite des Motors gelangen können.

Das Zerlegen des Motors wird in Einzelheiten weiter hinten beschrieben und wird unter der Überschrift „Reparatur und Überholung" zusammengefasst. Auf diese Weise können wir Arbeiten beschreiben, die entweder bei eingebautem oder ausgebautem Motor durchgeführt werden können, ohne dass bestimmte Zerlegungsarbeiten zweimal beschrieben werden. Falls eine komplette Zerlegung durchgeführt werden soll, braucht man nur die einzelnen Arbeitsgänge miteinander zu kombinieren, und zwar in der angeführten Reihenfolge. Die beiden Benzin-Motorengruppen sind zwecks leichterer Verständlichkeit getrennt beschrieben.

Im Allgemeinen sollte man beim Zerlegen daran denken, dass alle sich bewegenden oder gleitenden Teile vor dem Ausbau zu zeichnen sind, um sie wieder in der ursprünglichen Lage einzubauen, falls sie wieder verwendet werden. Dies ist besonders bei Kolben, Ventilen, Lagerdeckeln und Lagerschalen wichtig und gilt bei allen Motoren. Die Teile so ablegen, dass man sie nicht durcheinander bringen kann.

Lager- und Dichtflächen auf keinen Fall mit einer Reissnadel oder gar Schlagzahlen zeichnen. Farbe eignet sich am besten zur Kennzeichnung. Ventile lassen sich am besten durch den Boden einer umgekehrten Pappschachtel stossen, sodass man die Ventilnummer daneben schreiben kann. Bild 32 zeigt die Anordnung bei ausgebauten Ventilen bei einem 8V-Motor.

Viele Teile sind aus Aluminium hergestellt und sind dementsprechend zu behandeln. Falls Hammerschläge zum Trennen bestimmter Teile erforderlich sind, nur einen Gummi-, Plastik- oder Hauthammer verwenden.

Falls ein vorschriftsmässiger Montagestand nicht zur Verfügung steht, ist es am besten, wenn man sich geeignete Holzblöcke zurechtschneidet, auf welchen der Motor so aufgesetzt werden kann, dass man Zugang zur Ober- und Unterseite des Motors erhält. Der Zylinderkopf kann nach dem Ausbau mit einem Metallbügel, an den Stiftschrauben des Ansaugkrümmers angeschraubt, in einen Schraubstock eingespannt werden. Der folgende Text beschreibt zuerst den Ausbau des Zylinderkopfes, da diese Arbeit im Leben Ihres Fahrzeuges bestimmt einmal notwendig wird. Dabei dem in Frage kommenden Motor folgen.

2A.2.1 Aus- und Einbau des Zylinderkopfes

Der Aus- und Einbau des Zylinderkopfes dieser Motoren bringt keine Schwierigkeiten mit sich, jedoch ist ein Spezialmessgerät zum vorschriftsmässigen Spannen des Zahnriemens erforderlich. Falls man dieses nicht besitzt, muss man die Spannung des Zahnriemens vor dem Ausbau genau kontrollieren. Indem man den Riemen mit gutem Daumendruck nach innen drückt, kann man den zurückgelegten Weg des Riemens mit einem Messlineal messen. Während dem Einbau kann man dann den Riemen wieder spannen, um die gleiche Spannung herzustellen.

Zum Feststellen von Kurbelwelle und Nockenwelle oder beider Nockenwellen beim 16V-Motor sind Sperrstifte erforderlich, die in einer bestimmten Motorstellung in die Nockenwelle(n) und die Kurbelwelle einzuschieben sind, damit sich der Motor nicht durchdrehen kann. Die Arretierstifte sind in Bild 33 gezeigt. Zum Sperren kann man auch Rundmaterial eines Durchmessers von 8 oder 10 mm benutzen. Wiederum ist der Durchmesser nicht bei allen Motorenausführungen gleich. Wichtig ist, dass man den richtigen Durchmesser bestimmt. Die rechte Seite des Fahrzeuges sollte aufgebockt werden, um in der Innenseite des Radkastens zu arbeiten. Aufgrund der Ausführungen mit 8 und 16 Ventilen ist es nicht möglich auf alle Einzelheiten einzugehen. Die folgenden Angaben sind nur in Stichwortform gegeben und sind wie erforderlich durchführen.

- Stromkabel der Batterie abklemmen. Kabel von der Batterie wegdrücken, damit es nicht auf den Batteriepol zurückspringen und Kurzschlüsse herstellen kann. Denken Sie daran, dass der Diebstahl-Sicherheitscode für das Radio zur Hand sein muss, falls das Radio diesen benötigt.
- Kühlanlage ablassen. Dazu ist es am besten den unteren Kühlerschlauch vom Kühlerstutzen abzuschliessen. Das Kühlmittel in einem geeigneten Behälter auffangen, falls das Frostschutzmittel noch gut aussehen sollte.
- Den Antriebsriemen der Aggregate, wie es unter getrennter Überschrift beschrieben wird.
- Vorderrad und Spritzblech in der Innenseite des Fahrzeuges abschrauben.
- Zündkerzen ausschrauben, um das Durchdrehen des Motors zu erleichtern.
- Alle Leitungen und Kabel nach Kennzeichnung zwischen Zylinderkopf und Karosserie oder Zylinderkopf und Zylinderblock abschliessen. Das Gleiche trifft auf angeschlossene Schläuche zu.
- Den Luftfilter und das Ausgleichsgefäss der Kühlanlage ausbauen. Bei einem Motor mit 16 Ventilen sieht dies wie in Bild 34 gezeigt aus. Ebenfalls bei diesem Motor die Zündspuleneinheit (3) ausbauen.
- Das Auspuffrohr vom Auspuffkrümmer abschrauben.

Bei einem Motor mit Abgasturbolader

- Die in Bild 35 gezeigten Teile ausbauen. Dies sind Schläuche (1) und (2), die Leitung (3) und (4) und das Wärmeschutzschild (5). Die vier Befestigungsmuttern des Abgasturboladers vom Auspuffkrümmer lösen. Die Einlass- und Auslassöffnungen des Abgasturboladers in geeigneter Weise gegen Eindringen von Schmutz verschliessen.
- Alle am Ansaugsammelrohr angeschlossenen Kabelstränge, Leitungen, Kabel usw. von den Befestigungsclips lösen und vom Sammelrohr abnehmen.

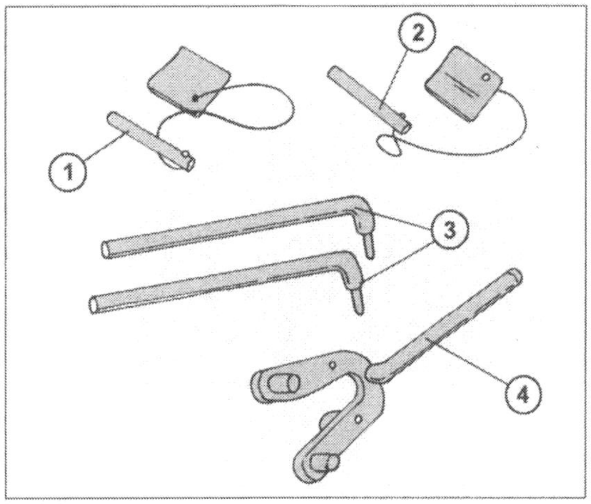

Bild 33
Die gezeigten Werkzeuge sind beim Aus- und Einbau des Zylinderkopfes praktisch.
1 Sperrbolzen zur Feststellung der Nockenwelle(n)
2 Sperrbolzen zur Feststellung der Kurbelwelle
3 Abgewinkelte Hebel zum Herunterheben des Zylinderkopfes
4 Gegenhalter für Steuerrad der Nockenwellen(n)

Das Ansaugsammelrohr abschrauben und vom Kopf abdrücken. Öffnungen in geeigneter Weise verschliessen.

Bei allen Motoren mit 8 Ventilen

- Die Kurbelwelle durchdrehen, bis die Nockenwelle in der in Bild 36 gezeigten Stellung steht. In dieser Stellung den Arretierbolzen (1) in das Nockenwellenrad einschieben (10 mm). Der Bolzen greift durch das Steuerrad in eine Bohrung dahinter ein. An der Kurbelwellenriemenscheibe wird man ebenfalls eine Bohrung sehen. In diese den anderen Arretierbolzen einschieben, um die Kurbelwelle damit zu sperren. Die Spezialbolzen sind unterschiedlich für das Nockenwellenrad und das Kurbelwellenrad. Der von Citroën-Werkstätten benutzte Bolzen trägt die Nummer 7004T oder 7014T für das Nockenwellenrad und 7014T.N. für das Kurbelwellenrad. Bei Verwendung anderer Bolzen nicht einen 8-mm-Bolzen in das 10-mm-Loch einschieben.
- *Bei einem Motor mit 16 Ventilen* geschieht *die* Arbeit in ähnlicher Weise, jedoch ist der Motor durchzudrehen, bis die beiden Nockenwellenräder und die Riemenscheibe der Kurbelwelle in der in Bild 37 gezeigten Stellung stehen. In dieser Stellung die beiden Arretierstifte (3) und (4) in die Nockenwellenräder und durch die Riemenscheibe der Kurbelwelle einschieben. Vorher jedoch die unten erwähnten Arbeiten durchführen.
- Den Zahnriemen jetzt ausbauen, wie es für den betreffenden Motor beschrieben ist.

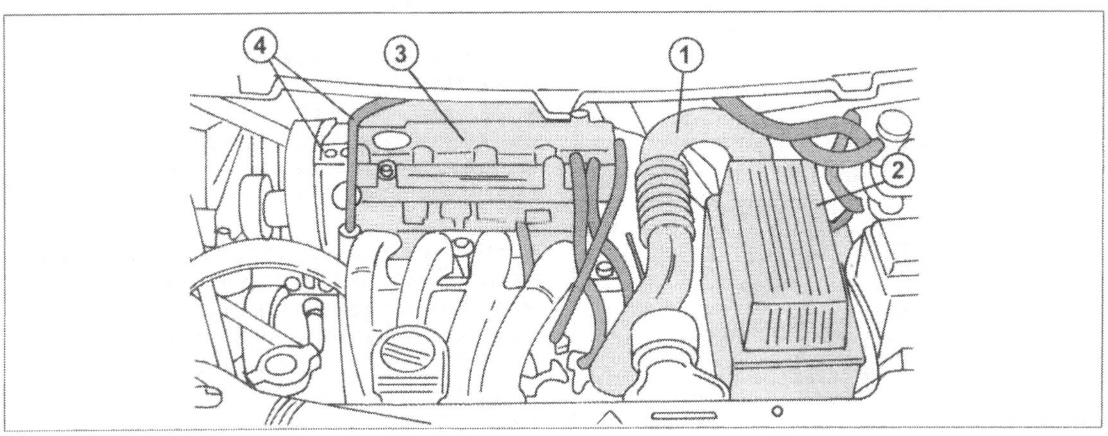

Bild 34
Ansicht des Motorraums bei einem 16V-Motor.
1 Luftansaugschlauch
2 Luftfiltergehäuse
3 Zündspuleneinheit
4 Zylinderkopfhauben

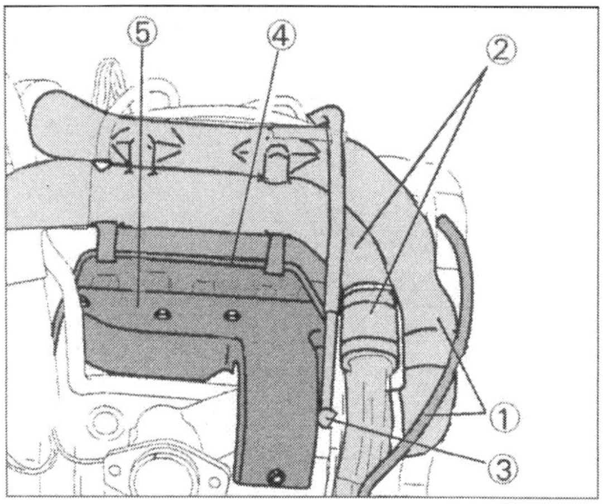

Bild 35
Bei einem Turbomotor die im Text genannten Teile abmontieren.

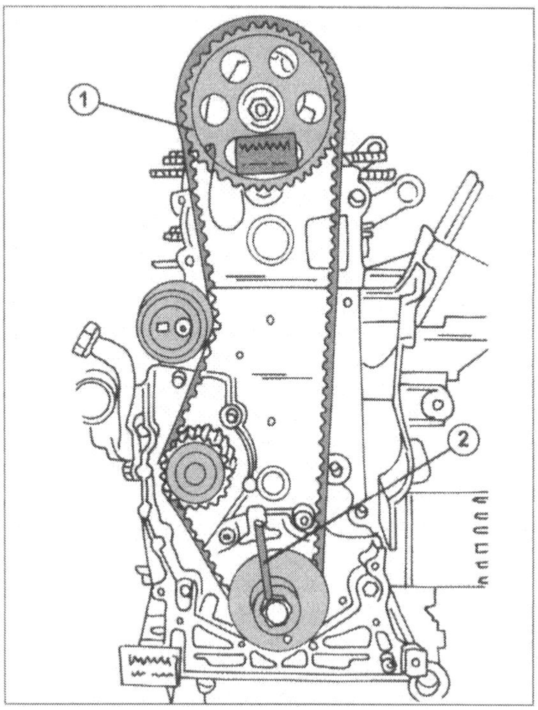

Bild 36
Ansicht des Motors mit 8 Ventilen von der Stirnseite.
1 Arretierbolzen des Nockenwellenrades hier einsetzen
2 Arretierbolzen der Kurbelwelle hier einsetzen

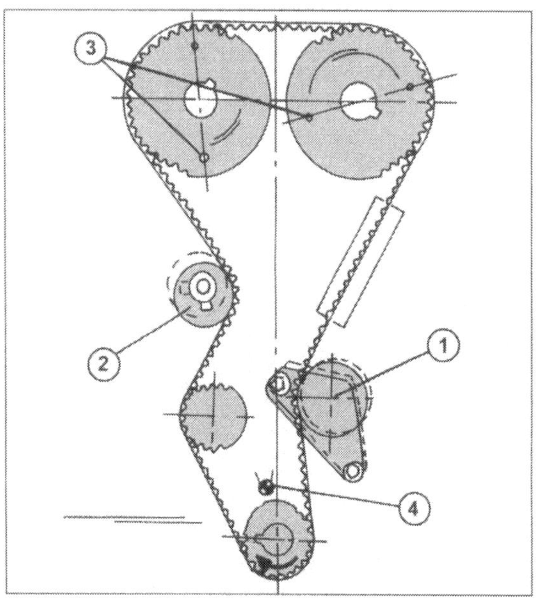

Bild 37
Ansicht des Zahnriemens und der Ventilsteuerung beim 16V-Motor.
1 Riemenspannrolle
2 Riemenspannrolle
3 Arretierbolzen der Nockenwellenräder
4 Arretierbolzen der Kurbelwelle

- Die Zylinderkopfschrauben in umgekehrter Reihenfolge zu den gezeigten Anzugsdiagrammen in mehreren Durchgängen lockern und herausziehen. Der Zylinderkopf kann jetzt heruntergehoben werden. Falls man einen Handkran oder ein anderes geeignetes Hebezeug zur Verfügung hat, kann man diesen zusammen mit Ketten an den Hebeösen des Zylinderblocks anhängen und den Kopf damit herunterheben. In der Werkstatt werden dazu zwei abgekröpfte Hebeeisen benutzt, welche in zwei der Bohrungen für die Zylinderkopfschrauben eingesetzt werden. Falls man sich diese selbst aus Eisenstangen zurechtbiegen kann, lässt sich der Zylinderkopf in der später in Bild 40 gezeigten Weise vom Zylinderblock herunterheben. Den Kopf hin- und herwackeln, bis die Verbindung zur Zylinderkopfdichtung freigegeben wird. Den Kopf nicht gerade nach oben herausheben, da es andernfalls sein kann, dass die Zylinderlaufbüchsen am Kopf kleben bleiben.
- Die Zylinderkopfdichtung abnehmen.

Bei einem Motor mit 16 Ventilen

- Die beiden Zylinderkopfhauben von der Aussenseite zur Mitte zu gleichmässig in mehreren Durchgängen lockern und die beiden Hauben (4) in Bild 34 abnehmen.
- Unter Bezug auf Bild 38 den Kabelstrang der Einspritzventile von den Clips befreien und abschliessen. Das Kraftstoffverteilerrohr (1) auf eine Seite schieben, ohne die Kraftstoffleitungen (6) abzuschliessen. Die Muttern (3) entfernen und das Ansaugsammelrohr zusammen mit dem Drosselklappengehäuse abschrauben und abnehmen.
- Die beiden Schnellverschlüsse der Schlauchanschlüsse (4) und (5) lösen und die Schläuche abziehen.
- *Beim Motor mit „nassen" Zylinderlaufbüchsen* alle vier Laufbüchsen in der in Bild 39 gezeigten Weise mit den Haltebriden am Zylinderblock festklemmen, damit sich die Laufbüchsen nicht anheben können.

Der Einbau des Zylinderkopfes geschieht in umgekehrter Reihenfolge wie der Ausbau. Der folgende Text beschreibt nur das Anziehen der Zylinderkopfschrauben. Ein „Torx 55"-Schlüsseleinsatz, eine damit zu verwendende Stecknuss sowie eine Gradanzeigescheibe sind zum Anziehen erforderlich. Beim Anziehen der Schrauben unbedingt unter dem betreffenden Motor nachlesen.

2.0-Liter-Motor, 8 Ventile (XU10J2 und XU10J2/TE)

- Die Länge der Zylinderkopfschrauben zwischen der Unterseite des Schraubenkopfes und dem Ende der Schraube ausmessen. Schrauben, bei denen das Mass länger als 124,5 mm ist, müssen erneuert werden.
- Eine neue Zylinderkopfdichtung über den Zylinderblock auflegen. Die Dichtung muss anhand der Motornummer bezogen werden. Die Dichtung wird in trockenem Zustand aufgelegt. Kontrollieren, dass die beiden Passhülsen in den Ecken des Zylinderkopfes sitzen. Die Zunge der Zylinderkopfdichtung kommt auf die Schwungradseite.

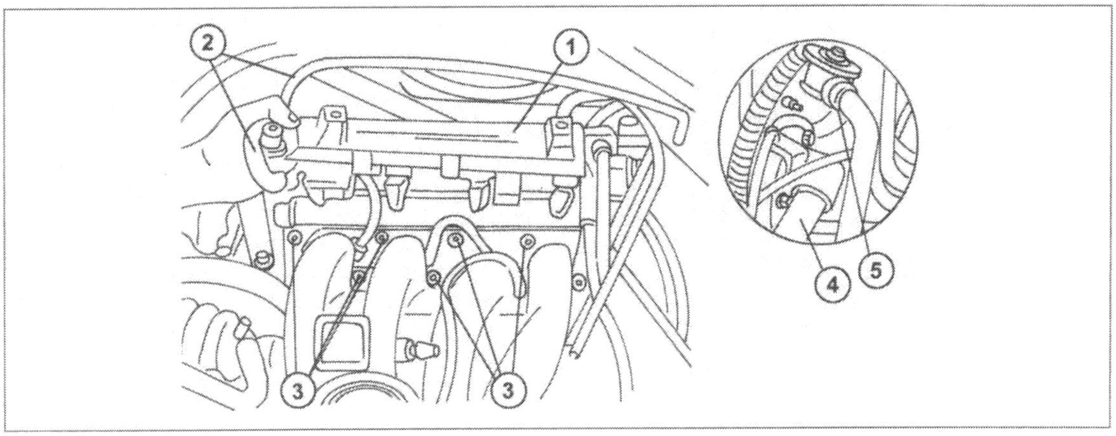

Bild 38
Einzelheiten zum Aus- und Einbau des Zylinderkopfes bei einem 16V-Motor. Auf die Zahlen wird im Text eingegangen.

- Gewinde der Schrauben und die Unterseite der Schraubenköpfe einölen.
- Den Zylinderkopf aufsetzen. Das Steuerrad der Nockenwelle sollte noch arretiert sein. Andernfalls muss es vorher mit dem Bolzen arretiert werden. Falls man die beiden genannten, abgekröpften Hebel benutzt, kann der Kopf in der in Bild 40 (oben) gezeigten Weise aufgesetzt werden. Die 10 Schrauben einschieben. Die Schrauben von innen nach aussen vorgehend fingerfest anziehen.
- Die Schrauben unter Bezug auf die Anzugsreihenfolge von Bild 40 auf ein Drehmoment von 35 Nm anziehen. Nur den angegebenen „Torx 55"-Steckeinsatz benutzen, um die Schraubenköpfe nicht zu beschädigen.
- In der in Bild 40 gezeigten Reihenfolge die Schrauben mit 70 Nm anziehen.
- Die Schrauben jetzt entsprechend Bild 40 im Winkelanzug nachziehen. Der anzustrebende Winkel beträgt 160°. Falls eine wie in Bild 41 gezeigte Gradscheibe zur Verfügung steht, ist das Anziehen eine einfache Angelegenheit, d.h. nach Einsetzen des Steckeinsatzes die Schrauben anziehen, bis der Drahtzeiger auf der 160°-Marke steht. Falls ein derartiges Werkzeug nicht zur Verfügung steht, muss man von der Tatsache ausgehen, dass 180° eine halbe Umdrehung darstellen. Zur Hilfe kann man einen 90°-Winkel zeichnen und in 6 gleiche Sektoren teilen. Ein Sektor davon stellt ca. 15° dar, welchen man von der halben Umdrehung abziehen muss (etwas mehr, um die 160° zu erhalten). Etwas kompliziert vielleicht, jedoch das Beste, was wir ohne Verwendung der Gradscheibe anbieten können. Den Zylinderkopf nach dem ursprünglichen Anziehen nicht bei warmem Motor oder nach einer bestimmten Fahrstrecke nachziehen.
- Den Zahnriemen wieder montieren, wie es für diesen Motor beschrieben wird, und alle ausgebauten Teile wieder montieren.

16V-Motor

- Die Länge der Zylinderkopfschrauben zwischen der Unterseite des Schraubenkopfes und dem Ende der Schraube ausmessen. Schrauben welche länger als 112 mm sind müssen erneuert werden.
- Eine neue Zylinderkopfdichtung über den Zylinderblock auflegen. Die Dichtung muss anhand der Motornummer bezogen werden. Die Dichtung wird in trockenem Zustand aufgelegt. Kontrollieren, dass die beiden Passhülsen in den Ecken des Zylinderkopfes sitzen. Die Zunge der Zylinderkopfdichtung kommt auf die Schwungradseite.

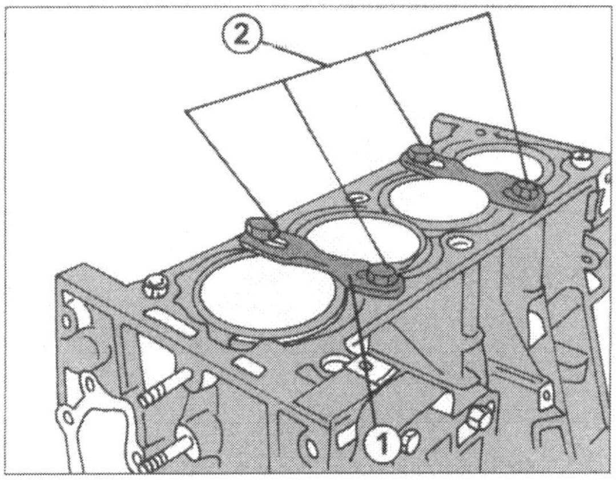

Bild 39
Die Zylinderlaufbüchsen können mit zwei Klemmbriden (1) am Zylinderblock (2) festgeschraubt worden (1.8 Liter).

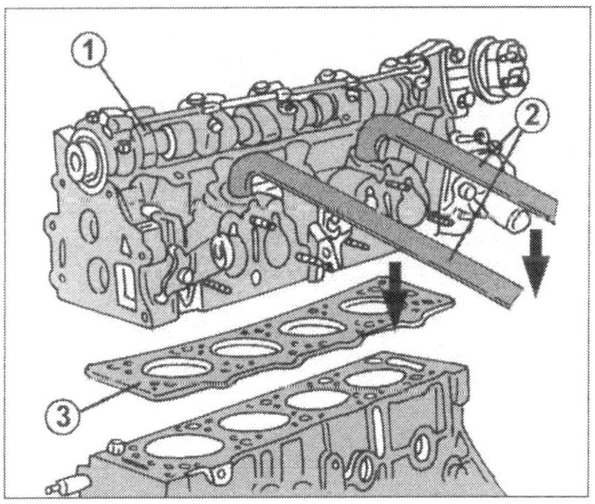

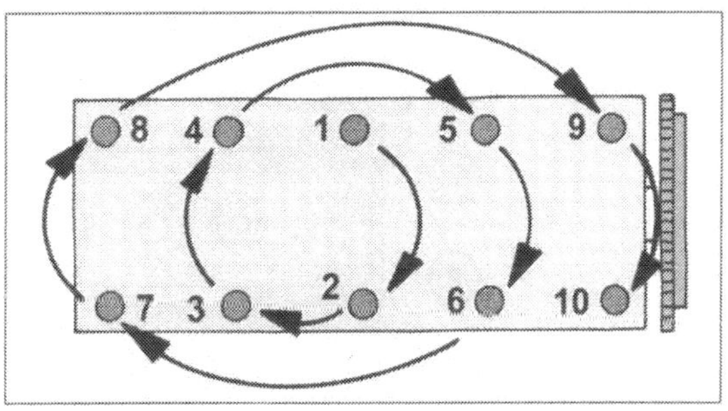

Bild 40
Das obere Bild zeigt das Herunterheben oder Aufsetzen eines Zylinderkopfes. In der unteren Ansicht ist die Reihenfolge zum Anziehen der zehn Schrauben des Zylinderkopfes zu sehen.
1 Zylinderkopf
2 Abgekröpfte Hebel
3 Zylinderkopfdichtung

Bild 41
Eine Gradscheibe der gezeigten Form wird zum Winkelanzug der Zylinderkopfschrauben benutzt.

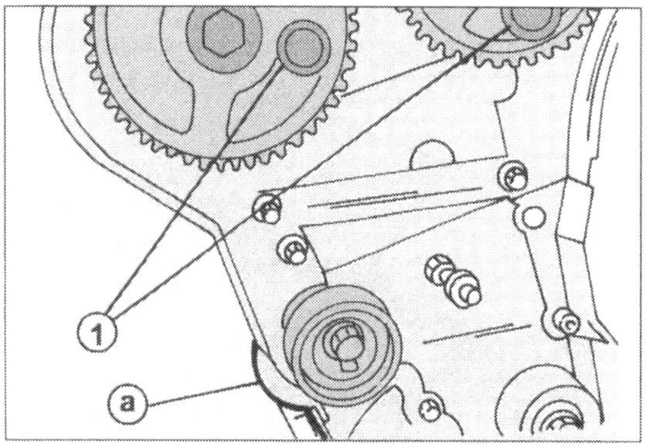

Bild 42
Die beiden Arretierbolzen (1) müssen an den gezeigten Stellen in die Steuerräder der Nockenwellen eingeschoben sein. Das Ende „a" des Riemenschutzdeckels an der gezeigten Stelle in Eingriff bringen.

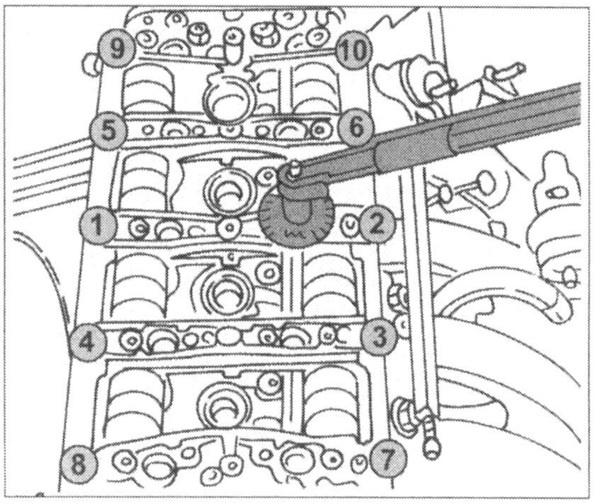

Bild 43
Anzugsreihenfolge zum Anziehen der Zylinderkopfschrauben bei einem 16V-Motor. Im Bild ist die Gradscheibe unter der Stecknuss angesetzt.

- Gewinde der Schrauben und die Unterseite der Schraubenköpfe einölen.
- Den Zylinderkopf aufsetzen. Das Steuerrad der Nockenwelle sollte noch arretiert sein, wie es aus Bild 42 ersichtlich ist. Andernfalls muss es vorher mit dem Bolzen arretiert werden. Die 10 Schrauben einschieben. Die Schrauben von innen nach aussen vorgehend fingerfest anziehen.
- Die Schrauben unter Bezug auf die Anzugsreihenfolge von Bild 43 auf ein Drehmoment von 35 Nm anziehen. Nur den angegebenen „Torx 55"-Steckeinsatz benutzen, um die Schraubenköpfe nicht zu beschädigen.
- In der in Bild 43 gezeigten Reihenfolge die Schrauben mit 70 Nm anziehen.
- Die Schrauben jetzt entsprechend Bild 43 im Winkelanzug nachziehen. Der anzustrebende Winkel beträgt 160°. Dies geschieht in gleicher Weise, wie es beim Motor mit 8 Ventilen beschrieben wurde. Den Zylinderkopf nach dem ursprünglichen Anziehen nicht bei warmem Motor oder nach einer bestimmten Fahrstrecke nachziehen.
- Den Zahnriemen wieder montieren, wie es für diesen Motor beschrieben wird, und alle ausgebauten Teile wieder montieren.

Die Zylinderkopfhauben müssen jetzt in der in Bild 44 gezeigten Reihenfolge angezogen werden. Um Verzug der Hauben zu vermeiden, muss man der angegebenen Reihenfolge genau folgen:

- Alle Schrauben von (1) bis (11) mit einem Anzugsdrehmoment von 13 Nm anziehen.
- Schrauben (4a) und (5a) mit 2 Nm anziehen.
- Schrauben (12) und (13) mit 15 Nm anziehen.
- Zündspule montieren und mit 10 Nm anziehen.
- Alle Leitungen, Kabel und Kabelstränge am Zylinderkopf befestigen.
- Auspuffrohr am Auspuffkrümmer anschrauben.
- Das Kraftstoffverteilerrohr mit den Einspritzventilen am Kopf montieren.

XU7-Motor (1.8-Liter-Motor)

- Die Haltebriden der Laufbüchsen entfernen.
- Die Dichtflächen am Zylinderblock und am Motorblock mit Reinigungsmittel für Dichtflächen behan-

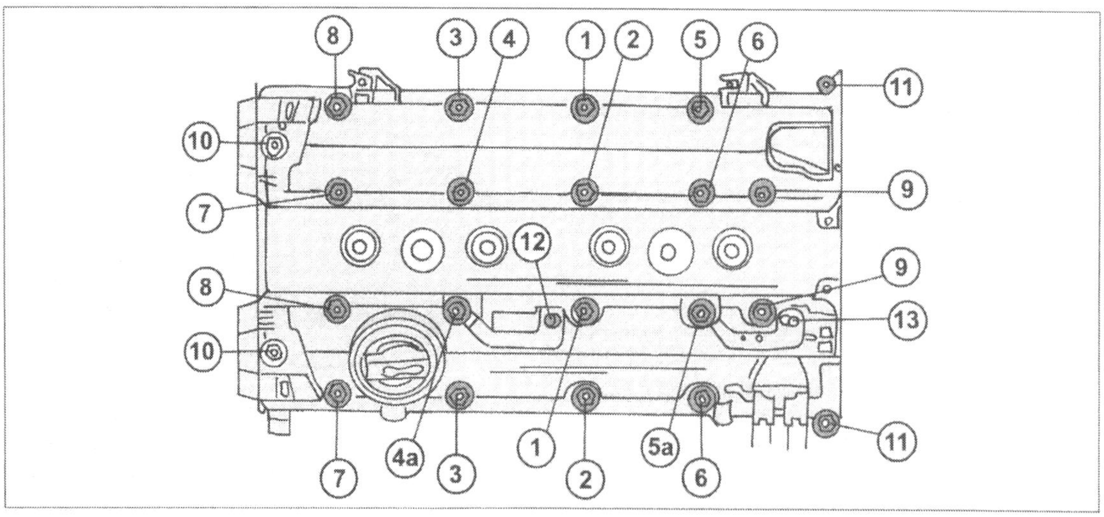

Bild 44
Reihenfolge zum Anziehen der beiden Zylinderkopfhauben eines Motors mit 16 Ventilen.

deln. Die Dichtflächen dürfen keinesfalls mit einem harten Schaber oder mit Schleifpapier gereinigt werden.

- Nötigenfalls das Überstehmass der Zylinderlaufbüchsen ausmessen.

Beim Einbau des Zylinderkopfes folgendermassen vorgehen:

- Eine neue Zylinderkopfdichtung über den Zylinderblock auflegen. Die Dichtung muss anhand der Motornummer bezogen werden. Dichtungen stehen in Normalgrösse oder Reparaturgrösse zur Verfügung. Die Dichtung wird in trockenem Zustand aufgelegt.
- Die Länge der Schrauben zwischen der Unterseite der Schraubenköpfe bis zum Ende des Gewindes ausmessen. Alle Schrauben die länger als 176,5 mm sind, müssen erneuert werden.
- Gewinde und Unterseite der Schrauben einölen und über jede Schraube eine Scheibe stecken.
- Zylinderkopf aufsetzen und die 10 Schrauben einschieben. Die Schrauben von innen nach aussen vorgehend fingerfest anziehen.
- Die Schrauben unter Bezug auf die Anzugsreihenfolge von Bild 40 auf ein Drehmoment von 60 Nm anziehen. Nur den angegebenen „Torx 55"-Steckeinsatz benutzen, um die Schraubenköpfe nicht zu beschädigen.
- Alle Schrauben von aussen nach innen wieder vollkommen lockern.
- In der in Bild 40 gezeigten Reihenfolge die Schrauben mit 20 Nm anziehen.
- Die Schrauben jetzt entsprechend Bild 40 im Winkelanzug nachziehen. Der anzustrebende Winkel beträgt 300°. Falls eine wie in Bild 41 gezeigte Gradscheibe zur Verfügung steht, ist das Anziehen eine einfache Angelegenheit, d.h. nach Einsetzen des Steckeinsatzes die Schrauben anziehen, bis der Drahtzeiger auf der 300°-Marke steht. Falls ein derartiges Werkzeug nicht zur Verfügung steht, muss man von der Tatsache ausgehen, dass 270° eine Dreivierteldrehung darstellen. Zur Hilfe kann man einen 90°-Winkel zeichnen und in 6 gleiche Sektoren teilen. Zwei Sektoren davon stellen 30° dar, welche man zur Dreiviertelumdrehung hinzurechnen muss. Etwas kompliziert vielleicht, jedoch das Beste, was wir ohne Verwendung der Gradscheibe anbieten können.

Der Zylinderkopf braucht nach dem ursprünglichen Anziehen nicht bei warmem Motor oder nach einer bestimmten Fahrstrecke nachgezogen werden. Den Zahnriemen wieder montieren, wie es für diesen Motor beschrieben wird, und alle ausgebauten Teile wieder montieren.

2A.2.2 Komplette Zerlegung des Motors

Bei ausgebautem Motor und demontiertem Zahnriemen geschieht die weitere Zerlegung in der unten beschriebenen Reihenfolge für den betreffenden Motor.

XU10-Motoren

Bei der folgenden Beschreibung wird davon ausgegangen, dass der Motor vollkommen zusammengebaut ist. Auf die Unterschiede zwischen einem Motor mit 8 Ventilen oder 16 Ventilen achten. Im Allgemeinen sind die Beschreibungen auf dem Motor mit 8 Ventilen aufgebaut.

- Motoröl ablassen.
- Alle am Zylinderkopf angeschraubten Motornebenteile abmontieren.
- Das Schwungrad in geeigneter Weise gegenhalten. Dazu eine Sperre am Motor anschrauben, wie es in Bild 45 gezeigt ist, oder einen kräftigen Schraubendreher in die Zähne des Anlasserkranzes einsetzen. An der Stirnseite des Motors die Schraube in der Innenseite der Kurbelwellenriemenscheibe lösen, die Schraube mit Scheibe herausnehmen und die Riemenscheibe von der Welle herunterziehen (falls nötig mit Reifenhebeln).
- Die in Bild 46 gezeigten Teile abmontieren. Dies sind die beiden Hälften des Zahnriemenschutzdeckels (4), das Ölmessstabrohr (1) aus dem Zylinderblock herausziehen, das Wassereinlassgehäuse (2) und den Auspuffkrümmer (3).
- Ölfilter mit einem Filterschlüssel abschrauben. Falls keiner zur Verfügung steht, einen kräftigen Schraubendreher durch den Filter schlagen und ihn mit dem Griff abdrehen. Der Filter muss immer erneuert werden, es spielt also keine Rolle, falls er beschädigt wird.
- Solange das Schwungrad noch gegengehalten wird, die Schrauben der Kupplung über Kreuz lösen. Vor Ausbau der Kupplung das Schwungrad und die Kupplung mit einem Körner kennzeichnen, damit die

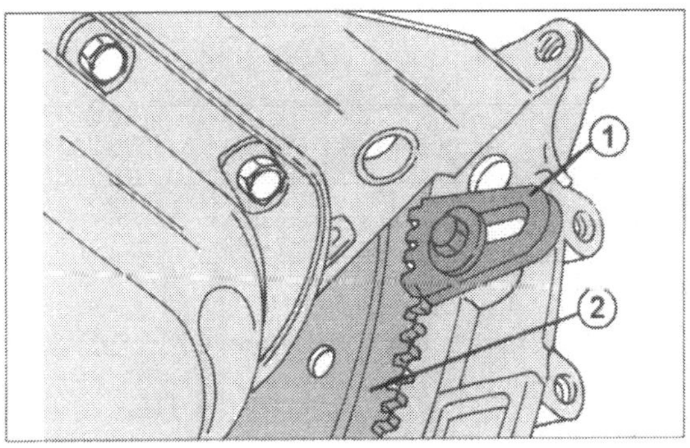

Bild 45
Das Schwungrad (2) kann mit einem Zahnsegment, ebenfalls als „Schwungradbremse" (1) bekannt, gegen Mitdrehen gegengehalten werden.

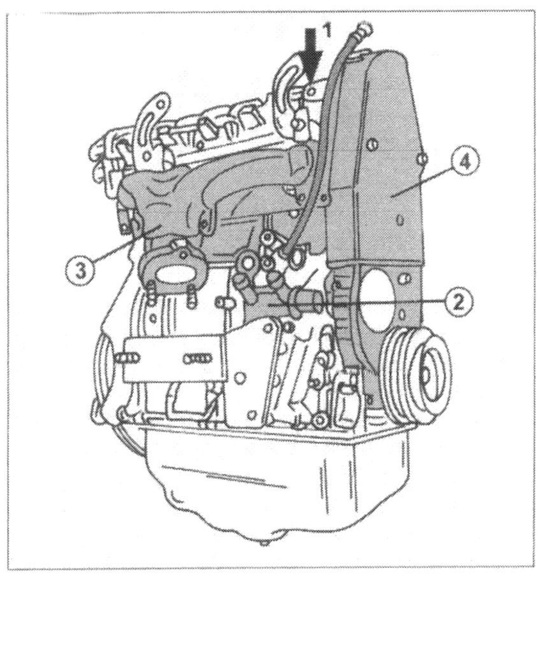

Bild 46
Zur Zerlegung des Motors. Auf die Zahlen wird im Text verwiesen.

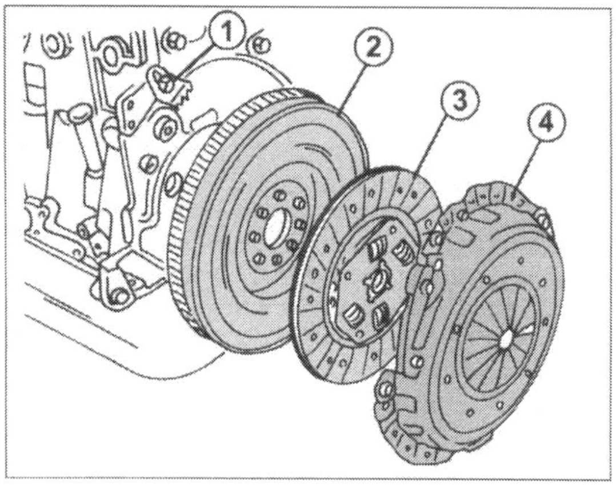

Bild 47
Zum Ausbau der Kupplung und des Schwungrades.
1 Schwungradsperre
2 Schwungrad
3 Mitnehmerscheibe
4 Kupplung

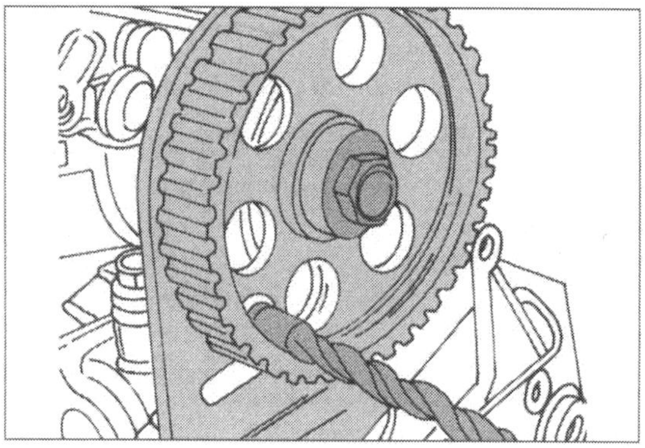

Bild 48
Beim Lösen der Schraube des Nockenwellenrades kann man einen Spiralbohrer in der gezeigten Weise einsetzen.

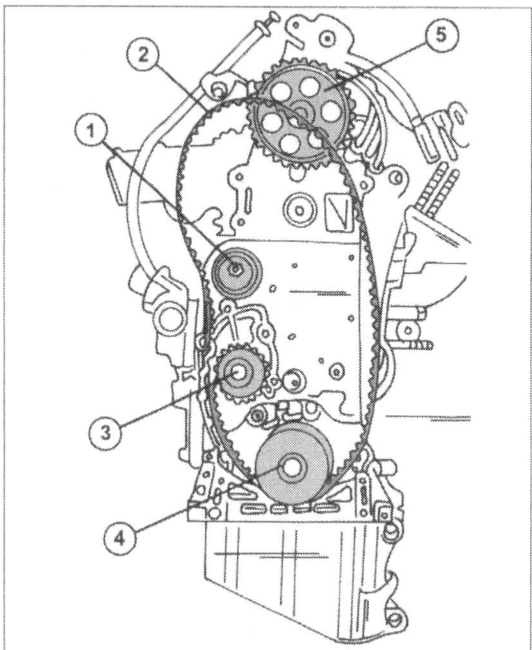

Bild 49
Ansicht der Stirnseite des XU10-Motors beim Abnehmen des Zahnriemens.
1 Zahnriemenspannrolle
2 Zahnriemen
3 Wasserpumpenrad
4 Kurbelwellensteuerrad
5 Nockenwellensteuerrad

Teile beim Zusammenbau wieder in die ursprüngliche Lage kommen. Kupplung abnehmen und die Mitnehmerscheibe aus dem Schwungrad nehmen. Die Teile sind in Bild 47 gezeigt.

● Bei einem 8V-Motor das Riemenrad der Nockenwelle(n) in geeigneter Weise gegenhalten und die Schraube in der Mitte lockern und lösen. Zum geeigneten Gegenhalten kann man Bild 48 betrachten. Bei einem 16V-Motor die Schrauben beider Nockenwellenräder in der beschriebenen Weise lösen. Die Stellung von Kurbelwelle und Nockenwelle(n) spielt keine Rolle, da die Steuerung beim Zusammenbau des Motors richtig eingestellt werden muss.

● Den Zahnriemen von den getriebenen Riemenrädern und der Spannrolle abnehmen. Dazu unter Bezug auf Bild 49 den Riemenspanner (1) lockern, den Riemenspanner nach aussen drücken und den Zahnriemen von den Antriebsrädern abnehmen. Die Laufrichtung des Riemens sollte man vorsichtshalber mit einem Pfeil versehen (Farbstrich), welcher in die Drehrichtung des Motors weist. Beim Einbau des gleichen Riemens ist dies zu beachten. Den Riemen von Fett oder Öl fern halten und scharfe Knicke vermeiden. Wir schlagen vor, dass man ihn über einen Haken oder Nagel an die Wand hängt. Der 8V-Motor sieht jetzt wie in Bild 49 gezeigt aus, beim 16V-Motor ist der mit (1) bezeichnete Riemenspanner in Bild 37 vorhanden, welcher beim anderen Motor fehlt. Das Nockenwellenrad (oder beide) können einstweilen an der Welle(n) verbleiben.

● Die Zündkabel abmontieren. Die Kabelführung wird durch Schrauben gehalten.

● Die Zylinderkopfhaube abmontieren. Bei einem 16V-Motor dabei die Schrauben von aussen nach innen in mehreren Durchgängen lockern und die beiden Hauben herunterheben. Bei einem 8V-Motor ist die Haube an den in Bild 50 gezeigten Stellen befestigt.

● Drehstromlichtmaschine mit der Konsole, Öldruckschalter und die Tragbügel der Motoraufhängungen ausbauen.

● Die acht Schrauben des Schwungrades gleichmässig über Kreuz lösen und das Schwungrad mit einem Gummihammer abschlagen. Aufpassen, dass es nicht herunterfallen kann. Über dem Schwungrad sitzt eine kleine Platte, welche man sofort abschrauben kann. Ebenfalls wird man einen Stopfen für den Hauptölkanal sehen. Diesen ausschrauben (Inbusschlüssel).

● Von der Vorderseite des Motors das Steuerrad der Kurbelwelle abziehen. Dahinter sitzen eine Beilagscheibe und ein Führungsstück für den Zahnriemen, die ebenfalls heruntergezogen werden können.

● Neben dem Antriebsrad der Wasserpumpe sitzt der zweite Stopfen für den Hauptölkanal. Diesen mit einem Inbusschlüssel herausdrehen.

● Den Deckel von der Stirnseite des Motors abschrauben (6 Schrauben) und abnehmen. Der Motor sieht jetzt wie in Bild 51 gezeigt aus. Den darin befindlichen Öldichtring von innen nach aussen ausschlagen.

● Die Spannrolle(n) für den Zahnriemen abschrauben. Auch der Lagerbolzen kann ausgeschraubt werden.

● Nach Ausbau des Deckels die darüber sitzende Wasserpumpe abschrauben. Ebenfalls den danebenliegenden Wasserschlauchstutzen und die Dichtung abmontieren (drei Schrauben).

● Noch montierte Tragbügel der Motoraufhängung abschrauben.

● Den Zylinderkopf ausbauen, wie es bereits beschrieben wurde. Sofort die Zylindernummern in die Oberseite der Kolbenböden schreiben, um es später nicht zu vergessen.

● Den Zylinderblock auf die Kopffläche aufsetzen. Die Ölwanne dieser Motoren ist entweder mit oder ohne Dichtung befestigt.

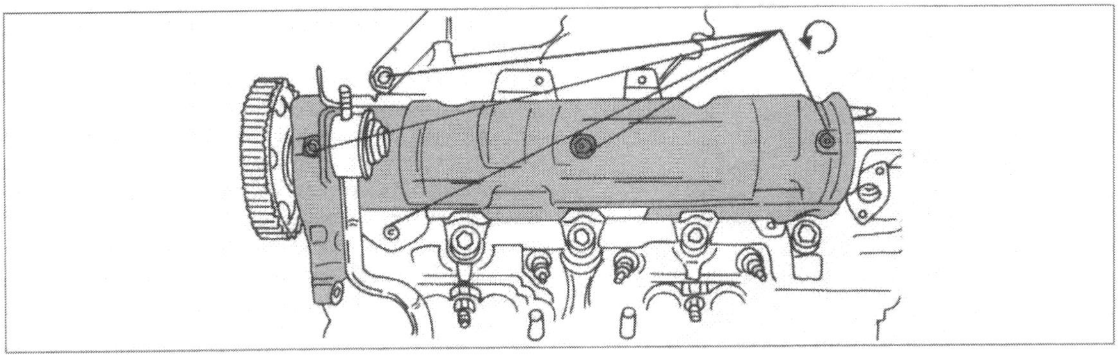

Bild 50
Die Zylinderkopfhaube ist an den Pfeilstellen befestigt (8 Ventile).

- Die drei Schrauben der Ölpumpe von der Unterseite des Zylinderblocks abschrauben und die Ölpumpe abheben. Die Pumpe zuerst anheben und dann nach vorn ziehen, wie es durch die Pfeile in Bild 52 angegeben ist. Das Kettenantriebsrad der Pumpe kommt zusammen mit der Kette herunter. Eine Beilagplatte ist meistens zwischen Ölpumpe und Zylinderblock eingelegt.
- Die Muttern der Pleuellagerdeckel der Reihe nach lösen und die Deckel abnehmen. Zwei der Pleuellager müssen jeweils im unteren Totpunkt stehen, um den Ausbau zu erleichtern. Die Lagerschalen von den Kurbelzapfen abnehmen und mit den Pleuellagerdeckeln zusammenhalten. Die Pleuelstangen und Lagerdeckel sind auf einer Seite gezeichnet. Die Kolben und Pleuelstangen mit einem Hammerstiel nach oben aus den Zylinderbohrungen stossen. Vorher kontrollieren, dass die Kolbenböden entsprechend den Zylindernummern gezeichnet wurden. Die beiden anderen Pleuel/Kolben in gleicher Weise ausbauen. Nach Ausbau die Lagerdeckel sofort wieder an die Pleuel anschrauben (mit Lagerschalen).
- Die Hauptlagerdeckel und den Zylinderblock an gegenüberliegenden Stellen kennzeichnen (Körner) und die zehn Schrauben der Lagerdeckel von aussen nach innen vorgehend lösen, bis die Deckel frei sind und abgenommen werden können. Sofort die darunterliegende Lagerschale entfernen und mit dem betreffenden Lagerdeckel zusammenhalten. Am zweiten Lager (siehe Bild 53) die beiden Halbscheiben zur Aufnahme des Axialspiels abnehmen. Bei Erneuerung von Lagerschalen immer das Baujahr und die Motornummer angeben, da Schalen manchmal geändert werden.

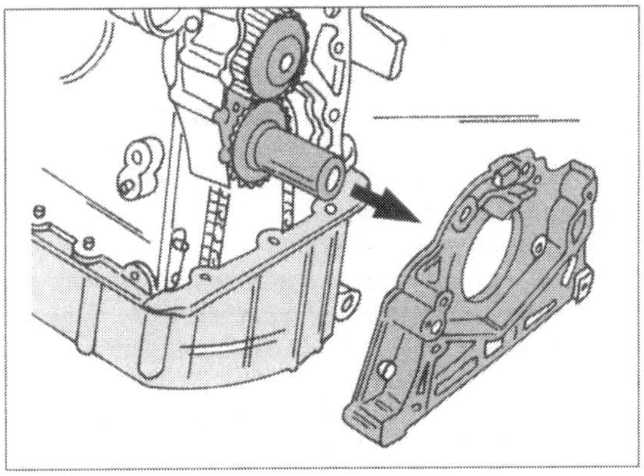

Bild 51
Ausbau des vorderen Deckels.

Kurbelwelle herausheben und die verbleibenden Lagerschalen und zwei weitere Halbscheiben aus dem Block nehmen. Die Schalen sofort mit den anderen Schalen und den Lagerdeckeln zusammenbinden. Auch kennzeichnen, wo die Halbschalen gesessen haben. Der auf der Kurbelwelle hintere Öldichtring (Bild 53, Pos. 3) kommt mit der Kurbelwelle heraus und kann abgezogen werden.

XU7-Motor (1.8 Liter)

Die Zerlegung dieses Motors geschieht in ähnlicher Weise, bis der Zylinderkopf ausgebaut wurde. Danach sind die Arbeiten unterschiedlich.

- Den Zylinderkopf ausbauen, wie es bereits beschrieben wurde.
- Die Laufbüchsenhalter abnehmen und die Kolben und die Laufbüchsen mit einem Filzstift kennzeichnen.

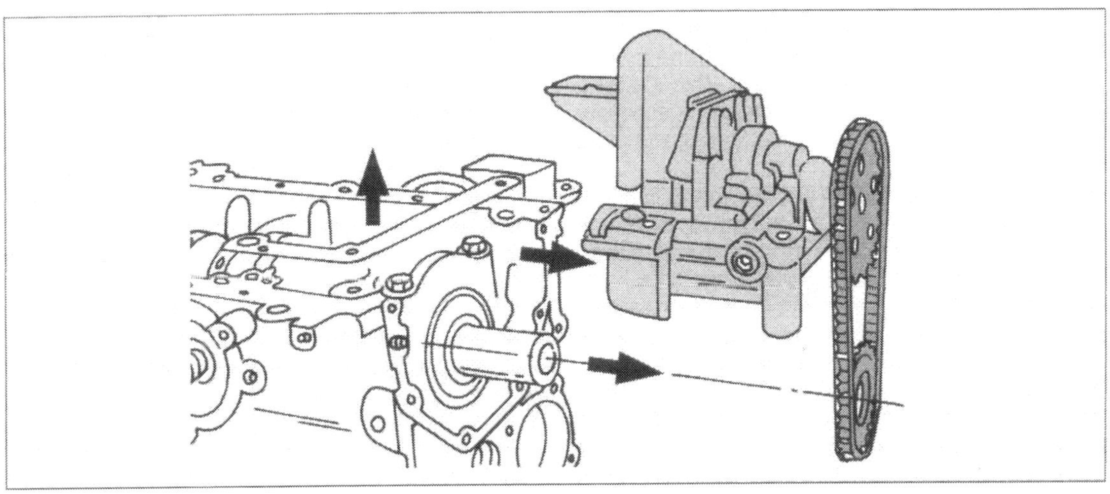

Bild 52
Ausbau der Ölpumpe zusammen mit der Kette und den Kettenrädern.

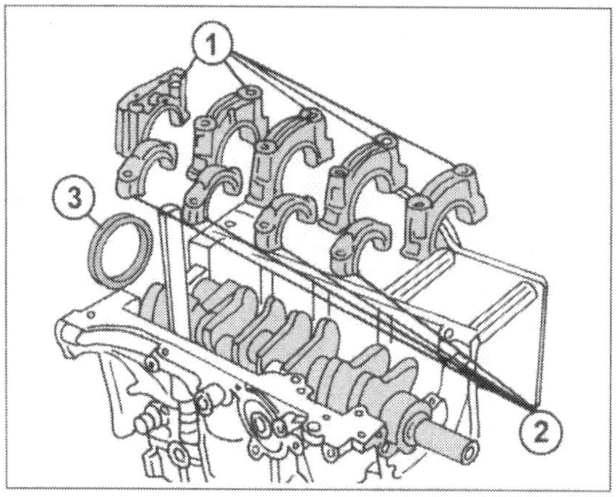

Bild 53
Ausbau der Hauptlagerdeckel (1), Pleuellagerdeckel (2) und des hinteren Kurbelwellendichtringes (3).

- Die Befestigungsmuttern der Pleuellagerdeckel entfernen, die Lagerdeckel abnehmen und jede Laufbüchse zusammen mit Kolben und Pleuelstange ausbauen und geordnet ablegen. Die Kolben aus den Laufbüchsen herausziehen.
- Die Hauptlagerdeckel ausbauen, nachdem die Deckel und das Kurbelgehäuse auf einer Seite an gegenüberliegenden Stellen gekennzeichnet wurden.
- Die Kurbelwelle herausheben und die oberen Lagerschalenhälften ablegen.

2A.3 Zusammenbau des Motors

Die folgenden Allgemeinhinweise sollte man beim Zusammenbau aller Motoren beachten:

- Kontrollieren, ob alle Teile sauber und frei von Fremdkörpern sind, ehe sie zusammengebaut werden.
- Einen Ölschmierfilm an alle Teile, die sich drehen oder die gleiten, auftragen. Dies ist vor dem Zusammenbau durchzuführen und nicht nachdem die Teile bereits zusammengebaut sind, da sonst das Öl nicht an die eigentlichen Lagerstellen heran kann. Es ist besonders wichtig, dass Kolben, Kolbenringe und Zylinderwandungen vor dem Zusammenbau reichlich mit Motoröl geschmiert werden.
- Alle Teile des Zylinderblocks gründlich reinigen, wenn der Motor vollkommen zerlegt wurde. Bei teilweiser Zerlegung darauf achten, dass keine Fremdkörper in die nicht zerlegten Teile des Motors oder in Hohlräume fallen können. Alle Öffnungen entweder abkleben oder mit Lappen abdecken, um dies zu vermeiden.
- Ölkanäle und -bohrungen am besten mit Pressluft ausblasen. Falls keine Luft zur Verfügung steht, die Kanäle oder Bohrungen mit einem Stück Holz durchstossen, niemals mit Metallgegenständen. Dichtringe, Dichtungen, usw. sollten immer erneuert werden. Auf keinen Fall an diesen Teilen sparen und ursprünglich beschädigte Teile wiederverwenden.
- In der Mass- und Einstelltabelle sind die Verschleissgrenzen der meisten sich bewegenden Teile angegeben. Falls Zweifel über ein Teil bestehen oder die Verschleissgrenze bald erreicht ist, erneuert man das Teil, um sich eine baldige Wiederzerlegung zu ersparen.
- Alle Ersatzteile nur von einer offiziellen Vertretung beziehen, wobei die Motornummer anzugeben ist. Da Teile ständig verbessert und dadurch geändert werden, ist Ihr Lieferant in der Lage, Ihnen das richtige Teil zu verkaufen. Einen Tipp möchten wir Ihnen noch verraten: Falls Sie schneller in eine Peugeot-Werkstatt als in eine Citroën-Werkstatt kommen, werden Sie in der Lage sein, viele der von Peugeot gelieferten Motorteile in Ihren Citroën-Motor einzubauen. Das Gleiche trifft ebenfalls auf die anderen Hersteller zu. In diesem Fall jedoch immer das alte Teil zum Ersatzteillager mitnehmen, damit man Altteil und Neuteil vergleichen kann.

Ehe mit dem eigentlichen Zusammenbau des Motors begonnen wird, muss man beim XU7-Motor das Überstehmass der Zylinderlaufbüchsen ausmessen. Die Laufbüchsen sind am Fuss mit „O"-Dichtringen versehen, welche jedoch keinen Einfluss auf das Überstehmass der Laufbüchsen haben. In fast allen Fällen wird das Überstehmass stimmen, muss jedoch zur Sicherheit immer kontrolliert werden. Die anfallenden Arbeiten zum Ausmessen des Überstehmasses werden beim Zusammenbau des in Frage kommenden Motors beschrieben.

2A.3.1 Zusammenbau des XU10-Motors

- Um den Zylinderblock einwandfrei zu reinigen, die Stopfen des Hauptölkanals ausschrauben, um die Bohrung auszuspülen. Stopfen sitzen an der Rückseite (mit 48 Nm anziehen) und in der Seite des Zylinderblocks (mit 25 Nm anziehen). Die Endstopfen benötigen einen Inbusschlüssel.
- Zylinderblock in einen geeigneten Montagestand einspannen oder auf eine Werkbank aufstellen (Kurbelwellenseite nach oben) und die oberen Lagerschalen einlegen. Die folgenden Punkte sollten beachtet werden:
- Die Lagerschalen sind identisch, müssen jedoch entsprechend den Kennzeichnungen bei der Zerlegung eingebaut werden.
- Das Lagerlaufspiel der Hauptlager bei den XU10-Motoren wurde im Laufe der Produktion reduziert. Erkundigen Sie sich, ob diese Änderung auch Ihr Fahrzeug betrifft. Die Motoren werden auch in andere Fahrzeugmodelle eingebaut und es ist immer schwer festzustellen, wenn abgeänderte Teile während der Produktion eingebaut werden. Die Reduzierung wurde erzielt, indem in den Lagerdeckeln vier verschiedene Grössenklassen von Lagerschalen benutzt werden (anstelle einer Grösse). Die Lagerschalen im Zylinderblock haben eine Ölschmiernut und sind nur in einer Grösse erhältlich. Die Kurbelwelle ist an Stelle „a" in Bild 54 gezeichnet, wenn selektive Lagerschalen zum Einbau kommen. Eine ähnliche Kennzeichnung wird man am Zylinderblock an Stelle „b" finden. Die Auswahl der Lagerschalen ist jedoch nicht leicht und sollte nicht ohne fachmännische Beratung vorgenommen werden. Am besten erkundigen Sie sich in der Motorenwerkstatt. Durch den Einbau der neuen Lagerschalen wurde auch der Ölpumpenantrieb abgeändert.

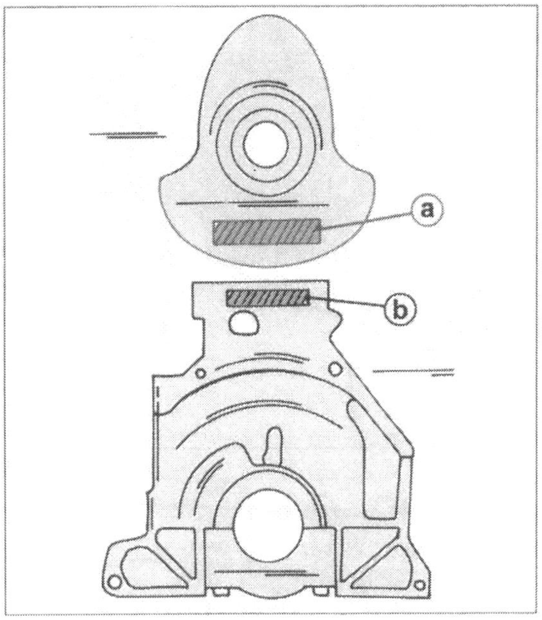

Bild 54
Falls eine abgeänderte Kurbelwelle eingebaut ist, wird man Kennzeichnungen an den gezeigten Stellen vorfinden.

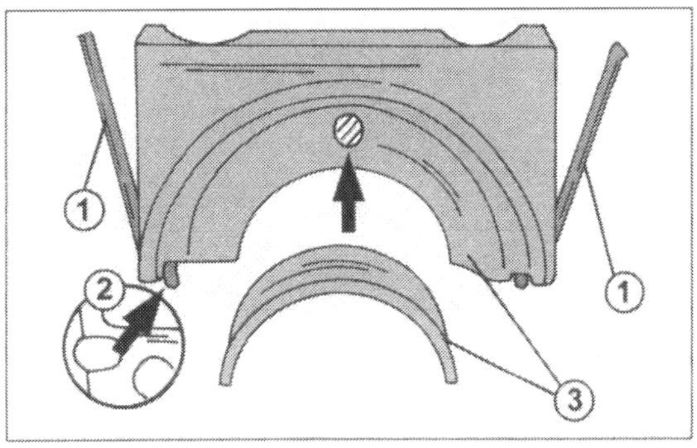

Bild 55
Einzelheiten zum Einbau des Lagerdeckels.
1 Seitendichtungen
2 Passstift
3 Auf Kennzeichnungen des Deckels und der Lagerschale achten

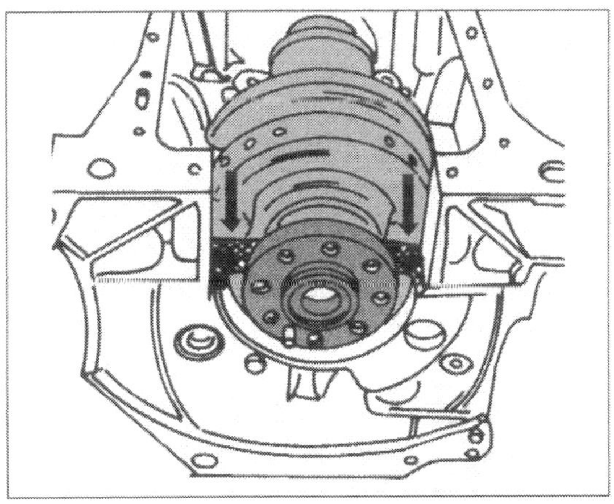

Bild 56
Das Kurbelgehäuse an den gezeigten Stellen mit Dichtungsmasse einstreichen, ehe der Hauptlagerdeckel aufgesetzt wird.

- Die eingelegten Lagerschalen (kontrollieren, dass alle Ölschmiernuten haben) gut einölen. Hauptlager- und Kurbelzapfen ebenfalls einölen und die Kurbelwelle in den Block heben. Die Welle einige Male durchdrehen, damit sich die Lagerschalen gut ansetzen können.
- Die Halbscheiben für das Wellenaxialspiel am zweiten Lager von hinten einsetzen, wie es in Bild 55 gezeigt ist. Die Seite mit den Ölschmiernuten kommt gegen die Kurbelwellenwange.
- Die Lagerschalen ohne Schmiernuten in die Hauptlagerdeckel einlegen. Am zweiten Lagerdeckel die beiden verbleibenden Halbscheiben anlegen. Die „Führungsnasen" kommen in die Aussparungen.

Die Lagerdeckel entsprechend den Kennzeichnungen aufsetzen und gut aufschlagen. Zuerst die Lagerdeckel 1, 2, 3 und 4 montieren und lose mit den Schrauben anziehen. An der Unterseite der Deckel sind Passstifte eingesetzt, die einwandfrei eingreifen müssen (siehe Bild 55). Der Lagerdeckel auf der Schwungradseite ist mit Seitendichtringen versehen, die man in Bild 55 sehen kann. Ein Spezialwerkzeug ist jetzt zur Montage des hinteren Lagerdeckels erforderlich, um die seitlichen Deckeldichtungen zu montieren. Als Erstes die Auflageflächen für den Deckel auf dem Kurbelgehäuse an den in Bild 56 gezeigten Stellen mit Dichtungsmasse einschmieren.

- Die beiden Führungsbleche am Werkzeug anschrauben, wie es in Bild 57 gezeigt ist. Die Schrauben nur handfest anziehen. Die Enden der Dichtungen müssen mindestens 1 mm an der Unterseite herausstehen (Mass zwischen den Pfeilen, Ausschnitt unten links).
- Zwei neue Gummidichtungen an den Seiten des hinteren Lagerdeckels mit dem Halter festhalten. Die neuen Seitendichtungen sind auf die richtige Länge geschnitten und dürfen nicht verkürzt werden. Den Halter mit einer Schraube am Lagerdeckel befestigen und die Führungsbleche einölen.
- Die Führungsbleche von Hand zusammendrücken und das Ganze etwas geneigt in den Zylinderblock einführen, bis der Deckel sitzt. Dazu das Werkzeug nach unten drücken.
- Die beiden Deckelschrauben einsetzen und fingerfest anziehen.
- Das Werkzeug vom Deckel abschrauben und das Werkzeug zusammen mit den Halteblechen aus dem Zylinderblock herausziehen.
- Der Reihe nach alle Lagerdeckel von der Mitte nach aussen vorgehend in der in Bild 58 gezeigten Reihenfolge mit einem Anzugsdrehmoment von 70 Nm anziehen.
- Zwei Schrauben in den Flansch der Kurbelwelle eindrehen (Schwungradschrauben) und einen Schraubendreher zwischen die Schrauben einsetzen. Die Kurbelwelle mit Hilfe des Schraubendrehers durchdrehen, um sie auf Klemmstellen zu kontrollieren. Eine klemmende Welle bereits jetzt überprüfen, ehe der Motor weiter zusammengebaut wird.
- Einen neuen Dichtring an der Aussenseite mit Öl einschmieren und in die Rückseite des Zylinderblocks einschlagen. Zum Einschlagen eignet sich eine Metallplatte, wie sie in Bild 59 gezeigt ist, welche auf der Aussenseite des Dichtringes aufsitzen kann. Dabei den Dichtring nicht beschädigen.
- Die zusammengebauten Kolben und Pleuelstangen vornehmen und der Reihe nach auslegen. Die Kolbenringstösse in gleichmässigen Abständen am Kolbenumfang verteilen. Ein Kolbenringspannband um den ersten Kolben legen und die Kolben entsprechend der Kennzeichnung in die gut eingeölte Zylinderbohrung einschieben (Bild 60). Das untere Ende des Kolbens sollte etwas aus dem Spannband herausstehen, um den Kolben besser beim Einschieben zu führen. Ebenfalls den Pleuel gut führen, damit er

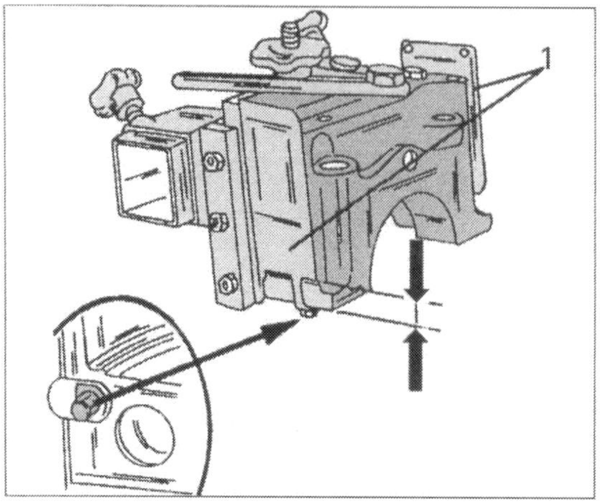

Bild 57
Werkzeug zur Montage des hinteren Kurbelwellenlagerdeckels am Deckel angebracht. Die beiden Führungsbleche (1) drücken die Seitendichtungen in die Nuten. Die Dichtungen müssen unten wie gezeigt herausstehen.

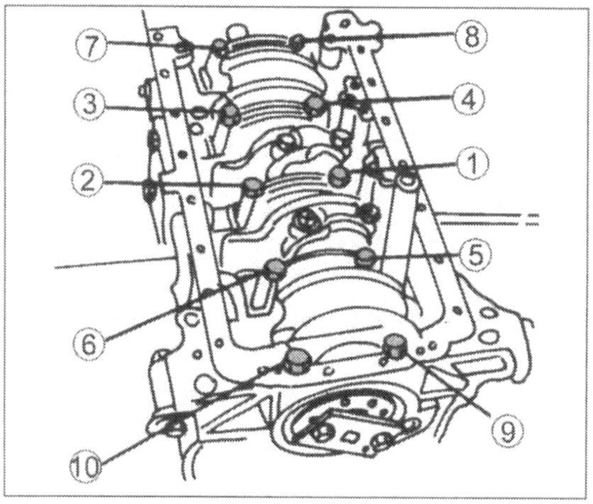

Bild 58
Anzugsreihenfolge der Schrauben für die Hauptlagerdeckel der Kurbelwelle.

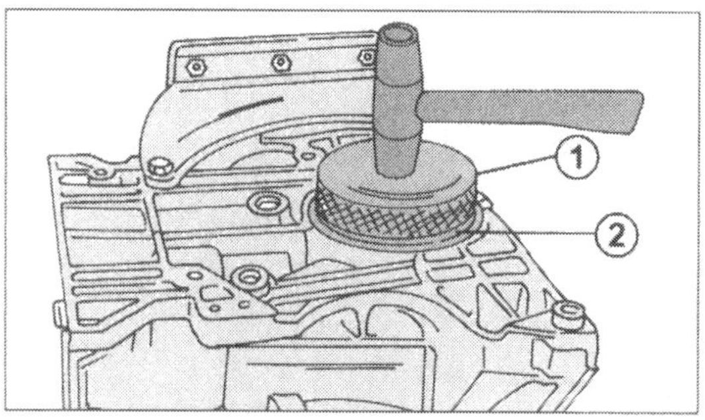

Bild 59
Einschlagen des hinteren Öldichtringes (2) mit einer runden Platte (1).

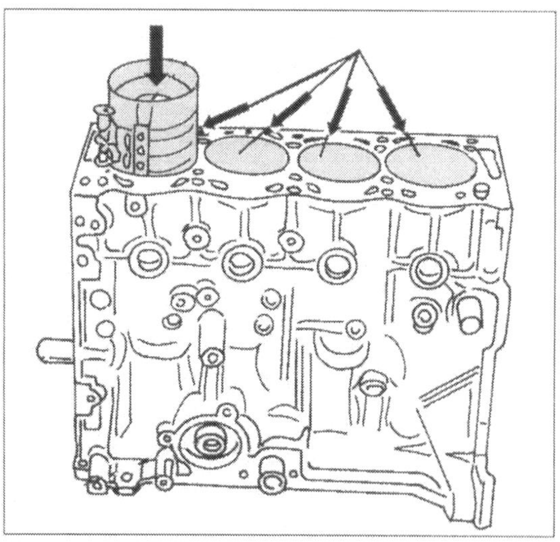

Bild 60
Einbau der Kolben. Das Spannband wie gezeigt ansetzen und den Kolben in Pfeilrichtung nach unten drücken, bis das Spannband abgenommen werden kann.

über den Pleuelzapfen kommt. Falls die ursprünglichen Schalen eingebaut werden, darf man sie nicht verwechseln. Nach dem Einschieben kontrollieren, dass die Mulde im Kolben in der richtigen Lage steht, d.h. der Pfeil im Kolbenbolzen muss zur Steuerseite weisen. Den Kolben des vierten Zylinders in der gleichen Weise montieren.

- Die Lagerschalen entsprechend den Kennzeichnungen in die Lagerdeckel der beiden montierten Pleuelstangen einlegen. Die Lagerflächen gut einölen. Ursprüngliche Schalen immer mit den jeweiligen Pleuellagern zusammenhalten. Die Pleuellagermuttern immer erneuern. Die Deckel mit einem Voranzug von 20 Nm anziehen und dann im Winkelanzug um weitere 70° anziehen. Hier eignet sich eine Gradscheibe am besten.
- Die Kurbelwelle durchdrehen, bis die beiden anderen Kurbelzapfen sich an der Unterseite befinden und die beiden anderen Kolben- und Pleuelstangeneinheiten in der beschriebenen Weise montieren. Nach fertigem Einbau die Kurbelwelle nochmals auf Klemmstellen kontrollieren.

Das Axialspiel der Kurbelwelle jetzt folgendermassen kontrollieren:

- Eine Messuhr mit einem geeigneten Halter an der Stirnseite des Motors anbringen und den Messstift auf den Bund der Kurbelwelle ansetzen, wie es aus Bild 61 ersichtlich ist. Falls man eine Messuhr mit Magnetstand hat, kann man den Stand auf die Welle setzen und den Messstift auf der geschliffenen Fläche des Blocks ansetzen.
- Die Kurbelwelle mit einem Schraubendreher auf eine Seite drücken und die Messuhr auf „Null" stellen.
- Die Kurbelwelle auf die andere Seite drücken und die Anzeige der Messuhr ablesen. Der Wert sollte zwischen 0,07 und 0,27 mm liegen.
- Falls das Axialspiel grösser ist, müssen zwei Übergrösse-Halbscheiben eingebaut werden. Beide Scheiben müssen die gleiche Stärke haben. Scheiben stehen in Stärken von 2.35, 2.40, 2.45 und 2.50 mm, ausser der Nennstärken-Scheibe von 2.30 mm, zur Verfügung. Wichtig ist, dass immer zwei Scheiben der gleichen Stärke eingebaut werden müssen, um die Welle nicht nach einer Seite zu drücken.

- Das Schwungrad an der Kurbelwelle montieren. Dabei das Schwungrad auf dem Kurbelwellenflansch verdrehen, bis alle Löcher in einer Linie liegen. Die Schrauben müssen immer erneuert werden. Gewinde der Schrauben mit einem Gewindesicherungsmittel einschmieren. Beim Anziehen der Schrauben muss das Schwungrad in geeigneter Weise gegengehalten werden. Die Schrauben gleichmässig mit einem Drehmoment von 50 Nm anziehen.
- Die Mitnehmerscheibe der Kupplung in das Schwungrad einlegen und den Kupplungskörper aufsetzen. Die längere Seite der Mitnehmerscheibennabe muss nach aussen weisen. Die Kupplungsdruckplatte verdrehen, bis die beiden Körnerzeichen gegenüberliegen (falls die gleichen Teile wieder montiert werden) und die Schrauben eindrehen. Ein Zentrierdorn ist zum Einbau der Kupplung erforderlich. Im Abschnitt „Kupplung" wird auf diese Arbeit eingegan-

gen. Das Schwungrad gegenhalten, wie es oben beschrieben wurde, und die Schrauben über Kreuz mit einem Drehmoment von 20 Nm anziehen. Kontrollieren, dass sich der Zentrierdorn leicht herausziehen und hineinschieben lässt.

- Den Schlag des Schwungrades nach Montage kontrollieren. Zum Messen eine Messuhr ähnlich wie in Bild 62 gezeigt anbringen. Der Messfinger wird auf die Schwungradfläche aufgesetzt. Beim Durchdrehen von Kurbelwelle/Schwungrad den Ausschlag der Uhrnadel beobachten. Bei einer Umdrehung darf die Anzeige 0,06 mm nicht überschreiten. Grössere Anzeigen könnten auf einen Fremdkörper zwischen Schwungrad und Kurbelwelle deuten.
- Falls der Lagerbolzen für den Riemenspanner ausgebaut wurde, die Gewinde mit Gewindesicherungsmittel einschmieren und den Bolzen mit 16 Nm in den Zylinderkopf einschrauben. Den Riemenspanner montieren und die Schraube handfest anziehen. Beim 16V-Motor den zweiten Riemenspanner ebenfalls anziehen.
- Auf der anderen Seite des Zylinderblocks die zusammengebaute Ölpumpe montieren. Die Antriebskette und das Kettenrad müssen in der in Bild 52 gezeigten Weise zusammenkommen. Daran denken, die Beilagplatte zwischen Pumpe und Zylinderblock einzulegen. Die drei Schrauben mit 16 Nm anziehen. Die drei Schrauben sind von unterschiedlicher Länge. Die längste Schraube (80 mm) kommt auf die rechte Seite und die kürzeste (65 mm) auf die linke Seite. Die verbleibende Schraube ist 70 mm lang. Bild 63 zeigt wie der zusammengebaute Motor jetzt aussieht.
- Den vorderen Deckel in der in Bild 64 gezeigten Weise aufsetzen. Die Zylinderblockfläche vorher mit Dichtungsmasse einschmieren (Form Joint). Zwei Schrauben 40 mm sind unten eingesetzt, zwei 20 mm lange Schrauben oben. Die Schrauben mit 15 Nm anziehen.
- Den vorderen Kurbelwellendichtring in die Deckel und über die Kurbelwelle schlagen.
- Die Dichtlippe und die Aussenseite des Ringes einölen und den Ring gerade mit einem Stück Rohr geeigneten Durchmessers einschlagen.
- Das Gehäuse in der in Bild 65 gezeigten Weise über den Ölpumpenantriebs setzen. Die Schrauben mit 10 Nm anziehen.
- Als Nächstes die Ölwanne einbauen. Zwei Versionen können eingebaut sein:
- Falls das Fahrzeug eine Klimaanlage besitzt, die Dichtfläche mit Dichtungsmasse einschmieren (Auto Joint) und die Ölwanne aufsetzen. Die Ölwanne ist in der in Bild 66 gezeigten Weise befestigt. Auf die Lage der verschiedenen Schraubenlängen achten. Alle Schrauben mit 16 Nm anziehen.
- Falls eine einfache Ölwanne eingebaut ist, eine neue Ölwannendichtung auflegen und den Sumpf über die Zylinderblockfläche setzen. Ebenfalls ist es möglich, dass die Ölwanne keine Dichtung hat. In diesem Fall die Fläche mit Auto Joint-Dichtungsmasse einschmieren. Die Ölwanne wird mit 23 Schrauben gehalten. Alle werden mit 16 Nm angezogen, jedoch ist die Länge der Schrauben nicht gleich. Die beiden mittleren Schrauben an den Schmalseiten der Ölwanne und die mittlere Schraube auf einer Langseite der Ölwanne sind 16 mm lang. Die anderen Schrauben haben eine Länge von 20 mm. Unbedingt die Schrauben gut auseinanderhalten.

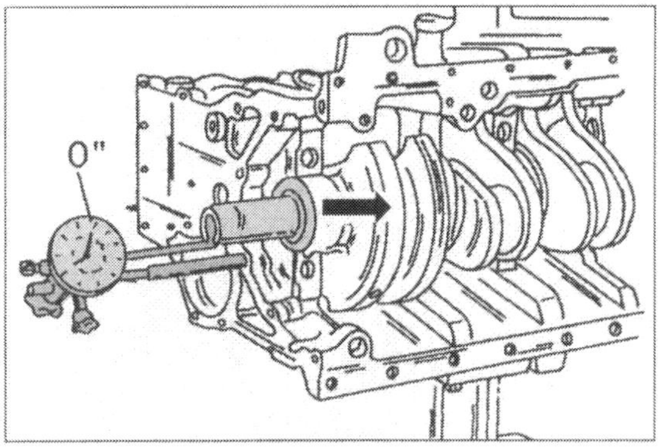

Bild 61
Kontrolle des Axialspiels der Kurbelwelle.

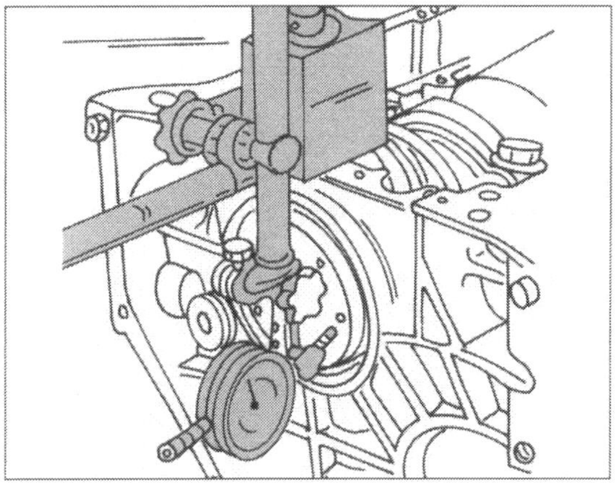

Bild 62
Kontrolle des Axialspiels der Kurbelwelle. Bei der Kontrolle des Schwungrades wird der Messfinger auf die Fläche des Schwungrades angesetzt.

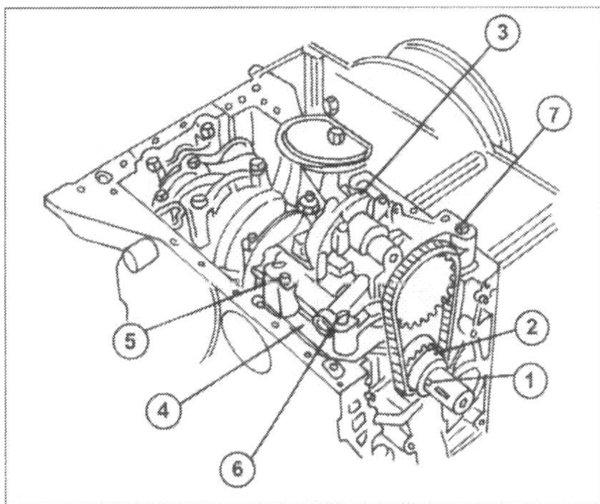

Bild 63
Ansicht der eingebauten Ölpumpe.
1 Scheibenfeder
2 Kettenrad der Pumpe
3 Ölpumpe
4 Beilagplatte
5 Befestigungsschraube
6 Befestigungsschraube
7 Befestigungsschraube

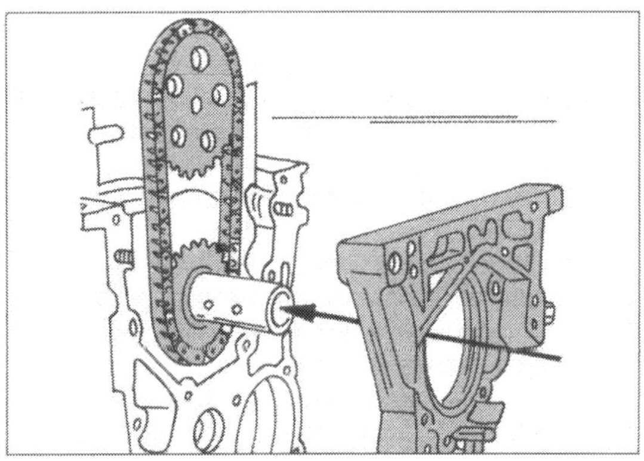

Bild 64
Aufsetzen des vorderen Deckels. Die Zylinderblockfläche vorher mit Dichtungsmasse einschmieren.

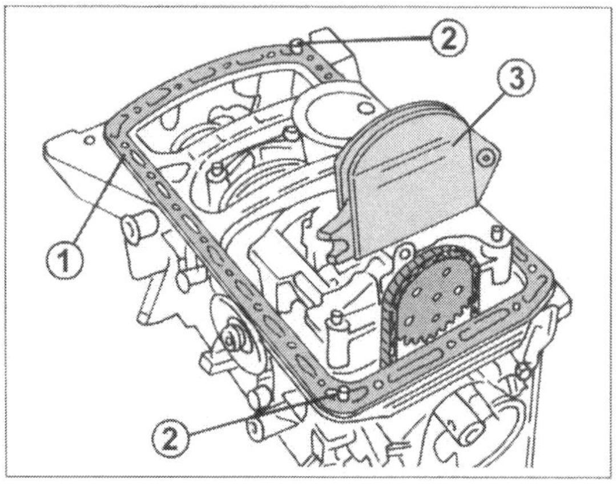

Bild 65
Ansicht des geöffneten Kurbelgehäuses.
1 Beilage
2 Schrauben
3 Abdeckung des Kettenantriebs

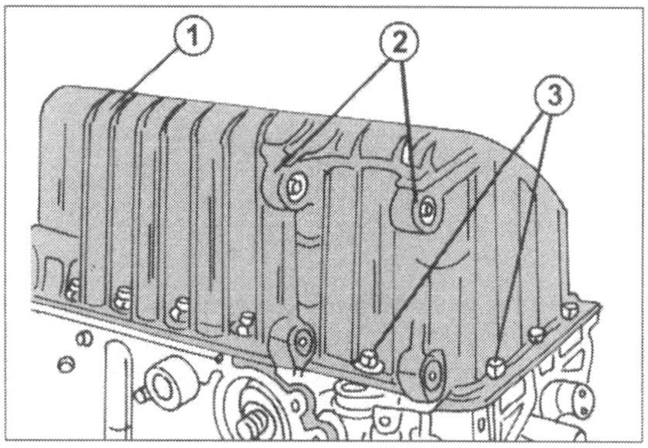

Bild 66
Befestigung einer Ölwanne bei eingebauter Klimaanlage.
1 22 mm lang, 19 Schrauben
2 40 mm lang, 2 Schrauben
3 20 mm lang, 2 Schrauben

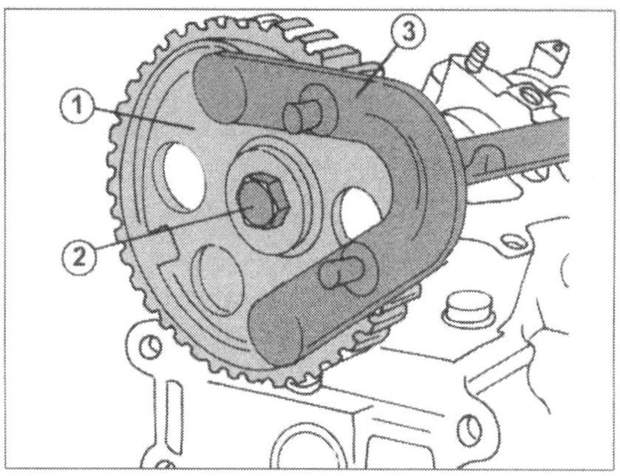

Bild 67
Das Nockenwellenrad eines XU10-Motors kann in der gezeigten Weise gegen Mitdrehen gehalten werden.
1 Nockenwellenrad
2 Schraube, 35 Nm
3 Gegenhalter

- Eine neue Dichtung auf den Zylinderblock auflegen und den Wasserschlauchstutzen mit 18 Nm anschrauben (2 Schrauben).
- Eine neue Dichtung für die Wasserpumpe auflegen, die Pumpe anbringen und die 5 Schrauben mit 15 Nm anziehen. Den Stopfen gegenüber der Wasserpumpe einschrauben und mit 48 Nm anziehen. Der Stopfen sollte, einmal ausgeschraubt, immer erneuert werden.
- Den Tragbügel der Motoraufhängung montieren. Den Bügel mit der 5-Schrauben-Befestigung mit 60 Nm anziehen. Die Gewinde mit „Frenbloc"-Gewindesicherungsmittel einschmieren.
- Am anderen Ende des Zylinderblocks den Geber für den Öldruck (25 Nm) oder den Stopfen (32 Nm) einschrauben. Der Stopfen über dem Geber/Stopfen wird mit 25 Nm angezogen.
- Den Dichtring eines neuen Ölfilters einölen und den Filter gegen den Motor schrauben, bis er fest ansitzt. Aus dieser Stellung den Filter um weitere 3/4 Umdrehung mit der Hand festziehen.
- Den Zylinderkopf montieren, wie es bereits für den XU10-Motor mit 8 oder 16 Ventilen beschrieben wurde.
- Die Ventilspiele bei Motor mit 8 Ventilen einstellen, wie es später beschrieben wird. Das Steuerrad der Nockenwelle muss beim Einstellen aufgesteckt werden (zum Durchdrehen der Nockenwelle) und nach Einstellung wieder heruntergezogen werden.
- Einen neuen Dichtring für die Nockenwelle an der Dichtlippe und aussen einölen und einen neuen Dichtring in den Zylinderkopf einschlagen. Ein Stück Rohr des entsprechenden Durchmessers dazu verwenden. Nach Einbau des Dichtringes das Steuerrad der Nockenwelle aufschlagen und mit der Scheibe und Schraube befestigen. Die Schraube mit 35 Nm anziehen. Das Steuerrad kann dabei in der in Bild 67 gezeigten Weise gegengehalten werden.
- Den Steuerriemen montieren und spannen, wie es für die betreffende Motorausführungen im entsprechenden Kapitel beschrieben ist. Zu beachten ist, dass man Arretierstifte zum Sperren der Kurbelwelle und des Steuerrades (8V-Motor) oder der Steuerräder (16V-Motor) benötigt. Ebenfalls muss man bei der Benutzung des Spezialgerätes zum Spannen des Zahnriemens in geschickter Weise vorgehen.
- Das Ölschmierrohr in der Mitte des Zylinderkopfes befestigen und die Zylinderkopfhaube aufsetzen. Die Schrauben sitzen an den in Bild 50 gezeigten Stellen und werden mit 10 Nm angezogen. Die Zündkerzen einschrauben (18 Nm).
- Neue Dichtungen für den Auspuffkrümmer auflegen und die 8 Muttern kreuzweise mit 35 Nm anziehen.
- Das Ende des Ölmessstabrohres mit „Frenbloc"-Sicherungsmittel einschmieren und in die Bohrung im Zylinderblock einschieben. Die Schraube am oberen Ende mit 10 Nm anziehen.
- Das Ansaugsammelrohr auf der anderen Seite mit einer neuen Dichtung montieren. Die beiden Muttern mit 30 Nm, die vier Schrauben mit 22 Nm anziehen.
- Das Thermostatgehäuse mit den in Bild 68 gezeigten Teilen versehen. Neue „O"-Dichtringe und auch die Dichtscheibe der oberen Schraube (mit Innensechskantkopf) erneuern. Die drei Temperaturschalter mit 18 Nm anziehen, ebenfalls die beiden Schrauben des Gehäusedeckels.
- Das zusammengebaute Thermostatgehäuse (Bild 68) am Zylinderkopf und über das Nockenwellenende montieren. Die Dichtfläche von Zylinderkopf und Gehäuse mit Dichtungsmasse (Forma Joint) einschmieren. Die Schrauben gleichmässig mit 13 Nm anziehen, jedoch auf die Lage der einzelnen Schrauben achten.
- Alle anderen Arbeiten in umgekehrter Reihenfolge durchführen.

2A.3.2 XU7-Motor

Ehe mit dem eigentlichen Zusammenbau des Motors begonnen wird, muss man das Überstehmass der Zylinderlaufbüchsen ausmessen. Die Laufbüchsen

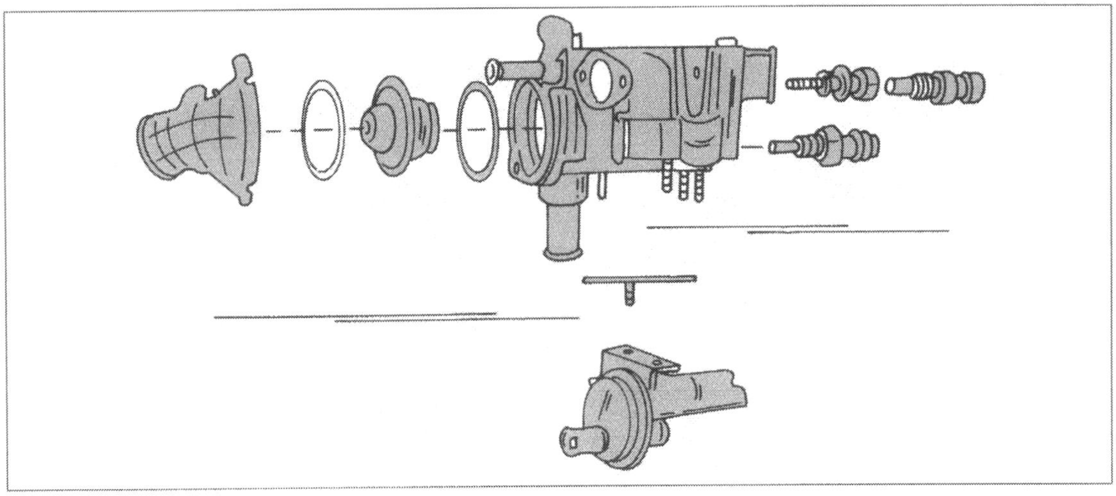

Bild 68
Die Einzelteile des Thermostatgehäuses. Die drei Thermoschalter werden mit 18 Nm angezogen.

sind am Fuss mit „O"-Dichtringen versehen (Bild 69), welche jedoch keinen Einfluss auf das Überstehmass der Laufbüchsen haben. In fast allen Fällen wird das Überstehmass stimmen, muss jedoch zur Sicherheit immer kontrolliert werden.

Bei der Kontrolle des Überstehmasses der Laufbüchsen folgendermassen vorgehen:

- Laufbüchsen/Kolben/Pleuelstangen ohne die „O"-Dichtringe in den Zylinderblock einsetzen. Darauf achten, dass die Markierungen an Laufbüchse und Kolben in eine Linie kommen und dass der Pfeil im Boden des Kolbens zur Vorderseite, d.h. zur Steuerseite des Motors weist (Bild 70).
- Das Überstehmass jeder Laufbüchse mit einer Tiefenlehre oder dem Spezialmessblock in Bild 71 ausmessen. Falls man ein Messlineal zur Verfügung hat, kann man dieses auf die Laufbüchse auflegen und den Spalt zur Zylinderkopffläche mit einer Fühlerlehre ermitteln. Zuerst das Überstehmass zwischen jeder Laufbüchse und der Zylinderblockfläche und danach den Unterschied zwischen jeweils zwei nebeneinanderliegenden Laufbüchsen ausmessen. Der Unterschied zwischen zwei Laufbüchsen darf 0,05 mm nicht überschreiten. Die Laufbüchsen müssen alle innerhalb 0,03 - 0,10 mm über den Zylinderblock herausstehen. Die Laufbüchsen auf beiden Seiten des Zylinderblocks ausmessen.
- Falls das richtige Überstehmass nicht erhalten wird, muss man die betreffende Laufbüchse wieder herausnehmen und auf Fehler oder eingetretenen Schmutz untersuchen, da es sein kann, dass Fremdkörper zwischen die Laufbüchse und den Sitz im Zylinderblock eingedrungen sind. Manchmal ist es auch beim Einbau von neuen Laufbüchsen möglich, dass man sie untereinander austauscht.
- Laufbüchseneinheit wieder ausbauen und den „O"-Dichtring an der in Bild 69 gezeigten Stelle anbringen, ohne ihn zu verdrehen. Falls neue Laufbüchsen eingebaut wurden, alle vier Büchsen entsprechend Bild 70 kennzeichnen.

Hinweis: Beim Bestellen von neuen „O"-Dichtringen muss der Motor angegeben werden. Nur anhand der Motorseriennummer kann das Ersatzteillager den richtigen Dichtring bestimmen.

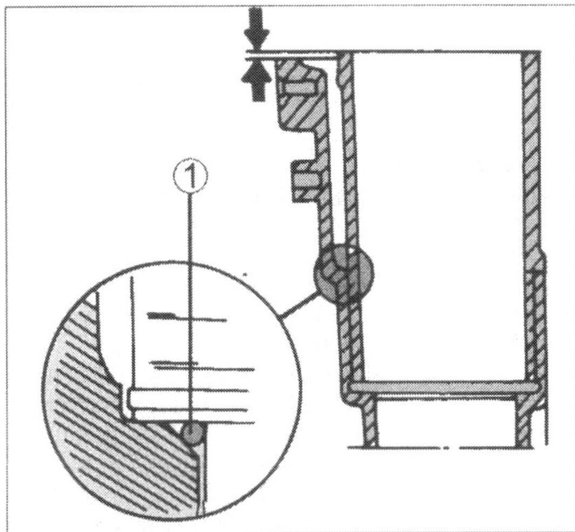

Bild 69
Ein „O"-Dichtring (1) ist an der gezeigten Stelle eingelegt (Motor mit Laufbüchsen).

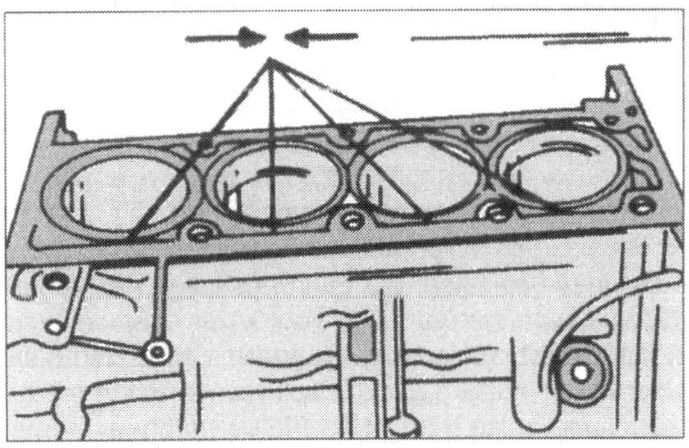

Bild 70
Die Zylinderlaufbüchsen und den Zylinderblock in der gezeigten Weise kennzeichnen.

Bild 71
Kontrolle des Überstehmasses der Zylinderlaufbüchsen unter Verwendung der Spezialmessplatte (1) und des Halters mit der Messuhr (2).

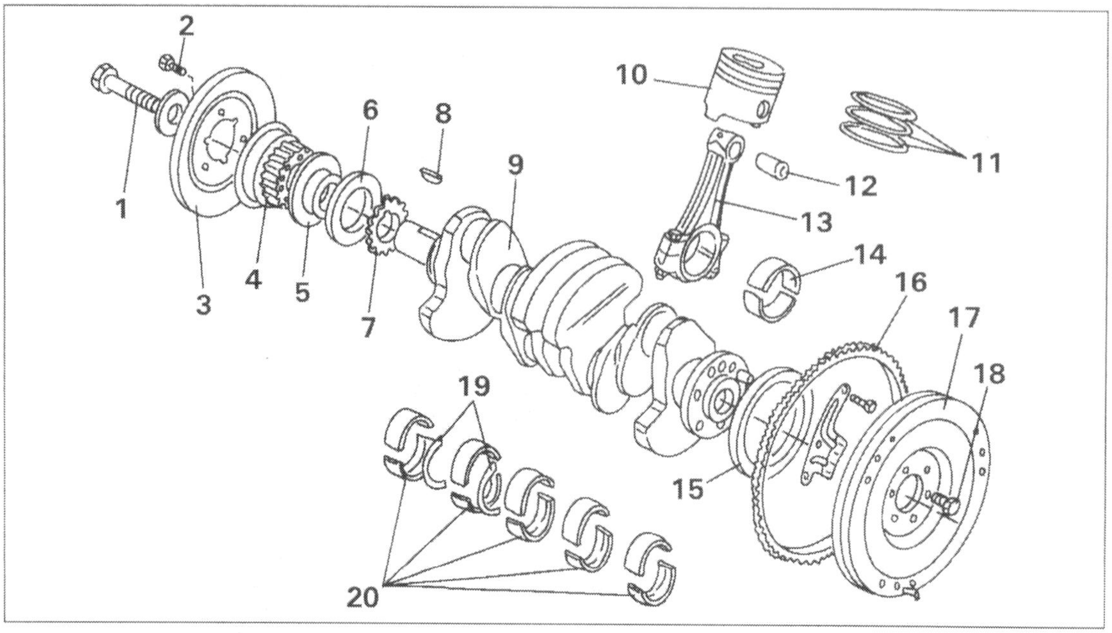

Bild 72
Der Kurbeltrieb.
1 Schraube des Kurbelwellensteuerrades, 110 Nm
2 Schraube der Kurbelwellenriemenscheibe
3 Kurbelwellenriemenscheibe
4 Kurbelwellensteuerrad
5 Abstandscheibe
6 Öldichtring
7 Antriebsrad der Ölpumpe
8 Scheibenfeder
9 Kurbelwelle
10 Kolben
11 Kolbenringsatz
12 Kolbenbolzen
13 Pleuelstange
14 Pleuellagerschalen
15 Hinterer Öldichtring
16 Zahnkranz am Schwungrad
17 Schwungrad
18 Schwungradschraube
19 Anlaufdruckscheiben
20 Hauptlagerschalen

Der Motor kann jetzt in folgender Reihenfolge zusammengebaut werden. Die in Bild 72 gezeigten Teile helfen beim Zusammenbau des Kurbeltriebs.

- Kolben und Pleuelstangen zusammenmontieren, wie es in Kapitel 2A.5.3 erwähnt wird.
- Die Kolben in die Laufbüchsen montieren, wie es in Kapitel 2A.5.3 beschrieben ist.
- Laufbüchseneinheiten entsprechend den nach Ausmessung des Überstehmasses eingezeichneten Zylindernummern in den Zylinderblock einsetzen und gut nach unten drücken. Alle Laufbüchsen mit den Klemmstücken befestigen. Unter keinen Umständen darf es möglich sein, dass die Laufbüchsen oder Kolben beim Umkehren des Motors aus den Bohrungen rutschen können.
- Pleuellagerschalen entsprechend den Kennzeichnungen in die Pleuelstangen einlegen (falls die ursprünglichen wieder verwendet werden). Die Führungsnasen der Schalen müssen in die Aussparungen der Pleuelbohrungen eingreifen.
- Hauptlagerschalen mit den Schmierölnuten in die Bohrungen einlegen. Die Führungsnasen müssen in die Aussparungen der Lagerbohrungen eingreifen. Zu beachten ist, dass einige Schalen Ölschmiernuten und andere keine haben. Durch die vorherige Kennzeichnung sollte man keine Fehler machen. Unbedingt darauf achten, dass die Schalen richtig eingesetzt werden.
- Am Lager Nr. 2 (Nr. 1 ist neben der Kupplung) die Anlaufscheiben mit dem Gleitbelag zur Kurbelwelle einsetzen.
- Die Lagerschalen reichlich mit Öl einschmieren und die Kurbelwelle in die Lagerschalen einlegen. Zum Ölen eine Ölkanne verwenden und das Öl mit dem Finger verreiben. Keinen Pinsel zur Ölauftragung benutzen.
- Neue Seitendichtringe in den Deckel von Lager Nr. 1 einsetzen, wie es beim XU10-Motor beschrieben wurde.
- Die anderen Lagerdeckel mit eingesetzten Lagerschalen (Anlaufscheiben im Deckel des Lagers Nr. 2) in der ursprünglichen Anordnung montieren. Die Lagerdeckel sind nummeriert und der angegossene Ansatz muss zur Steuerseite zeigen.
- Die Hauptlagerdeckelschrauben der Reihe nach auf das vorgeschriebene Anzugsdrehmoment anziehen.
- Das Axialspiel der Kurbelwelle jetzt kontrollieren, wie es beim XU10-Motor beschrieben wurde.
- Kontrollieren, um welches Mass die beiden Seitendichtungen am Lagerdeckel Nr. 1 über die Fläche des Zylinderblocks herausstehen. Das vorschriftsmässige Mass beträgt 1,0 mm. Die Enden dürfen nicht abgeschnitten werden. Stehen sie weiter heraus, wurden sie schlecht eingebaut.
- Pleuellagerdeckel zusammen mit den Lagerschalen aufsetzen. Darauf achten, dass die Schalen zu den jeweiligen Pleuelstangen gehören, wenn die ursprünglichen wieder eingebaut werden sollen. Die beim Zerlegen eingezeichneten Zylindernummern müssen auf der gleichen Seite liegen.
- Pleuellagermuttern der Reihe nach auf die Stiftschrauben der Pleuelstangen aufschrauben. Die Muttern jedes Pleuels abwechselnd auf das vorgeschriebene Drehmoment anziehen. Je zwei der Pleuel müssen dabei im unteren Totpunkt stehen. Danach die Kurbelwelle durchdrehen und die beiden anderen Pleuellager montieren.
- Das Antriebszahnrad der Ölpumpe mit dem Keil und der Kette auf die Kurbelwelle montieren.
- Das Lagerschild der Steuerseite montieren (Bild 73). Die Anlagefläche des Lagerschildes mit Loctite-Dichtungsmasse einstreichen. Die beiden oberen Befestigungsschrauben sind kürzer als die übrigen. Die Schrauben mit 16 Nm anziehen. Den Dichtring vorsichtig mit einem passenden Dorn in das Lagerschild und über das Ende der Kurbelwelle schlagen, bis die Aussenseite bündig abschneidet.
- Beim Einbau der Ölpumpe die Antriebskette über das Ölpumpenzahnrad legen, die Ölpumpe montieren und die Unterlegplatten von der Ölfilterseite her zwischen Pumpe und Zylinderblock schieben. Bild

74 zeigt den Einbau der Pumpe. Die Befestigungsschrauben anziehen. Die beiden Schrauben links auf 19 Nm, die beiden Schrauben rechts auf 13 Nm anziehen. Dabei wird auf das geöffnete Kurbelgehäuse geschaut, wenn die Antriebskette vorn liegt.

- Die Ölwanne mit einer neuen Dichtung montieren.
- Das Schwungrad montieren. Neue Schrauben verwenden und diese vor dem Einsetzen mit flüssiger Gewindesicherung Loctite versehen. Das Schwungrad zum Anziehen der Schrauben blockieren und die Schrauben mit 50 Nm anziehen.
- Die Mitnehmerscheibe und die Kupplungsdruckplatte montieren und die Scheibe mit dem Zentrierdorn mittig ausrichten. Die Befestigungsschrauben einsetzen und gleichmässig ringsherum mit 22 Nm anziehen.
- Die Wasserpumpe mit neuer Dichtung montieren (Bild 75) und die 5 Schrauben mit 15 Nm anziehen.
- Die Zahnriemenspannrolle anschrauben.
- Den Sitz der beiden Passbüchsen in der oberen Dichtfläche des Zylinderblocks prüfen.
- Eine neue Zylinderkopfdichtung mit hinten links nach oben gerichteter Markierung trocken auflegen.
- Den Zylinderkopf nach der Beschreibung im entsprechenden Kapitel einbauen. Die Zylinderkopfschrauben vorschriftsmässig anziehen.
- Das Ventilspiel einstellen (Kapitel 2A.4.6).
- Die Thermoschalter in das Thermostatgehäuse einschrauben und mit 18 Nm anziehen.
- Den Thermostat mit zwei neuen Dichtungen und den Anschlussstutzen in das Thermostatgehäuse einbauen.
- Das komplette Thermostatgehäuse mit einer neuen Dichtung am Zylinderkopf montieren.
- Das für die Einstellung des Ventilspiels provisorisch montierte Nockenwellenzahnrad abnehmen, den Nockenwellendichtring mit einem passenden Dorn einschlagen und die Abdeckplatte montieren.
- Das Nockenwellenrad montieren. Dabei das Nockenwellenrad in geeigneter Weise gegenhalten, wie es bereits gezeigt wurde.
- Die Kurbelwelle und die Nockenwelle in Einstellstellung bringen und den Zahnriemen montieren, wie es bereits beschrieben wurde.
- Die Keilriemenscheibe der Kurbelwelle montieren. Zum Anziehen der Befestigungsschraube das Schwungrad in geeigneter Weise gegen Mitdrehen halten.
- Alle anderen Arbeiten in umgekehrter Reihenfolge wie beim Ausbau durchführen. Die Schraube der Kurbelwellenriemenscheibe mit 130 Nm anziehen. Das Gewinde wird mit „Loctite" eingeschmiert.

2A.4 Der Zylinderkopf

2A.4.1 Ausbau

Der Zylinderkopf kann bei eingebautem Motor ausgebaut werden. Diese Arbeiten wurden bereits in Kapitel 2A.2 beschrieben.

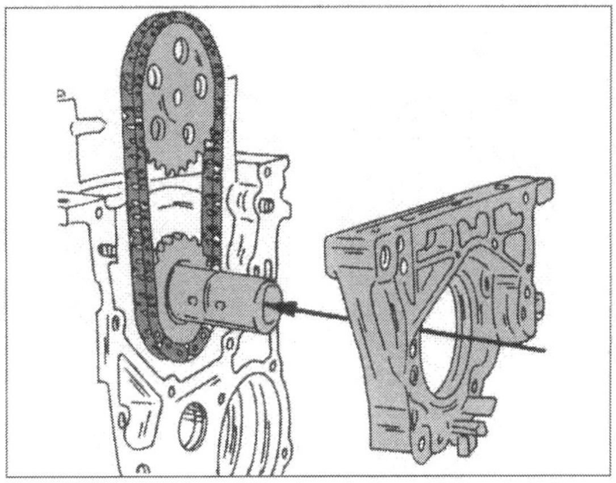

Bild 73
Einbau des vorderen Lagerschilds.

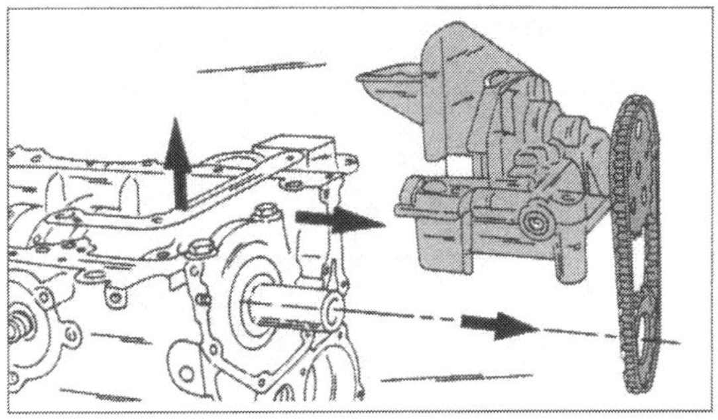

Bild 74
Zum Einbau der Ölpumpe.

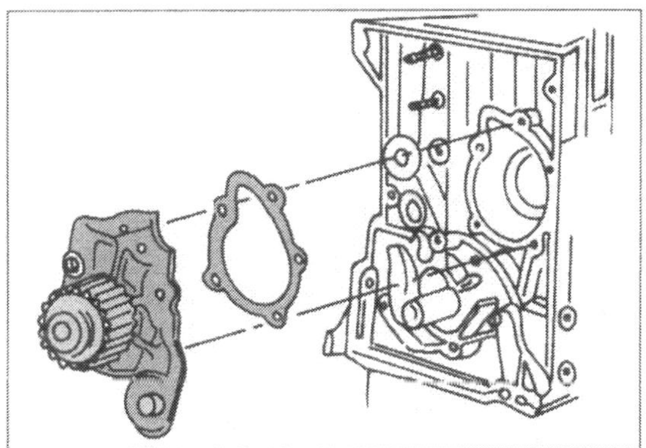

Bild 75
Einbau der Wasserpumpe.

2A.4.2 Zerlegung des Zylinderkopfes

Je nach Motor folgendermassen vorgehen:

XU-Motoren (8 Ventile)

- Falls noch nicht durchgeführt die Zündkerzen ausschrauben.
- Das Steuerrad der Nockenwelle in geeigneter Weise gegenhalten und die Schraube des Steuerrades lockern. Dazu kann man einen Rundstab oder einen Spiralbohrer durch eines der Löcher des Steuerrades einsetzen, wie es in Bild 48 zu sehen ist, und in geeigneter Weise gegen den Zylinderkopf anlegen. Die Schraube dann lockern und vollkommen ausschrauben. Das Steuerrad vom Ende der Nockenwelle herunterziehen und die Scheibenfeder aus der Nockenwelle entfernen. Dazu eignet sich ein Seitenschneider.
- Die Ölleitung aus der Mitte des Zylinderkopfes ausdrücken.
- Die zehn Mutter der Nockenwellenlagerdeckel gleichmässig von der Aussenseite zur Mitte vorgehend lockern, bis sie alle lose sind. Die Deckel ent-

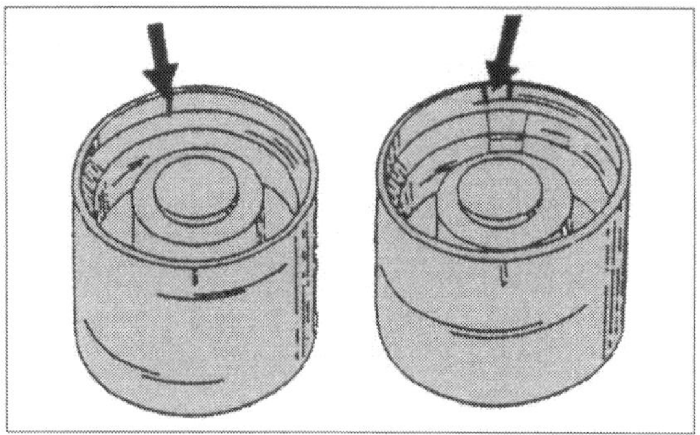

Bild 76
Stössel in der gezeigten Weise kennzeichnen.

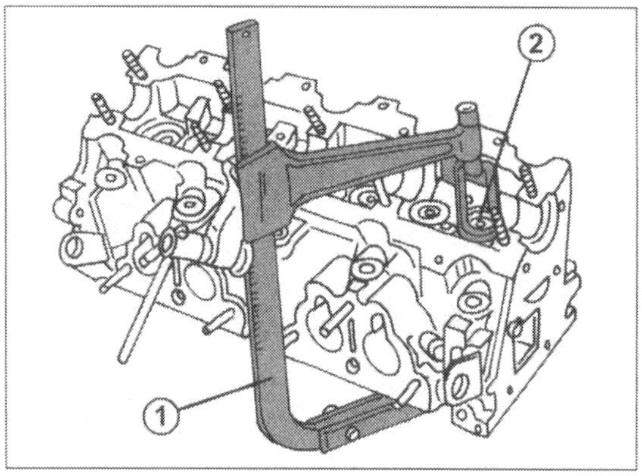

Bild 77
Ausbau von Ventilen.
1 Ventilheber
2 Stempel zum Zusammendrücken der Federn

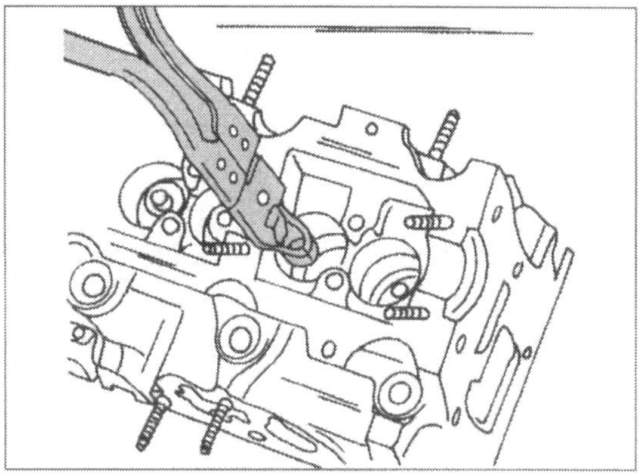

Bild 78
Ventilschaftdichtringe in der gezeigten Weise herunterziehen. Können ebenfalls mit einem Schraubendreher abgedrückt werden.

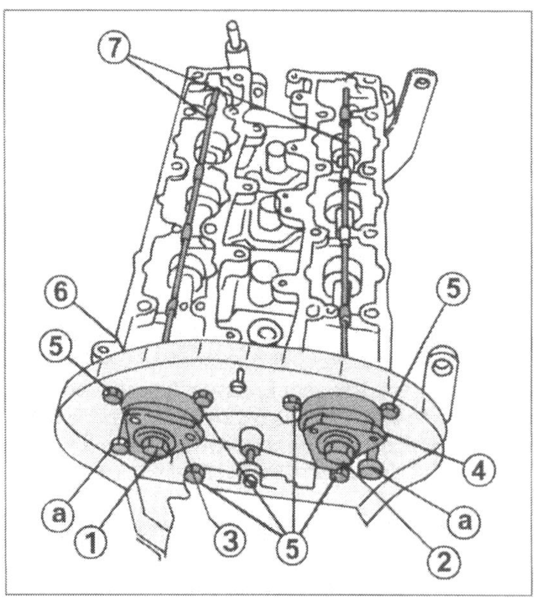

Bild 79
Zur Zerlegung des Zylinderkopfes (16V-Motor). Auf die Zahlen wird im Text verwiesen.

sprechend der Einbaulage kennzeichnen und der Reihe nach herunternehmen.

- Der Reihe nach die Ventilstössel aus den Bohrungen ziehen. Die Stössel müssen auf ihre Einbaulage gezeichnet werden. Dies kann man durchführen, indem man sie entsprechend Bild 76 kennzeichnet. Die eingelegten Einstellscheiben abnehmen und mit den Stösseln zusammenhalten.
- Ein Ventilheber ist erforderlich, um die Ventile aus dem Zylinderkopf auszubauen. Bild 77 zeigt einen solchen Heber, der aber nicht unbedingt die gleiche Form haben muss. Falls man keinen Heber zur Verfügung hat, kann man die Ventile auch folgendermassen ausbauen:

  - Ein Stück Holz in die Verbrennungskammer einlegen, sodass es gegen das auszubauende Ventil anliegt.
  - Ein Stück Rohr des gleichen Durchmessers wie der Ventilfederteller über die Oberseite der Ventilfeder setzen und mit einem Hammer einen kurzen Schlag auf das Rohrstück geben. Die Ventilfeder wird dabei zusammengedrückt und die beiden Ventilkegelhälften springen heraus. Die Arbeit wird durch die Schrägstellung der Ventile allerdings etwas erschwert.
  - Die Teile vom Ventil abnehmen und das Ventil von der anderen Seite des Zylinderkopfes herausziehen. Die Einbaulage des Ventils sofort in geeigneter Weise kennzeichnen und das Ventil entsprechend aufbewahren. Jede Ventilführung ist mit einem Öldichtring versehen, welcher in den Aufnahmebohrungen im Zylinderkopf sitzt. Die Dichtringe mit einer Zange herausziehen, wie man es in Bild 78 sehen kann. Die Öldichtringe müssen beim Zusammenbau immer erneuert werden.

XU10-Motor (16 Ventile)

Unter Bezug auf Bild 79:

- Die beiden Schrauben (1) und (2) lockern, während die Arretierbolzen „a“ noch eingeschoben sind. Die Bolzen jetzt herausziehen und die beiden Naben (3) und (4) der Nockenwellen abziehen.
- Die Schrauben (5) entfernen.
- Den Zahnriemenschutzdeckel (6) abschrauben und die Ölleitungen (7) ausbauen.
- Auf der anderen Seite des Zylinderkopfes das Thermostatgehäuse abschrauben.
- Die 12 Befestigungsschrauben der beiden Nockenwellenlagergehäuse gleichmässig in mehreren Durchgängen lockern, bis sie frei sind und die Nockenwellengehäuse herunterheben. Die beiden Nockenwellen liegen jetzt, wie in Bild 80 gezeigt, frei. Zum Herausnehmen der Wellen von der Kupplungsseite aus gegen die Welle drücken, um das Zentrierlager auf der anderen Seite frei zu machen. Die Öldichtringe (2) im Bild abziehen.
- Der Reihe nach die Ventilstössel aus den Bohrungen ziehen. Die Stössel müssen auf ihre Einbaulage gezeichnet werden. Dies kann man durchführen, indem man sie entsprechend Bild 76 kennzeichnet. Zum Herausziehen der Stössel eignet sich ein Sauger.
- Ventile und Ventilschaftdichtringe ausbauen, wie es bereits oben beschrieben wurde.

2A.4.3 Überholung des Zylinderkopfes

Eine Überholung des Zylinderkopfes empfehlen wir nur bis zu einem gewissen Mass. Falls bei der unten beschriebenen Kontrolle Verschleiss oder Beschädigung festgestellt werden können, sollten Sie den Zylinderkopf in eine Motorenwerkstatt bringen, damit er da überholt werden kann.

Ventile

- Kleinere Beschädigungen der Ventiltellerflächen können durch Einschleifen der Ventile in die Sitze des Zylinderkopfes berichtigt werden, wie es auf der nächsten Seite unter „Ventilsitze“ beschrieben wird. Ventile entsprechend den Angaben in der Mass- und Einstelltabelle ausmessen und alle nicht diesen Massen entsprechenden Ventile erneuern. Besonders darauf achten, dass die Ventiltellerkanten nicht abgebrannt sind, d.h. die Stärke der Teller muss noch mindestens 0,50 mm sein. Auch wenn sich das Mass dem Mindestwert genähert hat, sollte man das Ventil erneuern. Gemessen wird die Stärke der Ventiltellerkante.
- Falls die Enden der Ventilschäfte Verschleiss aufweisen, können sie an einer Schleifmaschine glatt geschliffen werden lassen, vorausgesetzt, dass man nicht mehr als 0,50 mm des Materials zur Korrektur entfernen muss.
- Die Teller der Ventile können in einer Ventilschleifmaschine nachgeschliffen werden, lassen, vorausgesetzt, dass die bereits erwähnte Ventiltellerstärke nach dem Schleifen noch 0,5 mm beträgt. Die Motorenwerkstatt wird dies wissen.
- Die Ventilschäfte, und in diesem Zusammenhang die Innendurchmesser der Ventilführungen kontrollieren, wozu jedoch ein Innen- und ein Aussenmikrometer erforderlich sind. Wiederum ist dies eine Werkstattarbeit.

Ventilsitze

Alle Ventilsitze auf Zeichen von Verschleiss oder Narbenbildung kontrollieren. Leichte Verschleisserscheinungen können mit einem 45°-Fräser entfernt werden. Falls der Sitz jedoch bereits zu weit eingelaufen ist, müssen die Ventilsitze neu gefräst werden oder man muss die Ventilsitzringe erneuern. Die letztere Arbeit erfordert das Aufbohren der Ventilsitzaufnahmen und sollte einer Motorenwerkstatt überlassen werden.

Ventilfedern

Zur einwandfreien Kontrolle der Ventilfedern sollte ein vorschriftsmässiges Federprüfgerät verwendet werden, um die Länge der Ventilfedern unter Belastung auszumessen. Wiederum sind Sie dabei in der Werkstatt besser aufgehoben.

Ventilführungen

Falls es Anzeichen gibt, dass die Ventilführungen in der Innenseite verschlissen sind, ist es auch in diesem Fall besser, wenn man die Ausmessung und eventuelle Erneuerung der Führungen einer Motorenwerkstatt überlässt.

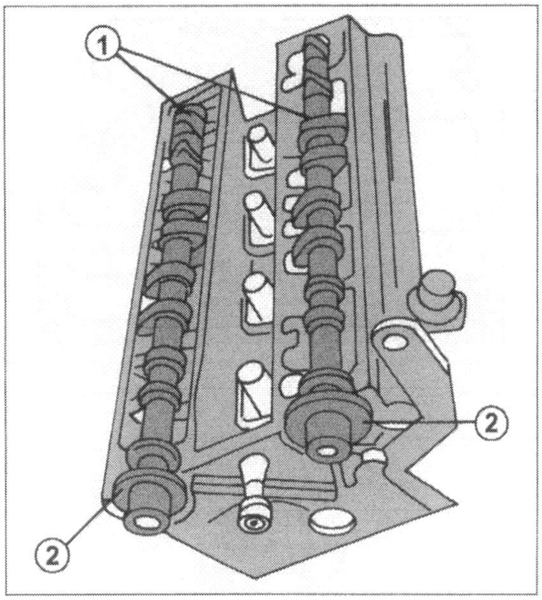

Bild 80
Ansicht des Zylinderkopfes nach Ausbau der Nockenwellenlagergehäuse.
1 Nockenwellen
2 Nockenwellen-öldichtringe

Die Ventilsitze müssen nachgefräst werden, wenn eine Ventilführung erneuert wurde, d.h. der Zylinderkopf muss praktisch überholt werden.

Zylinderkopf

Die Dichtflächen von Zylinderkopf und Zylinderblock einwandfrei reinigen und die Zylinderkopffläche auf Verzug kontrollieren. Dazu ein Messlineal auf den Kopf auflegen und mit einer Fühlerlehre den Lichtspalt längs, quer und diagonal zur Zylinderkopffläche ermitteln. Falls sich eine Blattlehre von mehr als 0,05 mm Stärke einschieben lässt, wie es in Bild 81 gezeigt ist, kann man den Zylinderkopf plan schleifen lassen. Ist der Spalt an irgendeiner Stelle grösser, muss der Kopf erneuert werden.
Der Zylinderkopf kann plan geschliffen werden, solange man nicht mehr als 0,02 mm abschleifen muss. Auch hier wird die Motorenwerkstatt am besten in der Lage sein, dies durchzuführen.

Nockenwelle(n)

Wie bereits erwähnt, ist die Nockenwelle nicht bei allen Motoren gleich und nur eine zu dem Motor passende Nockenwelle darf bei Erneuerung eingebaut werden. Deshalb raten wir Ihnen bei Erneuerung die genaue Motorbezeichnung, das Baujahr und die PS- oder kW-Stärke Ihres Motors anzugeben.

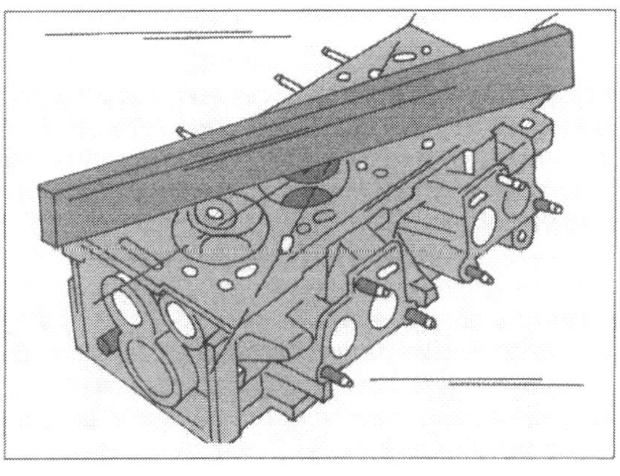

Bild 81
Kontrolle der Zylinderkopffläche auf Verzug. Eine Blattfühlerlehre an der Pfeilstelle einschieben. Gemessen wird entsprechend den gezeigten Richtungen.

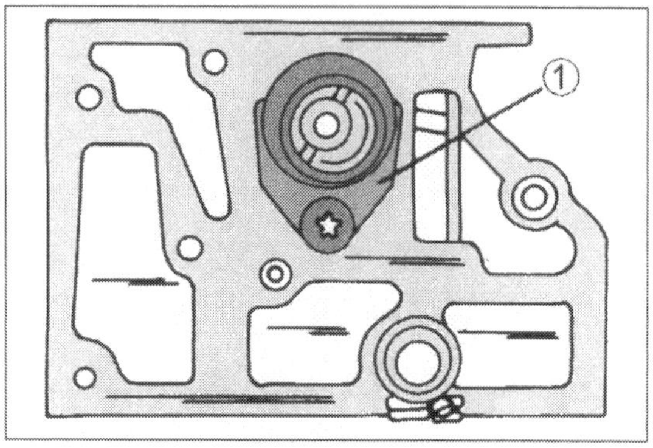

Bild 82
Befestigung der Nockenwelle am Zylinderkopf. Die Halteplatte (1) wird mit einer Torx-Kopf-Schraube gehalten.

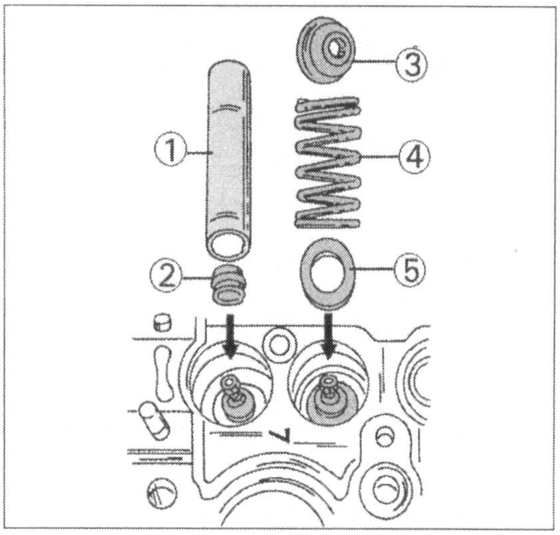

Bild 83
Aufschlagen der Ventilschaftdichtringe und Montage der Ventile.
1 Rohr zum Aufschlagen der Ventilschaftdichtringe
2 Ventilschaftdichtring
3 Ventilfederteller
4 Ventilfeder
5 Unterlegscheibe

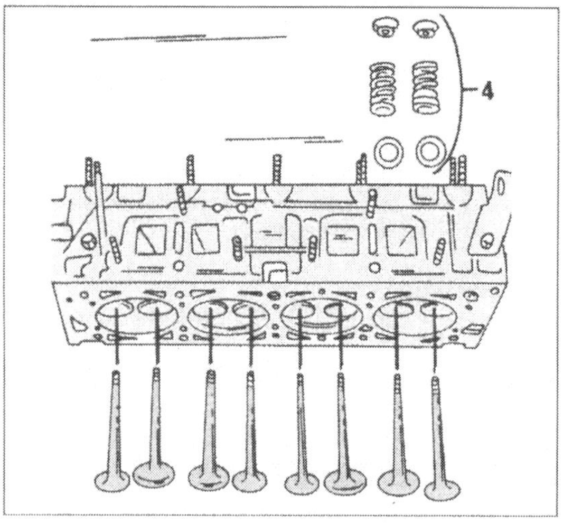

Bild 84
Zum Zusammenbau des Zylinderkopfes.

Die Nockenwelle wird durch eine Halteplatte mit einer Schraube an der Fläche des Zylinderkopfes gehalten, wie es in Bild 82 gezeigt ist. Die Platte greift in eine Rille der Nockenwelle ein und hält diese in ihrer Stellung (8 Ventile). Beim 16V-Motor sind die Wellen mit einer Nabe versehen.
Zum Ausbau der Nockenwelle (8V-Motor) die Scheibenfeder mit einem Seitenschneider herausziehen und die Halteplatte abschrauben. Die Nockenwelle vorsichtig herausziehen, ohne mit den Nocken oder den Nockenwellenlagern gegen die Lagerbüchsen anzuschlagen. Dies könnte teuer werden. Beim 16V-Motor entsprechend der Anweisung bei der Zerlegung vorgehen.

Die Lagerzapfen auf sichtbare Schäden hin kontrollieren. Falls diese vorgefunden werden, kann man sich alle weiteren Arbeiten ersparen. In diesem Fall die Nockenwelle und den Zylinderkopf erneuern.
Zum Ausmessen des Axialspiels der Nockenwelle diese in den Zylinderkopf einsetzen und mit der Halteplatte befestigen. Den Zylinderkopf auf eine glatte Fläche aufstellen. Eine Messuhr an der Stirnfläche ansetzen und die Welle hin- und herbewegen. Falls das Spiel mehr als 0,16 mm beträgt, ist die Halteplatte abgenutzt und muss erneuert werden. In schlimmen Fällen kann auch der Anlageflansch der Nockenwelle abgenutzt sein.

2A.4.4 Zylinderkopf zusammenbauen

Falls der Zylinderkopf erneuert wurde, müssen alle Teile vom alten auf den neuen Zylinderkopf umgerüstet werden. Bei der folgenden Beschreibung gehen wir davon aus, dass der Zylinderkopf ohne weitere Überholung wieder zusammengebaut wird.
- Alle Teile gründlich reinigen und alle gleitenden und sich drehenden Teile gut mit Motoröl einschmieren.
- Die Ventilschaftdichtringe in der in Bild 83 gezeigten Weise über die Ventilführungen schlagen. Das Rohrstück muss einen Innendurchmesser von 8 mm haben. Die Dichtringe dabei nicht beschädigen (führt zu hohem Ölverbrauch).
- Die Ventile in ihre Führungen einsetzen. Falls die Ventile nachgeschnitten wurden, müssen sie mit den entsprechenden Sitzen zusammengehalten werden. Das Gleiche gilt für wieder verwendbare Ventile, die man in die ursprünglichen Sitze einsetzen muss.
- Die Ventile von unten in den Zylinderkopf einschieben (gut eingeölt) und die in Bild 84 gezeigten Teile auf die Oberseite des Ventils aufsetzen. Die Federn werden unter die Ventilfedersitzringe eingelegt. Die Feder über jedes Ventil setzen und sie mit einem Ventilheber zusammendrücken. Wenn das Ventilschaftende aus der Oberseite des Ventilfedertellers heraussteht, mit einer Spitzzange die beiden Ventilkegelhälften einsetzen. Den Ventilheber langsam zurück lassen und kontrollieren, ob die Kegelhälften gut in den Ventilen gehalten werden. Die Ventilkegelhälften der Einlass- und Auslassventile sind gleich.
- Mit einem Plastikhammer auf die Oberseite der Ventilschäfte schlagen. Nicht richtig sitzende Ventilkegelhälften fliegen dabei heraus. Zur Vorsicht einen Lappen über die Federnenden legen, damit die Teile nicht davonfliegen können.

Motoren mit 8 Ventilen
- Ventilstössel und die Einstellscheiben gut einölen und die Teile in die ursprünglichen Bohrungen einsetzen. Die Scheiben sind auf einer Seite flach. Diese Seite kommt über die Ventilschaftenden, wie es in Bild 85 gezeigt ist. Dies ist äusserst wichtig. Falls ein Stössel wieder herausgezogen wird, muss man ihn vollkommen herausziehen, um die richtige Lage der Einstellscheibe zu überprüfen, da die Scheibe durch Herausziehen des Stössels verrutschen kann.

- Nockenwellenlagerzapfen einölen und in den Zylinderkopf einlegen. Die Nockenwellenlagerdeckel aufsetzen. Die gleich aussehenden Deckel in der gezeichneten Reihenfolge aufsetzen. Die Lagerdeckel von innen nach aussen vorgehend kreuzweise mit 15 Nm anziehen.
- Den Nockenwellendichtring mit einem passenden Rohrstück in den Zylinderkopf und über die Nockenwelle schlagen, nachdem das Ventilspiel in der in Kapitel 2A.4.6 beschriebenen Weise eingestellt wurde.
- Das Steuerrad der Nockenwelle aufstecken, die Nockenwelle in geeigneter Weise gegenhalten und die Schraube mit 35 Nm anziehen.
- Den verbleibenden Zusammenbau entsprechend der abgebauten Teile in umgekehrter Reihenfolge wie beim Ausbau durchführen.

16V-Motor

- Die Ventile und die Ventilschaftdichtringe einbauen, wie es bereits oben beschrieben wurde. Unter den Ventilfedern sitzt eine Unterlegscheibe.
- Die Ventilstössel der Reihe nach entsprechend der Kennzeichnung in die Bohrungen einsetzen.
- Die beiden Nockenwellen an Lagerzapfen und Nocken gut einölen und in die gut eingeölten Lagerbohrungen einlegen und in die richtige Stellung bringen. Dazu muss man sich an Bild 86 halten. Die linke Welle verdrehen, bis die Aussparung der Welle (1) senkrecht nach oben steht (12 Uhr), die rechte Welle (2) verdrehen, bis die Aussparung in einer Linie mit dem darunter liegenden Steuerzeichen liegt.
- Kontrollieren, ob die vier Passstifte in den Ecken des Zylinderkopfes sitzen und die Dichtfläche des Zylinderkopfes mit Dichtungsmasse einschmieren (Autojoint). Ebenfalls die Gewindebohrungen für die Schrauben damit einschmieren. Die beiden Nockenwellenlagergehäuse auf den Zylinderkopf aufsetzen.
- Die Schrauben gleichmässig laut Anzugsdiagramm in Bild 87 zuerst mit 5 Nm und danach mit 10 Nm anziehen.
- Einen neuen Dichtring in die Öffnungen des Zylinderkopfes über die Nockenwellen einziehen. Dazu ein Rohrstück entsprechend Bild 88 benutzen. Die zur Befestigung der Nockenwellennaben benutzten Schrauben können dazu verwendet werden.
- Die an der Vorderseite des Zylinderkopfes angebrachten Teile entsprechend Bild 79 wieder montieren. Die Schrauben (1) und (2) zur Befestigung der Naben (3) und (4) werden mit 75 Nm angezogen. Zum Gegenhalten der Naben die Arretierbolzen „a" einsetzen. Auf der anderen Seite das Thermostatgehäuse montieren.

2A.4.5 Zylinderkopf einbauen

Der Einbau des Zylinderkopfes wurde in vollen Einzelheiten in Kapitel 2A.2.1 für den betreffenden Motor beschrieben und soll nicht noch einmal wiederholt werden.

2A.4.6 Ventilspiele einstellen

Nur die Ventile von XU7 (1.8 Liter) und dem XU10-Motor mit 8 Ventilen müssen eingestellt werden. Der XU10-Motor mit 16 Ventilen hat hydraulische Stössel, die keine Nachstellung verlangen. Die Kontroll- und Einstellarbeiten gelten für alle Motoren.
Um die Arbeitsweise der hydraulischen Stössel verständlich zu machen, soll eine kurze Beschreibung unter Bezug auf Bild 89 folgen:

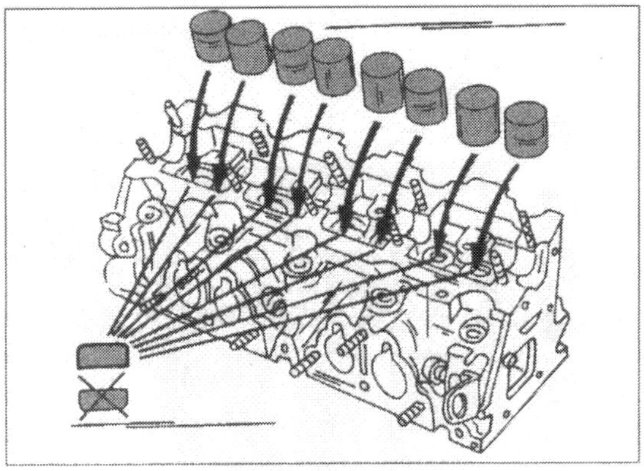

Bild 85
Die Stössel und die Einstellscheiben einölen und in die Bohrung einsetzen. Auf die richtige Einbauweise der Scheiben achten (unten links).

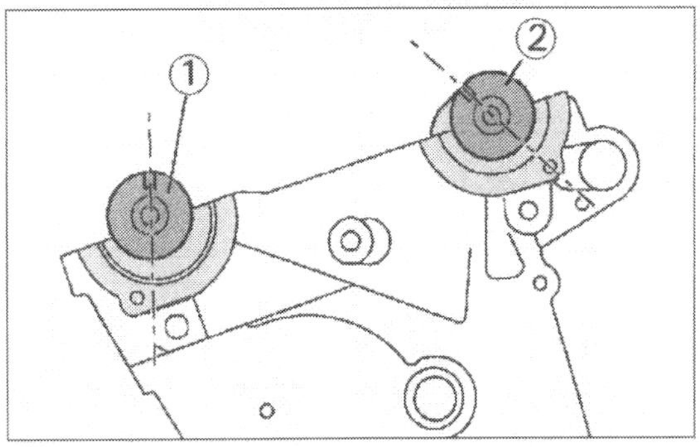

Bild 86
Richtige Ausfluchtung der Nockenwellen beim 16V-Motor (siehe Text).

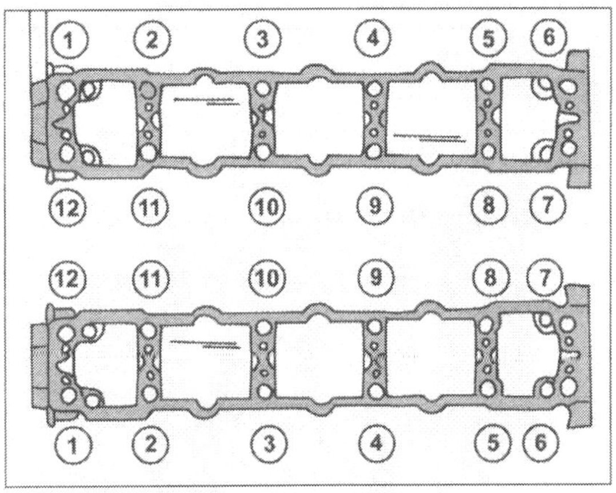

Bild 87
Anzugsdiagramm der Nockenwellenlagergehäuse.

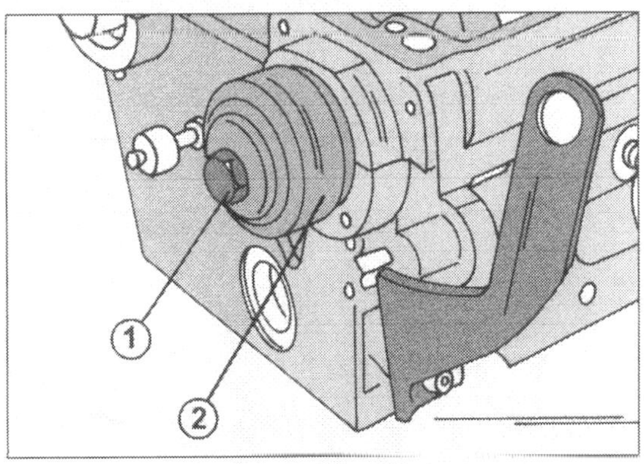

Bild 88
Einziehen des Nockenwellendichtringe. Eine Schraube (1), eine grosse Scheibe und ein Rohrstück (2) können dazu benutzt werden.

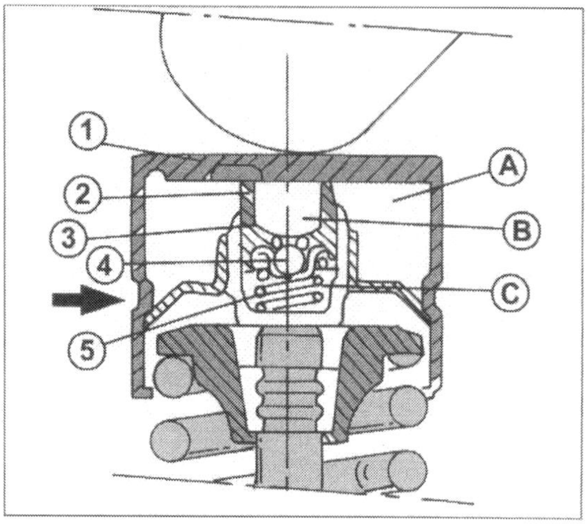

Bild 89
Schnittansicht eines hydraulischen Stössels (16V-Motor). Auf die Zahlen und Buchstaben wird im Text eingegangen.

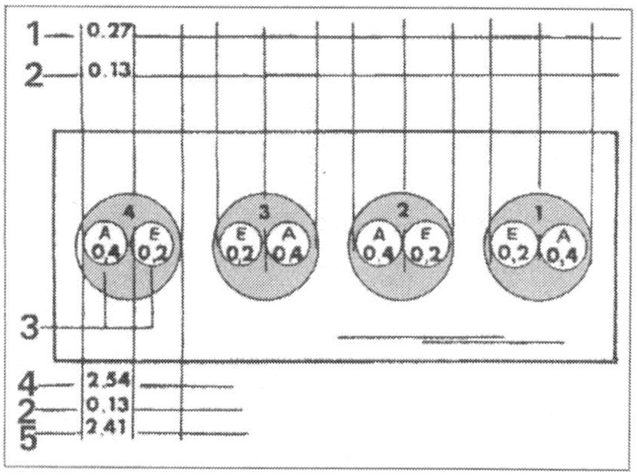

Bild 90
Tabelle zur Kontrolle der Ventilspiele.

Bild 91
Messen der Ventilspiele. Zur Veranschaulichung ist der Zylinderkopf ausgebaut.

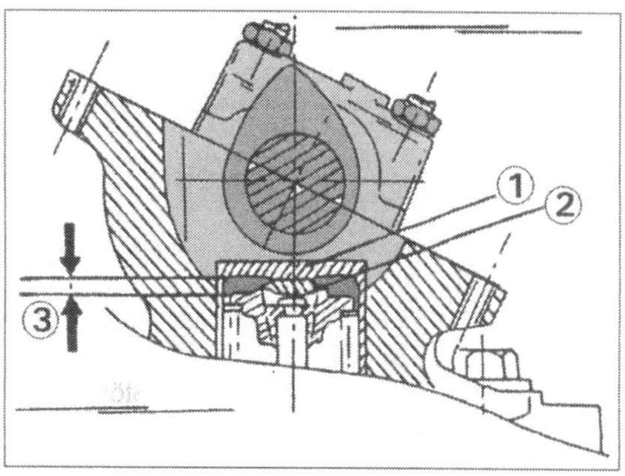

Bild 92
Querschnitt durch die Nockenwelle und den Ventilstössel.
1 Ventilstössel
2 Einstellscheibe
3 Einstellscheibenstärke

- Unter Druck stehendes Öl vom Zylinderkopf füllt die Kammer (A) des Stössels (1) und gelangt von dieser in die Niederdruckkammer (B). Dadurch wird das Kugelventil (4) geöffnet und die Kammer (C) gefüllt.
- Der Kolben (2) und die Laufbüchse (3) werden durch die Feder (5) unter Druck gehalten. Dadurch wird ein mechanischer Kontakt zwischen dem Nocken und dem Ventilschaft aufrechterhalten. Eine leichte Undichtheit zwischen dem Kolben und der Laufbüchse erlaubt ein Belüften des Stössels.
- Wenn sich die Nockenwelle dreht und einer der Nocken drückt gegen den Stössel, erhöht sich der Öldruck in der Kammer (C). Das Kugelventil (4) wird gegen den Sitz gehalten und der Hub des Nockens wird auf das Ventil übertragen.

Falls die Einstellung eines Motors mit 8 Ventilen bei eingebautem Motor durchgeführt wird, wie dies bei einer allgemeinen Kontrolle des Ventilspiels der Fall ist, müssen die notwendigen Vorarbeiten getroffen werden, um an die Ventile zu kommen. Dies bedeutet den Ausbau der gesamten Luftfilter/Zylinderkopfhaubeneinheit, die beim Ausbau des Zylinderkopfes behandelt ist.

- Das Fahrzeug vorn einseitig aufbocken und den fünften Gang einlegen. Damit kann man den Motor während der Einstellung durchdrehen, indem man das Rad dreht.
- Zündkerzenkabel nach Kennzeichnung abziehen und die Kerzen ausschrauben.
- Eine Tabelle für die gemessenen Ventilspiele anfertigen, wie es in Bild 90 gezeigt ist, um die notwendigen Notizen zur Korrektur einzuschreiben.
- Den Motor durch Drehen des abgehobenen Vorderrades in Vorwärtsrichtung durchdrehen. Zum Messen des Ventilspiels muss der zum betreffenden Ventil gehörende Nocken nach oben gerichtet sein, d.h. das andere Ventil des gleichen Zylinders ist geöffnet. Der erste Zylinder liegt auf der Schwungradseite und wird in Bild 178 mit „A" bezeichnet. Das Spiel durch Einführen einer Fühlerlehre zwischen Nockenrücken und Ventilstössel messen, wie es in Bild 91 gezeigt ist.
- Den Wert in die Spalte der Tabelle eintragen, in diesem Beispiel 0,27 mm.
- Den Motor um jeweils eine halbe Umdrehung in Vorwärtsrichtung weiterdrehen und das Spiel an allen Ventilen ausmessen und entsprechend dem Beispiel in der Tabelle notieren. Der Sollwert beträgt an den Einlassventilen 0,15 - 0,25 mm, an den Auslassventilen 0,35 - 0,45 mm. Falls der gemessene Wert nicht innerhalb des Sollbereiches liegt, muss das Spiel durch Einbau anderer Einstellscheiben zwischen Ventilstössel und Ventilschaft berichtigt werden. Bei zu grossem Spiel ist eine dickere Einstellscheibe nötig, bei zu kleinem Spiel eine dünnere. Bild 92 zeigt eine Darstellung der Einstellung und sollte entsprechend studiert werden.

Falls eine Einstellung erforderlich ist – Nockenwelle ausbauen:

- Massekabel der Batterie abklemmen.
- Rechtes Rad abschrauben, in der Innenseite des Radkastens das Abdeckblech ausbauen, um das Ende der Kurbelwelle freizulegen.

- Die obere Zahnriemenabdeckung ausbauen.
- Den Arretierbolzen (Rundstab) in Stellung etwa 11 Uhr durch eine Bohrung der Riemenscheibe stecken, um die Steuerung zu blockieren und das Steuerrad der Nockenwelle in der beschriebenen Weise arretieren.
- Antriebsriemen der Aggregate ausbauen.
- Zylinderkopfhaube/Luftfiltereinheit ausbauen.
- Die Schraube des Zahnriemenspanners lockern, den Spanner vom Riemen abdrücken und den Zahnriemen vom Steuerrad der Nockenwelle herunterheben.
- Das Nockenwellensteuerrad ausbauen. Zum Lösen der Schraube das Zahnrad in geeigneter Weise gegenhalten, wie es bereits vorher gezeigt wurde.
- Die Schmierleitung von der Oberseite der Nockenwelle abdrücken (Bild 93).
- Alle anderen in Bild 93 gezeigten Teile vom Zylinderkopf abmontieren.
- An der Vorderseite des Zylinderkopfes eine 6-mm-Inbusschraube entfernen und gleichmässig über Kreuz die Muttern der fünf Nockenwellenlagerdeckel lockern. Dabei in umgekehrter Reihenfolge von Bild 94 vorgehen.
- Die übrigen Nockenwellen-Lagerdeckel ausbauen und die Nockenwelle herausnehmen. Den Öldichtring aus einem Ende herausnehmen. Ein neuer Dichtring muss immer eingebaut werden.
- Den ersten Ventilstössel und die darunterliegende Einstellscheibe herausnehmen, die Einstellscheibe reinigen und ihre Stärke messen. Da die Toleranzen sehr gering sind, kann man die genaue Stärke nur mit Hilfe eines Mikrometers ermitteln. Andernfalls eine Messuhr in der in Bild 95 gezeigten Weise benutzen. Die neue Scheibenstärke wird wie folgt ermittelt: Korrektur = gemessenes Spiel weniger Sollwert. Bild 90 zeigt am gegebenen Beispiel wie die Kalkulation vorgenommen wird.

Die Korrektur kann positiv oder negativ ausfallen. Bei positiver Korrektur muss eine stärkere Scheibe eingebaut werden; bei negativer Korrektur eine schwächere Scheibe.

Als Sollwert nimmt man den Mittelwert des Toleranzbereichs.

Neue Scheibe = gemessene Scheibenstärke + Korrektur.

- Eine Einstellscheibe auswählen, deren Stärke so nahe wie möglich am ermittelten Wert liegt. Die Stärken der erhältlichen Einstellscheiben liegen zwischen 2,225 bis 3,550 mm. Die Grössensteigerung ist jeweils 0,025 mm. Einstellscheiben vor dem Messen und Einbauen entfetten.
- In der gleichen Weise bei allen Ventilen vorgehen, deren Spiel korrigiert werden muss.
- Die Einstellscheiben vor dem Einbau ölen und in die Aufnahme im Federteller setzen. Bild 96 zeigt die Einbauweise der Scheiben.

Hinweis: Falls die Nockenwelle oder die Stössel erneuert wurden, muss man immer Scheiben einer Stärke von 2,25 mm (Sollstärke) einbauen, ganz gleich, weiche Scheiben vorher verwendet wurden.

- Die Ventilstössel einölen und einbauen. Nach dem Einsetzen dürfen die Stössel nicht wieder an-

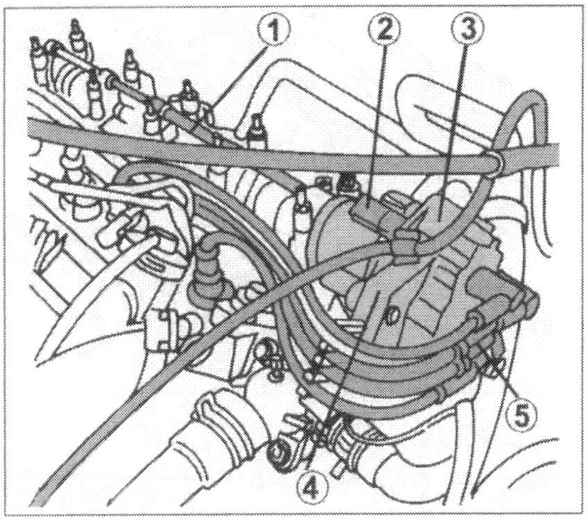

Bild 93
An der Oberseite des Zylinderkopfes abzumontierende Teile.
1 Schmierölleitung
2 Kühlmittelauslassstutzen
3 Gehäuse der Zündspulen
4 Befestigungshalter
5 Zündkerzenkabel

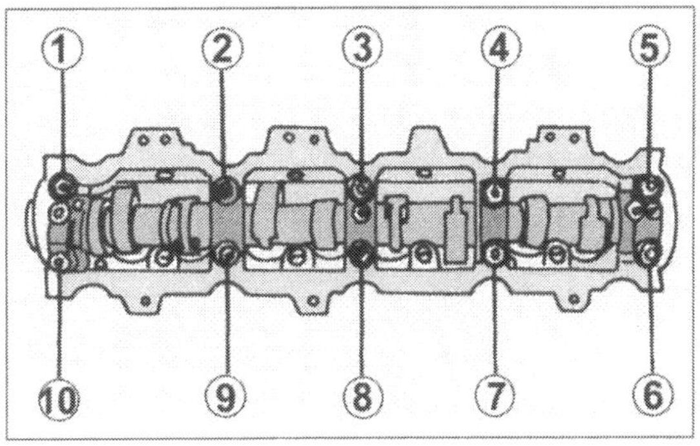

Bild 94
Reihenfolge zum Anziehen der Muttern für die Nockenwellenlagerdeckel (16 Nm). Beim Lösen in umgekehrter Reihenfolge vorgehen.

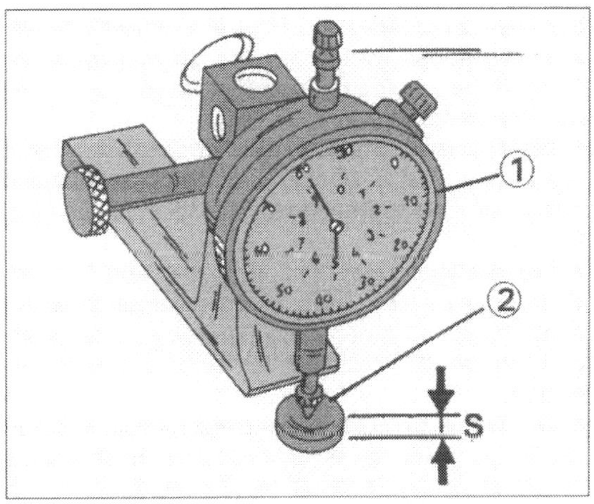

Bild 95
Ausmessen der Stärke „S“ einer Einstellscheibe. Eine Messuhr (1) kann auf die Scheibe (2) aufgesetzt werden. Die Scheibe muss dabei auf einer geschliffenen Fläche aufliegen, um richtige Ergebnisse zu erhalten.

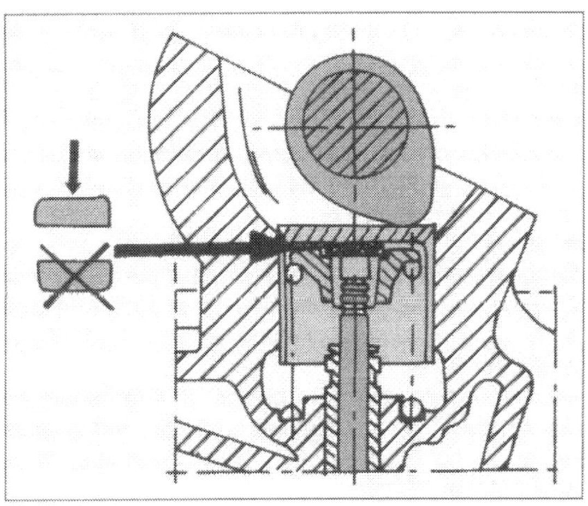

Bild 96
Richtiges Einlegen der Einstellscheibe auf der Oberseite der Ventilstössel.

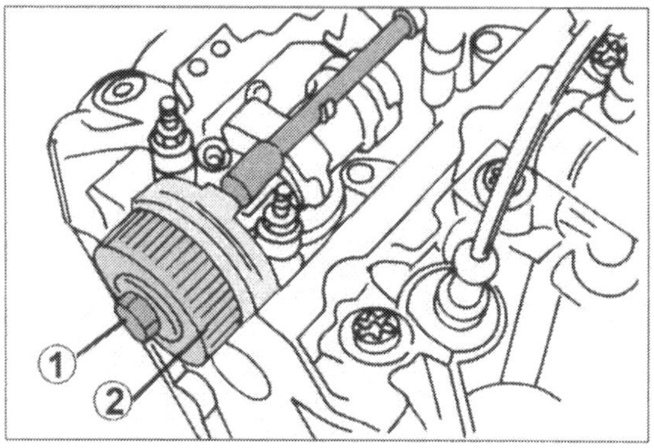

Bild 97
Montage des Nockenwellenrades (2). Beim Anziehen der Schraube (1), mit 35 Nm, die Welle gegen Mitdrehen halten.

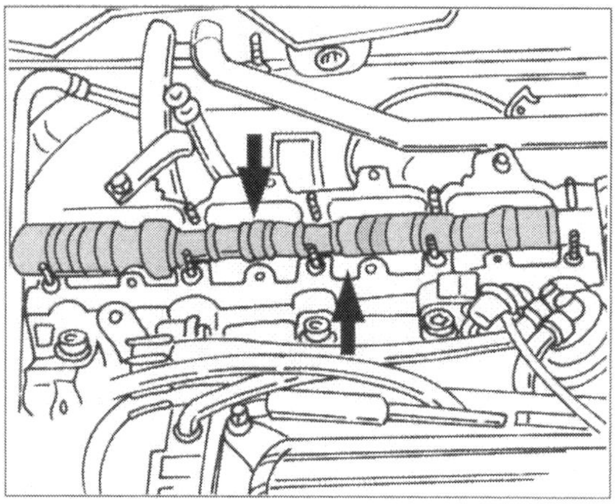

Bild 98
Die Nocken müssen jeweils mit dem Rücken gegen die Flächen der Ventilstössel anliegen.

gehoben werden, da sich sonst die Einstellscheibe aus ihrem Sitz lösen kann. Falls ein Ventilstössel etwas angehoben wird, muss der Stössel ganz herausgehoben werden, um die Einstellscheibe wieder einzusetzen.

- Die Nockenwellenlager ölen und so einsetzen, dass der 4. und 6. Nocken (von Schwungradseite her gezählt) am betreffenden Stössel anliegen (Bild 98).
- Die Auflageflächen des Lagerdeckels auf der Verteilerseite mit „Auto Joint"-Dichtungsmasse einschmieren und den Deckel aufsetzen. Die übrigen Deckel entsprechend der Nummerierung aufsetzen.
- Die Deckel der Reihe nach gleichmässig in der in Bild 94 gezeigten Reihenfolge von innen nach aussen vorgehend auf ein endgültiges Drehmoment von 16 Nm anziehen.
- Einen neuen Dichtring mit einem Stück Rohr passenden Durchmessers in den Zylinderkopf und die Nockenwelle einschlagen. Dabei den Dichtring nicht verformen. Da der Raum sehr klein ist, kann man auch ein Stück Rohr mit einer grossen Scheibe versehen und den Ring durch Benutzung einer langen Schraube in den Kopf einziehen.
- Steuerrad der Nockenwelle aufstecken und die Schraube mit Scheibe eindrehen. Die Schraube unter Gegenhalten der Welle mit 35 Nm anziehen. In diesem Zustand hat der Zylinderkopf das in Bild 97 gezeigte Aussehen.
- Nockenwelle um mindestens 2 Umdrehungen durchdrehen (sehr langsam) und die Ventilspiele nochmals nachmessen. Evtl. die notwendigen Korrekturen durchführen.
- Die verbleibenden Teile in umgekehrter Reihenfolge wieder montieren. Die Ölschmierleitung (2) in Bild 93 auf die Oberseite des Zylinderkopfes aufdrücken. Alle anderen in diesem Bild gezeigten Teile wieder montieren.
- Der Einbau des Zahnriemens ist getrennt beschrieben.

2A.5 Kolben und Pleuelstangen

Die Kolben und Zylinderlaufbüchsen können nur bei ausgebautem Triebwerk und abgeflanschtem Getriebe erneuert werden. Falls neue Zylinderlaufbüchsen und Kolben gekauft werden müssen (bei Motoren mit nassen Zylinderlaufbüchsen), sollte man wissen, dass diese aufeinander abgestimmt wurden und aus diesem Grund zusammenzuhalten sind. Dies gilt ebenfalls, wenn die ursprünglichen Teile wieder verwendet werden. In diesem Fall die Laufbüchsen, Kolben und Pleuelstange mit der Zylindernummer zeichnen.
Alle Kolben sind mit zwei Kompressionsringen und einem Ölabstreifring versehen. Der obere Verdichtungsring ist an der Aussenfläche verchromt, während der zweite Kolben einen Trapezquerschnitt besitzt. Die Kolbenringe sind oben gezeichnet und die Kennzeichnung muss nach dem Einbau von oben sichtbar sein.
Obwohl die Kolben und damit verbundenen Teile nicht bei allen Motoren gleich sind, werden sie als Gesamtteil in diesem Abschnitt beschrieben. Falls keine Laufbüchsen eingebaut sind, werden die entsprechenden Hinweise natürlich nicht weiter beachtet.
Beim Bestellen von neuen Kolben (und Laufbüchsen, wenn zutreffend) nur anhand der Motornummer vorgehen.

2A.5.1 Kolben und Pleuelstangen trennen

Zum Trennen der Kolben von den Pleuelstangen sind auf jeden Fall Spezialwerkzeuge erforderlich. Falls diese nicht besorgt werden können, sollte man die Arbeiten in einer Werkstatt durchführen lassen. Auch wenn die Kolben erneuert werden sollen, werden die gleichen Werkzeuge zum Einziehen des Kolbenbolzens benötigt. Ebenfalls muss eine Kochplatte zur Verfügung stehen, sodass man das Pleuelauge (nicht den gesamten Pleuel) auf eine Temperatur von 250°C erwärmen kann. Ein Schmelzstift, welcher bei dieser Temperatur erweicht, ist bei der Kontrolle erforderlich. Aus diesem Grund empfehlen wir, dass man einen ausgebauten Kolben in einer Werkstatt erneuern lässt. Sie werden ihn dann zusammen mit der neuen Laufbüchse zurückerhalten. Um die Teile auszubauen:

- Kolben und Pleuelstange aus der Zylinderlaufbüchse oder Zylinderbohrung herausziehen. Nochmals kontrollieren, dass man die Kennzeichnung markiert hat.
- ***Falls nur Kolbenringe erneuert werden sollen:*** Kolbenringe der Reihe nach mit einer Kolbenring-

zange abnehmen (Bild 99). Falls die Ringe wieder verwendet werden sollen, sind sie entsprechend zu zeichnen. Falls keine Kolbenringzange zur Verfügung steht, können Metallstreifen an gegenüberliegenden Seiten des Kolbens unter den Ring geschoben werden. Einen Streifen unbedingt unter das Ende des Ringes unterlegen, um Kratzer zu vermeiden.

- Das Spezialwerkzeug wird jetzt zum weiteren Zerlegen benötigt. Den Kolben in der in Bild 100 gezeigten Weise auf das Werkzeug unter einer Presse auflegen und den Bolzen mit dem Pressstempel herausdrücken. Wurde ein Kolben vom Pleuel getrennt, darf dieser Kolben nicht mehr verwendet werden, da der Presssitz beeinflusst wurde. In diesem Fall einen neuen Kolben einbauen.

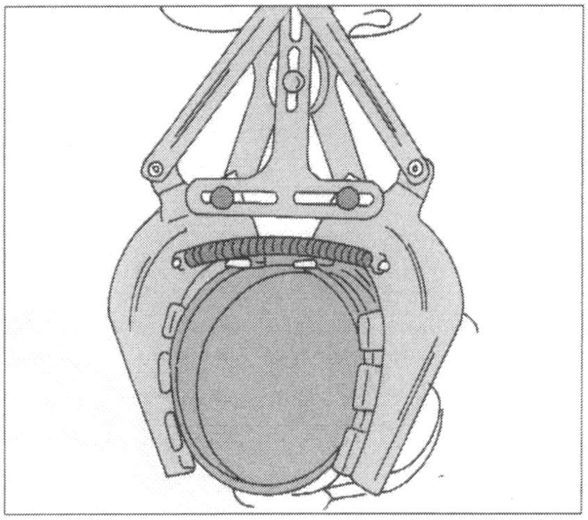

Bild 99
Abnehmen der Kolbenringe mit einer Kolbenringzange.

2A.5.2 Kolben und Pleuelstangen überprüfen

Alle Teile gründlich kontrollieren. Falls Teile Anzeichen von Fressern, Kratzern oder Verschleiss aufweisen, müssen sie erneuert werden.

- Das Höhenspiel der Kolbenringe in den Nuten des Kolbens ausmessen, indem man die Kolbenringe der Reihe nach in die jeweilige Nut einsetzt (Bild 101). Mit einer Fühlerlehre den Spalt zwischen der Ringfläche und der Kolbennutenfläche ermitteln. Falls die Spalte eines Ringes nicht den Angaben in der Mass- und Einstelltabelle entsprechen, sind entweder die Ringe oder der Kolben abgenutzt.
- Als Nächstes der Reihe nach alle Kolbenringe von der Oberseite in die Laufbüchse einsetzen. Mit einem umgekehrten Kolben den Ring nach unten stossen, bis er ca. 15 mm von der Unterkante der Bohrung entfernt steht. Den Zylinderblock dazu auf eine Seite legen. Eine Fühlerlehre in den Spalt zwischen den beiden Ringenden einschieben, um das Kolbenringstossspiel auszumessen. Bild 102 zeigt, wie das Spiel vorschriftsmässig ausgemessen wird. Die Stossspiele können nicht eingestellt werden und die Kolbenringe sind nicht länger verwendungsfähig, falls sie zu gross erscheinen.
- Den Kolbendurchmesser im rechten Winkel zum Kolbenbolzen an der Unterkante des Kolbenmantels mit einem Mikrometer ausmessen. Die Kolben stehen in drei Toleranzgruppen zur Verfügung und ebenfalls sind die dazugehörige Kolbenbolzen mit Farbzeichen versehen. Kolben und Kolbenbolzen werden in Paaren hergestellt und sind entsprechend gezeichnet. Es würde zu weit gehen, auf die Unterschiede zwischen den einzelnen Motoren einzugehen. Bei Kolben mit Laufbüchsen sind die Kolbenböden mit einem Buchstaben und die Zylinderlaufbüchsen mit eingeteilten Kerbe(n) versehen. Auch ein Farbtupfen, welcher auf die Passung des Kolbenbolzens hinweist, ist eingezeichnet. Der Kolbenbolzen ist mit der gleichen Farbkennzeichnung versehen.
- Zum Prüfen des Kolbenlaufspiels den Durchmesser der Bohrung ausmessen. Bohrungen werden in Längs- und Querrichtung gemessen und in drei Tiefen der Laufbüchsen (Bohrungen). Auf diese Weise werden der grösste und kleinste Durchmesser gefunden. Die Werte aufschreiben.

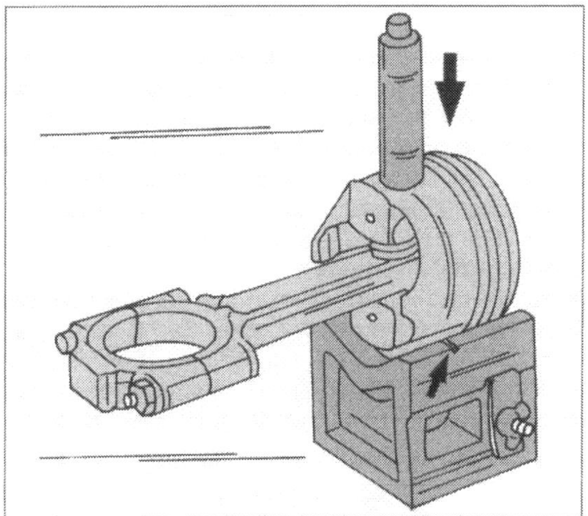

Bild 100
Auspressen eines Kolbenbolzens unter einer Presse. Der Ausschnitt (Pfeil) muss mit der Kolbenbolzenbohrung in einer Linie liegen.

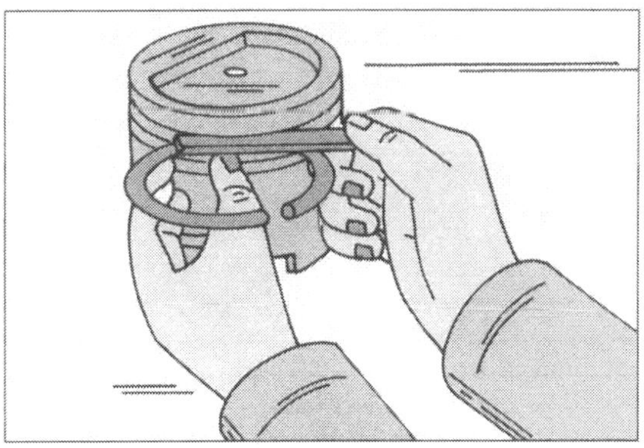

Bild 101
Ausmessen des Höhenspiels der Kolbenringe in den Nuten des Kolbens. Alle Nuten müssen einwandfrei gereinigt sein.

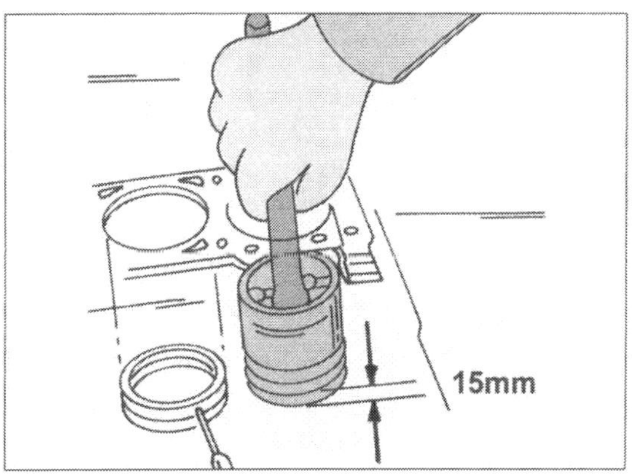

Bild 102
Kontrolle des Stossspiels der Kolbenringe im unteren Teil der Zylinderlaufbüchse oder Zylinderbohrung.

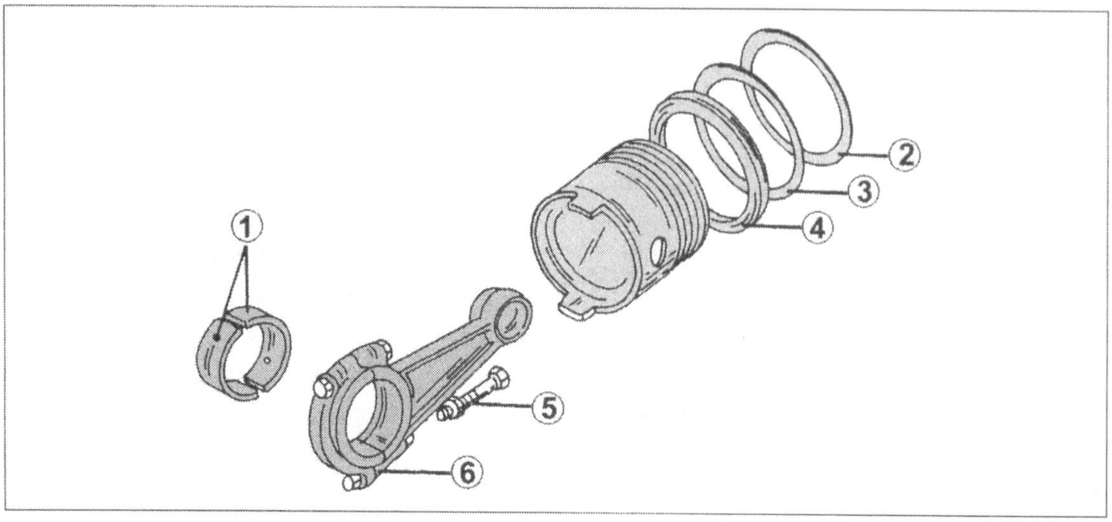

Bild 103
Die Teile einer Kolben/Pleuelstangeneinheit.
1 Pleuellagerschalen
2 Oberer Kolbenring
3 Mittlerer Kolbenring
4 Unterer Kolbenring
5 Pleuellagerschraube
6 Pleuelstange

- Den Kolbendurchmesser jetzt von den Bohrungsdurchmessern abziehen. Der Unterschied ist das Laufspiel der Kolben. Falls das Laufspiel grösser ist, müssen neue Laufbüchsen/Kolben-Sätze eingebaut werden. Nur Kolben mit der gleichen Buchstabenbezeichnung dürfen eingebaut werden. Höchstwahrscheinlich muss die Ölkohle abgekratzt werden, um den Buchstaben zu sehen.
- Kolbenbolzen und -bohrungen auf Verschleiss oder Beschädigung kontrollieren. Die Bolzen werden nur zusammen mit den Kolben geliefert. Der Kolbenbolzen sollte ein Spiel im Kolben haben, d.h. er muss sich also mit Daumendruck durch den Kolben hin- und herschieben lassen. Zur Kontrolle die Kolbenbolzen und Kolbenaugenbohrungen gut einölen und den Bolzen auf einer Seite einschieben und durch den Kolben drücken. Ein saugendes Gefühl weist auf eine gute Passung des betreffenden Kolbenbolzens hin.

Bild 103 zeigt ein Montagebild eines Kolbens mit Pleuelstange dieser Motoren.

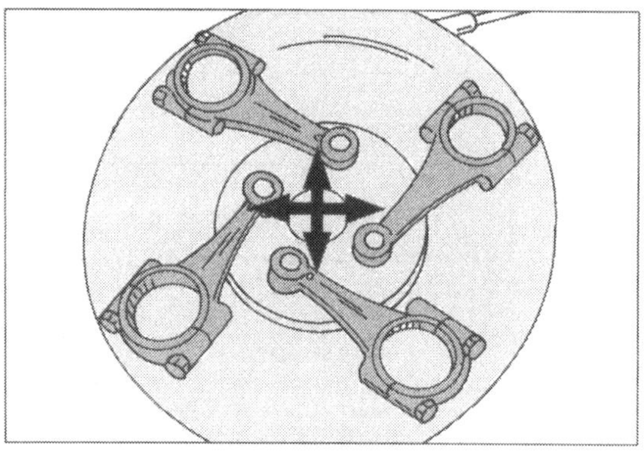

Bild 104
Anwärmen der Pleuelstangenenden vor dem Zusammenbau von Kolben und Pleuelstangen. Nur die Enden (Pfeile) auf die Heizplatte auflegen.

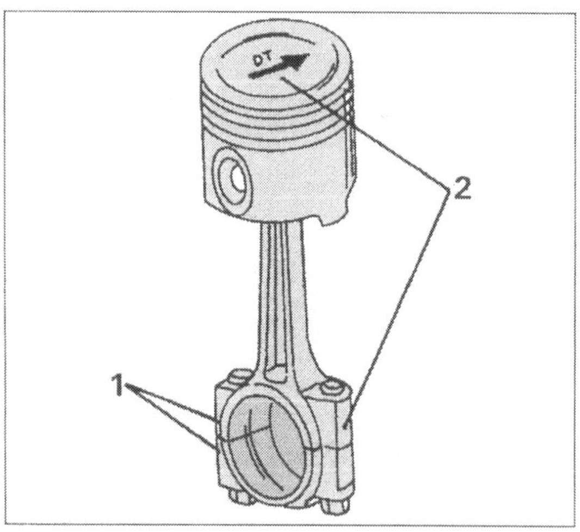

Bild 105
Richtiger Zusammenbau von Kolben und Pleuelstange. Die Kennzeichnungen an Pleuelstange und Lagerdeckel (1) sowie die „DT"-Kennzeichnung und die Aussparung für die Lagerschalen (2) müssen wie gezeigt ausgerichtet sein. Die Kolbenbolzen eines 16V-Motors werden mit Sicherungsringen gehalten.

2A.5.3 Kolben und Pleuelstangen zusammenbauen

Es wird angenommen, dass die Teile entsprechend Kapitel 2A.5.2 kontrolliert und überholt worden sind.

- Pleuelstangen in einem Pleuelprüfgerät auf Verdrehung oder Verbiegung kontrollieren. Dies sollte man am besten in einer Werkstatt durchführen lassen, da verbogene oder in sich selbst verdrehte Pleuelstangen keinen einwandfreien Lauf des Motors herstellen können.
- Pleuelstangen auf eine Kochplatte auflegen. Dazu die Pleuelaugen sternförmig auf die Platte auflegen (Bild 104). Der Pleuelfuss jeder einzelnen Stange ist entsprechend unterzulegen, damit die Pleuelstangen in waagerechte Lage kommen. Mit dem Schmelzstift laufend kontrollieren, wann die vorgeschriebene Temperatur von 250°C erreicht ist. Die Pleuellagerdeckel müssen so aufgeschraubt werden, dass ein Spalt von 1,0 mm zwischen den Anlageflächen von Pleuel und Pleuellagerdeckel verbleibt.
- Den Kolbenbolzen auf den Montagedorn stecken und das konische Führungsstück am anderen Ende anschrauben, ohne es aber festzuziehen. Den Bolzen und den Dorn gut einölen.
- Beim Zusammenbau der Kolben und Pleuelstangen und Verwendung von neuen Pleuellagerschalen können die Pleuelstangen beliebig am Kolben montiert werden. Falls die alten Lagerschalen wieder eingebaut werden, muss man diese entsprechend den Kennzeichnungen beim Zerlegen anordnen. Auf jeden Fall muss der Pfeil im Kolbenboden zur Vorderseite des Motors weisen. Ausserdem ist die Bezeichnung „DT" eingezeichnet, welche bedeutet, dass diese Richtung zur Steuerseite weisen muss. Bild 105

zeigt wie Kolben und Pleuelstange zusammenkommen. Diese Kennzeichnung ist bei allen Motoren gültig.

- Den Kolben auf das Spezialwerkzeug auflegen, mit der Kolbenbolzenbohrung über das Loch und mit der Federspange festklemmen.
- Die Montagearbeiten müssen so schnell wie möglich durchgeführt werden, damit sich das Pleuelauge nicht wieder abkühlen kann.
- Pleuelstange mit einer Wasserpumpenzange schnell von der Kochplatte nehmen und in die Innenseite des Kolbens einführen.
- Bolzen mit der Hand und dem Montagedorn eindrücken (Bild 106). Die Pleuelstange wie erforderlich hin- und herbewegen, damit die Flucht zustande kommt. Den Kolbenbolzen bis zum Anschlag eindrücken. Das Spezialwerkzeug gewährleistet, dass der Kolbenbolzen in die genaue Lage eingepresst wird. Nach einigen Sekunden den Kolben von der Auflage befreien und kontrollieren, dass sich der Kolben frei auf dem Pleuelauge bewegen lässt, nachdem er abgekühlt ist.
- Den Montagedorn aus dem Kolben ausschrauben und die anderen Kolben in gleicher Weise montieren.
- Mit einer Ölkanne Öl in die Lagerstelle des Bolzens spritzen.
- Der Reihe nach die Kolbenringe am Kolben anbringen. Die beiden oberen Ringe müssen mit der Markierung „Top" nach oben weisen. Vor dem Einsetzen jeden Ring nochmals kontrollieren, da man leicht Fehler machen kann. Eine Kolbenringzange sollte zum Aufsetzen der Kolbenringe verwendet werden, jedoch kann man drei dünne Metallstreifen (z.B. Blattfühlerlehren) um den Kolben legen und die Ringe über die Metallstreifen schieben. Die Streifen herausziehen, wenn der Ring in Höhe der betreffenden Nut ist. Die Ringe können leicht brechen und beim Einbau ist mit grösster Sorgfalt vorzugehen.
- Kolbenringe gut einölen und auf dem Aussenumfang des Kolbens verdrehen, um die Ringstosse vorschriftsmässig anzuordnen.
- Der Stoss des Ölabstreifringes an der in Bild 107 gezeigten Stelle anordnen und die beiden anderen Ringstösse je 120° davon versetzt am Aussenumfang des Kolbens setzen.
- Die Kolben mit Motoröl einschmieren und in die dazugehörigen Laufbüchsen oder Bohrungen einsetzen. Geeignete Kolbenringspannbänder müssen zum Eindrücken der Kolbenringe in die Nut benutzt werden. Bei eingebauten Laufbüchsen das Spannband so um den Kolben legen, dass die Oberkante des Kolbens noch ca. 4 - 5 mm heraussteht (Bild 108). Dies ermöglicht das anfängliche Einschieben der Kolben in die Laufbüchsen von der Unterseite. Bei einem Gusseisenzylinderblock ist das Gegenteil der Fall. Bei diesen Kolben das Spannband so um den Kolben legen, dass ein Stück des Kolbenmantels noch an der Unterseite frei bleibt, wie man es in Bild 109 sehen kann, und danach den Kolben von oben in der in Bild 110 gezeigten Weise in die Bohrung einschieben.
- Bei eingebauten Laufbüchsen die Kolben so einsetzen, dass die flachen Seiten der Pleuelstangen und die Fläche an der Oberseite der Laufbüchse parallel ausgerichtet sind und dass der Pfeil im Kolbenboden zur Vorderseite des Motors weist. Das Verhältnis zwischen der Pleuelstange und der Fläche an der Zylinderlaufbüchse ist in Bild 111 gezeigt.
- Falls verlangt, neue „O"-Dichtringe an der Unterseite der Laufbüchsen anordnen, ohne sie dabei zu verdrehen.

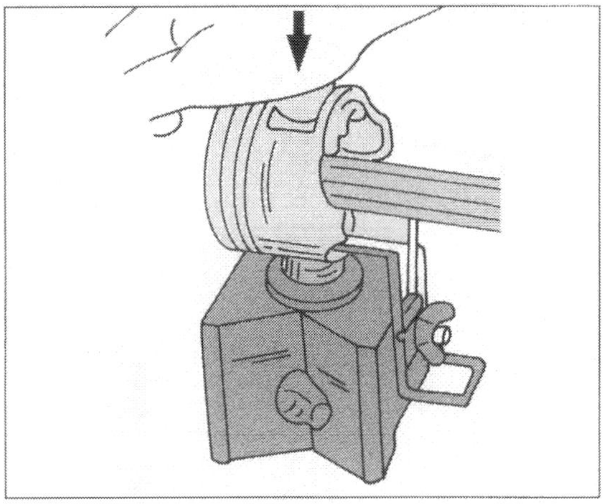

Bild 106
Einbau eines Kolbenbolzens. Den Dorn bis zum Anschlag eindrücken und in dieser Lage halten, bis sich die Pleuelstange abgekühlt hat.

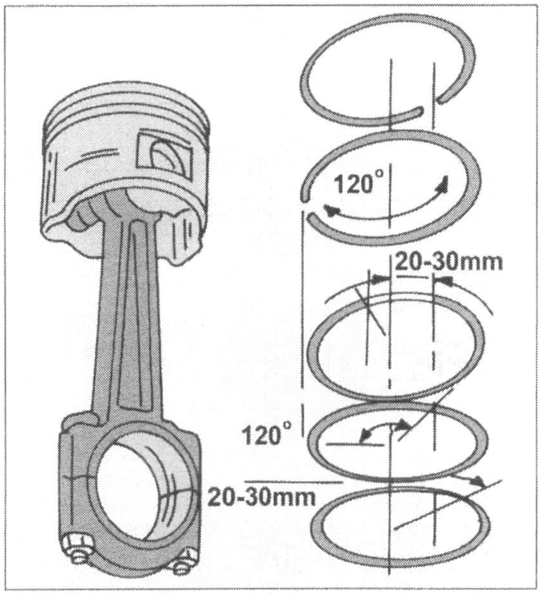

Bild 107
Anordnung der Kolbenringstösse am Umfang des Kolbens.

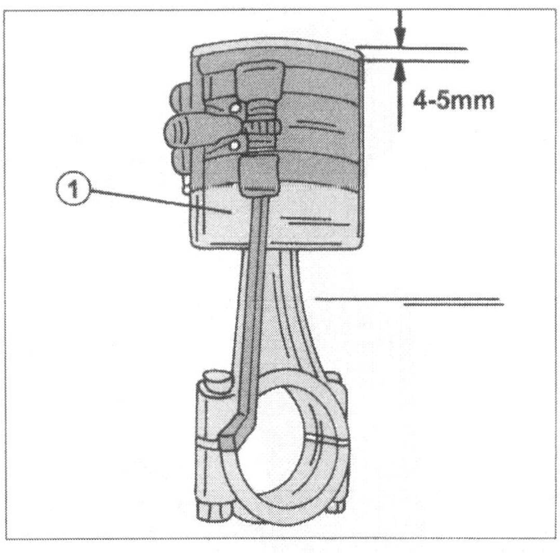

Bild 108
Beim Anbringen des Kolbenringspannbandes den Kolben oben noch um das gezeigte Mass herausstehen lassen (bei Verwendung von Laufbüchsen).

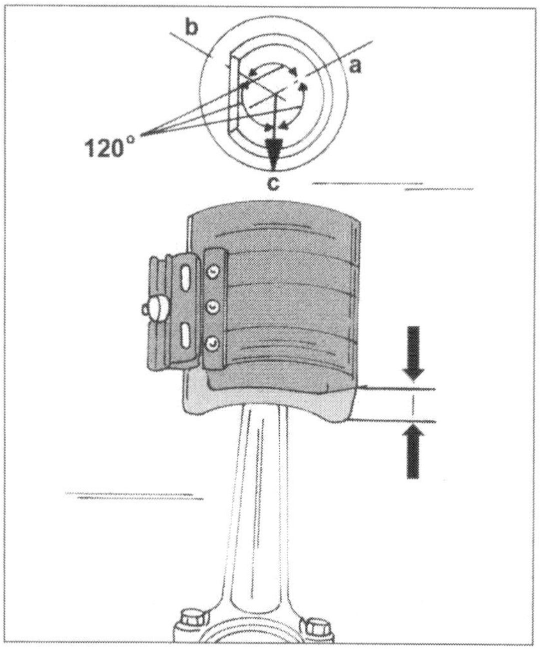

Bild 109
Ansicht eines Kolbens für einen XU10-Motor. Die Ringstösse „a" bis „c" in der gezeigten Weise anordnen. Beim Anlegen des Spannbandes den Kolben an der Unterseite etwas herausstehen lassen.

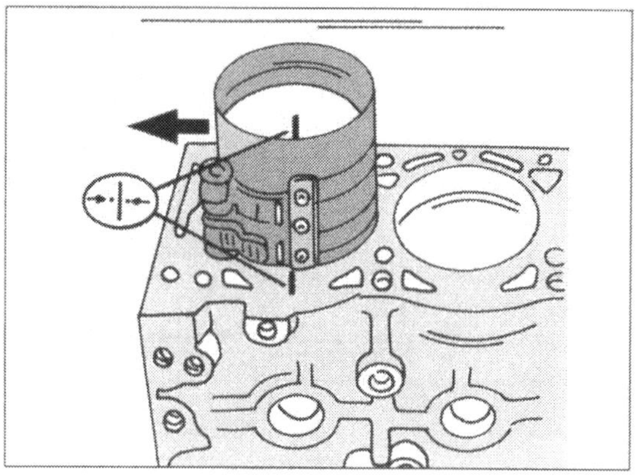

Bild 110
Einschieben eines Kolbens mit dem Ringspannband bei einem Motor mit Gusseisenblock. Unbedingt beachten, dass Kolben- und Bohrungskennzeichnung übereinstimmen.

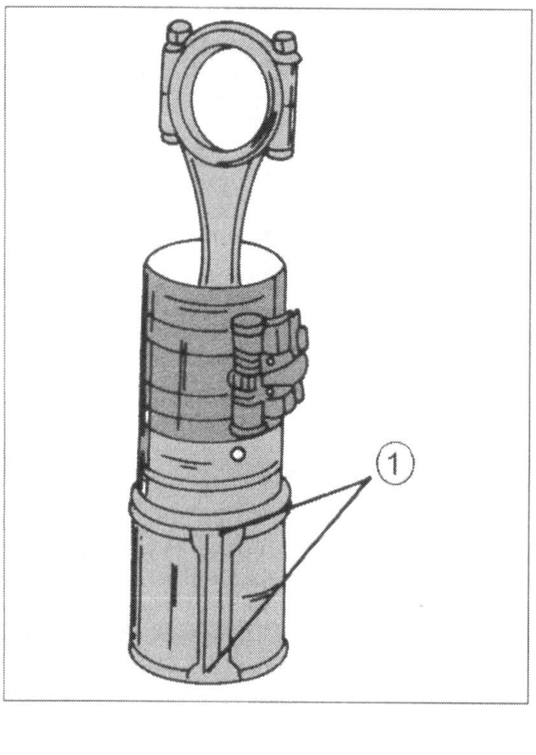

Bild 111
Kolben und Pleuelstange so einschieben, dass die Seite der Pleuelstange mit den beiden Flächen (1) der Laufbüchse ausgefluchtet ist.

- Laufbüchsen in den Zylinderblock einsetzen, ohne sie dabei zu verdrehen, nachdem man das Überstehmass der Büchsen wie in Kapitel 2A.3 beschrieben ausgemessen hat (falls zutreffend).
- Nach dem Einbau der Laufbüchsen kontrollieren, dass die Markierungen in der Oberkante der Büchsen und in der Fläche des Zylinderkopfes übereinstimmen und dass alle vier Pfeile in den Kolbenböden zur Steuerseite des Motors weisen oder bei einem Graugussblock die Pfeile in den Kolben zur Steuerseite weisen (Pfeil, Bild 110).

Die Pleuellagerdeckel werden folgendermassen montiert:

- Die Muttern zuerst mit 40 Nm anziehen. Alle Muttern wieder lockern und erneut anziehen, aber dieses Mal mit 20 Nm.
- Aus dieser Stellung die Muttern im Winkelanzug um weitere 70° anziehen. Den Winkel entweder schätzen oder die Gradscheibe benutzen.
- Kontrollieren, dass die in Pleuelstange und Lagerdeckel eingezeichneten Markierungen an allen Pleuelstangen auf der gleichen Seite liegen.
- Nach dem Anziehen aller Pleuellagerdeckel die Kurbelwelle einige Male durchdrehen, um sie auf Klemmstellen zu prüfen.

2A.6 Zylinderblock

Der Zylinderblock besteht aus dem Kurbelgehäuse und dem eigentlichen Zylinderblock, in denen die Laufbüchsen eingesetzt sind, oder einfach aus dem Zylinderblock.
Bei einer Ganzzerlegung den Zylinderblock einwandfrei reinigen und alle Fremdkörper aus Hohlräumen und Ölkanälen entfernen. Durch Herausschrauben der Stopfen vorn und hinten kann der Hauptölkanal gut gereinigt werden. Besonders auch darauf achten, dass Reinigungsflüssigkeiten vollkommen entfernt werden. Falls möglich mit Pressluft trockenblasen. Unbedingt darauf achten, dass kein Öl in den Bohrungen für die Zylinderkopfschrauben verbleibt.
Um das Laufspiel der Kolben auszumessen, ist Kapitel 2A.5.2 durchzulesen.
Die Zylinderblockfläche wird in ähnlicher Weise wie beim Zylinderkopf beschrieben auf Verzug kontrolliert. Den Block in Längsrichtung, Querrichtung und Diagonalrichtung vermessen. Eine Fühlerlehre von mehr als 0,05 mm darf sich nicht einschieben lassen. Erkundigen Sie sich in der Werkstatt, ob man die Blockfläche nachschleifen lassen kann.

2A.7 Kurbelwelle und Kurbelwellenlager

Der Ausbau der Kurbelwelle wurde bereits in Kapitel 2A.2 beschrieben. Die Kurbelwelle läuft in fünf Lagern. Hauptlagerzapfen und Pleuellagerzapfen können einmal auf eine Untergrösse nachgeschliffen wer-

den, d.h. die entsprechenden Lagerschalen stehen dafür zur Verfügung. Das Axialspiel der Kurbelwelle wird durch die Anlaufhalbscheiben am zweiten Kurbelwellenlager reguliert.
Die Abdichtung der Kurbelwelle erfolgt an der Vorderseite und Rückseite durch einen Radialdichtring.

2A.7.1 Axialspiel der Kurbelwelle ausmessen

Vor dem Ausbau der Kurbelwelle sollte das Axialspiel kontrolliert werden, um evtl. notwendige Übergrösse-Anlaufscheiben beim Einbau bereitzuhaben. Zwecks Anweisungen siehe die bereits angeführte Beschreibung.

2A.7.2 Überprüfung der Teile

Falls Sie der Annahme sind, dass die Kurbelwelle neu gelagert werden muss, sollte man sie in eine Werkstatt bringen (zusammen mit dem Zylinderblock und dazugehörigen Teilen). Wird die Welle neu gelagert, erhalten Sie den einbaufertigen Zylinderblock zurück.

2A.7.3 Einbau der Kurbelwelle

Der Einbau der Kurbelwelle ist im Zusammenhang mit dem Zusammenbau des Motors beschrieben. Besonders auf den Einbau der Lagerschalen achten, da man nicht vergessen darf, dass die mit den Ölschmiernuten versehenen Lagerschalen in die beiden Zwischenlager kommen. Die anderen Schalen haben nur eine Ölschmierungsbohrung. Immer nur zwei Anlaufhalbscheiben der gleichen Stärke einbauen.

2A.7.4 Hinteren Kurbelwellendichtring erneuern

Der Öldichtring auf der Schwungradseite kann bei ausgebautem Schwungrad erneuert werden. Dies könnte erforderlich sein, wenn die Kupplung aufgrund von Öldurchlass aus dem Kurbelgehäuse zu rutschen beginnt. Hierbei sei zu bemerken, dass man einen Dichtring für den in Frage kommenden Motor bestellen muss.
Mit einem Schraubendreher den Öldichtring aus dem Kurbelgehäuse herausdrücken, ohne dabei das Kurbelgehäuse oder den Kurbelwellenflansch zu beschädigen. Um den Ausbau zu erleichtern, kann man zwei Blechschrauben in die Aussenfläche des Dichtringes einschrauben, um den Schraubendreher abwechselnd unter den Köpfen der Schrauben anzusetzen, Stück für Stück sollte der Ring herauskommen.
Die Lauffläche auf der Kurbelwelle kontrollieren. Falls die Lauffläche durch den alten Ring angegriffen ist, kann der neue Dichtring etwas tiefer in das Kurbelgehäuse eingeschlagen werden.
Den neuen Dichtring vorsichtig mit einem passenden Dorn in das Kurbelgehäuse einschlagen (Bild 112). Den Dichtring aussen mit Öl und an der Dichtlippe mit Mehrzweckfett einschmieren. Falls die Kurbelwelle in Ordnung ist, Dichtring einschlagen, bis er bündig abschneidet; andernfalls Dichtring in das Kurbelgehäuse schlagen, bis die Aussenfläche etwas unterhalb der Kurbelgehäusefläche steht. Kontrollieren, dass der Ring ringsherum gleichmässig eingeschlagen ist.

2A.7.5 Vorderen Kurbelwellendichtring erneuern

Der vordere Dichtring befindet sich hinter dem Kurbelwellensteuerrad im Kurbelgehäuse oder im vorderen Deckel (XU10-Motoren) und kann bei eingebautem Motor erneuert werden, jedoch muss der Steuerriemen ausgebaut werden. Auch beim Bezug dieses Dichtringes muss man den eingebauten Motor angeben.
Der Ausbau des Dichtringes ist nicht so einfach, da er in einer Vertiefung des Kurbelgehäuses sitzt. Man kann jedoch versuchen, zwei Blechschrauben in den Ring zu schrauben und den Ring mit einem Schraubendreher herauszudrücken, wie es beim hinteren Dichtring erwähnt wurde. Beim Ausbau des Dichtringes bei eingebautem oder ausgebautem Motor folgendermassen vorgehen:

- Antriebsriemen an der Spannvorrichtung lockern und den Riemen abnehmen.
- Kurbelwellenriemenscheibe abschrauben und abdrücken.
- Die Schraube des Kurbelwellensteuerrades lösen. Ein Gang muss eingelegt werden, damit sich die Welle nicht mitdrehen kann (bei eingebautem Motor), oder einen Schraubendreher in den Zahnkranz des Schwungrades einsetzen (ausgebauter Motor).
- Den Zahnriemen ausbauen (siehe getrennte Beschreibung).
- Das Steuerrad der Kurbelwelle ausbauen. Zwei Schraubendreher können unter den Flansch des Steuerrades untergesetzt werden, um das Steuerrad abzudrücken.
- Einen neuen Öldichtring an der Dichtlippe und das mit der Druckscheibe in Kontakt stehende Teil des Dichtringes mit Motoröl einschmieren. Der Dichtring wird normalerweise mit einem Spezialwerkzeug eingeschlagen, welches die in Bild 113 gezeigte Form hat. Vor dem Einbau kontrollieren, dass die Scheibenfeder sich noch in der Kurbelwelle befindet.

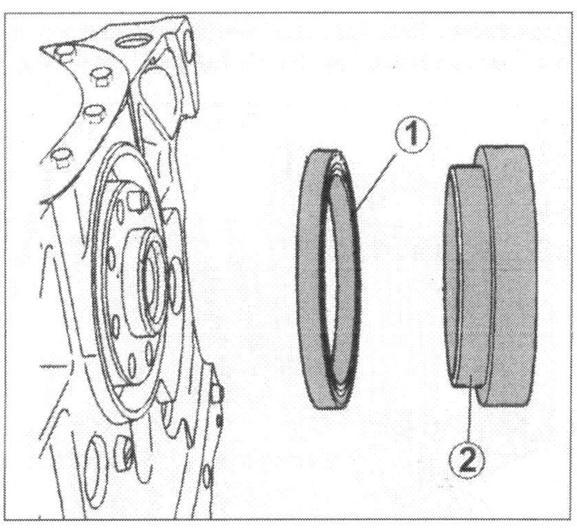

Bild 112
Zum Einbau des hinteren Öldichtringes der Kurbelwelle (1) ein passendes Schlagwerkzeug (2) benutzen.

Bild 113
Zum Einbau des vorderen Dichtringes der Kurbelwelle (1) einen passenden Schlagdorn (2) benutzen.

- Die Druckscheibe auf die Kurbelwelle stecken und das Steuerrad aufschlagen. Darauf achten, dass die Scheibenfeder dabei nicht verrutscht.
- Die Schraube des Kurbelwellensteuerrades auf das für den Motor gültige Anzugsdrehmoment anziehen. Beim Anziehen muss die Kurbelwelle wieder in geeigneter Weise gegengehalten werden. Bei ausgebautem Motor kann man dies durch Einsetzen eines Schraubendrehers in die Zähne des Schwungrades durchführen. Ist der Motor eingebaut, legt man einen Gang ein.
- Steuerzahnriemen wieder einbauen, wie es beschrieben wurde. Unbedingt darauf achten, dass die Steuerung einwandfrei eingestellt und der Riemen einwandfrei gespannt wird.

2A.7.6 Schwungrad

Falls der Zahnkranz des Schwungrades beschädigt ist, muss man ebenfalls das Ritzel des Anlassers kontrollieren, da die Teile zusammen verschleissen.
Die Schrauben des Schwungrades sind versetzt angeordnet, sodass man dieses nur in einer Stellung montieren kann. Beim Einbau des Schwungrades die Schraubengewinde mit „Loctite"-Gewindesicherungsmittel einschmieren. Neue Schrauben müssen immer verwendet werden. Die Schrauben gleichmässig über Kreuz auf das vorgeschriebene Anzugsdrehmoment anziehen (Gewinde mit „Loctite" einschmieren). Das Schwungrad beim Anziehen der Schrauben gegenhalten. Dazu kann man ein Stück Flacheisen an den Gewindebohrungen für die Kupplung anschrauben. Danach das Schwungrad verdrehen, bis das Ende des Flacheisens auf dem Boden aufsitzt, den Motor von einem Helfer halten lassen und die Schrauben festziehen.

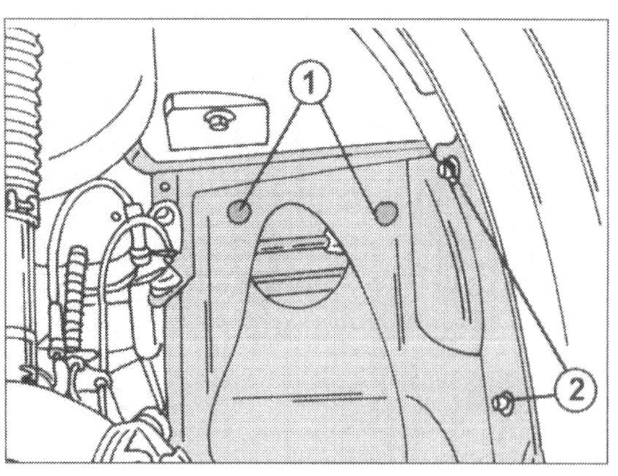

Bild 114
Ansicht der Abdeckung in der Innenseite des Radkastens. An Stelle (1) sitzen die Plastikclips. Zwei der Schrauben sind mit (2) bezeichnet.

2A.8 Steuerantrieb

Obwohl bei allen Motoren ein Zahnriemen zum Antrieb der Steuerung verwendet wird, werden unterschiedliche Teile, in der Hauptsache zum Spannen, d.h. Einstellen des Zahnriemens verwendet. Besonders muss darauf aufmerksam gemacht werden, dass bei allen Motoren in der Werkstatt ein Spezialwerkzeug zur Kontrolle der Riemenspannung benutzt wird. Falls man dieses nicht zur Verfügung hat, muss man gewisse Kenntnisse mit Zahnriemen haben, um den Riemen zu erneuern.
Der Aus- und Einbau eines Zahnriemens bei Erneuerung ist einfacher, da man sich die Spannung des eingebauten Zahnriemens vor dem Abnehmen einprägen und beim Einbau dem Riemen wieder die entsprechende Spannung geben kann. Was wir ausdrücklich hervorheben möchten, ist der Fall eines gerissenen Zahnriemens. Zahnriemen sollten ca. alle 100 000 km erneuert werden. Falls man diese Kilometerleistung überschreitet, ist es leicht möglich, dass der Riemen reisst. Dies kann zu üblen Folgen führen, da die Ventile gegen die Kolben anschlagen können. Falls es einmal vorkommen sollte, dass der Riemen reisst, muss man ausser dem Ausbau des Zahnriemens ebenfalls den Zylinderkopf abnehmen, um die Ventile und Kolben auf Schäden zu kontrollieren.

2A.8.1 Zahnriemen aus- und einbauen

Um die einzelnen Arbeitsgänge besser zu verfolgen, werden die einzelnen Motoren getrennt beschrieben.

XU7-Motor
Werkstätten verwenden zwei Arretierbolzen zum Feststellen von Nockenwelle und Kurbelwelle und ein Anzeigegerät zur Kontrolle der Zahnriemenspannung. Ausserdem benutzt man eine Zange zum Herausziehen der Plastikclips zur Befestigung des Abdeckblechs in der Innenseite des Radkastens. Falls der Zahnriemen gerissen ist, schlagen wir vor, dass man das Fahrzeug in eine Werkstatt abschleppen lässt. Falls der Zahnriemen einfach erneuert oder aus- und eingebaut werden soll, kann man den folgenden Anweisungen Schritt für Schritt folgen. Als Erstes die Seite des Fahrzeuges mit der Kurbelwellenriemenscheibe anheben und einen Bock unter die Seite des Fahrzeuges untersetzen und das Massekabel der Batterie abklemmen.
- Das Rad abschrauben.
- Das Abdeckblech in der Innenseite des Radkastens entfernen. Die beiden Plastikclips sitzen an Stellen (1) in Bild 114. Ebenfalls die Schrauben (2) lösen. Nur zwei sind davon gezeigt, drei weitere sitzen am Unterteil des Abdeckblechs.

- Den Antriebsriemen der Aggregate ausbauen, wie es im entsprechenden Kapitel beschrieben wird.
- Den oberen Steuerriemenschutzdeckel abschrauben.
- Den Deckel unter dem Kupplungsgehäuse abschrauben.
- Den Motor durch Ansetzen eines Ringschlüssels an der Schraube des Kurbelwellensteuerrades in Drehrichtung durchdrehen, bis die Nockenwelle in der in Bild 115 gezeigten Stellung steht. In dieser Stellung den Arretierbolzen (1) in das Nockenwellenrad einschieben (10 mm). Der Bolzen greift durch das Steuerrad in eine Bohrung dahinter ein. In der Kurbelwellenriemenscheibe wird man ebenfalls eine Bohrung sehen. In diese den anderen Arretierbolzen einschieben. Die Arretierbolzen sind unterschiedlich für das Nockenwellenrad und das Kurbelwellenrad. Der in der Werkstatt von Citroën verwendete Bolzen trägt die Nummer 7004T.N. für das Nockenwellenrad und 7014T.N. für das Kurbelwellenrad. Peugeot hat seine eigenen Nummern dafür. Bei Verwendung anderer Bolzen keinen 8-mm-Bolzen in das 10-mm-Loch einschieben.
- Die Kurbelwelle gegen Mitdrehen halten (z.B. einen Hebel in die Zähne des Schwungradkranzes oder eine „Schwungradbremse“ einsetzen) und die Schraube in der Mitte der Riemenscheibe lösen. Die Riemenscheibe abziehen. Falls sie sehr fest sitzen sollte, kann man vorsichtig je einen Reifenhebel links und rechts unter die Riemenscheibe untersetzen, um sie abzudrücken. Andernfalls ist der in Bild 116 gezeigte Abzieher bei dieser Riemenscheibe tauglich.
- Den Steuerriemenschutzdeckel in der Nähe der Kurbelwellenriemenscheibe abschrauben.

Hinweis: Der Zahnriemen kann jetzt abmontiert werden, wenn man ihn einfach erneuern will. Falls das Instrument zur Kontrolle der Riemenspannung nicht zur Verfügung steht, den Zahnriemen zwischen Daumen und Zeigefinger erfassen und hin- und herbewegen. Den Ausschlag des Zahnriemens gut merken. Ebenfalls kann man den Riemen mit gutem Druck nach innen drücken und den dabei zurückgelegten Weg, von einem geeigneten Bezugspunkt aus, mit einem Messlineal messen. Den Wert aufschreiben.

- Die Mutter der Spannrolle für den Steuerriemen lockern (siehe Bild 117), die Rolle nach aussen drücken, um die Riemenspannung zu entlasten und den Zahnriemen herunterheben. Die Laufrichtung des Riemens mit Farbe auf der Aussenseite einzeichnen. Am besten ist ein Pfeil, dessen Spitze in die Laufrichtung weist. Den Steuerriemen von Öl und Fett fern halten. Riemen so aufbewahren, dass er nicht beschädigt werden kann. Am sichersten ist es, den Riemen über einen Nagel zu hängen, da er dabei nicht geknickt werden kann.
- Falls erforderlich, können das Steuerrad der Nockenwelle, das Steuerrad der Kurbelwelle oder die Spannrolle ebenfalls erneuert werden. Falls man die Spannrolle nicht abschrauben will, muss man auf jeden Fall kontrollieren, dass sie sich ohne Klemmstellen durchdrehen lässt. Ganz gleich, welche Arbeiten durchgeführt werden – niemals die Nockenwelle oder

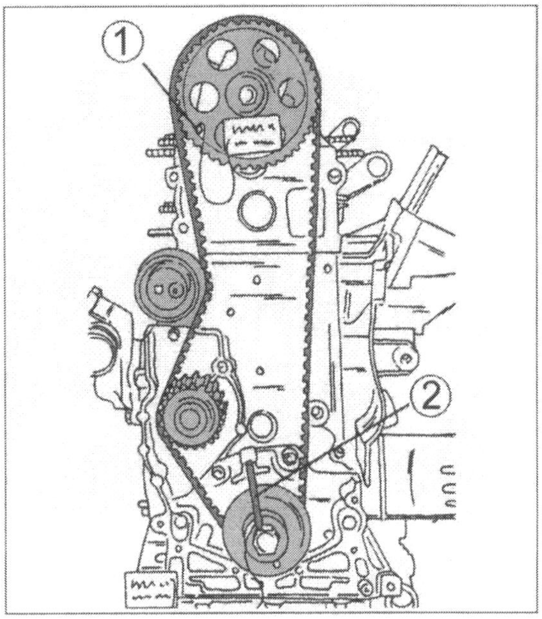

Bild 115
Ansicht des Motors von vorn.
1 Arretierbolzen des Nockenwellenrades hier einsetzen
2 Arretierbolzen der Kurbelwelle hier einsetzen

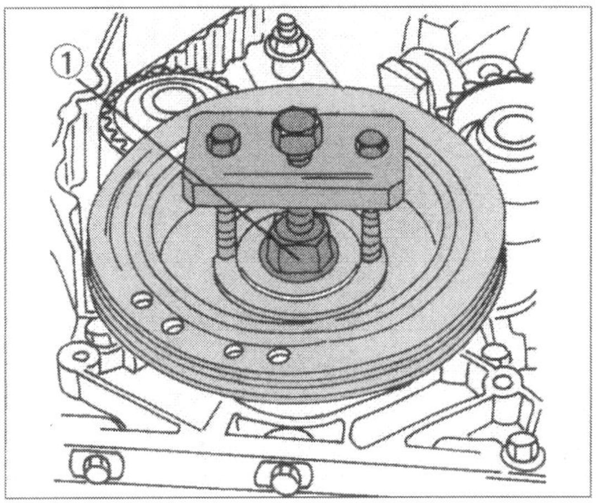

Bild 116
Eine Riemenscheibe kann in der gezeigten Weise mit einem Abzieher heruntergezogen werden.

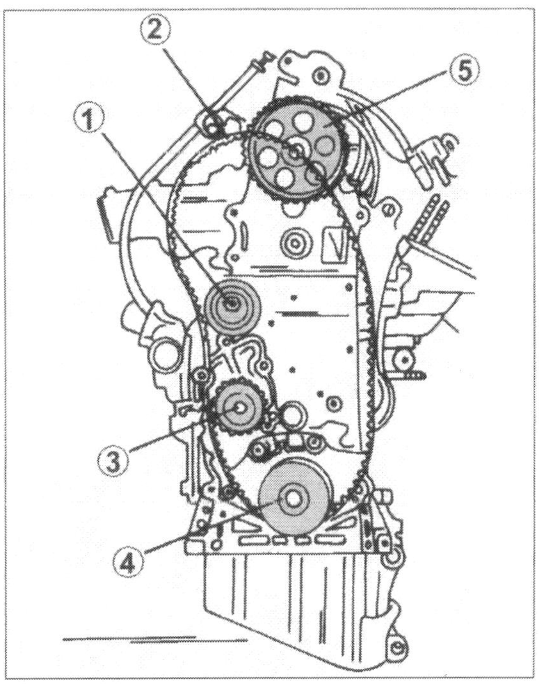

Bild 117
Ansicht des Motors beim Abnehmen des Zahnriemens.
1 Zahnriemenspannrolle
2 Zahnriemen
3 Wasserpumpenrad
4 Kurbelwellensteuerrad
5 Nockenwellensteuerrad

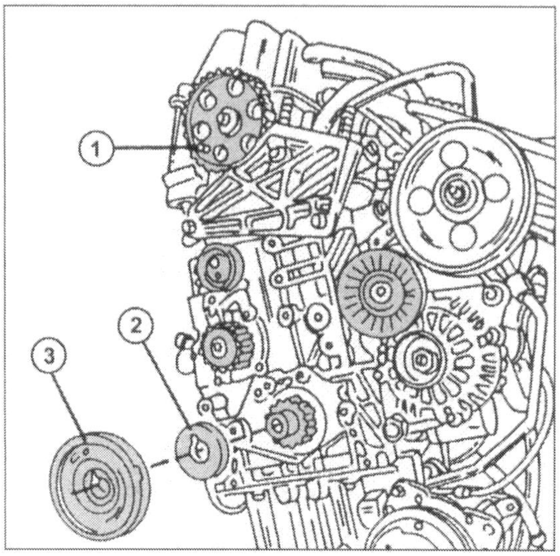

Bild 118
Ansicht des Motors beim Einbau des Zahnriemens. Die Scheibe (2) mit der Nut über die Scheibenfeder stecken.
1 Arretierbolzen
2 Scheibe
3 Kurbelwellenriemenscheibe

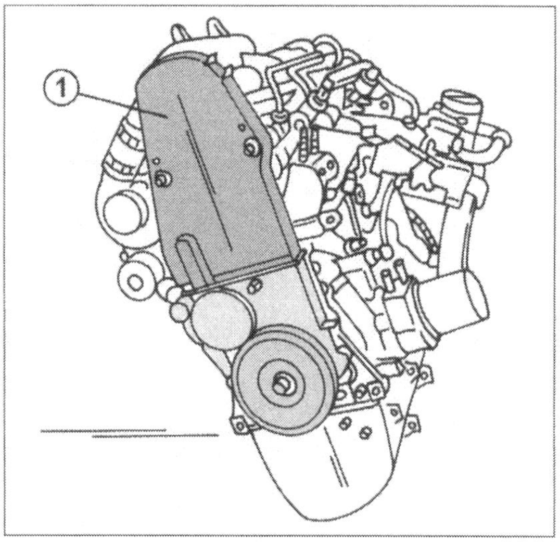

Bild 119
Der gezeigte Schutzdeckel muss bei Erneuerung des Zahnriemens ausgebaut werden.

die Kurbelwelle verdrehen, während der Zahnriemen abgenommen ist.

- Den neuen Zahnriemen über die beiden Steuerräder, das Rad der Wasserpumpe und hinter die Spannrolle auflegen. Die angegebene Reihenfolge dabei einhalten; der Riemen kommt zuerst über das Steuerrad der Nockenwelle. Die lange Seite des Riemens muss stramm verlegt werden. Darauf achten, dass sich die Steuerräder nicht bewegen können, wenn man die Arretierbolzen nicht benutzt hat. Falls verwendet, den Bolzen aus dem Kurbelwellenrad herausziehen.
- Scheibe auf die Kurbelwelle aufschieben, gefolgt von der Riemenscheibe, und mit der Schraube befestigen (Bild 118).
- Die Spannrolle lockern und gegen den Zahnriemen anliegen lassen. Die Schraube wieder vorübergehend anziehen.
- Die Kurbelwelle um mindestens 2 Umdrehungen durchdrehen (Stecknuss auf Schraube der Riemenscheibe), damit sich der Zahnriemen gut setzen kann. Die Welle aber im Uhrzeigersinn, von vorn gesehen, durchdrehen. Nach Durchdrehen den Motor so stellen, dass der Kolben des ersten Zylinders auf dem oberen Totpunkt im Verdichtungshub steht.
- Die Schraube der Spannrolle lockern, warten, bis sie sich gegen den Zahnriemen angelegt hat und die Schraube mit 20 Nm anziehen.
- Die Spannung des Zahnriemens kontrollieren, um zu gewährleisten, dass sie wie vor dem Ausbau ist. Nachstellungen können an der Spannrolle vorgenommen werden. Diese hat zwei Löcher, in welche man einen Zapfenschlüssel einsetzen kann, um die Rolle zu verdrehen.

Achtung: Die oben gegebenen Anweisungen sind nach bestem Wissen und Gewissen erteilt und ohne Gewähr. Nur durch Benutzung der vorgeschriebenen Werkzeuge kann man die Arbeit fachmännisch durchführen. Die Arbeiten bei Benutzung der Werkzeuge sind in Kapitel 2A.8.2 beschrieben.

- Kurbelwellenriemenscheibe wieder abmontieren, die Zahnriemendeckel anbringen und die Riemenscheibe wieder aufstecken. Die Kurbelwelle gegen Mitdrehen gegenhalten und die Schraube mit 120 Nm anziehen.
- Alle anderen Teile montieren.

XU10-Motor (8 Ventile)

Vor Beginn der Arbeiten die unter „XU7-Motor" angeführten Anweisungen durchlesen. Die angegebenen Spezialwerkzeuge sowie Vorsichtsmassnahmen gelten auch bei diesem Motor. Falls man den Zahnriemen auswechseln will, folgendermassen vorgehen:

- Die Seite des Fahrzeuges mit der Kurbelwellenriemenscheibe anheben und einen Bock unter die Seite des Fahrzeuges untersetzen.
- Das Massekabel der Batterie abklemmen.
- Das Rad abschrauben.
- Das Abdeckblech in der Innenseite des Radkastens entfernen (siehe auch Bild 114).
- Antriebsrippenriemen ausbauen. Die Spannvorrichtung für den Riemen muss ebenfalls ausgebaut werden, um an andere Teile heranzukommen.
- An der Oberseite das Schutzblech für den Zahnriemen abschrauben (siehe Bild 119) und das Blech herunterheben.
- Die Kurbelwelle durchdrehen, indem man eine Stecknuss an der Schraube der Kurbelwellenriemenscheibe ansetzt, bis die beiden Bohrungen zum Einsetzen der Arretierbolzen fluchten. Bild 120 zeigt wo der Bolzen (Werkzeug Nr. 7018-TY) für das Nockenwellenrad und der Bolzen 7014-TN für die Kurbelwel-

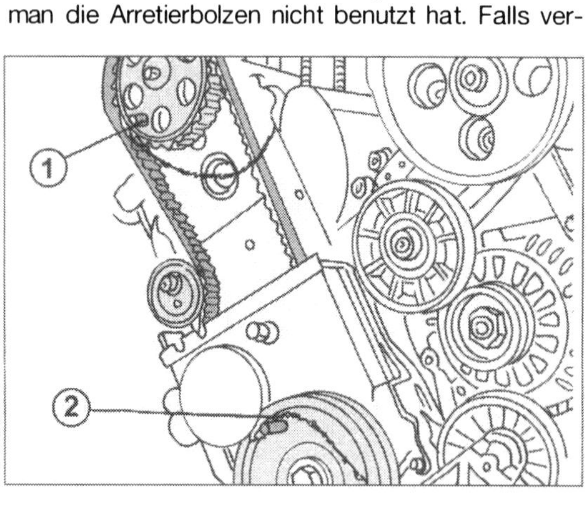

Bild 120
Die beiden Arretierbolzen zum Sperren des Zahnriemenantriebs. Oben für die Nockenwelle (1), unten für die Kurbelwelle (2).

le eingeschoben werden. Bei der Kurbelwelle geschieht dies ungefähr in der 11-Uhr-Stellung. *Die Kurbelwelle niemals entgegengesetzt der Drehrichtung durchdrehen.*

- Kurbelwelle gegen Mitdrehen halten, indem man einen Gang einschaltet, und die Schraube der Kurbelwellenriemenscheibe lockern. Niemals den Arretierbolzen zum Gegenhalten benutzen. Ebenfalls ist es möglich das Blech unter dem Schwungradgehäuse auszubauen und eine „Schwungradbremse" in die Zähne des Anlasserzahnkranzes einzusetzen.
- Die Kurbelwellenriemenscheibe abziehen, ohne dabei die Kurbelwelle zu verdrehen. Möglicherweise könnte man dazu einen Abzieher benötigen, welcher die in Bild 121 gezeigte Form haben sollte. Den unteren Zahnriemenschutzdeckel abschrauben.

Hinweis: Der Zahnriemen kann jetzt abmontiert werden, wenn man ihn einfach erneuern will. Falls das Instrument zur Kontrolle der Riemenspannung nicht zur Verfügung steht, den Zahnriemen zwischen Daumen und Zeigefinger erfassen und hin- und herbewegen. Den Ausschlag des Zahnriemens gut merken. Ebenfalls kann man den Riemen mit gutem Druck nach innen drücken und den dabei zurückgelegten Weg, von einem geeigneten Bezugspunkt aus, mit einem Messlineal messen. Den Wert aufschreiben.

- Die Schraube des Zahnriemenspanners lockern (Bild 122), die Spannrolle nach aussen drücken und den Zahnriemen abheben. Falls man den Zahnriemen wieder einbauen will, muss man die Laufrichtung mit einem Filzstift in die Aussenseite einzeichnen. Ebenfalls die Führungsscheibe (2) für den Zahnriemen vom Ende der Kurbelwelle herunterziehen.
- Falls erforderlich können das Steuerrad der Nockenwelle, das Steuerrad der Kurbelwelle oder die Spannrolle ebenfalls erneuert werden. Falls man die Spannrolle nicht abschrauben will, muss man auf jeden Fall kontrollieren, dass sie sich ohne Klemmstellen durchdrehen lässt. Ganz gleich, welche Arbeiten durchgeführt werden – niemals die Nockenwelle oder die Kurbelwelle verdrehen, während der Zahnriemen abgenommen ist.
- Den neuen Zahnriemen über die beiden Steuerräder, das Rad der Wasserpumpe und hinter die Spannrolle auflegen. Die angegebene Reihenfolge dabei einhalten; der Riemen kommt zuerst über das Steuerrad der Nockenwelle. Die lange Seite des Riemens muss stramm verlegt werden. Darauf achten, dass sich die Steuerräder nicht bewegen können, wenn man die Arretierbolzen nicht benutzt hat. Falls verwendet, den Bolzen aus dem Kurbelwellenrad herausziehen.
- Die Führungsscheibe auf die Kurbelwelle aufschieben, gefolgt von der Riemenscheibe und mit der Schraube befestigen.
- Die Spannrolle (1) in der Pfeilrichtung von Bild 123 verdrehen, bis der Zahnriemen (2) leicht unter Spannung steht. Die Schraube wieder vorübergehend anziehen.
- Die Kurbelwelle um mindestens 2 Umdrehungen durchdrehen (Stecknuss auf Schraube der Riemenscheibe), damit sich der Zahnriemen gut setzen kann.

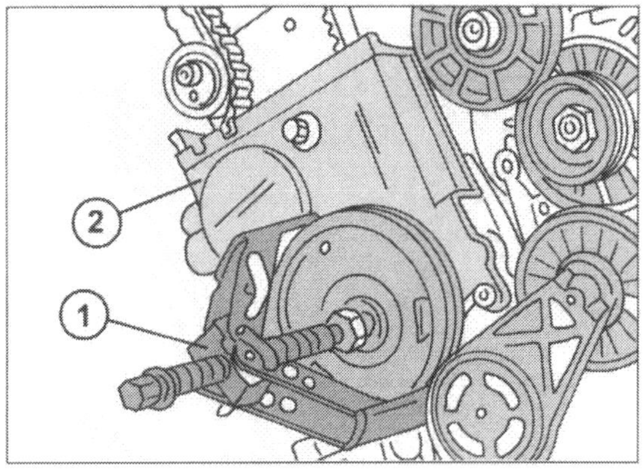

Bild 121
Abziehen der Kurbelwellenriemenscheibe mit einem Dreiarmabzieher (1). Nach Entfernen der Riemenscheibe den unteren Zahnriemenschutzdeckel abmontieren.

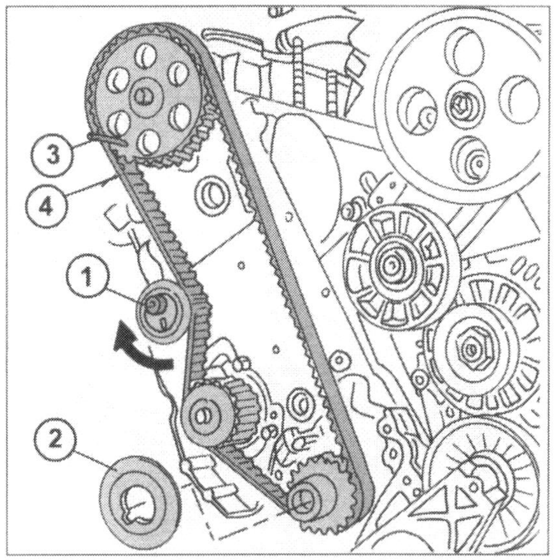

Bild 122
Zahnriemenspannrolle (1) in Pfeilrichtung verdrehen, um den Zahnriemen (4) zu lockern. Ebenfalls die Führungsscheibe (3) von der Kurbelwelle herunterziehen. Der Arretierbolzen (3) muss im Nockenwellenrad verbleiben.

Die Welle aber im Uhrzeigersinn, von vorn gesehen, durchdrehen. Nach Durchdrehen den Motor so stellen, dass der Kolben des ersten Zylinders auf dem oberen Totpunkt im Verdichtungshub steht. In dieser Stellung die beiden Arretierbolzen wieder einsetzen, um den Motor zu blockieren.

- Die Schraube der Spannrolle lockern, warten, bis sie sich gegen den Zahnriemen angelegt hat und die Schraube mit 20 Nm anziehen.

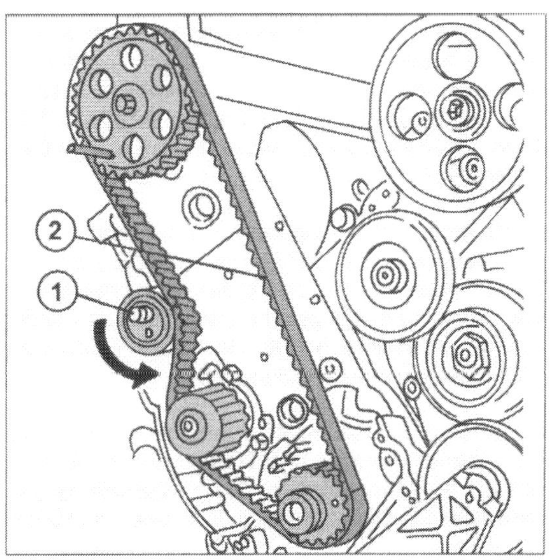

Bild 123
Die Zahnriemenspannrolle (1) in Pfeilrichtung verdrehen, bis der Zahnriemen (2) leicht gespannt ist.

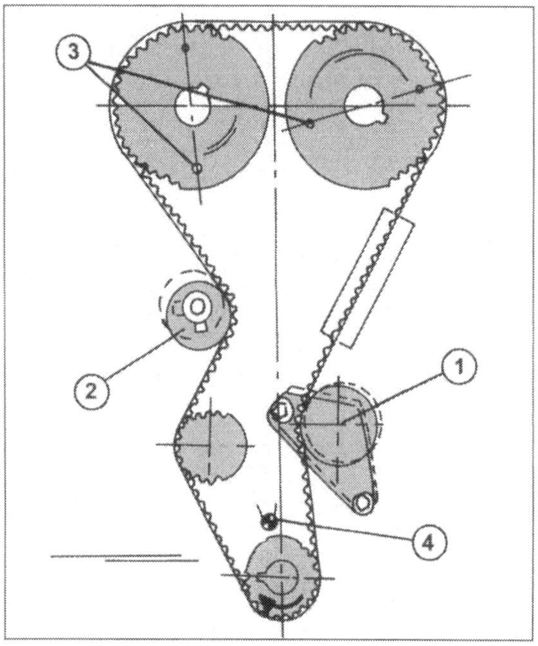

Bild 124
Einzelheiten zum Einbau des Zahnriemens eines 16V-Motors.
1 Riemenspannrolle
2 Riemenspannrolle
3 Arretierbolzen der Nockenwellenräder
4 Arretierbolzen der Kurbelwelle

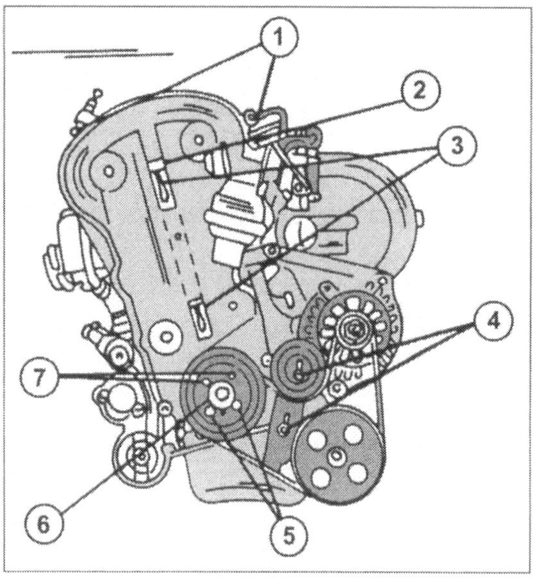

Bild 125
Ansicht der Vorderseite eines 16V-Motors.
1 Deckelschrauben
2 Deckelsicherung
3 Befestigungsschrauben
4 Schrauben (Riemenspanner)
5 Schrauben (Riemenscheibe)
6 Schraube der Kurbelwelle
7 Schrauben der Kurbelwellen-Riemenscheibe

- Die Spannung des Zahnriemens kontrollieren, um zu gewährleisten, dass sie wie vor dem Ausbau ist. Nachstellungen können an der Spannrolle vorgenommen werden. Diese hat zwei Löcher, in welche man einen Zapfenschlüssel einsetzen kann, um die Rolle zu verdrehen.

Achtung: Die oben gegebenen Anweisungen sind nach bestem Wissen und Gewissen erteilt und ohne Gewähr. Nur durch Benutzung der vorgeschriebenen Werkzeuge kann man die Arbeit fachmännisch durchführen. Die Arbeiten bei Benutzung der Werkzeuge sind in Kapitel 2A.8.2 beschrieben.

- Kurbelwellenriemenscheibe wieder abmontieren, die Zahnriemendeckel anbringen und die Riemenscheibe wieder aufstecken. Die Kurbelwelle gegen Mitdrehen gegenhalten und die Schraube mit 110 Nm anziehen.

- Alle anderen Teile montieren.

XU10-Motor (16 Ventile)
Dieser Motor hat zwei Nockenwellen und links und rechts zwei Spannrollen für den Zahnriemen. Die Wasserpumpe wird ebenfalls durch den Zahnriemen angetrieben. Der Zahnriemen sollte alle 100 000 km als Routinearbeit erneuert werden.
Wie beim Motor mit 8 Ventilen werden wieder Spezialwerkzeuge benutzt und nur bei einfacher Erneuerung sollte man die unten beschriebenen Arbeiten durchführen.
Die Arbeiten entsprechend den Anweisungen beim Motor mit 8 Ventilen durchführen, bis die Zahnriemenschutzbleche abgeschraubt wurden. Ebenfalls muss man die Drehmomentstütze ausbauen, um an alle Teile heran zu kommen. Zahnriemen und Steuerräder sehen jetzt wie in Bild 124 gezeigt aus.

Aufgrund der beiden Nockenwellen und der damit verbundenen Steuerung ist der Aus- und Einbau des Steuerantriebs wesentlich schwieriger als bei einem Motor mit einer Nockenwelle, da man die Arbeiten an zwei Riemenspannern durchführen muss. Unterschiedlich ist auch die Befestigung der Steuerschutzdeckel. Abgesehen von drei oben sitzenden Schrauben müssen zwei Muttern in der Mitte entfernt werden. Danach den oberen Deckel von den Führungsschrauben abziehen und herausnehmen.

- Kurbelwelle gegen Mitdrehen halten, indem man einen Gang einschaltet, und die Schrauben der Antriebsriemenscheibe für die Aggregate lösen. Die Riemenscheibe danach abziehen (wie beim Motor mit 8 Ventilen). Bild 125 zeigt eine Vorderansicht des Motors mit Lage der auszubauenden Teile.
- Die Spannvorrichtung für die Keilrippenriemen ausbauen, da sie andernfalls im Wege ist.
- Den unteren Riemenschutzdeckel ausbauen (4 Schrauben).
- Den Motor in Drehrichtung durchdrehen. Dazu eine Stecknuss an der Schraube der Kurbelwelle (Steuerrad) ansetzen. Sobald die Bohrungen fluchten, den Arretierbolzen in die Kurbelwelle einsetzen.
- Die beiden Arretierbolzen der Nockenwellenräder einschieben. Zu beachten sind die Werkzeugnummern der Arretierbolzen, da diese beim 16V-Motor unterschiedlich sind. Die Bolzen für die Steuerräder der Nockenwellen haben die Nummer 9041-TZ, der Bolzen für die Kurbelwelle 7014-TN.

Der Zahnriemen kann jetzt abmontiert werden, wenn man ihn einfach erneuern will. Falls das Instrument zur Kontrolle der Riemenspannung nicht zur Verfügung steht, den Zahnriemen zwischen Daumen und Zeigefinger erfassen und hin- und herbewegen. Den Ausschlag des Zahnriemens gut merken. Ebenfalls kann man den Riemen mit gutem Druck nach innen drücken und den dabei zurückgelegten Weg, von einem geeigneten Bezugspunkt aus, mit einem Messlineal messen.
Die Messungen auf beiden Seiten des Zahnriemens durchführen. Die Werte aufschreiben.
- Die Schraube des Zahnriemenspanners (2) in der linken Ansicht von Bild 126 lockern. Die Spannrolle

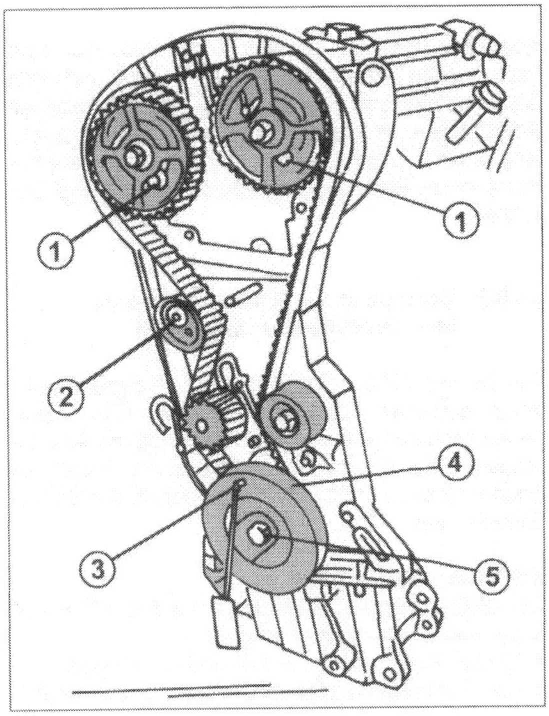

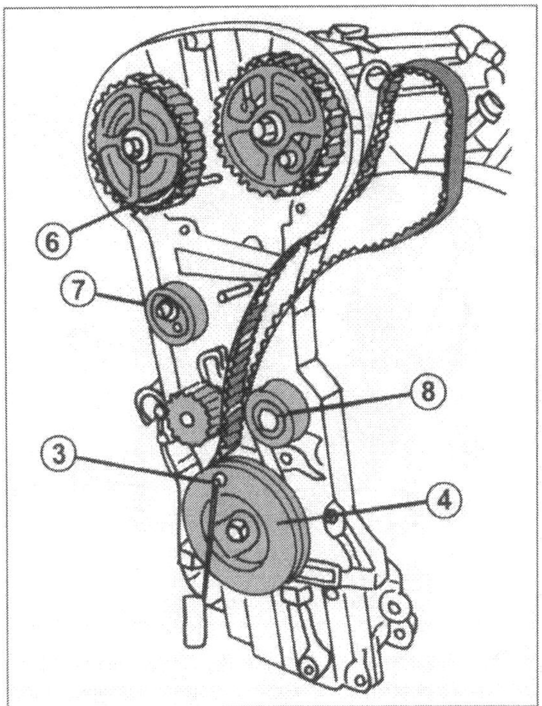

Bild 126
Ausbau des Zahnriemens (links) und Einbau des Riemens (rechts).
1 Arretierbolzen der Nockenwellenräder
2 Riemenspannrolle
3 Arretierbolzen des Kurbelwellenrades
4 Kurbelwellen-riemenscheibe
5 Schraube der Riemenscheibe
6 Stiftschraube
7 Zahnriemenspanner
8 Zahnriemenspanner

nach aussen drücken und den Zahnriemen abheben. Falls der Riemen wieder eingebaut werden soll, die Laufrichtung mit einem Filzstift in die Aussenseite einzeichnen. Falls erforderlich können die Steuerräder der Nockenwellen, das Steuerrad der Kurbelwelle oder die Spannrollen ebenfalls erneuert werden. Ganz gleich welche Arbeiten durchgeführt werden – niemals die Nockenwellen oder die Kurbelwelle verdrehen, während der Zahnriemen abgenommen ist.

- Falls die Spannrollen nicht ausgebaut werden, muss man kontrollieren, dass sie sich geräuschlos durchdrehen lassen und keine Klemmstellen aufweisen. Die Lauffläche der Rollen muss fettfrei sein.
- Den neuen Zahnriemen entsprechend der rechten Ansicht von Bild 126 auflegen. Den Riemen an der Unterseite über das Steuerrad der Kurbelwelle auflegen. Falls der ursprüngliche Riemen eingebaut wird, auf die eingezeichnete Laufrichtung achten. Die Riemenscheibe provisorisch aufstecken und den Arretierbolzen (3) in die Riemenscheibe einschieben, um die Kurbelwelle zu sperren.
- Die Schraube (6) herausdrehen.
- Ohne die Arretierbolzen aus den Nockenwellenrädern herauszuziehen, die beiden Schrauben (3) in Bild 127 lockern. Beim Lösen der Schrauben müssen die Steuerräder gegengehalten werden. Vorschriftsmässig wird dazu die im Bild gezeigte Sperre benutzt. Nicht die eingesetzten Arretierbolzen zum Gegenhalten der Steuerräder benutzen, da diese sonst abscheren werden. Man kann einen Dorn einsetzen und gegen den Zylinderkopf anlegen.
- Die Schrauben (3) in Bild 127 anziehen, bis kein Spalt zwischen dem Steuerrad und der Steuerradnabe vorhanden ist und die Steuerräder sich frei auf der Nabe hin- und herbewegen lassen.
- Den Riemen über das Antriebsrad der Wasserpumpe auslegen.

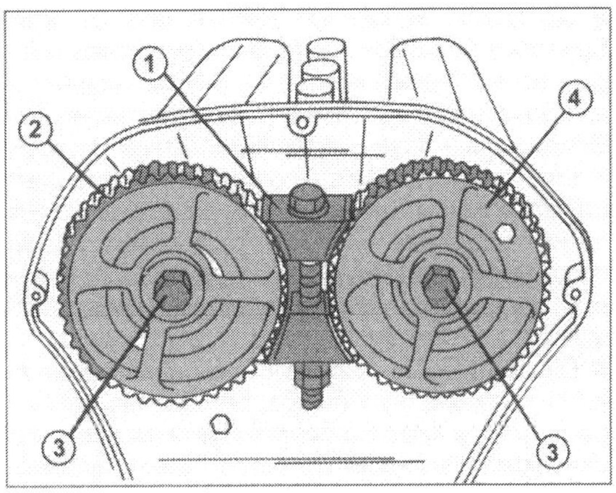

Bild 127
Ansicht der beiden Nockenwellensteuerräder.
1 Sperre zum Gegenhalten der Steuerräder
2 Steuerrad der Nockenwelle
3 Schraube der Nockenwellenräder
4 Steuerrad der Nockenwelle

- Auf der anderen Seite den Riemen unter die Spannrolle (8) unterlegen.
- Links den Riemen unter die Spannrolle (7) unterlegen.
- Den Riemen rechts stramm ziehen und über das Steuerrad der Nockenwelle legen. Bild 128 zeigt diesen Arbeitsschritt.

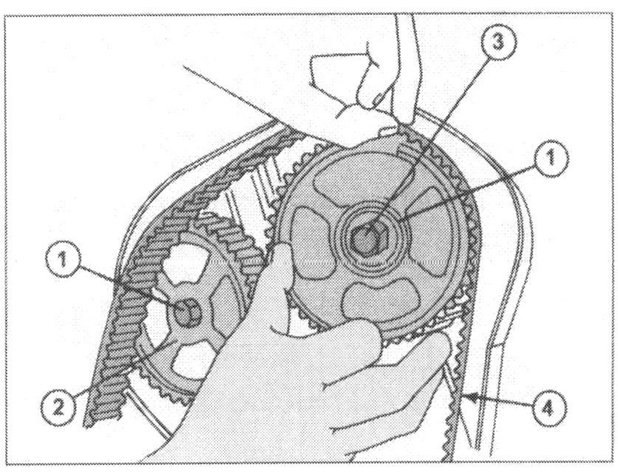

Bild 128
Auflegen des Zahnriemens (16V-Motor). Den Riemen (4) über das Nockenwellensteuerrad (3) auflegen, Riemen stramm halten und über das zweite Steuerrad (2) auflegen. Die Schrauben (1) werden zum Abschluss mit 75 Nm angezogen (50 Nm bei der provisorischen Einstellung der Riemenspannung).

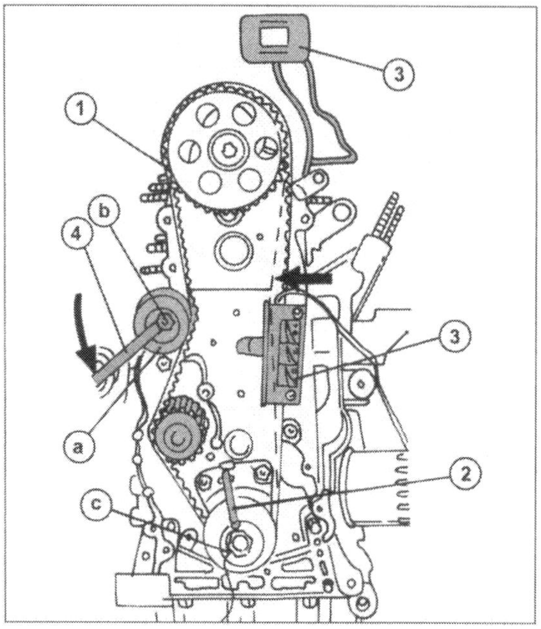

Bild 129
Einzelheiten zum Einbau und Spannen des Zahnriemens unter Verwendung der Spezialwerkzeuge bei einem XU-Motor mit 8 Ventilen. Die Buchstaben weisen auf die drei wichtigen Arbeitsgänge hin.
- a Spannrolle verdrehen
- b Mutter festziehen
- c Kurbelwelle durchdrehen (2 komplette Umdrehungen)
- 1 Arretierbolzen des Nockenwellenrades
- 2 Arretierbolzen des Kurbelwellenrades
- 3 Messgerät zur Anzeige der Zahnriemenspannung
- 4 Zapfenschlüssel

● Den Riemen über das zweite Steuerrad der Nockenwelle legen. Als Hilfestellung beim Auflegen kann man Bild 124 betrachten.

● Die beiden Spannrollen lockern und die linke Spannrolle (7) im Bild gegen den Zahnriemen anlegen, bis der Riemen stramm ist, d.h. die ursprüngliche Spannung muss wieder hergestellt werden. Die Befestigungen dieser Spannrolle mit 20 Nm anziehen.

● Die Riemenspannrolle (7) gegen den Riemen verdrehen (Uhrzeigersinn) und die Schraube mit 20 Nm anziehen, wenn die ursprüngliche Spannung wieder hergestellt wurde. Zwei kleine Löcher in der Rolle dienen zum Ansetzen eines Zapfenschlüssels beim Verstellen.

● Die Kurbelwelle um zwei Umdrehungen in normaler Drehrichtung durchdrehen, bis man die Arretierbolzen wieder in die Kurbelwellenriemenscheibe und die beiden Steuerräder der Nockenwellen einschieben kann. Die Spannung nochmals nachprüfen. Sie muss auf beiden Seiten dem vor Ausbau des Zahnriemens vorgefundenen Wert entsprechen. Andernfalls die Arbeiten nochmals von vorn beginnen.

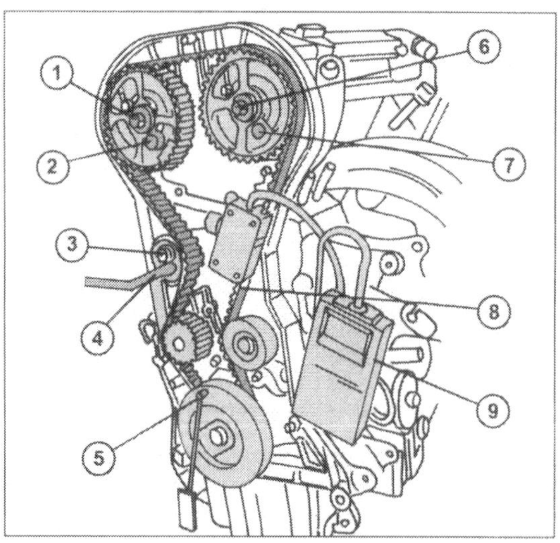

Bild 130
Einzelheiten zum Spannen des Zahnriemens beim 16V-Motor.
- 1 Schraube des Nockenwellenrades
- 2 Arretierbolzen im Nockenwellenrad
- 3 Schraube der Riemenspannrolle
- 4 Riemenspannrolle
- 5 Arretierbolzen des Kurbelwellensteuerrades
- 6 Schraube des Nockenwellenrades
- 7 Arretierbolzen im Nockenwellenrad
- 8 Zahnriemen
- 9 Messgerät

Achtung: Die oben gegebenen Anweisungen sind nach bestem Wissen und Gewissen erteilt und ohne Gewähr. Nur durch Benutzung der vorgeschriebenen Werkzeuge kann man die Arbeit fachmännisch durchführen. Nachfolgend wird das Spannen des Zahnriemens unter Benutzung der Spezialwerkzeuge beschrieben.

2A.8.2 Benutzung der Spezialwerkzeuge zum Einstellen der Steuerung

Es gibt viele Fälle, bei denen man sich Spezialwerkzeuge ausleihen oder besorgen kann. Aus diesem Grund möchten wir in kurzen Umrissen die Arbeitsvorgänge beschreiben. Das Messgerät drückt die Spannung des Zahnriemens in so genannten SEEM-Einheiten aus.

XU-Motor mit 8 Ventilen

Die Arbeiten werden unter Bezug auf Bild 129 in der folgenden Reihenfolge durchgeführt.

● Die beiden Arretierbolzen (1) und (2) einsetzen.

● Den Zahnriemen auflegen, wie es für den betreffenden Motor beschrieben wurde.

● Den Arretierbolzen aus dem Steuerrad der Nockenwelle herausziehen.

● Das Anzeigegerät 4122-T (3) in der gezeigten Weise am Zahnriemen ansetzen.

● Den Zapfenschlüssel zum Verdrehen der Spannrolle (4) in die Spannrolle einsetzen.

● Den Zahnriemen entsprechend der gestrichelten Linie und Richtung des grossen Pfeils nach innen drücken (rechte Seite im Bild).

● Die Spannrolle (a) mit dem Zapfenschlüssel in Pfeilrichtung (nach links) verdrehen, bis die Anzeige am Messer 30 ± 2 beim XU7-Motor oder 44 ± 2 beim XU10-Motor beträgt.

● Die Schraube (b) mit 20 Nm anziehen.

● Den Arretierbolzen (2) aus der Kurbelwelle ziehen und das Messgerät sowie den Zapfenschlüssel abnehmen.

● Die Kurbelwelle um zwei volle Umdrehungen (vier Umdrehungen des Motors) durchdrehen.

● Arretierbolzen (2) wieder in die Kurbelwelle einsetzen und das Messgerät (3) wieder ansetzen.

● Kontrollieren, dass die Anzeige des Messgeräts 44 ± 2 beträgt. Dieser Wert gilt jetzt bei allen Motoren mit 8 Ventilen. Falls dies der Fall ist, die Werkzeuge abnehmen und den Motor wieder zusammenbauen. Falls die Anzeige nicht stimmt, die Arbeiten nochmals von vorn beginnen.

XU10-Motor mit 16 Ventilen

● Die Arretierbolzen entsprechend Bild 124 in die Nockenwellenräder und die Kurbelwelle einsetzen.

● Den Zahnriemen entsprechend den bereits gegebenen Anweisungen auflegen. Bild 126 gibt die Reihenfolge an.

● Die Spannrollen in Berührung mit dem Riemen bringen.

● Das in Bild 130 gezeigte Messgerät (9) an der gezeigten Laufstrecke des Riemens (8) ansetzen.

- Die Spannrolle (3) nach links verdrehen, um sie gegen den Riemen anzusetzen, bis die Anzeige 55 SEEM beträgt. Zum Verdrehen wird ein Vierkantschlüssel benutzt. Die Schraube (3) der Spannrolle mit 20 Nm anziehen, ohne die Rolle dabei zu verdrehen.
- Die Schrauben der Nockenwellenräder mit 50 Nm anziehen. Dabei die Steuerräder in geeigneter Weise gegen Mitdrehen gegenhalten.
- Messgerät und die Arretierbolzen abmontieren, den Motor um zwei komplette Umdrehungen (insgesamt 4 Umdrehungen) und den Arretierbolzen der Kurbelwelle einschieben. Falls das Loch verpasst wurde, den Motor um zwei weitere Umdrehungen durchdrehen (nicht zurückdrehen).
- Das Messgerät wieder ansetzen und kontrollieren, dass die Anzeige jetzt 35 SEEM beträgt. Ist dies der Fall, stimmt die Einstellung. Die Schraube (11) mit 20 Nm anziehen und die Schrauben der Nockenwellenräder mit 75 Nm anziehen. Stimmt die Anzeige nicht, die Arbeiten von vorn beginnen.
- Die drei Arretierbolzen nochmals in die in Frage kommenden Steuerungseinstellbohrungen einschieben. Sie müssen sich ohne jeglichen Zwang einsetzen lassen. Andernfalls stimmt etwas nicht mit der Einstellung.

2A.9 Verdichtungsdruck kontrollieren

Um zu kontrollieren, ob ein Ventil nicht einwandfrei schliesst, Kolbenringe gebrochen oder verschlissen sind oder andere Fehler in den Zylindern vorliegen, sollte eine Kompressionsdruckprüfung aller Zylinder vorgenommen werden. Dazu muss der Motor seine Betriebstemperatur besitzen.

- Zündkerzen ausschrauben.
- Drosselklappe öffnen.
- Kompressionsdruckprüfer in die erste Kerzenbohrung einsetzen.
- Von einer zweiten Person das Gaspedal voll durchtreten lassen und den Anlasser betätigen.
- Motor durchdrehen, bis die Nadel des Kompressionsprüfers den höchsten Druckwert anzeigt.
- Der Reihe nach die anderen Zylinder auf die gleiche Weise kontrollieren.

Normalerweise gilt, dass keiner der Zylinder weniger als 80% des Ergebnisses des besten Zylinders aufweisen darf. Niedrige, ungleichmässige Kompression könnte durch verschlissene Kolbenringe verursacht werden, die ebenfalls durch übermässigen Ölverbrauch feststellbar werden. Die Ursache dafür herausfinden.

1.9- und 2.1-Liter-XUD-Dieselmotoren

Bei allen Motoren handelt es sich um einem Vierzylindermotor mit indirekter Einspritzung, welcher quer zur Fahrtrichtung in den Motorraum eingesetzt ist. Entweder ein XUD9-Motor (1.9 Liter) oder ein XUD11-Motor ist eingebaut. Die 1.9-Liter-Motoren unterscheiden sich jedoch in ihrer Gestaltung:

XUD9TF/L (D8B)-Motor

Der Motor arbeitet mit einem Abgasturbolader im Zusammenhang mit einer Abgasrückführungsanlage und hat eine Leistung von 67,5 kW bei einer Drehzahl von 4000/min. Die Einspritzanlage wird von Bosch gebaut. Eine Verteilereinspritzpumpe wird verwendet.

XUD9TF/Y (DHX)-Motor

Der Motor arbeitet mit einem Abgasturbolader im Zusammenhang mit einer Abgasrückführungsanlage und einem Oxidationskatalysator und hat eine Leistung von 66 kW bei einer Drehzahl von 4000/min. Die Einspritzanlage wird von Bosch gebaut. Eine Verteilereinspritzpumpe wird verwendet.

XUD11BTE/L3-Motor

Der Motor hat einen Hubraum von 2088 cm^3 mit einer Leistung von 110 PS (80 kW) und trägt die Bezeichnung „XUD11BTE". Die Bezeichnung „L3" bezieht sich auf die Norm der Abgasregulierung. Der Motor wird als Typ „P8C" geführt. Dieser Motor hat drei Ventile pro Zylinder Eine von Lucas hergestellte Dieseleinspritzanlage (EPIC) wird in diesen Motor eingebaut. EPIC bedeutet übersetzt „elektronisch programmierte Einspritzregulierung". Dieser Motor hat hydraulische Stössel, d.h. die Ventile stellen sich automatisch nach.

Der Zylinderblock besteht aus Grauguss, der Zylinderkopf aus einer Leichtmetalllegierung. Der Motor hat eine einzelne Nockenwelle, welche durch einen Zahnriemen von der Kurbelwelle aus angetrieben wird. Die Lager der Nockenwelle sind direkt in den Zylinderkopf eingearbeitet. Ebenfalls in den Kopf sind die Ventilsitzringe, die Ventilführungen und die Vorkammern der Dieseleinspritzung eingearbeitet.

2B.1 Ausbau und Einbau des Motors

2B.1.1 Ausbau

Obwohl Unterschiede zwischen den einzelnen Motoren vorhanden sind, werden alle Motoren in diesem Kapitel behandelt, da es unmöglich ist, auf die verschiedenen Versionen einzugehen. Das Triebwerk wird als Ganzteil nach vorn aus dem Motorraum herausgehoben. Ein kräftiges Hebezeug ist eine Voraussetzung für diese Arbeit. In der Werkstatt wird dazu ein Tragtisch benutzt, auf welchen man das Triebwerk absetzt. Andernfalls das Triebwerk am Flaschenzug oder Handkran hängend nach vorn herausziehen und danach absenken.

Die Vorderseite des Fahrzeuges muss zum Ausbau auf Unterstellböcke gesetzt werden. Bei diesen Fahrzeugen ist es ebenfalls erforderlich das Vorderteil des Fahrzeuges auszubauen. Der folgende Text gibt in kurzen Umrissen eine generelle Beschreibung des Ausbaus, da es nicht möglich ist, die Arbeiten für jedes einzelne Modell zu beschreiben. Je nach Modell sind die Arbeiten entsprechend abzuleiten. Bestimmtes Bildmaterial bezieht sich auf die Modelle mit Benzinmotor und auf diese ist entsprechend zurückzugreifen. Folgendermassen vorgehen:

- Die Radzierblenden ausbauen.
- Die Handbremse anziehen und die Muttern der beiden Antriebswellen mit einer geeigneten Stecknuss lösen, wie es in Bild 23 gezeigt ist, ohne sie vollkommen abzuschrauben.
- Die beiden Kabel der Batterie abklemmen.
- Kühlanlage, und Getriebe, falls erforderlich, entleeren.
- Das gesamte Vorderteil des Fahrzeuges in der in Bild 24 gezeigten Form ausbauen. Der Motorraum liegt jetzt in der in Bild 25 gezeigten Weise frei. Den Luftfilter (2) ausbauen und die Kühlerverkleidung zusammen mit der Lüftereinheit und dem Kühler ausbauen. Die Hersteller verwendet mehr und mehr Spezialanschlüsse (Conrad-Schnellanschlüsse) und es könnte sein, dass der untere Schlauch mit einem Spezialanschluss versehen ist. In diesem Fall den Abschnitt „Kühlanlage" durchlesen, um die Arbeit erfolgreich durchzuführen. Auch die beiden Schläuche am Anschluss der Heizung sind in besonderer Weise befestigt. Aus diesem Grund soll kurz darauf eingegangen werden. In Bild 26 ist eine Sicherungsspange gezeigt, die man als Erstes herausziehen muss. Danach mit einem Schraubenzieher die Zunge (1) in Bild 27 nach rechts drücken und gleichzeitig die beiden Schläuche der Reihe nach von den Anschlüssen ziehen.
- Wie bei einem Benzinmotor mit Abgasturbolader wird der Ladeluftkühler ausgebaut, dessen Einbaulage in Bild 28 zu sehen ist. Falls das Fahrzeug eine Klimaanlage hat, kann man ebenfalls anhand dieses Bildes vorgehen. Auf keinen Fall die Anschlüsse der Klimaanlage öffnen. Zuerst den Kondensapparat und die angebrachten Schutzschilder und den Kompressor lösen. Auf der linken Seite des Fahrzeuges danach den Kondensapparat und den Kompressor ausbauen.
- Ähnlich wie in Bild 29 gezeigt, den Querträger (1) des vorderen Nebenrahmens ausbauen.
- Die Befestigung der Lenkhilfspumpe (2) in Bild 29 sowie den Vorratsbehälter für die Flüssigkeit (3) lösen und die Teile herausheben. *Nicht die Leitungen der Servolenkung öffnen.* Die Teile herausheben, ohne dass Flüssigkeit auf die Lackierung des Fahrzeuges tropfen kann.
- Auf der linken Seite des Fahrzeuges das Steuergerät für die ABS-Anlage (5) ausbauen,
- Alle am Triebwerk angeschlossenen Schläuche, Kabel und Leitungen nach geeigneter Kennzeichnung abschliessen.
- Die Räder jetzt abschrauben. Die Radaufhängungen müssen frei herunterhängen.

- Fahrzeug vorn anheben und kräftige Unterstellböcke unter die Seiten der Karosserie untersetzen.
- Von der Unterseite des Fahrzeuges die Schaltseile am Getriebe abschliessen, die Tachometerspirale (am Getriebe) und die Klemmschelle der Auspuffrohrverbindung lösen.
- Die folgenden Teile unter Bezug auf Bild 131 abschliessen: Das Dehngefäss der Kühlanlage (1), das Schaltventil der Abgasrückführungsanlage (2) und die beiden Schläuche (3) und (4). Bei den Letztgenannten handelt es sich um die Heizungsschläuche, welche mit Schnellverschlüssen befestigt sind.
- Die Antriebswellen ausbauen, wie es im betreffenden Kapitel beschrieben ist.
- Die beiden Schrauben (2) und (5) in Bild 30 entfernen und die Drehmomentstütze (3) herausnehmen.
- Elektrische Leitungen vom Getriebe abklemmen (z.B. Anlasserkabel und Kabel des Schalters der Rückfahrleuchten).
- Das Antriebsaggregat mit Ketten oder Seilen an einen Handkran oder anderes geeignetes Hebezeug hängen und das Triebwerk langsam anheben, bis man fühlen kann, dass die Ketten/Seile gut unter Spannung stehen.
- Die Aufhängungen von Motor und Getriebe lösen. Auf der einen Seite ist dies das in Bild 31 gezeigte Motorlager, die rechte Motoraufhängung ist in der unteren Ansicht gezeigt. In diesem Fall nur den Aufhängungsträger ausbauen, das Gummilager verbleibt im Fahrzeug.
- Nochmals kontrollieren, dass alle Anschlüsse getrennt wurden und den Triebwerkblock anheben und nach vorn aus dem Motorraum heben. Immer darauf achten, dass keine Anschlüsse, Leitungen, Kabel, usw. sich am Triebwerk verfangen können und dass keine Anschlüsse vergessen wurden. Das Triebwerk muss in einem bestimmten Winkel herausgehoben werden und ist entsprechend zu verdrehen.
- Nach dem Ausbau ist das Triebwerk auf einen geeigneten Motorträger, z.B. aus Holz, aufzubauen und gegen Umstürzen oder sonstige Beschädigungen zu sichern. Weiter ist das gesamte Triebwerk auf äusserliche Beschädigung und undichte Stellen, z.B. Ölspuren zu begutachten, was Hinweise auf beschädigte Teile geben kann. Danach den Motor äusserlich reinigen. Alle empfindlichen Teile abdecken.

2B.1.2 Einbau der Antriebseinheit

Der Einbau des Antriebsaggregats erfolgt in umgekehrter Reihenfolge wie der Ausbau. Alle in Kapitel 2A angeführten Hinweise gelten ebenfalls für die Dieselmotoren. Dies bezieht sich auch auf die Montage der Motoraufhängungen.

2B.2 Zerlegung und Zusammenbau des Motors

Alle in Abschnitt 2A für den Benzinmotor bei der Zerlegung zu beachtenden Anweisungen gelten ebenfalls bei den Dieselmotoren.

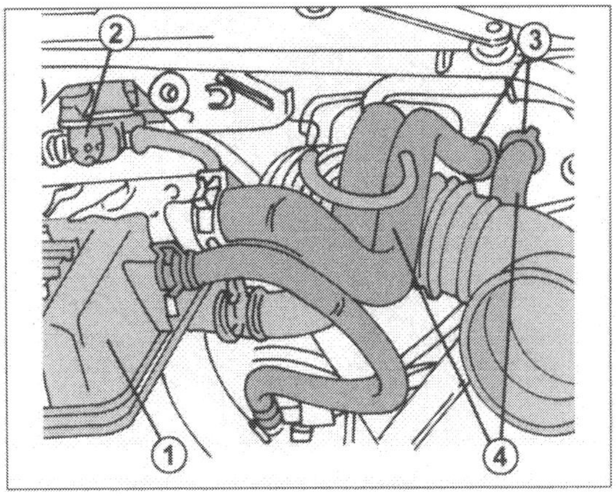

Bild 131
Zum Ausbau des Motors. Auf die Zahlen wird im Text eingegangen.

Motor in einen geeigneten Montagestand einspannen. Falls dies nicht durchführbar ist, den Motor auf einer Werkbank absetzen und seitlich durch Anordnung von Holzblöcken abstützen. Dabei auf keinen Fall den Ansaugkrümmer beschädigen. Darauf achten, dass der Motor nicht umfallen kann.
Falls kein Montagestand zum Einspannen des Motors zur Verfügung steht, ist es am besten, wenn man sich geeignete Holzblöcke zurechtschneidet, auf welche der Motor aufgesetzt werden kann, sodass man Zugang zu der Unterseite und der Oberseite des Motors erhält.
Der Zylinderkopf nach Ausbau mit einem Metallbügel, an den Stiftschrauben des Krümmers angeschraubt, in einen Schraubstock eingespannt werden.

2B.2.1 Zerlegung des 1.9-Liter-Motors

Falls man eine komplette Überholung des Motors vorsieht, muss man sich mit einigen allgemeinen Werkzeugen ausrüsten. Abgesehen von den normalen Gabelschlüsseln, Ringschlüsseln, Stecknüssen, usw. schlagen wir folgende Ausrüstung vor: Ölfilterschlüssel, Kolbenringzange, Spannband zum Einbau der Kolben, ein Mikrometer, falls Teile vermessen werden sollen, einen Zweiklauen- oder einen Dreiklauenabzieher, einen Drehmomentschlüssel, ein Stahllineal, eine Innenmessuhr, falls man die Zylinderbohrungen selbst vermessen will, und eine Messuhr, z.B. zum Messen des Axialspiels der Kurbelwelle.
Die folgende Beschreibung gibt eine komplette Zerlegung des Motors, welche jedoch nicht immer notwendig ist. Der Zusammenbau dieses Motors wird im Anschluss an dieses Kapitel beschrieben (Kap. 2B.2.2).

- Das Stützlager vom Motor abschrauben (4 Schrauben). Die Ölrücklaufleitung für den Turbolader ausbauen.
- Den Ölfilter von der Seite des Motors abschrauben, Dazu einen Filterschlüssel benutzen, ähnlich wie er in Bild 132 gezeigt ist. Der Ölfilter sitzt hinter der Lichtmaschine.
- Den Ölmessstab aus dem Führungsrohr herausziehen.
- Die Kupplungsdruckplatte und die Mitnehmerscheibe ausbauen. Dazu das Schwungrad in geeig-

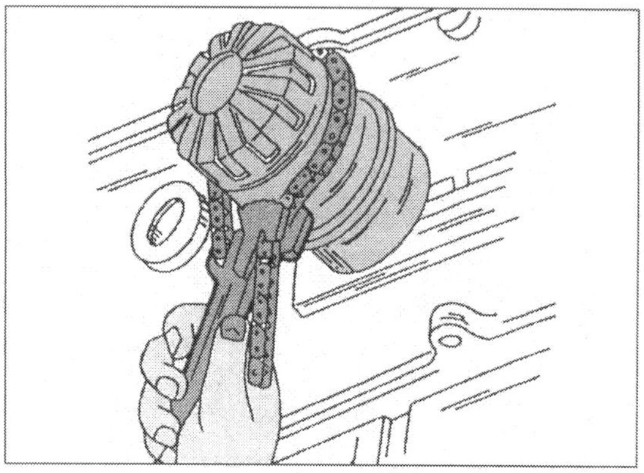

Bild 132
Der Ölfilter kann mit einem Kettenschlüssel abgeschraubt werden.

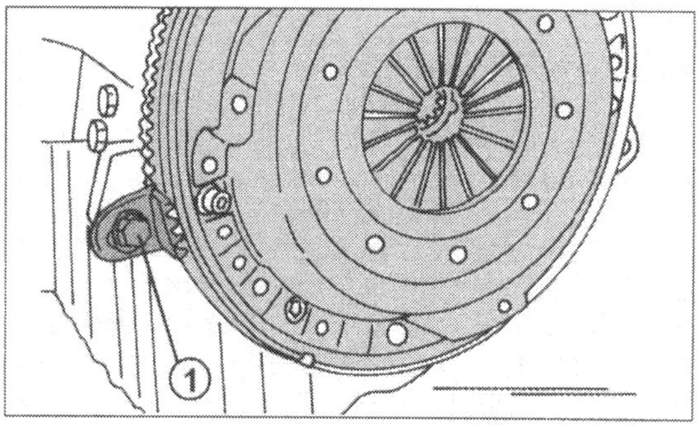

Bild 133
Gegenhalten des Schwungrades. Kupplung, Schwungrad und Kurbelwellenriemenscheibe können auf diese Weise gelöst werden.
1 Sperrstück

neter Weise gegenhalten. Zum Lösen der Schrauben das in Bild 133 gezeigte Sperrstück in den Zahnkranz des Schwungrades einsetzen oder mit einem Schraubendreher, in den Zahnkranz eingesetzt, gegenhalten. Die sechs Schrauben der Kupplung gleichmässig über Kreuz lösen und den Kupplungskörper abnehmen. Die Mitnehmerscheibe aus dem Schwungrad herausnehmen (nicht mit öligen Fingern anfassen).

● Die nächsten Arbeiten werden unter Bezug auf Bild 134 auf der Seite der Einspritzpumpe durchgeführt. Falls eingebaut, den Wärmeaustauscher (1) ausbauen, den Kraftstofffilter (2) mit dem Filtersockel, den Ölfangbehälter (4) mit den daran angeschlossenen Schläuchen, den Deckel (5) abschrauben, den Thermostat herausnehmen, das darunter liegende Auslassgehäuse für das Kühlmittel (3) abmontieren, die Überwurfmuttern der Einspritzleitungen (6) lösen und die Leitungen aus den Anschlüssen ziehen. Die Enden der Leitungen gegen Eindringen von Schmutz schützen. Ebenfalls auf der gleichen Seite die Drehstromlichtmaschine, die Lenkhilfspumpe (falls eingebaut), die Anbauplatte der Aggregate ausbauen und das Seil für den Schnellleerlauf abschliessen. Nicht alle Teile sind in der Abbildung gezeigt.

● Auf der Seite des Auspuffkrümmers die in Bild 135 gezeigten Nebenteile abmontieren.

● Die Ölwanne ausbauen. Dazu den Motor so ausrichten, dass sich die Ölwanne an der Oberseite befindet und die insgesamt 23 Schrauben gleichmässig lösen. Die Ölwanne herunterheben (Bild 136). Die Schrauben sollten hinsichtlich der Gewindebohrung gezeichnet werden oder müssen separat aufbewahrt werden. Die Ölwannendichtung abnehmen.

Hinweis: Beim Ausbau der Ölwanne erwähnte Einzelheiten beziehen sich auf eine Blechölwanne. Erwähnen sollten wir jedoch auch die Aluminiumölwanne bei Fahrzeugen mit Klimaanlage. Diese ist etwas unterschiedlich befestigt. Ebenfalls werden 23 Schrauben benutzt, jedoch sind 20 gleich, 2 weitere unterschiedlich und eine einzelne ebenfalls von unterschiedlicher Länge (Bild 137).

● Das Schwungrad wie in Bild 133 gezeigt gegenhalten und die Schraube der Kurbelwellenriemenscheibe lösen. Bei dieser Gelegenheit ebenfalls das Schwungrad abschrauben. Falls erforderlich mit einem Kunststoffhammer abschlagen. Das Schwungrad kann man ohne Kennzeichnung abnehmen, da es nur in einer Stellung montiert werden kann.

● Die Kurbelwellenriemenscheibe mit zwei Reifenhebeln von der Kurbelwelle abdrücken. Andernfalls kann man einen Abzieher benutzen, dessen zwei Abziehschrauben man in die Gewinde in der Riemenscheibe eindrehen kann.

● Die beiden Zahnriemenabdeckungen abschrauben und von der Vorderseite des Motors abnehmen. Die zur Befestigung verwendete Federspange mit ei-

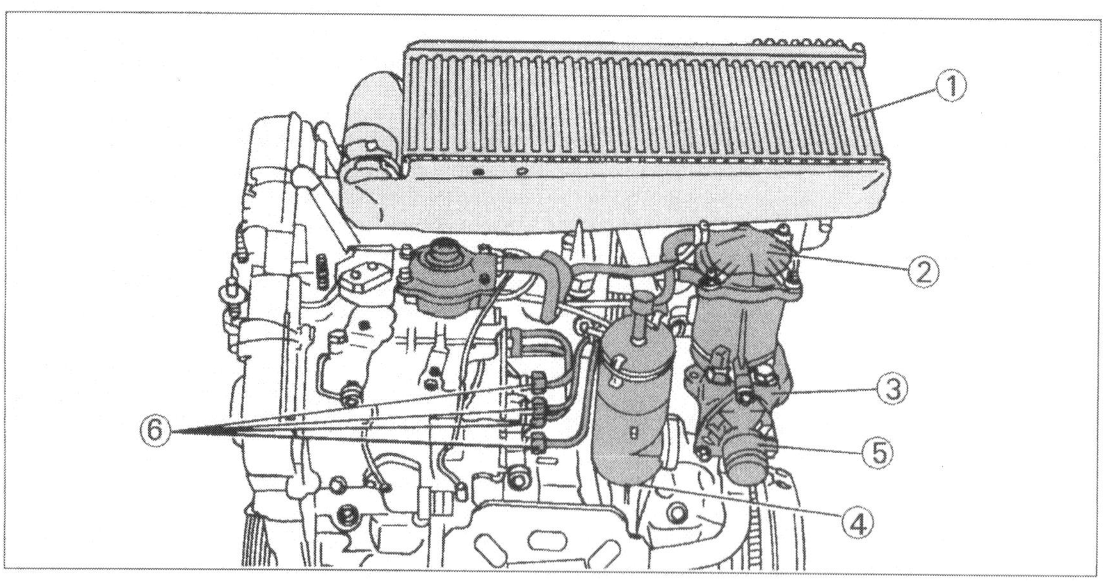

Bild 134
Ansicht der Seite der Einspritzpumpe mit Lage der abzumontierenden Teile.
1 Wärmeaustauscher (falls eingebaut)
2 Kraftstofffilter
3 Kühlmittelauslassstutzen
4 Ölfänger
5 Verschlussdeckel
6 Überwurfmuttern der Einspritzleitungen

nem Schraubendreher herausschieben. Ebenfalls das Abdeckblech an der Unterseite entfernen. Bild 138 zeigt eine Ansicht der Vorderseite des Motors. In Bild 139 wird durch die Pfeile das Abnehmen der Teile gezeigt.

- Drei Schrauben M8 x 1,25 mit einer Länge von 40 mm besorgen. Eine der Schrauben an Stelle (1) in Bild 140 in das Nockenwellenrad einsetzen und zwei Schrauben an Stellen (2) und (3) in das Antriebsrad der Einspritzpumpe. Dadurch wird der Steuermechanismus gesperrt. Falls der Motor vollkommen zerlegt werden soll, sind diese Arbeiten überflüssig. Nur wenn man ein Verstellen der Steuerung vermeiden will, müssen die Schrauben eingeschoben werden.
- Die Mutter (4) und die Schraube (5) der Spannrolle für den Zahnriemen lockern. Eine mit einem Vierkant von 9,52 mm versehene Verlängerung in das Vierkantloch (6) in Bild 141 einsetzen, um die Feder des automatischen Riemenspanners zusammenzudrücken. Dies ist der Vierkantmitnehmer eines Stecknussatzes mit 3/8-Zoll-Antrieb. Die Schraube (5) in Bild 140 wieder festziehen, um den Riemenspanner in der neuen Lage zu halten.
- Den Zahnriemen vorsichtig nach vorn von den Steuerrädern herunterheben.
- Den Zylinderkopf ausbauen, wie es unter der betreffenden Überschrift beschrieben wird.
- Das Steuerrad von der Kurbelwelle herunterziehen. Zwei untergesetzte Reifenhebel sollten zum Abdrücken ausreichen.
- Die Spannrolle (4) in Bild 142 nach Lösen der Schrauben (2) und (3) abnehmen. Die Feder sitzt in der Innenseite des Motortragbügels. In der Werkstatt wird ein Spezialwerkzeug benutzt, um die Feder und den Druckstössel in ihrer Lage zu halten. Beim Abheben des Bügels deshalb vorsichtig vorgehen.
- Die beiden Schrauben (1) in Bild 143 lösen und die in der Mitte liegende Spannrolle (2) abnehmen. Die Wasserpumpe (3) kann jetzt abgeschraubt werden.
- Den vor der Ölpumpe sitzenden Deckel abschrauben. Dies ist der Deckel mit dem Öldichtring. Die sechs in Bild 144 gezeigten Schrauben lösen und den Deckel abnehmen. Die darunterliegende Dichtung entfernen. Der Deckel sitzt auf Passstiften und muss vorsichtig abgedrückt werden.
- Die drei Befestigungsschrauben der Ölpumpe von der Unterseite des Kurbelgehäuses her entfernen. Die Abstandseinlage zur Seite zu herausziehen (nicht bei allen Motoren), wie es in Bild 145 gezeigt ist. Die Antriebskette aus dem Ölpumpenzahnrad aushängen und die Ölpumpe ausbauen. Bild 146 zeigt die Ölpumpe in eingebautem Zustand.
- Das Kettenrad für den Antrieb der Ölpumpe (1) in Bild 146 und den Keil von der Kurbelwelle abnehmen und die Kette ausbauen.
- Das Steuerrad der Nockenwelle ausbauen. Ebenfalls das Antriebsrad der Einspritzpumpe.
- Einspritzpumpe und Einspritzleitungen ausbauen. Bei allen Pumpenausführungen den Stützbügel an der Rückseite abschrauben, 3 Schrauben lösen und die Pumpe abnehmen. Beim Lösen der Einspritzleitungen das Sechskant an der Pumpe und an den Düsen gegenhalten.

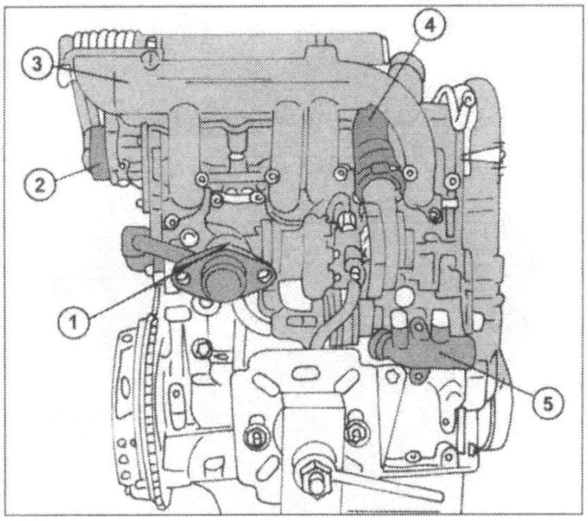

Bild 135
Ansicht des Motors von der Seite des Auspuffkrümmers.
1 Auspuffkrümmer
2 Unterdruckpumpe
3 Ansaugsammelrohr
4 Luftkanal
5 Kühlmitteleinlassstutzen

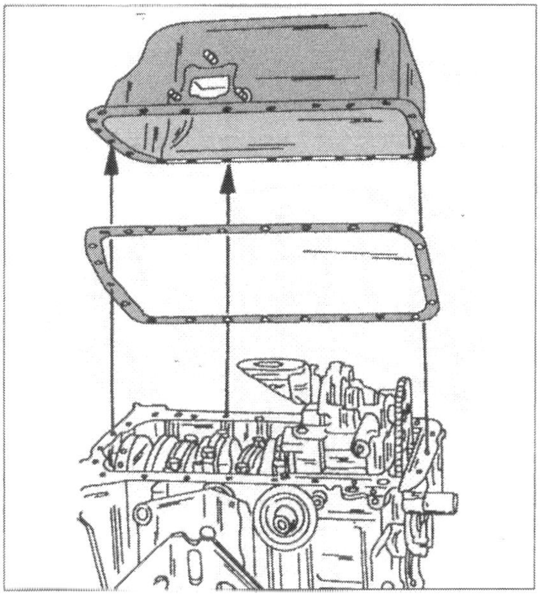

Bild 136
Ausbau der Ölwanne mit eingelegter Dichtung (Blechölwanne).

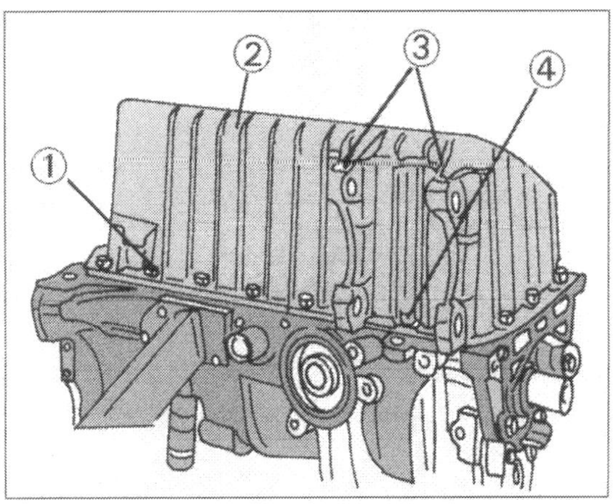

Bild 137
Befestigung der Aluminiumölwanne (mit Klimaanlage).
1 Schrauben (20), 22 mm lang
2 Ölwanne
3 Schrauben (2), 40 mm lang
4 Schraube (1), 20 mm lang

- Die Muttern der Pleuellagerdeckel abschrauben (Bild 147), die Lagerdeckel abnehmen und die Kolben zusammen mit den Pleuelstangen ausbauen und geordnet ablegen. Kontrollieren, ob die Deckel und Pleuelstangen gut sichtbar gezeichnet sind, andernfalls mit Farbe zeichnen.
- Die Hauptlagerdeckel mit den Zahlen 1 bis 5 versehen (Nr. 1 auf der Schwungradseite) und die Deckel

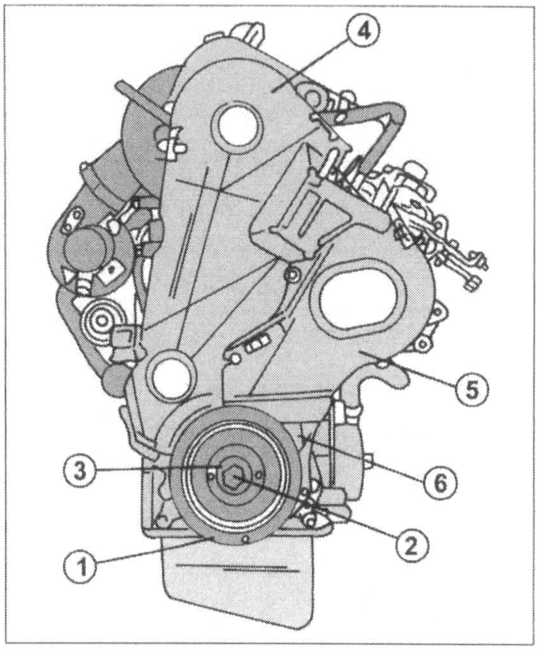

Bild 138
Ansicht der Vorderseite des Motors.
1 Riemenscheibe
2 Schraube der Riemenscheibe
3 Scheibe
4 Oberer Zahnriemenschutzdeckel
5 Seitenschutzdeckel
6 Unterer ahnriemenschutzdeckel

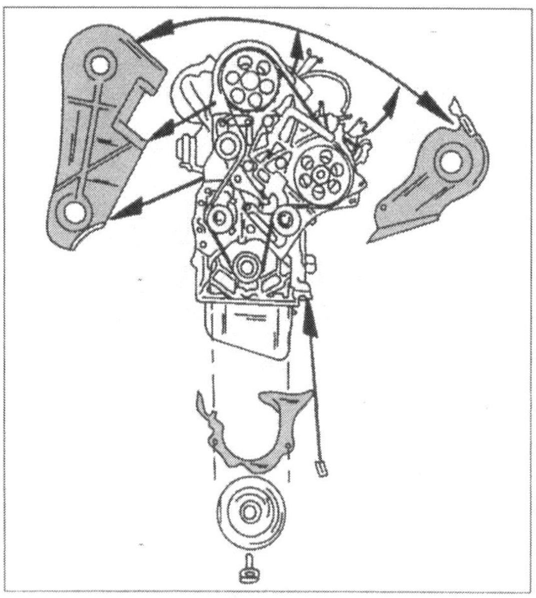

Bild 139
Von der Stirnseite des Motors abzumontierende Teile.

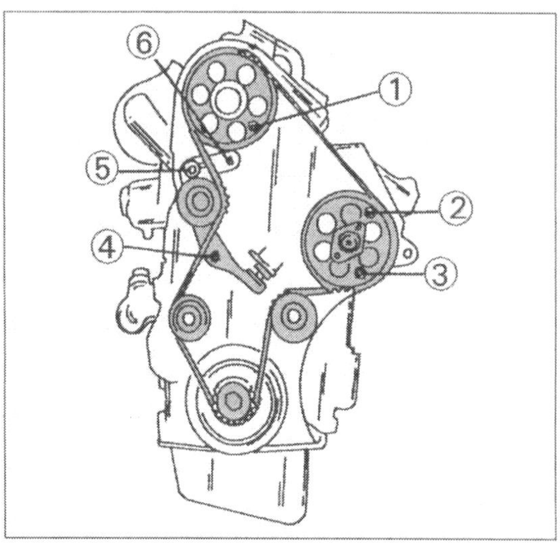

Bild 140
Einzelheiten zum Aus- und Einbau des Zahnriemens.
1 Eingesetzte Schraube
2 Eingesetzte Schraube
3 Eingesetzte Schraube
4 Schraube des Riemenspanners
5 Mutter des Riemenspanners
6 Vierkantloch

abschrauben. Die Lagerschalen und die Deckel jeweils zusammen halten.
- Den Radialdichtring auf der Schwungradseite der Kurbelwelle ausbauen. Den Dichtring erneuern.
- Die Kurbelwelle herausheben und die oberen Lagerschalenhälften aus den Bohrungen nehmen. Ebenfalls die Halbscheiben für das Axialspiel der Kurbelwelle kennzeichnen und herausnehmen.
- Die Kolben und Pleuelstangen können zerlegt werden, wie es im betreffenden Kapitel beschrieben ist.

2B.2.2 Zusammenbau des 1.9-Liter-Motors

Die bei den Benzinmotoren angeführten Allgemeinhinweise gelten im Grossen und Ganzen auch für die Dieselmotoren und sollen nicht noch einmal wiederholt werden.
- Kolben und Pleuelstangen zusammenmontieren, wie es im betreffenden Kapitel beschrieben ist.
- Pleuellagerschalen entsprechend den Kennzeichnungen in Bild 148 in die Pleuelstangen einlegen (falls die ursprünglichen wieder verwendet werden). Die Führungsnasen der Schalen müssen in die Aussparungen der Pleuelbohrungen eingreifen.
- Die Hauptlagerzapfen mit den Schmierölnuten in die Bohrungen einlegen. Darauf achten, dass die Führungsnasen in die Aussparungen der Lagerbohrungen eingreifen.
- Falls eingebaut, die Ölspritzdüsen an der Unterseite des Zylinderblocks anschrauben.
- Am Lager Nr. 2 (Nr. 1 ist neben der Kupplung) die beiden Halbscheiben für die Regulierung des Kurbelwellenaxialspiels an jeder Seite anlegen. Die Ölschmiernuten beider Scheibenhälften müssen jeweils zur Lauffläche an der Kurbelwelle weisen. Die Scheiben gut einölen.
- Die Kurbelwelle vorsichtig in die Lagerschalen hineinheben. Die Laufflächen müssen gut eingeölt sein. Dazu eine Ölkanne verwenden und das Öl mit dem Finger verreiben. Keinen Pinsel zur Ölauftragung benutzen.
- Die Lagerdeckel Nr. 2, 3, 4 und 5 mit eingesetzten Lagerschalen (Anlaufscheiben im Deckel des Lagers Nr. 2) in der ursprünglichen Anordnung montieren (siehe auch Bild 149). Die Lagerdeckel sind nummeriert und die Nummerierungen müssen zur Seite des Ölfilters weisen. Andernfalls die Deckel entsprechend den eingezeichneten Kennzeichnung aufsetzen. Den Lagerdeckel auf der Schwungradseite noch nicht montieren.

Das Axialspiel der Kurbelwelle jetzt folgendermassen kontrollieren:
- Eine Messuhr mit einem geeigneten Halter an der Stirnseite des Motors anbringen und den Messstift auf den Bund der Kurbelwelle ansetzen, wie es aus Bild 150 ersichtlich ist. Falls man eine Messuhr mit Magnetstand hat, kann man den Stand auf die Welle setzen und den Messstift auf der geschliffenen Fläche des Blocks ansetzen.
- Die Kurbelwelle mit einem Schraubendreher auf eine Seite drücken und die Messuhr auf „Null“ stellen.
- Die Kurbelwelle auf die andere Seite drücken und die Anzeige der Messuhr ablesen. Der Wert sollte zwischen 0,07 und 0,32 mm liegen.

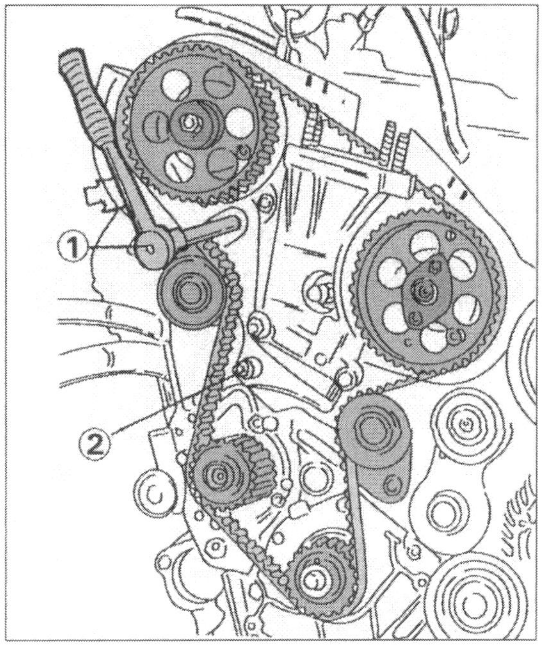

Bild 141
Zum Ausbau des Zahnriemens. Die Mutter (2) und die durch die Rätsche verdeckte Mutter lösen und danach den Riemenspanner mit einer Stecknussverlängerung (1) verdrehen, um die Feder zusammendrücken.

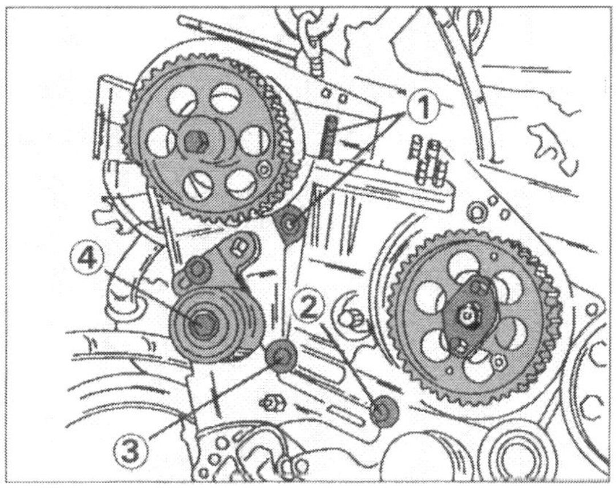

Bild 142
Die obere Spannrolle (4) nach Lösen der Schrauben 1, 2 und 3 ausbauen.

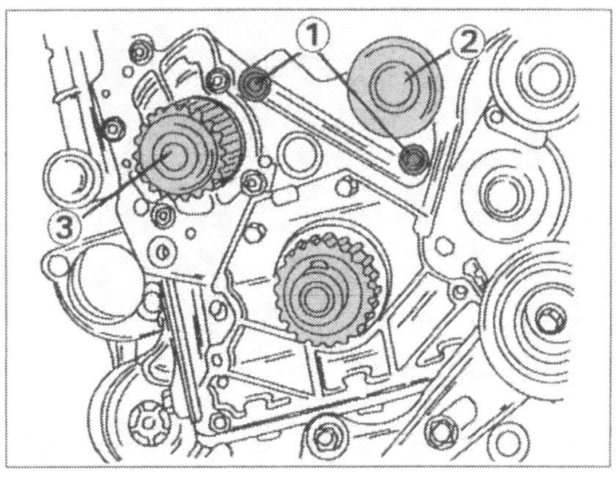

Bild 143
Die Riemenspannrolle in der Mitte nach Lösen der Schrauben ausbauen.
1 Schrauben
2 Spannrolle
3 Wasserpumpe

● Falls das Axialspiel grösser ist, müssen zwei Übergrösse-Halbscheiben eingebaut werden. Beide Scheiben müssen die gleiche Stärke haben. Scheiben stehen in Stärken von 2.35, 2.40, 2.45 und 2.50 mm, ausser der Nennstärken-Scheibe von 2.30 mm, zur Verfügung. Wichtig ist, dass immer zwei Scheiben der gleichen Stärke eingebaut werden müssen, um die Welle nicht nach einer Seite zu drücken.

Ein Spezialwerkzeug ist jetzt zur Montage des hinteren Lagerdeckels erforderlich, um die seitlichen Deckeldichtungen zu montieren. Als Erstes die Auflageflächen für den Deckel auf dem Kurbelgehäuse mit Dichtungsmasse einschmieren.

● Die beiden in Bild 151 (obere Ansicht) gezeigten Flächen mit Dichtungsmasse einschmieren und die beiden Führungsbleche am Werkzeug anschrauben, wie es in Bild 151 in der unteren Ansicht gezeigt ist. Die Schrauben nur handfest anziehen.

● Zwei neue Gummidichtungen an den Seiten des hinteren Lagerdeckels mit dem Halter festhalten. Die neuen Seitendichtungen sind auf die richtige Länge geschnitten und dürfen nicht verkürzt werden. Den Halter mit einer Schraube am Lagerdeckel befestigen und die Führungsbleche einölen.

● Die Führungsbleche von Hand zusammendrücken und das Ganze etwas geneigt in den Zylinderblock einführen, bis der Deckel sitzt. Dazu das Werkzeug nach unten drücken.

● Die beiden Deckelschrauben einsetzen und fingerfest anziehen.

● Das Werkzeug vom Deckel abschrauben und das Werkzeug zusammen mit den Halteblechen aus dem Zylinderblock herausziehen.

● Der Reihe nach alle Lagerdeckel von der Mitte nach aussen vorgehend mit einem Anzugsdrehmoment von 70 Nm anziehen.

● Zwei Schrauben in den Flansch der Kurbelwelle eindrehen (Schwungradschrauben) und einen Schraubendreher zwischen die Schrauben einsetzen. Die Kurbelwelle mit Hilfe des Schraubendrehers durchdrehen, um sie auf Klemmstellen zu kontrollieren. Eine klemmende Welle bereits jetzt überprüfen, ehe der Motor weiter zusammengebaut wird.

● Einen neuen Dichtring an der Aussenseite mit Öl einschmieren und in die Rückseite des Zylinderblocks einschlagen. Zum Einschlagen eignet sich eine Metallplatte, welche auf der Aussenseite des Dichtringes aufsitzen kann. Dabei den Dichtring nicht beschädigen.

● Die zusammengebauten Kolben und Pleuelstangen vornehmen und der Reihe nach auslegen. Ein Kolbenringspannband um den ersten Kolben legen und die Kolben entsprechend der Kennzeichnung in die gut eingeölte Zylinderbohrung einschieben (Bild 152). Dabei den Pleuel gut führen, damit er über den Pleuelzapfen kommt. Falls die ursprünglichen Schalen eingebaut werden, darf man sie nicht verwechseln. Nach dem Einschieben kontrollieren, dass die Mulde im Kolben in der richtigen Lage steht, d.h. der Pfeil im Kolbenbolzen muss zur Steuerseite weisen. Den Kolben des vierten Zylinders in der gleichen Weise montieren.

● Die Lagerschalen entsprechend den Kennzeichnungen in die Lagerdeckel der beiden montierten Pleuelstangen einlegen. Die Lagerflächen gut einölen. Ursprüngliche Schalen immer mit den jeweiligen Pleuellagern zusammenhalten. Die Pleuellagermuttern immer erneuern. Die Deckel mit einem Voranzug von 20 Nm anziehen und dann im Winkelanzug um weitere 70° anziehen. Hier eignet sich eine Gradscheibe am besten.

● Die Kurbelwelle durchdrehen, bis die beiden anderen Kurbelzapfen sich an der Unterseite befinden und

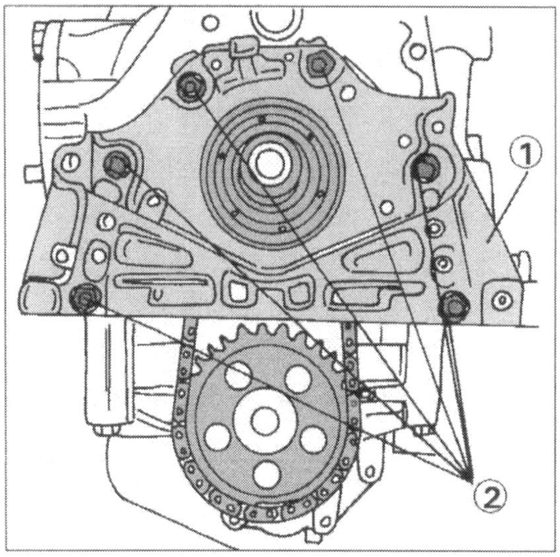

Bild 144
Befestigung des Deckels (1) an der Vorderseite des Motors. Die Schrauben (2) nach Herausdrehen kennzeichnen, da sie nicht alle gleich lang sind.

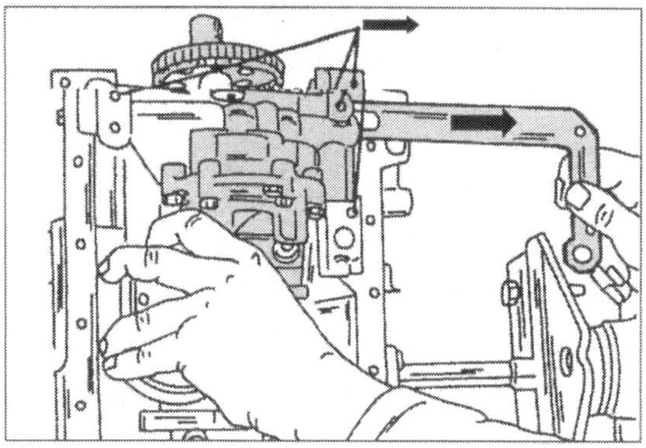

Bild 145
Ausbau der Ölpumpe. Falls eine Distanzplatte eingebaut ist, wird sie in der gezeigten Weise herausgezogen. Die Pfeile weisen auf die Pumpenschrauben.

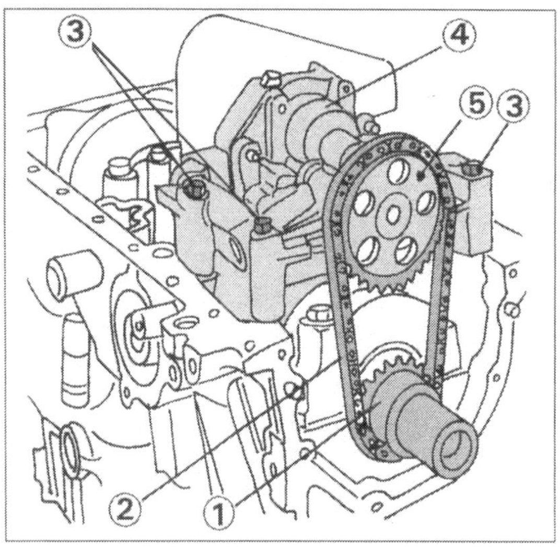

Bild 146
Eingebaute Ölpumpe.
1 Antriebskettenrad auf der Kurbelwelle
2 Antriebskette
3 Pumpenschrauben
4 Ölpumpe
5 Ölpumpenkettenrad

die beiden anderen Kolben- und Pleuelstangeneinheiten in der beschriebenen Weise montieren. Nach fertigem Einbau die Kurbelwelle nochmals auf Klemmstellen kontrollieren.

- Zum Einbau der Ölpumpe die Antriebskette über das Ölpumpenzahnrad legen, die Ölpumpe montieren und die Distanzplatte (falls vorhanden) von der Ölfilterseite her zwischen Pumpe und Zylinderblock einschieben, d.h. in umgekehrter Weise zu Bild 145. Die Schrauben haben nicht die gleiche Länge und sind entsprechend Bild 153 einzudrehen.
- Die Befestigungsschrauben mit einem Anzugsdrehmoment von 18 Nm anziehen.
- Das Lagerschild mit einer neuen Dichtung an der Stirnseite montieren. Die sechs Schrauben entsprechend ihrer Länge einsetzen. Die in Bild 144 oben links gezeigten Schrauben sind 35 mm lang, die anderen 18 mm. Alle Schrauben mit 12 Nm anziehen.
- Den Radialdichtring vorsichtig mit einem passenden Dorn in das Lagerschild und über das Ende der Kurbelwelle schlagen, bis die Aussenseite bündig abschneidet. Dazu einen guten Schlagdorn benutzen, welcher auf der gesamten Dichtungsfläche aufliegt, wie es in Bild 154 zu sehen ist.
- Die Dichtfläche für die Ölwanne mit einer neuen Dichtung auf das Kurbelgehäuse aufsetzen. Bei einer Blechölwanne die 23 Schrauben einschrauben und ringsherum gleichmässig auf ein Anzugsdrehmoment von 16 Nm anziehen. Die Schrauben entsprechend der beim Ausbau der Ölwanne vorgenommenen Kennzeichnung eindrehen. Bild 155 zeigt die Lage der einzelnen Schrauben.
- Eine Aluminiumölwanne wird durch einen Passstift am Kurbelgehäuse geführt. Keine Dichtung wird benutzt, jedoch muss man die Dichtflächen mit Dichtungsmasse einschmieren. Die Schrauben entsprechend der beim Ausbau der Ölwanne vorgenommenen Kennzeichnung eindrehen und mit 16 Nm anziehen (siehe auch Bild 137).
- Das Schwungrad an der Kurbelwelle montieren. Dabei das Schwungrad auf dem Kurbelwellenflansch verdrehen, bis alle Löcher in einer Linie liegen. Die Schrauben müssen immer erneuert werden. Gewinde der Schrauben mit einem Gewindesicherungsmittel einschmieren. Beim Anziehen der Schrauben muss das Schwungrad in geeigneter Weise gegengehalten werden, wie man es in Bild 133 sehen kann. Die Schrauben gleichmässig mit einem Drehmoment von 50 Nm anziehen.
- Die Mitnehmerscheibe der Kupplung in das Schwungrad einlegen und den Kupplungskörper aufsetzen. Die längere Seite der Mitnehmerscheibennabe muss nach aussen weisen. Die Kupplungsdruckplatte verdrehen, bis die beiden Körnerzeichen gegenüberliegen (falls die gleichen Teile wieder montiert werden) und die Schrauben eindrehen. Ein Zentrierdorn ist zum Einbau der Kupplung erforderlich. Im Abschnitt „Kupplung" wird weiterhin auf diese Arbeit eingegangen. Das Schwungrad gegenhalten, wie es oben beschrieben wurde und die Schrauben in Bild 156 über Kreuz mit einem Drehmoment von 14 Nm anziehen. Kontrollieren, dass sich der Zentrierdorn leicht herausziehen und hineinschieben lässt.
- Die Einspritzpumpe montieren. Die Muttern sowie den Stützbügel an der Rückseite einstweilen noch nicht anziehen.

Zylinderkopfdichtungen stehen in verschiedenen Stärken zur Verfügung und die einzubauende Stärke hängt davon ab, wie weit die Kolben über der Fläche des Zylinderblocks herausstehen. Um die Stärke der Zylinderkopfdichtung zu bestimmen, sind die Kolben der Reihe nach auf den oberen Totpunkt zu bringen, um das Überstehmass der Kolbenböden über der Zylinderblockfläche auszumessen. Zylinderkopfdichtungen sind an einer Aussenseite mit Kerben gezeichnet. Seit Baubeginn dieser Motoren, die auch in andere Modelle eingebaut sind, wurden jedoch mehrere Ausführungen von Zylinderkopfdichtungen verwendet, sodass es ziemlich schwer ist, Ihnen die richtige Dichtung anzugeben. Die Kennzeichnung der Dichtung wurde dabei ebenfalls geändert.

- Eine Messuhr mit einem Magnetfuss auf die gut gereinigte Zylinderblockfläche aufsetzen und den Taststift neben der Aussenseite des Kolbens auf die Fläche drücken. Die Messuhr in dieser Stellung auf „Null" stellen. Dieser Messvorgang ist in Bild 157 gezeigt.
- Den Magnetfuss der Messuhr weiterhin auf der Zylinderblockfläche ruhen lassen, aber den Taststift so weit wie möglich auf der Mitte des Kolbens aufsetzen. Die Messung sieht jetzt wie in Bild 158 gezeigt aus. Den angezeigten Wert ablesen und aufschreiben.
- Die anderen Kolben in gleicher Weise ausmessen und jeweils den erhaltenen Wert aufschreiben.
- Das grösste Mass bestimmt die Stärke der Dichtung, jedoch darf der Unterschied zwischen zwei Kolben nicht mehr als 0,12 mm betragen. Das Überstehmass muss jetzt folgendermassen ausgewertet werden, wobei Bild 159 hinzuzuziehen ist:
- Liegt der angezeigte Wert zwischen 0,54 und 0,77 mm, eine Dichtung verwenden, welche an Stelle „A" drei Kerben und an Stelle „B" 2 Kerben hat. Die Dichtung hat eine Stärke von 1,54 mm.
- Liegt der angezeigte Wert zwischen 0,77 und 0,82 mm, eine Dichtung verwenden, welche an Stelle „A" drei Kerben und an Stelle „B" 3 Kerben hat. Diese Dichtung hat eine Stärke von 1,64 mm.

Hinweis: Wie aus der obigen Erklärung ersichtlich ist, muss man genau den Anweisungen folgen, um die richtige Dichtung zu beziehen.

Nach Ausmessen des Überstehmasses der Kolben die Kurbelwelle durchdrehen, bis alle Kolben ungefähr in der Mitte der Bohrungen stehen, ehe mit dem weiteren Zusammenbau fortgefahren wird.

- Kontrollieren, dass der Passstift (1) in Bild 160 im Zylinderblock sitzt und den Zylinderkopf montieren, wie es im betreffenden Kapitel beschrieben ist. Die Ventilspiele sofort einstellen (siehe getrenntes Kapitel).
- Die Wasserpumpe mit einer neuen Dichtung montieren und die Schrauben mit 15 Nm anziehen.
- Die Thermoschalter in das Anschlussgehäuse für den Thermostaten einschrauben.
- Den Thermostat mit zwei neuen Dichtungen versehen und das Anschlussgehäuse an das Thermostatgehäuse anbauen. Das komplette Thermostatgehäuse danach mit einer neuen Dichtung am Zylinderkopf befestigen.
- Das Nockenwellensteuerrad abmontieren (dieses sollte sich noch auf der Welle befinden, da die Ventile eingestellt wurden) und die Dichtringe der Nockenwelle einschlagen, ohne sie dabei zu beschädigen. Die Dichtlippe etwas einfetten.
- Das Steuerrad der Nockenwelle montieren. Die Schraube in der Mitte mit 45 Nm anziehen. Das Steuerrad dabei in geeigneter Weise gegenhalten. Zum Beispiel kann man einen Dorn durch eine Öffnung des Steuerrades durchschieben und gegen den Zylinderkopf anlegen.

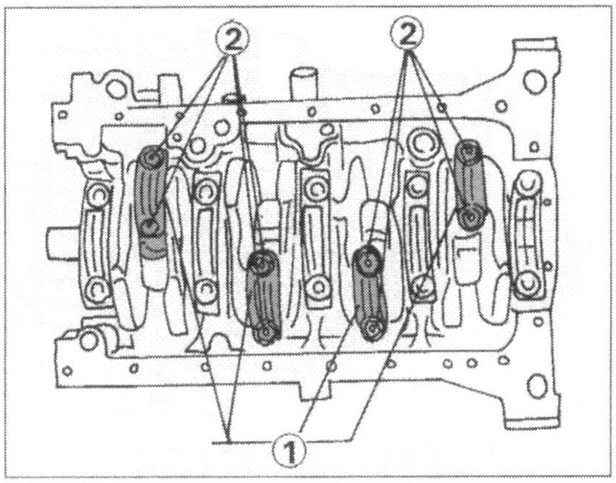

Bild 147
Die Pleuellagerdeckel (1) nach Lösen der 8 Muttern (2) und Kennzeichnung von den Pleuelstangen abschlagen.

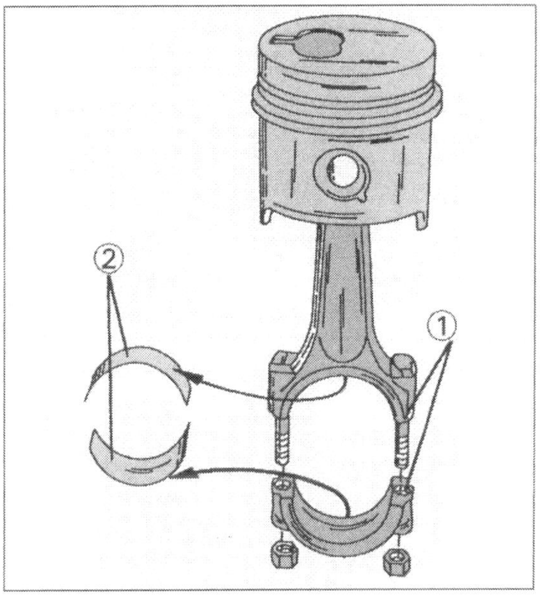

Bild 148
Ansicht eines Kolbens. Pleuelstange und Lagerdeckel sind an gegenüberliegenden Stellen (1) gekennzeichnet. Die Lagerschalen (2) entsprechend einlegen. Ebenfalls den eingezeichneten Pfeil im Kolbenboden beachten.

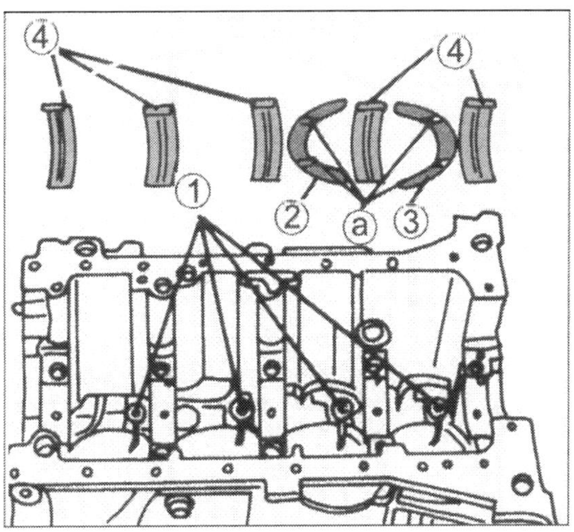

Bild 149
Ansicht des Kurbelgehäuses. Auf die Anordnung der beiden Seiten „a" mit den Schmiernuten achten.
1 Ölspritzdüsen
2 Anlaufhalbscheibe am zweiten Lager
3 Anlaufhalbscheibe am zweiten Lager
4 Hauptlagerschalen mit Nuten für Kurbelgehäuse

- Einspritzpumpe montieren (siehe betreffendes Kapitel).
- Kurbelwelle, Nockenwelle und Antriebsrad der Einspritzpumpe durchdrehen, bis die Scheibenfedern in den Wellen die in Bild 161 gezeigte Lage eingenommen haben.
- Das Antriebsrad der Einspritzpumpe aufstecken und die Schraube in der Mitte festziehen. Dabei das

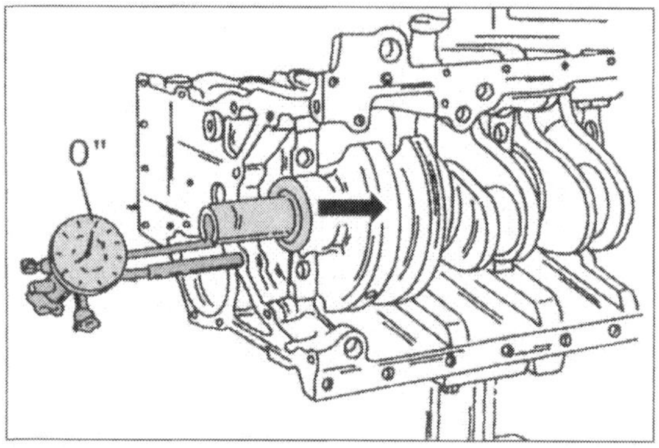

Bild 150
Kontrolle des Axialspiels der Kurbelwelle.

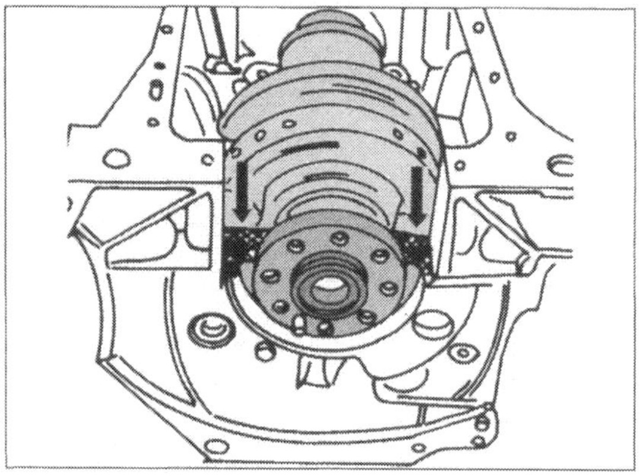

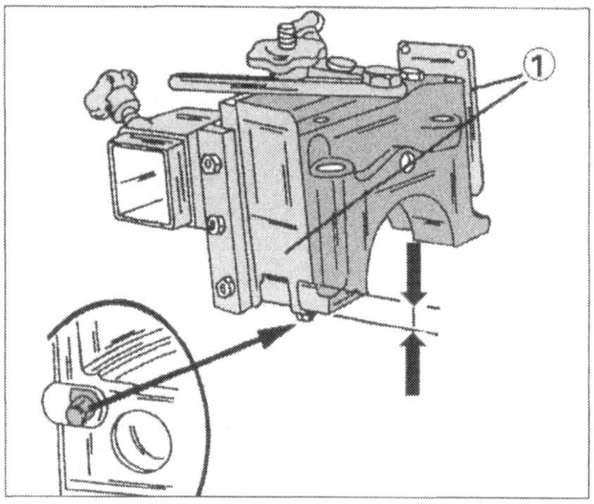

Bild 151
Die gezeigten Flächen in der oberen Ansicht mir Dichtungsmasse einschmieren. Das Werkzeug zur Montage des hinteren Kurbelwellenlagerdeckels ist in der unteren Ansicht am Deckel angebracht. Die beiden Führungsbleche (1) drücken die Seitendichtungen in die Nuten. Die Dichtungen müssen unten wie gezeigt herausstehen.

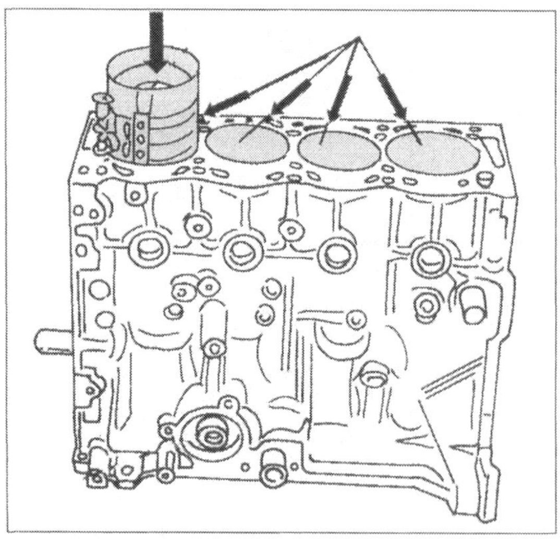

Bild 152
Einbau der Kolben. Das Spannband wie gezeigt ansetzen und den Kolben in Pfeilrichtung nach unten drücken, bis das Spannband abgenommen werden kann.

Rad gegenhalten (Dorn einsetzen). Die Schraube mit 50 Nm anziehen.

- Kurbelwellensteuerrad auf das Ende der Kurbelwelle aufstecken (nicht die Scheibenfeder verschieben) und mit einem Stück Rohr vollkommen aufschlagen.
- Eine der beim Zerlegen benutzten M8 x 40 mm-Schrauben an Stelle (1) in Bild 140 in das Nockenwellenrad einstecken. Die Schraube greift an der Rückseite in eine Fixierbohrung ein und sperrt das Steuerrad der Nockenwelle, während der Zahnriemen aufgelegt wird.
- Das Antriebsrad der Einspritzpumpe in ähnlicher Weise sperren. Dieses Mal kommen die Schrauben in die Bohrungen (2) und (3). Kontrollieren, dass das Rad gesperrt ist.

Die Kurbelwelle muss als Nächstes festgestellt werden. Dazu wird ein Metallstab mit einem Durchmesser von 8 mm benutzt, welcher von der Rückseite des Zylinderblocks eingeschoben wird, wie man es in Bild 162 sehen kann. Der Stab greift dabei in eine Bohrung des Schwungrades ein und sperrt dieses in der richtigen Stellung.

- Den Zahnriemen auflegen. Den Riemen zuerst über das Kurbelwellensteuerrad auflegen, dann über die feststehende Laufrolle in der Mitte, das Antriebsrad der Einspritzpumpe, das Steuerrad der Nockenwelle, die Spannrolle und schliesslich über das Rad der Wasserpumpe. Kontrollieren, dass der Zahnriemen mit seinen Zähnen an allen verzahnten Rädern einwandfrei in Eingriff gekommen ist. Den Zahnriemen jetzt spannen, wie es im betreffenden Kapitel für diese Motoren beschrieben wird.
- Die Einspritzstellung der Einspritzpumpe einstellen, wie es im betreffenden Kapitel beschrieben ist.
- Die Riemenscheibe der Kurbelwelle montieren. Das Gewinde der Schraube mit „Loctite" einschmieren. Die Schraube mit 40 Nm anziehen und aus dieser Stellung im Winkelanzug um weitere 60° anziehen. Die Kurbelwelle muss dabei durch Sperren des Schwungrades gegengehalten werden.
- Die Glühkerzen einschrauben und mit 22 Nm anziehen. Die Stromverbindungsschiene auf die vier Anschlussstifte der Glühkerzen aufstecken und die Muttern mit 4 Nm anziehen.
- Die Einspritzdüsen einschrauben (90 Nm) und die Überwurfmuttern der Einspritzleitungen anschliessen (20 Nm).
- Die Zahnriemenschutzbleche anbringen. Die Federspange in der Mitte mit einem starken Schraubendreher eindrücken.
- Ölfilter montieren und mit einem Drehmoment von 14 Nm anziehen. Den Gummiring des Filters vorher gut mit Öl einreiben.
- Alle anderen Arbeiten in umgekehrter Reihenfolge durchführen: Auspuffkrümmer 20 Nm, Ansaugkrümmer 23 Nm, Unterdruckpumpe, usw.

2B.2.3 Zerlegung des 2.1-Liter-Motors

Wie beim beschriebenen Motor muss man sich mit einigen allgemeinen Werkzeugen ausrüsten (siehe Kapitel 2B2.1).

Die folgende Beschreibung gibt eine komplette Zerlegung des Motors, welche jedoch nicht immer notwendig ist. Der Zusammenbau dieses Motors wird im Anschluss an dieses Kapitel beschrieben.

- Das Stützlager vom Motor abschrauben (4 Schrauben, siehe Bild 163). Die Ölrücklaufleitung für den Turbolader ausbauen.
- Unter Bezug auf Bild 164 den Ölfilter von der Seite des Motors abschrauben. Dazu einen Filterschlüssel benutzen, ähnlich wie er in Bild 132 gezeigt ist. Den Stehbolzen (3) herausdrehen und den Ölkühler (2) abziehen. Ebenfalls den Öldruckschalter (1) ausschrauben.
- Den Ölmessstab aus dem Führungsrohr herausziehen.
- Auf einer Seite des Motors die aus Kunststoff gefertigte Luftansaugkammer (2) in Bild 165 abschrauben. Die Schrauben (1) herausdrehen (3 an der Oberseite, zwei an der Unterseite). Das komplette Gehäuse vom Zylinderkopf abziehen.
- Das aus Aluminium bestehende Ansaugsammelrohr abmontieren. Dazu die Klemmschellen an der Ober- und Unterseite des Verbindungsrohres für das AGR-System lösen, das Rohr abziehen und das Ansaugsammelrohr abschrauben. Insgesamt werden 6 Muttern benutzt. Die Dichtung abnehmen. Diese Seite des Motors ist in Bild 166 zu sehen.
- Die Kupplungsdruckplatte und die Mitnehmerscheibe ausbauen, wie es beim anderen Motor beschrieben wurde (siehe ebenfalls Bild 133).
- Während das Schwungrad noch gegengehalten wird, die Schraube in der Mitte der Kurbelwellenriemenscheibe lösen. Schraube mit Scheibe herausdrehen und die Riemenscheibe, falls erforderlich mit einem Dreiarmabzieher, von der Kurbelwelle abziehen.
- Die Schutzdeckel des Zahnriemens an der Stirnseite des Motors unter Bezug auf Bild 167 abschrauben. Zuerst die Sicherung „a" an der Oberseite um eine Viertelumdrehung verdrehen. Dann die Schrauben (1) lösen und den Seitendeckel (2). Den oberen Deckel (3) und den unteren Deckel (4) abnehmen.
- Den Tragbügel für die Motoraufhängung auf der rechten Seite abschrauben (4 Schrauben) und den Bügel abnehmen.

Die nächsten Arbeiten betreffen den Ausbau des Zahnriemens. Kurbelwelle, Nockenwelle und Antriebsrad der Einspritzpumpe müssen gegen Mitdrehen gesperrt werden, um die Steuerstellung des Motors beizubehalten. Zuerst die Kurbelwelle verdrehen, bis die beiden in Bild 168 gezeigten Bohrungen in einer Linie mit den unter dem Nockenwellenrad und Antriebsrad der Einspritzpumpe liegenden Bohrungen liegen. Zwei Schrauben oder Bolzen von 8 mm Durchmesser werden jetzt durch die Antriebsräder und die Bohrungen eingeschoben. Die Kurbelwelle muss ebenfalls gegen Verdrehung gesperrt werden. Wie bereits oben erwähnt, wird der in Bild 162 gezeigte Arretierbolzen dazu verwendet. Ein gerader Bolzen entsprechenden Durchmessers kann jedoch in den Zylinderblock und das Schwungrad eingeschoben werden. *Falls der Motor vollkommen zerlegt werden soll, kann man sich diese Arbeit ersparen.*

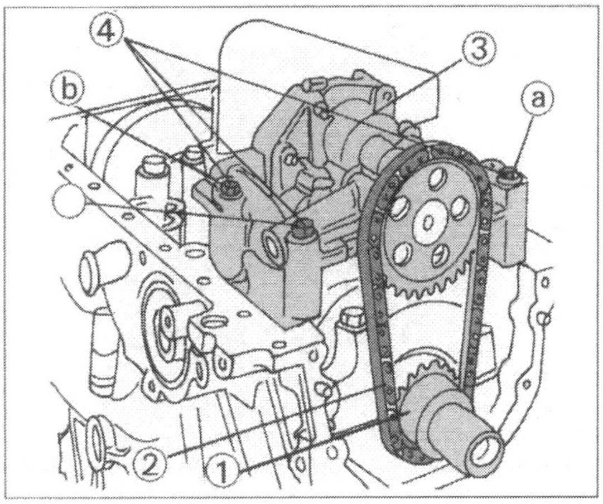

Bild 153
Die Lage der Befestigungsschrauben für die Ölpumpe. Die Schrauben sind von unterschiedlicher Länge.
1 Kettenrad auf der Kurbelwelle
2 Antriebskette
3 Ölpumpe
4 Befestigungsschrauben
a Schraube, 80 mm lang
b Schraube, 70 mm lang
c Schraube, 65 mm lang

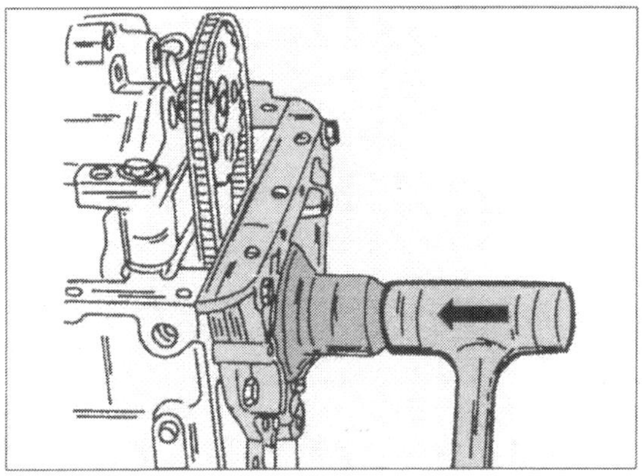

Bild 154
Einschlagen des Kurbelwellendichtringes auf der Steuerseite des Motors.

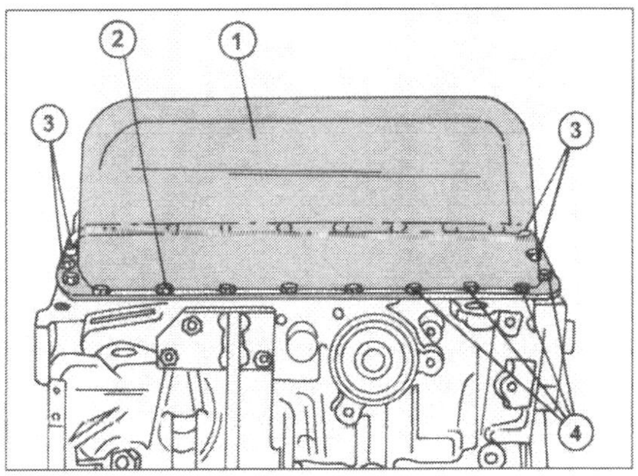

Bild 155
Zum Einbau der Blechölwanne.
1 Ölwanne
2 Schraube, 20 mm lang
3 Schrauben, 16 mm lang
4 Schrauben, 20 mm lang

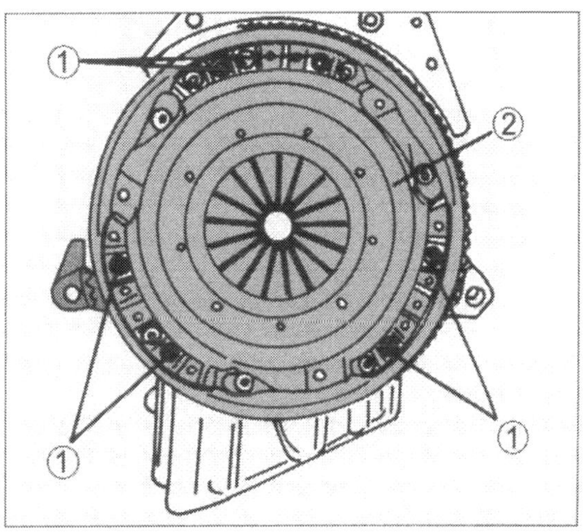

Bild 156
Nach Lösen der Schrauben (1) die Kupplungsdruckplatte (2) abnehmen.

Bild 157
Erste Stufe beim Ausmessen des Überstehmasses der Kolben.

Bild 158
Die Messuhr verschieben, bis der Taststift auf der Kolbenbodenfläche aufsitzt. Der angezeigte Wert ist das Überstehmass des Kolbens.

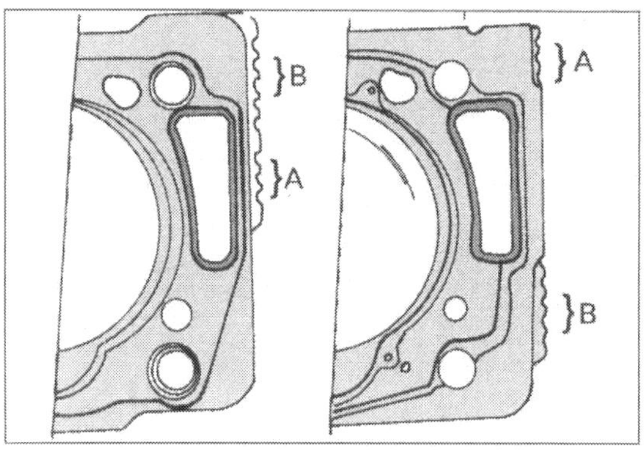

Bild 159
Ansicht der Zylinderkopfdichtung der neueren Ausführung. An Stelle „A" lässt sich der Motortyp erkennen, an Stelle „B" die Stärke. Die Kerben können entweder nahe zusammen liegen oder sind voneinander getrennt (rechte Ansicht).

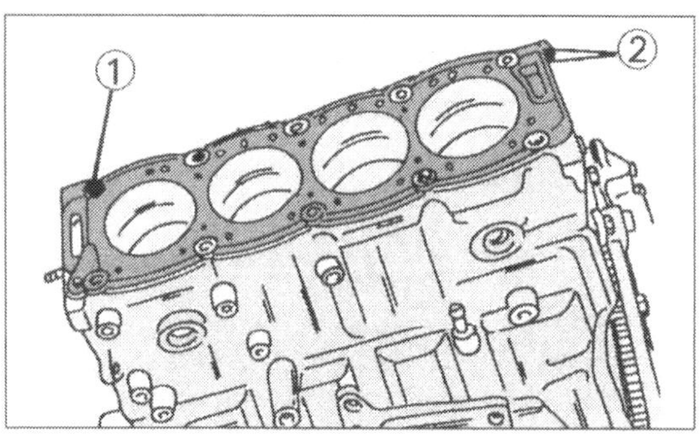

Bild 160
Ansicht der Zylinderkopfdichtung. Den Passstift (1) an der gezeigten Stelle einsetzen. Die Kerben der Zylinderkopfdichtung liegen an Stelle (2).

Nachdem der Motor entsprechend vorbereitet wurde, die folgenden Arbeiten durchführen:

- Unter Bezug auf Bild 169 die Mutter (1) der Spannrolle (2), die Mutter (3) und die Schraube (4) lockern. Zum Lockern der Schraube (4) einen 5-mm-Inbusschlüssel, zum Gegenhalten des Verstellexzenters einen Gabelschlüssel von 10 mm S/W benutzen. Den Versteller nach rechts verdrehen, um den Zahnriemen zu lockern, die Spannrolle nach aussen drücken und die Mutter (1) in der neuen Stellung der Spannrolle festziehen. Bei ausgebautem Motor bringt dies keine Schwierigkeiten. Ist der Motor eingebaut, muss die Mutter durch eine entsprechende Bohrung im Motortragbügel durchgeführt werden.
- Die Laufrichtung des Zahnriemens an der Aussenseite mit einem Filzstift einzeichnen (falls der Riemen wieder eingebaut werden soll) und danach der Reihe nach von den verschiedenen Steuerrädern abheben.
- Die verschiedenen Schläuche und Leitungen von der Seite des Motors abmontieren. Auf der Schwungradseite drei Schläuche lösen.
- Das Zugseil vom Betätigungshebel abschliessen und das Seil von der Einspritzpumpe lösen. Einspritzleitungen abschrauben und abnehmen. Je zwei Leitungen sind in Paaren zusammengeklemmt und können jeweils zusammen abgenommen werden. Die Anschlussstellen der Leitungen sind in Bild 170 zu sehen.
- 11 Schrauben lösen und die Zylinderkopfhaube abnehmen. Den Zylinderkopf jetzt ausbauen, wie es unter getrennter Überschrift für diesen Motor beschrieben wird.
- Abgasturbolader abschrauben (6 Schrauben) und zusammen mit der Dichtung abnehmen (Dichtung muss erneuert werden).
- Wasserpumpe abschrauben (5 Schrauben).
- An der Vorderseite des Motors das Wassergehäuse abschrauben (Dichtung muss erneuert werden).
- Spannrolle für den Zahnriemen ausbauen. Das Steuerrad der Kurbelwelle kann von der Kurbelwelle gezogen werden. Entweder zwei Reifenhebel links und rechts untersetzen oder einen Abzieher benutzen.
- Das Steuerrad der Nockenwelle in geeigneter Weise gegen Mitdrehen sperren (z.B. wie in Bild 171 beim Lösen des Antriebsrades der Einspritzpumpe gezeigt) und das Steuerrad von der Nockenwelle herunterziehen. In ähnlicher Weise das Antriebsrad der Einspritzpumpe abziehen.
- Einspritzpumpe ausbauen. Den Stützbügel an der Rückseite abschrauben, 3 Schrauben lösen und die Pumpe abnehmen.
- Schwungrad gegenhalten, die 8 Schrauben über Kreuz lockern und das Schwungrad abnehmen. *Achtung – Das Schwungrad kann herunterfallen.*
- Zylinderblock verdrehen, sodass die Ölwanne an der Oberseite liegt. *Achtung – Verbleibendes Öl kann sofort auslaufen.*
- Die Ölwanne ausbauen. *Bei einem Motor ohne Klimaanlage* die 19 Schrauben an der Aussenseite der Ölwanne und vier Innensechskantschrauben an einer Schmalseite (an der Ecke) entfernen. Falls eingebaut den Geber für die Ölstandanzeige abschrauben (2 Schrauben) und herausziehen. Die Ölwanne herunterheben.
- Bei einem Motor mit Klimaanlage die insgesamt 20 Schrauben gleichmässig lösen. Ebenfalls eine weitere Schraube auf einer Seite und zwei Schrauben an der Aufhängung für den Kompressor entfernen (Bild 137). Die Ölwanne herunterheben. Keine Dichtung

wird verwendet. Ebenfalls den Geber für die Ölstandanzeige ausschrauben (wiederum keine Dichtung). Die Schrauben sollten hinsichtlich der Gewindebohrung gezeichnet werden oder müssen separat aufbewahrt werden.

- Den vor der Ölpumpe sitzenden Deckel abschrauben. Dies ist der Deckel mit dem Öldichtring. Die sechs in Bild 144 gezeigten Schrauben lösen und den Deckel abnehmen. Die darunterliegende Dichtung entfernen. Der Deckel sitzt auf Passstiften und muss vorsichtig abgedrückt werden.
- Die drei Befestigungsschrauben der Ölpumpe von der Unterseite des Kurbelgehäuses her entfernen. Die Antriebskette aus dem Ölpumpenzahnrad aushängen und die Ölpumpe ausbauen. Bild 146 zeigt die Ölpumpe in eingebautem Zustand.
- Das Kettenrad für den Antrieb der Ölpumpe (1) in Bild 146 und den Keil von der Kurbelwelle abnehmen und die Kette ausbauen.
- Die weitere Zerlegung findet in ähnlicher Weise wie beim 1.9-Liter-Motor statt und die entsprechenden Arbeitsanleitungen sind durchzulesen.

2B.2.4 Zusammenbau des 2.1-Liter-Motors

Die bei den Benzinmotoren angeführten Allgemeinhinweise gelten im Grossen und Ganzen auch für die Dieselmotoren und sollen nicht noch einmal wiederholt werden.
Der Zusammenbau des Motors findet in umgekehrter Reihenfolge und entsprechend der Beschreibung für den 1.9-Liter-Motor statt. Nach Zusammenbau des Kurbeltriebs, zusammen mit der Ölpumpe, ist den folgenden Anweisungen nachzugehen:

Einbau der Ölpumpe

- *Bei einem Fahrzeug ohne Klimaanlage,* eine neue Dichtung in trockenem Zustand auflegen. Die 23 Schrauben einschrauben und ringsherum gleichmässig auf ein Anzugsdrehmoment von 16 Nm anziehen. Die Schrauben entsprechend der beim Ausbau der Ölwanne vorgenommenen Kennzeichnung eindrehen. Bild 155 zeigt die Lage der einzelnen Schrauben. Die vier Schrauben an einer Ecke der Ölwanne (Schwungradseite) haben Innensechskantköpfe. Den Geber für den Ölstand festschrauben (10 Nm).
- Eine Aluminiumölwanne *bei einem Fahrzeug mit Klimaanlage* wird durch einen Passstift am Kurbelgehäuse geführt. Keine Dichtung wird benutzt, jedoch muss man die Dichtflächen mit Dichtungsmasse einschmieren. Die Schrauben entsprechend der beim Ausbau der Ölwanne vorgenommenen Kennzeichnung eindrehen und mit 16 Nm anziehen (siehe auch Bild 137).
- Das Schwungrad an der Kurbelwelle montieren (siehe unter 1.9-Liter-Motor).
- Die Mitnehmerscheibe der Kupplung in das Schwungrad einlegen und den Kupplungskörper aufsetzen. Kupplung festschrauben (wie 1.9-Liter-Motor). *Das Anzugsdrehmoment beträgt bei diesem Motor 20 Nm.*
- Den Ölkühler mit den Anschlüssen für die Wasserschläuche nach oben weisend ansetzen, die Hülsenmutter einschrauben und mit 58 Nm anziehen. Ebenfalls den Öldruckschalter einschrauben (39 Nm).
- Einen neuen Dichtring für den Ölfilter auflegen (gut eingeölt), den Filter handfest gegen den Ölkühler anschrauben und aus dieser Stellung um eine weitere Viertelumdrehung festziehen.
- Eine neue Dichtung zwischen das Thermostatgehäuse und die Wasserpumpe einlegen und die Tei-

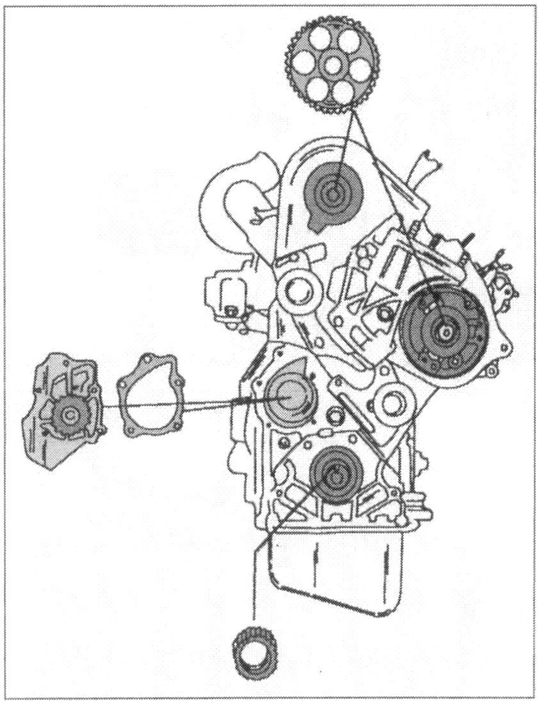

Bild 161
Die Pfeile weisen auf die Stellung der Scheibenfedern in den verschiedenen Wellen, ehe der Zahnriemen aufgelegt wird.

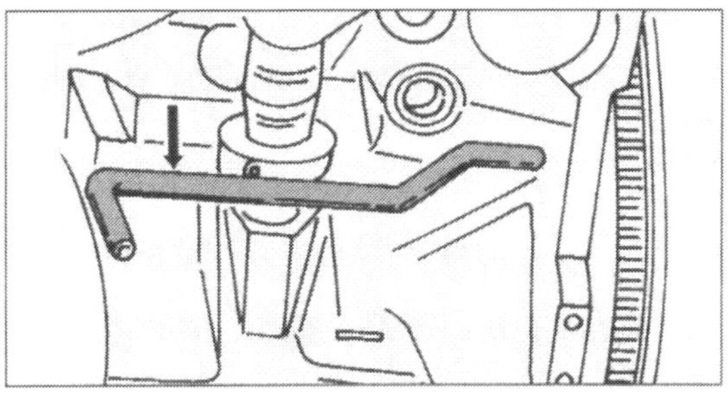

Bild 162
Arretierstab bei einem XUD-Motor eingeschoben.

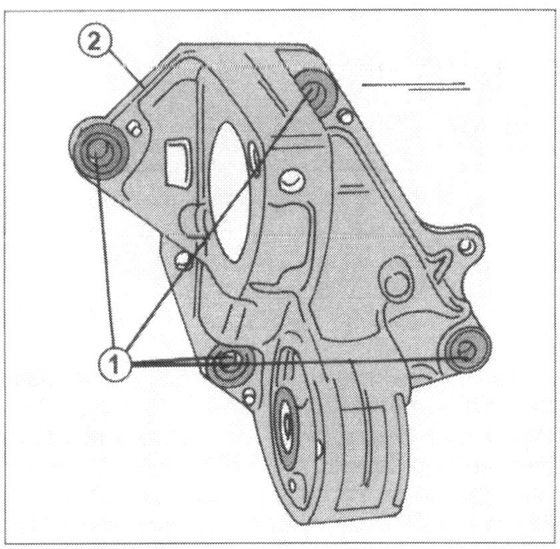

Bild 163
Zur Zerlegung des Motors.
1 Schrauben
2 Motortragbügel

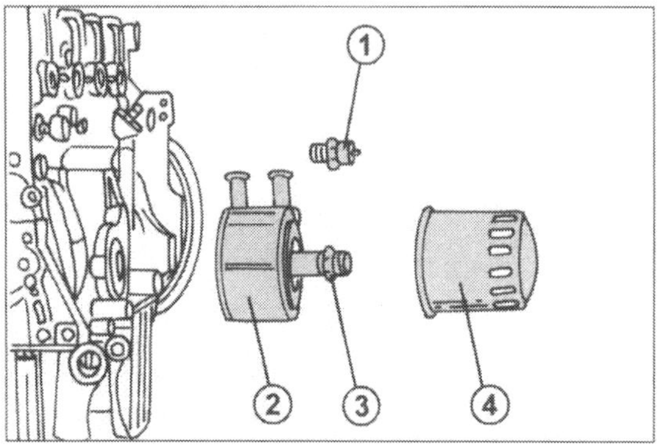

Bild 164
Befestigung von Ölkühler und Ölfilter.
1 Öldruckschalter
2 Ölkühler
3 Schraube, 58 Nm
4 Ölfilter

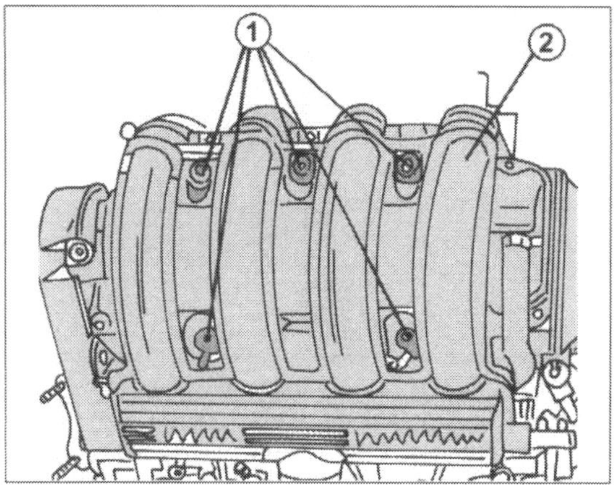

Bild 165
Nach Lösen der Schrauben (1) die Luftansaugrohre (2) als Ganzteil herunterheben.

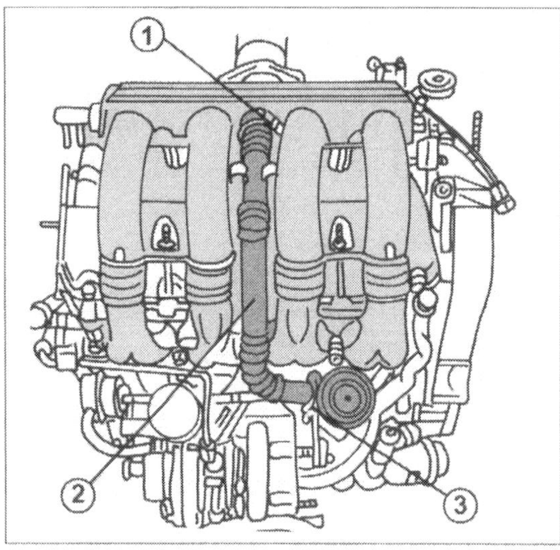

Bild 166
Ansicht der Seite des Motors. Die beiden Schlauchschellen (1) und (3) lösen und die Verbindungsleitung (2) der AGR-Anlage abnehmen.

le zusammenschrauben (20 Nm). Eine Wulst Dichtungsmasse auf die flache Fläche des Gehäuses auftragen. Den Thermostat in das Gehäuse einsetzen (Federteil nach aussen weisend) und den Gehäusedeckel aufsetzen. Die drei Schrauben mit 20 Nm anziehen. Das Gehäuse am Block anschrauben (20 Nm)

- Die Wasserpumpe montieren und die 6 Schrauben mit 10 Nm anziehen.
- Zylinderkopf montieren, wie es unter getrennter Überschrift beschrieben wird.

Hinweis: Zylinderkopfdichtungen stehen in verschiedenen Stärken zur Verfügung und die einzubauende Stärke hängt davon ab, wie weit die Kolben über der Fläche des Zylinderblocks herausstehen. Um die Stärke der Zylinderkopfdichtung zu bestimmen, sind die Kolben der Reihe nach auf den oberen Totpunkt zu bringen, um das Überstehmass der Kolbenböden über der Zylinderblockfläche auszumessen. Dies findet in gleicher Weise statt, wie es beim 1.9-Liter-Motor beschrieben wurde. Auch die angegebenen Masse und die Kennzeichnung der Dichtungen sind gleich.

- Einen neuen Dichtring für die Nockenwelle einölen und den Dichtring in den Zylinderkopf und über die Nockenwelle einschlagen. Ein Rohrstück kann zum Einschlagen benutzt werden. Nach Einbau des Dichtringes das Steuerrad der Nockenwelle aufschieben (ohne die Scheibenfeder in der Welle zu verschieben). Schraube mit Scheibe einschrauben und bei gegengehaltenem Steuerrad mit 50 Nm anziehen.
- Die Spannrolle für den Zahnriemen montieren. Schraube mit 37 Nm anziehen.
- Scheibenfeder in die Kurbelwelle einsetzen und ohne Verschieben der Scheibenfeder das Steuerrad der Kurbelwelle aufschlagen.
- Zahnriemen montieren und spannen, wie es später beschrieben wird.
- Die Einspritzpumpe montieren. Die Muttern sowie den Stützbügel an der Rückseite einstweilen noch nicht anziehen.
- Zylinderkopfhaube aufsetzen und die 11 Schrauben mit 8 Nm anziehen.
- Das Antriebsrad der Einspritzpumpe aufstecken und die Schraube in der Mitte festziehen. Dabei das Rad gegenhalten (siehe Bild 171 oder Dorn einsetzen). Die Schraube mit 50 Nm anziehen.
- Die Riemenscheibe der Kurbelwelle montieren. Das Gewinde der Schraube mit „Loctite" einschmieren. Die Schraube mit 70 Nm anziehen und aus dieser Stellung im Winkelanzug um weitere 60° anziehen. Die Kurbelwelle muss dabei durch Sperren des Schwungrades gegengehalten werden.
- Die Glühkerzen einschrauben und mit 22 Nm anziehen. Die Stromverbindungsschiene auf die vier Anschlussstifte der Glühkerzen aufstecken und die Muttern mit 4 Nm anziehen.
- Die Einspritzdüsen einschrauben (90 Nm) und die Überwurfmuttern der Einspritzleitungen anschliessen (20 Nm).
- Die Zahnriemenschutzbleche anbringen.
- Alle anderen Arbeiten in umgekehrter Reihenfolge durchführen: Auspuffkrümmer 20 Nm, Ansaugkrümmer 23 Nm, Unterdruckpumpe, usw.

2B.3 Der Zylinderkopf

2B.3.1 Ausbau

Der Zylinderkopf kann bei eingebautem Motor ausgebaut werden, jedoch soll darauf hingewiesen werden, dass man den Steuerriemen teilweise ausbauen muss. Zu beachten ist, dass die Zylinderkopfdichtung die gleiche Stärke haben muss, wie die ursprünglich eingebaute. Wir schlagen vor, dass man den Zylin-

derkopf in eine Werkstatt bringt, falls Ventile, Vorkammern oder andere Teile erneuert werden müssen. Bestimmte Zerlegungs- und Überholungsarbeiten wurden bei der Behandlung der Benzinmotoren beschrieben, die im Grossen und Ganzen auch für diese Motoren gelten.
Die Anweisungen sind in Kurzform gegeben. Beschreibungen über bestimmte Arbeitsgänge kann man unter den zuständigen Überschriften finden:

Alle Motoren

- Massekabel der Batterie abklemmen.
- Fahrzeug vorn auf Böcke setzen und die Schutzbleche unter dem Vorderwagen ausbauen.
- Keilrippenriemen ausbauen, um besseren Zugang zu den Teilen zu erhalten. Dies ist auf jeden Fall beim 2.1-Liter-Motor erforderlich.
- Luftfilter zusammen mit allen Anschlüssen ausbauen. Ebenfalls die in Bild 173 gezeigten Teile ausbauen.
- Neben einem der Schläuche die Hebeöse abschrauben (1.9-Liter-Motor), den Kraftstofffilter ausbauen und die in der Unterseite des Filters sitzende Schraube herausdrehen (alle Motoren). Bild 174 zeigt Einzelheiten.
- Die Zylinderkopfhaube ausbauen.
- Den Wasserauslassstutzen nach Lösen der Schrauben abnehmen und die Dichtung entfernen. Alle Kabel, Leitungen und Schläuche vom Zylinderkopf abschliessen.
- Kühlanlage ablassen (Abschnitt 4).
- Den vorderen Abschnitt der Auspuffanlage direkt vom Turbolader abschrauben. Die Befestigungsclips der AGR-Leitung lösen, die Muttern des Abgasturboladers abschrauben und den Turbolader zur Stirnwand des Motorraums zu absenken. Das Ansaugsammelrohr abschrauben und nach oben zu abziehen. Die Teile der Befestigung sind in Bild 175 gezeigt (1.9-Liter-Motor).
- Den Motor mit einem Hebezeug aus den Aufhängungen heben, bis die Motoraufhängung an der Stirnseite unter Spannung steht und die rechte Motoraufhängung ausbauen.

Beim Ausbau des Zylinderkopfes jetzt in der beschriebenen Reihenfolge vorgehen. Der Ausbau des

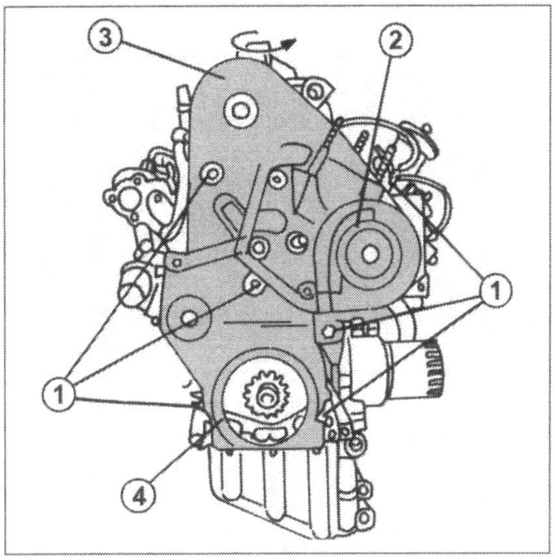

Bild 167
Ansicht der Vorderseite des Motors. Die obere Befestigung des Schutzdeckels durch Drehen um eine Viertelumdrehung lösen.
1 Deckelschrauben
2 Seitlicher Deckel
3 Oberer Deckel
4 Unterer Deckel

Zahnriemens bei einem 2.1-Liter-Motor ist bei der Zerlegung des Motors beschrieben.

- Die beiden Bleche der Zahnriemenabdeckung abschrauben und von der Vorderseite des Motors abnehmen.
- Bei einem 1.9-Liter-Motor den Arretierstab an der in Bild 162 gezeigten Stelle in das Kurbelgehäuse einschieben. Die Kurbelwelle muss entsprechend durchgedreht werden, um den oberen Totpunkt zu erhalten.
- Drei M8 x 1,5-Schrauben (40 mm lang) besorgen. Eine der Schrauben an Stelle (4) in Bild 176 in das Nockenwellenrad einsetzen und zwei der Schrauben an Stellen (6) und (7) in das Antriebsrad der Einspritzpumpe. Wenn die Kurbelwelle einwandfrei steht, werden sich die Schrauben ohne Schwierigkeiten einsetzen lassen. Dadurch wird der Steuermechanismus gesperrt.
- Die beiden Befestigungsschrauben (2) und (3) der Spannrolle für den Zahnriemen lockern, ein 3/8-Zoll-Vierkant in die Vierkantöffnung (1) der Halterung einsetzen und die Spannrolle nach aussen drücken, bis der Zahnriemen locker ist. Die Schraube (2) in Bild 176 wieder anziehen, um den Spanner in seiner neuen Lage zu halten.
- Den Zahnriemen vorsichtig nach vorn von den Steuerrädern herunterheben.

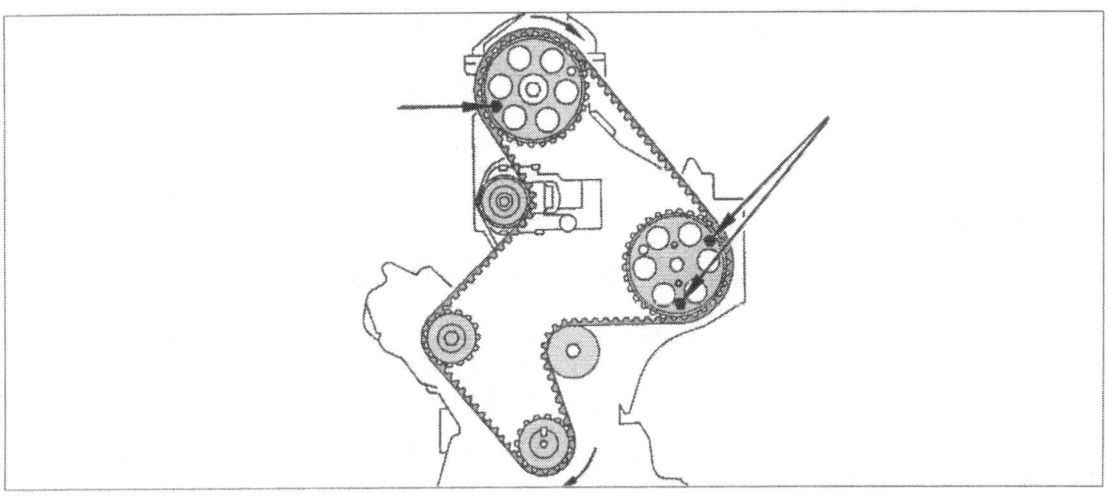

Bild 168
Die Pfeile zeigen wo die 8-mm-Schrauben zum Sperren des Nockenwellensteuerrades und des Antriebsrades der Einspritzpumpe einzusetzen sind. Die Arbeit entfällt, wenn der Motor vollständig zerlegt werden soll.

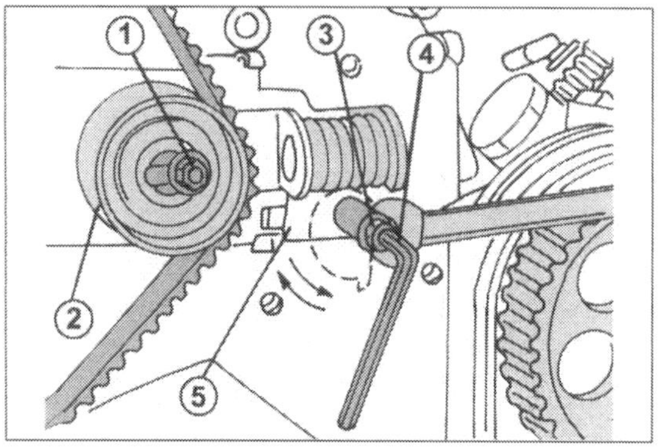

Bild 169
Einzelheiten um Aus- und Einbau des Zahnriemens beim 2.1-Liter-Motor.
1 Mutter der Zahnriemenspannrolle
2 Zahnriemenspannrolle
3 Mutter
4 Schraube
5 Einstellexzenter

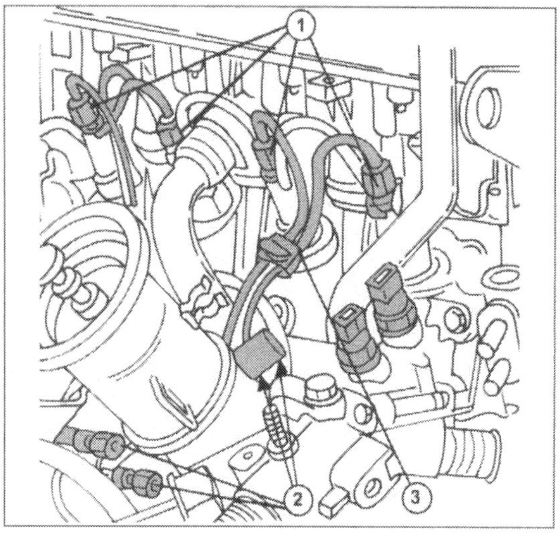

Bild 170
Befestigung der Einspritzleitungen. Nach Lösen der Überwurfmuttern (1) und (2) können die Leitungen herausgenommen werden. In der Mitte werden sie durch eine Leitungsschelle zusammengehalten.

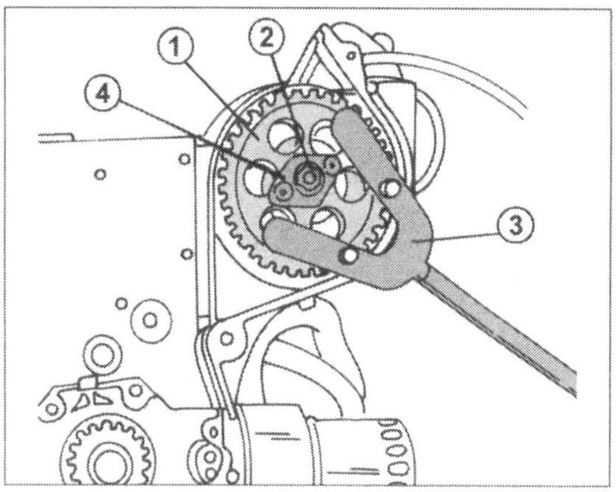

Bild 171
Lösen des Antriebsrades der Einspritzpumpe.
1 Antriebsrad
2 Mutter des Antriebsrades
3 Gegenhalter
4 Abziehwerkzeug für Steuerrad

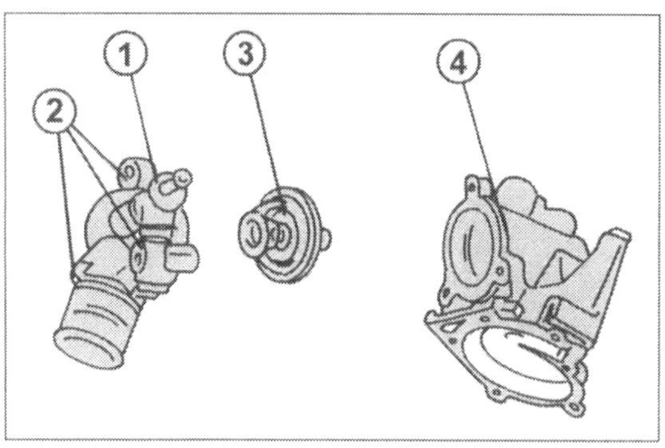

Bild 172
Teile des Wassereinlassgehäuses.
1 Thermostatgehäusedeckel
2 Schrauben
3 Thermostat
4 Thermostatgehäuse

- Die Befestigungsschraube des Nockenwellenrades lösen und das Steuerrad zusammen mit der eingesetzten Schraube von der Welle ziehen. Das Steuerrad dabei in geeigneter Weise gegenhalten.
- Die Zylinderkopfschrauben in der umgekehrten Reihenfolge von Bild 177 in mehreren Durchgängen lockern und die Schrauben herausziehen. Die Länge der Schrauben muss vor dem Wiedereinbau ausgemessen werden, d.h. keine Schrauben verwenden, die nicht die vorschriftsmässige Länge haben.
- Da der Zylinderkopf durch eine Passhülse geführt wird, könnte es schwierig werden den Kopf zu trennen. Werkstätten verwenden dazu zwei abgewinkelte Eisenstangen, welche wie in Bild 178 gezeigt in den Kopf eingesetzt werden. Die beiden Stangen zusammen anheben, wodurch der Kopf gelöst wird. Den Kopf danach seitwärts bewegen, um die Nockenwelle durch die Rückenplatte für das Steuerrad zu führen. Sofort kontrollieren wo die Zentrierbüchse sitzt. Falls sie im Zylinderkopf sitzen sollte, ist sie da herauszuziehen und vor dem Einbau in den Zylinderblock einzuschlagen.
- Die Dichtflächen des Zylinderblocks und Zylinderkopfes mit einer geeigneten Reinigungsflüssigkeit reinigen. Die Flächen dürfen auf keinen Fall mit einem harten Schaber oder mit Schleifpapier gereinigt werden. Ein Nachschleifen der Zylinderkopffläche ist nicht zulässig. Falls sich die Nockenwelle noch einwandfrei durchdrehen lässt, braucht man an dieser keine Arbeiten durchführen. Nach dem Ausbau des Zylinderkopfes alle Nebenteile abmontieren und die Ventile in der üblichen Weise ausbauen, wie es im betreffenden Kapitel beschrieben ist.

2B.3.2 Zylinderkopf einbauen

Die Gewindebohrungen für die Zylinderkopfschrauben gründlich reinigen. Die Bohrungen müssen fettfrei und trocken sein. Das Gewinde danach gut reinigen. Eventuell kann man die Gewindebohrungen nachschneiden (Gewinde M12 x 150). Es wird vorausgesetzt, dass die Dichtflächen von Block und Kopf sauber sind.

- Die Nockenwelle auf den oberen Totpunkt drehen, d.h. die Ventile der Zylinder 1 und 4 müssen geschlossen sein.
- Die Zentrierbüchse hinten an der linken Ecke (von vorn gesehen) in den Zylinderblock einschlagen. In die gegenüberliegende Ecke sollte eine Stiftschraube eingeschraubt werden. Diese sollte nur ein wenig herausstehen und mit einem Schlitz zum Ansetzen eines Schraubendrehers versehen sein (da man sie später wieder ausschrauben muss).
- Die Stärke der Zylinderkopfdichtung entsprechend der Stärke der ursprünglichen Stärke auswählen und die Dichtung richtig herum auflegen, d.h. der Lappen mit der Kennzeichnung muss auf die richtige Seite kommen. Am besten ist es, wenn man die alte Dichtung zum Ersatzteillager mitnimmt.
- Die Länge der Zylinderkopfschrauben ausmessen. Da verschiedene Zylinderkopfschrauben verwendet werden, muss man auf die Unterschiede achten. Schrauben sind entweder mit einem Torx-Kopf versehen (XUD9-Motor) oder haben einen Führungszapfen am Gewindeende oder haben keinen, Bild 179

zeigt die Messstellen der Schrauben, welche unbedingt zu beachten sind:

- **Schrauben ohne Führungszapfen am Gewindeende (XUD9 und XUD11):** Alle Schrauben, welche zwischen dem Ende des Gewindes und der Unterseite des Schraubenkopfes länger als 146,8 mm sind, müssen erneuert werden, da sie sich zu weit gestreckt haben (obere Ansicht).
- **Schrauben mit Führungszapfen am Gewindeende (XUD11):** Alle Schrauben, welche zwischen dem Ende des Gewindezapfens und der Unterseite des Schraubenkopfes länger als 151,5 mm sind, müssen erneuert werden, da sie sich zu weit gestreckt haben (untere Ansicht).

● Den Zylinderkopf schräg aufsetzen, sodass man die Passhülse im Zylinderblock mit dem Loch im Kopf ausrichten kann. Danach den Kopf nach vorn herunterklappen, bis er aufsitzt. Die eingeschraubte Stiftschraube danach herausdrehen.

● Gewinde der Schrauben und die Scheiben einölen und die Schrauben einsetzen. Zum Anziehen der Schrauben wird ein mit „Torx"-Kopf versehener Steckeinsatz (XUD9) oder ein Spezialschlüssel verwendet, welche(r) der Form der Schraubenköpfe entsprechen muss (XUD11). Die letzteren Schrauben haben einen Kopf mit Vielverzahnung. Ausserdem braucht man eine Gradscheibe. Die Gewinde und die Unterseite der Schraubenköpfe einölen.

● Das Anziehen der Schrauben erfolgt bei allen Motoren in der in Bild 179 gezeigten Reihenfolge und gilt bei allen Motoren:

● Die Schrauben in der gezeigten Reihenfolge mit einem Drehmoment von 20 Nm anziehen und danach die Schrauben in der gezeigten Reihenfolge mit einem Anzugsdrehmoment von 60 Nm anziehen.

● Alle Schrauben jetzt in der gezeigten Reihenfolge im Winkelanzug anziehen (ohne Drehmomentschlüssel). Der Nachzugswinkel beträgt 180°, d.h. eine halbe Umdrehung. Bei allen Motoren kann man durch Ansetzen des Knebels genau die halbe Umdrehung herstellen.

● Ein weiteres Nachziehen der Schrauben nach Lauf des Motors ist nicht erforderlich.

● Das Steuerrad der Nockenwelle montieren. Das Steuerrad dabei in geeigneter Weise gegenhalten. Die Schraube mit 45 Nm anziehen.

● Das Ventilspiel einstellen (siehe unten, nur beim 1.9-Liter-Motor).

● Den Zahnriemen montieren, wie es an getrennter Stelle beschrieben ist, entweder beim Zusammenbau des Motors oder unter getrennter Überschrift, weiter hinten.

● Alle weiteren Arbeiten in umgekehrter Reihenfolge durchführen.

2B.3.3 Ventilspiele einstellen – Nur 1.9-Liter-Motoren

Ventileinstellung bedeutet den Ausbau der Nockenwelle. Bei der folgenden Beschreibung wird davon ausgegangen, dass man diese zusammen mit dem Zylinderkopf ausgebaut hat. Obwohl die Einstellung vielleicht kompliziert ist, soll sie trotzdem beschrieben werden.

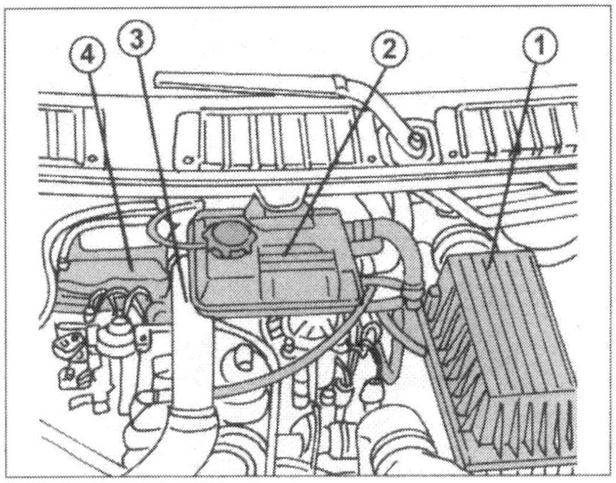

Bild 173
Die gezeigten Teile müssen bei allen Motoren beim Ausbau des Zylinderkopfes abmontiert werden.
1 Luftfilter
2 Dehngefäss der Kühlanlage
3 Luftansaugschlauch
4 Zylinderkopfhaube

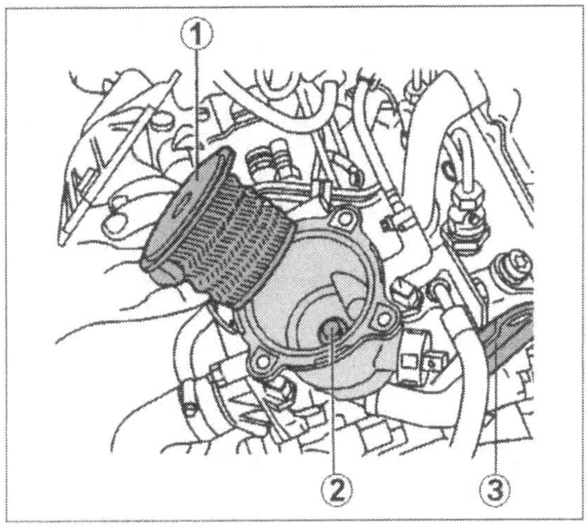

Bild 174
Herausnehmen des Filterelements (1) aus dem Filtergehäuse. Das Gehäuse kann nach Lösen der Schraube (2) abgenommen werden. Die Hebeöse sitzt an Stelle (3).

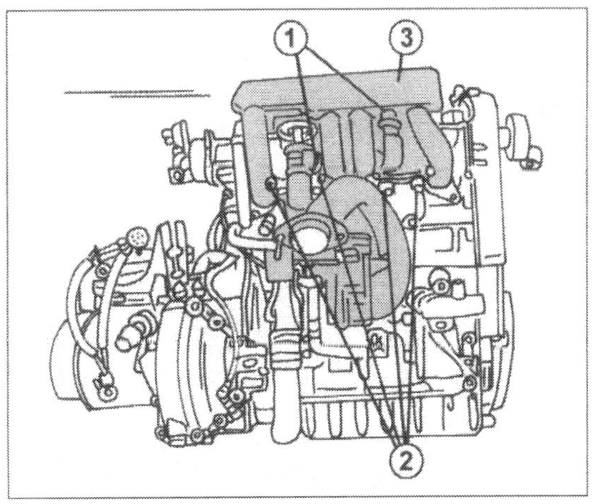

Bild 175
Die Clips (1), die Muttern (2) des Abgasturboladers entfernen und das Ansaugsammelrohr (3) auf dieser Seite des Motors ausbauen.

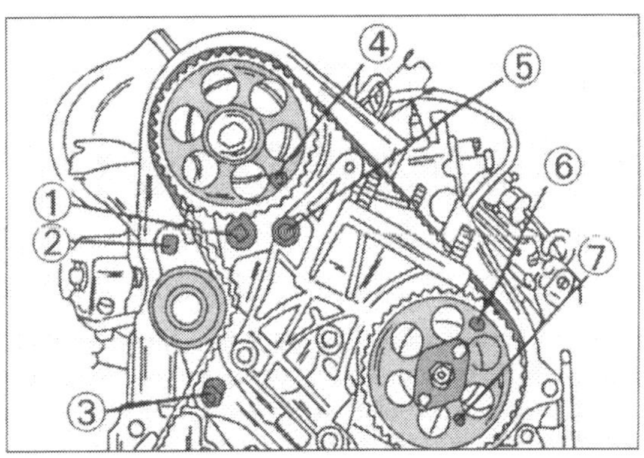

Bild 176
Ansicht der Stirnseite des Motors mit Einzelheiten zum Ausbau des Zahnriemens.
1 Vierkantloch
2 Schraube des Riemenspanners
3 Schraube des Riemenspanners
4 Eingesetzter Arretierbolzen
5 Schraube der Motoraufhängung
6 Eingesetzter Arretierbolzen
7 Eingesetzter Arretierbolzen

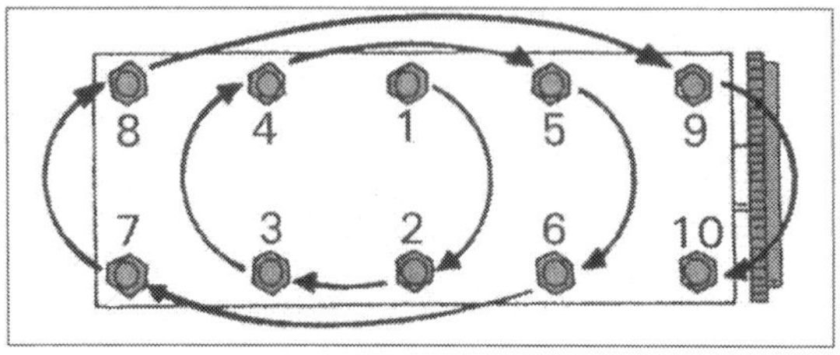

Bild 177
Reihenfolge zum Festziehen der Zylinderkopfschrauben. Die Schrauben in entgegengesetzter Reihenfolge lockern.

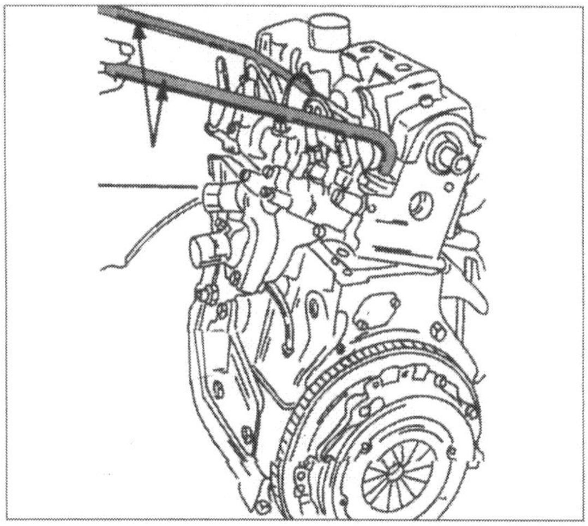

Bild 178
Verwendung der genannten Eisenstangen zum Abheben des Zylinderkopfes. Die Demontage ist bei ausgebautem Motor gezeigt.

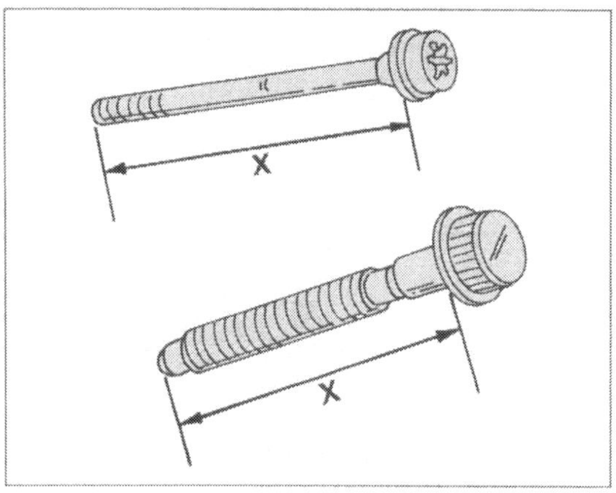

Bild 179
Die Schrauben werden entsprechend Mass „X“ in der Länge ausgemessen. Oben für den 1.9-Liter-Motor, unten für den 2.1-Liter-Motor.

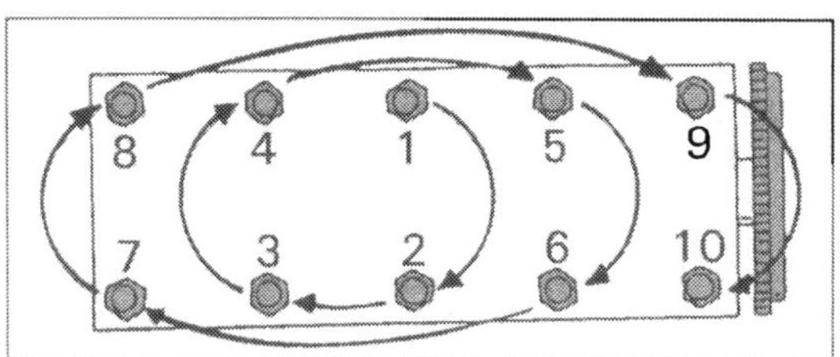

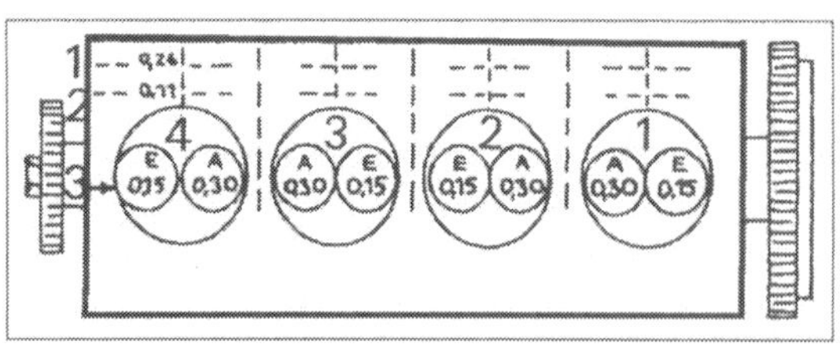

Bild 180
Diagramm zur Einstellung der Ventilspiele.
Zeile 1 = Gemessenes Ventilspiel
Zeile 2 = Unterschied zwischen gemessenem Ventilspiel und eigentlichem Spiel
Zeile 3 = Vorgeschriebenes Ventilspiel

Falls die Einstellung bei eingebautem Motor kontrolliert wird, wie dies bei einer allgemeinen Kontrolle des Ventilspiels der Fall ist, müssen die notwendigen Vorarbeiten getroffen werden, um an die Ventile zu kommen. Dies bedeutet den Ausbau der gesamten Zylinderkopfhaubeneinheit.

- Das Fahrzeug vorn einseitig aufbocken und den hohen Gang einlegen. Damit kann man den Motor während der Einstellung durchdrehen.
- Eine Tabelle für die gemessenen Ventilspiele anfertigen, wie es in Bild 180 gezeigt ist, um die notwendigen Notizen zur Korrektur einzuschreiben.
- Den Motor durch Drehen des abgehobenen Vorderrades in Vorwärtsrichtung durchdrehen. Zum Messen des Ventilspiels muss der zum betreffenden Ventil gehörende Nocken nach oben gerichtet sein, d.h. das andere Ventil des gleichen Zylinders ist geöffnet. Der erste Zylinder liegt auf der Schwungradseite. Das Spiel durch Einführen einer Fühlerlehre zwischen Nockenrücken und Ventilstössel messen.
- Den Wert in die Spalte 1 der Tabelle eintragen, in diesem Beispiel 0,26 mm.
- Den Motor um jeweils eine halbe Umdrehung in Vorwärtsrichtung weiterdrehen und das Spiel an allen Ventilen ausmessen und entsprechend dem Beispiel in der Tabelle notieren. Der Sollwert beträgt an den Einlassventilen 0,15 mm, an den Auslassventilen 0,30 mm. Falls der gemessene Wert nicht innerhalb des Sollbereiches liegt, muss das Spiel durch Einbau anderer Einstellscheiben zwischen Ventilstössel und Ventilschaft berichtigt werden. Bei zu grossem Spiel ist eine dickere Einstellscheibe nötig, bei zu kleinem Spiel eine dünnere. Bild 181 zeigt eine Darstellung der Einstellung.

Bei der Einstellung, z.B. beim Zusammenbau des Motors, folgendermassen vorgehen:

- Den ersten Ventilstössel und die darunterliegende Einstellscheibe herausnehmen (Bild 182), die Einstellscheibe reinigen und ihre Stärke messen. Die neue Scheibenstärke wird wie folgt ermittelt: Korrektur = gemessenes Spiel weniger Sollwert. Bild 183 zeigt am gegebenen Beispiel wie die Kalkulation vorgenommen wird.
- Die Korrektur kann positiv oder negativ ausfallen. Bei positiver Korrektur muss eine stärkere Scheibe eingebaut werden; bei negativer Korrektur eine schwächere Scheibe. Als Sollwert nimmt man den Mittelwert des Toleranzbereiches.

Neue Scheibenstärke = gemessene Scheibenstärke + Korrektur.

- Eine Einstellscheibe auswählen, deren Stärke so nahe wie möglich am ermittelten Wert liegt. Die Stärken der erhältlichen Einstellscheiben liegen zwischen 2,425 bis 3,550 mm. Die Grössensteigerung ist jeweils 0,075 mm. Die Einstellscheiben vor dem Messen und Einbauen entfetten.
- In der gleichen Weise bei allen Ventilen vorgehen, deren Spiel korrigiert werden muss.
- Die Einstellscheiben vor dem Einbau ölen und in die Aufnahme im Federteller setzen.

Hinweis: Falls die Nockenwelle oder die Stössel erneuert wurden, muss man immer Scheibe einer Stärke von 2,425 mm (Sollstärke) einbauen, ganz gleich, welche Scheiben vorher verwendet wurden.

- Die Ventilstössel einölen und einbauen. Nach dem Einsetzen dürfen die Stössel nicht wieder angehoben werden, da sich sonst die Einstellscheibe aus ihrem Sitz lösen kann. Falls ein Ventilstössel etwas angehoben wird, muss der Stössel ganz herausgehoben werden, um die Einstellscheibe wieder einzusetzen.

- Die Nockenwelle danach wieder montieren. Alle Arbeiten zum Einbau des Zahnriemens durchführen.
- Die Nockenwelle um mindestens 2 Umdrehungen durchdrehen (sehr langsam) und die Ventilspiele nochmals nachmessen. Dazu eine Fühlerlehre wie in Bild 184 gezeigt einschieben. Evtl. die notwendigen Korrekturen vornehmen.
- Die verbleibenden Teile in umgekehrter Reihenfolge wieder montieren. Der Einbau des Zahnriemens erfolgt entsprechend den Anweisungen beim Einbau des Zylinderkopfes oder im entsprechenden Kapitel.

2B.4 Kolben und Pleuelstangen

Die Kolben und Pleuelstangen können nur bei ausgebautem Triebwerk und abgeflanschtem Getriebe erneuert werden.
Alle Kolben sind mit zwei Kompressionsringen und einem Ölabstreifring versehen. Bild 185 zeigt die Ringe, woraus ausserdem ersichtlich ist, wie die Ringstösse angeordnet werden. Die Kennzeichnungen der Ringe müssen nach dem Einbau von oben sichtbar sein.
Bei den Dieselmotoren müssen die Kolben etwas über die Oberfläche des Zylinderblocks herausstehen. Dies wird dies durch Einbau von Zylinderkopfdichtungen mit unterschiedlichen Stärken bewerkstelligt.

2B.4.1 Kolben und Pleuelstangen trennen

Zum Trennen der Kolben und Pleuelstangen sind keine Spezialwerkzeuge erforderlich. Kolben und Pleuelstangen setzen sich bei allen Motoren aus den gleichen Teilen zusammen, nur dass die Kolben aller Motoren unterschiedlich sind. Bild 186 zeigt ein Montagebild der Teile.

- Kolbenringe der Reihe nach mit einer Kolbenringzange abnehmen, ähnlich wie es beim Benzinmotor gezeigt wurde. Falls die Ringe wieder verwendet werden sollen, sind sie entsprechend zu zeichnen. Falls keine Kolbenringzange zur Verfügung steht, können Metallstreifen an gegenüberliegenden Seiten des Kolbens unter den Ring geschoben werden, um ihn danach abzustreifen. Einen Streifen unbedingt unter das Ende des Ringes unterlegen, um Kratzer zu vermeiden.
- Die beiden Sicherungsringe aus den Kolbenbolzenaugen ausfedern. Die Ringe haben keine „Ohren" und ein kleiner Schraubenzieher ist zum Herausheben erforderlich. Andernfalls die Drahthaken mit einer Spitzzange zusammendrücken und die Sicherungsringe herausnehmen.
- Kolben und Pleuelstange auf eine geeignete Unterlage auflegen und mit einem geeigneten Dorn den Kolbenbolzen aus Kolben und Pleuelstange herausschlagen. Falls ein Bolzen sehr fest sitzt, kann man Kolben und Pleuelstange in kochendem Wasser anwärmen. Die Pleuelstange herausziehen.

Hinweis: Kolben und Pleuelstangen nur trennen, falls die Kolben erneuert werden müssen oder die Pleuelstangen beschädigt sind.

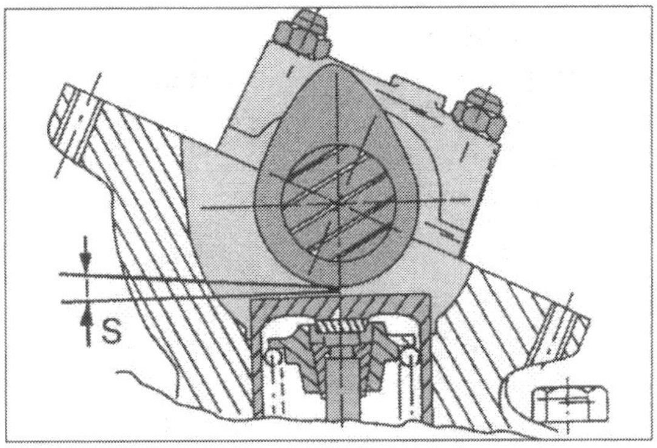

Bild 181
Das Spiel „S" wird an der gezeigten Stelle gemessen.

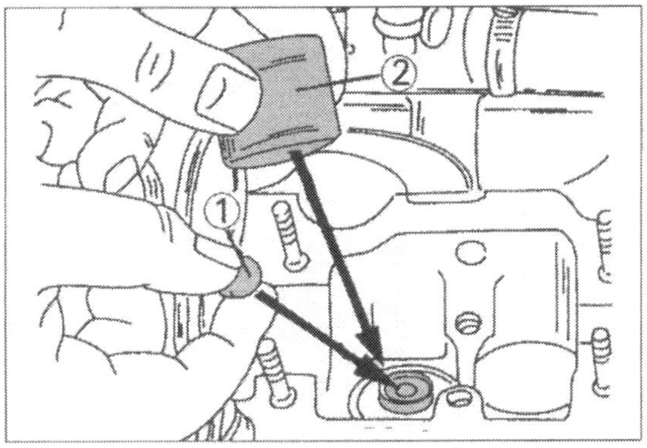

Bild 182
Herausnehmen des Stössels (2) und der Einstellschraube (1).

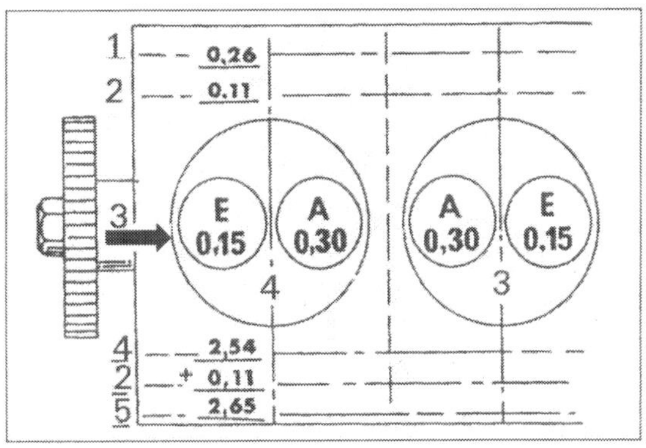

Bild 183
Diagramm zur Einstellung der Ventilspiele. Einlassventile sind mit „E", Auslassventile mit „X" bezeichnet.
Zeile 1 = Gemessenes Ventilspiel
Zeile 2 = Unterschied zwischen gemessenem Ventilspiel und eigentlichem Spiel
Zeile 3 = Vorgeschriebenes Ventilspiel

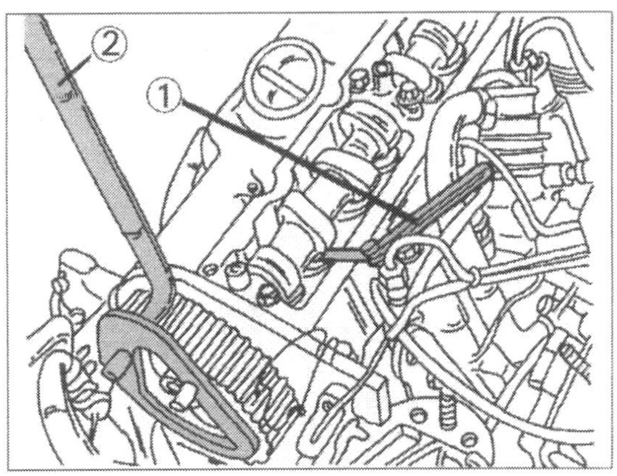

Bild 184
Kontrolle des Ventilspiels mit der eingesetzten Fühlerlehre (1). Die Nockenwelle kann mit einem Drehwerkzeug (2) durchgedreht werden.

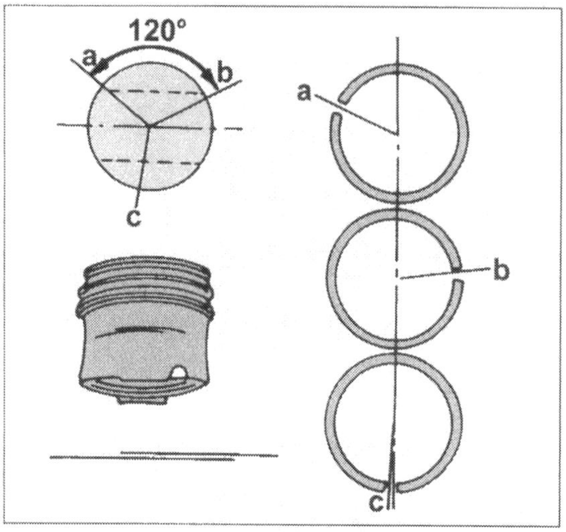

Bild 185
Kolbenringe und deren Anordnung am Kolben.
a Oberer Ring
b Mittlerer Ring
c Unterer Ring

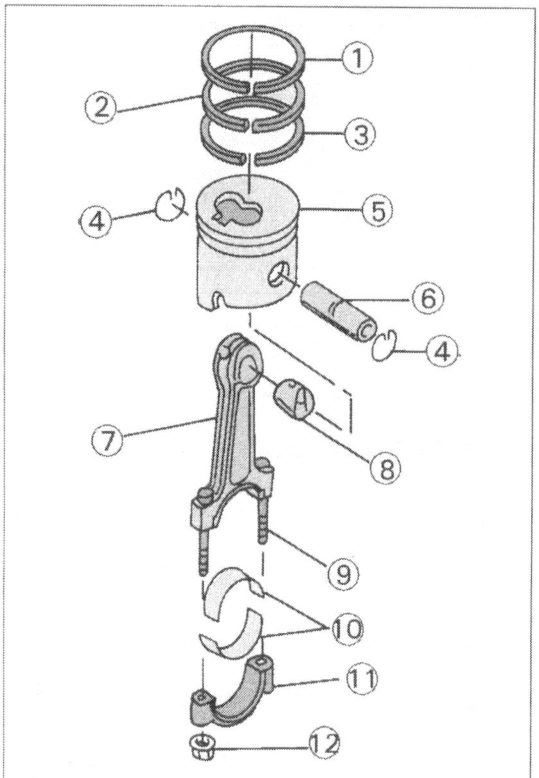

Bild 186
Montagebild einer Kolben/Pleuelstangeneinheit.
1 Oberer Kolbenring
2 Mittlerer Kolbenring
3 Ölabstreifring
4 Kolbenbolzensicherungsring
5 Kolben
6 Kolbenbolzen
7 Pleuelstange
8 Pleuelaugenbüchse
9 Schraube in Pleuelstange
10 Pleuellagerschalen
11 Pleuellagerdeckel
12 Pleuellagermutter

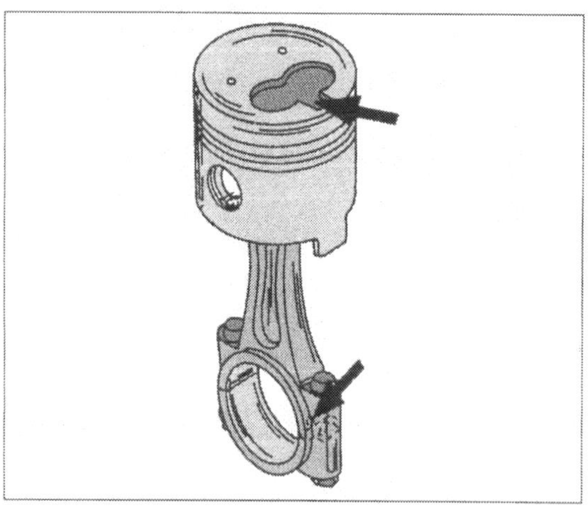

Bild 187
Vorschriftsmässiger Zusammenbau von Kolben und Pleuelstange.

2B.4.2 Kolben und Pleuelstangen überprüfen

Alle Teile gründlich kontrollieren. Falls Teile Anzeichen von Fressern, Kratzern oder Verschleiss aufweisen, müssen sie erneuert werden. Folgende Prüfungen können unter Bezug auf das betreffende Kapitel im Abschnitt 2A durchgeführt werden.

2B.4.3 Kolben und Pleuelstangen zusammenbauen

Es wird angenommen, dass die Teile entsprechend Kapitel 2A.5.2 kontrolliert und überholt worden sind. Die Pleuelstangen in einem Pleuelprüfgerät auf Verdrehung oder Verbiegung kontrollieren. Dies sollte man am besten in einer Werkstatt durchführen lassen, da verbogene oder in sich selbst verdrehte Pleuelstangen keinen einwandfreien Lauf des Motors herstellen können.

- Alle Teile mit Öl einschmieren.
- Kolben und Pleuelstangen zum Zusammenbau auslegen, d.h. der Ausschnitt in der Verbrennungskammer und die Nase für die Pleuellagerschale müssen auf der gleichen Seite liegen, wie es Bild 187 zeigt.
- Die Pleuelstange in der beschriebenen Weise in den Kolben einschieben und die Pleuelaugenbohrung und das Kolbenauge in eine Linie bringen. Sofort einen Kolbenbolzensicherungsring auf einer Seite des Kolbens einfedern. Kontrollieren, dass er ringsherum sitzt.
- Kolbenbolzen von der anderen Seite in den Kolben eindrücken, durch das Pleuelauge führen und bis zum Anschlag durchdrücken. Falls erforderlich kann man einen Kunststoffhammer zum Einschlagen benutzen. Abschliessend den zweiten Kolbensicherungsring einfedern.
- Kolben in einer Hand halten und die Pleuelstange hin- und herbewegen. Sie sollte sich leicht bewegen lassen.
- Kolbenringe an den Kolben anbringen. Dabei unter Bezug auf Bild 185 beachten:
  - Die Kennzeichnung des Herstellers oder die Beschriftung „TOP" des mittleren Ringes muss nach dem Einbau von oben sichtbar sein.
  - Der Ölabstreifring muss mit dem Ringstoss in einer Linie mit der Kolbenbolzenbohrung liegen. Die Ringstösse der beiden anderen Kolbenringe in Abständen von je 120° von diesem Ringstoss anordnen. Bild 185 zeigt auch, wie die Ringstösse liegen müssen. Den zusammengebauten Kolben mit diesem Bild vergleichen, ehe man die nächste Arbeit durchführt. Die Kolbenringe gut einölen.
- Die Kolben mit Motoröl einschmieren und in die dazugehörigen Bohrungen einsetzen. Geeignete Kolbenringspannbänder müssen zum Eindrücken der Kolbenringe in die Nute benutzt werden. Das Spannband so um den Kolben legen, dass die Unterkante des Kolbens noch ca. 4 - 5 mm heraussteht. Die Kolben danach in der bereits beim Benzinmotor gezeigten Weise einschieben. Dies ermöglicht das anfängliche Einschieben der Kolben in die Bohrungen.
- Die Pleuellagerdeckel wie beim Zusammenbau des Motors beschrieben montieren.

2B.5 Zylinderblock

Alles was über den Zylinderblock in Kapitel 2A.6 gesagt wurde, gilt im Grossen und Ganzen auch für die Dieselmotoren.

2B.6 Kurbelwelle und Kurbelwellenlager

Der Ausbau der Kurbelwelle wurde bereits bei der Zerlegung des Motors beschrieben. Die Kurbelwelle läuft in fünf Lagern. Hauptlagerzapfen und Pleuellagerzapfen können einmal auf eine Untergrösse nachgeschliffen werden, d.h. die entsprechenden Lagerschalen stehen dafür zur Verfügung. Das Axialspiel der Kurbelwelle wird durch die Anlaufhalbschalen an zweiten Kurbelwellenlager reguliert.
Die Abdichtung der Kurbelwelle erfolgt an der Vorderseite und Rückseite durch einen Radialdichtring. Der vordere Dichtring sitzt in einem angeschraubten Deckel, der hintere Dichtring wird in das Kurbelgehäuse und den hinteren Hauptlagerdeckel eingeschlagen.

2B.6.1 Axialspiel der Kurbelwelle ausmessen

Vor dem Ausbau der Kurbelwelle sollte das Axialspiel kontrolliert werden, um evtl. notwendige Übergrösse-Anlaufscheiben beim Einbau bereit zu haben. Folgende Arbeiten durchführen:

- Die Messuhr an der Stirnfläche des Zylinderblocks anbringen, wie es in Bild 150 gezeigt ist, und die Welle mit einem Schraubendreher in eine Richtung drücken. Die Messuhr auf Null stellen.
- Die Welle mit dem Schraubenzieher in die andere Richtung drücken und die Anzeige der Messuhr ablesen. Diese sollte zwischen 0,07 und 0,32 mm betragen. Den Wert aufschreiben.
- Falls dieser die Verschleissgrenze überschreitet, müssen beim Zusammenbau neue oder auch Übergrösse-Anlaufscheiben eingebaut werden (manchmal sind nur die Anlaufscheiben abgenutzt).
- Messuhr wieder abmontieren.

Die Kurbelwelle ausbauen, wie es beim Zerlegen des Motors beschrieben wurde.

Hinweis: Falls die Lager der Kurbelwelle erneuert werden müssen, empfehlen wir, die Neulagerung der Welle einer Motorenwerkstatt zu überlassen.

2B.6.2 Einbau der Kurbelwelle

Der Einbau der Kurbelwelle ist im Zusammenhang mit dem Zusammenbau des Motors beschrieben. Immer nur zwei Anlaufhalbscheiben der gleichen Stärke einbauen. Alle genannten Anzugsdrehmomente beim Zusammenbau befolgen. Die Kurbelwelle regelmässig durchdrehen, um auftretende Klemmer sofort nach einem bestimmten Montagegang festzustellen.

2B.6.3 Hinteren Kurbelwellendichtring erneuern

Der Öldichtring auf der Schwungradseite kann bei ausgebautem Schwungrad erneuert werden. Dies könnte erforderlich sein, wenn die Kupplung auf Grund von Öldurchlass aus dem Kurbelgehäuse zu rutschen beginnt.
Mit einem Schraubendreher den Öldichtring aus dem Kurbelgehäuse herausdrücken, ohne dabei das Kurbelgehäuse oder den Kurbelwellenflansch zu beschädigen. Um den Ausbau zu erleichtern, kann man zwei Blechschrauben in die Aussenfläche des Dichtringes einschrauben, um den Schraubendreher abwechselnd unter den Köpfen der Schrauben anzusetzen. Stück für Stück sollte der Ring herauskommen.
Die Lauffläche auf der Kurbelwelle kontrollieren. Falls die Lauffläche durch den alten Ring angegriffen ist, kann der neue Dichtring etwas tiefer in das Kurbelgehäuse eingeschlagen werden. Neuen Dichtring vorsichtig mit einem passenden Dorn in das Kurbelgehäuse einschlagen. Den Dichtring aussen mit Öl und an der Dichtlippe mit Mehrzweckfett einschmieren. Falls die Kurbelwelle in Ordnung ist, den Dichtring einschlagen, bis er bündig abschneidet; andernfalls Dichtring in das Kurbelgehäuse schlagen, bis die Aussenfläche etwas unterhalb der Kurbelgehäusefläche steht. Kontrollieren, dass der Ring ringsherum gleichmässig eingeschlagen ist.

2B.6.4 Vorderen Kurbelwellendichtring erneuern

Der vordere Dichtring befindet sich im Flansch vor der Ölpumpe und kann bei eingebautem Motor erneuert werden, jedoch muss der Steuerriemen ausgebaut werden. Die entsprechenden Arbeiten sind gemäss Kapitel 2B.7 durchzuführen. Zum Ausbau ist es am besten, zwei Blechschrauben an gegenüberliegenden Stellen einzuschrauben und den Ring durch Aushebeln mit einem Schraubenzieher und Nachhelfen mit einer Zange herausziehen.
Den neuen Dichtring an der Lippe mit Mehrzweckfett einschmieren und aussen einölen. Den Ring einschlagen ohne ihn zu verbeulen, bis die Aussenseite bündig abschneidet.

2B.7 Steuerantrieb

Der Steuerantrieb kann bei eingebautem Motor erneuert werden.
Der Zahnriemen braucht nur teilweise ausgebaut werden, d.h. man hebt ihn vom Steuerrad der Nockenwelle, wenn die folgenden Arbeiten durchgeführt werden müssen:
Aus- und Einbau des Zylinderkopfes, Aus- und Einbau der Nockenwelle und Einstellen des Ventilspiels (1.9-Liter-Motor), Aus- und Einbau der Einspritzpumpe.

Der Zahnriemen muss vollkommen ausgebaut werden, wenn man die folgenden Arbeiten durchführen muss:

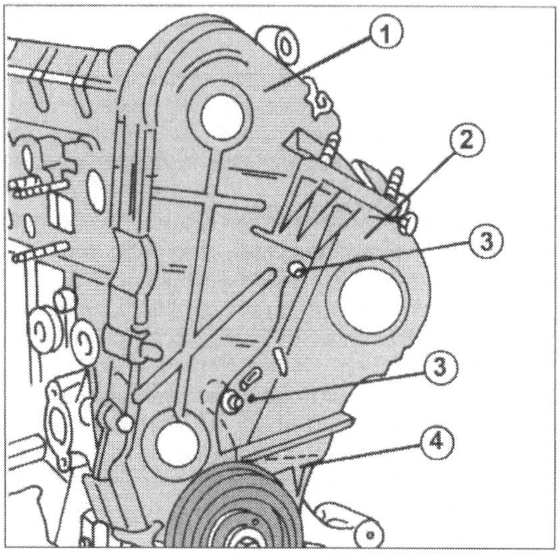

Bild 188
Die Befestigung der Zahnriemenschutzdeckel.
1 Oberer Deckel
2 Unterer Deckel
3 Stiftschrauben
4 Distanzhülse

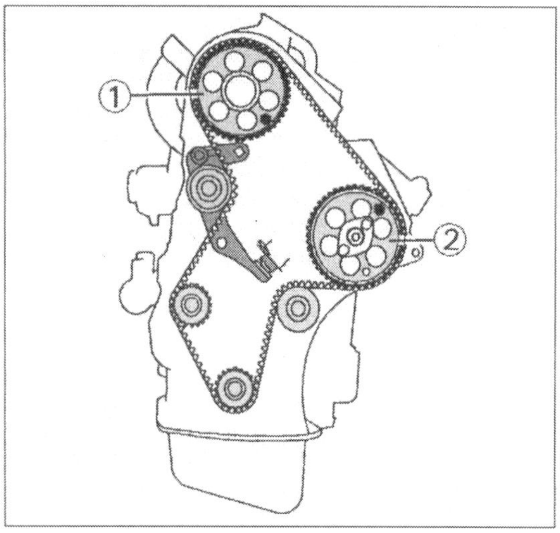

Bild 189
Einzelheiten zum Ausbau des Zahnriemens. Die schwarzen Punkte zeigen wo die Arretierbolzen eingesetzt werden.
1 Nockenwellenrad
2 Antriebsrad der Einspritzpumpe

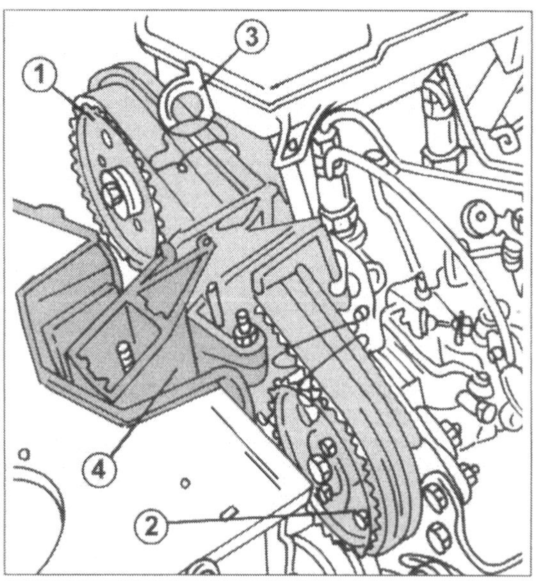

Bild 190
Einzelheiten zum Aus- und Einbau des Zahnriemens bei eingebautem Motor.
1 Nockenwellensteuerrad
2 Antriebsrad der Einspritzpumpe
3 Motortragbügel
4 Motortragbügel

- Erneuerung des vorderen Kurbelwellendichtringes.
- Aus- und Einbau des Ölpumpenantriebs und der Ölpumpenantriebskette.
- Aus- und Einbau der Wasserpumpe.

2B.7.1 Aus- und Einbau des Zahnriemens

Die folgenden Arbeiten sind entsprechend durchzuführen, je nachdem ob der Zahnriemen vollkommen oder nur teilweise ausgebaut werden muss. Zum Ausbau des Motoraufhängungslager muss das Triebwerk an ein Hebezeug gehängt werden.

XUD9-Motoren

- Radmuttern des rechten Vorderrades lockern, Vorderseite des Fahrzeuges auf der rechten Seite aufbocken und einen Bock unter die Seite der Karosserie unterstellen. Das Rad abnehmen.
- Massekabel der Batterie abklemmen.
- Das Abdeckblech aus der Innenseite des Radkastens abschrauben und die Geräuschverkapselung unter dem Fahrzeug ausbauen.
- Einen Gang einlegen und die Mutter der Kurbelwellenriemenscheibe lösen. Die Riemenscheibe vom Ende der Kurbelwelle herunterziehen (zwei Reifenhebel links und rechts untersetzen oder eine Abzieher benutzen).
- Den Keilrippenriemenantrieb ausbauen, wie es unter getrennter Überschrift beschrieben wird.
- Ein Seil oder eine Kette am Motor anbringen und den Motor an einen Flaschenzug oder Ähnliches anhängen. Man kann auch einen Wagenheber unter den Motor stellen und diesen vorsichtig aus den Aufhängungen heben (Holzklotz zwischen Wagenheber und Motor).
- Die Zahnriemenschutzdeckel unter Bezug auf Bild 188 ausbauen. Auszubauen sind der obere Deckel (2), indem man ihn zuerst nach vorn und dann nach oben herauszieht, der Deckel (1), indem man ihn von den Stiftschrauben (3) löst. An Stelle (4) ein Distanzstück abnehmen.
- Zwei M8 x 125-Schrauben (40 mm lang) besorgen. Eine der Schrauben an Stelle (1) in Bild 189 in das Nockenwellenrad einsetzen und eine der Schrauben an Stelle (2) in das Antriebsrad der Einspritzpumpe. Dadurch wird der Steuermechanismus gesperrt. Im eingebauten Zustand sieht dies wie in Bild 190 gezeigt aus.
- Die Schraube (1) und Mutter (2) der Spannrolle für den Zahnriemen in Bild 191 lockern. Eine mit einem Vierkant von 9,52 mm versehene Verlängerung (und Rätsche) wie in Bild 141 gezeigt in das Vierkantloch (6) in Bild 140 einsetzen, um die Feder des automatischen Riemenspanners zusammenzudrücken. Dies ist der Vierkantmitnehmer eines Stecknusssatzes mit 3/8-Zoll-Antrieb. Die Rätsche muss mehrere Male betätigt werden. Die Schraube (2) in Bild 192 wieder anziehen, um den Spanner in seiner neuen Lage zu halten.
- Das Abdeckblech vom Schwungradgehäuse abschrauben und das Schwungrad in geeigneter Weise gegenhalten oder die Kurbelwelle durch Einlegen eines Ganges blockieren.
- Die Schraube der Kurbelwellenriemenscheibe lösen und die Riemenscheibe abziehen. Dazu entweder zwei Reifenhebel ansetzen oder einen Abzieher benutzen.
- Den Zahnriemen abheben. Zuerst wird der Riemen vom Steuerrad der Nockenwelle gehoben. Falls der

gleiche Riemen wieder eingebaut werden soll, muss man die Laufrichtung mit einem Filzstift auf der Aussenseite einzeichnen. Wird ein neuer Riemen eingebaut, sollte man ebenfalls die Spannrolle und den Riemenspanner erneuern. Die betroffenen Teile sind in Bild 193 gezeigt.

- Alle anderen Teile der Steuerung können jetzt nach Bedarf erneuert werden.

Beim Einbau der Steuerungsteile folgendermassen vorgehen. Bei der Beschreibung wird auf bereits weiter vorn gezeigte Bilder hingewiesen. In Bild 194 sind alle beim Einbau des Zahnriemens wichtigen Teile gezeigt.

- Kontrollieren, ob alle Teile, welche mit dem Zahnriemen in Verbindung kommen, frei von Öl oder Fett sind.
- Kontrollieren, dass sich die beiden Laufrollen (1) und (4) leicht durchdrehen lassen. Sie dürfen kein Spiel haben oder an irgendeiner Stelle klemmen. Ebenfalls überprüfen, dass sich der Kolben (2) und die Feder (4, Bild 191) frei in ihrem Gehäuse bewegen können, falls sie nicht erneuert wurden.
- Die Arretierschrauben/bolzen müssen eingesetzt sein. Andernfalls das Nockenwellenrad durchdrehen, bis eine der M8-Schrauben an Stelle (7) in Bild 194 eingesetzt werden kann. Das Steuerrad sitzt jetzt in der vorschriftsmässigen Stellung zum Einbau des Zahnriemens.
- Die Schraube (1) und die Mutter (2) in Bild 191 des Zahnriemenspanners lockern und die Zahnriemenspannrolle auf den Zahnriemen zurück lassen.
- Kontrollieren, ob die Zahnriemenspannrolle vollkommen nach aussen gedrückt ist, d.h. sie muss in dieser Stellung festgeschraubt sein werden.
- Das Antriebsrad der Einspritzpumpe durch Einsetzen der M8-Schraube. Das Antriebsrad steht jetzt auf der Einspritzstellung für den ersten Zylinder.
- Die Kurbelwelle in der OT-Stellung sperren, indem man den Arretierstab von der Rückseite in das Schwungrad einsetzt, wie es in Bild 162 gezeigt wurde.
- Den Zahnriemen auflegen. Den Riemen zuerst über das Kurbelwellenrad, dann über die mittlere Laufrolle (3), das Steuerrad der Einspritzpumpe und dann über das Steuerrad der Nockenwelle legen. Den Zahnriemen stramm halten und auf der anderes Seite über das Rad der Wasserpumpe und hinter die Spannrolle (1) auflegen.
- Kontrollieren, dass der Zahnriemen mit seinen Zähnen an allen verzahnten Rädern einwandfrei in Eingriff gekommen ist.

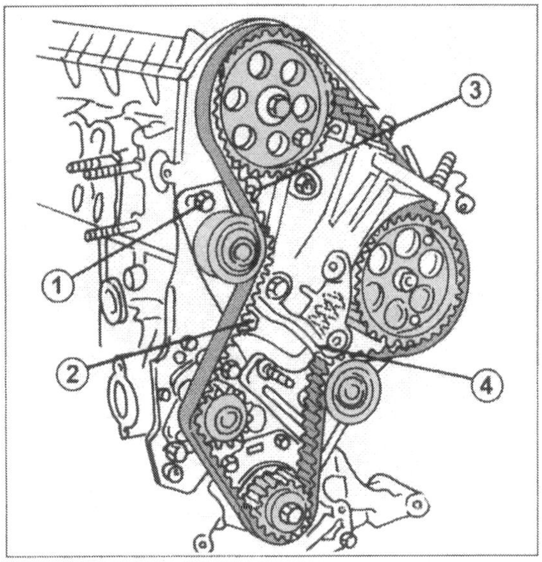

Bild 191
Ansicht des 1.9-Liter-Motors von der Stirnseite.
1 Schraube
2 Mutter
3 Vierkantloch
4 Druckfeder

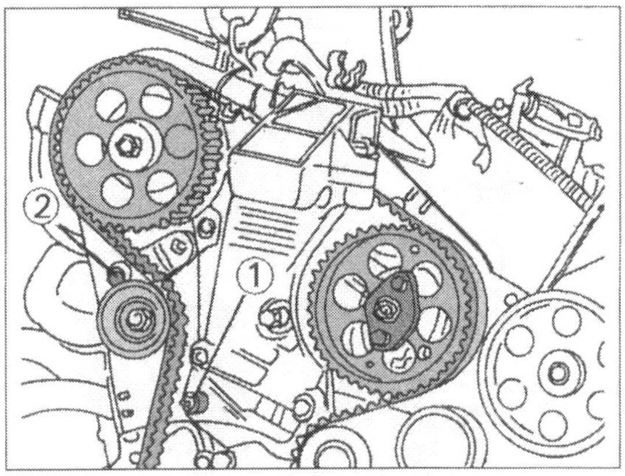

Bild 192
Die Mutter (1) und die Schraube (2) halten die Spannrolle der automatischen Riemenspannvorrichtung.

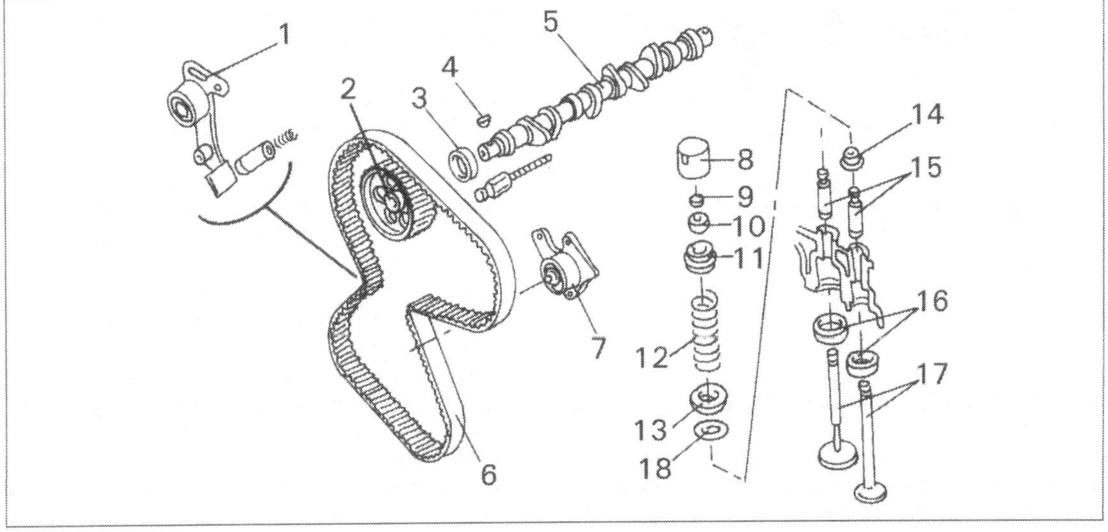

Bild 193
Ansicht der Steuerung eines XUD9-Motors.
1 Zahnriemenspanner
2 Steuerrad der Nockenwelle
3 Öldichtring
4 Scheibenfeder
5 Nockenwelle
6 Zahnriemen
7 Zahnriemenspannrolle
8 Tassenstössel
9 Einstellscheibe, Ventilspiel
10 Ventilkegelhälften
11 Ventilfederteller
12 Ventilfeder
13 Ventilfedersitz
14 Ventilschaftdichtring
15 Ventilführungen
16 Ventilsitzringe
17 Ventile
18 Unterlegscheibe

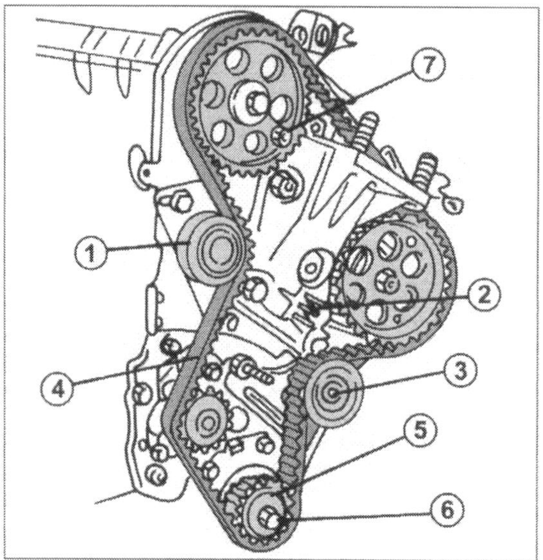

Bild 194
Beim Einbau des Zahnriemens eines 1.9-Liter-Motors hält man sich an die gezeigten Einzelheiten.
1 Riemenspannrolle
2 Spannkolben
3 Führungsrolle
4 Zahnriemen
5 Scheibe auf Kurbelwellensteuerrad
6 Schraube für Kurbelwellensteuerrad
7 Arretierbolzen im Nockenwellensteuerrad

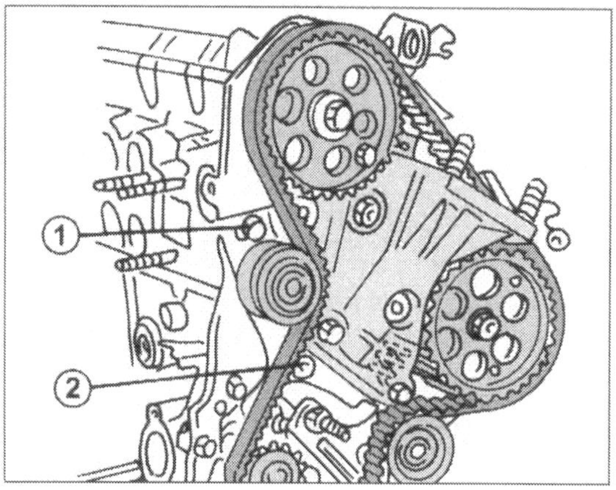

Bild 195
Der Zahnriemenspanner ist mit einer Schraube (1) und einer Mutter (2) befestigt.

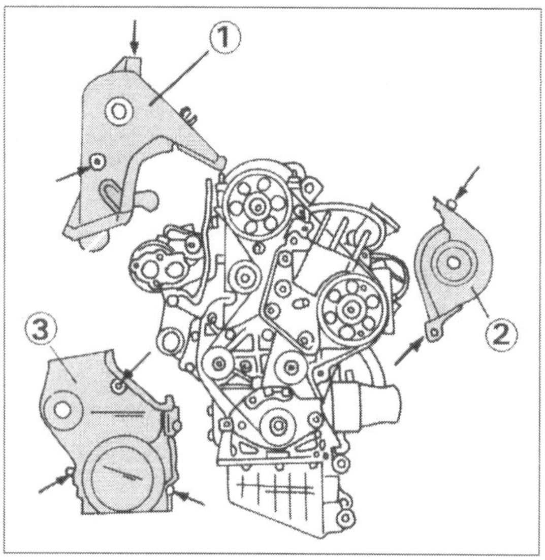

Bild 196
Die gezeigten Steuerriemenschutzdeckel (1) bis (3) bei einem 2.1-Liter-Motor an den gezeigten Stellen abschrauben.

- Die Scheibe und Schraube in das Ende der Kurbelwelle einschrauben und festziehen.
- Die Schraube (1) und Mutter (2) in Bild 191 lockern, um die Spannrolle freizugeben.
- Alle Bolzen zur Sperrung wieder herausziehen.
- Die Kurbelwelle um mindestens zwei Umdrehungen in Vorwärtsrichtung durchdrehen – niemals entgegengesetzt der Drehrichtung, um den Zahnriemen auszurichten.
- Die Schraube und Mutter in Bild 191 erneut lockern. Der Riemenspanner springt dabei in die Spannstellung. In dieser Stellung die Schraube (1) und Mutter (2) mit 18 Nm anziehen.
- Motor einige Male durchdrehen und die Steuerungs-Arretierbolzen wieder einsetzen. Falls sich die Bolzen nicht leicht einschieben lassen, stimmt die Steuerungseinstellung nicht und muss wiederholt werden.
- Die Schraube und Scheibe wieder aus der Kurbelwelle schrauben.
- Die drei Schutzbleche für den Zahnriemen anbringen.
- Die Kurbelwellenriemenscheibe aufstecken und die Schraube mit der Scheibe einschrauben. Die Gewinde der Schraube mit „Loctite" einschmieren.
- Die Kurbelwelle in geeigneter Weise gegenhalten und die Schraube der Riemenscheibe mit 40 Nm anziehen. Aus dieser Stellung die Schraube um weitere 60° anziehen.
- Alle weiteren Arbeiten in umgekehrter Reihenfolge durchführen. Die Schraube (1) und die Mutter (2) in Bild 195 mit 20 Nm, anziehen. Motorlager wieder montieren. Nicht das Abdeckblech des Kupplungsgehäuses vergessen.

2.1-Liter-Motor

Die beim 1.9-Liter-Motor beschriebenen Arbeiten durchführen, bis die Schutzblech des Zahnriemens entsprechend Bild 196 ausgebaut wurden.

- Ein Seil oder eine Kette am Motor anbringen und den Motor an einen Flaschenzug oder Ähnliches anhängen. Man kann auch einen Wagenheber unter den Motor stellen und diesen vorsichtig aus den Aufhängungen heben (Holzklotz zwischen Wagenheber und Motor). Die Drehmomentstütze muss gelöst werden.
- Die rechte, obere Motoraufhängung ausbauen.
- Zwei M8 x 125-Schrauben (40 mm lang) besorgen. Eine der Schrauben an Stelle (1) in Bild 197 in das Nockenwellenrad einsetzen und eine der Schrauben an Stelle (2) in das Antriebsrad der Einspritzpumpe. Dadurch wird der Steuermechanismus gesperrt.
- Das Abdeckblech vom Schwungradgehäuse abschrauben und das Schwungrad in geeigneter Weise gegenhalten oder die Kurbelwelle durch Einlegen eines Ganges blockieren.
- Die Schraube der Kurbelwellenriemenscheibe lösen und die Riemenscheibe abziehen. Dazu entweder zwei Reifenhebel ansetzen oder einen Abzieher benutzen.
- Den Zahnriemen lockern. Dazu unter Bezug auf Bild 198 die Mutter (1) der Spannrolle lockern und die Schraube (2) in der Öffnung des Motortragbügels mit einem 5-mm-Inbusschlüssels lösen. Den Exzenter (4) mit einer 10-mm-Stecknuss nach rechts verdrehen, bis der Riemen frei ist und abgenommen werden kann. Falls der gleiche Riemen wieder eingebaut werden soll, muss man die Laufrichtung mit einem Filzstift auf der Aussenseite einzeichnen. Wird ein neuer Riemen eingebaut, sollte man ebenfalls die Spannrolle und den Riemenspanner erneuern.
- Alle anderen Teile der Steuerung können jetzt nach Bedarf erneuert werden.

Beim Einbau der Steuerungsteile folgendermassen vorgehen.

- Kontrollieren, ob alle Teile, welche mit dem Zahnriemen in Verbindung kommen, frei von Öl oder Fett sind.
- Falls das Steuerrad der Kurbelwelle abgezogen wurde, wird es über die Welle geschlagen, ohne dabei die Scheibenfeder zu verschieben.
- Die Arretierschrauben/bolzen müssen eingesetzt sein. Andernfalls das Nockenwellenrad durchdrehen, bis eine der M8-Schrauben an Stelle (1) in Bild 197 eingesetzt werden kann. Das Steuerrad sitzt jetzt in der vorschriftsmässigen Stellung zum Einbau des Zahnriemens. Das Antriebsrad der Einspritzpumpe durch Einsetzen der M8-Schraube arretieren. Das Antriebsrad steht jetzt auf der Einspritzstellung für den ersten Zylinder.
- Den Zahnriemen in der folgenden Reihenfolge über die einzelnen Steuerräder auflegen (Drehrichtung beachten, falls der ursprüngliche Riemen eingebaut wird): Antriebrad der Einspritzpumpe, Führungsrolle, Kurbelwellensteuerrad, Antriebsrad der Wasserpumpe, Steuerrad der Nockenwelle und Spannrolle. Kontrollieren, dass alle Zähne einwandfrei in Eingriff gekommen sind.
- Alle Bolzen zur Sperrung wieder herausziehen.
- Die Mutter (1) der Spannrolle in Bild 198 lockern. Die Spannrolle wird jetzt gegen den Zahnriemen drücken.
- Die Kurbelwelle um mindestens zwei Umdrehungen in Vorwärtsrichtung durchdrehen – niemals entgegengesetzt der Drehrichtung, um den Zahnriemen auszurichten.
- Der Riemenspanner gelangt dabei in die vorschriftsmässige Spannstellung. In dieser Stellung die Mutter (1) in Bild 197 mit 10 Nm anziehen.
- Motor einige Male durchdrehen und die Steuerungs-Arretierbolzen wieder einsetzen. Falls sich die Bolzen nicht leicht einschieben lassen, stimmt die Steuerungseinstellung nicht und muss wiederholt werden.
- Die drei Schutzbleche für den Zahnriemen anbringen.
- Die Kurbelwellenriemenscheibe aufstecken und die Schraube mit der Scheibe einschrauben. Die Gewinde der Schraube mit „Loctite" einschmieren.

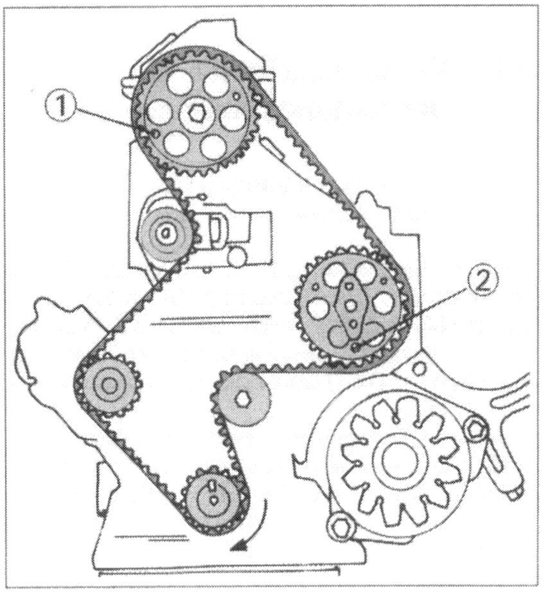

Bild 197
Nockenwellenrad (1) und Antriebsrad der Einspritzpumpe (2) an den gezeigten Stellen mit den Arretierbolzen gegen Verdrehen sperren.

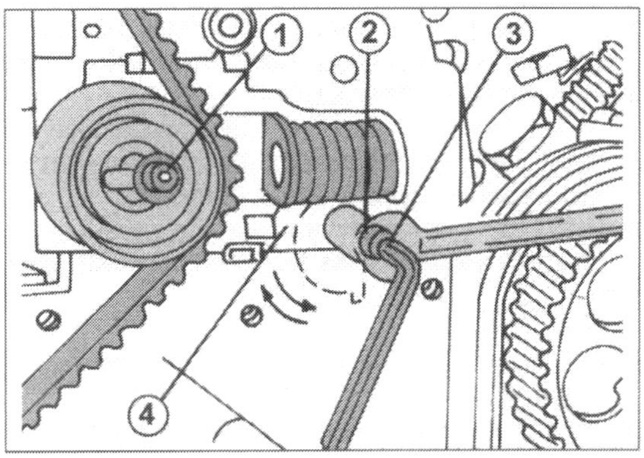

Bild 198
Einzelheiten um Aus- und Einbau des Zahnriemens beim 2.1-Liter-Motor. Auf die Zahlen wird im Text verwiesen.

- Die Kurbelwelle in geeigneter Weise gegenhalten und die Schraube der Riemenscheibe mit 40 Nm anziehen. Aus dieser Stellung die Schraube um weitere 60° anziehen.
- Alle weiteren Arbeiten in umgekehrter Reihenfolge durchführen. Nicht das Abdeckblech des Kupplungsgehäuses vergessen.

3 Die Motorschmierung

3.1 Wartungsarbeiten an der Motorschmierung

3.1.1 Prüfen des Motorölstandes und Ölwechsel

Der Motorölstand wird am besten bei jedem Volltanken kontrolliert. Den Ölmessstab finden Sie seitlich vorn am Motor. Bei der folgenden Beschreibung gehen wir davon aus, dass Sie das Motoröl das erste Mal wechseln. Die Anweisungen gelten allgemein für alle Fahrzeuge.

- Wagen auf waagrechtem Boden abstellen.
- Nach dem Abstellen des vorher warm gefahrenen Motors mindestens fünf Minuten warten, damit alles Öl in die Ölwanne abtropfen kann. Besser ist die Kontrolle vor dem ersten Start bei noch kaltem Motor.
- Den Peilstab ziehen – Vorsicht bei heissem Motor. Mit einem fusselfreien Lappen oder Papiertuch abwischen, bis zum Anschlag wieder hineinschieben, kurz warten und erneut herausziehen.
- An der Peilstabspitze können Sie nun den Ölstand ablesen: Der Pegel muss sich zwischen den Markierungen befinden; dann ist alles in Ordnung.
- Reicht die Schmiermittelmenge nur noch bis zur unteren Markierung, muss Motoröl nachgefüllt werden.

Falls Öl nachgefüllt werden muss, gelten die folgenden Hinweise, bzw. Vorschriften:

- Bei gemässigtem Fahrstil genügt Nachfüllen, wenn sich der Ölstand im unteren Peilstabdrittel befindet. Bei regelmässig schneller Fahrweise empfiehlt es sich, den Ölstand nahe der oberen Peilstabmarke zu halten. Die grössere Ölmenge kann die Kühlungsaufgaben besser erfüllen.
- Sie erweisen dem Motor keinen Gefallen, wenn Sie zu viel Öl einfüllen. Die MAX-Marke am Peilstab darf nicht überschritten werden. Deshalb besser erst gar nicht versuchen, möglichst genau bis zur Markierung aufzufüllen. Zu viel eingefülltes Öl wird schneller verbraucht und bildet mehr Verbrennungsrückstände. Bei Benzinmotoren schadet dies auch dem Katalysator.

Ölverbrauch

Muss nach hoher Laufleistung oft Öl nachgekippt werden, sollten Sie sich einmal die Mühe machen und den Ölverbrauch genau ermitteln:

- Mit Geduld genau bis zur oberen Marke Öl einfüllen.
- Nach 500 oder 1000 km Fahrstrecke Motoröl aus einem Messbecher nachgiessen und den Verbrauch auf 1000 km feststellen.

Ein Teil des Motoröls verbrennt bei seiner Schmiertätigkeit. Ölverbrauch ist also völlig natürlich. Gut eingefahrene Motoren kommen mit 0,5 Liter je 1000 km aus. Wie viel Öl Ihr Fahrzeug braucht, hängt von folgenden Umständen ab:

- Ölüberfüllung bewirkt höheren Verbrauch, denn die Kurbelgehäuseentlüftung bläst das Zuviel wieder zum Motor hinaus.
- Dünnflüssiges Öl verbrennt schneller als dickflüssiges.
- Motoröl – vor allem Mehrbereichsöl –, welches zu lange im Motor bleibt, muss öfters ergänzt werden.
- Scharfe Fahrweise treibt ausser dem Kraftstoffkonsum auch den Ölverbrauch in die Höhe. Besonders stark wirkt sich aus, wenn der neue Motor sofort voll belastet wurde.
- In der Einlaufzeit braucht der Motor etwas mehr Schmiermittel.
- Verschleiss in den Teilen des Motors, z.B. Ventilschaftabdichtungen defekt, Spiel zwischen Ventilführung und Ventilschaft zu gross, Kolbenringe falsch eingebaut (falls man diese erneuert hat) oder schadhaft, beschädigte Zylinderwand durch Kolbenfresser.

Ölwechsel

Die folgenden Hinweise sollen Ihnen bei Durchführung eines Ölwechsels helfen:

- Manche Ölhersteller haben inzwischen dem Öl Zusätze beigemischt, welche die Schlammbildung verhindern und verschleissmindernd wirken. Ihre Werkstatt hat ein Verzeichnis, mit besonders untersuchten und geeigneten Ölen, und wir raten Ihnen, den Empfehlungen der Werkstatt zu folgen.
- In den Werkstätten kostet der Ölwechsel nach unseren Erfahrungen das meiste Geld, weil nur sehr teure Ölsorten vorrätig sind. Ausserdem ist der Motor oft schon wieder kalt, bis das alte Öl abgelassen wird, sodass nicht aller Schmutz herausgeschwemmt wird. Manche Werkstätten berechnen die Arbeit für den Ölwechsel zusätzlich zum Ölpreis. Vorteilhaft ist allerdings, dass die neuesten Betriebsstoffvorschriften des Herstellers vorliegen.
- An Tankstellen kommt der Wagen dagegen meist sofort dran, Sie können auch ein billigeres Öl aus dem Tankstellenverkaufsprogramm auswählen, und im Ölpreis ist die Arbeit des Tankwarts inbegriffen.
- Ölwechsel zu Hause lohnt sich nur dann, wenn Sie das Öl sehr billig einkaufen können und Spass an dieser Arbeit haben.
- Die Ölmengen sind in der Mass- und Einstelltabelle angegeben.

Ratgeber: Bei jedem Ölwechsel auch den Ölfilter erneuern. Dies ist für die Lebensdauer des Motors von entscheidender Bedeutung! Die entsprechende Beschreibung erfolgt später in diesem Abschnitt.

Beim Ölwechsel folgendermassen vorgehen:

- Vor dem Beginn der Arbeit den Motor warm fahren (ca. 10 Minuten Fahrt).
- Das Fahrzeug vorn etwas anheben.
- Den Öleinfülldeckel von der Zylinderkopfhaube abnehmen.
- Die Ölablassschraube unten in der Ölwanne etwas lösen.
- Eine Auffangwanne unterschieben und Schraube vollends herausdrehen. Daran denken, dass die Wan-

ne ziemlich viel Öl auffangen muss. Vorsicht, das heisse Öl kommt im Bogen schwungvoll herausgeflossen! ***Das Altöl vorschriftsmässig entsorgen.***

- Wenn das Öl ausgelaufen ist, Ablassschraube zusammen mit einem neuen Dichtring in die Ölwanne hineinschrauben. Behutsam festdrehen (25 Nm).
- Nun den Ölfilter erneuern, wie es im betreffenden Kapitel beschrieben ist.
- Den Motor mit der vorgeschriebenen Ölmenge füllen (siehe oben).
- Anschliessend Motor starten.
- Den Ölstand und Dichtheit an Ölablassschraube und am Ölfilter kontrollieren. Evtl. Ölfilter etwas nachziehen.

3.2 Kurze Beschreibung der Motorschmierung

Alle Motoren werden mit einer Druckumlaufschmierung geschmiert. Eine Zahnradpumpe, die über einen getrennten Kettenantrieb von der Kurbelwelle angetrieben wird, liefert den zur Schmierung der Lagerstellen und aller beweglichen Teile erforderlichen Öldruck.

- Bei den Dieselmotoren und auch anderen Motoren ist ein Ölkühler zwischen dem Ölfilter und dem Zylinderblock eingesetzt.
- Der Ölfilter ist nicht bei allen Motoren gleich. Filtereinsatzerneuerung zusammen mit dem Ölwechsel.
- Der Ölwechsel aller Modelle sollte entsprechend den Anweisungen im Wartungsscheckheft stattfinden. Wechselzeiten werden oft geändert und treffen in diesem Fall auch auf ältere Fahrzeuge zu.
- Das Ölfassungsvermögen ist nicht bei beiden Motorguppen gleich (siehe Mass- und Einstelltabelle).
- Der Öldruck aller Motoren ist unterschiedlich (siehe spätere Beschreibung).
- Die Ölwanne ist entweder aus Stahlblech (ohne Klimaanlage) oder aus Aluminium (mit Klimaanlage) hergestellt. Dies ist bei Aus- und Einbau der Ölwanne wichtig, da eine Ausführung mit einer Dichtung montiert ist (Blechölwanne), während bei der anderen Ausführung die Dichtflächen mit Dichtungsmasse eingeschmiert werden.
- Bild 199 zeigt eine schematische Ansicht des Ölschmierungskreislaufs bei einem XUD-Dieselmotor. Bild 200 zeigt den Benzinmotor der Ausführung XU (1.8 Liter).

3.3 Die Ölpumpe (und Ölwanne)

3.3.1 Aus- und Einbau

Der Ausbau der Ölpumpe kann bei eingebautem Motor durchgeführt werden. Die Anweisungen gelten allgemein für alle Motoren:

- Fahrzeug an der Vorderseite aufbocken oder falls möglich auf eine Hebebühne oder mit den Vorderrädern auf Auffahrrampen auffahren. Die Schutzverkleidung an der Unterseite des Fahrzeuges abschrauben.
- Einen geeigneten Behälter unter die Ölwanne setzen und das Motoröl ablassen. Das Öl sollte mindestens lauwarm sein, damit es besser ablaufen kann.
- Die Schrauben der Ölwanne ringsherum lösen und die Ölwanne nach unten absenken. Eine klebende Ölwanne vorsichtig mit einem Gummihammer abschlagen, keinen Schraubendreher zwischen die beiden Dichtflächen einsetzen. Zu beachten sind die Unterschiede bei einer Stahlblech- und einer Aluminiumölwanne. Auf diese wurde beim Zerlegen und Zusammenbau des betreffenden Motors hingewiesen.
- Die Ölpumpe ausbauen, wie es beim Zerlegen des betreffenden Motors beschrieben wurde. Die Ölpumpe muss etwas verdreht werden, um sie aus dem Eingriff mit der Kette zu bringen.

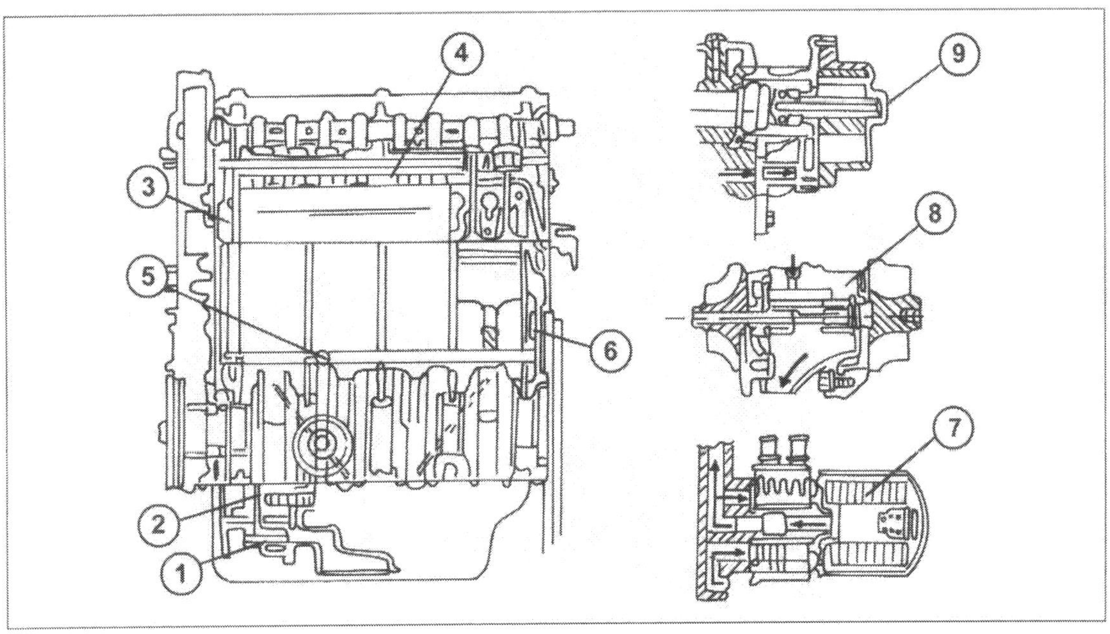

Bild 199 Ölschmierungsdiagramm des Turbodieselmotors. Die rechts gezeigten Teile sind ebenfalls mit dem Schmiersystem des Motors verbunden.
1 Ölpumpe
2 Ölüberdruckventil
3 Filter im Zylinderkopf
4 Ölkanal im Zylinderkopf
5 Öldruckschalter
6 Ölrücklauf
7 Ölfilter
8 Abgasturbolader
9 Unterdruckpumpe

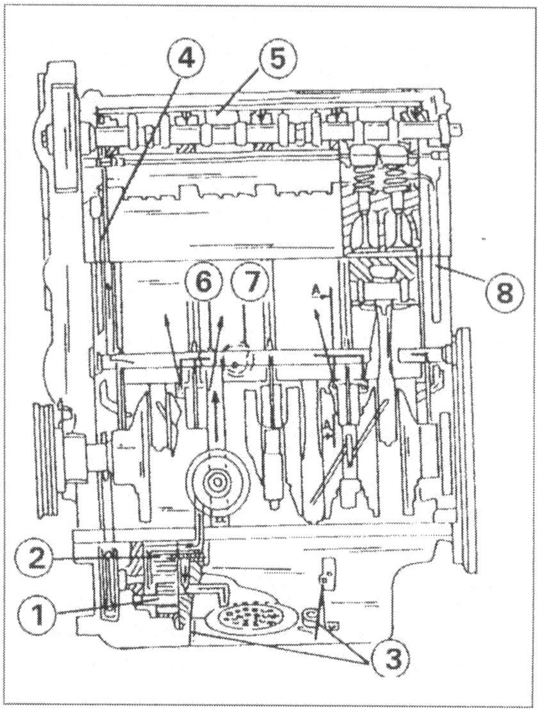

Bild 200
Ölschmierungs-diagramm des 1.8-Liter-Benzin-motors (XU).
1 Ölpumpe
2 Ölüberdruckventil
3 Ölabweisblech
4 Filter im Zylinderkopf
5 Ölschmierleitung
6 Öldruckschalter
7 Öldruckgeber (nicht unbedingt eingebaut)
8 Ölrücklaufkanal

Falls die Pumpe aufgrund niedrigen Öldrucks ausgebaut wurde, muss man sie reparieren, da eine Überholung nicht möglich ist. Nur das Ölansaugsieb kann getrennt erneuert werden. Bild 201 zeigt die ausgebauten Teile bei einem XUD-Dieselmotor. In Bild 202 kann man sehen, wo die Pumpe, mit kleinen Abweichungen, an der Unterseite des Kurbelgehäuses montiert ist.
Falls man annimmt, dass das Überdruckventil defekt ist, kann man es ausschrauben und die Teile eventuell erneuern. Die Pumpe muss dazu auseinander geschraubt werden.

Vor dem Einbau der Pumpe die Dichtfläche am Kurbelgehäuse einwandfrei reinigen, ohne dazu scharfe Werkzeuge zu verwenden.
Die Pumpe in die richtige Lage heben, wobei sie gleichzeitig mit der Kette in Eingriff zu bringen ist. Dazu die Vorderseite der Pumpe wieder etwas ankippen, um das Kettenrad in die Kette zu bringen und dann die Pumpe über die Passhülse setzen. Beim Zusammenbau des Motors wird näher darauf eingegangen. Die Ölwanne montieren, wie es beim Zusammenbau des Motors beschrieben wurde. Besonders auf die unterschiedliche Länge der Schrauben achten. Kontrollieren, ob der Ölablassstopfen eingeschraubt ist (Anzugsdrehmoment 25 - 30 Nm) und den Motor mit der vorgeschriebenen Menge des empfohlenen Motoröls füllen.
Um zu gewährleisten, dass die Pumpe beim ersten Anlassen nicht festfressen kann, den Kabelstecker am Abstellventil an der Einspritzpumpe abziehen oder die Zündkerzenkabelstecker abziehen und den Motor ca. 30 Sekunden lang mit dem Anlasser durchdrehen. Nach Aufstecken des Kabelsteckers bzw. Zündkerzenkabels den Motor anlassen und eine Weile laufen lassen. Die Verbindungsstellen der Ölwanne gut auf Leckstellen kontrollieren. Ebenfalls nach einer gewissen Laufzeit den Ölstand im Motor nachkontrollieren und ggf. Motoröl nachfüllen, um den Ölstand zu berichtigen.

3.4 Der Ölfilter

Der Ölfilter ist mit einem Ventil versehen und nur ein Filter mit einem solchen Ventil darf verwendet werden. Den Filter kann man vorn im Motorraum sehen. Beim Kauf eines neuen Filters unbedingt den richtigen Filter beziehen. Immer Motor und Baujahr angeben.

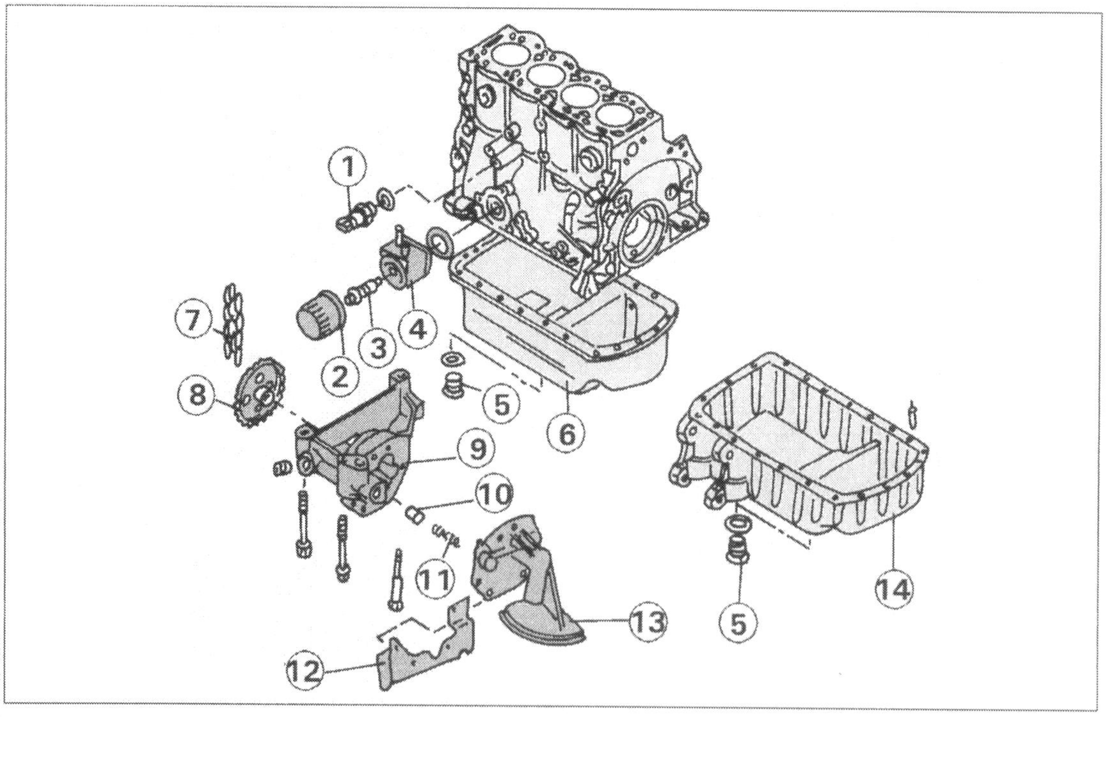

Bild 201
Befestigung der Ölwanne und der Ölpumpe bei einem 1.9-Liter-Motor (XUD). Bei allen Motoren sieht es ähnlich aus. Der Ölkühler (4) ist jedoch nicht immer vorhanden.
1 Öldruckschalter mit Dichtring
2 Ölfilter
3 Bolzen für Ölfilterbefestigung
4 Ölkühler (Dieselmotoren)
5 Ölablassstopfen mit Dichtring
6 Ölwanne, Stahlblech, ohne Klimaanlage
7 Antriebskette, Ölpumpe
8 Antriebskettenrad
9 Ölpumpe
10 Kolben des Überdruckventils
11 Feder des Überdruckventils
12 Ölabweisblech
13 Ölansaugsieb
14 Ölwanne, Aluminium (mit Klimaanlage)

Zum Ausbau des Filters ein Filterspannband verwenden. Ein solches wurde bereits bei der Zerlegung des Motors gezeigt und ist ebenfalls in Bild 203 zu sehen. Andernfalls ein Stück Schmirgelleinwand um den Filter legen, mit der Schmirgelseite gegen den Filter, den Filter mit beiden Händen erfassen und abschrauben. Falls damit kein Erfolg erzielt wird, kann man einen langen, kräftigen Schraubendreher durch die Seite des Filters schlagen und diesen mit Hilfe des Schraubendrehergriffs, als Hebel verwendend, abschrauben. Den Dichtring eines neuen Filters einölen und den Filter anziehen, bis er soeben gegen den Zylinderblock ansitzt. Aus dieser Stellung den Filter mit den Händen um eine weitere Viertelumdrehung anziehen.
Filter nochmals lösen und erneut anziehen, bis der Gummidichtring den Zylinderblock berührt. Aus dieser Stellung die Filterpatrone um eine halbe bis eine dreiviertel Umdrehung anziehen. Diesen Anweisungen ist unbedingt zu folgen, um eine einwandfreie Abdichtung herzustellen. Als Hilfestellung sind die Einbauanweisungen auf dem Filter aufgedruckt. Falls sie von den oben angegebenen abweichen (was manchmal aufgrund von Änderungen vorkommen kann), folgt man diesen.

3.5 Ölkühler

Wie bereits erwähnt, sind die Dieselmotoren und auch andere Motoren mit einem Ölkühler versehen, welcher in diesem Fall zwischen dem Zylinderblock und dem Ölfilter eingesetzt und mit der Kühlanlage verbunden ist, welche auch die Kühlung des Öls übernimmt. In Bild 164 ist die Einbauweise des Ölkühlers zu sehen, wie er bei einem Dieselmotor eingebaut ist.

Hinweis: Da man zum Ausbau des Ölkühlers den Filter ausbauen muss, darf dieser natürlich dabei nicht beschädigt werden, d.h. nur ein Filterkettenschlüssel, wie er in Bild 203 gezeigt ist, oder ein ähnlicher Schlüssel darf dazu benutzt werden. Falls der Filter nicht erneuert werden muss, kann er wieder eingebaut werden.
Beim Aus- und Einbau folgendermassen vorgehen:
- Handbremse anziehen, Vorderseite des Fahrzeuges anheben und auf Unterstellböcke setzen.
- Kühlanlage ablassen (siehe Abschnitt 4 unter der betreffenden Überschrift) oder die am Ölkühler angeschlossenen Schläuche an den Anschlussstellen der Leitungen mit geeigneten Zwingen zusammenquetschen. Ein wenig Kühlmittel wird jedoch trotzdem herauslaufen.
- Einen geeigneten Behälter unter den Filter untersetzten und den Filter abschrauben (siehe Hinweis oben).
- Die Schlauchschellen lockern und die Kühlmittelschläuche von den Ölkühleranschlüssen abziehen.
- Die Befestigung in der Mitte des Ölkühlers lösen. Den Ölkühler sowie den darunter liegenden Dichtring abnehmen.

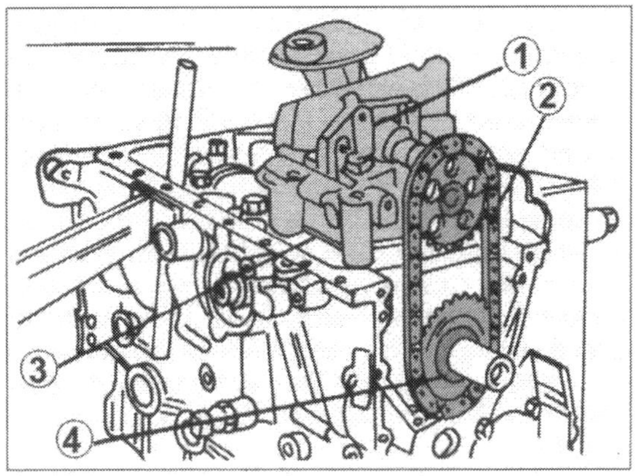

Bild 202
Die Ölpumpe ist bei allen Motorenausführungen an ähnlicher Stelle befestigt.
1 Ölpumpe
2 Ölpumpenantriebskette
3 Abstandsplatte, falls eingebaut
4 Antriebskettenrad auf der Kurbelwelle

Beim Einbau folgendermassen vorgehen:
- Einen neuen Dichtring in die Rille an der Rückseite des Ölkühlers einlegen und den Kühler gegen den Zylinderblock ansetzen. Den Ölkühler mit der langen Schraube festziehen (58 Nm) und die Leitungen wieder befestigen.
- Ölfilter wieder montieren, wie es bereits beschrieben wurde.
- Fahrzeug auf die Räder absenken, die Kühlanlage auffüllen oder genügend Kühlmittel einfüllen um die Anlage zu füllen und den Ölstand im Motor kontrollieren und ggf. berichtigen.
- Motor anlassen. Nach einer Weile kontrollieren, ob alle Verbindungen dicht sind (Öl und Kühlmittel).

3.6 Öldruck überprüfen

Falls man annimmt, dass der Öldruck nicht stimmt, schlagen wir vor, dass man sich an eine Werkstatt wendet. Ein Druckmesser mit einem speziellen Anschluss (zum Einschrauben anstelle des Öldruckschalters) wird gebraucht. Aus dem Ergebnis der Öldruckmessung wird die Werkstatt in der Lage sein, einen Befund über den Zustand des Motors zu geben. Sie werden feststellen, dass Störungen nach Zurücklegen von vielen tausend Kilometern auftreten werden.

Falls ein geeignetes Anschlussstück zur Verfügung steht, welches man mit einem Manometer in die Boh-

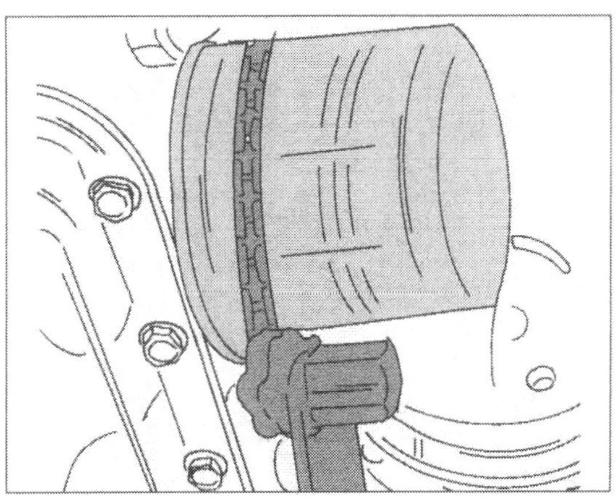

Bild 203
Abschrauben eines Ölfilters mit einem Kettenschlüssel (Filter ohne Filtereinsatz).

rung für den Öldruckschalter einschrauben kann (Bild 204), lässt sich der Öldruck bei laufendem Motor kontrollieren. Der Öldruckmesser ist in diesem Fall in der oberen Ansicht bei einem Motor mit 16 Ventilen angeschlossen. Bei diesen Motor muss der Ölfilter ausgebaut werden, um den Anschluss des Manometers an dessen Stelle einzuschrauben. Da man dazu ein spezielles Anschlussstück braucht, könnte es schwer werden, den Öldruck bei diesem Motor zu messen. Bei den anderen Motoren sitzt der Öldruckschalter über dem Ölkühler bei den Dieselmotoren, wie es in der unteren Ansicht von Bild 204 gezeigt ist, oder über dem Ölfilter. In diesem Fall folgendermassen vorgehen:

- Motor laufen lassen, bis eine Temperatur von 80°C erhalten wird, d.h. das Fernthermometer zeigt einen betriebswarmen Motor an.
- Ölstand in der Ölwanne kontrollieren und ggf. berichtigen.
- Motor 5 Minuten lang im Leerlauf laufen lassen, bis der Kühlungsventilator ausgeschaltet hat.
- Motor abstellen und den Öldruckschalter abklemmen und herausdrehen oder den Ölfilter ausbauen (16V).
- Anschlussstück mit einer Kupferscheibe einschrauben und das Manometer anschliessen.
- Den Motor anlassen und im Leerlauf laufen lassen. Die Anzeige am Manometer sollte folgendermassen lauten:

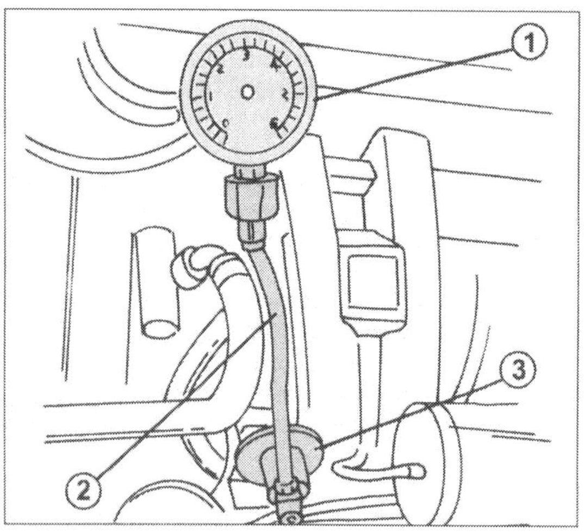

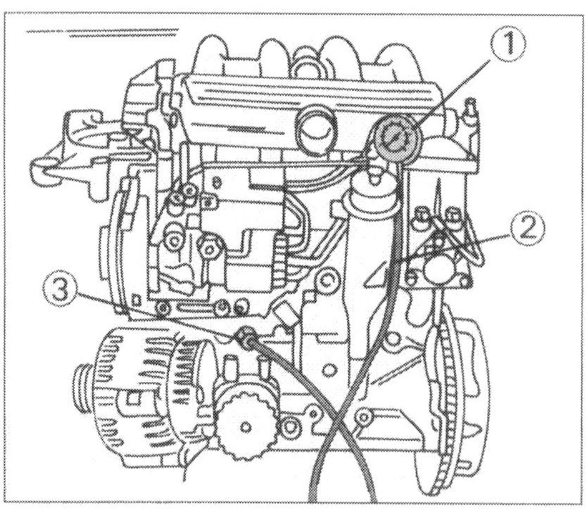

Bild 204
Prüfen des Öldrucks. Im oberen Bild bei einem 16V-Motor, im unteren Bild bei den anderen Motoren.
1 Druckmanometer
2 Verbindungsleitung
3 Anschlussstelle (Öldruckschalterbohrung oder Ölfilter)

XU-Motor (8/16 Ventile)	4,4 bar
XUD9-Motor	2,1 bar
XUD11-Motor	2,25 bar

- Die Drehzahl auf 4000/min erhöhen und kontrollieren, ob der Öldruck folgendermassen ansteigt:

XU-Motor (8/16 Ventile)	5,3 bar
XUD9-Motor	5,0 bar
XUD11-Motor	5,0 bar

Die oben angegebenen Werte beziehen sich auf einen neuen Motor. Falls der Motor längere Zeit in Betrieb war, ist es möglich, dass der Öldruck im Leerlauf entsprechend abfällt.

- Manometer abschliessen und den Öldruckschalter mit der Kupferscheibe einschrauben. Den Schalter mit 34 Nm (1.9 Liter) oder 25 Nm (2.1 Liter) anziehen. Beim 16V-Motor den Ölfilter einbauen.

3.7 Ölverluste

Ein öltriefender Antriebsblock (Motor und Getriebe) ist nicht nur eine unnötige Umweltbelastung, auch bei der TÜV-Untersuchung wird dies Grund zur Kritik sein. Betrachten Sie den Antriebsblock von allen Seiten, und stellen Sie fest, ob irgendwo Öl austritt. Zu kritisch darf man dabei allerdings auch nicht sein, denn es gilt als normal, dass etwas Öl „ausgeschwitzt" wird. Um undichte Stellen besser einkreisen zu können, den entsprechenden Bereich säubern und nach einigen Kilometern Fahrt nochmals nachsehen, wo sich Ölspuren zeigen. Beachten Sie besonders, ob die Zylinderkopfhaube, der vordere Deckel am Zylinderkopf, die Schläuche der Kurbelgehäuse-Entlüftung, die Ölwanne, der Ölfilter, die Ölablassschraube und der Steuergehäusedeckel einwandfrei abdichten. Wiederum sind die Hinweise allgemein für alle Motoren gegeben.

3.8 Störungen in der Motorschmierung

- Die einzigen Probleme in der Motorschmierung liegen in überhöhtem Ölverbrauch, niedrigem Öldruck oder einer Erhellung oder Nichtausschalten der Öldruckkontrollleuchte.
- Erhöhter Ölverbrauch kann durch verschlissene Zylinder, Kolben und/oder Kolbenringe, verschlissene Ventilführungen oder Ventilführungsdichtringe, undichte Kurbelwellendichtringe oder leckende Dichtungen an anderen Stellen des Motors hervorgerufen werden. In den meisten Fällen bedeutet dies, dass eine Zerlegung des Motors fällig ist, um den Schaden zu beheben.
- Niedriger Öldruck kann durch den Öldruckschalter oder dessen Verkabelung, ein schadhaftes Ölüberdruckventil, niedrigen Ölstand, ein verstopftes Ölansaugsieb im Kurbelgehäuse, eine defekte Ölpumpe oder beschädigte Haupt- oder Pleuellager verursacht

werden. In den meisten Fällen folgert, dass man den Ölstand als Erstes kontrolliert. Alle anderen Schäden ziehen eine Zerlegung des Motors nach sich.

● Um nochmals zu wiederholen: Falls die Öldruckkontrollleuchte nicht sofort abschalten, den Motor SOFORT abschalten. Nicht erst warten, ob das Erlöschen etwas später stattfindet. Verzögerung könnte zum sofortigen Festfressen des Kurbeltriebs führen.

● In Autozubehörgeschäften gibt es bestimmte Mittel, die man durch die Kerzenbohrungen in die Zylinder einfüllen kann. Diese bilden bei richtigem Gebrauch eine „zweite Haut" auf den Zylinderbohrungen und werden den Ölverbrauch etwas eindämmen, falls dieser durch heftigen Verschleiss der Bohrungen zustande gekommen ist. Wir möchten Ihnen jedoch raten, dass Sie derartige Probleme vorher mit Ihrem Werkstattfachmann besprechen.

4 Die Kühlanlage

Vorsicht bei Arbeiten im Motorraum
Bei gerade abgestelltem oder heiss gefahrenem Motor niemals mit den Händen in die Nähe des Lüfters kommen. Der Ventilator kann auch bei ausgeschalteter Zündung einschalten.

Das Kühlsystem führt die Wärme des Motors mittels Kühlflüssigkeit über einen Kühler und gegebenenfalls die Innenraumheizung ab. Zur Kühlung wird eine Kühlflüssigkeit mit Korrosionsschutz- bzw. Frostschutzmittel (handelsübliche Fabrikate) verwendet. Eine vom Zahnriemen der Motorsteuerung angetriebene Wasserpumpe (bei allen Motoren) führt das Kühlwasser über die verschiedenen Schläuche und Kanäle. Zur Entgasung der Kühlflüssigkeit wird ein Dehngefäss verwendet oder die Verschraubung für das Einfüllen des Kühlmittels ist direkt auf dem Kühler aufgeschraubt. Der grossflächige Wasserkühler wird im Normalzustand vom Fahrtwind gekühlt und bei grösserer thermischer Belastung zusätzlich durch einen elektrisch betriebene Ventilator (Lüfter) oder auch zwei bei einem Dieselmotor oder eingebauter Klimaanlage belüftet. Der Ventilator befindet sich an der Stirnseite des Kühlers (so auch zwei eingebaute Lüfter). Unterschiede in der Anordnung liegen bei Fahrzeugen mit oder ohne Klimaanlage als auch im Allgemeinen bei allen eingebauten Motoren vor.
Der Ventilator wird durch einen Thermoschalter in der Unterseite des Kühlers aus- und eingeschaltet. Um rasch die Betriebstemperatur zu erreichen, wird der Kühlkreislauf über einen Thermostat in einen kleineren und grösseren Kühlkreis aufgeteilt. Dieser temperaturabhängige Regler steuert den Strom des Kühlmittels. Eine mit Wachs gefüllte Büchse und eine Feder sorgen dafür, dass sich die beiden Ventilplatten am Thermostat wunschgemäss bewegen.

Während der Warmlaufzeit versperrt das Ventil am Thermostat den Weg zum Kühler. Das Kurzschlussventil auf der anderen Seite lässt das Kühlmittel sofort wieder zur Wasserpumpe strömen, von wo es wieder in den Motor gelangen kann. Dieser kleine Kreislauf dient dem möglichst schnellen Erwärmen des Motors der Heizung sowie der Betriebstemperatur des Motors.
Bei einer Temperatur zwischen 85 und 100°C wird der Durchfluss durch den Kühler teilweise freigegeben und der Weg zur Wasserpumpe bleibt mehr oder weniger weit geöffnet. Dadurch kann vom Kühler strömende kalte Kühlflüssigkeit etwas mit warmem Kühlmittel vermischen, ehe es in den Motor gelangt. Der Motor wird also nicht sofort dem kalten Kühlmittel ausgesetzt.
Um die Wirkung des Kühlmittels zu steigern, baut sich in der Kühlanlage bei zunehmender Erwärmung ein Druck bis zu 1,0 bar auf. Dafür sorgt eine federbelastete Platte im Verschlussdeckel des Dehngefässes. Durch diesen Druck und ebenfalls durch die Verwendung des Gefrierschutzmittels steigt der Siedepunkt des Kühlmittels. Bei Überschreitung des Höchstdrucks öffnet die Verschlussplatte, der Druck entweicht.
Bilder 205 bis 208 zeigen zwei Beispiele der Kühlanlage bei einigen der Motoren, mit Lage aller wichtigen Teile, vor allem der Entlüftungsschrauben, welche beim Auffüllen der Kühlanlage gebraucht werden.
Mit der Zeit werden die Korrosionsschutzzugaben im Kühlmittel unwirksam, sodass das Kühlmittel ausgetauscht werden muss. Im Allgemeinen rechnet man damit, dass man das Kühlmittel alle 3 Jahre wechseln sollte.
Ebenfalls in die Kühlanlage eingesetzt ist bei den Dieselmotoren ein Ölkühler, welcher zwischen dem Ölfilter und dem Zylinderblock eingebaut ist und

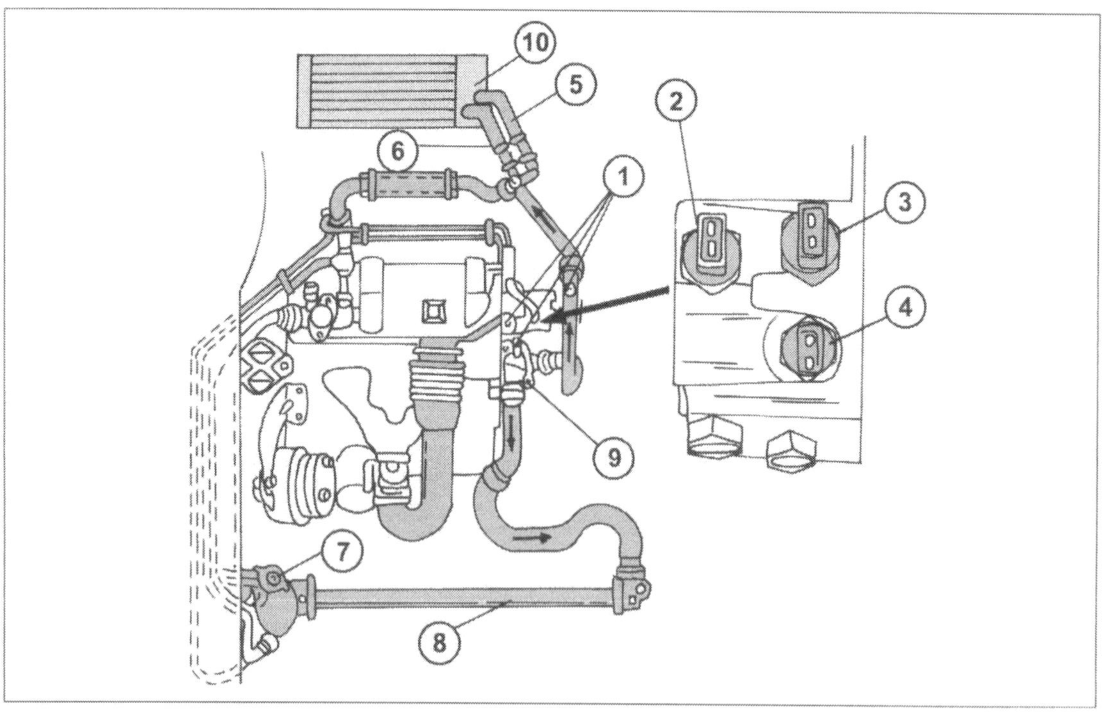

Bild 205
Kühlmitteldiagramm eines XU7-Motors (1.8 Liter) oder XU10J-Motors ohne Klimaanlage.
1 Lage der Entlüftungsschrauben
2 Temperaturgeber
3 Thermoschalter
4 Temperaturgeber
5 Heizungsschlauch (Einlass)
6 Heizungsschlauch (Auslass)
7 Ausgleichsbehälter
8 Kühler und Ventilator
9 Thermostat
10 Heizungskühler (Wärmeaustauscher)

durch zwei angeschlossene Schläuche mit der Kühlanlage verbunden ist. Am Kühlmitteleinlassgehäuse sitzt ein Vorwärmlement für den Dieselkraftstoff. Dieses wärmt den Kraftstoff im kalten Zustand an und ermöglicht dabei ein leichteres Anlassen des Motors.

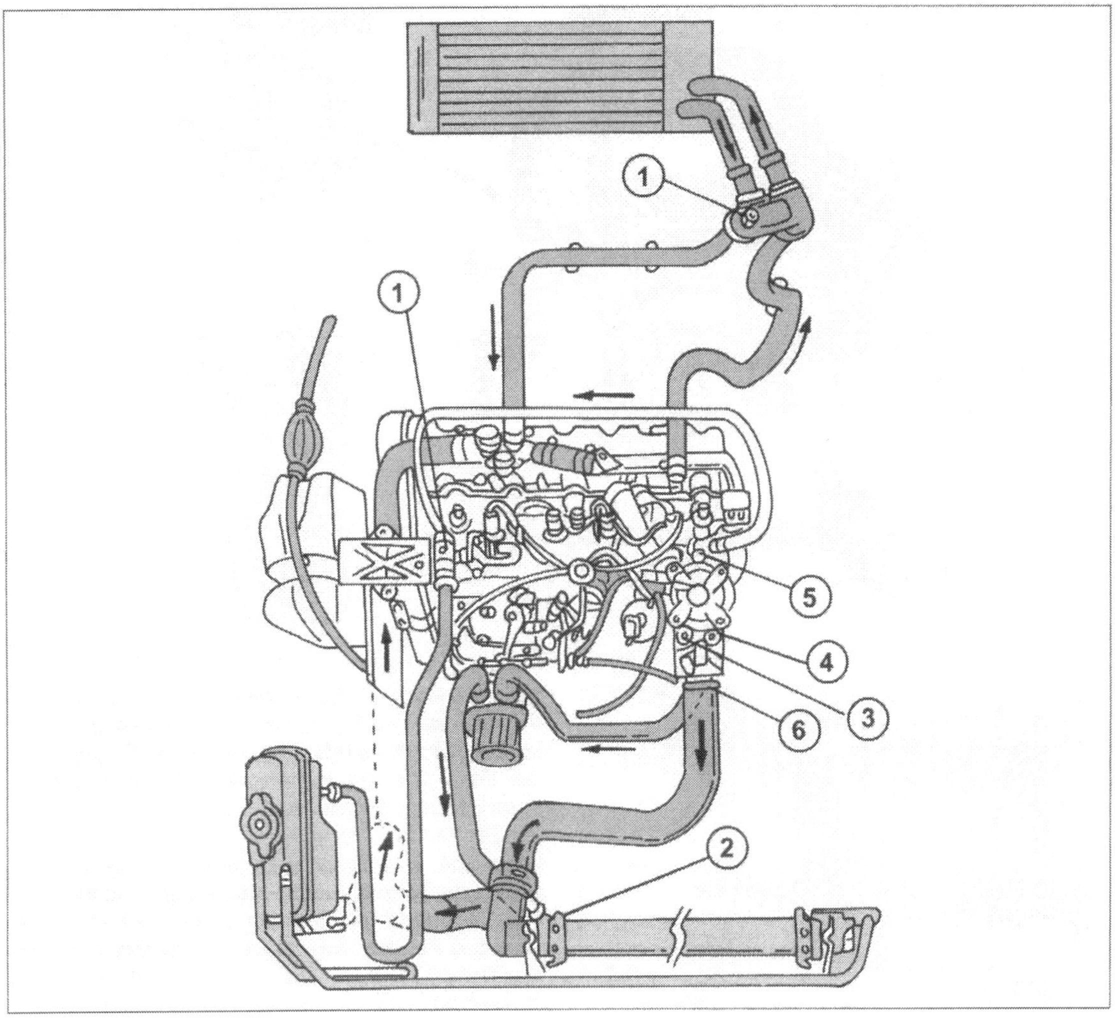

Bild 206
Kühlmittelkreis eines Turbodieselmotors, in diesem Fall beim 1.9-Liter-Motor.
1 Entlüftungsschraube
2 Kühlmittelablassstopfen
3 Temperaturgeber, Warnleuchte und Fernthermometer
4 Temperaturschalter
5 Temperaturgeber, Einspritzanlage
6 Temperaturschalter, Lüfterregulierung
7 Thermostat

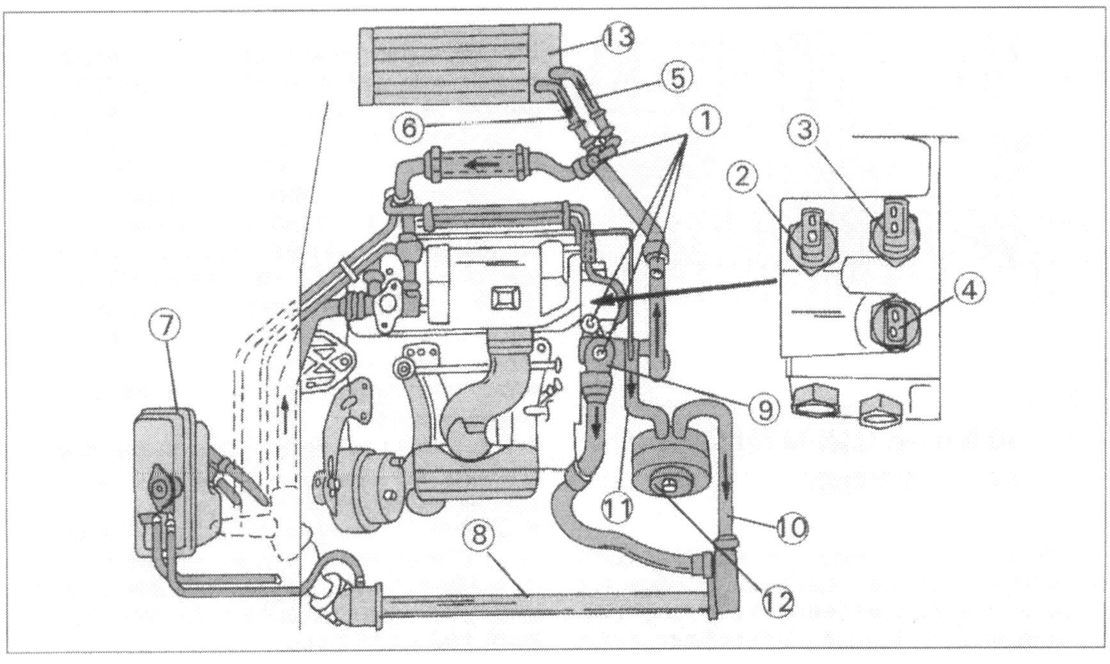

Bild 207
Kühlmittelkreis bei einem 2.0-Liter-Motor mit Getriebeautomatik.
1 Lage der Entlüftungsschrauben
2 Thermoschalter
3 Thermoschalter
4 Temperaturgeber
5 Heizungsschlauch (Einlass)
6 Heizungsschlauch (Auslass)
7 Ausgleichsbehälter
8 Kühler und Ventilator
9 Thermostat
10 Rücklauf zum Ölkühler
11 Kühlmittelschlauch zum Ölkühler
12 Ölkühler
13 Heizungskühler (Wärmeaustauscher)

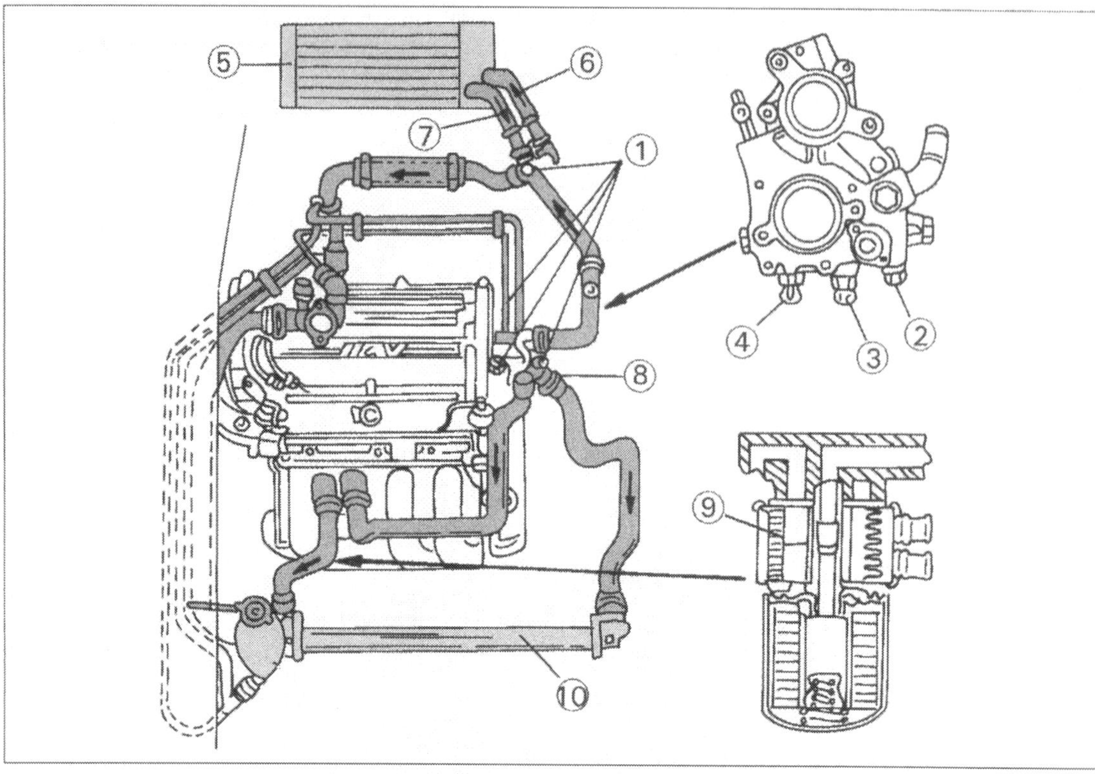

Bild 208
Kühlmitteldiagramm eines 2.0-Liter-Benzinmotors mit 16 Ventilen.
1 Lage der Entlüftungsschrauben
2 Thermoschalter
3 Thermoschalter
4 Temperaturgeber
5 Heizungswärmeaustauscher
6 Heizungsschlauch (Einlass)
7 Heizungsschlauch (Auslass)
8 Thermostat
9 Ölkühler
10 Kühler und Ventilator

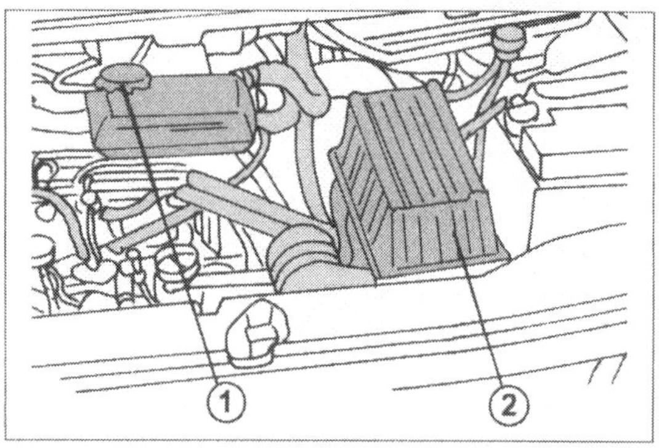

Bild 209
Der Verschlussdeckel (1) des Ausgleichsbehälters der Kühlanlage muss vor Ablassen des Kühlmittels abgeschraubt werden, damit die Flüssigkeit besser ablaufen kann. Bei anderen Motoren sitzt der Deckel an unterschiedlicher Stelle. Rechts ist der Luftfilter zu sehen.

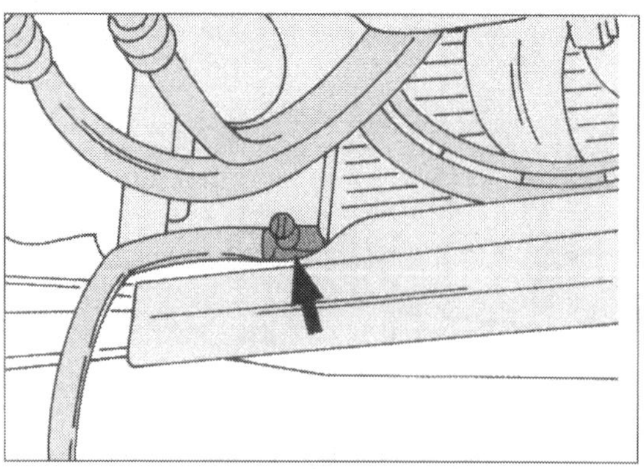

Bild 210
Der Ablassstopfen an der Unterseite des Kühlers. Einen kleinen Schlauch auf den Hahn aufschieben, um das Kühlmittel gut in einen Behälter zu leiten.

4.1 Ablassen und Auffüllen der Kühlanlage

Das Auffüllen der Kühlanlage geschieht nicht durch einfaches Einfüllen der Flüssigkeit, da einige der Schläuche höher als die Oberseite des Ausgleichsbehälters im Kühler liegen. Aus diesem Grund wird in einer Werkstatt ein Befüllgefäss benutzt, um zu verhindern, dass sich Luftpolster in der Anlage bilden können. Mit etwas Erfindergeist werden Sie jedoch in der Lage sein, die Kühlanlage aufzufüllen, wie es anschliessend beschrieben wird.

Zwei getrennte Ablassstopfen sind in die Kühlanlage eingesetzt, welche beide geöffnet werden müssen. Zuerst die Verschraubung des Ausgleichsbehälters oder Kühlers öffnen, dann den Stopfen an der Unterseite des Kühlers öffnen oder herausschrauben. Bei den meisten Motoren sitzt der Deckel an der in Bild 209 gezeigten Stelle. Nur bei einem XU-Motor mit Klimaanlage ist der Deckel an unterschiedlicher Stelle abzudrehen.

Bei bestimmten Modellen ist ein kleiner Anschlussnippel neben dem Ablassstopfen angebracht, auf welchen man zum besseren Ablassen einen kleinen Schlauch aufstecken kann, wie es in Bild 210 zu sehen ist. Das Kühlmittel ist in einen untergestellten Behälter zu leiten. ***Der Motor darf nicht heiss sein, wenn man den Deckel abschraubt.*** Falls das Frostschutzmittel erneuert werden soll, den unteren Wasserschlauch vom Motor abschliessen. Die Arbeiten jedoch im Freien durchführen. Wird das Frostschutzmittel nicht mehr gebraucht, muss man es vorschriftsmässig entsorgen.

- Die Schutzverkleidung an der Unterseite des Fahrzeuges ausbauen.
- Den Stopfen am Zylinderblock herausdrehen (in der Nähe des Schwungrades (siehe Bild 211 beim 1.9-Liter-Dieselmotor als Beispiel).
- Die Entlüftungsschraube(n) entsprechend der gezeigten Diagramme öffnen. Falls man die Arbeit das erste Mal durchführt, könnte man Schwierigkeiten beim Auffinden der Schrauben haben. Wir versuchen Ihnen dies zu erleichtern:

- Bei einem XU-Motor sitzt eine Schraube rechts neben dem Luftfilter und eine weitere auf der rechten Seite. Die Lage dieser Schrauben ist in Bild 212 gezeigt. Bei einem2.0-Liter-Motor ohne Klimaanlage einen mit einer Schelle befestigten Schlauch verfolgen und die Schraube am Schlauchende öffnen.
- Bei einem Motor mit 16 Ventilen liegt die Schraube auf der rechten Seite des welligen Schlauchs. Ausserdem ist eine Schraube am Kühler eingesetzt.
- Bei einem Dieselmotor ist nur eine Schraube zu öffnen, welche an Stelle (1) in Bild 212 sitzt.

● Falls das Frostschutzmittel lange in der Anlage war, diese durchspülen. Dazu einen Wasserschlauch in die Öffnung des Kühlers einhängen. Das Wasser durchlaufen lassen, bis es klar aus den Öffnungen für die Stopfen oder aus dem unteren Kühlerstutzen herausläuft.

● Frostschutzmittel entsprechend den zu erwartenden Temperaturen zusammenmischen. Eine Mischung von 35% Frostschutz und 65% Wasser eignet sich für normale Temperaturen unter Null (bis ca. -15°C). 50% Frostschutz und 50% Wasser schützt die Kühlanlage bis -35°C. Beim Kauf des Frostschutzmittels sollte man sich an die Empfehlungen des Motorherstellers halten.

● Die beiden Ablassstopfen wieder einschrauben oder den Kühlerschlauch anschliessen. Den Stopfen im Zylinder mit 25 Nm anziehen. Unbedingt eine gute Abdichtung herstellen.

● Wie bereits erwähnt, wird in einer Werkstatt ein Befüllgefäss benutzt. Dies hat das in Bild 213 gezeigte Aussehen und wird anstelle der Verschlusskappe des Ausgleichsbehälters aufgeschraubt oder beim 16V-Motor in die Einfüllöffnung. Aus einer oben und unten aufgeschnittenen Plastikflasche und einer dichtenden Verbindung zwischen der Flasche und der Einfüllöffnung kann man sich jedoch ein Befüllgefäss ohne weiteres herstellen. Ein Helfer sollte die Behelfsvorrichtung jedoch während dem Einfüllen des Frostschutzmittels halten.

Hinweis – Grund des Befüllgefässes: Wenn dieses bis zur Oberkante gefüllt ist, liegt der obere Wasserspiegel höher als der höchstgelegene Schlauch und die Anlage kann vollkommen gefüllt werden.

● Das Kühlmittel durch die Öffnung im Ausgleichsbehälter oder im Kühler einfüllen, bis ein ununterbrochener Wasserstrom aus der Bohrung der Entlüftungsschraube oder den geöffneten Schrauben herausläuft. Die Schraube(n) jeweils festziehen, sobald die Kühlflüssigkeit herausläuft. Danach festziehen. Es soll nochmals wiederholt werden: Die Lage der einzelnen Entlüftungsschrauben muss man anhand der Kühlmitteldiagramme herausfinden, da sie nicht bei allen Motoren an gleicher Stelle liegen.

● Kontrollieren, dass das Befüllgefäss immer noch voll ist und den Motor anlassen. Motor leicht beschleunigen (nicht auf mehr als 1500/min bis 2000/min), bis der Kühlungslüfter oder die Kühlungslüfter eingeschaltet hat (haben) und wieder ausschaltet(n). Den Motor danach abstellen.

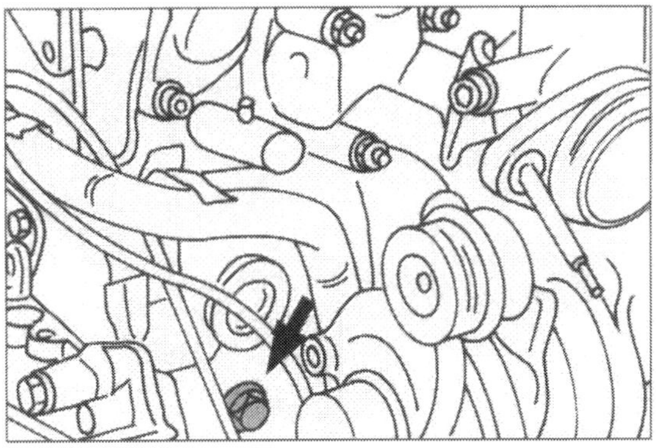

Bild 211
Die Lage des Ablassstopfens im Zylinderblock, hier bei einem 1.9-Liter-Dieselmotor gezeigt. Dieser sitzt nicht bei allen Motoren an der gleichen Stelle.

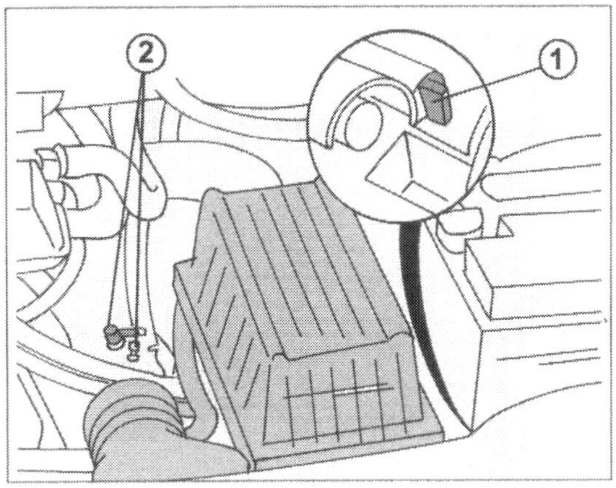

Bild 212
Die Entlüftungsschrauben der Kühlanlage. Die Schraube (1) ist bei den meisten Motoren vorhanden. Beim XU-Motor sitzt eine weitere Schraube (2) an der gezeigten Stelle.

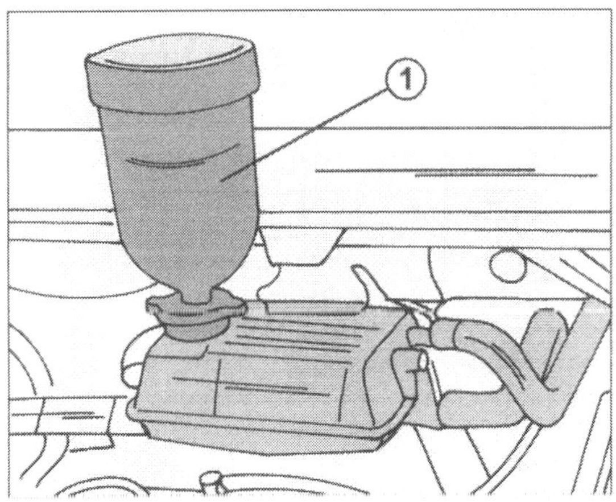

Bild 213
Benutzung des Befüllgefässes. Hier wird es auf die Öffnung des Ausgleichsbehälters aufgesetzt. Beim 16V-Motor in die Einfüllöffnung einsetzen.

● Das Befüllgefäss abmontieren – **Achtung:** das in der Flasche befindliche Kühlmittel kann jetzt auch heiss sein. Dabei wird im Gefäss verbleibende Flüssigkeit überlaufen, jedoch ist der Kühler gefüllt.

● **Bei einem Benzinmotor** die Verschlusskappe aufdrehen. Nochmals kontrollieren, dass die Ablassstellen und die Entlüftungsschrauben geschlossen sind. Der Motor darf nicht bei gelockerter Entlüftungsschraube angelassen werden.

● **Einen Dieselmotor** abstellen und abkühlen lassen (mindestens 3 Stunden). Den Kühlmittelstand am Ausgleichsbehälter kontrollieren und die Verschlussverschraubung aufdrehen. Der Flüssigkeitsstand muss bis zur „Max."-Markierung stehen (Bild 214). Andernfalls zusätzliches Kühlmittel einfüllen. Den Deckel wieder aufschrauben (bis zur zweiten Raste).

● Schutzverkleidung unter dem Fahrzeug wieder montieren.

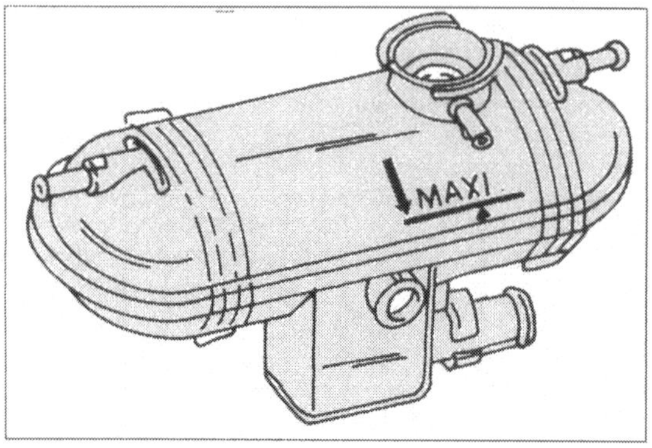

Bild 214
Ansicht des Ausgleichsbehälters. Bei allen Motoren ist ein ähnlicher Behälter eingebaut. Das Kühlmittel muss bis zum Strich stehen (Motor kalt).

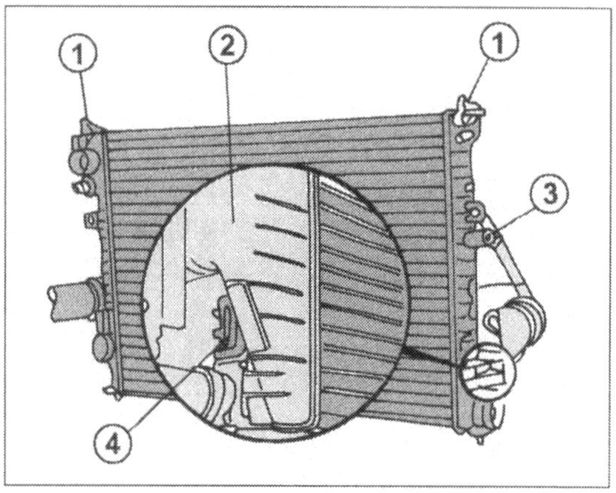

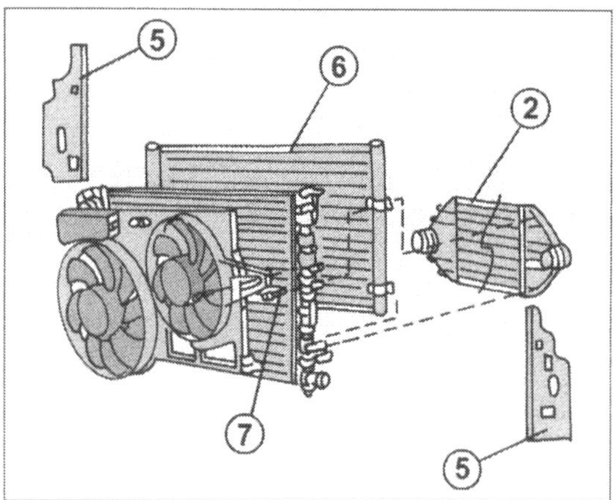

Bild 215
Ansicht des Kühlers ohne Klimaanlage (oben) und mit Klimaanlage (unten).
1 Befestigungsfedern
2 Ladeluftkühler
3 Blechschrauben
4 Ladeluftkühlerbefestigung
5 Luftleitbleche
6 Kondensapparat
7 Befestigungsschraube

4.2 Kühler – Aus- und Einbau

Der Aus- und Einbau des Kühlers erfolgt nach Ausbau der Vorderpartie des Fahrzeuges. Diese Arbeit wurde bereits beim Ausbau des Motors beschrieben. Je nach Motor kann der Kühler danach in die in Bild 215 gezeigten Teile zerlegt werden.

4.2.1 Kühlerverschlusskappe und Kühler prüfen

Die Kühlanlage arbeitet unter Druck. Der Verschlussdeckel des Dehngefässes (Ausgleichsbehälters) ist mit einem Ventil versehen, welches so ausgewählt ist, dass es öffnet, wenn der Druck auf einen bestimmten Wert ansteigt (1,4 bar). Aufgrund der Ausdehnung des Kühlmittels führt der zusätzliche Druck zur Erhöhung des Siedepunktes.
Zum Prüfen der Verschlusskappe ist eine Kühlerprüfpumpe erforderlich. Die Pumpe auf die Kappe schrauben und sie betätigen, bis das Ventil öffnet. Dies sollte innerhalb des angegebenen Drucks stattfinden. Falls dies nicht der Fall ist, muss die Verschraubung erneuert werden.
Mit der gleichen Abdrückpumpe kann die Kühlanlage in gleicher Weise auf Leckstellen kontrolliert werden, indem man die Pumpe am Kühlereinfüllstutzen oder am Dehngefäss anbringt. Den Druck auf ca. 1,0 bar bringen und kontrollieren, dass der Druckmesser diesen Druck mindestens 2 Minuten lang hält. Falls dies nicht der Fall ist, befindet sich eine Leckstelle in der Kühlanlage, welche durch den im Kühler befindlichen Druck leichter herauszufinden ist (Auslaufen von Kühlmittel an der Leckstelle). Steht das Fahrzeug auf einer trockenen Stelle, kann man die Tropfstelle sehen.

4.3 Die Wasserpumpe – Aus- und Einbau

Die Wasserpumpe kann nicht repariert werden. Falls die Pumpe Leckstellen aufweist oder die Lager sind ausgeschlagen, muss man eine neue Pumpe einbauen.

Die Wasserpumpe aller Motoren wird durch den Riemen der Steuerung angetrieben. Dies bedeutet, dass man die Steuerung ausbauen muss, wie es bereits beschrieben wurde, ehe man an die Wasserpumpe heran kann. Ebenfalls sind die verschiedenen Bolzen zum Arretieren der Steuerung erforderlich. Vorausgesetzt, dass man sich diese besorgen oder die Bolzen entsprechend herstellen kann, wird die Pumpe dann einfach vom Zylinderblock abgeschraubt. Wo die Pumpe bei einem XU-Motor sitzt, kann man in Bild 216a sehen. Bei den Dieselmotoren sieht es ähnlich aus, wie es in der unten Ansicht gezeigt ist. Bild 216b zeigt die Pumpe mit der Dichtung.

4.4 Der Thermostat

Der Thermostat befindet sich an den in den Kühlmitteldiagrammen gezeigten Stellen, je nach eingebautem Motor. Zum Ausbau die Kühlanlage ablassen (Kapitel 4.1) und die Schläuche von den Anschlüssen am Stutzen nach Lockern der Schlauchschellen abziehen. Ein Schlauch führt zum Ölkühler (falls eingebaut), der andere zum unteren Stutzen des Kühlers. Den Deckel vom Thermostatgehäuse abschrauben und den Thermostat herausnehmen. Ein Gummidichtring sitzt zwischen Deckel und Gehäuse. Wie die einzelnen Teile zueinander stehen, kann man bei einem Dieselmotor Bild 217 entnehmen. Es befindet sich unmittelbar unter dem Kraftstofffilter. An ähnlicher Stelle sitzt es am Ende des Zylinderkopfes beim XU-Benzinmotor.

Ein Thermostat kann nicht repariert werden und ist im Schadensfall zu erneuern. Eine einfache Prüfung lässt sich folgendermassen durchführen:

- Thermostat an einem Stück Draht in einen Behälter mit kaltem Wasser einhängen, wie es in Bild 218 gezeigt ist. Ein Thermometer in ähnlicher Weise einhängen. Nicht die Wände des Behälters mit den Teilen berühren.
- Das Wasser allmählich erhitzen und kontrollieren, ob sich der Thermostat bei der eingeschlagenen und vorgeschriebenen Temperatur öffnen lässt. Bei einer bestimmten Temperatur muss der Thermostat vollkommen geöffnet sein. Die Angaben sind der Mass- und Einstelltabelle zu entnehmen.
- Der Thermostat muss bei dieser Kontrolle mindestens 7,5 mm aus dem Thermostat heraustreten. Falls der Thermostat diese Prüfungen nicht besteht, muss er erneuert werden.

Beim Einbau des Thermostats eine neue Abdichtung verwenden. Dichtungsmasse kann auf die Dichtungsflächen aufgeschmiert werden, um eine gute Abdichtung zu erzielen. Die Schlauchschellen kontrollieren, ehe sie wieder am Schlauch oder an den Schläuchen festgezogen werden. Falls erforderlich erneuern. Die Kühlanlage auffüllen.

Falls ein neuer Thermostat eingebaut wurde, das Fahrzeug eine kurze Strecke fahren und kontrollieren, ob der Thermostat einwandfrei öffnet.

4.4.1 Störungen am Thermostat

Der Thermostat öffnet nicht, weil er klemmt oder eine Ventilplatte festklebt. Obwohl die Temperaturanzeige schon die rote Marke überschritten hat (Warnleuchte erhellt), fühlt sich dann der Kühler immer noch kalt an. Warten Sie, bis sich der Motor abgekühlt hat, schrauben Sie das Thermostatgehäuse auf und bauen Sie den Thermostat aus. Wenn Sie einige Zeit ohne Thermostat fahren, schadet dies Ihrem Motor nicht). Wer hingegen mit geschlossenem Thermostat weiterfährt, riskiert einen gewaltigen Motorschaden. So kann die Zylinderkopfdichtung durchbrennen, der Zylinderkopf kann sich hoffnungslos verziehen oder gar Risse bekommen.

Der Thermostat schliesst nicht mehr richtig, weil ihn ein Fremdkörper verklemmt hat. In diesem Fall wird der Kühler nach dem Kaltstart gleich warm wie beispielsweise das Thermostatgehäuse. Die Fahrzeugheizung kommt nur langsam in Schwung. Ersetzen Sie baldmöglichst den Thermostat, denn auf Dauer ist es unwirtschaftlich und für den Motor schädlich, wenn er seine Arbeitstemperatur nicht mehr erreicht.

4.5 Frostschutzmittel

Die Kühlanlage wird werkseitig mit Frostschutzmittel gefüllt, welches man während des ganzen Jahres in der Anlage lassen sollte, da es ausser den Frost-

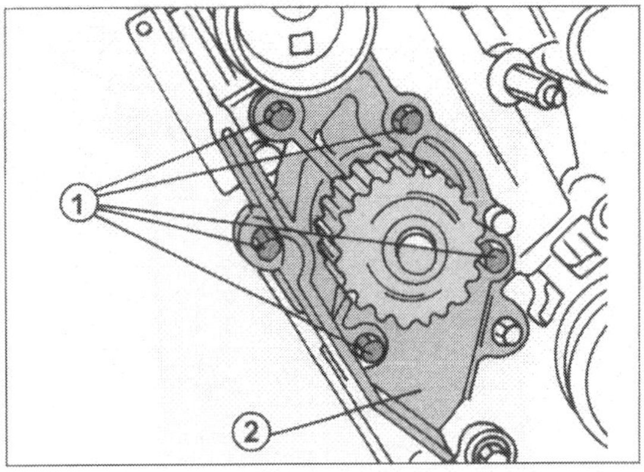

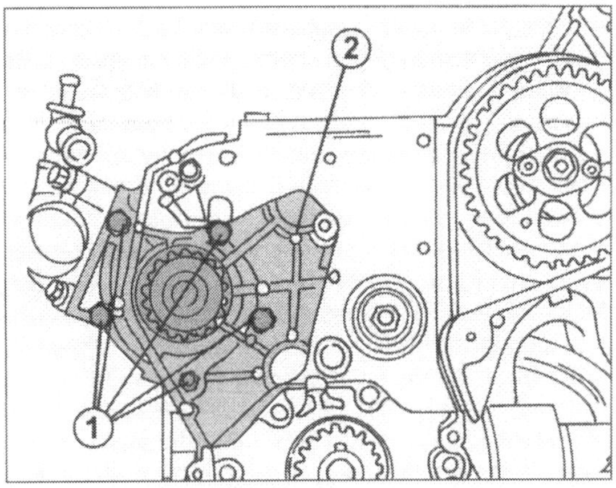

Bild 216a
Die Wasserpumpe (2) wird bei den Benzinmotoren in der im oberen Bild gezeigten Weise mit den Schrauben (1) gehalten. Das untere Bild zeigt die Befestigung bei einem Dieselmotor (am Beispiel des 2.1-Liter-Motors).

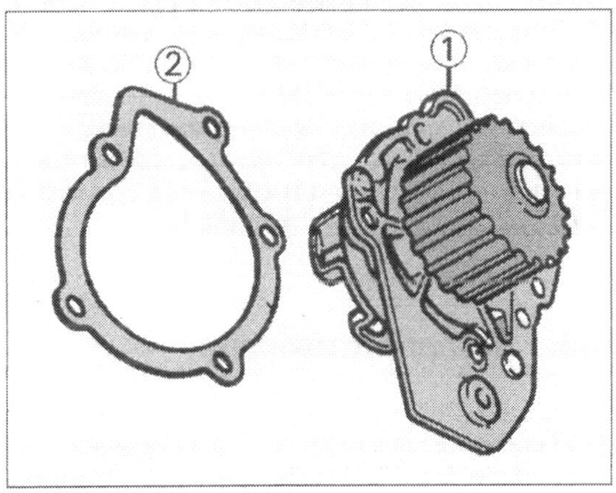

Bild 216b
Die Wasserpumpe (1) mit der Dichtung (2) bei einem Benzinmotor. Die Pumpe eines Dieselmotors hat nur eine unterschiedliche Form. Sonst sieht sie ähnlich aus.

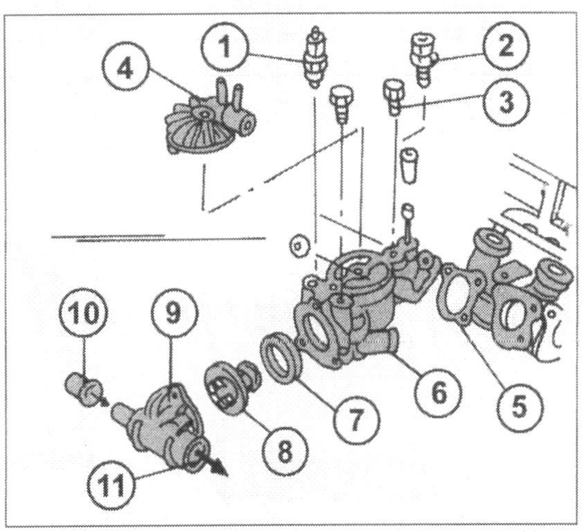

Bild 217
Die Teile des Thermostatgehäuses beim 1.9-Liter-Motor (Diesel).

1 Thermoschalter, Überhitzungsanzeige
2 Thermoschalter
3 Stopfen
4 Vorwärmeinrichtung, Kraftstoff
5 Thermostatgehäusedichtung
6 Thermostatgehäuse
7 Gummidichtring
8 Thermostat
9 Thermostatgehäusedeckel
10 Verbindung zum Ölkühler
11 Verbindung zum oberen Kühlerstutzen

Bild 218
Kontrolle eines Thermostats.

schutzeigenschaften Zusätze enthält, die die Kühlanlage im Allgemeinen gegen überschnelle Korrosion oder ähnliche Schäden schützen. Falls die Mischung erneuert werden soll, raten wir das hauseigene Frostschutzmittel der verschiedenen Hersteller zu verwenden, da dieses für den Motor ausgewählt wurde. Bei Verwendung anderer Marken muss man sich unbedingt vom Lieferanten versichern lassen, dass sich diese für den Motor eignen. Beim Vermischen wird eine Mischung aus 50% Wasser und 50% Frostschutz alle auftretenden Minustemperaturen umfassen. Diese Mischung schützt die Anlage bis mindestens -30°C.
Hat man während des Betriebs Kühlmittelverlust, d.h. ein Nachfüllen der Kühlanlage wird erforderlich, muss man daran denken, dass ein Nachfüllen von einfachem Wasser die Frostschutzmittelmischung verdünnt. Wenn die Temperaturen zu sinken beginnen, vergisst man manchmal, dass während der Sommermonate nur Wasser nachgefüllt wurde. Die Stärke des Frostschutzmittels kann man an einer Tankstelle oder in einer Werkstatt mit einem Tester prüfen lassen, um sie dann entsprechend zu berichtigen. Derartige Prüfer sind auch in vielen Autozubehörgeschäften erhältlich.

4.6 Temperaturschalter

Die Temperaturschalter können nicht eingestellt oder repariert werden. Die Schalter sind in das Thermostatgehäuse und in die Unterseite des Kühlers eingeschraubt. In den Kühlmitteldiagrammen ist die Lage einiger Schalter gezeigt.
Die Funktion eines Temperaturschalters kann kontrolliert werden, indem man ihn in Wasser einhängt, welches langsam erwärmt wird. Ein Thermometer muss ebenfalls verwendet werden. Eine Prüflampe im Kreis mit einer Batterie an den beiden Schalterklemmen anschliessen und das Fühlerende des Schalters in das Wasser halten. Die Anordnung bei der Prüfung muss entsprechend Bild 219 erfolgen.
Kontrollieren, dass die Prüflampe bei der für den betreffenden Schalter geltenden Temperatur aufleuchtet. Das Wasser danach abkühlen lassen und kontrollieren, ob die Prüflampe nach einer Weile wieder verlöscht, d.h. der Schalter hat sich wieder geschlossen.
In der Mass- und Einstelltabelle sind die Werte verschiedener Schalter angegeben.

4.7 Kühlungslüfter

Nach Ausbau des Kühlers kann der Kühlungslüfter erneuert werden. Der letztere Fall wird nur sehr selten eintreten. Der Kühler kommt zusammen mit dem Kühlungslüfter aus dem Fahrzeug heraus.
Bei der Erneuerung eines Lüftermotors muss man wissen, dass nicht alle Lüftermotoren die gleiche Leistung haben.
Der Temperaturschalter für den Betrieb des Kühlungslüfters ist bei allen Fahrzeugen in die Unterseite des Kühlers eingeschraubt. Der Schalter arbeitet mit zwei Stufen, die die Lüfter entsprechend der vorherrschenden Temperatur ein- und ausschalten. Die in Bild 220 gezeigten Lüfter sind bei einem Dieselmotor eingebaut. Benzinmotoren haben nur einen Lüfter, welcher in der Mitte der Kühlerverkleidung sitzt.

4.8 Kühlanlage prüfen, Störungen an der Kühlanlage

Kühlanlage überprüfen
Die Kühlanlage sollte im Rahmen eines gut organisierten Wartungsprogramms regelmässig an den folgenden Stellen kontrolliert werden:

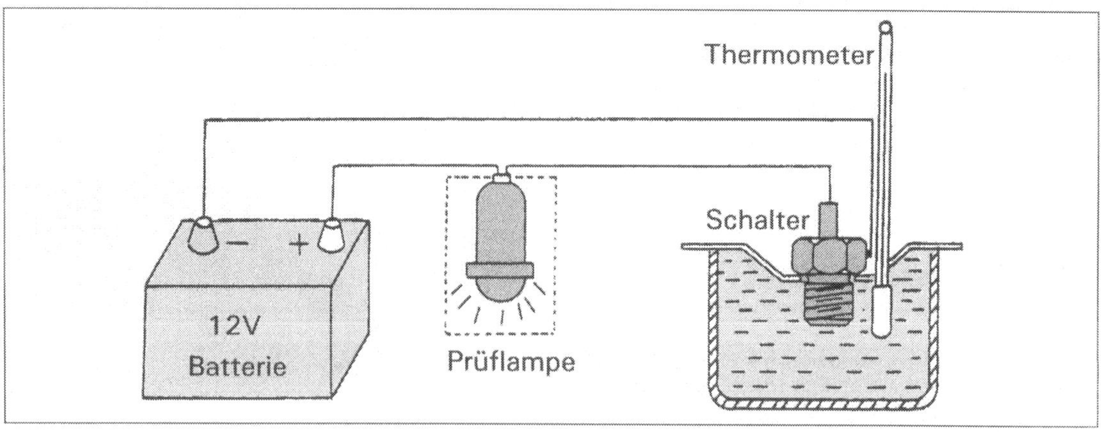

Bild 219
Überprüfung der Thermoschalter (Temperaturschalter).

- An Kühler, Wasserpumpe, Thermostatgehäuse, Ausgleichsbehälter und Heizung nachsehen, ob alle Kühlmittelschläuche weit genug auf den Stutzen sitzen und die Schlauchbinder festgezogen sind.
- Die Gummischläuche dürfen nicht hart, spröde oder gar schon eingerissen sein. Gealterte Schläuche werden meist dann undicht oder platzen, wenn im Kühlsystem der volle Druck herrscht.
- Ist der Kühler undicht? Vielleicht ist eines der dünnen Röhrchen zwischen den Lamellen beschädigt. Irgendwo ein Riss in den Wasserkästen?
- Der Thermostat muss richtig arbeiten.
- Arbeitet der oder die elektrische(n) Ventilator (Lüfter) richtig.
- Die Wasserpumpe kann undicht werden, wenn ihr Wellendichtring verschlissen ist. Dann tropft aus einer Bohrung unterhalb der Pumpe Kühlmittel aus (durch Riemenscheibe verdeckt). Die Wasserpumpe muss ausgetauscht werden.
- Wie Sie schon gelesen haben, regelt der Verschlussdeckel am Ausgleichsbehälter den Druck im Kühlsystem. Die Gummidichtungen am Verschlussdeckel dürfen nicht eingerissen oder spröde sein.
- Sind die Kühlmittelschläuche nach dem Abkühlen des Kühlsystems zusammengeschrumpft, ist das Unterdruckventil im Verschlussdeckel schadhaft.

Überhitzung des Motors
Steigt die Anzeigenadel über die rote Marke oder die Warnleuchte leuchtet auf (mehr als 110°C), anhalten, Motor abstellen und Folgendes prüfen:

- Steigt die Anzeige nur kurzfristig bis zur roten Marke, gilt dies für die folgenden Betriebszustände als normal: Vollgas-, Berg- oder Kolonnenfahrt bei grosser Hitze; nach dem Abstellen eines recht heissen Motors.
- Kühlmittelstand in Ordnung?
- Klemmt der Thermostat? Dann fühlt sich der Kühler kalt an, während z.B. das Thermostatgehäuse schon sehr heiss ist.
- Schaltet der Lüfter ein?
- Sind alle vorherigen Punkte in Ordnung, ist der Kühler verstopft und muss erneuert werden.

Stärke des Frostschutzmittels prüfen
Vor dem Beginn der kalten Jahreszeit den Gefrierschutz des Kühlmittels prüfen. Dazu den Verschlussdeckel des Ausgleichsbehälters abnehmen und mit dem Testgerät etwas Kühlmittel aus dem Ausgleichsbehälter saugen. Meistens haben diese Instrumente einen Gummiball zum Absaugen des Kühlmittels. Am Stand des Schwimmers können Sie die Stärke des Frostschutzes bestimmen und entsprechend durch Nachfüllen von Gefrierschutz berichtigen.

4.9 Kühlmittelschläuche

Grundsätzlich muss man den richtigen Kühlmittelschlauch beziehen, d.h. Schläuche nur anhand der Motornummer und auch des Baujahres bestellen.

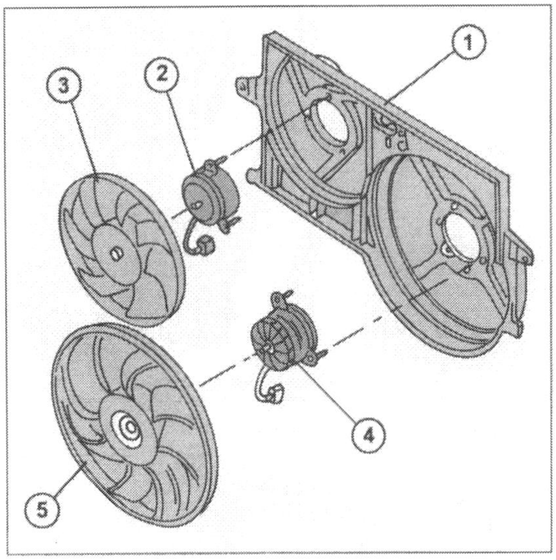

Bild 220
Lüfter und Lüfterverkleidung bei eingebautem Dieselmotor.
1 Kühlerverkleidung
2 Lüftermotor
3 Lüfterflügel
4 Lüftermotor
5 Lüfterflügel

Meistens entwickeln sich Leckstellen an einem Kühlmittelschlauch während einer Fahrt, sodass man sich umgehend weiterhelfen muss. An Tankstellen gibt es Schnellreparatursätze. Bei diesen handelt es sich um Klebbänder; die auf einem gut gereinigten Schlauch gut haften. Falls der Riss ziemlich gross ist, kann man den Verschlussdeckel des Dehngefässes um eine Umdrehung öffnen, um den Druck in der Anlage zu entlasten. Während man die Kühlmitteltemperatur und den Kühlmittelstand im Auge behält, kann man in die nächste Werkstatt fahren. Bei Erneuerung eines Kühlmittelschlauchs:

- Kühlanlage ablassen, wie es bereits beschrieben wurde.
- Bei Schraubschellen die Schraube mit einem Schraubendreher ausreichend lösen; bei Federband-Schlauchschellen die beiden Enden der Schelle bis zum Anschlag zusammendrücken. Bei eingebauten Schnellverschlüssen den nachfolgenden Anweisungen nachgehen.
- Den Schlauch abziehen. Sitzt der Schlauch sehr fest, kann man einen Schraubendreher zwischen Schlauch und Stutzen einzwingen und vorsichtig von der „Anklebung" abdrücken (nur ohne Schnellverschlüsse).
- Den neuen Schlauch auf die Anschlussstutzen schieben (nur ohne Schnellverschlüsse). Zum Befestigen dabei Schraubschellen benutzen. Die Klemmschraube nicht übermässig anziehen, damit man das Gewinde nicht beschädigt oder gar den Schlauch einschneidet.

4.10 Schnellverschlüsse der Kühlmittelschläuche

Wie bereits oben erwähnt, werden bestimmte Kühlmittelschläuche mit Schnellverschlüssen befestigt. Zwei verschiedene Ausführungen werden benutzt, eine von Conrad hergestellt und die andere von Ofelie. Abgehen davon sind die Heizungsschläuche in der beim Ausbau des Motors beschriebenen Weise an-

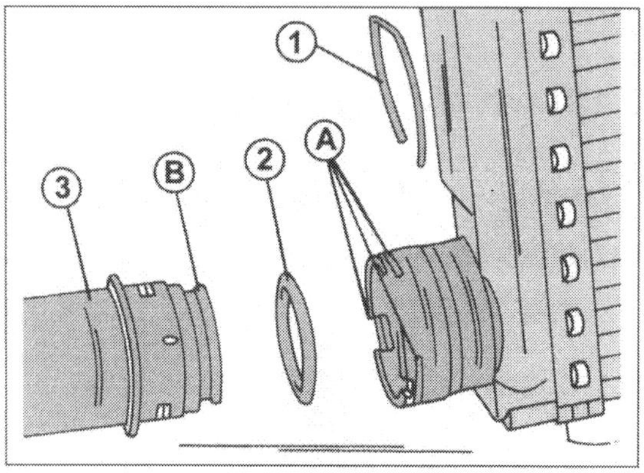

Bild 221
Einzelheiten der Befestigung eines Conrad-Anschlusses. Der Schlauch (3) wird mit den im Text erwähnten Teile befestigt.

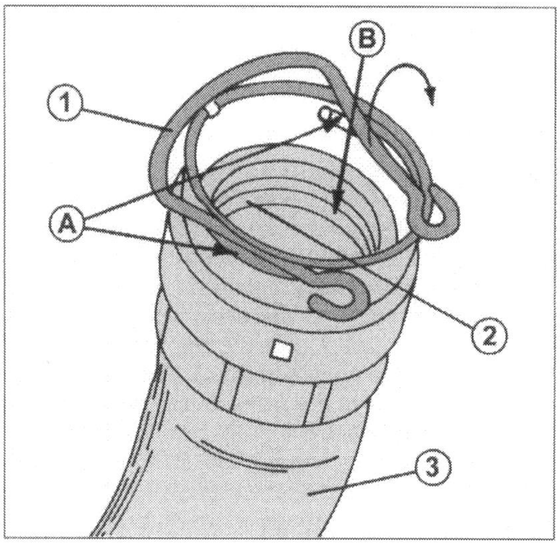

Bild 222
Einzelheiten der Befestigung eines Ofelie-Anschlusses. Der Schlauch (3) wird mit den im Text erwähnten Teile befestigt.

geschlossen. Die folgenden Anweisungen beziehen sich auf die Anschlüsse am Kühler.

- Der Conrad-Anschluss ist in Bild 221 gezeigt. Zum Lösen des Schlauchs die Federspange (1) herausziehen und den Schlauch abziehen. Den Dichtring (2) sofort kontrollieren. Beim Anschliessen des Schlauchs die Federspange (1) in die drei Schlitze „A" einsetzen. Falls erforderlich einen neuen Dichtring (2) in die Rille „B" des Anschlussstücks einsetzen. Der Schlauch wird jetzt aufgeschoben, bis der Anschluss einschnappt. Zur Kontrolle einer guten Verbindung zieht man am Schlauch. Er darf nicht wieder herunterkommen.
- Der Ofelie-Anschluss ist in der in Bild 222 gezeigten Weise befestigt. Zum Lösen des Schlauchs die Federspange (1) mit einer Seegerringzange öffnen und gleichzeitig den Schlauch (3) abziehen. Den Dichtring (2) aus der Rille „B" herausnehmen. Beim Anschliessen die Federspange (1) in die Schlitze „A" einschnappen. Die offene Seite muss genau gegenüber der Nase des Anschlusses sitzen. Falls erforderlich einen neuen Dichtring (2) in die Rille „B" einlegen. Den Anschluss des Schlauchs auf das Gegenstück aufschieben. Dabei den Anschluss verdrehen, bis er mit den Führungsnasen am Gegenstück ausgerichtet ist. Anschluss aufdrücken, bis die Federspange einschnappt. Am Schlauch ziehen, um den Anschluss auf einwandfreie Befestigung kontrollieren.

4.11 Keilrippenriemenantrieb

Der Aus- und Einbau des Keilrippenriemens oder dessen Erneuerung, wird im Abschnitt „Elektrische Anlage" beschrieben.

5 Die Kraftstoffeinspritzanlage

Die einzelnen Benzinmotoren sind mit verschiedenen Kraftstoffeinspritzanlagen versehen. Bei den Anlagen handelt es sich Mehrpunkt-Einspritzanlagen. Jeder Zylinder hat sein eigenes Einspritzventil. Hergestellt werden die Anlagen von Bosch oder Magnetti Marelli. Im Abschnitt „Einleitung" auf wurde bereits auf die einzelnen Motoren und deren Einspritzanlagen eingegangen. Bilder 223 bis 225 zeigen die Teile der beiden in Frage kommenden Einspritzanlagen.
Arbeiten an der Kraftstoffeinspritzanlage sollten unter allen Umständen vermieden werden. Der Leerlauf und der CO-Anteil werden automatisch durch das elektronische Steuergerät reguliert und erfordern keinerlei Aufmerksamkeit, vorausgesetzt, dass alle anderen zur Anlage gehörenden Teile einwandfrei arbeiten.
Falls man jedoch bestimmte Teile der Anlage ausbauen will, muss man sich an die folgenden Vorschriftsmassnahmen halten, um Verletzungen und Beschädigung der Anlage zu vermeiden. Als erstes Gesetz gilt:
Personen mit einem Herzschrittmacher müssen sich von einer elektronischen Einspritzanlage fern halten.

- Niemals die Zündleitungen berühren, wenn der Motor läuft oder mit dem Anlasser durchgedreht wird.
- Elektrische Leitungen der Kraftstoff- oder Zündanlage nur abklemmen und wieder anklemmen, wenn die Zündung ausgeschaltet ist. Zur eigenen Sicherheit kann man auch die Batterie aus dem Stromkreis schliessen.
- Beim Durchdrehen des Motors mit dem Anlasser, ohne dass man den Motor anlassen will, das mittlere Kabel aus der Zündspule herausziehen und mit einem Verbindungsdraht auf Masse schliessen.
- Ein Anlassen des Motors mit einem Hilfsstarter darf nur höchstens eine Minute lang mit einer Höchststromstärke von 16,5 Volt durchgeführt werden.
- Die Zündung muss ausgeschaltet sein, wenn der Motor gewaschen wird.
- Batterie abklemmen, wenn am Fahrzeug elektrische Schweissungen durchgeführt werden (auch der Generator wird Ihnen dafür danken).
- Beim Abschleppen eines Fahrzeuges aufgrund von Zündungsschäden, immer die elektrischen Kabel des elektronischen Steuergeräts abklemmen, um Beschädigungen zu vermeiden.

5.1 Regelmässige Wartungsarbeiten

5.1.1 Erneuerung des Luftfiltereinsatzes

Alle 60 000 km sollte der Filtereinsatz erneuert werden, jedoch werden die Intervalle manchmal geändert. Ihr Wartungsscheckheft ist dabei die beste Hilfe. Die Einbauweise ist nicht bei allen Motoren gleich, jedoch gibt die folgende Beschreibung eine allgemeine Zusammenfassung. Unterschiedlich ist auch die Anschlussweise des Luftansaugstutzens. Bilder 226 und 227 zeigen den Motorraum der in Frage kommenden Motoren mit der Lage des Luftfilters und der Verlegung der Ansaugschläuche.

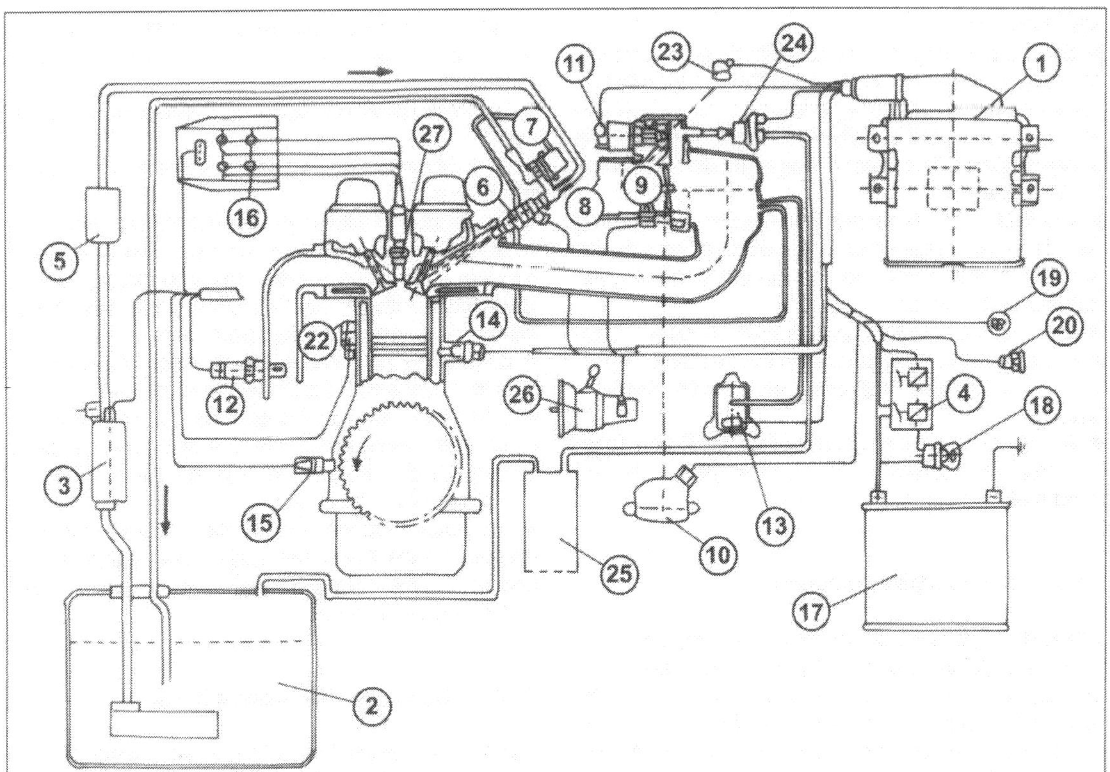

Bild 223
Die Lage der einzelnen Teile der Magnetti-Marelli-Einspritzanlage (MM 8P20), gezeigt für einen 2.0-Liter-Motor.
1 Elektronisches Steuergerät
2 Kraftstofftank
3 Kraftstoffpumpe, im Tank
4 Doppeleinspritzrelais
5 Kraftstofffilter
6 Einspritzventil
7 Kraftstoffdruckregler
8 Kraftstoffverteilerrohr
9 Drosselklappengehäuse
10 Drosselklappenpotentiometer
11 Leerlaufregelmotor
12 Lambda-Sonde
13 Druckgeber, Ansaugsammelrohr
14 Geber, Motorkühlmitteltemperatur
15 Motordrehzahlgeber
16 Zündspule
17 Batterie
18 Diebstahlsicherungs/Zündschalter
19 Kontrollleuchte, Zündanlage
20 Diagnoseanschluss
21 Temperaturgeber, Ansaugluft
22 Klopfgeber
23 Heizelement, Drosselklappengehäuse
24 Schaltventil, Aktivkohlebehälter
25 Aktivkohlebehälter
26 Geber, Fahrzeuggeschwindigkeit
27 Zündkerze

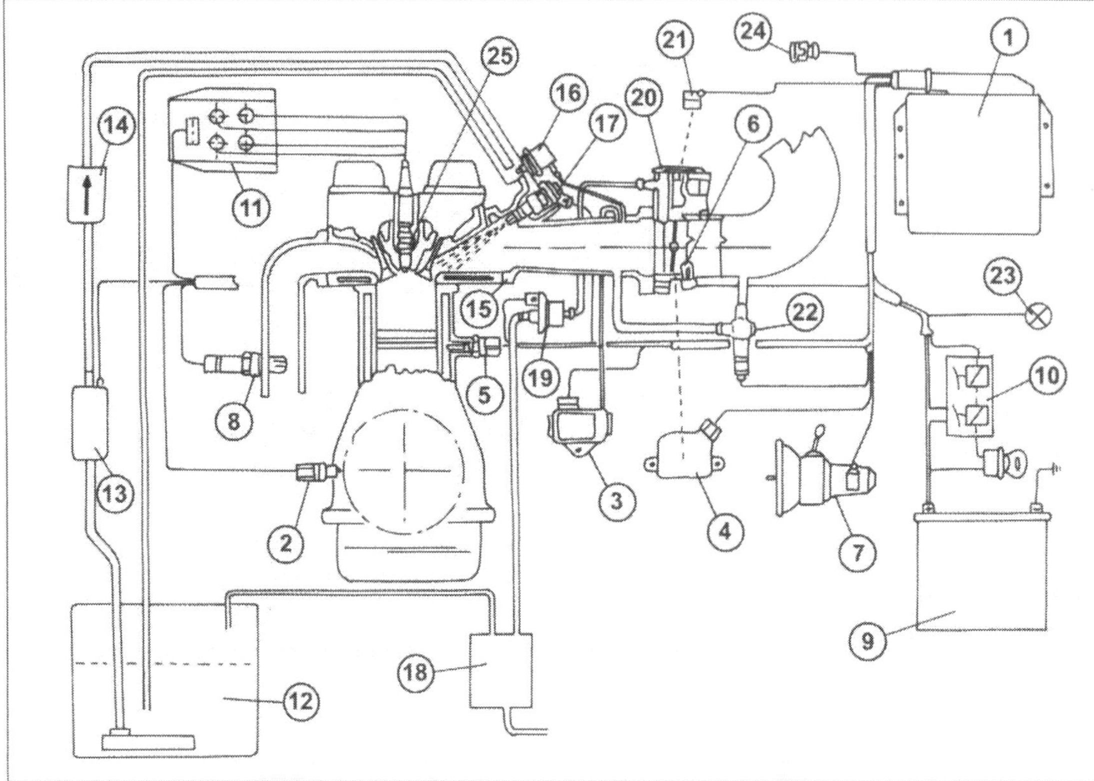

Bild 224
Die Lage der einzelnen Teile der Bosch MA 5.1-Kraftstoffeinspritzanlage.
1 Elektronisches Steuergerät
2 Motordrehzahlgeber
3 Ansaugdruckgeber
4 Drosselklappenpotentiometer
5 Temperaturgeber, Motorkühlmittel
6 Ansaugluft-temperaturgeber
7 Geber, Fahrzeuggeschwindigkeit
8 Lambda-Sonde
9 Batterie
10 Doppeleinspritzrelais
11 Zündspule
12 Kraftstofftank
13 Kraftstoffpumpe, im Tank
14 Kraftstofffilter
15 Kraftstoffverteilerrohr und Ansaugsammelrohr
16 Kraftstoffdruckregler
17 Einspritzventile
18 Aktivkohlebehälter
19 Schaltventil, Aktivkohlebehälter
20 Drosselklappengehäuse
21 Heizelement, Drosselklappengehäuse
22 Leerlaufregelmotor
23 Warnleuchte, Diagnosesystem
24 Diagnoseanschluss
25 Zündkerze

Zur Erneuerung des Filtereinsatzes (wie zutreffend):

- Den Unterdruckschlauch und die Belüftungsschläuche von der Vorderseite des Luftfiltergehäuses abschliessen. Klemmschellen zerschneiden und beim Einbau mit Schlauchschellen ersetzen.
- Die Befestigungsschellen entfernen und den Luftansaugstutzen von der Oberseite des Luftfiltergehäuses abnehmen.
- Die Federspangen des Luftfilterdeckels zurückschnappen und den Luftfilterdeckel vom Gehäuse abnehmen. Den Dichtring entfernen. Der Dichtring muss erneuert werden, falls er nicht mehr einwandfrei aussieht. Den Filtereinsatz gezeigt aus dem Gehäuse herausziehen.
- Ein leicht verschmutzter Filtereinsatz kann durch Ausblasen mit Pressluft gereinigt werden, jedoch darf angesammelter Staub nur von innen nach aussen ausgeblasen werden.
- Die Innenseite des Filtergehäuses mit einem Lappen auswischen und den neuen Filtereinsatz einsetzen. Darauf achten, dass er einwandfrei im Gehäuse sitzt.
- Alle anderen Arbeiten in umgekehrter Reihenfolge durchführen. Dichtringe immer erneuern, falls sie nicht mehr einwandfrei aussehen.

5.1.2 Kraftstofffilter erneuern

Alle 80 000 km sollte der Kraftstofffilter erneuert werden, ganz gleich ob er zu Störungen führt oder nicht. Uns ist bekannt, dass dies nur in den seltensten Fällen durchgeführt wird, vor allem, da der Filter verhältnismässig teuer ist. Wir müssen jedoch hinzufügen, dass ein Filter keine Voranzeichen einer baldigen Störung gibt, sondern von einem Moment zum nächsten ausfallen kann.

Der Filter befindet sich an der Unterseite des Fahrzeuges, neben dem Kraftstofftank, wie es aus den Diagrammen der Einspritzanlagen ersichtlich ist. Bei der Erneuerung des Filters sind alle Vorsichtsmassnahmen beim Umgang mit Benzin zu beachten. Beim Abschliessen der Schläuche des Filters muss jedoch der Druck in der Anlage entlastet werden, wie es anschliessend beschrieben wird.

- Rückseite des Fahrzeuges auf Unterstellböcke setzen.
- Das Filterbefestigungsband von der linken Seite des Tanks lösen.
- Die beiden Schellen der Kraftstoffschläuche entfernen. Bei diesen wird es sich um Klemmschellen handeln, falls Sie den Filter das erste Mal erneuern. Beim Einbau des neuen Filters kann man jedoch gewöhnliche Schraubschellen benutzen.
- Die Schläuche von den Anschlüssen abziehen. Ein Pfeil im Filtergehäuse gibt die Strömungsrichtung an.
- Den Filter herausnehmen und vorschriftsmässig entsorgen – nicht einfach in den Müll werden, da er sich entzünden könnte. In Bild 228 ist die Einbauweise des Filters zu sehen.
- Den neuen Filter in umgekehrter Weise einbauen und befestigen. Nach dem Einbau den Motor starten und nach einer Weile kontrollieren, dass die Kraftstoffschläuche dicht sind.

5.1.3 Entlasten des Kraftstoffdrucks

Der Kraftstoff in der Einspritzanlage steht ständig unter Druck, d.h. beim Abschliessen irgendeiner Kraft-

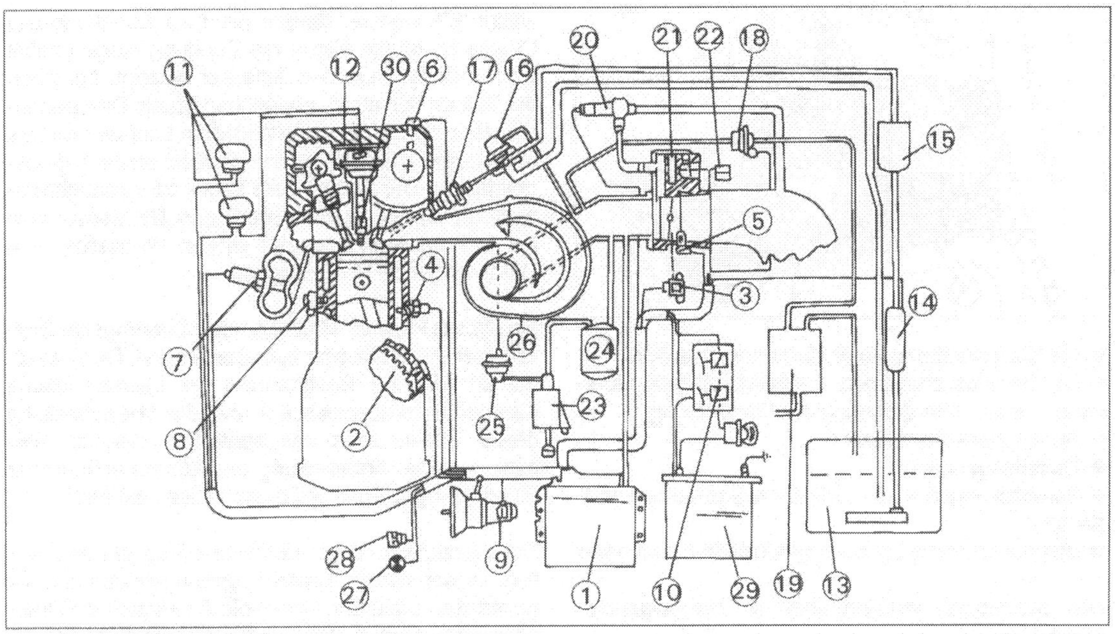

Bild 225
Die Lage der einzelnen Teile der Magnetti-Marelli-Einspritzanlage (Bosch), gezeigt für einen 2.0-Liter-Motor mit 16 Ventilen.
1 Elektronisches Steuergerät
2 Geber, Motordrehzahl
3 Drosselklappenpotentiometer
4 Geber, Motorkühlmitteltemperatur
5 Geber, Ansaugluft-temperatur
6 Geber, Zylindererkennung
7 Lambda-Sonde
8 Klopfgeber
9 Geber, Fahrgeschwindigkeit
10 Doppeleinspritzrelais
11 Zündmodule
12 Zündspulen
13 Kraftstofftank
14 Kraftstoffpumpe
15 Kraftstofffilter
16 Kraftstoffdruckregler
17 Einspritzventile
18 Schaltventil, Aktivkohlebehälter
19 Aktivkohlebehälter
20 Leerlaufregler
21 Drosselklappengehäuse
22 Heizelement, Drosselklappengehäuse
23 Elektro-Schaltventil für Ansaugsystem
24 Unterdruckbehälter
25 Pneumatische Schaltventile
26 Ansaugsammelrohr
27 Diagnoseanschluss
28 Diagnosestecker
29 Batterie
30 Zündkerze

stoffleitung oder Verbindung wird Kraftstoff ausspritzen. Darin inbegriffen sind Kraftstoffpumpe, Kraftstofffilter, Einspritzventilen, Kraftstoffverteilerrohr und der Druckregler sowie die zur Verbindung der einzelnen Bauteile benutzen Schläuche und Metallleitungen. Da auch bei ausgeschalteter Zündung ein gewisser Druck verbleibt, kann man nie wissen, wie hoch er ist. Aus diesem Grund sind die folgenden Arbeiten durchzuführen, ehe ein Anschluss geöffnet wird.

- Massekabel der Batterie abschliessen.
- Einen kleinen Behälter unter den betreffenden Anschluss unterhalten und einen dicken Lappen um den Anschluss wickeln, während der Schlüssel angesetzt wird. Ausspritzendes Benzin wird dadurch aufgefangen.
- Den Anschluss oder die Überwurfmutter langsam öffnen, damit der Druck langsam entweichen kann. Benzin sofort mit dem Lappen auffangen, wie es ausspritzt. Nachdem der Druck entwichen ist, kann man den Anschluss vollkommen öffnen.
- Geöffnete Anschlüsse immer in geeigneter Weise verschliessen, einmal damit kein Benzin auslaufen kann und zum zweiten, damit kein Schmutz eintreten kann.

5.2 Kurze Beschreibung der Einspritzanlagen

5.2.1 Magnetti Marelli-Einspritzanlage 8P15 (1.8-Liter-Motor)

Diese Anlage kann in den 1,8 Liter/Motor eingebaut sein.
Die Mehrpunkteinspritzanlage arbeitet mit einer statischen Zündung und einem Klopfsensor. Das elektronische Steuergerät reguliert die Gemischstärke und die Zündung.

Die Menge des eingespritzten Kraftstoffs hängt davon ab, wie lange die Einspritzdüse geöffnet bleibt. Die Dauer der Einspritzung hängt von der Motorbelastung (Drucksensor) und der Motordrehzahl (Schwungradsensor) ab.

Teile der Elektronik
Die vier *Einspritzdüsen* werden gleichzeitig bei jeder Umdrehung des Motors geöffnet und spritzen den Kraftstoff in das Sammelrohr ein.
Verschiedene Korrekturen werden während dem Betrieb der Einspritzanlage vorgenommen, um bestimmte Betriebsbedingungen anzugleichen. Die folgenden Faktoren beeinflussen die Arbeitsweise der Anlage:

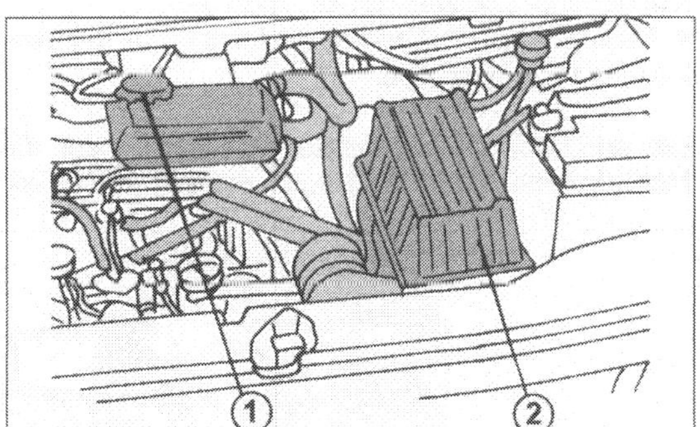

Bild 226
Der Luftfilter der XU-Motoren mit 8 Ventilen sitzt an der gezeigten Stelle. Nach Ausbau des Deckels kann der Filtereinsatz erneuert werden.
1 Verschlussdeckel des Ausgleichsbehälters der Kühlanlage
2 Luftfilterdeckel

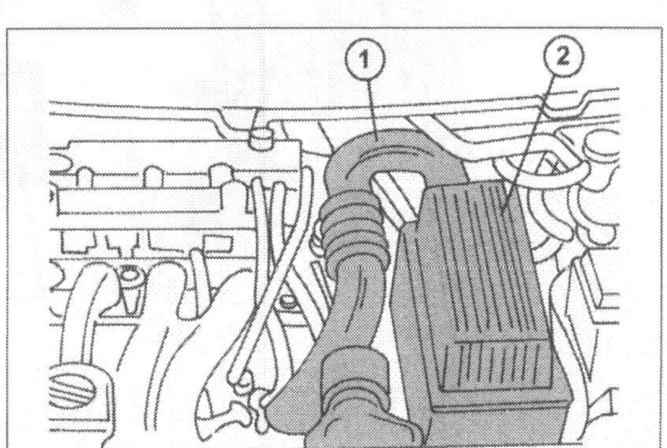

Bild 227
Luftfilterinstallation bei einem Motor mit 16 Ventilen. Nach Ausbau des Deckels kann der Filtereinsatz erneuert werden.
1 Luftansaugschlauch
2 Luftfilterdeckel

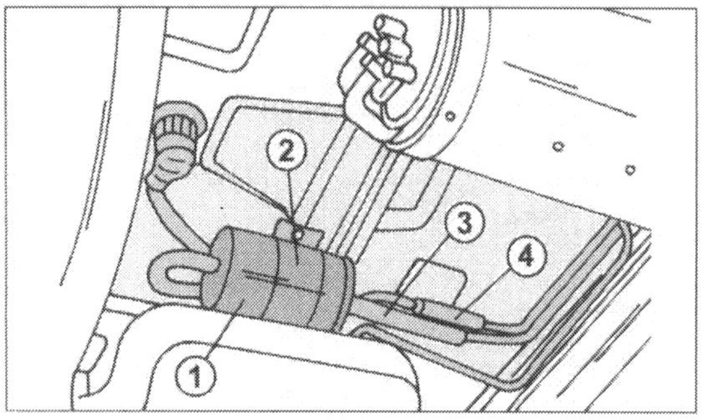

Bild 228
Einbaulage des Kraftstofffilters in der Nähe des Tanks.
1 Kraftstofffilter
2 Befestigungsschelle
3 Kraftstoffzufuhrleitung
4 Kraftstoffrücklaufleitung

- Die Kühlmitteltemperatur (Temperatursensor)
- Die Betriebsverhältnisse (Leerlauf, Volllast, Übergangsphase, Unterbrechung der Einspritzung)
- Atmosphärischer Druck
- Batteriespannung
- Schwankungen in der Luftdichte (Lufttemperatursensor)
- Von der Lambda-Sonde zugeführte Informationen

Das Steuergerät reguliert ebenfalls die folgenden Funktionen:
- Durch die Verwertung der Daten vom Klopfsensor werden das Gemisch und der Zündzeitpunkt verstellt, um zu hohe Temperaturen im Katalysator zu vermeiden.
- Rückführung der im Aktivkohlebehälter befindlichen Gase (Dämpfe) in das Ansaugsystem.
- Regulierung der Zündverstellung und die Zufuhr von zusätzlicher Luft beim Einschalten einer eingebauten Klimaanlage.
- Betrieb der Warnleuchte des Fehleraufzeichnungssystems.
- Schutz gegen Überdrehung des Motors durch Unterbrechung der Zündung.
- Den Drehzahlmesser.
- Abschalten der Einspritzung (und wieder Einschalten) bei einer Drehzahl von ca. 1400/min.
- Regulierung des Leerlaufregelmotors in der Anlass- und Leerlaufphase.

Der am Schwungradgehäuse sitzende Sensor für Motordrehzahl und OT-Stellung wurde bereits erwähnt. Ein weiterer Sensor dient zur Ermittlung des Drucks im Motor. Wenn die Zündung eingeschaltet wird und ehe man den Anlasser betätigt, speichert der Sensor den atmosphärischen Druck. Dies bedeutet, dass der Sensor während dem Lauf des Motors alle auftretenden Unterschiede zwischen dem atmosphärischen Druck und dem Druck im Ansaugkrümmer dem Steuergerät mitteilen kann. Der Sensor wird mit 5 V gespeist und gibt eine in Proportion zum Druck stehende Spannung ab.

Ein Drosselklappen-Potentiometer überträgt die Stellung der Drosselklappe zum Steuergerät. Diese Information wird zur Bestimmung der Leerlaufstellung (Gaspedal zurückgelassen) und der Volllaststellung (Pedal vollkommen durchgetreten) benutzt. Beschleunigung, Abbremsung und Unterbrechung der Einspritzung werden auf diese Weise gesteuert.

Der Leerlauf wird durch den *Leerlaufregelmotor* reguliert. Dieser sitzt im Drosselklappengehäuse und reguliert die Luftzufuhr, indem die Ansaugluft die Drosselklappe umgeht. Dadurch kann zusätzliche Luftzufuhr bei kaltem Motor erfolgen und der Leerlauf wird entsprechend der Motorbelastung und der Kühlmitteltemperatur verstellt.

Der Sensor für die Kühlmitteltemperatur sitzt in der Kühlanlage, der *Sensor für die Ansaugluft* sitzt im Luftansaugkanal.

Wenig kann über das *Drosselklappengehäuse* gesagt werden. Es nimmt die folgenden Teile auf: Das Gaszugseil, Gewindeanschlüsse für den Kraftstoffdruckregler, den Aktivkohlebehälter, den Motordrucksensor, die Zusatzluftzufuhr und den Bremskraftverstärker, das Potentiometer, ein elektrisches Heizelement, den Lufttemperatursensor und den Leerlaufregelmotor.

Die Teile der Kraftstoffanlage
Abgesehen vom Tank sollen besonders die folgenden Teile erwähnt werden, die anhand von Bild 229 zusammengesetzt sind.

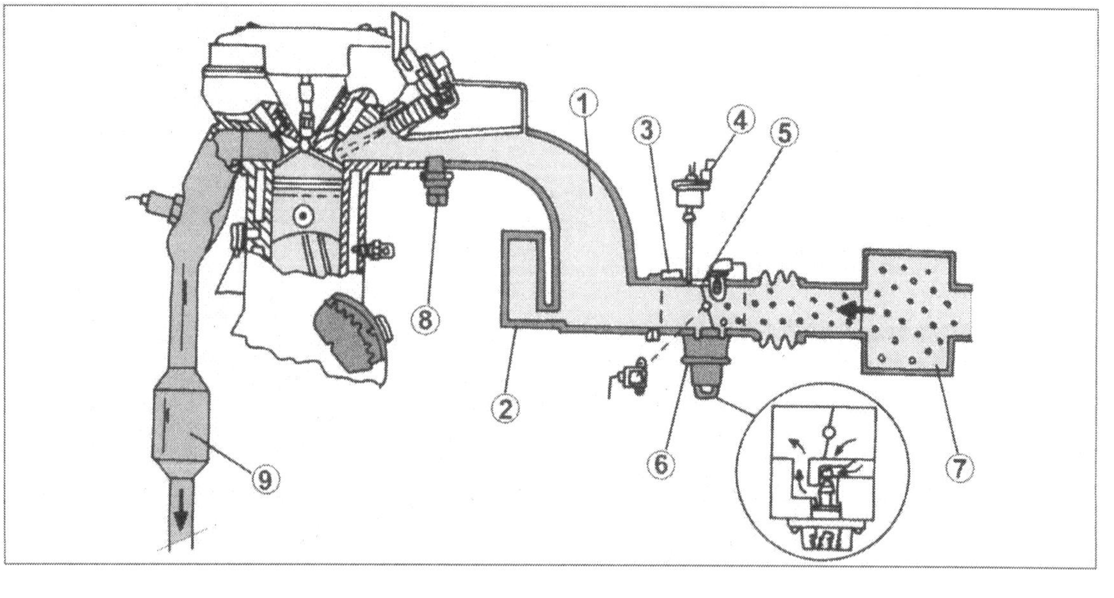

Bild 229
Die zur Luftansauganlage bei der Magnetti-Marelli- und auch der MP 5.1-Bosch-Anlage gehörenden Teile.
1 Ansaugkrümmer (Ansaugsammelrohr)
2 Ansaugluftresonanzkasten
3 Vorheizelement für Drosselklappengehäuse
4 Schaltventil für Aktivkohlefiltersystem
5 Drosselklappengehäuse
6 Stufenmotor für Leerlaufregulierung
7 Luftfilter
8 Geber, Luftdruck
9 Katalysator

Die Kraftstoffpumpe ist waagerecht in der Innenseite des Tanks montiert. Die Pumpe liefert den Kraftstoff zum Kraftstofffilter.

Der Kraftstofffilter ist am Kraftstofftank montiert und sollte ca. alle 80 000 km erneuert werden. Der Filter ist mit einem Pfeil versehen, welcher nach dem Einbau immer zur Vorderseite des Motors weisen muss. Immer den richtigen Filter einbauen.
Die vom Tank kommenden Kraftstoffdämpfe werden durch die Holzkohle im *Aktivkohlebehälter* aufgesaugt. Ein damit verbundenes Schaltventil ist im Ruhestand geöffnet. Beim Einschalten der Zündung schliesst sich das Ventil. Wenn der Motor läuft, wird das Ventil entsprechend den Anweisungen des Steuergeräts geöffnet, d.h. wenn die vorprogrammierten Bedingungen eintreten, und die im Behälter befindlichen Dämpfe werden zur Wiederverbrennung dem Ansaugkrümmer zurückgeführt. Beim Ausschalten der Zündung bleibt das Ventil einige Sekunden geschlossen, damit der Motor durch evtl. eintretende Dämpfe weiterlaufen kann.

Ein Kraftstoffdruckregler ist in das *Kraftstoffverteilerrohr* eingesetzt. Der Regler erhält den Kraftstoff von der Pumpe und hält ständig einen Druck von 2,5 bar im Leerlauf oder 3,0 bar bei Volllast. Nicht verbrauchter Kraftstoff wird wieder dem Tank zurückgeführt.

Die Einspritzventile übernehmen die Zerstäubung des Kraftstoffs im Ansaugkrümmer. Die vier Ventile werden bei jeder Umdrehung des Motors in Betrieb gebracht. Sie sind in der in Bild 230 gezeigten Weise am Kraftstoffverteilerrohr angebracht.
Leerlauf und CO-Anteil können nicht eingestellt werden.

5.2.2 Magnetti Marelli 8P22-Anlage

Bild 223 zeigt ein Diagramm dieser Einspritzanlage. Die Mehrpunkteinspritzanlage arbeitet mit einer statischen Zündung und einem Klopfsensor. Das elektronische Steuergerät reguliert die Gemischstärke und die Zündung.
Die Menge des eingespritzten Kraftstoffs hängt davon ab, wie lange die Einspritzdüse geöffnet bleibt. Die Dauer der Einspritzung hängt von der Motorbelastung (Drucksensor) und der Motordrehzahl (Sensor auf der Schwungradseite) ab.

Teile der Elektronik
Die vier *Einspritzdüsen* werden gleichzeitig bei jeder Umdrehung des Motors geöffnet und spritzen den Kraftstoff in das Sammelrohr ein.
Verschiedene Korrekturen werden während dem Betrieb der Einspritzanlage vorgenommen, um bestimmte Betriebsbedingungen anzugleichen. Die folgenden Faktoren beeinflussen die Arbeitsweise der Anlage:

- Die Kühlmitteltemperatur (Temperatursensor)
- Die Betriebsverhältnisse (Leerlauf, Volllast, Übergangsphase, Unterbrechung der Einspritzung)
- Atmosphärischer Druck
- Batteriespannung
- Schwankungen in der Luftdichte (Lufttemperatursensor)
- Von der Lambda-Sonde zugeführte Informationen

Das Steuergerät reguliert ebenfalls die folgenden Funktionen:

- Durch die Verwertung der Daten vom Klopfsensor werden das Gemisch und der Zündzeitpunkt verstellt, um zu hohe Temperaturen im Katalysator zu vermeiden.
- Rückführung der im Aktivkohlebehälter befindlichen Gase (Dämpfe) in das Ansaugsystem.
- Regulierung der Zündverstellung und die Zufuhr von zusätzlicher Luft beim Einschalten einer eingebauten Klimaanlage.
- Betrieb der Warnleuchte des Fehleraufzeichnungssystems.
- Schutz gegen Überdrehung des Motors durch Unterbrechung der Zündung (bei 6500/min).
- Den Drehzahlmesser.
- Abschalten der Einspritzung (und wieder Einschalten) bei einer Drehzahl von ca. 1400/min.
- Regulierung des Leerlaufregelmotors in der Anlass- und Leerlaufphase.

Der am Schwungradgehäuse sitzende Sensor für Motordrehzahl und OT-Stellung wurde bereits erwähnt. Ein weiterer Sensor dient zur Ermittlung, des Drucks im Motor. Wenn die Zündung eingeschaltet wird und ehe man den Anlasser betätigt, speichert der Sensor den atmosphärischen Druck. Dies bedeutet, dass der Sensor während dem Lauf des Motors alle auftretenden Unterschiede zwischen dem atmosphärischen Druck und dem Druck im Ansaugkrümmer dem Steuergerät mitteilen kann. Der Sensor wird mit 5 V gespeist und gibt eine in Proportion zum Druck stehende Spannung ab.

Wenig kann über das *Drosselklappengehause* gesagt werden. Es nimmt die folgenden Teile auf: Das Gaszugseil, Gewindeanschlüsse für den Kraftstoffdruckregler, den Aktivkohlebehälter, den Motordrucksensor, die Zusatzluftzufuhr und den Bremskraftverstärker, das Potentiometer, ein elektrisches Heizelement, den Lufttemperatursensor und den Leerlaufregelmotor.

Ein Drosselklappen-Potentiometer überträgt die Stellung der Drosselklappe zum Steuergerät. Diese Infor-

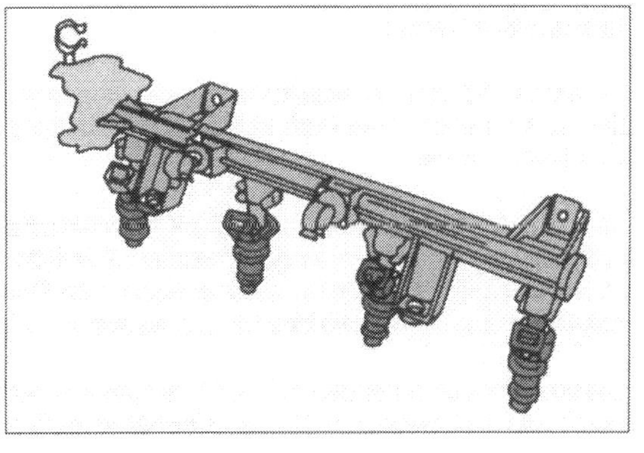

Bild 230
Ansicht des Kraftstoffverteilerrohres (Magnetti Marelli und Bosch MP 5.1). Auf der linken Seite ist der angebrachte Kraftstoffregler zu sehen.

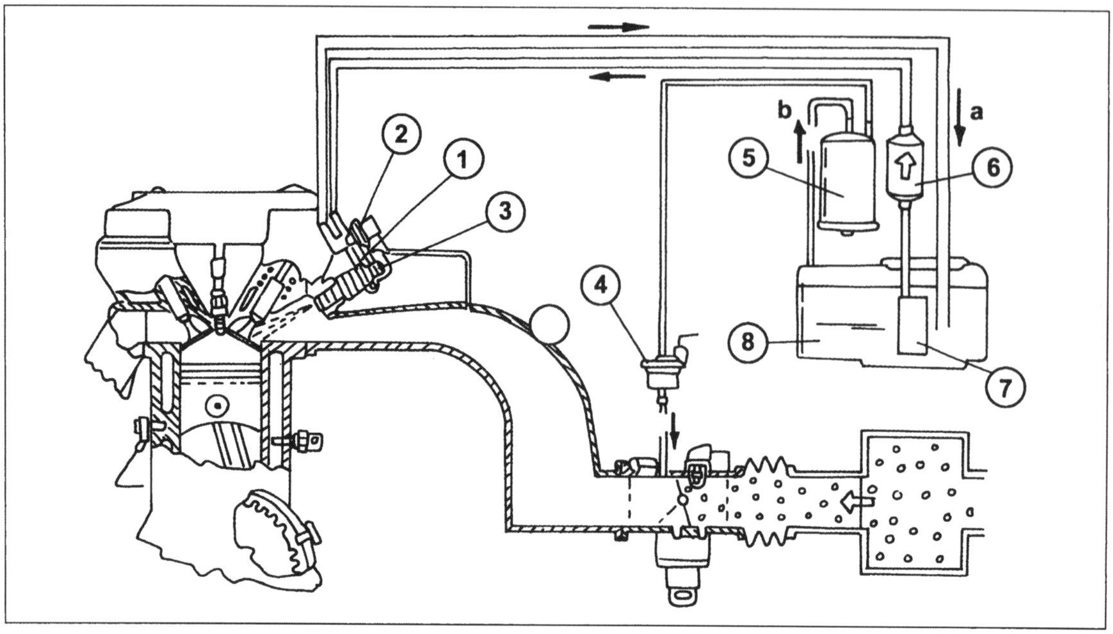

Bild 231
Die zum Kraftstoffkreis der Magnetti Marelli-Anlage gehörenden Teile„a" (Strömungsrichtung) und „b" (Rücklauf) geben den Weg des Kraftstoffs an. Zu beachten ist der Pfeil im Kraftstofffilter (6).
1 Kraftstoffverteilerrohr
2 Kraftstoffdruckregler
3 Einspritzventil
4 Schaltventil für Aktivkohlebehälter
5 Aktivkohlebehälter
6 Kraftstofffilter
7 Kraftstoffpumpe im Tank
8 Kraftstofftank

mation wird zur Bestimmung der Leerlaufstellung (Gaspedal zurückgelassen) und der Volllaststellung (Pedal vollkommen durchgetreten) benutzt. Beschleunigung, Abbremsung und Unterbrechung der Einspritzung werden auf diese Weise gesteuert.

Der Leerlauf wird durch den *Leerlaufregelmotor* reguliert. Dieser sitzt im Drosselklappengehäuse und reguliert die Luftzufuhr, indem die Ansaugluft die Drosselklappe umgeht. Dadurch kann zusätzliche Luftzufuhr bei kaltem Motor erfolgen und der Leerlauf wird entsprechend der Motorbelastung und der Kühlmitteltemperatur verstellt.

Der Sensor für die Kühlmitteltemperatur sitzt in der Kühlanlage, der *Sensor für die Ansaugluft* sitzt im Luftansaugkanal.

Luftansaugkreis
Ein Diagramm der Ansaugluftanlage ist in Bild 229 gezeigt. Die vier Zylinder werden durch vier Ansaugkanäle mit Luft beschickt. Die Luftzufuhr wird durch eine einzelne Drosselklappe reguliert. Alle anderen zum Ansaugkreis gehörenden Teile sind wie gezeigt angeordnet.

Die Teile der Kraftstoffanlage
Abgesehen vom Tank sollen besonders die folgenden Teile erwähnt werden.

Die Kraftstoffpumpe ist waagerecht in der Innenseite des Tanks montiert. Die Pumpe liefert den Kraftstoff zum Kraftstofffilter.

Der Kraftstofffilter ist am Kraftstofftank montiert und sollte ca. alle 80 000 km erneuert werden. Der Filter ist mit einem Pfeil versehen, welcher nach dem Einbau immer zur Vorderseite des Motors weisen muss.

Die vom Tank kommenden Kraftstoffdämpfe werden durch die Holzkohle im *Aktivkohlebehälter* aufgesaugt. Ein damit verbundenes Schaltventil ist im Ruhestand geöffnet. Beim Einschalten der Zündung schliesst sich das Ventil. Wenn der Motor läuft, wird das Ventil entsprechend den Anweisungen des Steuergeräts geöffnet, d.h. wenn die vorprogrammierten Bedingungen eintreten, und die im Behälter befindlichen Dämpfe werden zur Wiederverbrennung dem Ansaugkrümmer zurückgeführt. Beim Ausschalten der Zündung bleibt das Ventil einige Sekunden geschlossen, damit der Motor durch eintretende Dämpfe weiterlaufen kann.

Ein Kraftstoffdruckregler ist in das *Kraftstoffverteilerrohr* eingesetzt. Der Regler erhält den Kraftstoff von der Pumpe und hält ständig einen Druck von 2,5 bar im Leerlauf oder 3,0 bar bei Volllast. Nicht verbrauchter Kraftstoff wird wieder dem Tank zurückgeführt.

Die Einspritzventile übernehmen die Zerstäubung des Kraftstoffs im Ansaugkrümmer. Die vier Ventile werden bei jeder Umdrehung des Motors in Betrieb gebracht. Sie sind in der in Bild 230 gezeigten Weise am Kraftstoffverteilerrohr angebracht. Bild 231 zeigt wie die einzelnen Teile zueinander stehen.
Leerlauf und CO-Anteil können nicht eingestellt werden.

5.2.3 Bosch MP 5.1 Motronic-Einspritzanlage

Der 1.8-Liter-Motor ist mit dieser Anlage ausgerüstet. Wie die in Kapitel 5.2.1 beschriebene Anlage von „MM" spricht die Einspritzanlage ebenfalls auf Druck und Motordrehzahl an. Die meisten der auf den letzten Seiten beschriebenen Bauteile sind ebenfalls in dieser Anlage vorhanden, sodass sich eine weitere Beschreibung erübrigt.
Bild 224 zeigt die Lage der einzelnen Teile zueinander. Die in Bildern 229, 230 und 231 gezeigten Einzelheiten sind bei der Bosch-Anlage identisch.

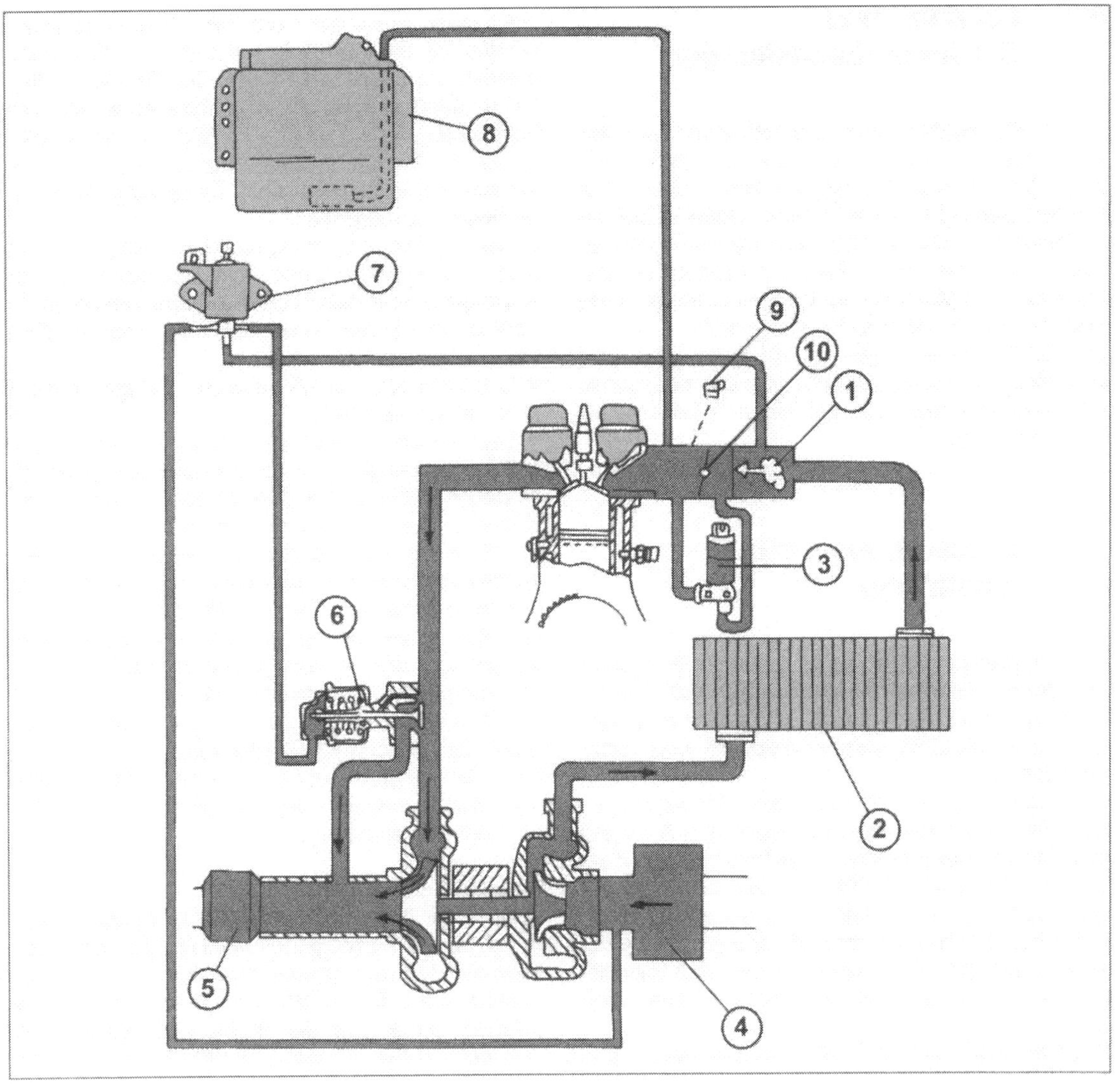

Bild 232
Der Luftansaugkreis bei einem Motor mit Abgasturbolader.
1 Ansaugsammelrohr
2 Ladeluftkühler
3 Leerlaufregelventil
4 Luftfilter
5 Katalysator
6 Regelventil
7 Regelventil für Abgasturbolader
8 Elektronisches Steuergerät mit Druckgeber
9 Heizelement des Drosselklappengehäuses
10 Drosselklappengehäuse

5.2.4 Bosch MP 3.2-Anlage

Dies ist die beim 2.0-Liter-Motor mit 8 Ventilen und Abgasturbolader eingebaute Anlage. Viele der Bauteile entsprechen den Angaben bei der Magnetti Marelli-Anlage, jedoch sind bestimmte Unterschiede vorhanden, die untenstehend kurz erwähnt werden sollen. Ein Diagramm dieser Anlage ist in Bild 225 gezeigt.

Die Einspritzventile sind in die in das Kraftstoffverteilerrohr eingesetzte Verteilerleitung eingesetzt und werden einzeln gesteuert. Der Kraftstoff wird Zylinder nach Zylinder bei jeder Umdrehungen des Motors gleichzeitig eingespritzt.

Der Kraftstoffdruckregler ist in das Kraftstoffverteilerrohr eingesetzt und gewährleistet einen konstanten Druck unter allen Betriebsbedingungen (3 bar).

Das Luftansaugsystem dieses Motors ist von spezieller Konstruktion. Es würde zu weit führen, auf die Einzelheiten der Bauweise des Ansaugkrümmers einzugehen, nur dass der Ansaugkrümmer aus zwei Kanälen von unterschiedlicher Länge und unterschiedlichem Querschnitt besteht. Der Grund dieses Systems ist die Verbesserung des Drehmoments bei niedrigen Drehzahlen.
Das Steuergerät unterbricht die Einspritzung im Schub bei einer Drehzahl von weniger als 1280/min und nimmt den Betrieb der Einspritzung nach Überschreiten dieser Drehzahl wieder auf.
Als Überdrehungsschutz stellt die Einspritzung bei einer Drehzahl von 6840/min ab. Ein Positions-Sensor zur Erkennung der Zylinder ist am Zylinderkopf montiert.
Unterschiedlich bei dieser Einspritzanlage ist der Luftansaugkreis, da bei diesem der Abgasturbolader einbezogen ist. Wie die einzelnen Teile zueinander angeordnet sind, kann man Bild 232 entnehmen.

5.2.5 Bosch MP 7.3-Einspritzanlage

Die beim 2.0-Liter-Motor mit 16 Ventilen eingebaute Einspritzanlage ist auf der MP 3.2-Anlage aufgebaut. Es handelt sich hier um eine sequentielle Einspritzanlage, mit den meisten der bereits erwähnten Bauteile, sowohl elektronisch, als auch hinsichtlich des Luftansaugsystems und Kraftstoffsystems.

5.3 Leerlauf- und CO-Anteil-Einstellungen

Wie bereits erwähnt, kann der Leerlauf aller erwähnten Einspritzmotoren nicht eingestellt werden. Ein durch das Steuergerät regulierter, elektrischer Motor hält den Leerlauf auf dem Sollwert, wobei jedoch eine Toleranz von 50/min mehr oder weniger ohne weiteres vorkommen kann. Falls der Leerlauf bei betriebswarmem Motor diesen Wert nicht erhält, muss man die Ursache dafür feststellen lassen.
Der CO-Anteil des Kraftstoff/Luftgemischs ist nicht verstellbar. Er wird durch die von der Lambda-Sonde erhaltenen Informationen auf einem Wert von ca. 0,5 % gehalten.

5.4 Drosselklappenzug – Einstellung

Das Drosselklappenseil muss gewährleisten, dass der Motor vollkommen in den Leerlauf zurückkommen kann und Volllast erreicht. Die äussere Seilhülle ist in der in Bild 233 gezeigten Weise mit einer Spange befestigt.
Zur Einstellung des Seils die Spange herausziehen, den Hebel der Drosselklappe gegen den Anschlag drücken und das Innenseil vorsichtig herausziehen, bis alles Spiel aufgehoben ist. Das Seil in dieser Stellung halten, die Scheibe fest gegen die Gummibüchse drücken und die Federspange in eine der Rillen einsetzen. Setzt man sie in die dritte Rille ein, gezählt von der Scheibe, wird die Einstellung stimmen.
Das Fahrpedal von einem Helfer betätigen lassen und kontrollieren, dass Leerlaufstellung und Volllaststellung hergestellt werden.

5.5 Abgasturbolader

Falls man feststellt, dass der Motor weniger Leistung aufbringt als man erwartet, z.B. die Höchstgeschwindigkeit kann nicht mehr erzielt werden, kann der Turbolader verdächtigt werden. Falls der Turbolader nicht mehr einwandfrei arbeitet, muss er erneuert werden, da man ihn nicht mit einfachen Werkstattausrüstungen reparieren kann. Zur Gewährleistung des einwandfreien Betriebs des Turboladers und zum Erzielen des Aufladedrucks muss die gesamte Anlage auf der Ansaug- und der Abgasseite vollkommen luftdicht abgeschlossen sein. Diese Möglichkeit ist als Erstes zu überprüfen:

- Den Luftschlauch zwischen dem Turbolader und dem Ansaugrohr und den Schlauch zwischen dem Ansaugrohr und der Einspritzpumpe kontrollieren. Schläuche können entweder lose oder undicht sein.
- Luft kann zwischen Ansaugrohr und Zylinderkopf in den Motor eintreten.
- Die Flansche am Ansaugrohr können undicht sein.
- Eine Undichtigkeit hat sich zwischen dem Auspuffkrümmer und dem Zylinderkopf oder zwischen dem Krümmer und dem Turbolader gebildet.

Zur Kontrolle des Aufladedrucks wird ein spezieller Druckmesser benötigt und diese Arbeit sollte einer Werkstatt überlassen werden. Falls der Druck zu hoch ist, obwohl die Leitung zum Ladedruckregler nicht verstopft ist, wird es höchstwahrscheinlich einer Erneuerung des Turboladers bedürfen.
Ein Fehler kann auch im Abblaseventil auftreten, wodurch der Ladedruck zu niedrig bleibt.
Falls der Auspuffrauch sich in der Farbe ändert, stimmt irgendetwas in der Einspritzanlage nicht. Sofort kontrollieren lassen.

Turboladerstörungen
Arbeitet der Turbolader nicht mehr einwandfrei, kann man dies durch abfallende Leistung oder Nichterreichen der Höchstgeschwindigkeit feststellen, vorausgesetzt, dass die Kraftstoffeinspritzung einwandfrei arbeitet. Einmal kann dies an einer Leckstelle in der Aufladeanlage liegen, zum anderen Mal an einem defekten Turbolader. Wir schlagen die folgende Reihenfolge beim Prüfen vor:

Undichte Turboladeranlage
- Den Luftschlauch zwischen dem Turbolader und dem Ansaugsammelrohr auf Bruch, Risse, Lockerung, usw. kontrollieren und Defekte evtl. beheben.
- Undichtheit zwischen dem Zylinderkopf und dem Ansaugsammelrohr kontrollieren. Dies kann durch schlechte Dichtungen oder in schlimmen Fällen durch einen geplatzten Krümmer vorkommen.
- Die Verbindungsflansche zwischen dem Auspuffkrümmer und dem Zylinderkopf oder zwischen dem Auspuffkrümmer und dem Turbolader sind undicht.

Defekter Turbolader
- Den Ladedruck in einer Werkstatt kontrollieren lassen. Der Ladedruck kann entweder zu hoch oder zu niedrig sein. Ist der Druck zu hoch, kann der Fehler im Magnetventil für die Ladedruckbegrenzung liegen oder die Druckdose des Ladedruckregelventils am Turbolader ist defekt.
- Ist der Ladedruck zu niedrig, kann man die Druckdose für die Ladedruckbegrenzung verdächtigen. Andernfalls muss der Fehler im Turbolader liegen.

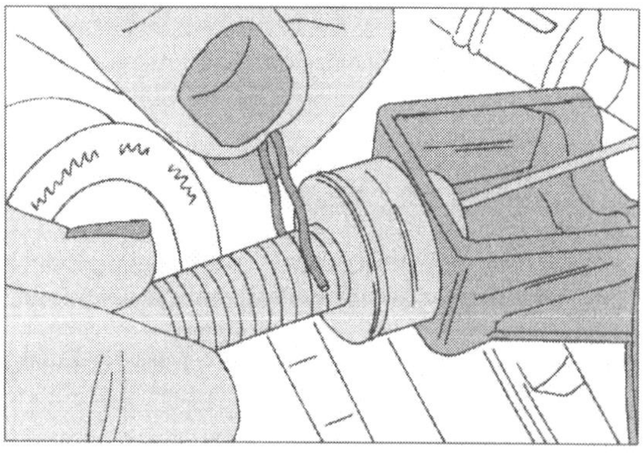

Bild 233 Befestigung des Drosselklappenseils mit der Sicherungsspange.

Wissenswertes über den Abgasturbolader
Wie Sie bereits wissen werden, darf man einen Motor nach einer langen, schnellen Fahrt nicht sofort abstellen, sondern muss ihn eine Weile im Leerlauf lassen. Was Sie vielleicht nicht wissen, ist der Grund dafür: Würde man den „überheissen" Motor sofort abstellen, könnte sich das Wellenlager des Turboladers so stark erhitzen, dass das Schmieröl im Lager verbrennen kann. Bei einer solchen wiederholten „Behandlung" würde der Turbolader bald festfressen.
Der Turbolader ist ziemlich empfindlich auf Schmutz oder andere Fremdteile, sodass beim Aus- und Einbau grösste Reinlichkeit empfohlen wird.

6 Dieseleinspritzung und Kraftstoffaufbereitung

6.1 Einleitung in die Kraftstoffanlage

Der 1.9-Liter-Motor der Motorfamilie XUD9 wurde ab ca. Dezember 1994 eingebaut und arbeitet mit einer von Bosch hergestellten Drehverteiler-Einspritzpumpe. Die Motoren arbeiten im Zusammenhang mit einer Abgasrückführungsanlage. Bei der folgenden Beschreibung verweisen wir auf diese als AGR-Anlage. Zu beachten ist, dass zwei verschiedene Motoren eingebaut werden, einer ohne Katalysator und einer mit Oxidationskatalysator. Aus diesem Grund ist auch die Kennzeichnung des Motors unterschiedlich (D8B-XUD9 TL/L ohne Katalysator oder DHX-XUD9 TF/Y mit Katalysator). Beide Motoren arbeiten jedoch mit der AGR-Anlage.
Mit Beginn des Baujahres 1997 wurden die 1.9-Liter-Motoren abgeändert:

- Ein Motor mit der Bezeichnung XUD9TF/W2 (D8B) wurde eingeführt. Die Bezeichnung „W2" bezieht sich auf das Ausmass der Abgasregulierung, um den Bestimmungen für Fahrzeuge für Personentransport zu entsprechen. Bei diesem Motor fehlt das AGR-Ventil.
- Ein Motor mit der Bezeichnung XUD9BTF/L3 wurde eingeführt. Bei diesem Motor handelt es sich um den XUD9TF-Motor, welcher jedoch mit einer von Bosch hergestellten VP20-Einspritzanlage ausgerüstet, die in Verbindung mit einer elektronische regulierten Einspritzpumpe arbeitet. Das elektronische Steuergerät der VP20-Anlage übernimmt die Regulierung der folgenden Bauelemente: Die Regulierung der Einspritzverstellung und der Kraftstoffzufuhr, die Regulierung der AGR-Anlage, das Vorglührelais, die Höhenregulierung, die Schnellleerlaufverstellung, die Regulierung einer eingebauten Klimaanlage, das Signal der Motordrehzahl und das Fehleraufzeichnungssystem. Bei diesem Motor wurde auch ein unterschiedliches Getriebe eingebaut, welches unter der Bezeichnung ML5T läuft.

Der 2.1-Liter-Motor der Motorfamilie XUD11 trägt die Bezeichnung XUD11BTE/L3 (P8C)und ist mit einer von Lucas hergestellten EPIC-Einspritzanlage ausgerüstet. EPIC bedeutet auf deutsch „elektronisch programmierte Einspritzregulierung". Die Bezeichnung „L3" bezieht sich wiederum auf die Norm der Abgasregulierung. Die neue Pumpe ist mit Regelventilen für die Kraftstoffzufuhr, ein Magnetschaltventil für die Einspritzverstellung, ein Kraftstoffabsperrventil und verschiedene Sensoren für die Pumpentemperatur, die Rotorstellung und die Nockenstellung versehen. Die Einspritzdüsen aller Zylinder sind gleich, jedoch nicht die Düsenhalter. Der Grund dafür ist der Einbau eines Nadelhubgebers in Zylinder Nr. 4. Wie die 1.9-Liter-Motoren hat der Motor einen Abgasturbolader.

Wie aus den obigen Angaben ersichtlich ist, können wir nicht auf alle Anlagen in Einzelheiten eingehen. Anhand der nachfolgenden Beschreibung werden Sie jedoch in der Lage sein, bestimmte Arbeiten durchzuführen, falls Sie einige Erfahrungen mit Dieseleinspritzanlagen haben. Daran zu denken ist, dass man den Zahnriemen bei allen Motoren ausbauen muss, um die Einspritzpumpe auszubauen.

Hinweis: Ab Baujahr 1997 ist keine Warnleuchte für das Vorhandensein von Wasser im Kraftstoff mehr vorhanden. Aus diesem Grund muss der Kraftstofffilter alle 10 000 km entleert werden, um vorhandenes Wasser abzulassen.

Die Pumpe sitzt vorn links am Zylinderblock und wird durch den Zahnriemen der Steuerung angetrieben. Ein elektrisch betätigtes Kraftstoffabstellventil an der Pumpe dient zur willkürlichen Unterbrechung der Kraftstoffzufuhr beim Abstellen des Motors.
Verschiedene Einrichtungen gehören bei allen Motoren zur Einspritzanlage und Kraftstoffaufbereitung, auf welche untenstehend kurz eingegangen werden soll.

Bei allen Motoren setzt sich die Kraftstoffanlage aus den folgenden Teilen zusammen: Kraftstofftank, Kraftstoffvorwärmeinrichtung, Luftfilter, Einspritzpumpe und vier Einspritzdüsen.

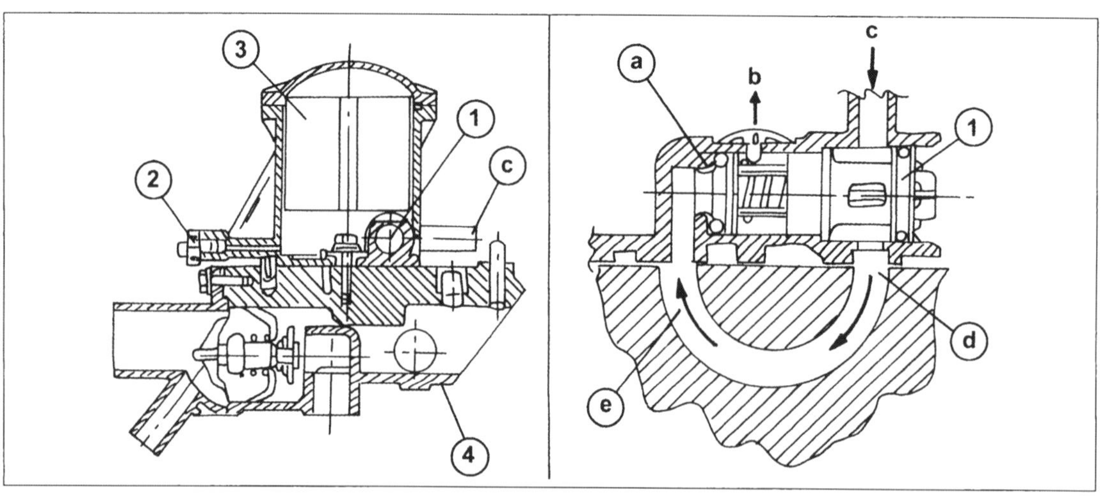

Bild 234
Schnittansicht des Kraftstofffilters und der Vorwärmanlage. Auf die Buchstaben wird im Text verwiesen.
1 Thermostatelement
2 Entlüftungsschraube
3 Kraftstofffilter
4 Kühlmittelauslassgehäuse

Kraftstofffilter und Kraftstoffvorheizung
Das Filtrieren und die Vorheizung des Kraftstoffs sind eine integrale Funktion der Einspritzanlage. Der Kraftstoff wird durch die Kühlanlage des Motors am Wasserauslassgehäuse vorgewärmt. Ein Thermostatventil, in der Schnittansicht von Bild 234 gezeigt, reguliert die vorzuwärmende Kraftstoffmenge. Die Vorwärmung findet entsprechend der Aussentemperaturen statt. Falls die Temperatur weniger als 15°C beträgt, hebt sich das Thermostat aus seinem Sitz „a“.
Der Kraftstoff kann durch Bohrung „c“ eintreten, fliesst über „d“, wird durch das Wassergehäuse angewärmt und wird dann über Bohrungen „e“ und „b“ Filter geleitet. Während die Temperatur auf 15° und 35°C ansteigt, ist das Thermostatventil nur teilweise geöffnet. Nur ein Teil des Kraftstoffs fliesst in der oben beschriebenen Weise zum Filter. Der verbleibende Kraftstoff fliesst direkt von „c“ zu „b“.
Der Förderkreis ist mit einer automatischen Entlüftungsvorrichtung versehen. Ein Entlüftungsventil ist zu diesem Zweck eingebaut.

Abgasrückführungssystem (EGR): Dieses System wird bei allen Motoren – mit oder ohne Katalysator – eingebaut. Das System, im Diagramm in Bild 235 bei eingebauter VP20-Einspritzanlage gezeigt, verringert den Ausstoss von Schadstoffen, indem ein Teil der Abgase wieder dem Luftansaugsystem zurückgeführt wird. Die Abgase werden nur unter bestimmten Bedingungen zurückgeführt, d.h. abhängig von der Temperatur des Motorkühlmittels und Belastung des Motors. Ein Sensor für die Kühlmitteltemperatur überträgt die entsprechenden Daten zum elektronischen Steuergerät, um die Rückführung zu regulieren. Die Rückführung findet statt, wenn die Temperatur des Motors mehr als 60°C beträgt und der Motor eine Belastung hat, welcher unter dem Einstellwert des Belastungsschalters an der Einspritzpumpe liegt. Das Steuergerät öffnet das elektromagnetische Ventil (7), welches die gesamte Anlage steuert. Der der Unterdruckpumpe (6) abgenommene Unterdruck betätigt das Abgasrückführungsventil (10), ebenfalls als AGR- Ventil (oder EGR-Ventil) bekannt, wenn das elektromagnetische Ventil (7) geöffnet ist. Der Sensor ist in das Wasserauslassgehäuse eingesetzt, das AGR-Ventil ist am Auspuffkrümmer befestigt, die Unterdruckpumpe sitzt am Ende der Nockenwelle.
Bei niedrigen Drehzahlen ist der Betriebsunterdruck am höchsten. Das AGR-Ventil ist geöffnet, sodass die Abgase in das Ansaugsammelrohr einströmen können. Die Zirkulation der Abgase wird durch den Unterschied der Drücke im Ansaugsammelrohr und im Auspuffkrümmer unterstützt, welcher durch das Strömungsventil im Drosselklappengehäuse ermittelt wird, d.h. das Drosselklappenventil ist fast geschlossen.
Sobald der Motor beschleunigt wird, fällt der Betriebsunterdruck ab und das AGR-Ventil schliesst unter der Wirkung der Rückholfeder, weniger Abgase werden dem Ansaugsystem zurückgeführt. Gleichzeitig wird dabei die Drosselklappe geöffnet, sodass die angesaugte Luftmenge grösser ist.

Wassertemperaturschalter: Der Schalter ist in das Wasserauslassgehäuse eingesetzt (siehe Kühlmitteldiagramme) und informiert das Steuergerät, wenn die Wassertemperatur mehr als 60°C beträgt – die Abgasrückführung findet statt.

Elektroventil: Das Ventil wird durch das Steuergerät erregt und reguliert die Unterdruckzufuhr zum AGR-Ventil.

AGR-Ventil: Das AGR-Ventil ist am Ansaugkrümmer verschraubt und reguliert die Rückführung der Abgase. Der Regelunterdruck wirkt auf die obere Kammer des Ventils. Dabei wird eine Membrane bewegt, welche das Ventil teilweise oder vollkommen öffnet und die Abgase zum Ansaugsammelrohr zurückführt. Das Ventil wird durch eine Feder in seinem Sitz gehalten, wenn kein Unterdruck vorhanden ist.

Elektrische Abstellung des Motors
Ein elektromagnetisches Abstellventil ist an der Einspritzanlage angebracht und unterbricht beim Abschalten des Motors die Kraftstoffzufuhr.

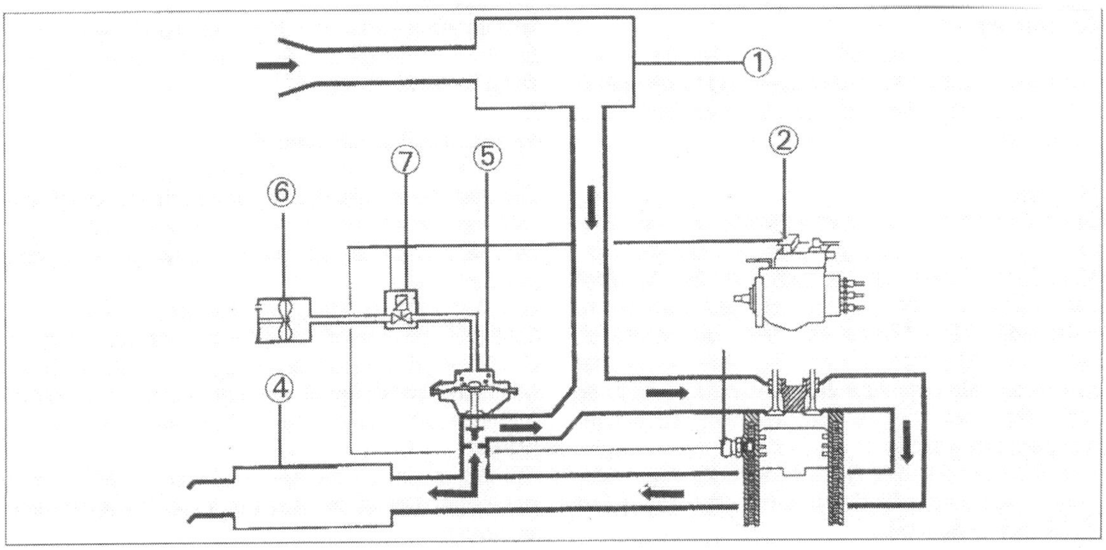

Bild 235
Die Abgasrückführungsanlage am Beispiel des 1.9-Liter-Motors (XUD9) mit Abgasregelvorschriften „L3“.
1 Luftfilter
2 Belastungsschalter
3 Thermoschalter, 60°C
4 Auspuff
5 Abgasrückführungsventil
6 Unterdruckpumpe
7 Elektrisches AGR-Ventil

Sicherheitsschalter

Das Fahrzeug ist mit einem Sicherheitsschalter versehen, welcher die Kraftstoffzufuhr zur Einspritzpumpe unterbricht, wenn das Fahrzeug plötzlich zum Stillstand kommt, wie dies bei einem Unfall vorkommen kann. Der Schalter befindet sich auf der Batterieseite an der Stirnwand des Motorraums. Es würde zu weit führen, auf die genaue Arbeitsweise einzugehen. Gesagt werden soll jedoch, dass man den Schalter durch Drücken auf den Knopf an der Oberseite wieder zurückstellen kann.

Einspritzdüsen

Bei allen Motoren kommen unterschiedliche Einspritzdüsen zum Einbau. Die betreffenden Angaben, soweit wichtig, sind der Mass- und Einstelltabelle zu entnehmen. Die Erkennung der Einspritzdüsen wird durch Farbkennzeichnungen erleichtert.

Vorglüh- und Nachglüheinrichtungen

Geschieht bei allen Motoren in gleicher Weise, jedoch fehlt die Nachglühfunktion bei bestimmten Motoren. Ein getrenntes Regelgerät, welches beide Funktionen steuert, ist an der Stirnwand, unterhalb der Batterie eingebaut. Die Vorglühkerzen werden elektrisch durch das Regelgerät, eine Art Relais, mit Strom versorgt. Die Vorglühkerzen und die dazugehörige Warnleuchte werden beim Einschalten der Zündung sofort unter Strom gesetzt, falls die Temperatur des Kühlmittels unter 60°C liegt. Die Stromzufuhr wird, wie durch den Temperatur des Regelgeräts bestimmt, nach einer gewissen Zeit unterbrochen. Während der Anlassphase werden die Kerzen mit Strom versorgt und glühen auch nach dem Anlassen ein wenig weiter.

Das Nachglühen bedeutet, dass die Glühkerzen nach dem Anlassen des Motors weiterhin glühen. Die Nachglühzeit beginnt nach Zurücklassen des der Anlassschalters. Während der ersten 15 Sekunden kann die Stromzufuhr zu den Zündkerzen nicht unterbrochen werden. Nach 15 Sekunden kann die Stromzufuhr zu den Glühkerzen unterbrochen werden, falls die Kühlmitteltemperatur mehr als 60°C beträgt oder falls das Fahrpedal um einen bestimmten Wert und länger als eine vorprogrammierte Zeit durchgetreten wird.

Glühkerzen

Die Glühkerzen der verschiedenen Motoren sind verschieden. Angaben sind der Mass- und Einstelltabelle zu entnehmen oder sind anhand der Ersatzteillisten zu erneuern.

Luftfilter

Der Filter ist mit einem Trockenfiltereinsatz versehen und befindet sich auf der linken Seite am inneren Kotflügelblech. Obwohl der Luftfilter bei allen Motoren den gleichen Zweck verrichtet, ist das Aussehen unterschiedlich. Bild 173 zeigte bereits die Installation bei den XUD9-Motoren. Beim Kauf eines neuen Elements die Motorkennzeichung, die Motornummer und das Baujahr angeben, da Filterelemente manchmal geändert werden.

Das Filterelement sollte entsprechend der Anweisungen im Wartungsscheckheft erneuert werden (mit 60 000 km angegeben).

AGR – einfach, aber wirksam

Eine Abgasrückführungsanlage ist bei allen Fahrzeugen, ein Oxidationskatalysator bei bestimmten Fahrzeugen serienmässig eingebaut.

Die Abgasrückführungsanlage, heutzutage oft auch als AGR (oder um den englischen Ausdruck zu verwenden, EGR-Anlage) bezeichnet, dient der Verminderung des Stickstoffoxids in den Auspuffgasen (laut Abgasvorschrift EG 96 (94/12). Aus den Abgasen wird durch ein über ein Ventil geregeltes System ein bestimmter Teil abgezweigt und wieder dem Ansaugrohr zurückgeleitet. Da das Abgas in diesem Zustand wenig verbrennbares Gas enthält, bewirkt dies eine Verringerung der Temperaturen im Verbrennungsraum und damit eine Verringerung des Stickstoffoxidanteils. Auf die genaue Arbeitsweise der Anlage einzugehen ist nicht der Zweck dieses Leitfadens.

Der Dieselkraftstoff

Dieselkraftstoff besteht überwiegend aus so genannten Paraffinen. Diese Kohlenwasserstoffe sind sehr zündwillig, haben jedoch den Nachteil, dass sie bei sinkenden Temperaturen zunehmend auskristallisieren. Die einzelnen Kristalle lagern sich rasch aneinander an und bilden komplexe, netzförmige Verbindungen. Wird es zu kalt, bilden sich viele Kristallnetze – der Kraftstoff versulzt und kann nicht mehr durch den Kraftstofffilter fliessen. Diesem Problem begegnen die Hersteller durch Zugabe so genannter Fliessverbesserer. Diese chemischen Zusätze verhindern zwar nicht die Bildung von Paraffinkristallen. Sie legen sich jedoch um die einzelnen Kristalle und verhindern so, dass sich Kristallnetze bilden. Einzelne Kristalle sind klein genug, um durch die Poren des Filters zu schlüpfen. Der Kraftstoff kann also bis zur Einspritzpumpe gelangen.

- Tanken Sie mit Ihrem Diesel nur Dieselkraftstoff nach DIN 51 601 mit einer Cetanzahl (CZ) von mindestens 45. Der Kraftstoff ist überdies vom Hersteller auf die jeweilige Jahreszeit abgestimmt.
- Sommer-Dieselkraftstoff kommt ohne Fliessverbesserer aus. Er würde daher schon stocken, wenn das Thermometer unter –2°C fällt.
- Übergangsdiesel verkaufen die Tankstellen im Frühjahr und im Herbst. Er ist noch bei –8° bis –10°C filtergängig.
- Winterdiesel wird durch Zugabe von Fliessverbesserern in der Regel mit Temperaturen bis etwa –22°C fertig (DIN-Norm –12°C).

Fahren mit Dieselkraftstoff

Unter einer bestimmten Temperatur bilden sich im Dieselkraftstoff Kristalle, die den Kraftstoff zähflüssig machen, sodass er nicht mehr durch den Filter fliessen kann. Man spricht davon, dass der Kraftstoff „versulzt“ ist.

Um diesen Störungen vorzubeugen, verkaufen die Tankstellen Kraftstoff, welcher den entsprechenden Jahreszeiten angeglichen ist. Dadurch wird auch bei Minusgraden Kraftstoff verkauft, welcher mit Fliessverbesserern versehen ist, um das Versulzen zu verhindern.

Die folgenden Schwierigkeiten können beim Fahren mit einem Dieselfahrzeug bei kalten Temperaturen auftreten:

- Die Temperaturen fallen unter −15 Grad C ab.
- Das Fahrzeug wurde lange Zeit nicht gefahren, im Winter wieder im Betrieb genommen, und man kann feststellen, dass man im Sommer getankten Kraftstoff im Tank hat.
- Sie haben Kraftstoff an einer Tankstelle gekauft, welche noch nicht auf Winterkraftstoff umgestellt hat.

Sommerdiesel im Winter
Haben Sie Ihren Diesel ein halbes Jahr oder länger nicht bewegt, kann es vorkommen, dass Sie bei Minusgraden mit Sommerdiesel fahren müssen. In diesem Fall hilft die Zugabe eines Fliessverbesserers, den Sie in Tankstelle oder Zubehörhandel kaufen können. Fragen Sie nach einer geeigneten Sorte und studieren Sie die Gebrauchsanleitung auf der Dose. Den Fliessverbesserer (Zimmertemperatur) in den Tank kippen und dann randvoll tanken. Der in den Erdtanks gelagerte Dieselkraftstoff ist warm genug, der Zusatz kann sich während der Fahrt gut mit dem Tankinhalt vermischen. Ist der Kraftstoff jedoch schon versulzt, ist es für die Zugabe des Fliessverbesserers zu spät. Dann sollten Sie den Wagen zunächst in eine beheizte Garage schleppen, wo sich die Paraffinkristalle zurückbilden können. Je wärmer es dort ist, um so schneller zeigt sich eine Wirkung. Erst danach können Sie den Fliessverbesserer beimischen.

Begriffe und Normen rund um den Kraftstoff
Dieselkraftstoff. Dieselkraftstoff ist perfekt auf den Dieselmotor zugeschnitten. Durch seine hohe Zündwilligkeit läuft die Selbstzündung kontrolliert im Bruchteil einer Sekunde ab. Für den Benzinmotor ist Dieselkraftstoff Gift. Er würde nicht auf den Funken der Zündkerze warten, sondern sich bereits während der Aufwärtsbewegung des Kolbens entzünden. Folgen: hoher Druckanstieg im Zylinder, der Kolben erhält einen Schlag auf den Boden und leitet ihn über das Pleuel auf die Lager der Kurbelwelle weiter. Ausserdem entsteht eine enorme Hitze, bei der die Kolbenböden schmelzen können.
Cetanzahl. Steht für die Zündwilligkeit eines Kraftstoffes. Eine reine Verhältniszahl, die im Labor ermittelt wird. Dem sehr zündwilligen Kraftstoff Cetan wird die Zahl 100 zugeordnet, dem extrem zündträgen Vergleichskraftstoff (Methylnaphtalin) die Ziffer 0. Die Cetanzahl gibt an, wie viel Volumenprozent Cetan sich in einem Gemisch mit diesem Vergleichskraftstoff befinden müssen, das die gleiche Zündwilligkeit besitzt wie der zu messende Kraftstoff. Beim Diesel soll sie 45 betragen.

Abgasentgiftung beim Diesel
Im Auspuffsystem bestimmter Dieselmotoren ist ein so genannter Oxidationskatalysator (entspricht ungeregeltem Kat) eingebaut. Er verringert die Emissionen von Kohlenwasserstoffen und Kohlenmonoxid um bis zu 50 Prozent. Der Kat ist zwar kein Russfilter, trotzdem spielt er auch bei der Reduktion der Russpartikel eine wichtige Rolle. Die gasförmigen Kohlenwasserstoffe lagern sich nämlich normalerweise an die festen Russteilchen an und erhöhen so die ausgestossene Partikelmenge. Da die Kohlenwasserstoffe aber bereits im Kat oxidieren, können sie sich nicht mehr mit dem Russ verbinden.

6.2 Vorsichtsmassnahmen bei Arbeiten an der Einspritzanlage

Bei allen Reparaturen an der Einspritzanlage, ganz gleich, um welchen Umfang es sich handelt, ist die grösste Sauberkeit erforderlich. Die folgenden Anweisungen sind jederzeit zu beachten, jedoch möchten wir auch besonders auf die durch den Einbau der elektronischen Anlage bedingten Vorsichtsmassnahmen hinweisen:

- Immer die Zündung ausschalten, ehe Kabel der Einspritzanlage oder Vorglühanlage abgeschlossen oder angeschlossen werden.
- Die Batterie nur abklemmen, wenn die Zündung ausgeschaltet ist, um die Anlage nicht zu beschädigen. Beim Abklemmen der Batterie daran denken, dass das Radio einen Diebstahl-Sicherheits-Code haben könnte.

Die folgenden Vorsichtsmassnahmen sind als allgemein zu betrachten:

- Alle Arbeiten an der Einspritzanlage dürfen nur unter saubersten Verhältnissen durchgeführt werden. Arbeiten im Freien sollten nur an windfreien Tagen vorgenommen werden, um die Möglichkeit von Staubbildung zu vermeiden.
- Alle Anschluss-Überwurfmuttern müssen vor dem Lösen sauber mit einem Lappen abgewischt werden.
- Alle ausgebauten Teile auf einer sauberen Werkbank oder dergleichen ablegen und mit Papier oder einem Plastikbogen abdecken. Keine flusenden Lappen zum Abdecken verwenden.
- Alle geöffneten oder teilweise zerlegten Bauteile der Einspritzanlage müssen entsprechend abgedeckt oder in einer verschlossenen Schachtel aufbewahrt werden, falls die Reparatur nicht unmittelbar durchgeführt werden kann.
- Vor dem Einbau alle Teile auf grösste Reinlichkeit kontrollieren.
- Wenn Teile der Anlage geöffnet sind, keine Pressluft zum Abblasen irgendwelcher Teile des Motors benutzen.
- Den Motor keiner Motorwäsche unterziehen.
- Fahrzeug möglichst nicht wegschieben, während Teile der Einspritzanlage ausgebaut sind.

Darauf achten, dass Dieselkraftstoff nicht an die Kühlerschläuche gelangen kann. Falls dies der Fall ist, diese sofort reinigen. Durch Dieselkraftstoff verschmutzte und damit beschädigte Schläuche müssen immer erneuert werden. Die Einspritzpumpe kann nicht repariert oder überholt werden und im Schadensfall müssen Sie in der Werkstatt eine Austauschpumpe oder neue Pumpe einbauen lassen. Zum Einstellen der Einspritzzeiten der Pumpe und auch zum Aus- und Einbau sind Spezialwerkzeuge erforderlich.

Das Einstellen der Pumpe kann nur vorschriftsmässig mit den Spezialeinrichtungen in der Werkstatt durchgeführt werden.

6.3 Einspritzpumpe

Verschiedene Spezialwerkzeuge sind zum Aus- und Einbau der Einspritzpumpe erforderlich. Da man kaum eine Gelegenheit hat sich diese Werkzeuge zu besorgen, müssen Sie die Arbeiten einer Werkstatt überlassen. Abgesehen davon sind die Arbeiten bei den vielen Motorvarianten nicht gleich. Wir sehen deshalb von einer Beschreibung des Aus- und Einbaus der Pumpe ab. Nach jedem Ausbau muss die Pumpe eingestellt werden. Abgesehen von den dazu erforderlichen Spezial- und Einstellwerkzeugen müssen Sie auch eine Menge Erfahrung mit der Einstellung von Einspritzpumpen haben.
Falls man jedoch die Pumpe selbst ausbauen will, kann man den Anweisungen beim Erneuern des Zahnriemens im betreffenden Abschnitt folgen, bis die Pumpe frei ist und abgeschraubt werden kann.

6.4 Düsenhalter und Einspritzdüsen

Schadhafte Einspritzdüsen können folgende Störungen hervorrufen:
- Fehlzündungen
- Klopfen in einem oder mehreren Zylindern
- Überhitzung des Motors
- Leistungsverlust
- Schwarzer Auspuffrauch
- Hoher Kraftstoffverbrauch
- Sehr blauer Auspuffrauch beim Anlassen eines kalten Motors

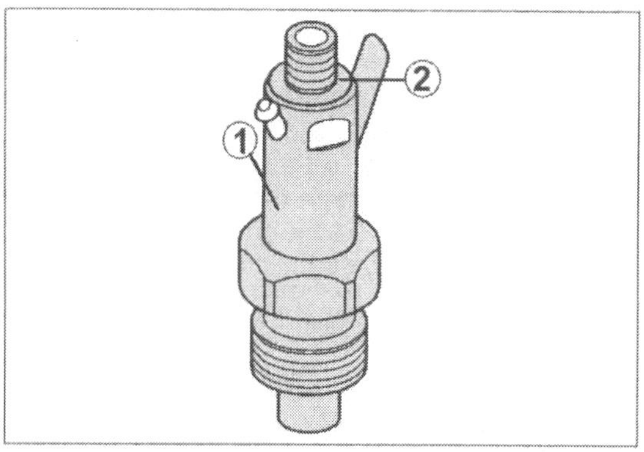

Bild 236
Ansicht einer Einspritzdüse. Die Düsen sind an Stellen (1) und (2) mit Farbe gezeichnet. Bei der Bosch-Düse ist nur der Düsenkörper (1) gezeichnet.

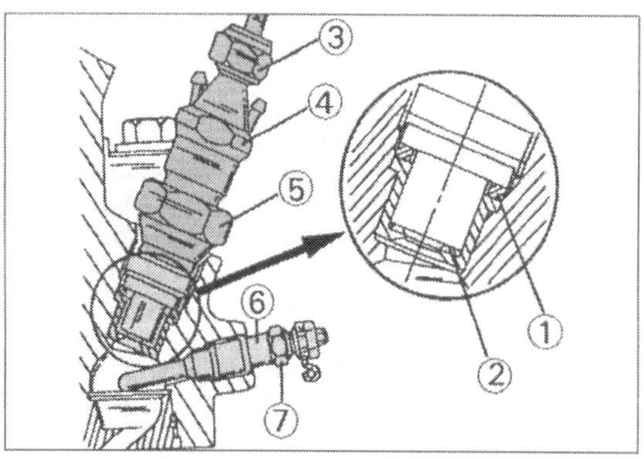

Bild 237
Schnittansicht einer eingebauten Einspritzdüse.
1 Kupferscheibe
2 Flammenschutzscheibe
3 Überwurfmutter
4 Einspritzdüse
5 27-mm-Sechskant
6 Glühkerze
7 Sechskant der Glühkerze

Eine nicht arbeitende Einspritzdüse kann man herausfinden, indem man die Einspritzleitungen der Reihe nach an den Einspritzdüsen lockert, während der Motor im schnellen Leerlauf läuft. Läuft der Motor nach Abschliessen einer bestimmten Einspritzleitung mit dem gleichen Geräusch weiter, ist die schadhafte Düse gefunden.
Die Einspritzdüsen sollten zum Abdrücken oder zur Reparatur in eine Dieselwerkstatt gebracht werden. Diese Arbeiten dürfen auf keinen Fall selbst durchgeführt werden, da ausser der Erforderlichkeit von Spezialgeräten auch Verletzungen durch den Spritzdruck der Düsen verursacht werden können, wenn man mit den Fingern in die Nähe des Spritzkegels kommt. Je nach Motor und eingebauter Einspritzanlage sind unterschiedliche Einspritzdüsen eingebaut. Die Einspritzdüsen eines XUD9-Motors sehen gleich aus, ganz gleich von welchem Hersteller sie kommen. Sie sind an den in Bild 236 gezeigten Stellen mit Farbe gezeichnet. Die Düsen des XUD11-Motors sind unterschiedlich und werden im Anschluss an diese Beschreibung erwähnt.

XUD11-Motor
Die Düsenstöcke der Zylinder 1 bis 3 sind gleich. Der Düsenstock im Zylinder 4 ist mit einem Nadelhubgeber versehen, um den Einspritzbeginn zu ermitteln und dem elektronischen Steuergerät mitzuteilen, wenn die Einspritzung beginnt. Einspritzdüse Nr. 4 liegt auf der Steuerseite des Motors.

6.4.1 Aus- und Einbau

Die Einspritzdüsen liegen ziemlich versteckt und die entsprechenden Teile müssen ausgebaut werden, um an die Düsen zu kommen. Die Düsen ragen jeweils neben der Glühkerze aus dem Zylinderkopf heraus, wie man es in Bild 237 sehen kann.
- Massekabel der Batterie abklemmen.
- Überwurfmutter der Einspritzleitung mit einem aufgesägten Ringschlüssel an der Düse lockern und die Leitung vorsichtig auf eine Seite drücken. Ein Gabelschlüssel kann ebenfalls verwendet werden, jedoch darf man nicht an den Schlüsselflächen abrutschen. Ebenfalls die Leckölleitungen (Rücklaufleitungen) abschliessen.
- Den Düsenhalter herausdrehen (Steckschlüssel, 27 mm Schlüsselweite), die Düsendichtung und das Düsenplättchen herausnehmen. Die Düse kommt in der in Bild 238 gezeigten Weise heraus. Diese Teile beim Einbau immer erneuern.
- Der Einbau erfolgt in umgekehrter Reihenfolge wie der Ausbau. Dichtring (2) und Flammenschutzscheibe (3) immer erneuern. Im Kreisausschnitt von Bild 239 kann man sehen, wie die Scheibe (3) aufgelegt werden muss. Die Düsen mit einem Anzugsdrehmo-

ment von 90 Nm anziehen. Die Überwurfmuttern der Einspritzleitungen mit 20 Nm. Beim Anziehen der Überwurfmuttern nicht die Kanten der Sechskante beschädigen. Ausserdem die beiden Leitungsenden zuerst fingerfest anziehen, ehe man den Schlüssel zum Festziehen ansetzt.

6.4.2 Reparatur von Einspritzdüsen

Einspritzdüsen können nur in einer Dieselwerkstatt überprüft werden (z.B. Druckprüfung) und sollten nicht zerlegt werden.

6.5 Glühkerzen

Über die Funktion der Vor- und Nachglühanlage wurde bereits in der Einleitung dieses Abschnitts geschrieben. Die einzigen Teile welche zur Zündung gehören, sind die Glühkerzen, die zum anfänglichen Anwärmen des Verbrennungsgemischs gebraucht werden. Glühkerzen können nicht repariert werden und sind im Schadensfall zu erneuern.

Die Glühkerzen können nur im eingebauten Zustand auf Stromführung kontrolliert werden und abgesehen davon wird ein mit Leuchtdiode ausgestattetes Prüfinstrument zur Kontrolle gebraucht. Glühkerzen sollten Sie aus diesem Grund in einer Werkstatt überprüfen lassen. Die Kerzen haben die Aufgabe des Vorglühens und des Nachglühens.

Falls man nach Ausschrauben einer Glühkerze feststellt, dass die Spitze fast abgebrannt ist, können Sie sofort eine Einspritzdüse verdächtigen. Ungenauer Förderbeginn der Einspritzpumpe wirkt sich auch auf die Lebensdauer der Kerzen aus. Beim Kauf einer Glühkerze immer den Motortyp und das Baujahr des Fahrzeuges angeben, da Glühkerzen manchmal abgeändert werden.

Ausfallende Glühkerzen machen sich normalerweise bei kaltem Motor bemerkbar. Der Kraftstoff in den „guten" Zylindern wird zünden, während der Zylinder mit der schlechten Kerze erst später dazukommt. Stotternder Motorlauf und blauer Auspuffrauch sind weitere Beweise dafür.

Um an die Glühkerzen zu kommen, muss man bestimmte Vorarbeiten durchführen, da sie ziemlich versteckt sitzen.

Durch die hohen Temperaturen ist es schon mal möglich, dass eine Glühkerze durchbrennt. Ebenfalls ist es möglich, das Kerzen durch Störungen an den Einspritzdüsen, falsche Einspritzzeiten oder zu niedrigen Einspritzdruck ausfallen. In diesem Fall können sie ausgebaut und erneuert werden. Beim Erneuern von Glühkerzen muss man sich von der Ausführung überzeugen.

6.5.1 Aus- und Einbau der Glühkerzen

Die Kerzen sitzen, wie auch die Einspritzdüsen, ziemlich versteckt und bestimmte Teile müssen ausgebaut

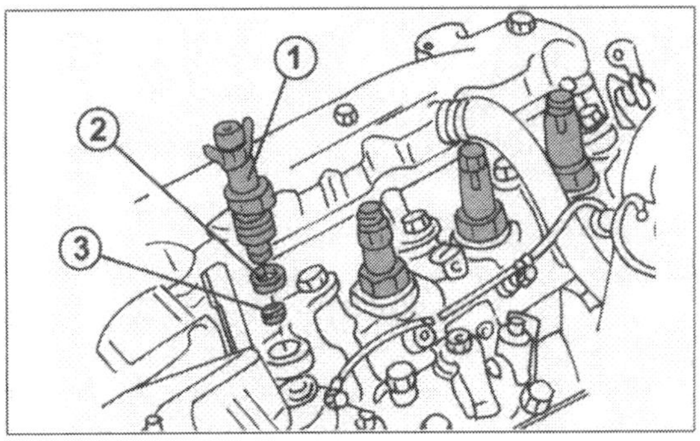

Bild 238
Nach Ausschrauben der Einspritzdüse (1) werden die Dichtscheibe (2) und die Flammenschutzscheibe (3) frei.

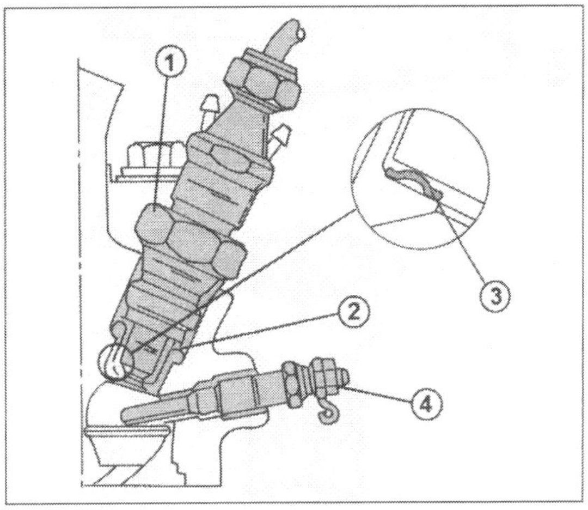

Bild 239
Beim Einbau der Flammenschutzscheibe (3) muss man auf die Anordnung der Wölbung der Scheibe achten.
1 Düsenstock
2 Dichtscheibe
3 Flammenschutzscheibe
4 Glühkerze

werden, um an die Glühkerzen heranzukommen. Eine Stecknuss mit Verlängerung und Ratsche sollte zum Ausschrauben vorhanden sein. Die Lage einer Glühkerze ist in Bild 239 mit (4) bezeichnet.

Die Muttern von den Glühkerzen abschrauben. Die Muttern können nicht abgenommen werden, da sie sich in den Kabelschuhen des Kabelstranges befinden. Die Glühkerzen danach herausdrehen.

Der Einbau geschieht in umgekehrter Reihenfolge. Die Kerzen mit 20 Nm, die Mutter der Leitungsbefestigung mit 4 Nm anziehen.

6.6 Kraftstofffilter

Das Filterelement im Kraftstofffilter sollte entsprechend den Intervallen im Wartungsscheckheft erneuert werden, ganz gleich, ob Störungen in der Kraftstoffaufbereitung festgestellt wurden oder nicht. Der Filter ist mit einem austauschbaren Filterelement versehen und ist an der Innenseite des linken Radkastens montiert (von vorn gesehen rechts).

Ausser der regelmässigen Erneuerung des Filtereinsatzes sollte sich im Filtergehäuse angesammeltes Kondenswasser bei jedem Wechsel des Motoröls abgelassen werden.

6.6.1 Erneuerung des Kraftstofffilters

- Massekabel der Batterie abklemmen.
- Den kompletten Luftfilter ausbauen.

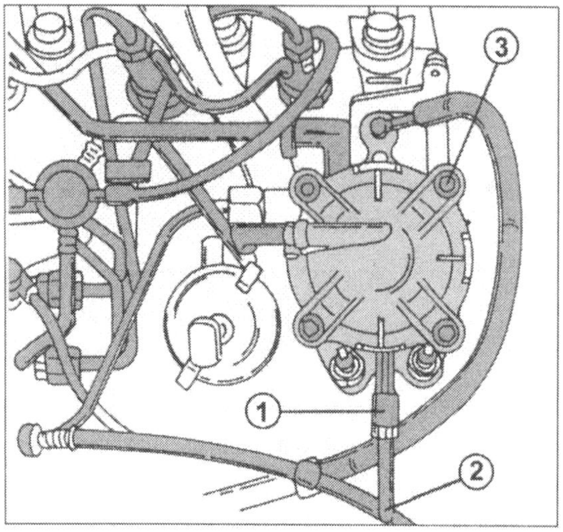

Bild 240
Die Ablassschraube für das Kondenswasser (1) kann von vorn ausgeschraubt werden. Der Filterdeckel wird durch die vier Schrauben (3) gehalten. Ein Schlauch (2) kann zum Ablaufen des Wassers aufgesteckt werden. Falls keine Warnleuchte „Wasser im Filter" im Armaturenbrett eingesetzt ist, muss das Wasser alle 10 000 km abgelassen werden.

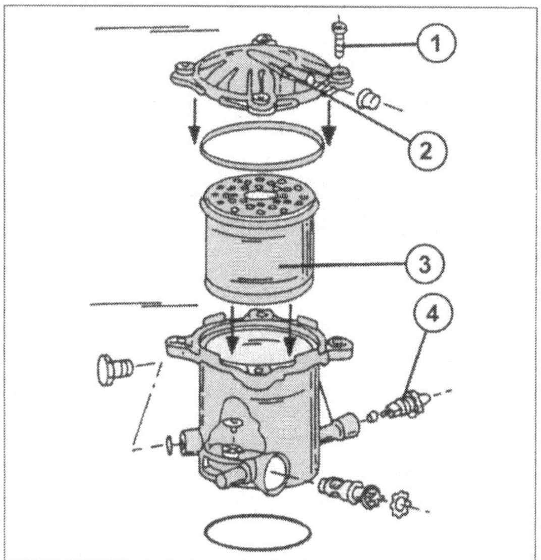

Bild 241
Der zerlegte Kraftstofffilter.
1 Deckelschraube
2 Filterdeckel
3 Filterelement
4 Ablassschraube

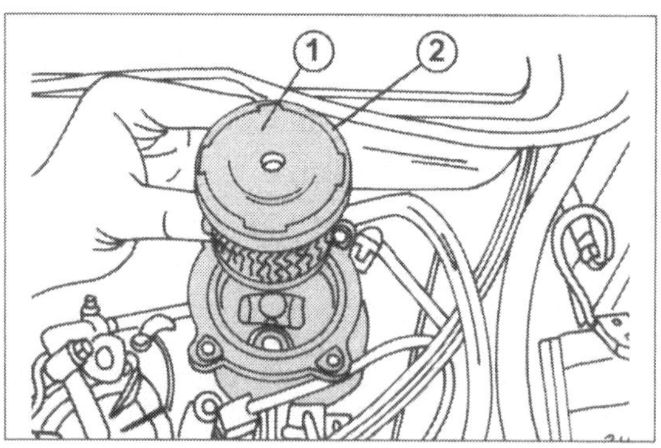

Bild 242
Zum Ausbau des Kraftstofffilterelements (1) und Dichtrings (2).

● Einen geeigneten Behälter unter das Gehäuse des Kraftstofffilters unterhalten, um auslaufendes Dieselöl aufzufangen.
● Die Entlüftungsschraube an der Seite des Filterdeckels öffnen (siehe Bild 240).
● Die Ablassschraube an der Unterseite des Filtergehäuses herausdrehen und den Kraftstoff in den untergehaltenen Behälter laufen lassen.
● Die Schrauben (3) in Bild 240 der Filtergehäusedeckelbefestigung an der Oberseite herausdrehen und den Deckel abnehmen. Das Filterelement (3) in Bild 241 aus dem Filtergehäuse herausheben und den Dichtring entfernen. Wie der Filtereinsatz eingesetzt ist, kann man Bild 242 entnehmen. Alle Dichtringe abnehmen, da diese beim Einbau erneuert werden müssen.
● Das Filtergehäuse gründlich reinigen und den neuen Filtereinsatz in das Gehäuse einsetzen. Den Filterdeckel am Filtergehäuse montieren und die Schrauben an der Oberseite des Filterkopfes anziehen.
● Die Ablassschraube an der Unterseite des Filtergehäuses einschrauben und festziehen.
● Den Luftfilter wieder einbauen und die Batterie anschliessen.
● Die Kraftstoffanlage entlüften, wie es untenstehend beschrieben wird.

6.6.2 Entlüften der Kraftstoffanlage

Hinweis: Die Kraftstoffanlage muss entlüftet werden, wenn der Kreis an irgendeiner Stelle geöffnet wurde, da dadurch Luft in die Anlage gelangt ist.

Eine Handpumpe sitzt an der in Bild 243 gezeigten Stelle. In Bild 243a ist die Pumpe nochmals in Grossansicht gezeigt.
● Die Entlüftungsschraube öffnen. Diese befindet sich an der in Bild 240 gezeigten Stelle.
● Auf das Ende der Entlüftungsschraube einen kleinen Schlauch (2, Bild 240) aufschieben und diesen in einen untergehaltenen Behälter halten.
● Die Handpumpe (1, Bild 243) betätigen (ca. 20 mal zusammendrücken), bis nur noch Dieselöl, frei von Luftblasen in den untergehaltenen Behälter läuft.
● Die Entlüftungsschraube wieder anziehen, die Schlauch vom Anschlussnippel abziehen und den Behälter herausnehmen.
● Motor anlassen und im Leerlauf drehen lassen, bis sich dieser stabilisiert hat.
● Motor abstellen und erneut anlassen. Motor ohne Betätigung des Fahrpedals laufen lassen, um die Anlage auf einwandfreie Entlüftung zu kontrollieren.

6.6.3 Kondenswasser entleeren

Hinweis: Man sollte es sich zur Angewohnheit machen, im Kraftstofffilter angesammeltes Wasser bei jedem Motorölwechsel zu entleeren. Nach fertiger Entleerung muss die Kraftstoffanlage entlüftet werden, wie es oben beschrieben wurde. Ausserdem ist ein Anzeiger in die Seite des Filters eingesetzt, welcher im Armaturenbrett eine Anzeigeleuchte zum Erhellen bringt, wenn sich zu viel Wasser angesammelt hat, welcher jedoch später weggelassen wurde.
● Den kompletten Luftfilter ausbauen.
● Die Entlüftungsschraube entsprechend der obigen Anweisungen öffnen.
● Einen geeigneten Auffangbehälter unter das Filtergehäuse unterhalten.
● Den Ablassstopfen an der Unterseite des Filtergehäuses öffnen und das Dieselöl in den Behälter laufen lassen, bis nur noch Kraftstoff, ohne Wasseranteile herausläuft. Den Stopfen danach wieder anziehen.

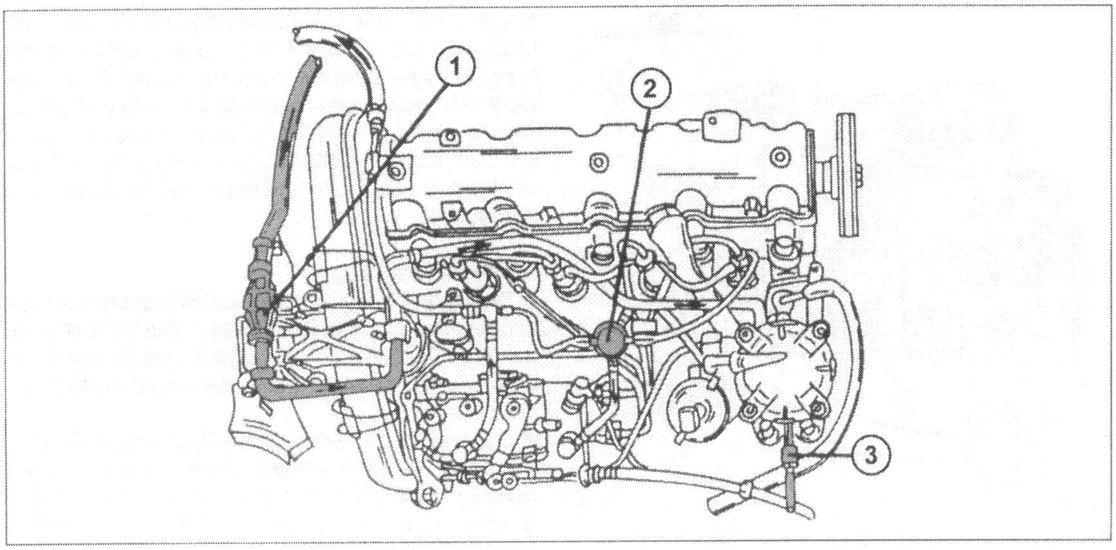

Bild 243
Ansicht des Motors mit Lage der Handpumpe (1), des Entlüftungsventils (2) und der Ablassschraube des Filters (3).

● Abschliessend die Kraftstoffanlage entlüften, wie es oben beschrieben wurde.

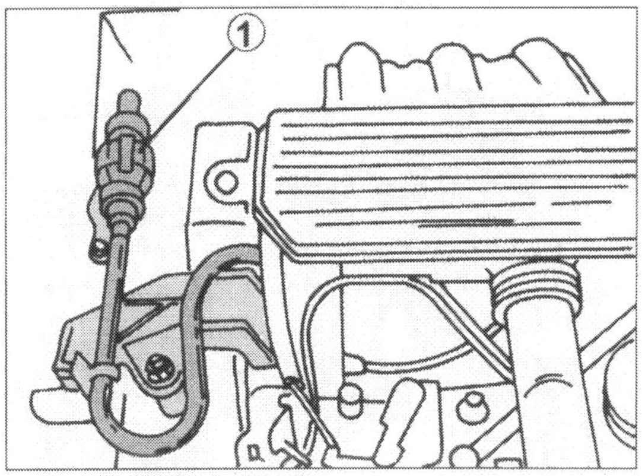

Bild 243a
Ansicht der Seite des XUD-Motors mit Lage der Handpumpe (1) zum Entlüften der Kraftstoffanlage.

6.7 Einstellungen an der Einspritzanlage

Die an der Einspritzpumpe durchzuführenden Einstellungen sind nur für den 1.9-Liter-Motor beschrieben. Aufgrund der elektronischen Steuerung der Einspritzanlage beim 2.1-Liter-Motor sollte man diese Arbeiten einer Werkstatt überlassen.

6.7.1 Bosch-Anlage im 1.9-Liter-Motor, Bezeichnung XUD9TF

Die folgenden Einstellungen können durchgeführt werden: Einstellung der Drehzahlregulierung, Einstellung des Leerlaufs, Einstellung der Abwürgdrehzahl (Abstelldrehzahl) und Einstellung des erhöhten Leerlaufs. Da man keine Spezialwerkzeuge braucht, können Sie die Einstellungen ohne weiteres selbst durchführen. Gebraucht wird jedoch ein Drehzahlmesser, welcher sich für Dieselmotoren eignet. Ein auf Zündimpulse reagierender Drehzahlmesser eignet sich dazu nicht. Erkundigen Sie sich im Autozubehörhandel, was auf dem Markt ist. Die Einstellungen erfolgen in der aufgeführten Reifenfolge. Bild 244 zeigt wo Sie

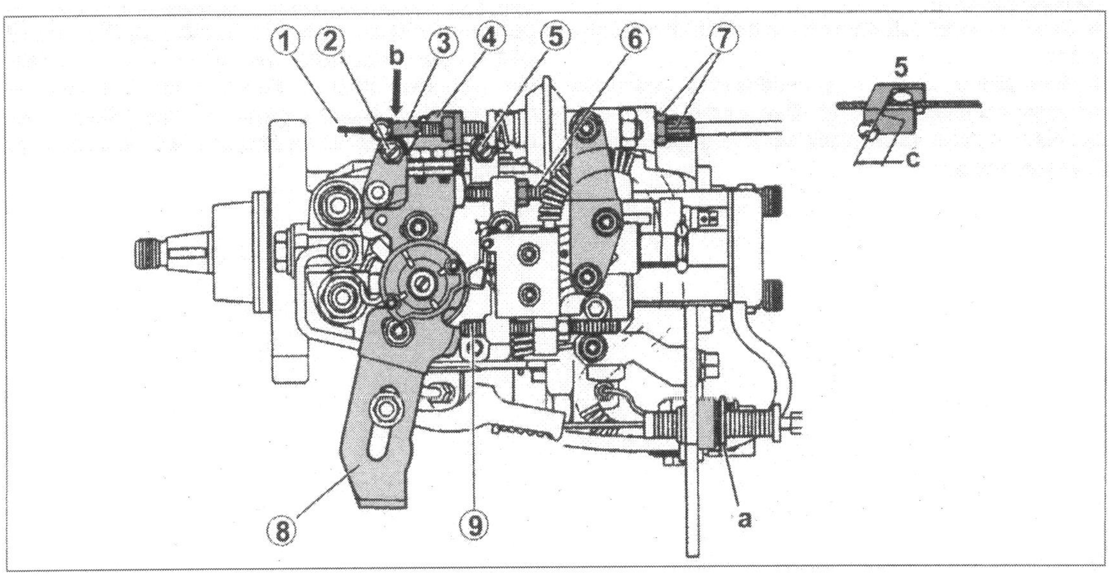

Bild 244
Einzelheiten zum Einstellen der Einspritzpumpe. Auf die Zahlen und Buchstaben wird im Text eingegangen.

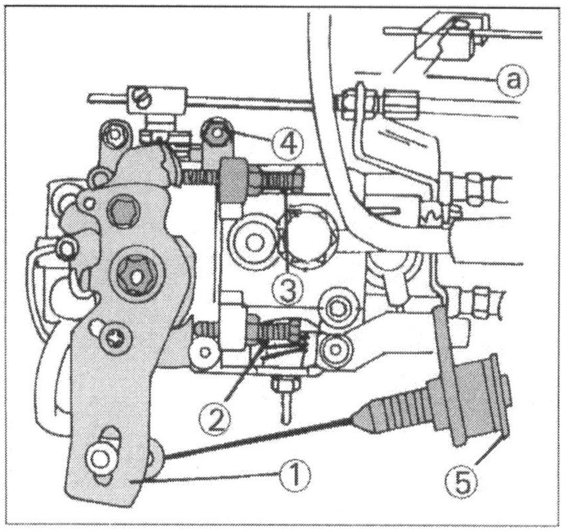

Bild 245
Zur Einstellung der Gasbetätigung und des Leerlaufs. Auf das Mass „a" wird im Text eingegangen.
1 Betätigungshebel
2 Anschlagschraube
3 Anschlagschraube
4 Leerlaufeinstellschraube
5 Sicherungsspange zur Seileinstellung

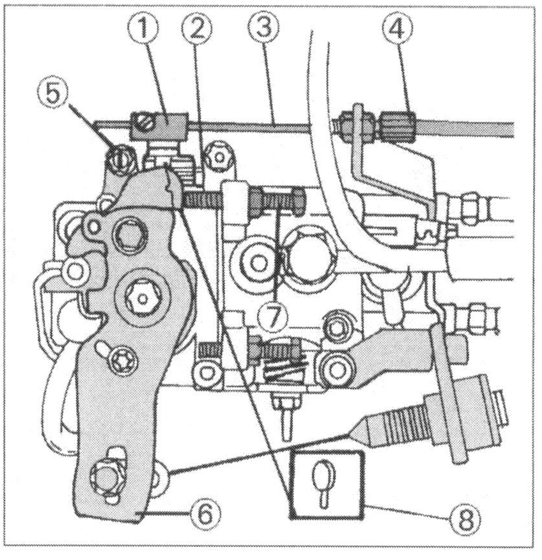

Bild 246
Zur Einstellung der Einspritzpumpe.
1 Seilklemmstück
2 Hebel
3 Betätigungsseil der Schnellleerlaufregulierung
4 Verstellhülse für Seileinstellung
5 Einstellschraube für Schnellleerlauf
6 Betätigungshebel
7 Anschlagschraube
8 Eingesetzte Scheibe/ Blattfühlerlehre

bei den verschiedenen Einstellungen eingreifen müssen.

Einstellung der Drehzahlregulierung (Gasbetätigung)

- Das Fahrpedal vollkommen auf den Boden durchtreten.
- Kontrollieren, dass der Leerlaufhebel (8) gegen die Anschlagschraube (9) ansitzt. Dies wird in den meisten Fällen so sein. Andernfalls die Spange (a) um eine Rille verschieben.
- Den Motor auf Betriebstemperatur bringen (der Lüfter muss mindestens zweimal eingeschaltet haben) und kontrollieren, dass der Hebel (8) an der Oberseite gegen den Anschlag (6) anliegt. Der Seilzug der Schnellleerlaufregulierung muss frei sein, d.h. ein Spiel zwischen 5 und 6 mm, mit „c" bezeichnet, muss an der gezeigten Stelle (5) vorhanden sein.

Leerlaufeinstellung

- Den Motor anlassen und auf Betriebstemperatur bringen. Den Leerlauf kontrollieren. Die Kontermutter der Schraube (6) lockern und die Schraube um einige Umdrehungen lockern, bis sie den Hebel (8) nicht länger berührt.
- Den Leerlauf mit der an Stelle (6) sitzenden Schraube verstellen (Kontermutter lockern), bis er den angegebenen Wert hat. Die Mutter wieder anziehen. Der genaue Sitz der Schraube kann in Bild 245 gesehen werden (mit 4 bezeichnet).

Abstelldrehzahl (Restvolumeneinstellung)

Die Einstellung erfolgt unter Bezug auf Bild 246.

- Eine Unterlegscheibe oder eine Blattfühlerlehre einer Stärke von 3 mm zwischen den Hebel (6) und der Einstellschraube des Restvolumens (7) einschieben. Die Einstellschraube nach Lockern der Kontermutter verstellen, bis der Leerlauf 1500/min beträgt.
- Die Kontermutter ohne Verstellen der Schraube anziehen und die Scheibe oder Fühlerlehre herausziehen.

Schnellleerlaufeinstellung

- Den Hebel (2) in Bild 246 in Berührung mit der Schraube (5) bringen. Falls der Leerlauf nicht innerhalb 950 ± 50/min liegt, die Schraube (5) nach Lockern der Kontermutter entsprechend verstellen.
- Die Einstellung jetzt kontrollieren. *Bei kaltem Motor* kontrollieren, ob der Hebel (2) in Bild 246 gegen die Schraube (5) anliegt. Falls dies nicht der Fall ist, den Seilzug mit Hilfe des Seileinstellers (1) verstellen. Die Aussenhülle (4) muss entsprechend nachgesetzt werden. Den Motor auf Betriebstemperatur bringen und *bei warmem Motor* kontrollieren, dass das Seil (1, Bild 244) an der Vorderseite der Pumpe locker ist. Falls dies nicht der Fall ist, die Funktion des Thermoschalters im Wasserauslassgehäuse überprüfen oder überprüfen lassen, wenn sich das Seil nicht mehr als 6 mm bewegt hat.

Bei allen mit Kraftstoffeinspritzung arbeitenden Motoren arbeitet die Zündanlage zusammen mit der Einspritzanlage und wird gemeinsam mit dieser vom Steuergerät reguliert, d.h. der Zündzeitpunkt verändert sich ständig, um sich den Erfordernissen der Betriebsbedingungen des Motors anzupassen. Diese Motoren haben keinen Zündverteiler. Statt dessen ist eine Zündspule eingebaut, deren Ausgänge direkt mit den Zündkerzenkabeln verbunden sind.

7.1 Zündspule

Eingebaut ist eine so genannte kartographische Kennfeld-Zündanlage mit statischem Zündverteiler. Die Zündanlage erhält unter anderem Informationen von den folgenden Komponenten:

- dem Sensor am Schwungradgehäuse (Angabe der Motordrehzahl und der Winkelstellung der Kurbelzapfen)
- den Sensoren der Kühlmittel- und Ansauglufttemperatur
- vom Drosselklappen-Potentiometer (Stellung der Drosselklappe) beim Anlassen des Motors und im Leerlauf

Das elektronische Steuergerät bestimmt daraus:

- die Zündzeitpunktverstellung
- die Aufladezeit der Zündspule im Einklang mit der Motordrehzahl und der Batteriespannung
- die elektrische Spannung zu jeder der beiden Stromkreise der Zündspule.

Die Zündzeitpunktverstellung wird durch das Steuergerät aufgrund des im Datenspeicher programmierten Kennfeldes vorgenommen. Falls der Motor unter aussergewöhnlichen Betriebsbedingungen arbeitet, kann man den Zündzeitpunkt jedoch zurückstellen lassen. Dadurch wird der Motor von möglichen, durch „Kraftstoffklingeln" verursachten Schäden geschützt werden, wenn z.B. Kraftstoff mit niedriger Oktanzahl gefahren wird (z.B. 91) oder der Kraftstoff nicht die erwünschte Qualität hat, wie dies schon mal vorkommen kann. Falls Sie z.B. eine Reise in ein Land antreten, wo Kraftstoff mit der gewohnten Oktanzahl nicht überall erhältlich ist, raten wir Ihnen, sich vorher an Ihre Werkstatt zu wenden, damit die Zündung verstellt werden kann.
Die Zündzeitpunktverstellung kann in Stufen von je 2° geschehen, bis zu einer Maximalverstellung von 8°. Zu dieser Arbeit sind jedoch die in der Werkstatt benutzten Diagnosegeräte erforderlich.

Wie die zur Zündanlage gehörenden Teile zueinander stehen, zeigt Bild 247 an einem typischen Beispiel. Die beiden nicht gezeigten Zündkerzen sind mit den beiden anderen Ausgangsstufen der Zündspule verbunden. Nicht alle Motoren haben die gleiche Anordnung der Zündspulen, jedoch würde es zu weit führen, auf die vier unterschiedlichen Motoren und Einspritzanlagen einzugehen, vor allem, da man keine Reparaturen an diesen Teilen durchführen kann.
Zum Ausbau der Zündspule die Batterie abklemmen. Die Sicherungsspange des Kabelsteckers abziehen und den Kabelstecker abziehen. Die vier Hochspannungskabel nach Kennzeichnung von der Spule abziehen und die vier Befestigungsschrauben der Spule von der Halterung lösen. Die Spule nach oben zu herausnehmen. Beim Einbau in umgekehrter Reihenfolge vorgehen.

7.2 Zündzeitpunkteinstellung

Der Zündzeitpunkt kann nicht eingestellt werden. Die Kontrolle und auch die Grundeinstellung der Zündungscharakteristiken können nur unter Zuhilfenahme von Messgeräten durchgeführt werden und sind einer Werkstatt zu überlassen. Bei Störungen, welche man auf die Zündanlage zurückführen kann, können die folgenden Fehler vorliegen:

- Falls der Motor schlecht läuft, kann der Fehler im Positionsanzeiger, in der Zündspule und dem Steuergerät liegen.
- Falls der Motor überhaupt nicht läuft: Wenn die Grundfunktionen der Zündanlage in Ordnung sind, muss man Fehler in der automatischen Zündverstellung vermuten. Die Ursachen dafür können in verschiedenen Abschnitten der Anlage liegen und nur die Werkstatt wird anhand des Fehleraufzeichnungsprogramms eine schnelle Abhilfe ermöglichen.

7.3 Teile der Zündanlage

Bild 248 zeigt die hauptsächlichsten Teile der Zündanlage, von denen einige ebenfalls mit der Kraftstoffeinspritzanlage verbunden sind. Auch hier sind wie-

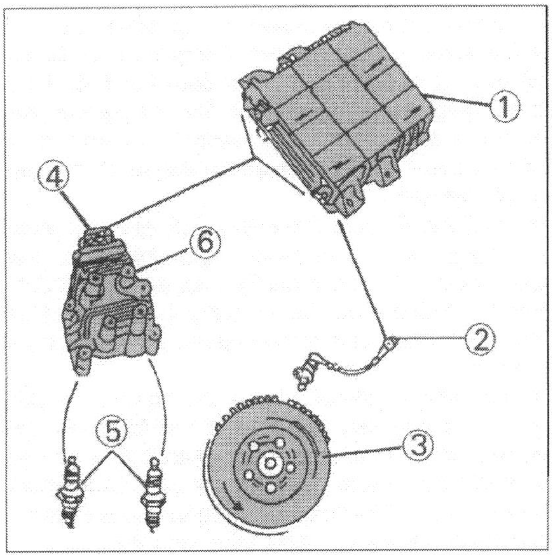

Bild 247
Zusammengehörigkeit der Bauteile der Zündanlage.
1 Elektronisches Steuergerät
2 Schwungrad-Sensor
3 Schwungrad mit fehlenden Zähnen für OT-Angabe
4 Zündspule mit Doppelausgang
5 Zündkerzen
6 Zweite Ausgangsstufe

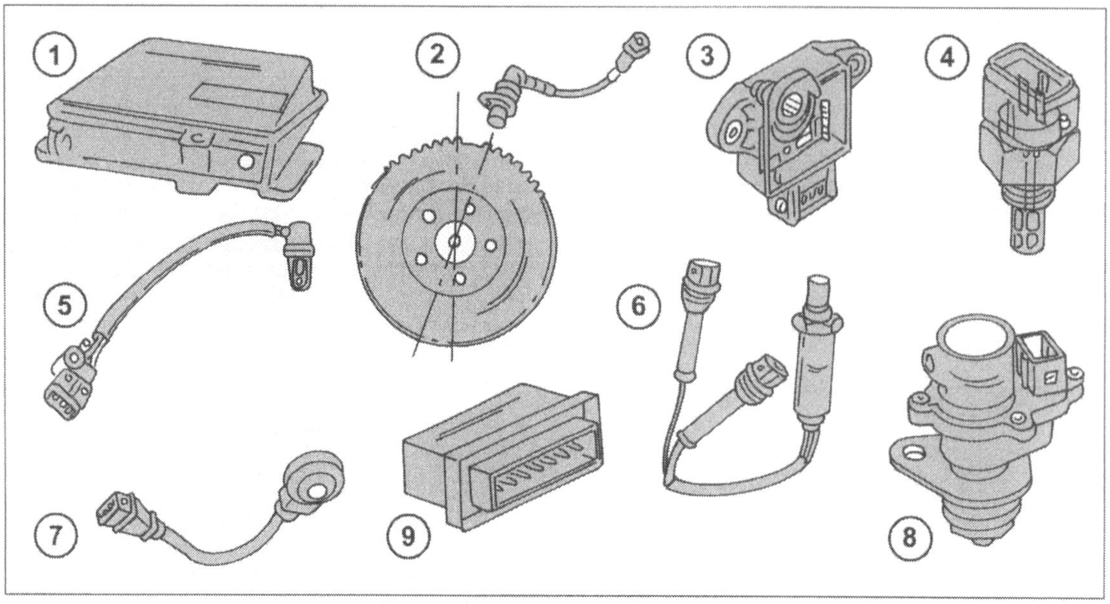

Bild 248
Bauteile der Zünd- und Einspritzanlage. Auf die Zahlen wird im Text verwiesen.

derum Unterschiede innerhalb der Motorenpalette vorhanden, jedoch werden Sie anhand der Abbildung einige der Teile besser erkennen.

- Das elektronische Steuergerät (1) ist mit einem Kabelstecker versehen, welcher mit vielen Steckstiften die verschiedenen Stromkreisen der Einspritz/Zündanlage mit Strom versorgt oder Signale dieser Bauteile erhält.
- Der Geber für die Motordrehzahl (2) besteht aus einer Spulenwicklung und einem Magnetkern und informiert das Steuergerät über die augenblickliche Motordrehzahl und die Stellung der Kurbelwelle. Der Zahnkranz des Schwungrades hat 60 Zähne. Zwei Zähne fehlen jedoch, welche jeweils die beiden Totpunkte des Motors angeben.
- Das Drosselklappenpotentiometer (3) ist von Bosch hergestellt und informiert das Steuergerät über die Öffnungsstellung der Drosselklappe, d.h. „geschlossen", „teilweise geöffnet" oder „vollkommen geöffnet". Aus den erhalten Werten werden Beschleunigung, Abbremsung und Abschalten der Einspritzung bestimmt. Das Potentiometer wird vom Steuergerät mit einer Stromspannung von 5 V beschickt und sendet dem Steuergerät eine Spannung zwischen 0 und 5 Volt zu, je nachdem, wie die Drosselklappe gerade steht.
- Der Geber für die Kühlmitteltemperatur im Motor (4) ist in den Kühlkreis eingeschlossen und teilt dem Steuergerät die Temperatur mit. Die Temperatur wird in Widerstandswerte umgewandelt, welche dem Steuergerät je nach Temperatur in Voltwerten zurückgeführt werden.
- Der Geber für die Lufttemperatur (5) ist in das Drosselklappengehäuse eingesetzt und informiert das Steuergerät über die in die Zylinder angesagte Luft. Wie beim Geber der Kühlmitteltemperatur wandelt der Geber den elektrischen Widerstand in Voltspannung um.
- Der Geber für die Zylindererkennung (nicht im Bild gezeigt) ist bei einem Motor mit 16 Ventilen in den Zylinderkopf eingeschraubt und erkennt den oberen Totpunkt des ersten Zylinders alle zwei Umdrehungen. Aufgrund dessen werden Zündung und Einspritzung in Zünd/Einspritzreihenfolge reguliert.
- Die Lambda-Sonde (6) ist in das Auspuffrohr vor dem Katalysator eingesetzt und informiert das Steuergerät über den Sauerstoffgehalt im Abgas. Durch ihre eigene Beheizung kann die Sonde schnellstens ihre Betriebstemperatur erreichen.
- Der Klopfgeber (7) ist unter dem Ansaugsammelrohr in den Zylinderblock eingeschraubt und erlaubt dem Steuergerät, den Zündzeitpunkt des betreffenden Zylinders zu korrigieren.
- Der Geber für die Fahrgeschwindigkeit (8) informiert das Steuergerät über die Fahrgeschwindigkeit in jedem gegebenen Moment.
- Das Doppeleinspritzrelais (9) befindet sich im Träger des elektronischen Steuergeräts und ist mit den folgenden Bauteilen verbunden: Kraftstoffpumpe, Widerstand des Drosselklappengehäuses. Leerlaufregler, Einspritzventile, Steuergerät, Zündspulen, Heizelement der Lambda-Sonde, Schaltventil des Aktivkohlebehälters und dem Schaltventil des Ansaugsystems beim 16V-Motor.

7.4 Vorsichtsmassnahmen bei Arbeiten an der Anlage

Arbeiten an Zündanlage und der damit verbundenen Einspritzanlage sollten einer Werkstatt überlassen werden, um die empfindlichen und gleichzeitig kostspieligen Teile nicht kurzzuschliessen, zu beschädigen oder auf andere Weise funktionsunfähig zu machen. Die in der Zündanlage entwickelte Hochspannung ist lebensgefährlich. Aus diesem Grund sind die folgenden Vorsichtsmassnahmen durchzulesen, ehe man irgendwelche Arbeiten, gleich welcher Art, an der Zündanlage durchführt.

- **Personen mit Herzschrittmacher dürfen unter keinen Umständen an der Zündanlage arbeiten.**
- Keine Kabel der Zündanlage abziehen während der Motor läuft. Dies gilt ebenfalls wenn der Motor mit dem Anlasser durchgedreht wird.

- Arbeiten an der Zündanlage, d.h. zum Beispiel Kabel nur ab- und anschliessen, wenn der Motor stillsteht und die Zündung ausgeschaltet ist.
- Alle Messgeräte nur bei stillstehendem Motor und ausgeschalteter Zündung an- und abschliessen.
- Keine Prüflampen an der Klemme der Zündspule anklemmen.
- Motor nicht mit dem Anlasser durchdrehen, falls nicht alle Teile der Zündung angeschlossen sind.
- Beim Durchdrehen des Motors mit dem Anlasser oder bei laufenden Motor keine Prüfungen vornehmen, bei welchen irgendwelchen Kabel gegen Masse gehalten werden, wie man dies bei anderen Motoren früher einmal durchgeführt hat. Ebenfalls die Enden von Kerzenkabeln unter diesen Umständen nicht gegen Masse halten.
- Die Zündanlage kann eine Spannung von bis zu 32Kilo-Volt erzeugen – Lebensgefahr.

7.5 Zündkerzen

Die Zündkerzen haben einen Gewindedurchmesser von 14 mm. Vom Hersteller werden bestimmte Kerzen empfohlen, welche immer verwendet werden sollten, um den einwandfreien Betrieb des Motors zu gewährleisten. Bei den verschiedenen Motoren werden unterschiedliche Kerzen eingebaut. Es hat wenig Zweck diese in der Reparaturanleitung anzuführen, da Kerzen oftmals, und ohne vorherige Bekanntgabe, geändert werden. Falls die Kerzen erneuert werden, sollte man immer den Empfehlungen des Lieferanten folgen. Ihre Ersatzteilbezugsquelle ist besser in der Lage Ihnen anhand der letzten Verzeichnisse die richtigen Kerzen zu verkaufen. Der Elektrodenabstand der Kerzen kann nicht verstellt werden. Das Anzugsdrehmoment beträgt 25 Nm.
Auch beim Ausbau von Zündkerzen müssen alle bereits angegebenen Vorsichtsmassnahmen beachtet werden. Die Batterie auf jeden Fall abklemmen.
Zündkerzen sollten entsprechend dem gültigen Wartungsanweisungen erneuert werden.
Vor dem Ausschrauben der Kerzen kontrollieren, ob sich keine Fremdkörper in den Kerzenaufnahmevertiefungen befinden. Eine beim Ausschrauben der Kerze in die Kerzenbohrung fallende Scheibe, Schraube, ein Stein oder Ähnliches kann Ventile, Ventilsitze oder den Zylinderkopf beim ersten Lauf des Motors zerstören.

Aus dem Kerzengesicht lassen sich Schlüsse auf Eignung und einwandfreies Arbeiten der Kerzen, auf die Vergasereinstellung, den Gemischzustand und den Zustand des Motors (Kolben, Kolbenringe, etc.) ziehen. Allgemein gilt dafür:

Kerzen einwandfrei
Isolatorfuss mit schwachem, graugelben bis braunen, meist pulverförmigen Niederschlag bedeckt. Die Elektroden weisen, abgesehen von der Abbrandfläche, graugelben bis braunen pulverförmigen Belag auf. Das Gehäuseinnere hat hellbraunen oder gelblichen bis schwarzbraunen Belag. Der Motor ist in Ordnung. Der Wärmewert der Kerze ist richtig gewählt.

Kerze verrusst
Isolatorfuss, Elektroden und Gehäuseinneres mit meist dickerem, pulvrigen, schwarzgrauen, samtartigen Belag bedeckt. Die Ursache dafür liegt an zu fettem Gemisch, zu wenig Luft, Starterklappe zu lange betätigt, zu grosser Elektrodenabstand, Kerze hat zu hohen Wärmewert und bleibt im Betrieb zu kalt.

Kerze verölt
Isolatorfuss, Elektroden und Kerzengehäuse mit fettem, ölglänzendem Russ bedeckt. Ölkohlebildung. Die Ursache dafür kann im Eindringen von Motoröl in den Verbrennungsraum, oder an verschlissenen Zylindern und Kolben liegen.

Kerze überhitzt
Isolatorfuss mit dunkelbraunem bis grau-schwarzem, glasigem oder rauem festgebackenem Niederschlag bedeckt, meist starke Krusten und Perlenbildung am Isolatorfussende. Elektroden, besonders Mittelelektrode, angegriffen. Oberfläche meist aufgeraut, aufgequollen oder zerfressen. Als Ursache kann man ein zu mageres Gemisch, eine lose Kerze, schlecht schliessende Ventile oder eine Kerze mit zu niedrigem Wärmewert verantwortlich machen, die dadurch zu heiss wird.
Bei Verwendung von Kraftstoffen mit Bleizusatz ist der Isolatorfuss bei ordnungsgemässem Zustand grau gebrannt. Ablagerungen zwischen dem Porzellanisolator der mittleren Elektrode und dem Kerzengehäuse sind möglichst durch Sandstrahl des Kerzenprüfgeräts zu reinigen. Beim Einschrauben der Kerzen ist unbedingt darauf zu achten, dass das Kerzengewinde vorher gründlich gereinigt wird.

8 Die Kupplung

8.1 Allgemeines über die Kupplung

Bei Fahrzeugen ohne automatisches Getriebe ist die Kupplung die Trennstelle zwischen dem Motor als Kraftquelle und den weiteren Teilen des Fahrzeugantriebes. Beim Anfahren verbindet die Kupplung sanft den drehenden Motor mit den noch stehenden Teilen der Kraft. Übertragung. So werden die Zahnräder und Gelenke vor übermässigem Verschleiss verschont. Die Mitnehmerscheibe ist mit einem asbestfreien Belag versehen. Der Kupplungsdurchmesser und die Anpresskraft der Mitnehmerscheibe sind von der Motorleistung abhängig. Bei den in die Fahrzeuge eingebauten Motoren wird eine unterschiedliche Kupplung eingebaut, d.h. man bestellt Neuteile anhand des Motortyps und der Motornummer. Der Kupplungsdurchmesser ist nicht bei allen eingebauten Motoren gleich.
Die Kupplung besteht aus den folgenden Bauteilen:
Zur Kupplungsbetätigung zählen: Kupplungspedal, Kupplungsseil mit automatischer Nachstellvorrichtung, Ausrückhebel und Ausrücklager. Es folgt in der Getriebeglocke die eigentliche Kupplung. Sie besteht aus der Druckplatte, der Mitnehmerscheibe und einer Anlagefläche an der Schwungscheibe.
Beim Betätigen der Kupplung geschieht das Folgende:
Durch den Tritt auf das Kupplungspedal wird der Ausrückhebel gezogen. Daran ist das Ausrücklager befestigt, welches mit grosser Kraft in Richtung Druckplatte bewegt wird, Dort drückt es gegen die Spitzen der Tellerfeder und übernimmt deren Anpresskraft. Die ringförmigen Reibflächen der Druckplatte werden so entlastet. Die Mitnehmerscheibe kann im Raum zwischen den Reibflächen von Druckplatte und Schwungscheibe frei drehen – es ist ausgekuppelt. Wird das Kupplungspedal Ihres Fahrzeuges wieder entlastet, schliesst die Tellerfeder den Zwischenraum wieder und klemmt die Mitnehmerscheibe ein.

8.2 Störungen an der Kupplung

Rutschende Kupplung
Eine durchrutschende Kupplung bemerkt man erst beim Fahren im höchsten Gang (wobei die vom Motor geforderte Leistung am grössten ist), wenn bei Belastung der Motor „durchdreht", also auffallend schneller dreht, als es der Fahrgeschwindigkeit entspricht. Beim Anfahren fällt das Nachlassen der Kupplung weniger auf. Folgeschäden können sein, dass neben der Mitnehmerscheibe auch die Reibfläche von Druckplatte und Schwungrad stark verschlissen werden. Meist muss dann beim Austausch der Mitnehmerscheibe noch eine neue Druckplatte montiert werden.
Eine tadellose Kupplung übersteht folgende Gewaltprüfung: Feststellbremse anziehen, 3. Gang einlegen, langsam einkuppeln und Gas geben. Jetzt müsste (bei einwandfreier Feststellbremse) der Motor abgewürgt werden.

Schlechtes Ausrücken der Kupplung
Wird der Schaltvorgang durch kratzende oder krachende Geräusche begleitet, so trennt die Kupplung nicht mehr richtig. Als Erstes sollte man kontrollieren, ob sich eingelegte Fussmatten nicht verschoben haben.

Ratgeber: Wenn Sie sich beim Herunterschalten verschalten, z.B. vom 5. Gang in den 2. Gang schalten, erhöht sich die Drehzahl der Kupplungsscheibe weit über die Motordrehzahl. Dabei braucht z.B. der 2. Gang noch gar nicht ganz eingelegt zu sein. Schon über die Synchronringe kann die Drehzahlerhöhung erfolgen. Infolge der extremen Drehzahlen ist es möglich, dass der Kupplungsbelag reisst und sich Teile übereinanderschieben. Dadurch wird die Kupplungsscheibe unzulässig dick. Sie können dann das Kupplungspedal ganz durchtreten, ohne dass die Kupplung ausreichend trennt.

Rupfende Kupplung
Bei rupfender Kupplung setzt sich der Wagen gewissermassen stotternd in Bewegung. Die Übertragung der Motordrehzahl auf die Antriebsräder erfolgt nicht gleichmässig weich. Für diesen Effekt können unterschiedliche Ursachen verantwortlich sein:

- Motor- oder Getriebeaufhängung ist defekt oder hat sich gelockert. Der Antriebsblock (Motor und Getriebe) gerät beim Einkuppeln ins Schwingen.
- Der Kupplungsbelag auf der Mitnehmerscheibe ist verbrannt und verhärtet. Meist die Folge übermässiger Belastung.
- Die Druckplatte hat sich verzogen oder weist an ihrer Reibfläche wenige Verwerfungen in geringer Höhe auf.
- Das Schwungrad hat auf seiner Reibfläche wellige Unebenheiten.

Reparaturhinweise: Die Erneuerung der Kupplung bedingt den Ausbau des Motors oder des Getriebes (ziemlich umfangreiche Arbeit). Systematisch müssen der Kupplungskörper, die Mitnehmerscheibe und das Ausrücklager ersetzt werden. Die Erneuerung des Kupplungsseils bedeutet in den meisten Fällen eine Neueinstellung des Nachstellmechanismus, vor allem, wenn das Kupplungsseil einmal reissen sollte. Aus diesem Grund müssen Sie sich leider an Ihre Werkstatt wenden, um das Seil erneuern und einstellen zu lassen.

8.3 Kupplung ausbauen

Wichtiger Hinweis: Druckplatte und Tellerfeder können nicht zerlegt werden und sind bei Beschädigung zusammen zu erneuern. Kupplungen und Mitnehmerscheiben werden manchmal abgeändert, um bestimmte Eigenschaften weiterhin zu verbessern. Deshalb beim Einbau eines neuen Kupplungskörpers oder einer Mitnehmerscheibe immer die Fahrgestellnummer und auch die Motornummer angeben.

Die Kupplung kann ohne Ausbau des Motors aus dem Fahrzeug ausgebaut werden. Bei allen Motoren geschieht der Einbau in gleicher Weise.

- Getriebe ausbauen (Kapitel 9.1).
- Einbaulage der Kupplung im Verhältnis zum Schwungrad kennzeichnen. Dazu verwendet man einen Körner, mit welchem man in das Schwungrad und die Kupplung schlägt.
- Die sechs Schrauben der Kupplung gleichmässig über Kreuz lösen, bis der Federdruck entlastet ist. Danach die Schrauben der Reihe nach herausdrehen. Das Schwungrad muss dabei gegengehalten werden. Dazu entweder einen kräftigen Schraubendreher in die Zähne des Schwungradzahnkranzes einsetzen oder eine „Schwungradbremse“ benutzen. Diese hat die in Bild 249 gezeigte Form, wird am Zylinderblock angeschraubt, sodass die Zähne in den Zahnkranz am Schwungrad eingreifen.
- Die Kupplung abnehmen, wie es in Bild 250 gezeigt ist, während man die Mitnehmerscheibe gegen das Schwungrad drückt. Danach die Mitnehmerscheibe herausnehmen. Mit einem Lappen sofort die Innenseite des Schwungrades auswischen und die Reibfläche des Schwungrades überprüfen. Falls die Mitnehmerscheibe bis auf die Nietenköpfe abgenutzt ist, könnte es sein, dass sich die Niete in die Schwungradfläche oder die Fläche der Kupplungsdruckplatte eingearbeitet haben.

Falls der Motor oder das Getriebe ausgebaut werden müssen, sollte die Kupplung immer abgeschraubt werden, sodass man die Teile kontrollieren kann.

8.4 Reparatur

Falls Ihnen bereits bekannt ist, dass die Kupplungsmitnehmerscheibe oder der Kupplungskörper erneuert werden müssen, können Sie sich die Prüfarbeiten ersparen. Andernfalls sind besonders die in Bild 251 gezeigten Teile zu kontrollieren.

- Kontrollieren, ob die Federn der Mitnehmerscheibe noch einwandfrei sind und dass die Keilverzahnungen der Scheibe nicht übermässig ausgeschlagen sind. Die Scheibe hat bei allen Motoren den gleichen Durchmesser.
- Da verölte Kupplungsbeläge nicht gereinigt werden können, ist die Mitnehmerscheibe in derartigen Fällen zu erneuern.
- Die Kupplungsbeläge und auch die Kupplungsdruckplatte auf Wiederverwendbarkeit kontrollieren. Dazu sieht man sich Bilder 252 bis 256 an und geht anhand der Erklärungen vor:

Bild 252: Falls das ermittelte Mass weniger als 0,30 mm beträgt, muss die Scheibe erneuert werden. Die Scheibe ebenfalls erneuern, falls das Mass bald erreicht ist.

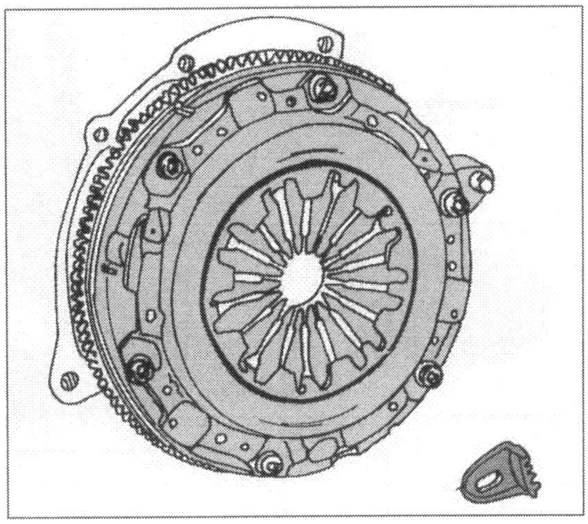

Bild 249
Unten rechts ist die „Schwungradbremse" gezeigt, die man in die Zähne des Schwungradzahnkranzes einsetzen kann.

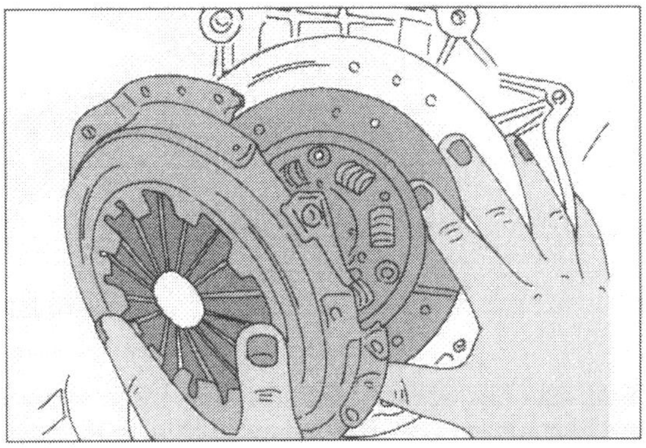

Bild 250
Ausbau des Kupplungskörpers und der Mitnehmerscheibe (Kupplungsscheibe).

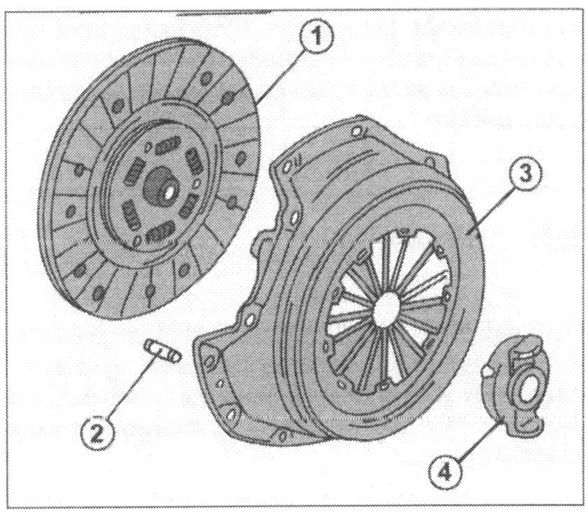

Bild 251
Ansicht der Kupplung und anderer Teile, wie sie bei einem Fahrzeug mit „MLT5"-Getriebe eingebaut sein.
1 Mitnehmerscheibe
2 Passstift
3 Kupplungskörper
4 Ausrücklager

Bild 253: Falls der Schlag der Mitnehmerscheibe grösser als 0,8 mm ist, kann man die Scheibe vorsichtig mit einer Zange richten. Andernfalls die Scheibe erneuern.

Bild 254: Falls tiefe Einlaufstellen an den gezeigten Stellen festgestellt werden, muss man die komplette Kupplung erneuern.

Bild 255: Falls ein Spalt von mehr als 0,03 mm an diesen Stellen erhalten wird, muss die Druckplatte erneuert werden.

Bild 256: Das Schwungrad sollte nicht mehr als 0,10 mm schlagen.

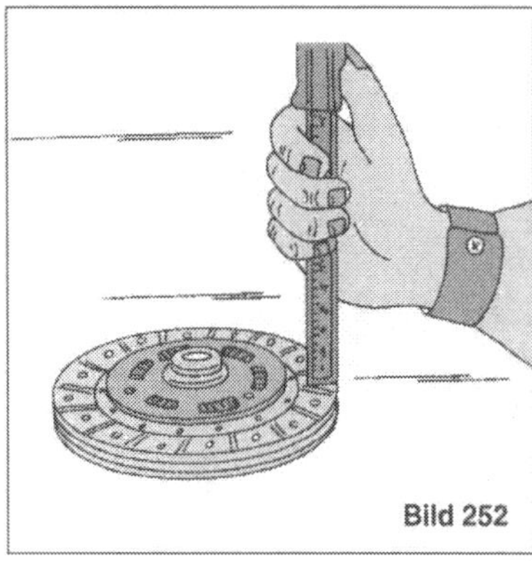
Bild 252

Bild 253

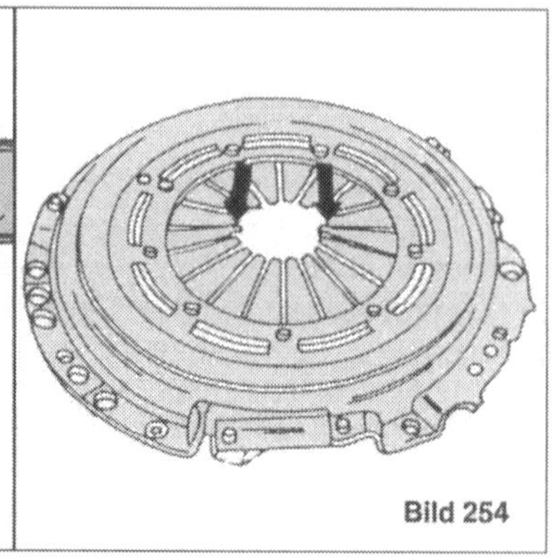
Bild 254

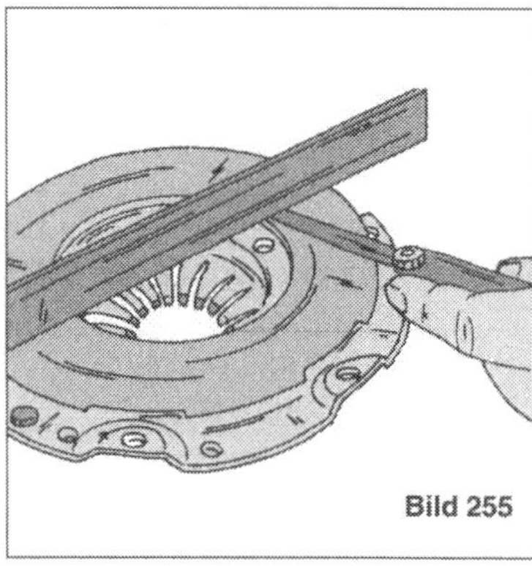
Bild 255

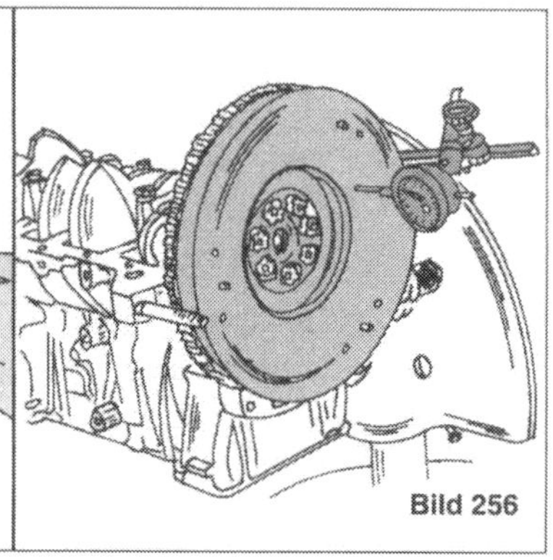
Bild 256

Falls man das Schwungrad ausbauen muss, dürfen die Schrauben nicht wieder verwendet werden. Beim Anschrauben die Schwungradfläche und Fläche an der Kurbelwelle gut reinigen. Einzelheiten über das Schwungrad sind dem betreffenden Abschnitt über den Motor zu entnehmen. Das Anziehen muss über Kreuz erfolgen.

8.5 Einbau

Der Einbau der Kupplung geschieht in umgekehrter Reihenfolge wie der Ausbau. Die Kupplung entsprechend der Körnerkennzeichnung am Schwungrad ansetzen, falls die ursprüngliche Kupplung wieder eingebaut wird.

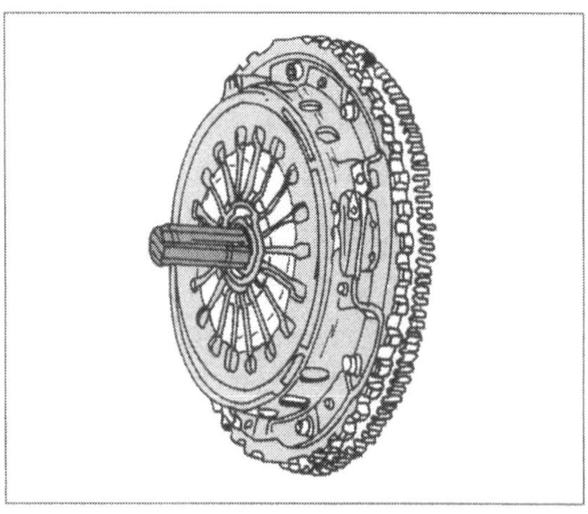

Bild 257
Den Zentrierdorn in der gezeigten Weise in die Mitnehmerscheibe einsetzen, wenn die Schrauben der Kupplung angezogen werden. Beim Anschrauben den Dorn gelegentlich hineinschieben und wieder herausziehen. Er darf sich nicht festklemmen.

Die Mitnehmerscheibe ist unter Verwendung des Spezialzentrierdorns für das eingebaute Getriebe oder einer alten Kupplungswelle in der Innenseite des Schwungrades auszurichten, indem man den Dorn durch die Nabe der Mitnehmerscheibe und das Ende des Führungslagers einschiebt. In der Werkstatt können Sie Glück haben, dass sie eine alte, von der Werkstatt nicht länger gebrauchte Kupplungswelle für das betreffende Fahrzeug erhalten, die Sie dann Ihrem Werkzeugkasten hinzufügen. Beim Anziehen der Kupplung den Zentrierdorn häufig etwas herausziehen und wieder hineinschieben, um sofort festzustellen, wenn er sich verklemmt hat. Die angeschraubte Kupplung muss dann wie in Bild 257 gezeigt aussehen. Die Schrauben gleichmässig über Kreuz auf ein Anzugsdrehmoment von 15 Nm oder 20 Nm anziehen (mit MLT5-Getriebe). Das Schwungrad muss dabei gegen Mitdrehen gesperrt werden. Das Getriebe abschliessend wieder einbauen.

Hinweis: Die Keilverzahnungen der Kupplungswelle und der Aussenfläche der Führungsmuffe für das Kupplungsausrücklager vor dem Einbau des Getriebes mit etwas Graphitfett einschmieren (Molykote BR2-Fett wird empfohlen).
Nach dem Einbau des Getriebes den Kupplungsmechanismus kontrollieren.

8.6 Kupplungsseil erneuern

Wie bereits erwähnt, sollte die Erneuerung des Kupplungsseils einer Werkstatt überlassen werden. Falls es nur am Kupplungsausrückhebel ausgehängt werden soll, kann dies durch Abschrauben der Mutter durchgeführt werden. Dadurch wird die Selbstnachstellung nicht beeinträchtigt.

8.7 Kupplungsausrücklager und Ausrückwelle

Das Getriebe muss aus dem Fahrzeug ausgebaut werden, um das Kupplungsausrücklager zu erneuern. Das Lager aus der Innenseite der Kupplungsglocke lösen und nach vorn herausziehen. Das Ausrücklager ist verschlossen und darf nicht in irgendwelche Reinigungsflüssigkeiten eingelegt werden. Ein Ausrücklager muss sich leicht durchdrehen lassen und darf keine Klemmstellen zeigen.
Der Einbau des Lagers geschieht in umgekehrter Reihenfolge wie der Ausbau. Die Führungsmuffe für das Lager und die Verzahnungen der Kupplungswelle vor dem Einbau des Lagers mit Graphitfett (Molykote BR2) einschmieren. Den Kugelkopf und die beiden Seiten der Ausrückgabel mit Mehrzweckfett einschmieren. Ein Ausrücklager sollte immer zusammen mit der Kupplung und der Mitnehmerscheibe erneuert werden, da eine neu eingebaute Kupplung manchmal durch ein später geräuschvolles Lager wieder Störungen bereitet. Nach vielen Fahrkilometern kann es schon mal möglich sein, dass die Lagerbüchsen der Kupplungsausrückwelle ausgeschlagen sind. Wir schlagen vor, dass man die Erneuerung der Büchsen einer Werkstatt überlässt.

8.8 Störungsbeistand an der Kupplung

Obwohl bereits auf Störungen an der Kupplung eingegangen wurde, kann man sich anhand der folgenden Schnelltabelle informieren, welche Defekte dafür verantwortlich sein könnten.

A Kupplung rutscht	
1. Kupplung rutscht durch	Kupplungsscheibe ersetzen
2. Anpressdruck zu gering	Druckplatte ersetzen
3. Belag verölt	Kupplungsscheibe ersetzen, Leckstellen beheben
4. Kupplung hat sich überhitzt	Kupplungsscheibe und vielleicht Druckplatte neu
B Kupplung rückt nicht aus	
1. Seil gerissen	Seil erneuern
2. Seilmechanismus defekt	Seil erneuern
3. Kupplungsscheibe hat Schlag	Kupplungsscheibe ersetzen
4. Kupplungsbeläge gebrochen	Kupplungsscheibe ersetzen
5. Kupplungsscheibe auf Welle verklemmt	Gangbar machen und einfetten
6. Belag an Schwungrad festgeklebt (nach langer Stillstandzeit des Wagens)	1. Gang einlegen und Pedal treten. Fahrzeug kurz bei ausgeschalteter Zündung schleppen lassen
C Kupplung rupft	
1. Siehe unter Punkt A3	
2. Falsche Beläge (nach Reparatur)	Nachprüfen und Abhilfe schaffen
3. Ausrücklager drückt ungleichmässig	Ausrückhebel kontrollieren
4. Druckplatte drückt einseitig	Druckplatte erneuern
5. Motor/Getriebeaufhängung defekt	Entsprechend erneuern
D Kupplung trennt nicht und rutscht durch	
1. Kupplungsdruckplatte defekt	Druckplatte ersetzen
E Geräusche von der Gegend der Kupplung	
1. Druckplatte/Kupplungsscheibe schlägt	Wie erforderlich erneuern
2. Mitnehmerscheibenfedern lose	Mitnehmerscheibe erneuern
3. Ausrücklager nicht mehr einwandfrei	Erneuern
4. Nietverbindung der Beläge lose	Wie erforderlich Scheibe erneuern

9 Das Schaltgetriebe

Je nach eingebautem Motor wird bei den verschiedenen Fahrzeugausführungen ein unterschiedliches Getriebe eingebaut, abgesehen davon, dass das eingebaute Getriebe seit Produktionsbeginn der Baureihe ebenfalls abgeändert wurde. In der folgenden Aufstellung versuchen wir, die in Frage kommenden Getriebe listenmässig zusammenzufassen. Bei allen Getrieben handelt es sich um ein Fünfganggetriebe:

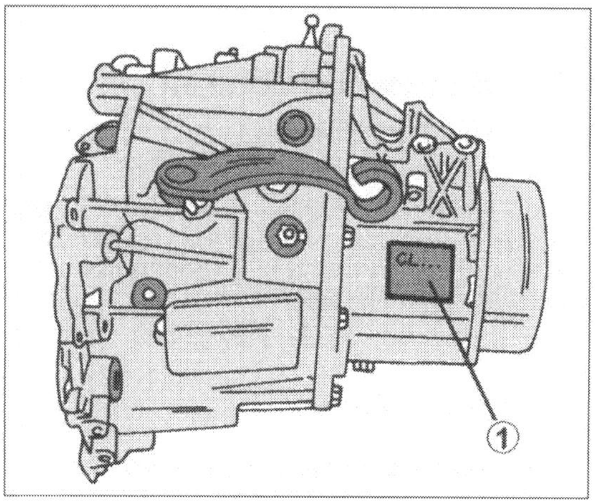

Bild 258
Die Kennzeichnung des BE 3/5-Getriebes. Das Typenschild (1) ist an der Seite des Getriebes angebracht.

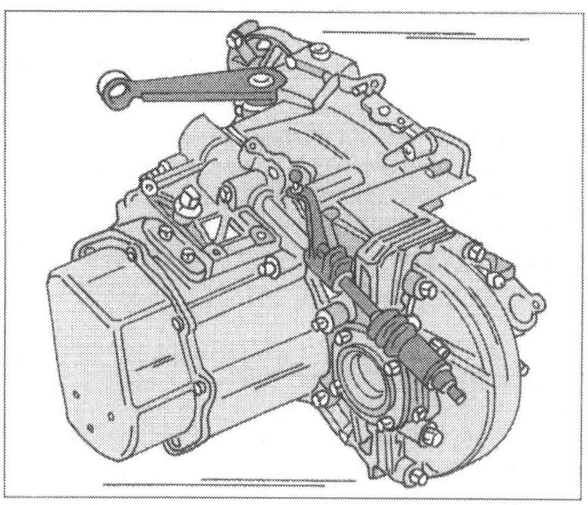

Bild 259
Das ursprünglich eingebaute ME5K-Getriebe.

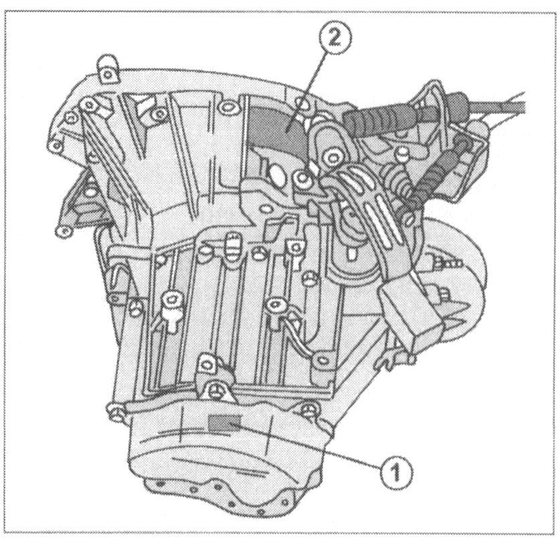

Bild 260
Ansicht des ML5T-Getriebes mit Lage der Kennzeichnungen.
1 Aufkleber
2 Eingravierte Kennzeichnung

- Bei eingebautem 1.8-Liter-Motor und dem 2.0-Liter-Motor mit 8 Ventilen ist ein Getriebe der Ausführung „BE3/5“ eingebaut , welches z.B. ebenfalls im Citroën XM und anderen Fahrzeugen vorgefunden werden kann. Im späteren Leben des Fahrzeuges kann es schon einmal vorkommen, dass man ein schadhaftes Getriebe ersetzen muss und versucht, ein Zweithandgetriebe zu erstehen. Aus diesem Grund ist es wichtig, dass man weiss, wo sich die Getriebe-Kennnummer befindet. Bild 258 zeigt eine Ansicht des Getriebes mit der Lage eines Typenschilds. In diesem kann man die Seriennummer und die Getriebeseriennummer finden, welche mit „CL“ oder „CM“ beginnt. Ab Baujahr 1998 beginnt die Getriebekennzeichnung mit den Buchstaben „TA“ bei eingebautem 2.0-Liter-Motor.
- Bei eingebautem 2.0-Liter-Motor mit Abgasturbolader wurde ursprünglich ein Getriebe der Ausführung „ME5K“ eingebaut, wurde jedoch ab Baujahr 1998 durch ein Getriebe des Typs „ML5E“ ersetzt. Das „ME5K“-Getriebe hat das in Bild 259 gezeigte Aussehen. Alle Getriebe dieser Ausführung beginnen mit der Zahl „20“.
- Bei eingebautem 1.9-Liter-Motor wurde ursprünglich das „ME5K“-Getriebe eingebaut, wie es zusammen mit dem Turbomotor verwendet wird. Ab Baujahr 1997 wurde jedoch ebenfalls das oben genannte „ML5E“-Getriebe bei diesen Motoren verwendet. Später wurde ausserdem das „ML5T“-Getriebe (ab ca. Baujahr 1997) eingebaut, welches das in Bild 260 gezeigte Aussehen hat. Auch dieses Getriebe ist entsprechend gekennzeichnet, jedoch findet diese an zwei verschiedenen Stellen statt. An Stelle (1) in Bild 260 ist ein Aufkleber angebracht, welcher den Getriebetyp und die Seriennummer angibt (Nummer fängt mit „20“ an). An Stelle (2) sind der Getriebetyp und die Seriennummer eingraviert. Bild 261 zeigt wo die Ölstopfen dieses Getriebes sitzen.
- Bei eingebautem 2.1-Liter-Motor wurde das „ML5E“-Getriebe eingebaut, welches ab Baujahr 1997 durch das Getriebe „ML5T“ ersetzt wurde, dessen Kennzeichnung bereits in Bild 260 gezeigt wurde.
- Das Getriebe in einem Fahrzeug mit 2.0 Liter-16V-Motor wird nur als „ML5“ angegeben und entspricht im Grossen und Ganzen den oben angegebenen Getrieben mit einer ähnlichen Kennzeichnung.

Der Achsantrieb befindet sich unterhalb der Getriebewellen. Das Antriebsrad für den Achsantrieb wird durch ein Kegelrad am Ende der Antriebswelle angetrieben. Dies ist die Welle mit den Synchronisierrädern und den frei laufenden Gangrädern. Die andere Welle des Getriebes ist die Hauptwelle. Bei der Welle handelt es sich um einen einteiligen Zahnradblock. Das Ende der Welle ist keilverzahnt und greift in die Innenseite der Mitnehmerscheibe der Kupplung ein.

Bei den obigen Angaben handelt es sich um Angaben von Citroën. Die Einführung von neuen Getrieben von den anderen Fahrzeugherstellern könnte von den angegebenen Einzelheiten abweichen.

9.1 Ausbau des Getriebes

Das Getriebe kann ohne Motor ausgebaut werden, wenn es zum Beispiel nur notwendig ist, die Kupplung oder die Mitnehmerscheibe zu erneuern. Ein Rangierwagenheber muss zur Verfügung stehen und ausserdem muss man den Motor aus den Aufhängungen heben. Werkstätten verwenden dazu natürlich ein Spezialwerkzeug, jedoch ist es möglich, dass man eine starke Eisenstange über die Oberseite der beiden Kotflügelfalze an der Innenseite legt und eine Drahtschlinge um die Stange und z.B. um den Auspuffkrümmer legt. Mit einem Knebel den Draht dann zusammenwickeln, bis der Motor unter Spannung steht. Bild 262 zeigt eine derartige Anordnung. Das Getriebe wird nach unten zu abgesenkt.

Beim Ausbau des Getriebes ohne Motor folgendermassen vorgehen. Aufgrund der eingebauten Getriebevarianten und Motoren ist es natürlich unmöglich auf jede einzelne Ausführung einzugehen. Die folgenden Anweisungen sind als allgemein zu betrachten:

- Die Motorhaube in die senkrechte Stellung bringen. Bei bestimmten Ausführungen ist es auch möglich, dass man die Haube ausbauen muss, um das Getriebe herauszuheben.
- Beide Kabel der Batterie abschliessen und die Batterie ausbauen. Je nach Ausführung auch den Aufnahmekasten der Batterie ausbauen. Diese sind beim Ausbau im Wege.
- Die Vorderseite des Fahrzeuges anheben (siehe Beschreibung in Abschnitt 1) und auf geeignete Böcke stellen, hoch genug, sodass man an der Unterseite arbeiten kann. Beide Vorderräder abschrauben.
- Die Schraube an der Unterseite des Spritzschutzes in der Innenseite der Radkästen lösen, die Kunststoffstifte der Befestigung herausziehen und den Spritzschutz abnehmen.
- Die beiden Antriebswellen ausbauen, wie es im nächsten Abschnitt beschrieben wird.
- Die Schraube die Schraube an der Unterseite der Drehmomentstütze herausdrehen.
- Befestigungsschraube des Auspuffrohres vom Getriebe lösen und das Stützblech für die elektrischen Kabelstecker ausbauen.
- Im Motorraum den Kabelbaum vom Batterieträger ausbauen, das elektronische Steuergerät lösen und herausnehmen.
- Luftfilter ausbauen. Falls man annimmt, dass die Teile im Wege sind, den Luftansaugkasten an der Oberseite des Ansaugsammelrohres ausbauen.
- Kupplungsseil vom Kupplungsausrückhebel abschliessen, indem man den Hebel nach vorn zieht und das Seil aushängt, und vom Widerlager befreien.
- Das Schaltgestänge oder Schaltseile abschliessen.
- Die folgenden Teile, wie vorhanden, vom Getriebe abschliessen: Massekabel, Kabel des Schalters der Rückfahrleuchten, Tachometerspirale vom Getriebe, Kabelstecker des Gebers für die Fahrgeschwindigkeit (falls eingebaut). Je nach eingebautem Motor und eingebauter Einspritzanlage sind verschiedene Kabelanschlüsse vorhanden. Alle müssen abgeschlossen werden.

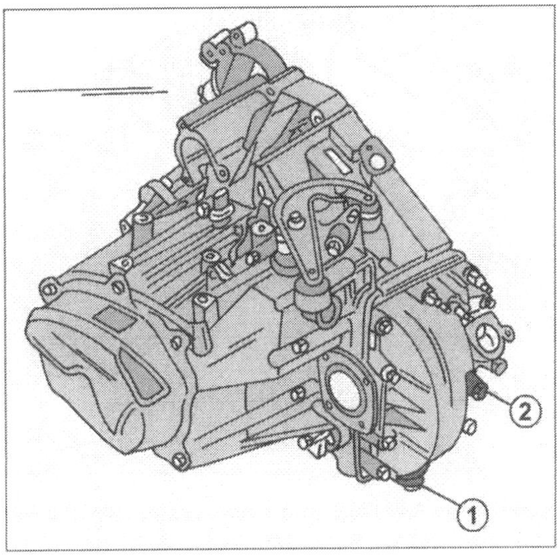

Bild 261
Die Lage des Ölablassstopfens (1) und Einfüllstopfens (2) beim ML5T-Getriebe.

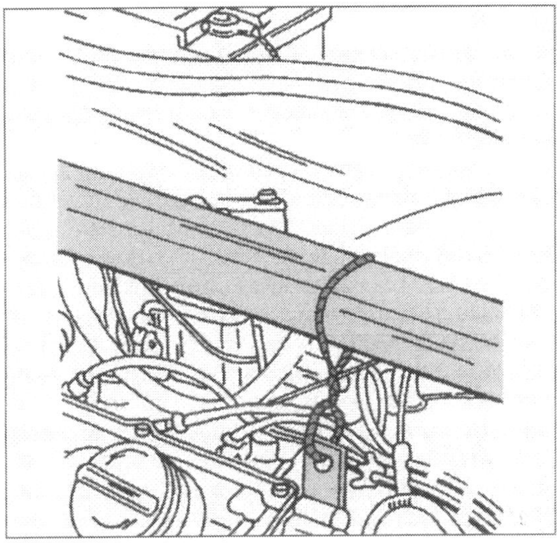

Bild 262
Anheben des Triebwerks mit einer selbst hergestellten Vorrichtung.

- Die Schrauben des Anlassers lösen und den Anlasser aus dem Eingriff mit dem Getriebe ziehen. Den Anlasser auf eine Seite legen, ohne die elektrischen Kabel abzuklemmen. Auf keinen Fall den Anlasser an den Kabeln herunterhängen lassen, auch wenn diese kräftig genug dazu aussehen.
- Von der Unterseite des Fahrzeuges mit einem Innensechskantschlüssel oder einem Schlüsseleinsatz mit Vierkant den Stopfen an der Unterseite des Getriebes herausdrehen. Das Öl in einen sauberen Behälter laufen lassen, welcher ca. 2 Liter aufnehmen muss. Das Öl vollkommen ablassen und den Ablassstopfen wieder einschrauben.
- Die Schrauben zwischen Motor und Kupplungsgehäuse an der Unterseite entfernen. Falls vorhanden das Abdeckblech unter dem Schwungradgehäuse abschrauben.
- Den Motor jetzt aus den Aufhängungen heben, wie es in der Einleitung dieses Kapitels beschrieben wurde, bis die Motoraufhängungen unter leichter Spannung stehen.
- Das Getriebe mit einer Seilschlinge und einem Kran anheben, sodass es später nicht herunterfallen kann.
- Den Getriebeaufhängungsträger jetzt ausbauen. Beim Ausbau des Motors wurde bereits auf die ver-

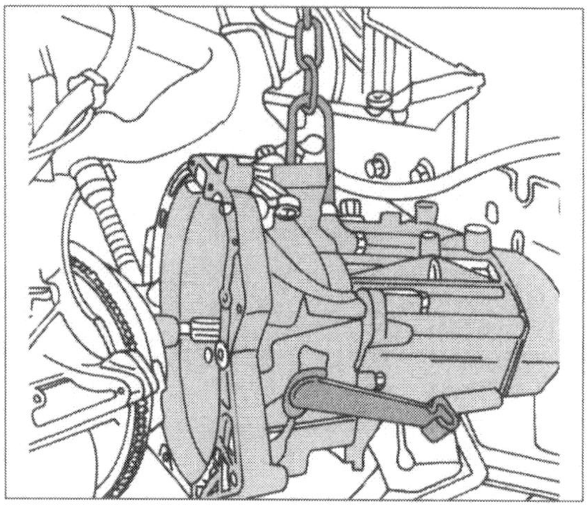

Bild 263
Getriebe werden in der gezeigten Weise aus dem Fahrzeug herausgehoben.

schiedenen Aufhängungen hingewiesen. Alle Muttern müssen entfernt werden, um die Aufhängung herauszunehmen. Kontrollieren, dass der Motor gut abgestützt ist.

● Die Verbindungsschrauben zwischen Motor und Getriebe entfernen. Zwei Schrauben sind an der Oberseite und drei Schrauben sind an der Unterseite eingeschraubt.

● Kontrollieren, dass das Getriebe noch gut an der Seilschlinge hängt und in der in Bild 263 gezeigten Weise aus dem Eingriff mit dem Motor herausziehen. Das Getriebe sitzt auf Passstiften und muss etwas hin- und hergewackelt werden. Falls ein Passstift herauskommt, muss man ihn zusammen mit den Motor-an-Getriebe-Schrauben zusammenhalten. Falls man keinen Kran zur Verfügung hat, kann man auch einen Rollwagenheber unter das Getriebe setzen und es auf dem Wagenheber ablassen (ein Holzstück zwischen Wagenheberkopf und Getriebe einlegen). Eine zweite Person muss das Getriebe natürlich gut halten, während das Getriebe herausgehoben wird.

9.2 Einbau des Getriebes

Der Einbau des Getriebes findet in umgekehrter Reihenfolge statt, jedoch sind die folgenden Punkte zu beachten:

● Die Öldichtringe in den Seiten des Getriebes (für die Achswellen) müssen erneuert werden, ganz gleich, ob Arbeiten am Getriebe durchgeführt wurden oder nicht. Nach Herausziehen der Antriebswellen wurden sie in den meisten Fällen beschädigt.

● Die Dichtringe des Ablassstopfens und Öleinfüllstopfens erneuern.

● Alle selbstsichernden Muttern und Unterlegscheiben erneuern, die Letzteren, falls sie nicht mehr einwandfrei aussehen.

Beim Einbau des Getriebes in der folgenden Reihenfolge vorgehen:

● Die neuen Öldichtringe für die Öffnungen des Achsantriebs an den Dichtlippen mit Mehrzweckfett einschmieren und an den Öffnungen ansetzen. Ein Stück Rundeisen oder Rohr benutzen und die Dichtringe einschlagen, bis die Aussenflächen gerade abschneiden. Die Dichtringe dabei nicht beschädigen.

● Die Verzahnungen der Kupplungswelle, die Führungshülse für das Kupplungsausrücklager und die Finger der Ausrückgabel mit Graphitfett, wie zum Beispiel Molykote BR2, einschmieren. Kontrollieren, dass die Passstifte in der Verbindungsfläche des Getriebes sitzen. Mit einem Stück Schnur oder Draht den Kupplungsausrückhebel nach hinten binden, damit das Ausrücklager gegen den Anschlag kommt.

● Getriebe unter das Fahrzeug schieben und ein Seil oder eine Kette an der Öse des Getriebes befestigen (siehe Bild 263) oder das Getriebe auf einem Rollwagenheber ruhend in die richtige Lage heben. Mit dem Hebezeug das Getriebe anheben, bis es ungefähr gegenüber dem Motor steht. Das Getriebe gegen den Motor drücken und gleichzeitig die Kupplungswelle in Eingriff mit der Mitnehmerscheibe der Kupplung bringen. Falls der Eingriff nicht sofort zustande kommt, kann eine zweite Person den Kurbeltrieb durch Bewegen des Keilriemens hin- und herbewegen, bis das Getriebe an den Motor heranrutscht. In den meisten Fällen reicht die kleinste Verdrehung der Kurbelwelle aus, um den Eingriff herzustellen, während man das Getriebe gleichzeitig gegen den Motor drückt.

● Getriebe vollkommen gegen den Motor drücken, bis der Spalt geschlossen ist. Die Schrauben zwischen Motor und Getriebe an der Oberseite einsetzen und mit einem Anzugsdrehmoment von 35 Nm festziehen.

● Motor und Getriebe langsam anheben, bis die Getriebeaufhängung montiert werden kann. Die Muttern der Aufhängung entsprechend den Abbildungen der Motoraufhängungen im Abschnitt „Motor“ anziehen.

● Von der Unterseite die Schrauben zwischen Motor und Getriebe mit einem Drehmoment von 45 Nm anziehen.

● Das Schaltgestänge oder die Schaltseile an der Seite des Getriebes anschliessen.

● Die rechte und die linke Achswelle einbauen, wie es in Kapitel 10.1 beschrieben ist.

● Anlasser einbauen. Die drei Schrauben mit 18 Nm anziehen.

● Die folgenden Anschlüsse wieder herstellen: Tachometerspirale anschliessen, Kupplungsseil anschliessen, Massekabel am Getriebe anschliessen, Kabelanschlüsse am Schalter der Rückfahrleuchten herstellen, falls vorhanden Stecker auf den Geber für die Fahrgeschwindigkeit aufstecken sowie andere abgezogene oder abgeschlossene Anschlüsse wieder herstellen. Lose Kabel entsprechend der beim Ausbau vorgefundenen Befestigung wieder befestigen.

● Luftfilter und andere Zuleitungsrohre/Schläuche und den Batterieträger, Batterieaufnahmekasten und die Batterie montieren. Kabel wieder an der Batterie anklemmen.

● Getriebeöl einfüllen. Nochmals kontrollieren, dass der Ablassstopfen fest angezogen wurde. Den Einfüllstopfen einschrauben. Die Anzugsdrehmomente sind Kapitel 9.4 zu entnehmen.

● Fahrzeug auf die Räder ablassen und die Muttern der beiden Antriebswellen (immer erneuern) mit einem Drehmoment von 100 Nm anziehen und aus der

Endstellung um weitere 60° nachziehen. Den Nachziehwinkel muss man schätzen, wenn man davon ausgeht, dass 90° eine Viertelumdrehung darstellt. Die Handbremse muss dabei fest angezogen sein. Räder festziehen und die Radzierblenden wieder montieren.

- Wagen Probe fahren und prüfen, dass sich alle Gänge einwandfrei durchschalten lassen.

9.3 Getriebeüberholung

Getriebe werden heutzutage auf Lebenszeit gebaut und man wird kaum einen Getriebeschaden erleiden. Eine Überholung des Getriebes wird nicht empfohlen, da es weitaus besser ist, ein Austauschgetriebe einzubauen. Wie der Name besagt, gibt man das alte Getriebe im Austausch gegen das werksüberholte Getriebe ein. Am ursprünglich eingebauten Getriebe montierte Teile müssen auf das Austauschgetriebe umgerüstet werden, abgesehen davon, dass man das für den Motor zugegliederte Getriebe beschaffen muss.

9.4 Kontrolle des Getriebeölstands und Ölwechsel

Als Erstes soll gesagt werden, dass das Getriebe auf Lebenszeit gefüllt ist, d.h. es muss nicht regelmässig gewechselt werden. Die folgende Beschreibung gilt deshalb nur, falls das Getriebeöl aus einem anderen Grund abgelassen wurde.
Der Ölstand im Getriebe sollte alle 60 000 km kontrolliert werden.
Bei der folgenden Beschreibung darf man die Getriebeausführungen nicht verwechseln, da Unterschiede in den Anzugsdrehmomenten, Ölfüllmengen, usw. vorhanden sind.

Beim BE 3/5-Getriebe sitzt der Ölstandskontrollstopfen an der Aussenseite des Antriebsgehäuses, in Bild 264 mit (2) bezeichnet. Ein Vierkantschlüssel ist zum Herausschrauben des Stopfens erforderlich (oder in

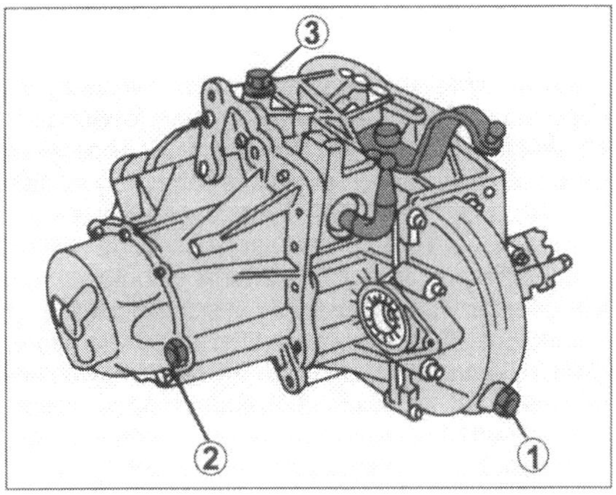

Bild 264
Ansicht des BE 3/5-Getriebes mit Lage der Stopfen. Die Lage der Stopfen der anderen Getriebe ist in Bild 261 gezeigt.
1 Ölablassstopfen
2 Einfüllöffnung und Öffnung zur Ölstandskontrolle
3 Stopfen für Getriebebelüftung

manchen Fällen ein Inbusschlüssel). Um den Ölstand im Getriebe zu überprüfen, den Stopfen herausdrehen und den Zeigefinger in die Öffnung einsetzen. Falls man das Öl erreichen kann, stimmt die Ölfüllung. Zum Ablassen des Öls, vorteilhafter bei warmem Getriebe, den Stopfen an der Unterseite des Achsantriebsteils des Getriebes, unmittelbar unter der Achswelle auf der Verschlussdeckelseite des Getriebes, ausschrauben (2, Bild 264) entfernen. Wiederum ist ein Spezialschlüsseleinsatz zum Herausdrehen erforderlich. Das Öl in einen untergestellten Behälter ablaufen lassen. Der Einfüllstopfen (2) in Bild 264 sollte herausgedreht werden, damit das Öl besser ablaufen kann. Den Ablassstopfen sofort reinigen und wieder einschrauben. Stopfen (1) in Bild 264 mit 35 Nm, Stopfen (2) in Bild 264 mit 22 Nm anziehen.

Bei den anderen Getrieben sitzt der Ölstandskontrollstopfen an der Aussenseite des Antriebsgehäuses, in Bild 261 mit (2) bezeichnet. Der Ablassstopfen ist an Stelle (1) eingeschraubt. Die Kontrolle finden in der oben beschriebenen Weise statt.
Das Ablassen des Getriebeöls findet ebenfalls in der beschriebenen Weise statt. Beide Stopfen werden in diesem Fall mit 30 Nm angezogen.
Das Getriebe mit ca. 2 Liter des vorgeschriebenen Schmieröls füllen. Dadurch wird der Ölstand an die Unterkante der Öleinfüllöffnung gebracht. Beim BE 3/5-Getriebe kann man den Stopfen für die Belüftung des Getriebes (3 in Bild 264) herausdrehen, um das Öl einzufüllen. Kontrollieren, dass der Dichtring noch gut aussieht.

10 Antriebswellen

Die Antriebswellen sind nicht bei allen Fahrzeugmodellen von gleicher Länge und Bauweise, je nachdem, ob sie links oder rechts eingebaut sind. Abgesehen davon sind die Gleichlaufgelenke innen und aussen bei den unterschiedlichen Fahrzeugmodellen von spezifischer Bauweise, der Durchmesser der Wellen in der Mitte und an der Aussenseite ist unterschiedlich und der Durchmesser der Gleichlaufgelenke ist der Motorleistung angepasst. Das innere Gleichlaufgelenk ist ungefähr in der Mitte der rechten Welle angeordnet und an einem Stützlager angeschlossen. Das Letzere ist wiederum mit einem Gehäuse an der Rückseite des Zylinderblocks verschraubt. Falls eine Antriebswelle erneuert werden muss, unbedingt die richtige Welle kaufen. Fahrzeuge ohne ABS haben ebenfalls unterschiedliche Wellen.
Die Antriebswellen auf der Getriebeseite haben ein sog. Dreiachsgelenk, welches sich auf den inneren Keilnuten verschieben kann und ein nichtgleitendes, homokinetisches Gleichlaufgelenk (Rzeppa-Gelenk, jedoch unterschiedlich, je nach eingebautem Motor) auf der Radseite. Die Mutter auf dem Ende der Achswellen ist mit einem bestimmten Anzugsdrehmoment angezogen und aus der Endstellung im Winkelanzug nachgezogen (60°). Nach Anziehen der Mutter wird eine Muttemsicherung über die Achswellenmutter geschoben und mit einer Federspange gesichert. Beim Lösen der Mutter muss man mit Vorsicht vorgehen, wenn das Fahrzeug dabei auf Unterstellböcken steht.

10.1 Wartung an den Antriebswelle

10.1.1 Manschetten der Antriebswellen prüfen

- Wagen vorn mit frei hängenden Rädern aufbocken.
- Am Rad drehen und beide Gummimanschetten der Welle auf feine Risse und spröde Stellen kontrollieren. Dringen Schmutz und Feuchtigkeit ein, dauert es nur kurze Zeit, bis das Gelenk hinüber ist.
- Sitz der Haltebänder prüfen, obwohl Sie wohl kaum hier einen Schaden feststellen werden.
- Fettspuren an der Manschette sind ein Alarmsignal – fehlt Schmiermittel, kann dies das Gelenk zerstören. Die Gelenke sind mit Spezialfett gefüllt.

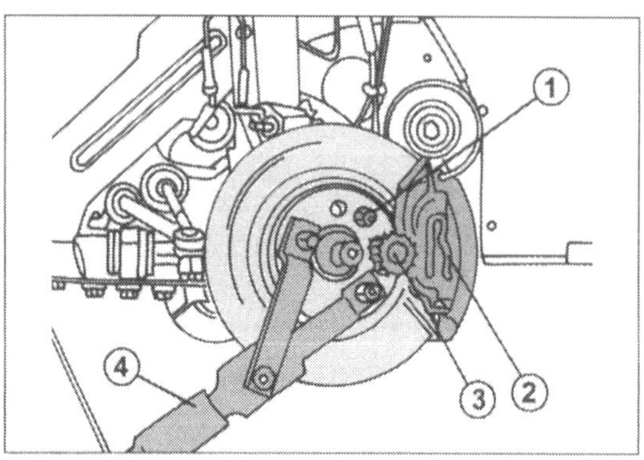

Bild 265
Lösen einer Antriebswellenmutter. Beim Lösen und Anziehen muss die Radnabe in der gezeigten Weise gegengehalten werden.
1 Mutter (Bremsscheibe)
2 Sicherungsspange
3 Mutternsicherung
4 Gegenhalter

- Beschädigte Manschetten sofort ersetzen oder, wie wir später empfehlen, ersetzen lassen. Dazu müssen Sie die Antriebswelle aus dem jeweiligen Antriebsgelenk ausbauen.

10.1.2 Geräusche aus der Gegend der Antriebswellen

Die Lebensdauer der Antriebswellen hängt auch von Ihrer Fahrweise ab. Vermeiden Sie Vollgasstarts mit eingeschlagenen Vorderrädern und Anfahren mit durchdrehenden Antriebsrädern. Geräusche, die auf einen Defekt hinweisen, können plötzlich auftreten, dann aber wieder für mehrere Tage aufhören.
- Rhythmische Schlag- oder Knack-knack-knack-Geräusche beim Gasgeben und im Schiebebetrieb (können sich beim Lenkeinschlag verändern) deuten auf einen Defekt am radseitigen Gelenk hin.
- Wenn bei eingeschlagenen Rädern das Lenkrad vibriert und zittert, ist vermutlich ebenfalls das äussere Gelenk beschädigt.
- Ein Knackgeräusch beim Anfahren mit eingeschlagenen Rädern kann einen Defekt an der Antriebswelle bedeuten. Achtung: Ein Schaden am Radlager äussert sich mit dem gleichen Symptom.

10.2 Ausbau einer Antriebswelle

Da die Öldichtringe in den Seiten des Achsantriebs erneuert werden müssen, sind geeignete Einschlagdorne erforderlich, um sie bündig in das Gehäuse einzuschlagen. Zum Einbau der Antriebswellen in die Dichtringe werden vorschriftsgemäss Schutzführungen benutzt, die jedoch manchmal zusammen mit neuen Öldichtringen geliefert werden. Die Öldichtringe müssen erneuert werden, wenn die Welle einmal aus dem Eingriff mit dem Getriebe kommt.
Beim Einbau der Welle muss man eine neue Mutter für die Welle, eine neue Mutter für die Spurstangengelenkbefestigung am Lenkhebel des Achsschenkels und eine neue Muttern für die Klemmschrauben an der Verbindung zwischen Achsschenkel und Federbein bereit haben.
- Handbremse anziehen und den ersten Gang einschalten.
- Radmuttern lockern. Das Fahrzeug wird im Moment noch nicht aufgebockt.
- Die Mutter der Achswelle mit einer Stecknuss passender Grösse lockern, nachdem man die Sicherungsspange in Bild 265 herausgezogen und die Mutternsicherung abgenommen hat. Die Mutter kann man einstweilen auf der Welle lassen.
- Fahrzeug vorn auf kräftige Unterstellböcke setzen. Das Rad kann an der Nabe gelassen werden oder man schraubt es ab. Falls man die Mutter bei auf Böcken sitzenden Fahrzeugen lösen will, muss man die Radnabe unbedingt in der in Bild 265 gezeigten

Weise gegenhalten. Der Hebelarm der Vorrichtung muss dabei auf dem Boden aufsitzen.

- Ablassstopfen des Getriebes herausdrehen und ca. 1 Liter Öl in einen sauberen Behälter laufen lassen oder das Getriebe komplett entleeren. Dadurch wird vermieden, dass das Öl aus den Seiten des Getriebes herauslaufen kann.
- Falls ABS eingebaut ist, den Drehzahlfühler aus dem Achsschenkel ausbauen (siehe Abschnitt „Bremsanlage"), damit er nicht beschädigt werden kann.
- An der Radaufhängung die Klemmschrauben an der Oberseite des Achsschenkels vom Federbein lösen und herausnehmen. Dazu den Achsschenkel nach unten drücken, bis die Teile getrennt sind. Um genügend Arbeitsraum zu schaffen, drückt man das Federbein in Pfeilrichtung von Bild 266 auf eine Seite. Vor der Durchführung der Arbeit unbedingt kontrollieren, ob das Fahrzeug sicher auf den Böcken ruht. Darauf achten, von welcher Seite aus die Schrauben eingeschoben sind.

Achtung: Beim Trennen der Teile nicht den Faltenbalg der Antriebswelle beschädigen. Man kann diese mit einem dicken Putzlappen umwickeln.

- Den Achsschenkel an der Unterseite nach aussen ziehen, die Antriebswelle nach innen drücken und die Welle aus der Radnabe herausziehen. Es könnte sein, dass man einen Kunststoffhammer oder einen Metallhammer und einen Weichmetalldorn zum Nachhelfen benötigt. Die Welle einstweilen mit einem Stück Draht festbinden, damit sie nicht lose herunterhängen kann.

Der weitere Ausbau erfolgt jetzt nach Einbau der Gelenkwelle:

Linke Welle

- Die Welle gut in der Mitte halten und das Gleichlaufgelenk aus der Seite des Getriebes herausziehen. Die Welle jetzt durch Kippen und Verdrehen aus der Aufhängung herausnehmen.

Welle mit Stützlager

- Die beiden Muttern der Befestigungsschrauben des Stützlagers lockern (Bild 267) und die Schraubenköpfe um eine Viertelumdrehung verdrehen. Dadurch geben die versetzten Schraubenköpfe den äusseren Lagerring des Lagers frei.
- Das äussere Ende der Antriebswelle erfassen und am inneren Ende ziehen, bis das Zwischenlager aus dem Montagebock herauskommt. Nachdem die Welle frei ist, den Staubschutzring vom inneren Ende unter Beachtung der Einbauweise vom inneren Ende herunterziehen und die Welle herausnehmen.

Der Dichtring in der Innenseite der Getriebeöffnung kann sofort ausgebaut werden. Diesen vorsichtig mit einem Schraubendreher heraushebeln. Auch wenn der Dichtring noch gut aussehen sollte, schreibt der Hersteller vor, dass man ihn erneuert – vielleicht wird Ihnen dabei ein erneutes Ausbauen der Welle erspart.

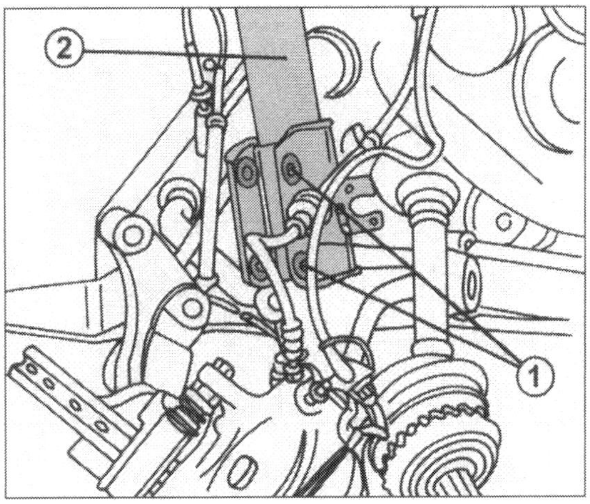

Bild 266
Beim Ausbau einer Antriebswelle zu lösende Teile.
1 Mutter der Federbeinverbindung
2 Federbein

10.3 Einbau einer Antriebswelle

- Die Umgebung des Antriebswellenausgangs am Getriebe einwandfrei reinigen, einen neuen Öldichtring an der Dichtlippe einölen und den Dichtring gerade in das Getriebe einschlagen, bis die Aussenfläche bündig abschneidet. Zu beachten ist, dass die Dichtringe nicht auf beiden Seiten den gleichen Durchmesser haben.

Der Einbau findet jetzt wieder entsprechend der Seite der Fahrzeuges und der eingebauten Welle statt:

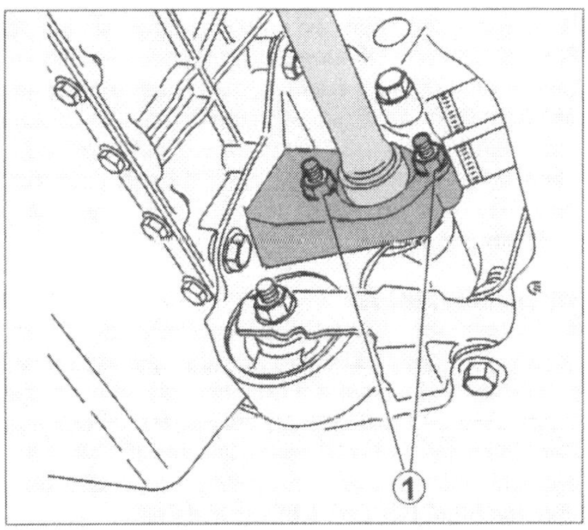

Bild 267
Die beiden Muttern (1) halten das Stützlager. An der Rückseite die beiden Schrauben um eine Viertelumdrehung verdrehen, um sie aus dem Eingriff zu bringen.

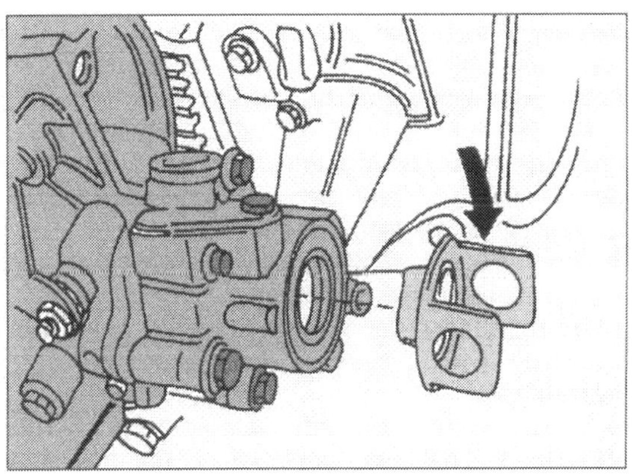

Bild 268
Einsetzen der Schutzführung für die Antriebswellen.

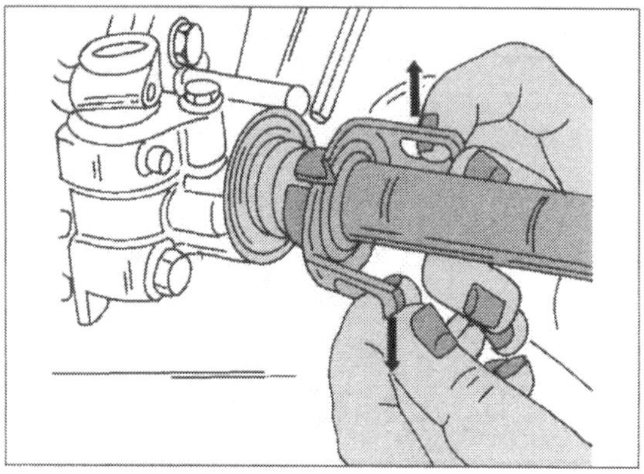

Bild 269
Herausziehen der Führungen nach Einsetzen der Antriebswelle.

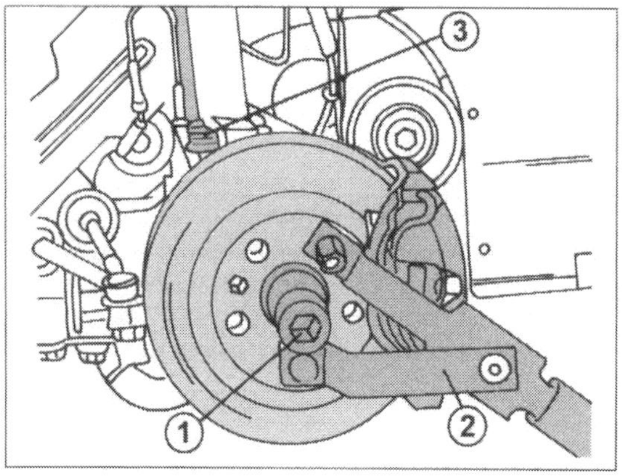

Bild 270
Anziehen einer Achswellenmutter.
1 Stecknuss zum Anziehen der Mutter
2 Gegenhalter
3 Schrauben der Federbeinverbindung

Welle ohne Stützlager

- Eine der mit den Öldichtringen mitgelieferten Schutzführungen (falls sie enthalten sind) wie in Bild 268 gezeigt in die Öffnung des Differentials einsetzen. Das innere Ende der Welle in das Getriebe einschieben und dabei die Keilverzahnungen mit dem Seitenrad in Eingriff bringen. Nachdem die Welle einwandfrei in Eingriff gekommen ist, an den beiden „Ohren" der Schutzführung ziehen (siehe Bild 269), um diese zu entfernen.

Welle mit Stützlager

- Kontrollieren, dass sich das Kugellager des Stützlagers einwandfrei durchdrehen lässt und kein übermässiges Spiel aufweist. Falls erforderlich muss das Lager erneuert werden (siehe spätere Beschreibung). Den Staubschutzring erneuern, falls er nicht mehr gut aussieht. Den äusseren Lagerring des Stützlagers und den Staubschutzring etwas einfetten.
- Das innere Ende der Antriebswelle durch den Lagerbock einschieben und den Staubschutzring auf das herausstehende Wellenstück aufschieben. Die flache Seite liegt gegen das Getriebe an.
- Das innere Ende der Welle mit den Verzahnungen im Differentialseitenrad in Eingriff bringen, wobei wieder die oben erwähnte Schutzführung zu benutzen ist, falls diese mitgeliefert wurde.
- Das Stützlager mit dem Lagerbock aufrichten und die Welle vollkommen einschieben. Falls sich der äussere Lagerlaufring dabei verschoben hat, muss man ihn wieder in den Lagerbock einschlagen (Weichmetallhammer).
- Den unten stehenden Anweisungen folgen, bis die Welle wieder im Achsschenkel und der Radnabe sitzt.

Das Stützlager wird jetzt befestigt. Kontrollieren, dass das Lager einwandfrei sitzt und die Schraubenköpfe um eine Viertelumdrehung zurückdrehen, sodass die versetzten Schraubenköpfe über dem Lagerring sitzen und diesen in ihrer Lage halten. Die Muttern in Bild 267 mit 10 Nm anziehen. Kontrollieren, dass der Staubschutzring gut gegen die Öffnung im Getriebe anliegt.

Bei allen Ausführungen

- Die Achswelle mit dem Achsschenkel in Eingriff bringen und soweit wie möglich nach aussen ziehen.
- Den Achsschenkel nach innen schieben und an der Oberseite mit dem Federbein verbinden. Die beiden Schrauben mit den Schraubenköpfen auf der richtigen Seite in Federbein und Achsschenkel einschieben und die Muttern aufschrauben. Mit 110 Nm anziehen.
- Falls vorhanden, den Drehzahlgeber für die ABS-Anlage montieren.
- Eine neue Achswellenmutter an den Gewinden und an der Auflagefläche einfettet und auf die Welle schrauben, ohne sie vollkommen anzuziehen.
- Das Fahrzeug auf die Räder ablassen und die Handbremse anziehen. Die Achswellenmuttern jetzt auf beiden Seiten mit der Stecknuss und einem Drehmomentschlüssel auf das vorgeschriebene Anzugsdrehmoment von 100 Nm anziehen. Bild 270 zeigt diesen Arbeitsvorgang. Aus der Endstellung die Mutter um weitere 60° festziehen. Den Winkel muss man schätzen, d.h. er liegt zwischen 1/6 Umdrehung und einer Viertelumdrehung. Nach Anziehen die Muttersicherung über die Mutter setzen und die Sicherungsspange einschieben (siehe Bild 265). Das Loch in der Achswelle und eine Krone der Muttersicherung müssen natürlich fluchten.
- Die Radmuttern anziehen.
- Das Getriebe mit Öl füllen oder den Ölstand berichtigen, je nachdem, wie das Getriebe entleert wurde.

10.4 Reparatur der Antriebswelle

Der Austausch der Gummimanschetten (Faltenbälge) ist die einzige Arbeit, welche man an den Antriebswellen selbst durchführen sollte. Verschleiss oder Beschädigung der Welle oder Gelenke erfordern den Einbau einer kompletten, neuen Welle. Die Gummimanschetten sollten nur unter Verwendung eines von Citroën oder Peugeot oder den anderen Herstellern gelieferten Reparatursatzes ersetzt werden. Aufgrund der Baugleichheit spielt es jedoch keine Rolle, wo Sie den Reparatursatz beziehen, wichtig ist die Angabe des eingebauten Motors, woraus das Ersatzteillager das eingebaute Getriebe bestimmen kann. Dieser enthält ebenfalls die vorgeschriebene Fettmenge. Die Faltenbälge sind innen und aussen nicht aus dem gleichen Material hergestellt. In Bild 271 kann man die Teile der Antriebswellen und Faltenbälge sehen.
Die Teile des Gleichlaufgelenks sind miteinander eingelaufen und dürfen unter keinen Umständen ver-

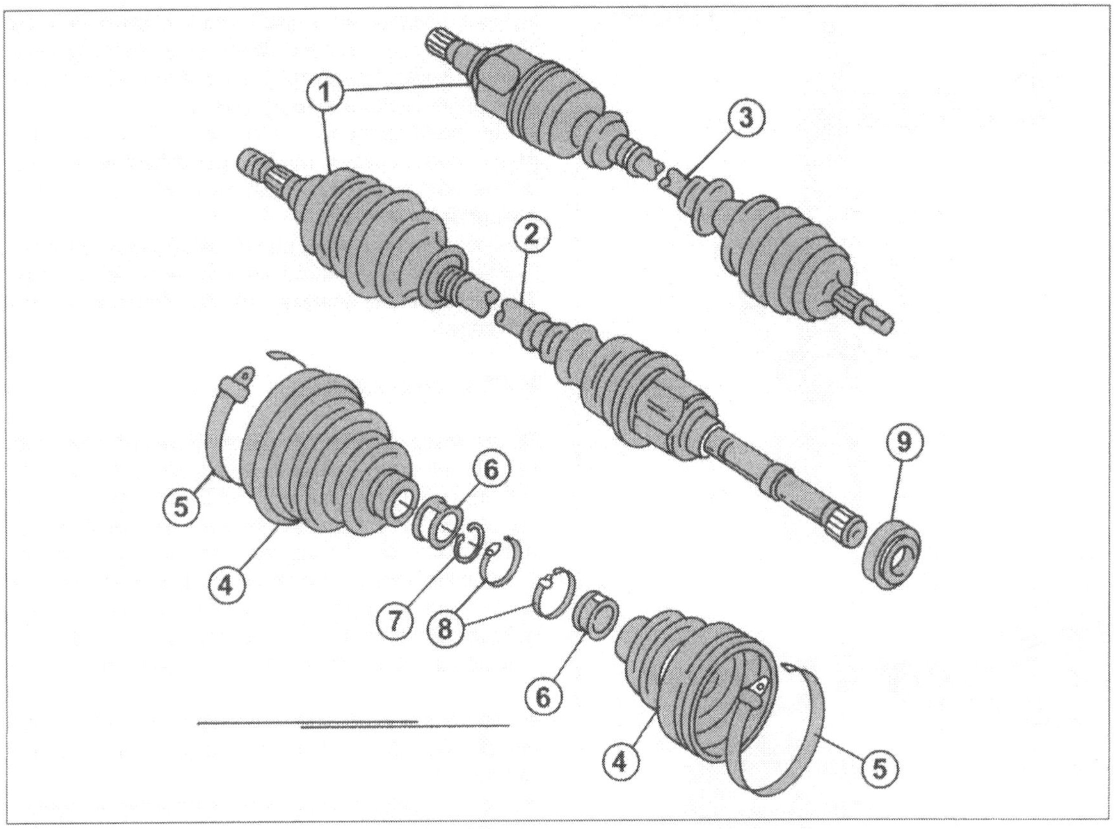

Bild 271
Die Teile der beiden Antriebswellen.
1 Gleichlaufgelenke, Radseite
2 Rechte Antriebswelle
3 Linke Antriebswelle
4 Faltenbalg, links und rechts
5 Grosse Befestigungsschelle
6 Laufbüchse für Faltenbalg
7 Beilagscheibe
8 Kleine Befestigungsschelle
9 Kugellager

mischt oder untereinander ausgetauscht werden. Nach Abnehmen einer Manschette die Innenteile von Fett reinigen, aber keine Lösungsmittel dazu verwenden.
Das Kugellager im Stützlager, falls eingebaut, kann man erneuern, jedoch braucht man dazu einen langen Abzieher, um das Lager von der Welle herunterzuziehen. Wir schlagen vor, dass man dies in einer Werkstatt durchführen lässt, sollte es einmal erforderlich sein. Je nach eingebauter Welle den folgenden Anweisungen folgen:

- Die Achswelle mit Blechbacken in einen Schraubstock einspannen und die Befestigungsschellen der Gummimanschetten entfernen.
- Die umlaufende Verschlussbördelung vorsichtig mit einer Zange öffnen. Dabei die Lauffläche des Dichtsitzes vor Beschädigung schützen.
- Blechschutzhaube des inneren Gelenks herunterklopfen.
- Fett soweit wie möglich mit staubreinem, sauberem Lappen entfernen.
- Mit Farbe den Gelenkstern im Verhältnis zur Achswelle an gegenüberliegenden Stellen kennzeichnen, damit die Teile wieder in gleicher Weise zusammenkommen können.
- Gleitmuffe mit Auflageteller, Feder und Seegerring zum Halten des Gelenksterns demontieren. Der Seegerring muss immer erneuert werden. Bild 272 zeigt die Demontage des Gelenks.
- Zur Sicherung der Rollen ist sofort nach der Demontage ein Gummiband um diese zu wickeln.
- Den Gelenkstern in geeigneter Weise unterlegen und die Welle durch den Stern pressen. Darauf achten, dass sie nicht herunterfallen kann.

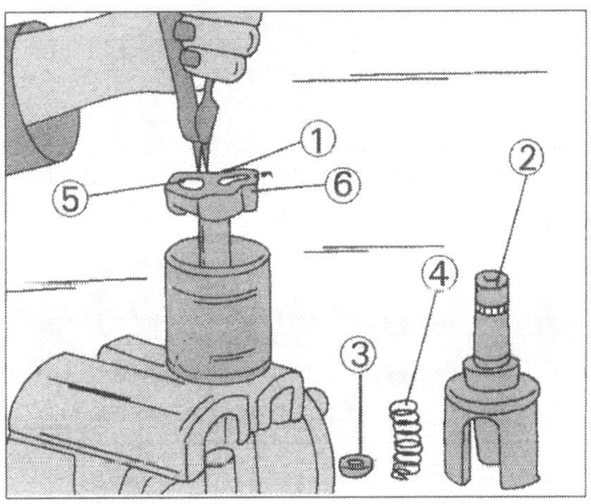

Bild 272
Demontage des inneren Gelenks.
1 Winkelstellung des Gelenksterns im Verhältnis zur Gelenkwelle markieren
2 Gleitmuffe ausbauen
3 Auflageteller ausbauen
4 Feder ausbauen
5 Seegerring zum Halten des Gelenksterns ausbauen
6 Die Rollen des Gelenksterns mittels eines Gummibandes auf ihren Drehzapfen halten

- Schutzmanschette und Gummiring für das innere Gelenk abziehen.
- Gummimanschette von der Welle abstreifen und ebenfalls die Manschette vom anderen Gelenk entfernen.

Alle Teile einwandfrei reinigen und auf Verschleiss überprüfen.
Der Zusammenbau geschieht in umgekehrter Reihenfolge wie das Zerlegen. Zu beachten:

- Einen neuen „O"-Dichtring mit Fett einschmieren und einsetzen.
- Um die Blechschutzhaube für die Gleitmuffe zu befestigen, muss die Kante am gesamten Umfang umgebogen werden. Dazu einen Holzkeil über das Gelenk ansetzen und die Kante über das Gelenkgehäuse bördeln. Alles überschüssige Fett von den Aussenseiten der Manschetten entfernen.

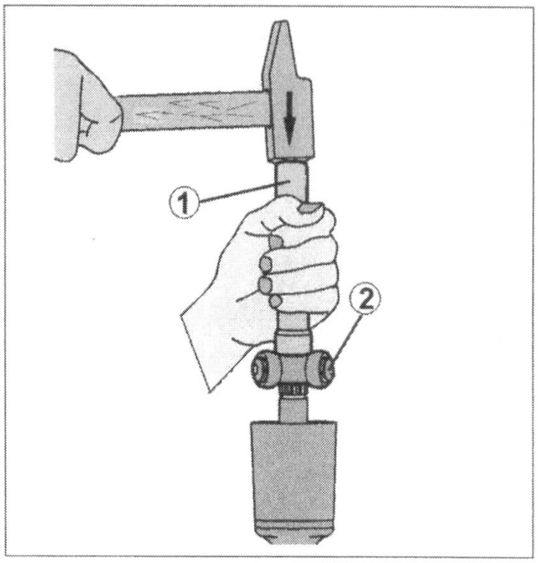

Bild 273
Aufschlagen des Dreisterngelenks (2). Eine über das Wellende passende Stecknuss (1) und ein Rohrstück sind geeignete Werkzeuge dazu. Unbedingt auf die eingezeichneten Kennzeichnungen achten.

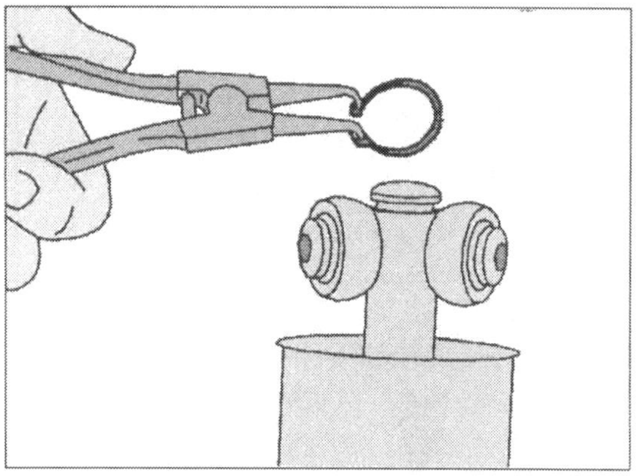

Bild 274
Einfedern des Sicherungsringes vor dem Dreisterngelenk.

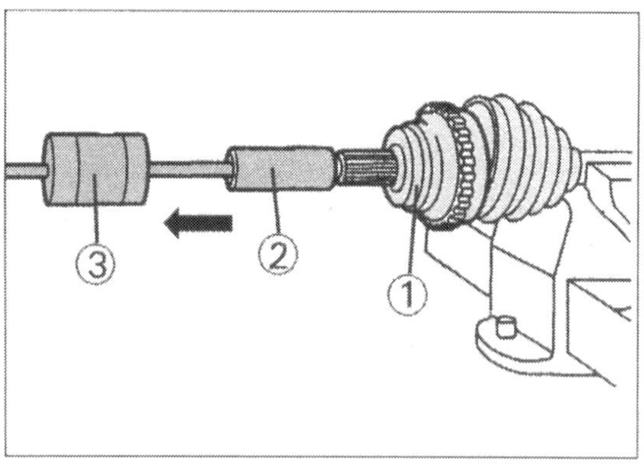

Bild 275
Abziehen des Gleichlaufgelenks (1) auf der Radseite. Das Gewindestück (2) und ein Schlaghammer (3) werden in der Werkstatt benutzt. Andernfalls kann man versuchen, das Gelenk mit einem Gummihammer abzuschlagen.

- Den Gelenkstern auf der Welle anbringen. Die Anschrägung muss an der Innenseite des Gelenksterns liegen und die Kennzeichnungen an Stern und Welle müssen gegenüberstehen.
- Gelenkstern mit einem Gummihammer und einer passenden Stecknuss aufschlagen, wie es in Bild 273 zu sehen ist, und einen neuen Sprengring einsetzen, wie es Bild 274 zeigt. Die abgerundete Seite des Sprengringes muss zum Gelenkstern weisen.
- Das Gelenk mit dem im Reparatursatz mitgelieferten Spezialfett füllen und die Gummimanschette mit dem grossen Befestigungsband anbringen. Alle Luft muss aus der Innenseite der Manschette entfernt werden. Dazu die Klinge eines Schraubendrehers zwischen Manschette und Gelenk einschieben, die Manschette zusammendrücken und die Klinge entfernen – *Keine Schäden dabei anrichten, d.h. nicht mit dem Schraubendreher abrutschen.*
- Gummimanschette am äusseren Gelenk anbringen, nachdem dieses mit Fett gefüllt wurde. Wiederum die eingeschlossene Luft entfernen, wie es oben beschrieben wurde.
- Alles überschüssige Fett von den Aussenseiten der Manschetten entfernen. Dadurch kann sich weniger Strassenschmutz ansetzen und die Manschetten halten länger.

Mit ABS und andere

Hinweis: Um den aus Thermoplastik hergestellten Faltenbalg auf der Radseite zu erneuern, ist es nicht erforderlich den Faltenbalg auf der Getriebeseite auszubauen. Ein Schlaghammer und ein Gewindestück zum Anschrauben des Schlaghammers an die Achswelle müssen zur Verfügung stehen, um das Gelenk von der Welle herunterzuziehen. Andernfalls können Sie die ausgebaute Welle in eine Werkstatt zur Erneuerung des Faltenbalgs oder beider Faltenbälge bringen.

- Die beiden Befestigungsschellen der Faltenbälge auf der Radseite entfernen und die Welle in einen Schraubstock einspannen.
- Das Gelenkgehäuse in der in Bild 275 gezeigten Weise von der Welle herunterziehen. Im Bild sind das oben erwähnte Gewindestück (2) und der Schlaghammer (3) zu sehen. Eine alternative Methode ist in der Bildlegende angegeben.
- Den Sicherungsring aus der Rille im Ende der Antriebswelle aushebeln (Schraubendreher oder Aussensprengringzange).
- Die beiden Befestigungsschellen der Faltenbälge auf der Getriebeseite entfernen, die Welle mit dem Gelenk nach oben weisend in einen Schraubstock einspannen und das Gelenkgehäuse, die Feder und den Auflageteller abnehmen. Die Teile entsprechen Pos. 2 bis 4 in Bild 273. Zur Sicherung der Rollen ist sofort nach der Demontage ein Gummiband um diese zu wickeln.
- Den Gelenkstern in geeigneter Weise unterlegen und die Welle durch den Stern pressen. Darauf achten, dass sie nicht herunterfallen kann.
- Die Schutzmanschette für das innere Gelenk abziehen. Falls man das Stützlager auf der rechten Seite erneuern muss, können Sie die Welle jetzt in eine Werkstatt bringen.

Beim Einbau des Faltenbalgs folgendermassen vorgehen:

- Auf der Radseite den Faltenbalg aufschieben und lose auf der Welle lassen.
- Den Sicherungsring in die Nut der Welle einfedern. Um die Montage zu erleichtern, einen Schlauchbinder in der in Bild 276 gezeigten Weise um die Welle und den eingesetzten Sicherungsring legen.
- Das Gelenkgehäuse über die Welle schieben und mit einem Gummihammer (Kunststoffhammer) aufschlagen. Der Schlauchbinder wird dabei herunterkommen und kann abgenommen werden. Den Faltenbalg mit Fett füllen (ca. 160 g).

- Den Faltenbalg über das Gelenkgehäuse setzen (auf guten Eingriff in der Rille des Gelenksgehäuses achten) und die beiden Befestigungsschellen anbringen. Dazu wird normalerweise eine Spezialzange benutzt, um die beiden Enden zusammenzukneifen.
- Auf der Radseite Gelenkstern mit einem Gummihammer und einer passenden Stecknuss aufschlagen, wie es in Bild 273 zu sehen ist und ca. 160 g Fett zwischen den Faltenbalg und den Gelenkstern einschmieren.
- Die Auflagescheibe, die Feder und das Gelenkgehäuse aufsetzen (Teile 2 bis 3 in Bild 272) und den Faltenbalg mit dem Gelenkgehäuse verbinden. Darauf achten, dass die Wulst des Faltenbalgs gut in die Rille des Gelenkgehäuses eingreift.
- Die beiden Befestigungsschellen des Faltenbalgs anbringen und befestigen.

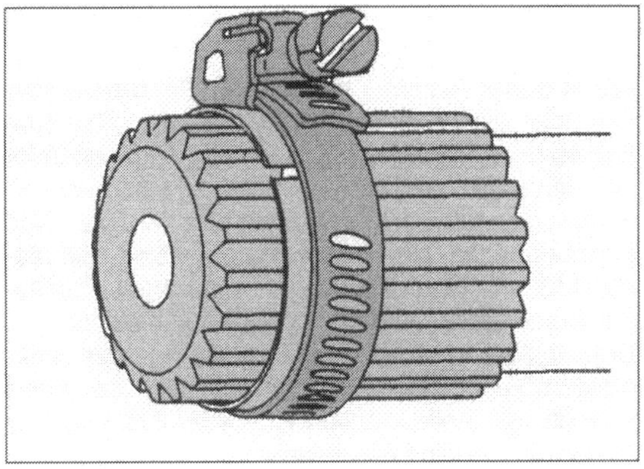

Bild 276
Zum Eindrücken des Sicherungsringes in die Nut kann man eine passende Schlauchschelle benutzen.

10.5 Wellenzwischenlager (Stützlager)

Das Zwischenlager kann nach Ausbau der rechten Antriebswelle erneuert werden. Den Träger des Zwischenlagers vom Motor abschrauben. Falls das Lager nicht mit der Antriebswelle heruntergekommen ist, muss es zusammen mit dem Dichtring aus dem Lagerträger gepresst werden. Das neue Lager und den Dichtring montieren, den Träger wieder anschrauben und die Antriebswelle montieren, wie es oben beschrieben wurde. Das Lager mit Mehrzweckfett einschmieren.

Die Muttern mit 10 Nm anziehen. Bild 277 zeigt eine Schnittansicht des eingebauten Lagers. Aus dem Bild ist deutlich zu ersehen, wie die Schraubenköpfe auf der gegenüberliegenden Seite der Muttern verankert werden müssen, d.h. man muss sie um eine Viertelumdrehung verdrehen, um die Welle aus- oder einzubauen.

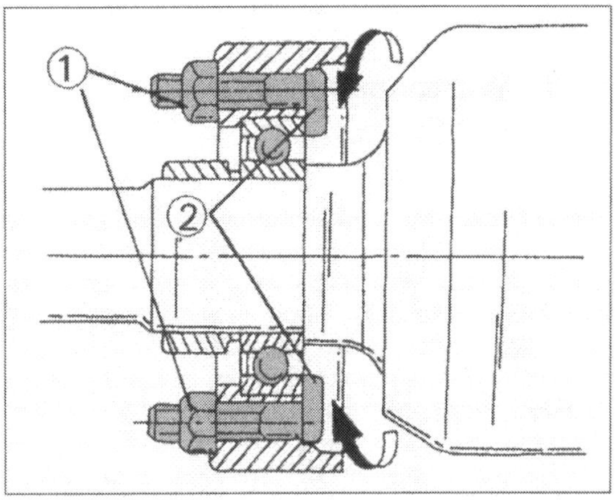

Bild 277
Schnitt durch die Stützlagerbefestigung der rechten Antriebswelle.
1 Muttern, 10 Nm
2 Schraubenköpfe

11 Die Lenkung

Alle in dieser Ausgabe behandelten Fahrzeuge sind mit einer Zahnstangenlenkung versehen. Der zum Betrieb der Lenkung benutzte Druckzylinder befindet sich innerhalb der Lenkung. Mit Ausnahmen von Fahrzeugen mit 2.1-Liter-Dieselmotor wird bei allen Fahrzeugen die gleiche Lenkung eingebaut. Bei diesem Motor ist eine so genannte modulierte Lenkhilfspumpe eingebaut, welche von ZF hergestellt ist. Unterschiedlich ist jedoch die Einbaulage der Lenkhilfspumpe, welche je nach Klimaanlage an unterschiedlicher Stelle montiert ist. Bilder 278 und 279 zeigen die jeweilige Anordnung.

11.1 Wartungsarbeiten an der Lenkung

Manschetten des Lenkgetriebes kontrollieren: Die Zahnstange der Lenkung wird an beiden Seiten mit einer schwarzen Manschette verschlossen, einem so genannten Faltenbalg. Diese müssen regelmässig kontrolliert werden, da ein rissiger Faltenbalg Wasser, Staub oder Strassenschmutz in das Innere des Lenkgetriebes eindringen lässt. In Verbindung mit dem Schmiermittel der Lenkung wird dadurch eine Art Schleifpaste hergestellt, die zum Abrieb an der Zahnstange und an der Zahnstangenführung führen. Eine regelmässige Kontrolle erspart Ihnen spätere Kosten. Zur Kontrolle den Faltenbalg mit der Hand auseinander ziehen oder die Lenkung vollkommen einschlagen, sodass sich die Manschetten strecken können. Das Material sorgfältig auf Risse kontrollieren. Eine nicht mehr einwandfreie Manschette muss sofort erneuert werden. Die Befestigungsschellen an den Enden der Faltenbälge müssen fest sitzen.

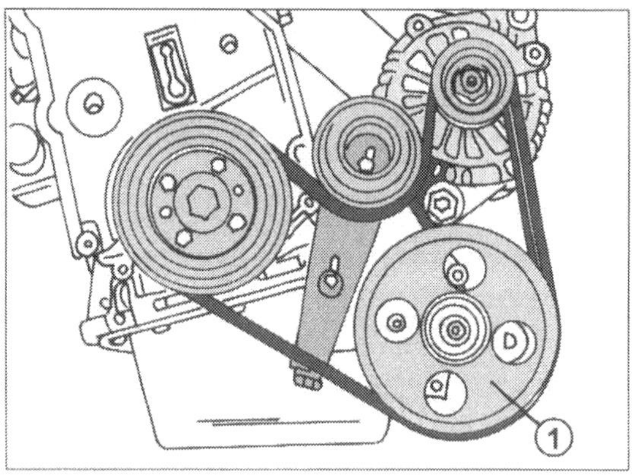

Bild 278
Die Lage der Lenkhilfspumpe (1) bei einem Motor ohne Klimaanlage.

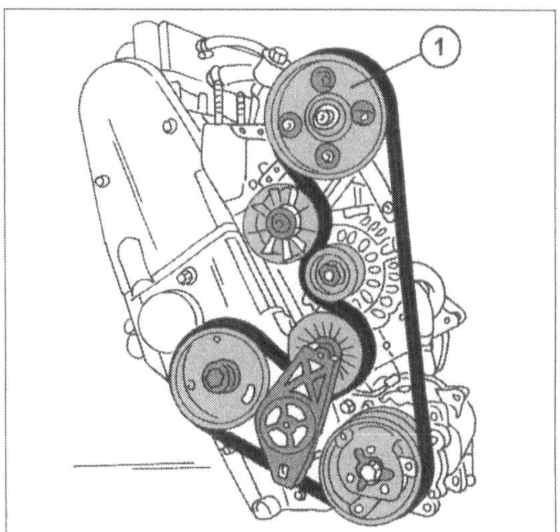

Bild 279
Die Lage der Lenkhilfspumpe (1) bei einem Motor mit Klimaanlage.

Staubschutzkappen und Spiel der Spurstangenköpfe prüfen: Die Spurstangengelenke an den äusseren Enden der Spurstangen bestehen aus Stahlkugelköpfen, die mit ein wenig Fett wartungsfrei in eine Kunststoffschale eingesetzt sind. Schutz vor Staub oder Feuchtigkeit gewährleistet in diesem Fall eine Gummikappe. Um den Gelenken eine lange Lebensdauer zu geben, muss man sie im Rahmen der Wartungsarbeiten kontrollieren.

- Die Staubschutzkappen ringsherum auf Rissstellen kontrollieren. Falls man diese feststellen kann, muss man die Spurstangenköpfe erneuern, wie es anschliessend beschrieben wird.
- Die Gelenke kann man ebenfalls auf übermässiges Spiel kontrollieren. Dazu das Fahrzeug vorn auf Böcke setzen und das Rad hin- und herbewegen. Ebenfalls kann man die Spurstange am Rohrstück erfassen und kräftig schütteln. Falls Sie einen Helfer zur Hand haben, erfassen Sie das Gelenk am Eingang in den Lenkhebel (Räder auf dem Boden) und das Lenkrad hin- und herdrehen lassen. Spiel an den Gelenken wird dadurch angezeigt. Auch in diesem Fall das Spurstangengelenk erneuern.
- Die inneren Gelenke können in ähnlicher Weise kontrolliert werden, jedoch ist dies schwieriger. In diesem Fall muss jedoch die gesamte Spurstange erneuert werden.

Lenkungsspiel kontrollieren: Bei geöffnetem Fester das Lenkrad erfassen und kurz hin- und herbewegen. Dabei das linke Vorderrad beobachten. Dieses muss sich sofort mit dem Lenkrad „mitbewegen". Ist dies nicht der Fall, können die folgenden Defekte vorliegen:

- Spiel in der Zahnstange des Lenkgetriebes
- Ausgeschlagene Spurstangengelenke aussen oder innen
- Ausgeschlagenes Kreuzgelenk an der Verbindung der Lenkwelle

Kontrolle des Flüssigkeitsstands der Servolenkung (falls eingebaut): Siehe Beschreibung unter der betreffenden Überschrift.

11.2 Die Zahnstangenlenkung

11.2.1 Aus- und Einbau

Wichtiger Hinweis: Vor der Trennung der Lenksäule vom Ritzel der Zahnstange muss man das Lenkrad gegen Verdrehung sperren, wenn die Räder in Geradeausstellung stehen, um den unter dem Lenkrad sitzenden Schalter nicht zu beschädigen. Auch nach dem Ausbau des Lenkgetriebes darf das Lenkrad unter keinen Umständen verdreht werden. Wir schlagen vor, dass Sie das Lenkrad mit einem Stück Schnur festbinden. ***Arbeiten an Fahrzeugen mit Airbag unterliegen dem Sprengstoffgesetz.*** Wir möchten darauf hinweisen, dass Sie nur Arbeiten an einer solchen Lenkung durchführen, wenn Sie einige Erfahrungen haben. Die Lenkung wird in den meisten Fällen nur bei Verschleiss nach vielen Jahren erneuert und wir schlagen in diesem Fall vor, dass Sie die Arbeit in einer Werkstatt durchführen lassen.

Hinweis: Zum Einbau der Lenkung müssen neue Muttern für die Spurstangengelenke sowie eine neue Schraube und Mutter für das untere Kreuzgelenk der Lenksäule (am Lenkritzel) vorhanden sein. Ein Abzieher zum Trennen der Spurstangenkugelgelenke ist erforderlich.

- Massekabel der Batterie abklemmen. An den Diebstahlsicherheits-Code denken, falls das Radio einen erfordert.
- Räder lockern, die Vorderseite des Fahrzeuges auf Böcke setzen, sodass die Räder frei herunterhängen können und die Vorderräder abschrauben.
- Die Muttern der beiden Kugelbolzen für die Spurstangengelenke von den in Bild 280 gezeigten Stellen abschrauben und die Kugelgelenke auf beiden Seiten mit einem geeigneten Kugelbolzenabzieher abdrücken, wie er in Bild 281 gezeigt ist. Um das Gewinde des Spurstangengelenks nicht zu beschädigen, die Mutter bis fast zum Ende abschrauben. Nachdem der Konus des Gelenkbolzens frei ist, die Mutter abschrauben und die Scheibe entfernen. Die Spurstange aus dem Eingriff bringen und zur Seite legen. Falls das Gelenk nach Anziehen der Abzieherschraube nicht sofort aus dem Lenkhebel herauskommt, mit einem Hammer kurz auf die Abdrückschraube des Abziehers schlagen.
- Von der Unterseite des Fahrzeuges das in Bild 282 gezeigte Wärmeschutzblech ausbauen. Ebenfalls müssen die Tachometerspirale und der Kabelstecker des Gebers für die Fahrzeuggeschwindigkeit abgeschlossen werden (den Letzteren abziehen), da diese Teile beim weiteren Ausbau im Wege sind.
- Von der Innenseite des Fahrerraums aus die Verbindung zwischen Lenksäule und dem Lenkritzel lösen, den Clip auf eine Seite schieben und die Schraube herausziehen. Das Kreuzgelenk seitlich verschieben, um die Verbindung zu trennen. Bild 283 zeigt wie die Verbindung aussieht.
- Die Befestigungsclips der beiden Leitungen für die Lenkungsflüssigkeit von der Halterung am Nebenrahmen lösen und vorsichtig abdrücken.
- Die Überwurfmuttern der Zufuhr- und Rücklaufleitungen der Lenkung abschrauben. Einen Vermerk machen, wo jede Leitung angeschlossen ist. Dabei wird etwas Flüssigkeit herauslaufen, die man mit einem Lappen absaugen kann. Nach Herausziehen der Anschlüsse diese sowie die Öffnungen in der Lenkung in geeigneter Weise verschliessen, um Eindringen von Schmutz zu vermeiden.

Bild 280
Die Muttern der Spurstangengelenke (1) auf beiden Seiten der Vorderradaufhängung abschrauben und danach die Kugelgelenke abdrücken.

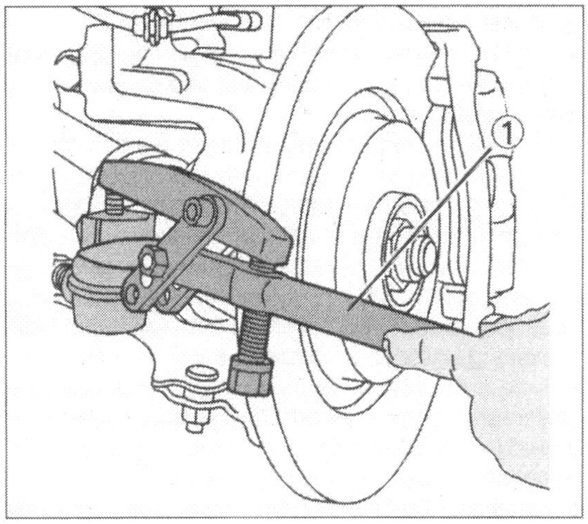

Bild 281
Abziehen des Spurstangengelenks mit einem geeigneten Abzieher.

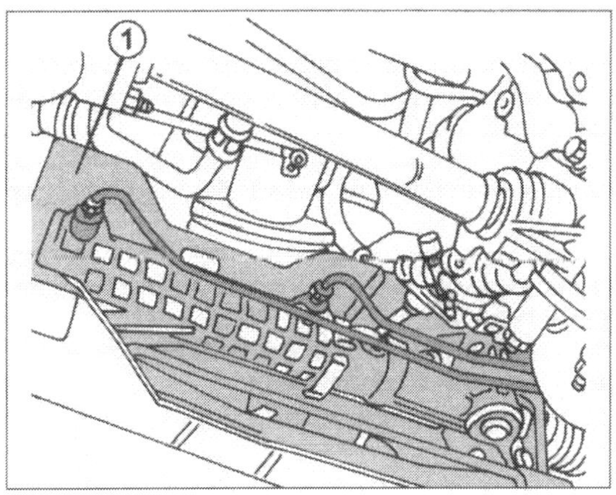

Bild 282
Das Wärmeschutzblech (1) wird an der gezeigten Stelle gelöst und ausgebaut (Ansicht von unten).

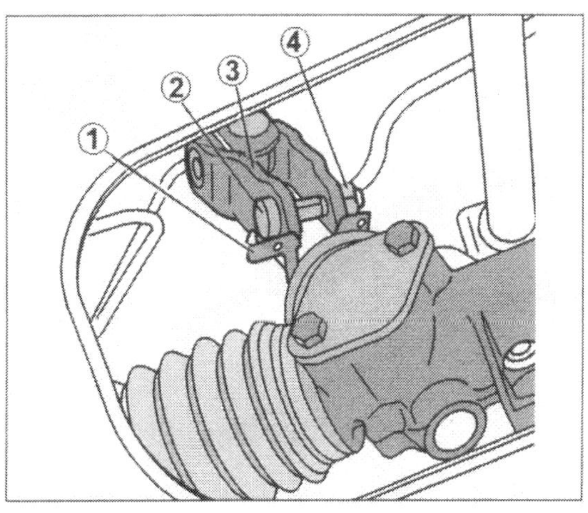

Bild 283
Die Verbindung des Lenkungskreuzgelenks am Lenkritzel.
1 Clip
2 Klemmschraube
3 Kreuzgelenk
4 Mutter

Bild 284
Die Hochdruckleitung (1) ist an der gezeigten Stelle am Lenkungsgehäuse angeschlossen.

- Die zwei Befestigungsschrauben des Lenkungsgehäuses herausdrehen.
- Die Lenkung zusammen mit den beiden Spurstangen auf die rechte Seite schieben und nach unten zu herausheben.

Falls die Spurstangenköpfe erneuert werden sollen, die Kontermuttern lockern und die Gelenke abschrauben. Dabei die genaue Anzahl der Umdrehungen zählen, welche zum vollkommenen Abschrauben erforderlich sind. Die Anzahl der Umdrehungen für jede Seite auf ein Stück Papier schreiben, damit das neue Gelenk um den gleichen Wert wieder auf die Spurstange geschraubt werden kann. Dadurch werden die Spurstangen auf die richtige Länge zum Einstellen der Vorspur gestellt. Die Vorspur muss kontrolliert und ggf. eingestellt werden, ganz gleich ob die Spurstangenköpfe erneuert werden oder ob die ursprünglichen Gelenke auf eine neue Lenkung übertragen werden.

Der Einbau der Lenkung geschieht in umgekehrter Reihenfolge wie der Ausbau unter Beachtung der folgenden Punkte:

- Den Zustand der Lenkungsmanschetten kontrollieren und überprüfen, dass die Befestigungsspangen gut angelegt sind.
- Falls neue Spurstangenköpfe eingebaut werden, diese wie oben beschrieben wieder auf die Spurstangen schrauben.
- Die Lenkung in die Geradeausstellung bringen, wie es in Kapitel 11.3 beschrieben ist.

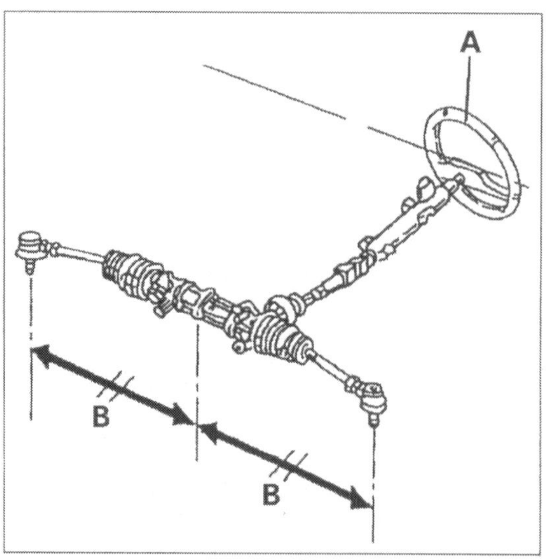

Bild 285
Mittelstellung der Lenkung. Wenn die Lenkradmarkierung (A) in der Mitte steht, müssen die beiden Spurstangen die gleiche Länge (B) zwischen den Pfeilen haben.

- Die Lenkung einführen, ohne dabei die Zahnstange zu verschieben.
- Die Lenkungsschrauben eindrehen und mit einem Anzugsdrehmoment von 100 Nm anziehen.
- Das Kreuzgelenk (3) entsprechend Bild 283 wieder anschliessen. Dazu die Schraube (2) einschieben und eine neue Mutter (4) auf der anderen Seite aufschrauben und mit 20 Nm anziehen. Den Clip (1) wieder in die ursprüngliche Lage bringen.
- Die Spurstangenköpfe an den Lenkhebeln anschliessen. Die Kugelbolzen müssen frei von Fett oder Öl sein, um einen guten Sitz zu gewährleisten. Neue selbstsichernde Muttern mit 40 Nm anziehen.
- Vorderräder anschrauben und das Fahrzeug auf den Boden ablassen.
- Vorspur kontrollieren und einstellen, wie es in Kapitel 11.5 beschrieben ist. Durch die Verstellung der Spurstange hat sich die Vorspur verändert und muss berichtigt werden. Kontrollieren, ob das Lenkrad mit den Speichen in der richtigen Stellung steht. Hat es nur eine Speiche, muss diese senkrecht nach unten stehen. Falls dies nicht der Fall ist, steht die Lenkung nicht in der Mittelstellung.
- Die Leitungen an die richtigen Anschlüsse anschrauben und mit den Clips wie ursprünglich vorgefunden befestigen. Die Überwurfmuttern der Leitungen mit 30 Nm anziehen. Der Anschluss der Hochdruckleitung ist in Bild 284 zu sehen.
- Abschliessend die Anlage befüllen und entlüften, wie es später beschrieben wird.

11.2.2 Reparatur der Lenkung

Die Lenkung sollte nicht zerlegt werden. Im Fall von Verschleiss oder Schäden sollte man eine neue Lenkung einbauen oder versuchen eine Austauschlenkung zu beziehen, wobei jedoch das Modell und auch das Baujahr anzugeben ist, da Lenkungen manchmal geändert werden und vor allem, da Fahrzeuge mit 2.1-Liter Dieselmotor eine unterschiedliche Lenkung haben. Falls eine neue Lenkung eingebaut werden soll, müssen die Spurstangen von der alten auf die neue Lenkung übertragen werden. Siehe untenstehende Beschreibung.

11.3 Mittelstellung der Lenkung

Die Lenkung muss in die Mittelstellung gebracht werden, wenn man die Vorspur kontrollieren oder einstellen will. Dies ist ebenfalls bei allen Arbeiten erforderlich, bei denen die Lenkung in der Mittelstellung stehen muss, wie z.B. beim Einbau der Lenkung. Bei eingebauter Lenkung wird dies folgendermassen durchgeführt:

- Lenkung vollkommen in einen Einschlag einschlagen und an der Oberseite der Lenkradfelge ein Stück Klebband anbringen. Auf das Klebband mit einem Schreiber einen Markierungsstrich einzeichnen („A“ Bild 285).
- Aus der Anschlagstellung die Lenkung in den anderen Anschlag drehen und die genaue Anzahl der Umdrehungen zählen.

- Die gezählten Umdrehungen durch 2 teilen und das Lenkrad um genau diesen Wert zurückdrehen.
- Kontrollieren, dass die Räder genau in der Geradeausstellung stehen.
- Falls dies nicht der Fall ist, die Spurstange auf der Seite des ausser Linie stehenden Rades verstellen, um das Rad in die Mittelstellung zu bringen.
- Die Stellung des Lenkrades kontrollieren. Falls es nicht in der Mittelstellung steht, das Lenkrad abmontieren und in der neuen Stellung wieder montieren.

Falls die Lenkung ausgebaut ist, muss man sie vor dem Einbau folgendermassen in die Geradeausstellung bringen:

- Das Lenkritzel durchdrehen, bis sich die Zahnstange bis zum Anschlag ihres längsten Arbeitsweges bewegt hat und die herausstehende Zahnstange entsprechend Bild 286 ausmessen. Das Mass aufschreiben.
- Die Lenkung in den gegenüberliegenden Anschlag drehen, bis die Lenkmanschette vollkommen zusammengedrückt ist und das Mass erneut ausmessen.
- Um die Mittelstellung der Lenkung zu erhalten, hält man sich an die folgende Gleichung:

Masse „L1" + „L2", geteilt durch 2

oder mit anderen Worten, das Ergebnis des max. Wegs der Zahnstange und dem Mass des minimalen Wegs der Zahnstange zusammenrechnen und das sich ergebende Resultat durch 2 teilen.

- Das Lenkritzel jetzt verdrehen, bis das Mass vom Ende der Lenkmanschette, bis zu dem an der Zahnstange angezeichneten Punkt, das erhaltene Ergebnis ausmacht. Die Lenkung ist jetzt in der Mittelstellung und kann eingebaut werden.

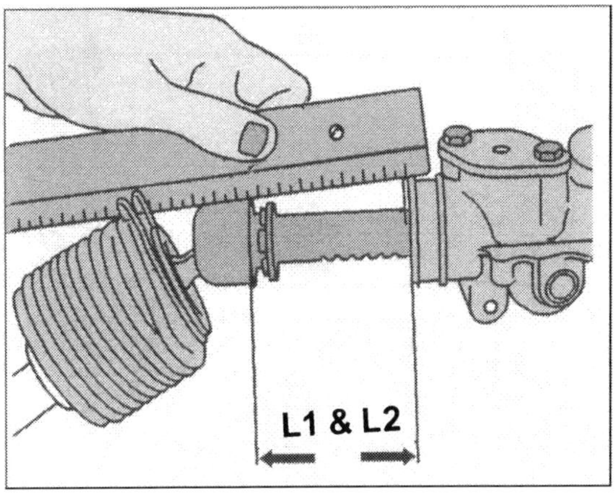

Bild 286
Ausmessen der Zahnstange. Das herausstehende Zahnstangenende ausmessen, wenn die Lenkung jeweils im Anschlag der Zahnstange steht. Aus den erhaltenen Massen „L1" und „L2" wird die Mittelstellung ermittelt.

11.4 Erneuerung der Spurstangen

Die Spurstangenköpfe können bei eingebauter Lenkung erneuert werden, falls sie ausgeschlagen sind und die Lenkung noch in gutem Zustand ist, jedoch schlagen wir vor, dass Sie die Lenkung ausbauen.

Falls die Lenkung erneuert werden soll, müssen die beiden Spurstangenköpfe und die inneren Kugelgelenke ausgetauscht werden:

- Spurstange mit Schutzbacken in einen Schraubstock einspannen.
- Einen Gabelschlüssel an der Zahnstange an der in Bild 287 gezeigten Stelle ansetzen, um das Kugelgelenk gegen Mitdrehen zu sichern und das Kugelgelenk mit einem zweiten Gabelschlüssel abschrauben, wie es im Bild gezeigt ist.
- Kugelgelenk abschrauben, aber gleichzeitig die Anzahl der dazu erforderlichen Umdrehungen zählen. Diese seitenmässig aufschreiben.
- Um die inneren Kugelgelenkgehäuse auszubauen, die Lenkmanschetten entfernen und das Kugelgelenkgehäuse von der Zahnstange abschrauben. Werkstätten verwenden einen Spezialschlüssel zum Abschrauben des Kugelgelenks, jedoch kann man es mit einer Wasserpumpenzange oder einer Grip-Zange versuchen. Das runde Kugelgelenkgehäuse ist ziemlich fest gebaut und muss, wie bereits erwähnt, erneuert werden. Die Spurstange abschrauben, sobald sie frei ist. Vor Abschrauben des Gelenkgehäuses muss man jedoch zuerst das Sicherungsblech in der in Bild 288 gezeigten Weise zurückschlagen.
- Neue Spurstange mit dem neuen Kugelgelenkgehäuse und dem Sicherungsblech an der Zahnstange anschrauben und das Kugelgelenkgehäuse mit einer Wasserpumpenzange oder einer Grip-Zange so fest wie möglich anziehen.
- Das Kugelgelenkgehäuse jetzt an der Zahnstange verstemmen. Bei eingespannter Lenkung die am Kugelgelenkgehäuse angebrachte Lasche in die Nut der Zahnstange einschlagen (Bild 288), ohne dabei das Metall zu sprengen.
- Jeden Spurstangenkopf um die gleiche Anzahl Umdrehungen wie beim Ausbau wieder einschrauben. Die Kontermuttern noch nicht anziehen, da die Vorspur geprüft und, falls erforderlich, eingestellt werden muss.
- Die Vorspur sollte abschliessend ausgemessen werden.

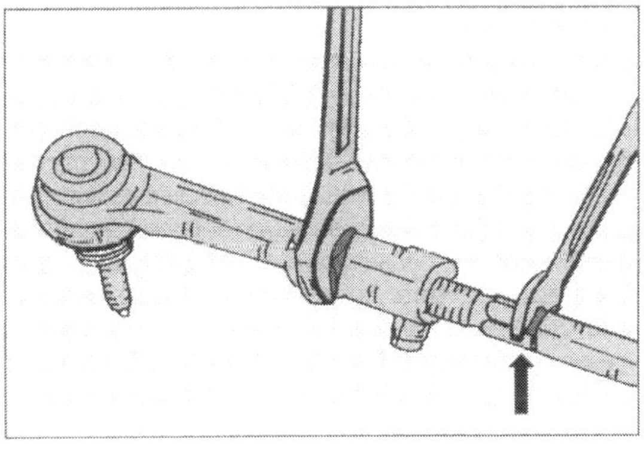

Bild 287
Lösen eines Spurstangenkugelgelenks von der Spurstange. Die Spurstange an der gezeigten Stelle mit einem Gabelschlüssel gegenhalten.

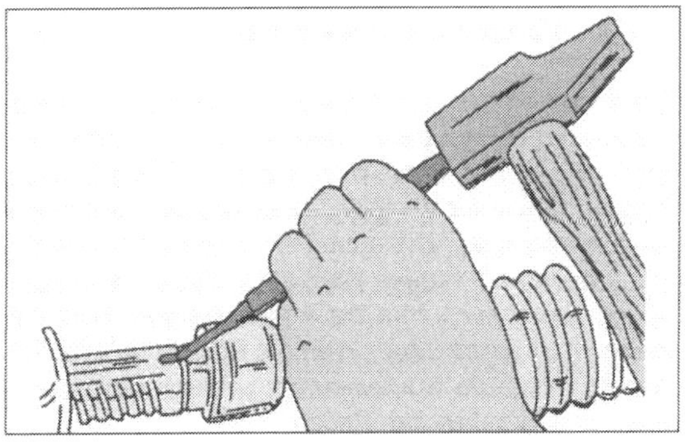

Bild 288
Verstemmen des Kugelgelenks an der Zahnstange.

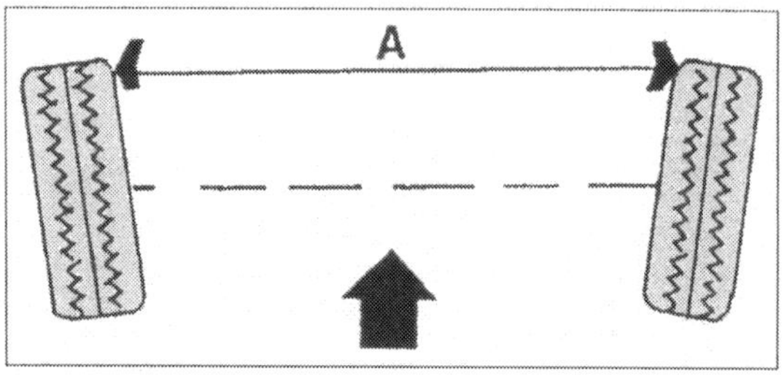

Bild 289
Das Mass „A" zwischen den Rädern an der Vorderseite kann grösser als an der Rückseite sein. Dadurch wird Nachspur angezeigt. Bei Vorspur sieht es umgekehrt aus.

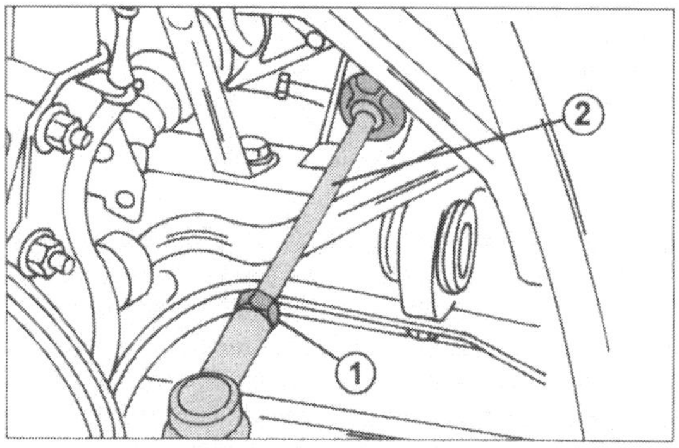

Bild 290
Zur Einstellung der Vorspur der Vorderräder.
1 Kontermutter der Spurstange
2 Spurstangenrohr

11.5 Einstellen der Lenkung

Eine Einstellung der Lenkung ist nicht vorgesehen.

11.6 Vorderradgeometrie

In der Werkstatt werden Spezialgeräte zur Einstellung der Vorderradgeometrie verwendet und wir empfehlen Ihnen, dass Sie irgendwelche Korrekturen da durchführen lassen. Der folgende Text gibt Ihnen jedoch einen Einblick in die Einstellung und was man beachten muss.
Die Einstellung der Vorderräder muss kontrolliert werden, wenn das Fahrzeug leer ist (Betriebsgewicht), d.h. unbeladen und mit vollem Tank. Die Fahrzeughöhen müssen vorn und hinten stimmen. Da aber ausser den Messungen ebenfalls bestimmte Kalkulationen durchgeführt werden müssen, schlagen wir vor, dass Sie irgendwelche Vermessungen des Vorderwagens einer Werkstatt oder einer Spezialfirma für Radvermessungen überlassen. Ausserdem sind die zu erhaltenen Werte nicht bei allen Fahrzeugen gleich und es würde zu weit führen, alle erhältlichen Modelle anzuführen.

11.6.1 Vorspur der Vorderräder

Die Vorspur der Vorderräder kann mit einem mechanischen Spurmessgerät ausgemessen werden. Hier wird jedoch vor Fehlern gewarnt. Die Vorderräder können entweder Vorspur (Räder stehen vorn enger zusammen) oder Nachspur (Räder stehen hinten enger zusammen) haben. Die Werte dieser Fahrzeuge liegen zwischen 1 mm bis 3 mm Vorspur. Bild 289 zeigt, was es bedeutet, wenn die Räder NACHSPUR haben. Wird die Spureinstellung falsch vorgenommen, schadet dies den Reifen.

Bei der Messung folgendermassen vorgehen:
- Reifendrücke kontrollieren und ggf. berichtigen.
- Fahrzeug auf einer ebenen Fläche abstellen und die Vorderräder in die Geradeausstellung bringen. Dies kann man anhand der Lenkradspeichen durchführen.
- Das Spurmessgerät an der Vorderseite der Räder ansetzen und die beiden Messstifte gegen die Kanten der Felgen anlegen und auf Null stellen. Dies muss in Nabenhöhe durchgeführt werden.
- Die Anlagestellen der Messstifte mit Kreide anzeichnen.
- Das Spurmass entfernen.
- Das Fahrzeug um eine halbe Umdrehung der Räder nach vorn schieben, d.h. bis die beiden Kreidezeichen jetzt an der Rückseite der Räder und wieder in Nabenhöhe stehen.
- Das Spurmass unter dem Wagen durchschieben und die Messstifte wieder gegen die Kanten der Felgen anlegen. Falls die Räder richtig eingestellt sind, heisst das, dass man die Stifte herausziehen (bei Vorspur) oder hineinschieben (bei Nachspur) muss.
- Messstifte feststellen und die Anzeige ablesen. Das Mass sollte sich jetzt mindestens um 1,0 mm verändert haben. Bis zu 3 mm sind erlaubt.
- Falls dies nicht der Fall ist, die Kontermuttern der beiden Spurstangenrohre an der in Bild 290 gezeigten Stelle lockern. Die Kontermuttern sind natürlich lose, falls die Spurstangen erneuert wurden. Die beiden Spurstangenrohre (2) um den gleichen Wert verstellen. Falls man dies nicht beachtet, verändert sich die Stellung der Lenkradspeiche. Die Verstellung nur in kleinen Stufen durchführen und jedes Mal nachmessen.
- Abschliessend die Kontermuttern (1) in Bild 290 mit einem Anzugsdrehmoment von 47 Nm anziehen. Die Spurstangenrohre sollten dabei gegengehalten werden, damit sie sich nicht innerlich verdrehen können.
- Die Vorspur nochmals ausmessen, wie es oben beschrieben wurde und ggf. entsprechende Nachstellungen vornehmen, um das Mass zu berichtigen.

11.7 Lenkrad und Lenksäule

Wichtiger Hinweis: Arbeiten an Fahrzeugen mit Airbag unterliegen dem Sprengstoffgesetz. Wir möchten darauf hinweisen, dass Sie den Ausbau der Lenksäule und auch des Airbags den Profis überlassen.
Da Arbeiten an der Lenkung zwecks Fahrsicherheit immer mit der grössten Sorgfalt durchzuführen sind, raten wir Ihnen, die Lenksäule in der Werkstatt erneuern zu lassen, sollte dies einmal erforderlich sein.

Lenkradausbau
- Die Vorderräder in die Geradeausstellung bringen.
- Zum Ausbau des Lenkrades den Mitteleinsatz aus dem Lenkrad entfernen (abziehen) und die Lenkradmutter lockern.

● Die Stellung zwischen Lenksäule und Lenkradnabe mit einem Bleistift anzeichnen, die Mutter vollkommen abschrauben und das Lenkrad herunterziehen. Falls es festhängen sollte, kann man von unten mit dem Handballen gegen die Lenkradnabe schlagen.
● Das Lenkrad in umgekehrter Reihenfolge montieren. Die Mutter mit 33 Nm anziehen (Lenkrad dabei an der Felge gegenhalten, nicht die Lenkradsperre einrasten).

11.8 Ablassen, Füllen und Entlüften der Servolenkung

Hinweis: Kontrolle des Flüssigkeitsstands im Vorratsbehälter der Lenkungsflüssigkeit ist eine regelmässige Wartungsarbeit. Kontrolle wie am Ende des Kapitels durchführen.

● Den Motor abstellen.
● Das Massekabel der Batterie abklemmen.
● Einen flachen Behälter unter die Unterseite des Fahrzeuges in der Nähe der Lenkung unterstellen und die Überwurfmutter der Leitungen lösen und ausschrauben. Die Leitung gegen Eindringen von Schmutz schützen und vorsichtig zur Seite biegen.
● Das Lenkrad einige Male aus einem Anschlag in den anderen Drehen. Dabei wird die Flüssigkeit durch die Bewegung des Lenkungszylinders herausgestossen und die Flüssigkeit kann ablaufen.
● Die Leitungen wieder am Lenkungszylinder anschliessen und festziehen.
● Den Vorratsbehälter mit Flüssigkeit füllen, wie sie in automatischen Getrieben verwendet wird.
● Bei abgestelltem Motor das Lenkrad aus einem Anschlag in den anderen drehen und den Vorratsbehälter erneut nachfüllen.
● Batterie anklemmen und den Motor anlassen.
● Während der Motor im Leerlauf läuft, das Lenkrad von einem Helfer langsam aus einem Anschlag in den anderen drehen lassen. Dabei ständig den Flüssigkeitsstand beobachten und wie erforderlich berichtigen.
● Den Motor abstellen und kontrollieren, dass der Flüssigkeitsstand im Behälter stimmt. Andernfalls notwendige Korrekturen vornehmen.

11.9 Antriebsriemen der Lenkhilfspumpe

Der Aus- und Einbau des Antriebsriemens der Pumpe, bei welchem es sich um einen einzigen Keilrippenriemen handelt, wird zusammen mit dem Antrieb der Aggregate im Abschnitt „Elektrische Anlage“ beschrieben.

12 Die Vorderradaufhängung

Die Vorderradaufhängung besteht aus zwei McPherson-Federbeinen mit integralen Stossdämpfern, welche sich innerhalb von Schraubenfedern befinden. Das untere Ende jedes Federbeins ist mit Hilfe von Klemmschrauben mit dem Achsschenkel verbunden. Der untere Querlenker wird mittels eines Kugelgelenks an der Unterseite des Achsschenkels befestigt. Die Befestigung des Kugelgelenks am Achsschenkel geschieht ebenfalls mit Hilfe einer Klemmschraube, d.h. der Achsschenkel hat einen Klemmschlitz, in welchen der Schaft des Traggelenks eingeschoben ist.
Die inneren Enden der Querlenker sind an der vorderen Quertraverse angeschraubt. Zu beachten ist, dass Fahrzeuge mit 2.1-Liter-Dieselmotor mit einem abgeänderten Querlenker versehen sind. Ebenfalls bei diesen Fahrzeugen wurde der Nebenrahmen verstärkt.
Ein Kurvenstabilisator ist zwischen die beiden Querlenker eingesetzt. Die Enden sind mit einer Koppelstange direkt an den Querlenkern befestigt. Die Stabilisatorstange wird mit Hilfe von Gummilagern und Montageschellen an der Unterseite des Fahrgestellnebenrahmens befestigt. Der Durchmesser des Kurvenstabilisators ist nicht bei allen Ausführungen gleich. Bei den meisten Fahrzeugen beträgt er 25 mm, jedoch gibt es auch Fahrzeuge innerhalb der beschriebenen Baureihe, die keinen Kurvenstabilisator in der Vorderradaufhängung haben (z.B. Jumpy ab Baujahr 1997).
Die Antriebswelle wird durch ein einzelnes Lager in der Innenseite des Achsschenkels gelagert. Bild 291 zeigt Ansicht der Radaufhängung, zusammen mit dem Nebenrahmen und der Lenkung.

Die Vorderfedern sind nicht bei allen Fahrzeugen gleich. Wird eine Feder erneuert, muss man das Modell sowie das Baujahr angeben.

Hinweis: Der Schaftdurchmesser des Aufhängungskugelgelenks wurde bei verschiedenen Citroën-Modellen im Laufe der Baujahre vergrössert. Da dies auch die Aufnahme im Achsschenkel betrifft, wurden ebenfalls neue Achsschenkel eingebaut. Falls es später einmal vorkommen sollte, dass man einen Achsschenkel erneuern muss, muss ebenfalls der Querlenker mit dem geänderten Kugelgelenk eingebaut werden. Um dem Kauf von ungeeigneten Teilen vorzugreifen, sollte man bei allen Ausführungen immer die Fahrgestellnummer oder das Baujahr angeben, da wir nicht in der Lage sind auf alle Hersteller im Detail einzugehen.

12.1 Die Federbeine

12.1.1 Ausbau

Achtung: Die Schrägstellung der Federbeine bestimmt den Sturzwinkel der Räder. Aus diesem Grund muss das obere Federbeinlager auf der richtigen Seite eingebaut werden. Das Federbeinlager hat auf einer Seite eine Kennzeichnung, welche in Bild 292 gezeigt ist. In Fahrtrichtung „C“ gesehen, kommt das mit „A“ gezeichnete Federbeinlager auf die linke Seite, das mit „B“ gezeichnete auf die rechte Seite.

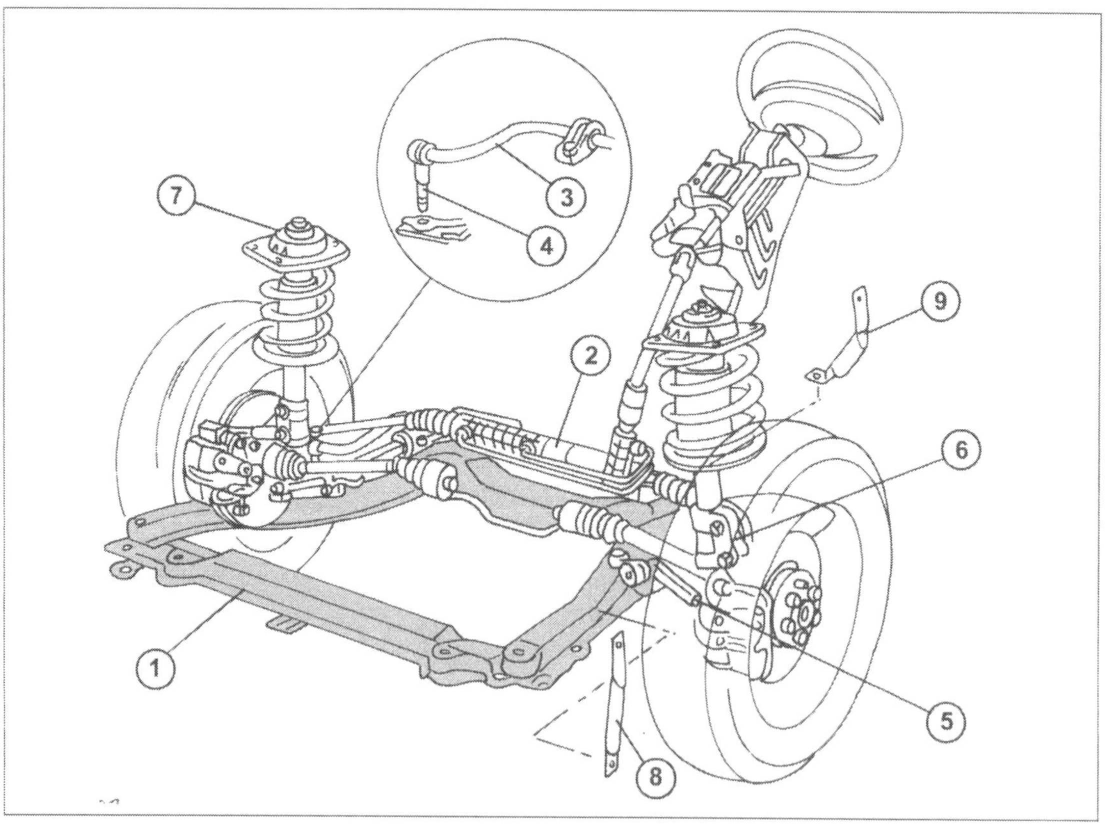

Bild 291
Ansicht der zusammengebauten Vorderradaufhängung.
1 Aufhängungsnebenrahmen (Motorträger)
2 Zahnstangenlenkung (Servolenkung)
3 Kurvenstabilisator
4 Koppelstange (Verbindung zum Querlenkern)
5 Aufhängungsquerlenker
6 Achsschenkel
7 Federbein mit Schraubenfeder
8 Stützstrebe, vorn (nicht bei allen Fahrzeugen)
9 Stützstrebe, hinten (nicht bei allen Fahrzeugen)

- Handbremse anziehen und den ersten Gang einschalten. Radmuttern lockern.
- Die Mutter der Antriebswelle lockern. Eine Stecknuss ist zum Lösen erforderlich.
- Das Fahrzeug an der Vorderseite aufbocken, sodass die Räder unter ihrem eigenen Gewicht herunterhängen können, und kräftige Unterstellböcke unter die Seiten der Karosserie untersetzen. Das Rad kann jetzt abgeschraubt werden. Die Wellenmutter vollkommen abschrauben.
- Die Bremsklötze ausbauen, wie es im Kapitel „Bremsen" beschrieben ist, und den Bremssattel abschrauben. Den Sattel mit einer Drahtschlinge festbinden.
- Das elektrische Kabel vom Drehzahlfühler abschliessen (ABS).
- Die beiden Schrauben und Muttern der Verbindung Federbein/Achsschenkel an der in Bild 293 gezeigten Stelle lösen und den Achsschenkel nach unten drücken, bis Federbein und Achsschenkel getrennt sind. Darauf achten, dass dabei die Antriebswelle nicht aus dem Eingriff mit dem Getriebe kommen kann.
- Die beiden in Bild 294 gezeigten Schrauben an der Oberseite des Federbeins herausdrehen. Ein Helfer muss das Federbein dabei halten, da es herunter fallen kann, sobald die Schrauben gelöst wurden. Das Federbein danach nach vorn zu herausheben.

Hinweis: Das Federbein kann auch zusammen mit der Achswelle ausgebaut werden. In diesem Fall den Querlenker an der Unterseite vom Achsschenkel trennen (siehe spätere Beschreibung).

12.1.2 Einbau eines Federbeins

Hinweis: Vor dem Einbau unbedingt den Hinweis unmittelbar unter Kapitel 12.1.1 durchlesen. Fehler müssen hier unter allen Umständen vermieden werden, um dem Fahrzeug nicht die falsche Vorderradgeometrie zu geben.

Der Einbau findet in umgekehrter Reihenfolge statt. Falls das Federbein zusammen mit der Antriebswelle ausgebaut wurde, die Welle in das Getriebe einsetzen und vollkommen nach innen schieben (nicht Erneuerung des Dichtringes im Getriebe vergessen, siehe Abschnitt „Antriebswellen, Einbau der Antriebswellen". Danach das Federbein in die richtige Lage bringen und die zwei Schrauben an der Oberseite in das Federbein einschrauben. Die Schrauben mit 45 Nm anziehen.
Falls die Antriebswelle im Getriebe verblieben ist, den Achsschenkel und die Nabe über das Ende der Welle schieben und die Welle einbauen, wie es im entsprechenden Kapitel beschrieben ist. Danach das Federbein in die richtige Lage setzen und entsprechend der obigen Beschreibung an der Federbeinlagerung verschrauben.
Beim weiteren Einbau folgendermassen vorgehen:

- Das Federbein mit dem Achsschenkel verbinden, die beiden Schrauben einschlagen und die Muttern mit 110 Nm anziehen.

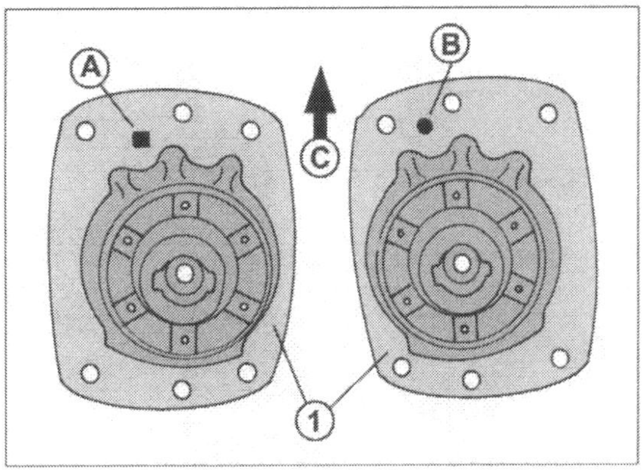

Bild 292
Die Anordnung der Federbeinlager (1) muss entsprechend der Kennzeichnung durchgeführt werden. Das mit „A" gezeichnete Federbeinlager kommt auf die linke Seite, das mit „B" gezeichnete Federlager kommt auf die rechte Seite. In allen Fällen entspricht dies der Fahrtrichtung „C".

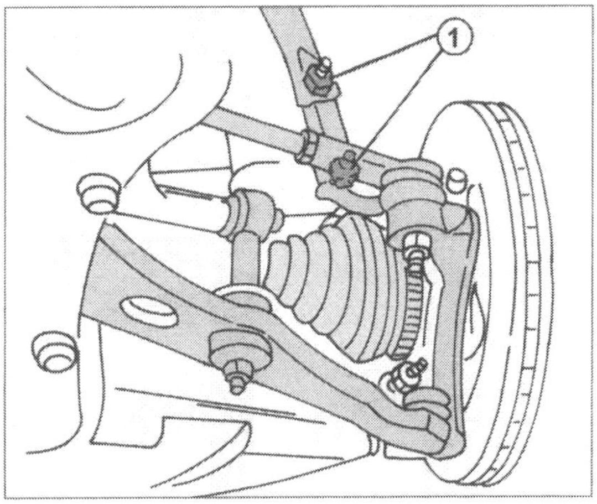

Bild 293
Die beiden Schrauben und Muttern (1) halten die Verbindung zwischen Federbein und Achsschenkel.

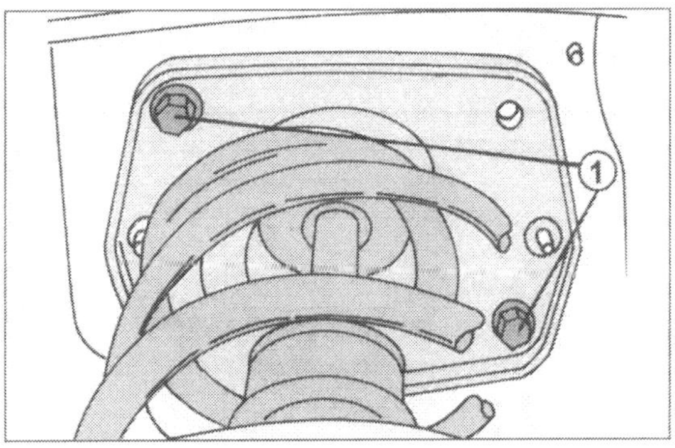

Bild 294
Die Schrauben (1) halten die Federbeine an der Oberseite.

- Bremssattel vom Draht befreien und am Achsschenkel ansetzen. Die beiden Schrauben festziehen.
- Das Rad anschrauben und das Fahrzeug auf den Boden ablassen. Die Räder mit 100 Nm anziehen.
- Die Mutter der Achswelle (falls gelöst) entsprechend den Anweisungen im Abschnitt „Antriebswellen" anziehen und sichern.

12.1.3 Überholung eines Federbeins

Bild 295 zeigt die Einzelteile eines zerlegten Federbeins und sollte hinzugezogen werden, wenn ein Federbein zerlegt wird, um die Schraubenfeder oder das obere Federbeinlager zu erneuern. Dies sind die einzigen Arbeiten, die man an einem Federbein durchführen sollte. Falls der Stossdämpfer Schaden erlitten hat, muss das gesamte Federbein zusammen mit dem integralen Stossdämpfer erneuert werden.

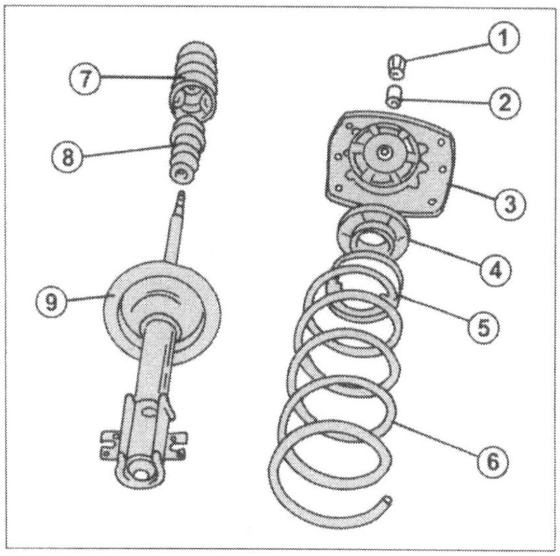

Bild 295
Ein zerlegtes Federbein.
1 Kolbenstangenmutter, 90 Nm
2 Abstandshülse
3 Federbeinlager
4 Oberer Anschlag
5 Kugellager
6 Schraubenfeder
7 Schutzmanschette
8 Rückprallgummi
9 Federbein

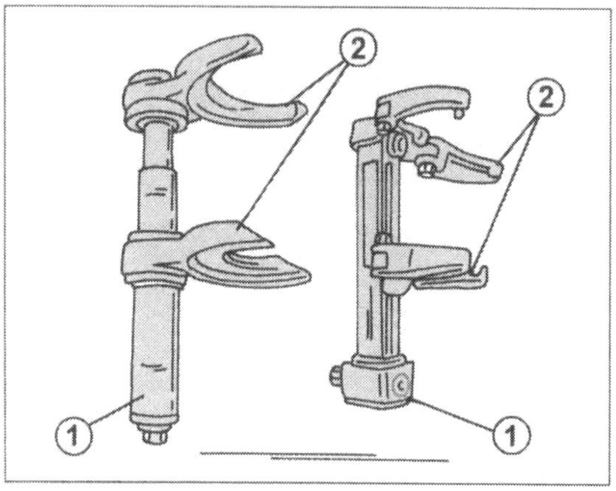

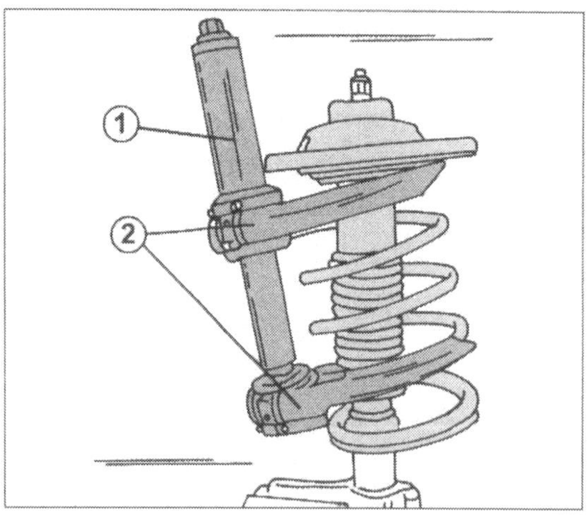

Bild 296
Geeignete Federspanner (1) zum Zusammendrücken einer Schraubenfeder. Andere, auf dem gleichen Prinzip wirkende Federspanner, können problemlos verwendet werden, solange man die Klauen (2) um die Federwicklungen legen kann. In der unteren Ansicht kann man das Ansetzen eines Federspanners sehen.

Ein Federspanner ist erforderlich, um die Schraubenfeder vor dem Ausbau zu entlasten. Der in einer Werkstatt verwendete Federspanner kann die in Bild 296 gezeigte Form. Falls man sich einen derartigen Federspanner nicht besorgen kann, verwendet man zwei Federspannhaken, die in der in Bild 296 in der unteren Ansicht gezeigten Weise angesetzt werden.
Beim Zerlegen eines Federbeins folgendermassen vorgehen:

- Federbein in einen Schraubstock einspannen und den Federspanner um die Feder legen.
- Die Schraubenfeder vollkommen zusammenspannen, indem man die Muttern des Federspanners anzieht, bis sich die Feder oben und unten vom Sitz abhebt.
- Einen passenden Torxkopf-Schlüssel in die Mitte der Kolbenstange einsetzen und die Mutter mit einem Ringschlüssel lockern, während die Kolbenstange mit dem Torxkopf-Schlüssel gegen Mitdrehen gegengehalten wird. Teile über der Feder abnehmen.
- Federspanner zusammen mit der Feder herunterheben und alle in Bild 295 gezeigten Teile vom Federbein abnehmen. Die Schutzmanschette ist über die Kolbenstange geschoben und kann heruntergezogen werden. Darunter sitzt der Rückprallgummi. Darauf achten, das die Kolbenstange nicht beschädigt werden kann, wenn das Federbein abgelegt wird.

Alle Teile kontrollieren und wie erforderlich erneuern. Die vordere Fahrzeughöhe wird durch eine ermüdete Feder beeinflusst, falls eine oder beide Federn zum Beispiel lange in Betrieb waren. Beim Erneuern einer Feder immer die Fahrgestellnummer und das Baujahr angeben.
Beim Zusammenbau eines Federbeins folgendermassen vorgehen:

- Die Teile entsprechend Bild 295 wieder zusammenbauen. Den Rückprallgummi und die Schutzmanschette über die Kolbenstange schieben und die Manschette am Federbein anbringen.
- Das Federbein senkrecht in einen Schraubstock einspannen.
- Zusammengesparte Schraubenfeder aufsetzen. Das Ende der Feder muss sich dem Aufnahmesitz anpassen.
- Die in Bild 295 gezeigten Teile über die Feder setzen. Der obere Federsitz muss mit der Aufnahme über dem Ende der Feder sitzen.
- Eine neue Mutter auf die Kolbenstange aufschrauben und sie mit 90 Nm anziehen. Die Kolbenstange muss dabei gegengehalten werden.
- Schraubenfeder langsam entspannen, während man gleichzeitig beobachtet, dass die Feder oben und unten eingreift.
- Federbein aus dem Schraubstock ausspannen.

12.2 Vorderradnaben und Radlager

12.2.1 Ausbau

Die Vorderradlager sind verschlossen, voreingestellt und vorgeschmiert. Bei der Konstruktion wurde davon ausgegangen, dass die Lager ohne Wartung oder Einstellung auf Lebenszeit des Fahrzeuges halten. Die Muttern der Achswellen sind mit einem festgesetzten Anzugsdrehmoment angezogen. Auf keinen Fall darf man versuchen die Lager „nachzustellen“, indem man die Muttern fester anzieht.
Es passiert jedoch schon mal, dass ein Radlager ausfällt. In diesem Fall kann man es erneuern.
Verschiedene Spezialwerkzeuge werden in einer Werkstatt verwendet, um die Radlager zu erneuern.

Vielleicht das wichtigste ist ein Abzieher, mit welchem man den inneren Lagerring vom Radnabenflansch abziehen kann, da er nach Ausbau der Nabe auf dem Flansch verbleibt. Falls man einen derartigen Abzieher zur Verfügung hat, liegt kein Grund vor, dass man die Arbeiten nicht durchführen sollte. Das Federbein muss ausgebaut werden, damit man die Arbeiten in einem Schraubstock durchführen kann. Die Radlager haben einen festen Presssitz auf der Radnabe und im Achsschenkel und eine hydraulische Presse muss zur Erneuerung der Lager zur Verfügung stehen, um das Lager aus- und einzupressen. Bei der Erneuerung eines Radlagers muss man immer das Fahrzeugmodell angeben, da ähnliche Lager nicht unbedingt in Ihr Fahrzeug passen.

Bei der Erneuerung eines Radlagers folgendermassen vorgehen:

- Das Federbein in einen Schraubstock einspannen, ohne es dabei zu verformen.
- Die beiden Schrauben der Bremsscheibe lösen und die Bremsscheibe von der Radnabe abnehmen.
- Die Innenseite des Achsschenkels in der Umgebung des Radlagers mit einem Lappen sauberwischen, um den Sprengring freizulegen, und den in Bild 297 gezeigten Sprengring mit einer Innenseegerringzange ausfedern, wie es in der unteren Ansicht gezeigt ist.
- Zum Ausbau der Radnabe oder des Radlagers sind Ausziehwerkzeuge erforderlich. Am besten eignet sich ein Schlaghammer dazu. Die Stange des Schlaghammers wird durch die Radnabenöffnung eingesetzt, sodass man ein Einsatzstück an der Innenseite anbringen kann, wie es Bild 298 zeigt. Das Gewicht des Schlaghammers gegen den Anschlag anschlagen, bis der Nabenflansch und das Lager zusammen herauskommen. Falls ein Schlaghammer nicht zur Verfügung steht, kann man die Radnabe aus dem Achsschenkel auspressen. Der Achsschenkel muss in geeigneter Weise untergelegt werden. Auch sollte es möglich sein, dass man die Teilc mit einem geeigneten Dorn herausschlägt.
- Der innere Lagerring des Radlagers verbleibt auf der Radnabe und muss abgezogen werden. Dies ist in allen Fällen erforderlich, da ja das Lager erneuert werden muss. Zum Abziehen des Lagers einen Abzieher verwenden, dessen Abpressplatten man unter den Lagerring untersetzen kann. Durch Anziehen der mittleren Schraube kommt der Lagerring herunter. Bild 299 zeigt einen Lagerabzieher, welchen man jedoch vielleicht durch einen Dreiarmabzieher ersetzen kann. Falls man Schwierigkeiten hat die Abzieherklauen unter den Lagerring zu bringen, kann man einen Meissel einschlagen, um den Lagerring etwas zu lösen.

Alle Teile gründlich reinigen und auf Wiederverwendung kontrollieren. Das Lager muss in jedem Fall erneuert werden. Kontrollieren, dass der Sprengring in einwandfreiem Zustand ist. Das neue Lager vor dem Einbau gut mit Mehrzweckfett einschmieren.

Beim Einbau des Radlagers folgendermassen vorgehen:

- Ein Stück Rohr des gleichen Durchmessers wie der äussere Lagerring zum Einpressen des Lagers verwenden. Den Lagerring bis zum Anschlag in den Achsschenkel einpressen.

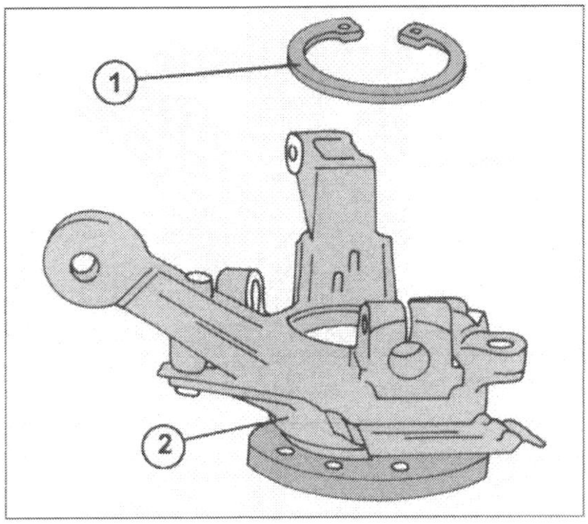

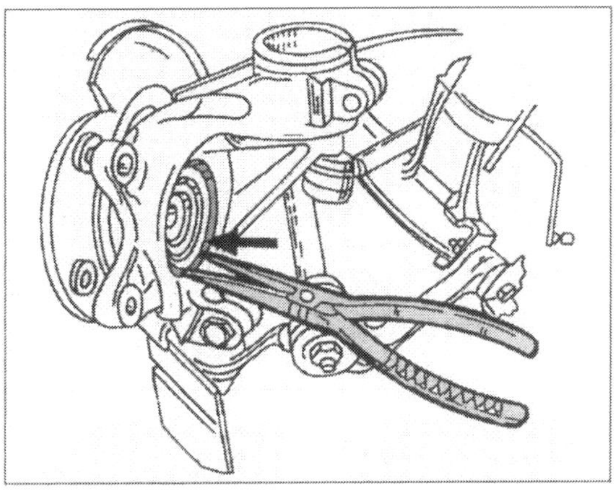

Bild 297
Der Lagersprengring (1) hält das Radlager im Achsschenkel (2). Die untere Ansicht zeigt, wie man den Sprengring von der Innenseite her ausfedert.

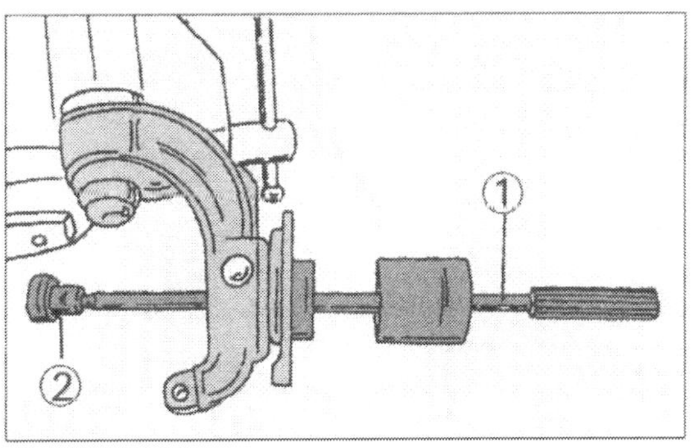

Bild 298
Ausziehen der Radnabe und des Radlagers mit Hilfe eines Schlaghammers.
1 Schlaghammer
2 Ausziehstück

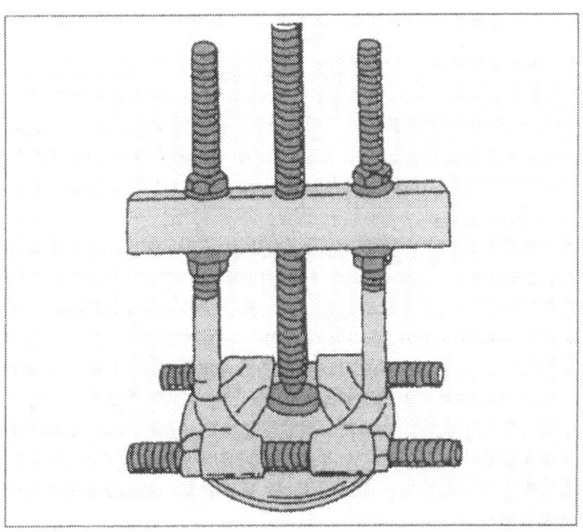

Bild 299
Abziehen des inneren Lagerringes von der Radnabe mit dem Spezialabzieher.

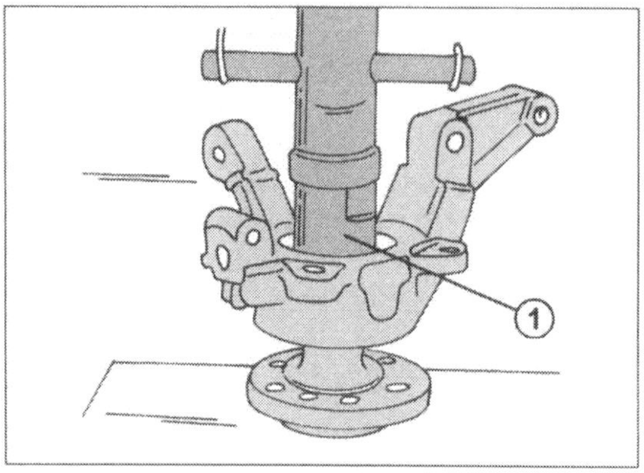

Bild 300
Einpressen der Radnabe. Das Druckstück (1) wird gegen das Radlager angesetzt.

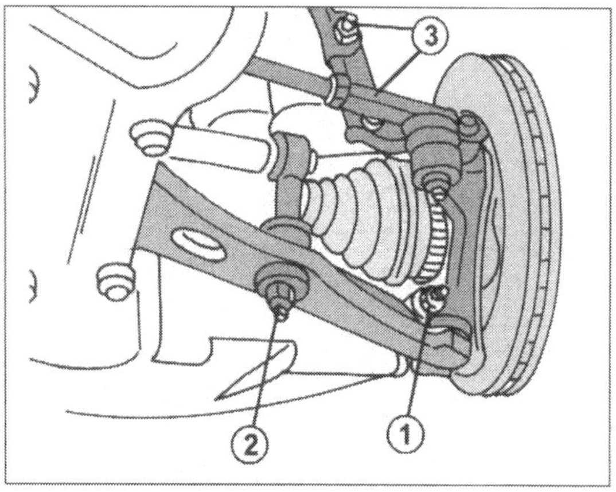

Bild 301
Zum Aus- und Einbau eines Querlenkerarms.
1 Klemmschraube des Aufhängungsgelenks
2 Mutter der Koppelstange
3 Schrauben der Achsschenkelbefestigung am Federbein

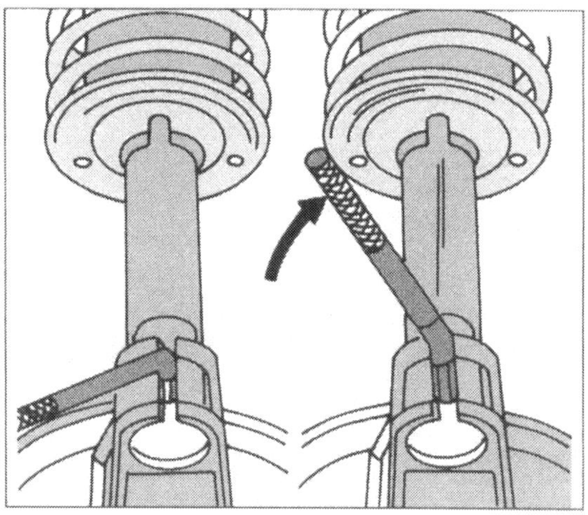

Bild 302
Ausweiten des Klemmschlitzes im Federbein. Einen Inbusschlüssel entsprechend der Pfeilrichtung bewegen.

- Kontrollieren, dass der Lagerkäfig richtig in der Lagerbohrung sitzt und den Sprengring mit einer Sprengringzange einsetzen. Falls der Sprengring beim Ausbau verbogen wurde, muss er erneuert werden. Kontrollieren, dass der Ring am gesamten Umfang einwandfrei sitzt.
- Radnabe unter einer Presse in den Achsschenkel einpressen. Dabei die Radnabe in der in Bild 300 gezeigten Weise auflegen, den Achsschenkel mit dem eingebauten Radlager aufsetzen und das Ganze zusammenpressen, bis die Radnabe gegen das Radlager anschlägt. Den Pressstempel (1) gegen die Innenseite des Radlagers ansetzen. Der im Radlager eingesetzte Kunststoffring wird beim Einpressen zerstört und kann danach abgenommen werden.
- Alles herausgedrückte Fett abwischen und nochmals kontrollieren, ob der Sprengring ringsherum einwandfrei in der Lagerbohrung des Achsschenkels sitzt.

Der ausgebaute Achsschenkel kann jetzt wieder montiert werden.

12.3 Unterer Querlenker

Ein Querlenker kann entsprechend den folgenden Anweisungen ausgebaut werden, ohne dass man das Federbein aus dem Fahrzeug herausnimmt.

12.3.1 Aus- und Einbau eines Querlenkers

- Radmuttern lockern, die Vorderseite des Fahrzeuges auf Böcke setzen (Böcke unter den Seiten der Karosserie unterstellen) und das Rad auf der in Frage kommenden Seite abnehmen. Die Radaufhängung muss frei hängen.
- Die Mutter des Spurstangenkopfes am Lenkhebel abschrauben und die Verbindung mit einem geeigneten Kugelbolzenabzieher trennen, wie er z.B. bei der Beschreibung beim Ausbau der Lenkung in Abschnitt 11 gezeigt ist.
- Die Mutter der Koppelstange für den Kurvenstabilisator an der Unterseite des Querlenkers abschrauben. Die Koppelstange verbleibt einstweilen im Querlenker. Bild 301 zeigt die Befestigungsstelle.
- Schraube und Mutter der Klemmverbindung an der Unterseite des Achsschenkels an Stelle (1) in Bild 301 entfernen und den Kugelbolzenschaft nach unten aus dem Klemmschlitz herausdrücken. Der Schaft sitzt sehr fest, aber keinen Schraubendreher in den Klemmschlitz einsetzen, um diesen zu öffnen. In der Werkstatt wird natürlich ein passendes Werkzeug dazu benutzt. Ein Inbusschlüssel passender Grösse tut es auch. Er wird wie in der linken Ansicht von Bild 302 eingesetzt und danach wie in Pfeilrichtung in der rechten Ansicht bewegt. Dadurch öffnet sich der Schlitz im Achsschenkel um den zugelassenen Wert und das Kugelgelenk kann herausgezogen werden.
- Das Federbein in der bereits beschriebenen Weise vom Achsschenkel trennen und den gesamten Achsschenkel entsprechend bewegen, bis der Kurgelbolzenschaft und die Koppelstange aus dem Eingriff kommen. Unbedingt darauf achten, dass die Antriebswelle nicht aus dem Getriebe kommen kann. Der Achsschenkel ist bei den weiteren Arbeiten mit einem Draht festzubinden, um dies zu vermeiden. Bild 303 zeigt diesen Arbeitsschritt.
- Die Schrauben (1) bis (4) in Bild 304 entfernen und den Lenkerarm herausnehmen.

Der Querlenker kann nicht repariert werden. Falls das Kugelgelenk ausgeschlagen ist, muss man einen neuen Querlenker einbauen.
Beim Einbau des Querlenkers folgendermassen vorgehen:

- Die Schrauben 1 bis 4 in Bild 304 mit „Loctite" einschmieren.
- Den Querlenker zusammen mit den beiden Lagerungen ansetzen und die Schrauben (1) bis (4) an den entsprechenden Stellen einschrauben. Die Schrauben (3) halten die Lagerung des Kurvenstabilisators.
- Den Kurvenstabilisator mit der Koppelstange am Querlenker anschliessen und die Verbindung zwischen dem Kugelgelenk und dem Achsschenkel wieder herstellen.
- Die Klemmschraube einschlagen und mit einem Anzugsdrehmoment von 70 Nm anziehen (1, Bild 301).
- Den Achsschenkel nach oben heben und an der Unterseite des Federbeins anbringen. Die beiden Schrauben einschlagen und die Muttern sofort mit 110 Nm anziehen.
- Die Vorderradaufhängung belasten, bis sie die ungefähre Normallage eingenommen hat und die Schrauben des Lenkerarms anziehen. Dazu unter Bezug auf Bild 304 die Schrauben (1) und (2) der vorderen Befestigung mit 110 Nm, die Schrauben (3) der Kurvenstabilisatorbefestigung mit 85 Nm und die Schraube (4) der hinteren Lenkerarmlagerung mit 110 Nm anziehen.

12.4 Kurvenstabilisator

Der Ausbau des Kurvenstabilisators ist ziemlich kompliziert, da man die Verbindung zwischen dem Lenksäulenkreuzgelenk und dem Lenkritzel trennen und die Schraube und Mutter der Drehmomentstütze entfernen muss. Ausserdem muss man den Aufhängungsnebenrahmen genügend weit absenken. Da man diese Arbeiten praktisch nur auf einer Hebebühne durchführen kann, sehen wir von einer Beschreibung des Aus- und Einbaus des Kurvenstabilisators ab. Aus gesammelter Erfahrung möchten wir erwähnen, dass es kaum vorkommen wird, dass Sie den Kurvenstabilisator ausbauen, bzw. erneuern müssen.

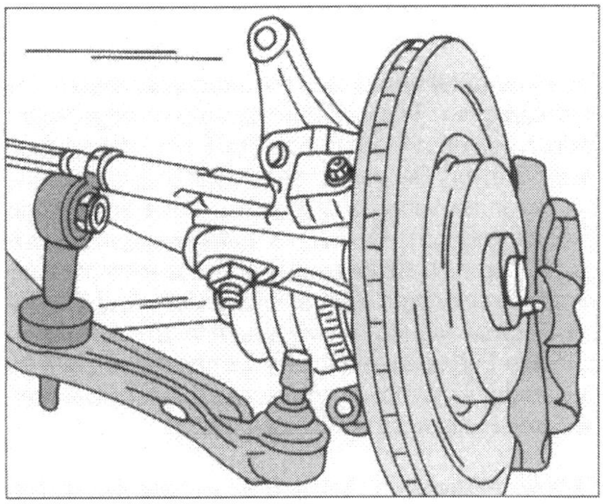

Bild 303
Der Achsschenkel wird in der gezeigten Weise vom Kugelgelenkzapfen und der Koppelstange des Kurvenstabilisators getrennt.

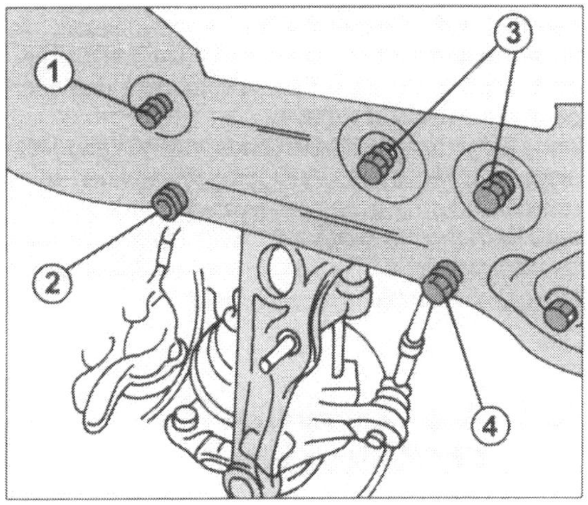

Bild 304
Die Befestigungsschrauben eines Querlenkers. Die beiden Schrauben (3) halten die Lagerung des Kurvenstabilisators, die anderen den Querlenker.

12.5 Vorderradeinstellung

Die Einstellung der Radspur sowie die Kontrolle des Nachlaufs und des Sturzes wurden bereits in Kapitel 11.5 erörtert. Falls Teile der Vorderradaufhängung erneuert wurden, muss der Vorderwagen immer vermessen werden. Nur die Spureinstellung kann verstellt werden.

13 Hinterachse und Hinterradaufhängung

Die Hinterräder sind einzeln mit Schraubenfedern und hydraulischen Teleskopstossdämpfern abgefedert, jedoch ist die Hinterachse selbst ein vollkommen neuer Entwurf. Bei der Achse handelt es sich um eine so genannte Verbundlenkerachse mit Panhardstab (Querstabilisator). Bei den Kleinlieferwagen ist zusätzlich eine Versteifungsstrebe für die Hinterradaufhängung eingebaut. Bild 305 zeigt eine Ansicht dieser Radaufhängung mit eingebauten Trommelbremsen. Bei Fahrzeugen mit Scheibenbremsen sieht es nur an der Aussenseite unterschiedlich aus. Bei allen anderen Fahrzeugen fehlt diese Strebe.

Hinweis: Bereits im Herbst 1996 wurden die Hinterfedern abgeändert. Federn in älteren Fahrzeugen haben drei gelbe Farbstriche als Kennzeichnung, die neuen Federn nur zwei. Die neuen Federn können jedoch anstelle der alten Federn eingebaut und auch gemischt eingebaut werden.
Neue Stossdämpfer wurden Ende 1997/Anfang 1998 eingebaut. Die beiden Ausführungen können nicht untereinander ausgetauscht werden, da sie von unterschiedlicher Bauweise sind. Beim Einbau von neuen Stossdämpfern das Baujahr und Modell angeben (neue Stossdämpfer sind auch länger).

13.1 Aus- und Einbau der Hinterachse

Die Arbeiten sind bei Fahrzeugen den Minivans (Evasion, usw.) und den Kleinlieferwagen (Jumpy und Scudo) aufgrund der zusätzlichen Strebe bei den Letztgenannten etwas unterschiedlich, wenn es zum Ausbau des Querstabilisators kommt. Bis zu diesem Arbeitsschritt sind die Arbeiten gleich.

- Fahrzeug vorn auf Böcke setzten (Hinterräder müssen frei hängen) und die Hinterräder abschrauben.
- Die Muttern (1) und (2) in Bild 306 lockern, einen Wagenheber in der im Bild gezeigten Weise unter die Hinterachse untersetzen und die Radaufhängung anheben, bis man sehen kann, dass sich der Stossdämpfer etwas zusammengeschoben hat. Die beiden Muttern vollkommen abschrauben und den Stossdämpfer herausnehmen. Die Arbeiten auf beiden Seiten des Fahrzeuges durchführen.
- Die Bremsleitung an Stelle (1) in Bild 307 trennen. Dazu die Überwurfmutter lösen (am Sechskant des Schlauchs gegenhalten), die Federplatte ausschlagen und den Schlauch aus der Halterung ziehen. Die offenen Anschlussenden in geeigneter Weise gegen Eindringen von Schmutz schützen (wir schlagen Klebband vor, d.h. Anschlüsse damit umwickeln). Arbeiten auf beiden Seiten des Fahrzeuges durchführen.
- Die Kontermutter und Einstellmutter am Ende des Handbremsseils abschrauben, das Handbremsseil vom Gabelkopf und auf der anderen Seite vom Anschlag befreien und die beiden Handbremsseile von der Befestigung an der Karosserie befreien.
- Falls ABS eingebaut ist, den Drehzahlfühler für die Raddrehzahl ausbauen, die elektrische Kabelverbindung von der Hinterradaufhängung ausclipsen und das Ganze, wie in Bild 308 gezeigt, nach unten absenken. Auf beiden Seiten durchführen.

Die Arbeiten sind jetzt beim Minivan und bei den Lieferwagen unterschiedlich:

Minivans

- Einen Rangierwagenheber unter die Hinterachse untersetzen und die Achse soeben unter Spannung bringen.
- Die Querlenkerstange, auch als Panhardstab bezeichnet, in Bild 309 wird als Nächstes gelöst. Die untere Mutter (1) des Gestänges abschrauben. Die Einbaulage der oberen Mutter in geeigneter Weise kennzeichnen und danach abschrauben. Die Schraube (2) der Befestigung an der Karosserie lösen. Falls er-

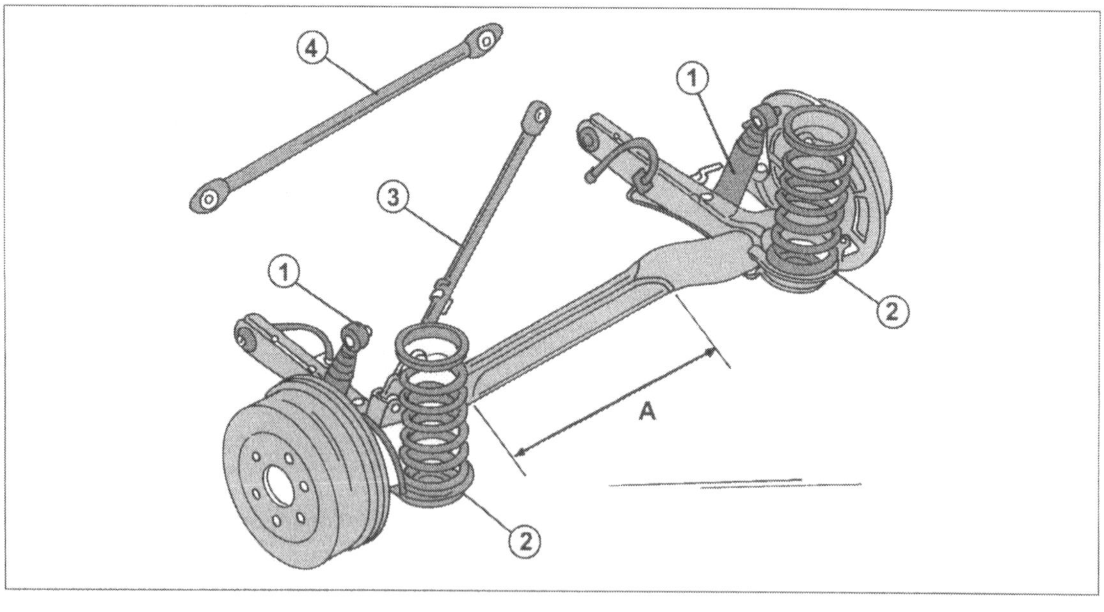

Bild 305
Ansicht der Hinterradaufhängung. Die Versteifungsstrebe (4) ist mit der Karosserie verbunden und nur bei den Lieferwagen eingebaut. Alle anderen Teile sind bei allen Modellen baugleich.
1 Stossdämpfer
2 Schraubenfedern
3 Querlenkerstange (Stabilisator)
4 Versteifungsstrebe

wünscht, kann man die Stange auch von der Hinterradaufhängung abschrauben.

- Die gesamte Hinterradaufhängung langsam auf dem Wagenheber absenken. Dabei die Hinterfedern beachten und diese herausnehmen, sobald sie frei sind.
- Geeignete Holzunterlagen unter die beiden Radnaben unterlegen und die Hinterradaufhängung/Achse absenken, bis die Naben in der in Bild 310 gezeigten Weise auf den Holzunterlagen aufsitzen. Die Schrauben der Längslenkerbefestigung (1) links und rechts entfernen. Ein Helfer sollte die Achse dabei auf dem Wagenheber halten.
- Die gesamte Hinterradaufhängung jetzt nach hinten unter dem Fahrzeug hervorziehen.

Lieferwagen

- Einen Rangierwagenheber unter die Hinterachse untersetzen und die Achse soeben unter Spannung bringen.
- Die untere Mutter (1) des Gestänges lockern und die obere Mutter entsprechend den obigen Anweisungen und Bild 311 lösen. Danach die Schrauben (2) der Befestigung der beiden Gestänge an den gezeigten Stellen lösen. Die Versteifungsstrebe (3) vollkommen ausbauen.
- Die gesamte Hinterradaufhängung langsam auf dem Wagenheber langsam absenken. Dabei die Hinterfedern beachten und diese herausnehmen, sobald sie frei sind. Der weitere Ausbau erfolgt in der oben beschriebenen Weise, d.h. die Längslenker sind wie in Bild 310 gezeigt befestigt.

Der Einbau geschieht in umgekehrter Reihenfolge unter Beachtung der folgenden Hinweise:

- Die gesamte Hinterradaufhängung unter das Fahrzeug unterschieben und wieder auf die in Bild 310 gezeigten Holzblöcke aufsetzen. Die beiden Längslenker in die Montageböcke einsetzen und die Schrauben einschieben. Die Muttern (1) anziehen, ohne sie auf das vorgeschriebene Anzugsdrehmoment anzuziehen.
- Die Drehzahlfühler mit Fett einschmieren (in der Werkstatt wird dazu ein Spezialfett benutzt). Die Schraube des Fühlers mit „Loctite“ einschmieren, in den Fühler einsetzen und mit 10 Nm anziehen. Die Kabelverbindung wieder befestigen.
- Die Federn in die Federsitze einsetzen, die Achse anheben bis die Federn oben und unten einwandfrei sitzen (Helfer erforderlich, um auf beiden Seiten zu arbeiten) und die Schraube (2) in Bild 309 einsetzen. Die Verbindung nur handfest anziehen.
- Das Gestänge des Bremskraftreglers mit der Mutter (1) in Bild 309 befestigen. Die Mutter muss wieder in die ursprüngliche Stellung geschraubt werden. Die untere Mutter jetzt gegen die obere Mutter kontern, ohne die letztgenannte zu verstellen.
- Bremsschlauch/Leitungsverbindung entsprechend Bild 307 wieder herstellen. Ebenfalls die Handbremsseile anschliessen und befestigen. Die Einstellung der Handbremse sollte abschliessend kontrolliert werden. Die Räder müssen feststehen, wenn der Hebel 4 bis 5 Rasten gezogen wird.
- Die Stossdämpfer oben und unten befestigen (Bild 306), ohne die Schrauben anzuziehen.

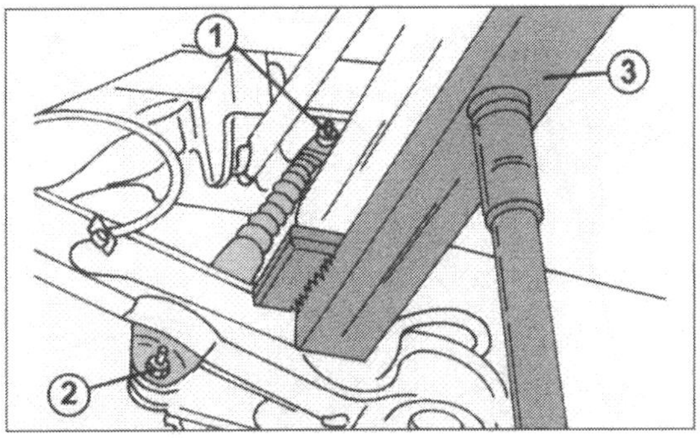

Bild 306
Befestigung eines Stossdämpfers an der Oberseite (1) und der Unterseite (2) an der Radaufhängung. Zum Ausbau eines Stossdämpfer wird die Achse mit einem Wagenheber (3) angehoben.

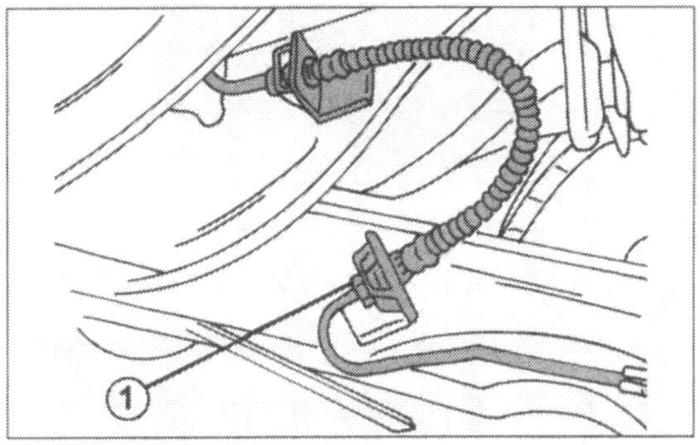

Bild 307
Bremsschlauchverbindung an Stelle (1) von der Hinterradaufhängung trennen.

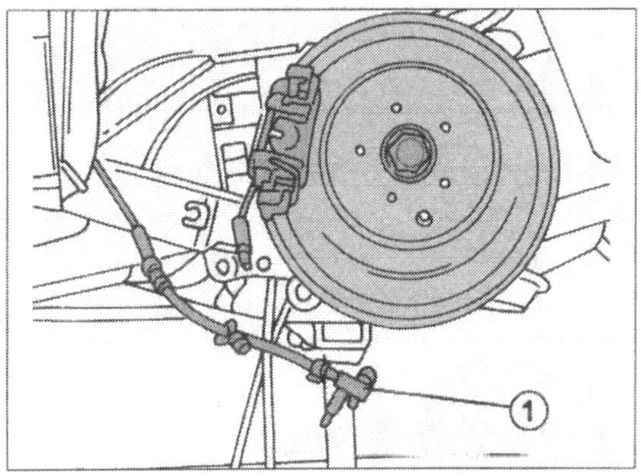

Bild 308
Nach Lösen und Ausschrauben des Fühlers für die Raddrehzahl bei eingebautem ABS wird das Kabel mit dem Fühler von der Radaufhängung gelöst und abgesenkt.

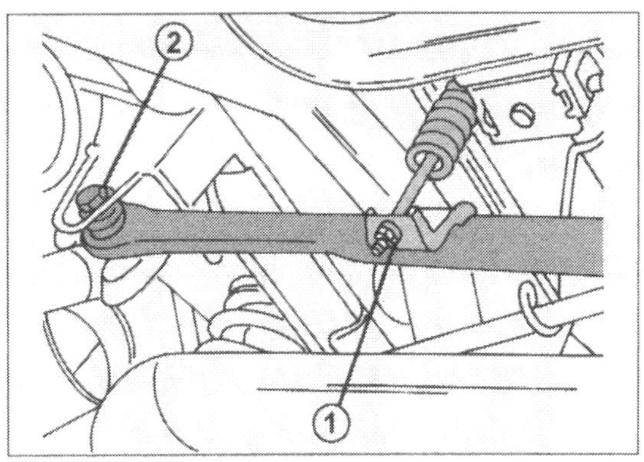

Bild 309
Befestigung der Querlenkerstange (Kurvenstabilisator) bei einem Minivan.
1 Verbindung des Bremskraftreglers (2 Muttern lösen)
2 Befestigungsschraube an der Karosserie

- Die Bremsanlage entlüften, wie es im Abschnitt „Bremsanlage“ beschrieben wird.
- Räder anschrauben und das Fahrzeug wieder auf den Boden ablassen, da man die Befestigungen der Hinterradaufhängung anziehen muss, wenn das Fahrzeug in Betriebsstellung steht. Es wird natürlich sehr schwer sein an die verschiedenen Befestigungen heran zu kommen, es sei denn, man hat die Möglichkeit das Fahrzeug auf eine Hebebühne oder über eine

Montagegrube zu fahren. Die folgenden Anzugsdrehmomente sind jetzt zu beachten. Keine Fehler an den Stossdämpfern machen:

- Die obere Stossdämpferbefestigung (1) in Bild 306 mit 90 Nm anziehen.
- Die untere Stossdämpferbefestigung (2) an der Hinterachse mit 65 Nm anziehen.
- Die Schraube (2) der Querlenkerstange in Bild 309 mit 60 Nm an der Karosserie anziehen. Wurde sie an der Hinterradaufhängung gelöst, wird die Verbindung mit 80 Nm angezogen.
- Die beiden Längslenkerschrauben (1) in Bild 310 mit 85 Nm anziehen.
- Abschliessend die Radschrauben mit 100 Nm anziehen.

13.2 Hinterradnaben und Radlager

13.2.1 Radnabe ausbauen

Das Radlager sitzt in der Radnabe. Falls man es ausbaut, muss es erneuert werden, da es integral mit der Radnabe gebaut ist und sich nicht wieder einbauen lässt, d.h. man kann das Lager und die Radnabe nicht zur Überprüfung ausbauen. Zum Ausbau der Radnabe und des inneren Lagerlaufrings wird ein Universal-Zwei- oder Dreiarmabzieher gebraucht. Zum Aufziehen der Radnabe braucht man ein Stück Rohr und eine grosse Scheibe (wird im Verlauf des Textes genauer erwähnt). Beim Ausbau der Radnaben folgendermassen vorgehen. Da bei eingebauten Scheibenbremsen sich ein ähnliches Bild wie bei eingebauten Trommelbremsen bietet (die Handbremse wird durch in der Innenseite der Bremsscheiben eingebaute Bremsbacken betätigt), gelten die Anweisungen für alle Ausführungen:

- Rückseite des Fahrzeuges aufbocken. Die Hinterräder müssen frei herunterhängen können. Die Vorderräder sollten verkeilt werden, damit das Fahrzeug nicht von den Böcken rutschen kann.
- Das Rad auf der betreffenden Seite abnehmen.
- Die Nabenfettkappe vorsichtig mit einem kleinen Meissel abschlagen. Die Nabe dabei langsam durchdrehen, damit man die Fettkappe Stück für Stück abschlagen kann.
- Die Bremstrommel oder die Bremsscheibe ausbauen. Bei eingebauten Scheibenbremsen bedeutet dies den Ausbau des Bremssattels. Diesen mit einem Stück Draht festbinden. Nicht am Schlauch herunter hängen lassen. Siehe Abschnitt „Bremsanlage".
- Die Hinterradnabenmutter mit einer Stecknuss und einem Knebel abschrauben. Die Scheibe und die Nabe herunterziehen. Dazu wird jetzt der genannte Abzieher benutzt, welchen man in der in Bild 312 gezeigten Weise ansetzt.
- Auf dem Achsstumpf sitzt ein Dichtring. Diesen ausbauen, indem man links und rechts je einen kräftigen Schraubendreher untersetzt und den Ring langsam abhebelt. Darauf achten, in welcher Einbaurichtung der Dichtring eingebaut ist.

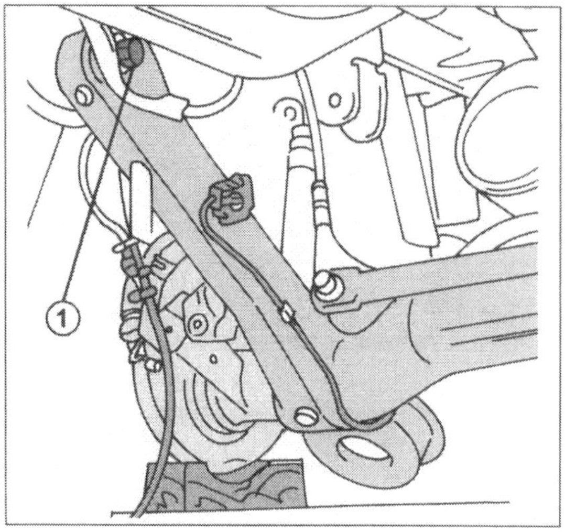

Bild 310
Die Längslenker sind mit den Schrauben (1) an der Karosserie verschraubt. Sie werden angezogen, wenn das Gewicht des Fahrzeuges auf den Rädern ruht.

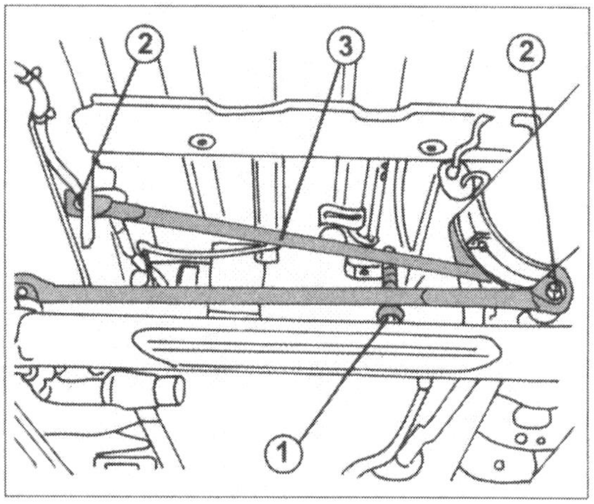

Bild 311
Befestigung der Querlenkerstange (Kurvenstabilisator) und der Versteifungsstrebe bei einem Lieferwagen.
1 Verbindung des Bremskraftreglers (2 Muttern lösen)
2 Befestigungsschraube an der Karosserie
3 Versteifungsstrebe

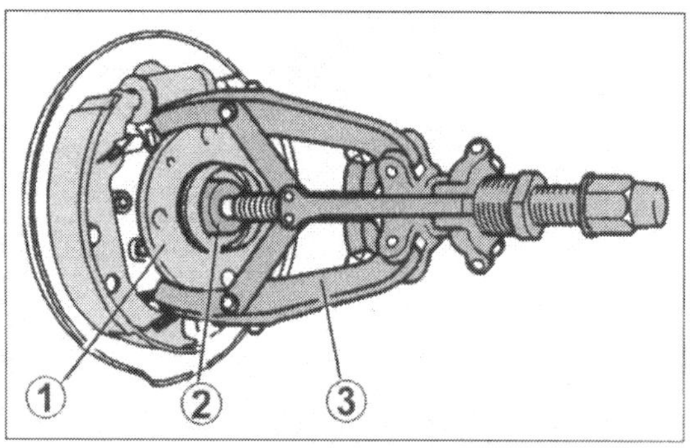

Bild 312
Abziehen einer Radnabe (1). Die Klauen des Abziehers (3) werden unter den Rand der Radnabe untergesetzt. Ein Druckstück (2) auf den Achsstumpf aufsetzen, um das Gewinde des Achsstumpfes nicht zu beschädigen. Die Abziehspindel darf sich nicht direkt auf dem Gewindeende verdrehen.

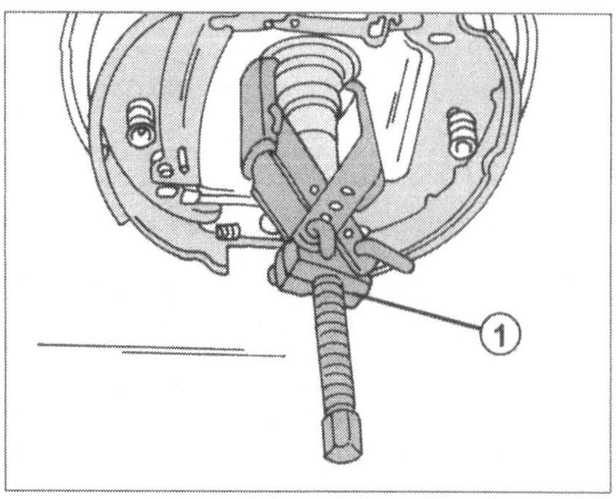

Bild 313
Abziehen des inneren Lagerlaufrings vom Achsstumpf. Bei eingebauten Scheibenbremsen geschieht dies in gleicher Weise.
1 Abzieher

- Den auf dem Achsstumpf sitzenden inneren Lagerlaufring in ähnlicher Weise wie in Bild 312 gezeigt herunterziehen. Die Klauen müssen dabei unter dem Ring eingreifen. In Bild 313 wird dies bei eingebauten Trommelbremsen gezeigt.

Beim Einbau der Radnabe folgendermassen vorgehen:

- Den Achsstumpf einwandfrei reinigen und die neue Radnabe aufstecken. Die Radnabe mit einem Gummi- oder Kunststoffhammer anschlagen, bis sie gut sitzt. Das Aufziehen der Radnabe erfolgt jetzt entsprechend Bild 314. Der gezeigte Aufzieher (2) kann durch ein Rohrstück ersetzt werden. Das Rohr über den Achsstumpf stecken, auf der Aussenseite eine grosse Scheibe auflegen und die ursprüngliche Mutter auf den Achsstumpf schrauben. Die Mutter anziehen, bis die Nabe gegen den Anschlag gezogen ist. Aufziehwerkzeuge wieder entfernen.
- Eine NEUE Mutter aufschrauben (Anlagefläche und Gewinde eingefettet) und die Mutter mit 100 Nm anziehen. Aus der Endstellung ohne Benutzung des Drehmomentschlüssels die Mutter um weitere 60° anziehen (zwischen 1/6- und /-Umdrehung). In Bild 315 sind die Einzelheiten bei eingebauten Scheibenbremsen und Trommelbremsen gezeigt.
- Eine neue Fettkappe aufsetzen und mit einem Kunststoffhammer aufschlagen. Die Bremstrommel oder die Bremsscheibe kann jetzt wieder montiert werden. Im Fall von Scheibenbremsen die Zentrierschraube der Bremsscheibe mit 25 Nm anziehen und den Bremssattel montieren (30 Nm), im Fall von Trommelbremsen die Zentrierschraube mit dem gleichen Drehmoment anziehen. Das Fahrzeug muss sicher aufgebockt sein, wenn man die Mutter anzieht – vorher nochmals kontrollieren.
- Das Rad wieder montieren und das Fahrzeug auf den Boden ablassen. Die Radmuttern mit 100 Nm anziehen.

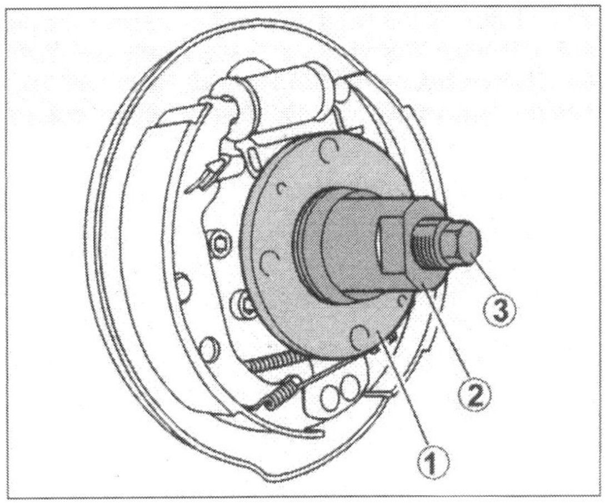

Bild 314
Eine Radnabe (1) wird in der gezeigten Weise aufgezogen. Das Aufziehwerkzeug (2) kann durch ein Rohrstück mit aufgelegter Scheibe ersetzt werden, die Druckspindel durch eine Mutter.

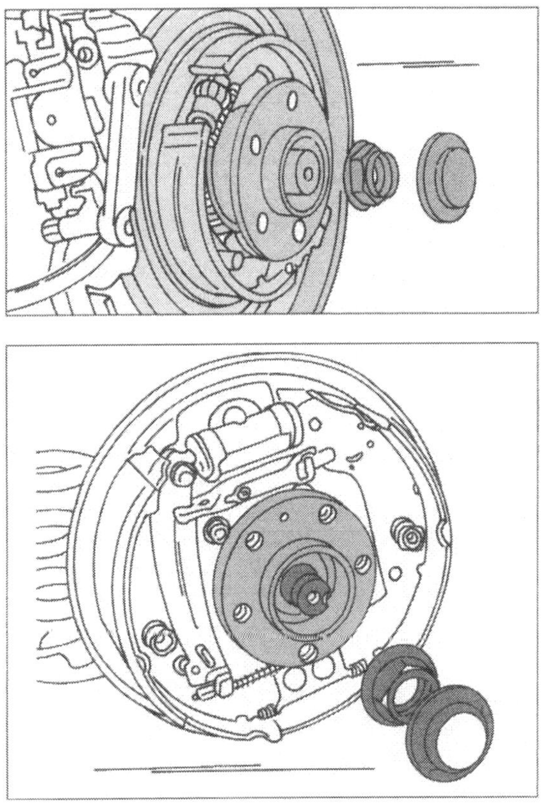

Bild 315
Befestigung der Radnabe bei Scheibenbremsen (oben) und Trommelbremsen (unten).

13.3 Hintere Stossdämpfer und Federn

Der Aus- und Einbau findet in der in Kapitel 13.1 beschriebenen Weise statt. Stossdämpfer ausbauen, nachdem die Seite entsprechend der Beschreibung angehoben wird, bis die Stossdämpfer etwas zusammen geschoben sind, d.h. frei von der Spannung der Schraubenfedern. Die Schraubenfedern können ausgewechselt werden, nachdem die Hinterachse entsprechend der Beschreibung abgesenkt wurde, bis die Federn oben und unten aus den Sitzen kommen.
Bei der Erneuerung der Stossdämpfer oder Schraubenfedern immer die Ausführung, das Baujahr und falls möglich die Fahrgestellnummer angeben, da diese Teile spezifisch für das betreffende Modell ausgewählt sind.

13.4 Querlenkerstange/ Kurvenstabilisator

Der Aus- und Einbau der genannten Teile kann anhand der Beschreibung beim Aus- und Einbau der Hinterradaufhängung erfolgen. Auch die gelten Anzugsdrehmomente sind bei der Beschreibung des Einbaus angegeben.

13.5 Hinterradgeometrie

Die Geometrie der Hinterräder wird in gleicher Weise vermessen, wie es bereits bei den Vorderrädern beschrieben wurde, d.h. die Fahrzeughöhe muss auf den gültigen Stand gebracht werden. Lassen Sie die Achse in einer Werkstatt vermessen. Falls die Werte für Spureinstellung der Räder oder Sturz der Hinterräder ausserhalb der Richtwerte liegen sollten, kann man davon ausgehen, dass die Hinterradaufhängung verzogen ist. Sturz und Spureinstellung der Hinterräder lassen sich aufgrund der Konstruktion der Hinterachse nicht verstellen.

Die Strassenverkehrs-Zulassungsordnung (StVZO) in Deutschland oder entsprechende Gesetze in anderen Ländern, schreiben vor, dass ein Pkw stets mit zwei Bremsanlagen – der Feststellbremse (Handbremse) und der hydraulischen Betriebsbremse (Fussbremse) – ausgestattet ist, die unabhängig voneinander arbeiten. Sinn dieser Vorschrift: Fällt ein System aus, kann das andere das Fahrzeug immer noch abbremsen. Die Bremsanlage der in dieser Ausgabe behandelten Fahrzeuge erfüllt diese Bestimmung mit einer Handbremse sowie einer diagonal geteilten Zweikreisbremsanlage. Dabei ist ein Bremskreis jeweils für ein Vorderrad und das gegenüberliegende Hinterrad zuständig. Fällt ein Bremskreis aus, bleiben Vorderrad und Hinterrad des anderen Kreises bremsfähig. In diesem Fall müssen Sie freilich stärker aufs Bremspedal treten, um die gleiche Wirkung zu erreichen wie bei einer intakten Anlage. Das Pedal lässt sich weiter durchtreten und der Anhalteweg wird wesentlich länger.

Vor jeder Reparatur zu beachten
Alle in dieser Anleitung behandelten Fahrzeuge sind an den Vorderrädern mit Scheibenbremsen ausgerüstet. Die eingebauten Scheibenbremsen unterscheiden sich jedoch in der Stärke und im Durchmesser der Bremsscheiben, abgesehen davon, dass Scheiben aus Festmaterial hergestellt sind oder belüftet sein können und dass Scheibenbremsen von verschiedenen Herstellern eingebaut werden. Die Hinterräder sind, je nach eingebautem Motor, entweder mit Trommelbremsen oder Scheibenbremsen versehen. Nur von TEVES gelieferte Scheibenbremsen werden in diesem Fall eingebaut. Falls Teile erneuert werden oder Arbeiten werden daran durchgeführt, muss man dies beachten. In der Mass- und Einstelltabelle sind die diesbezüglichen Masse angegeben, soweit diese zur Verfügung stehen. Alle Fahrzeuge mit Dieselmotor haben die gleiche Bremsanlage.

14.1 Die Konstruktion der Bremsen

Für die Vorderräder und die Hinterräder werden entweder die Kombination Scheibenbremsen/Trommelbremsen oder Scheibenbremsen/Scheibenbremsen verwendet. Gleitbremssättel, auch als Faustsättel bekannt, werden an den Vorderrädern montiert. Die Hinterradtrommelbremsen sind von herkömmlicher Bauweise, mit Anlaufbacken und Ablaufbacken, bei den Hinterradscheibenbremsen kommen Bremssättel unterschiedlicher Konstruktion zum Einbau. Unterschiedlich ist auch die Befestigung.
Die Anlage ist als Zweikreissystem ausgebildet, d.h. jeder Abschnitt des Hauptbremszylinders übernimmt einen Bremskreis. Die Bremsanlage ist serienmässig mit einem Bremskraftverstärker ausgerüstet, welcher seinen Unterdruck aus dem Ansaugsammelrohr des Motors erhält.
Eine Antiblockier-Bremsanlage (ABS) ist entweder auf Sonderwunsch oder serienmässig eingebaut. Sie wird von Bendix hergestellt.
An der Vorderachse und an der Hinterachse verzögern die Bremsen die Fahrgeschwindigkeit des Fahrzeuges. Beim Tritt aufs Bremspedal presst eine mit dem Pedal verbundene Druckstange zwei hintereinanderliegende Kolben in den Hauptbremszylinder, der im Motorraum an den Bremskraftverstärker montiert ist. Die Kolben übertragen die Fusskraft auf die im Hauptbremszylinder eingeschlossene Bremsflüssigkeit. Dadurch entsteht ein hydraulischer Druck, der sich über Rohr- und Schlauchleitungen zu den Bremszangenzylindern bzw. Radbremszylindern fortsetzt. Dabei drücken im Fall der Vorderradbremsen Kolben die Bremsklötze gegen die Bremsscheiben. Drücken ist dabei nur grob gesagt. Da im Fall jedes vorderen Bremssattels, auch Bremszangen genannt, dieser nur einen Kolben hat, drückt der hergestellte Bremsdruck gegen diesen Kolben, welcher dabei den Bremsklotz gegen die Bremsscheibe drückt. Sobald der Kolben nicht weiter kann, wird der gesamte Bremssattel auf einem Mechanismus von Gleitbolzen auf die andere Seite gedrückt wobei der zweite Bremsklotz gegen die andere Seite der Bremsscheibe gedrückt wird. Die Bremsung ist damit komplett. Bei den Hinterradscheibenbremsen dagegen gelangt der Flüssigkeitsdruck zu den beiden Kolben, die sich nach aussen bewegen und dabei beide Bremsklötze gleichzeitig gegen die Fläche der Bremsscheiben drücken. Man spricht dabei von einem Festsattel.
Anders sieht es bei den eingebauten Trommelbremsen statt. Hier wird zuerst der Anlaufbacken gegen die Fläche der Bremstrommel gedrückt und unmittelbar durch das Andrücken des Ablaufbackens gefolgt.
Alle Fahrzeuge, mit oder ohne ABS, sind mit einem belastungsempfindlichen Bremskraftregler versehen. Bei allen Ausführungen sitzt der Bremsdruckregler im hinteren Bremskreis.
Die Handbremse wirkt über einen Hebel- und Seilmechanismus auf die Hinterradbremsen. Wenn der Hebel in der Mitte des Fahrerraums gezogen wird, spannt sich das vordere Bremsseil. Dies führt zum Seilzugausgleich. Von dort verläuft je ein Bremsseil zur jeweiligen Hinterradbremse. Die Bremsbacken werden durch die eingebaute Hebelanordnung auseinanderbewegt und legen sich gegen die Fläche der Bremstrommel an. Bei Fahrzeugen mit Scheibenbremsen an den Hinterrädern sind ebenfalls Bremsbacken eingebaut, die jedoch nur die Aufgabe haben, die Handbremse in Betrieb zu bringen. Diese sind in der Innenseite der Bremsscheibe angeordnet, d.h. die Bremsscheibe hat also als Zusatzaufgabe als Bremstrommel für die Backen der Handbremse zu dienen.
Vorder- und Hinterradbremsen stellen sich übrigens selbst nach, d.h. regelmässige Kontrolle der Einstellung ist nicht erforderlich.

14.2 Wartungsarbeiten an den Bremsen – Im Zweifel in die Werkstatt

Die Bremsen entscheiden im Strassenverkehr über Ihre Sicherheit und die anderer Verkehrsteilnehmer. Deshalb ist eine regelmässige Kontrolle der Bremsanlage Ihre beste Lebensversicherung. Scheuen Sie sich nicht, die Räder abzunehmen und den Zustand der Bremsklotzbeläge oder Bremsbackenbeläge zu prüfen. Die Wartungen an der Bremsanlage sind kein Hexenwerk. Die meisten Arbeiten an den Bremsen sind nicht zu schwer. Auf Arbeiten, die wir nicht empfehlen können, weisen wir hin. Trotzdem sollten Sie sich nur ans Schrauben machen, wenn Sie sich Ihrer Sache wirklich sicher sind. Überlassen Sie Arbeiten an der Bremse im Zweifelsfall lieber einer offiziellen Werkstatt oder mindestens einer Werkstatt, die sich auf Bremsanlagen spezialisiert hat.

Etwas über die Bremsflüssigkeit

Die Flüssigkeit in den Bremsleitungen und Bremszylindern ist eine Mischung aus Glykol, Polyglykoläther und ein paar weiteren Bestandteilen. Diese meistens gelbliche bis farblose – übrigens giftige und gegen Autolack aggressive – Flüssigkeit greift die Metall- und die Gummiteile des Bremssystems nicht an, sie bleibt selbst bei – 40°C noch ausreichend dünnflüssig, und sie hat trotz ihrer Dünnflüssigkeit den extrem hohen Siedepunkt von ca. 290°C.

Aber die Bremsflüssigkeit hat auch eine sehr unangenehme Eigenschaft: Sie nimmt gern Wasser auf, sie ist „hygroskopisch". Bei nur 2,5% Wassergehalt liegt der Siedepunkt nur noch bei 150°C. Das wird bei starker Belastung der Bremsen gefährlich. In der Nähe der erhitzten Bremsen können sich Dampfblasen in der Hydraulikflüssigkeit bilden, die sich zusammenpressen lassen – das Bremspedal lässt sich tief durchtreten, manchmal tritt man sogar ins Leere (in diesem Fall hilft bisweilen noch schnelles Pumpen mit dem Bremspedal).

Die folgende Beschreibung soll Sie mit den an der Bremsanlage durchzuführenden Wartungsarbeiten vertraut machen, ehe Sie sich an die komplizierteren Arbeiten herantrauen.

Stand der Bremsflüssigkeit prüfen

Der Bremsflüssigkeitsbehälter sitzt im Motorraum links hinten auf dem Hauptbremszylinder. Im durchscheinenden Behälter muss die Bremsflüssigkeit stets zwischen den Markierungen „MINI" und „MAXI" stehen.

Bedingt durch die im Durchmesser verhältnismässig grossen Kolben in den Bremssätteln sinkt der Flüssigkeitsspiegel ein wenig, wenn die Kolben durch die verschleissenden Bremsklötze weiter herauswandern und Bremsflüssigkeit nachfliesst. Ein gewisses, minimales Absinken der Bremsflüssigkeit muss also nicht unbedingt alarmierend sein. Fällt der Stand der Bremsflüssigkeit innerhalb kurzer Zeitabstände immer wieder unter die „MINI"-Marke, muss dringend nach den Ursachen geforscht werden. Eine Warnleuchte im Armaturenbrett wird Sie ebenfalls über diesen Zustand informieren.

Bremsflüssigkeit austauschen

Wie Sie im letzen Abschnitt lesen konnten, spricht einiges dafür, die Bremsflüssigkeit entsprechend der Angaben im Wartungsscheckheft zu wechseln. Absichtlich geben wir dabei keine Zeitintervalle an, da Autohersteller diese dem Stand der Technik nach abändern und eine im Moment gültige Zeitangabe könnte in einigen Jahren nicht mehr stimmen. Für diese Arbeit sind Sie in der Werkstatt gut aufgehoben. Im Allgemeinen gilt, dass man die Bremsflüssigkeit alle 2 Jahren wechseln oder wechseln lassen sollte. Falls Sie dies befolgen, liegen Sie richtig. Wer unbedingt den Ehrgeiz zum Selbermachen besitzt, geht ähnlich vor wie beim Entlüften der Bremsanlage. Das Folgende nur in Stichwortform:

- Den Bremsflüssigkeitsbehälter mit einer Spritze o.Ä. bis auf etwa 1 cm leersaugen.
- Mit neuer Bremsflüssigkeit (DOT 3 oder 4) auffüllen.
- Nacheinander an jeder Radbremse die Entlüftungsschrauben öffnen und mit dem Bremspedal langsam Bremsflüssigkeit herauspumpen. Das Bremspedal pro Bremse 10mal durchtreten.
- Unbedingt auf den Stand der Bremsflüssigkeit im Vorratsbehälter achten und rechtzeitig Bremsflüssigkeit nachfüllen, bevor Luft angesaugt wird.
- An der rechten Hinterradbremse beginnen (am weitesten entfernt).

Bremsen überprüfen

Am besten, Sie suchen sich eine wenig befahrene Strasse oder einen leeren Parkplatz. Auf solch einer ebenen und trockenen Teststrecke bremsen Sie mehrmals mehr oder weniger stark ab. Zieht der Wagen einseitig nach rechts, ist die Wirkung der linken Vorder- oder Hinterradbremse zu schwach. Ungleich lange Bremsspuren – sie werden durch kurze Vollbremsungen aus ca. 40 km/h erzeugt – weisen ebenfalls auf ungleiche Bremswirkung hin. Bei einer weiteren Prüfung können Sie noch das Lenkrad leicht loslassen (Hände griffbereit!) und fühlen, ob es während des Bremsens einzuschlagen versucht. Die Feststellbremse prüfen Sie beim Ausrollenlassen des Wagens. Genauer ist der preisgünstige Bremsentest auf einem Prüfstand in der Werkstatt. Den Test spätestens vor jeder TÜV/DEKRA-Untersuchung durchführen lassen.

Ratgeber: Durch Streusalzeinwirkung auf Bremsscheibe und Bremsbeläge kann sich besonders bei überwiegendem Stadtverkehr die Bremswirkung deutlich verschlechtern. Zur Abhilfe das Fahrzeug mehrmals aus ca. 80 km/h kräftig abbremsen. Unfallgefahr beachten.

Bremsanlage auf Dichtheit und Beschädigung prüfen

- Verfolgen Sie die Bremsleitungen unter dem Wagen: Sie dürfen nicht angerostet, geknickt oder platt gedrückt sein. Schwarzer feuchter Schmutz an den Leitungsanschlüssen deutet auf undichte Stellen hin. Die Bremsschläuche dürfen nicht spröde oder angescheuert sein.

- Feuchter dunkler Schmutz an den Bremssätteln, an den Entlüftungsventilen und am Anschluss des Bremsschlauches lässt Undichtheit vermuten.
- Alle Staubschutzkappen auf den Entlüftungsventilen vorhanden?
- Zuletzt eine provisorische Bremsdruckprüfung: Treten Sie mit grosser Kraft (rund 300 N) auf das Bremspedal. Der harte Widerstand darf auch nach einigen Minuten nicht nachgeben. Sonst ist das System irgendwo undicht, oder der Hauptbremszylinder ist defekt.

Bremsklötze kontrollieren

Für denjenigen, der seine Bremsanlage selbst wartet, ist diese Arbeit mit die wichtigste. Pünktlich ist die Kontrolle durchzuführen. Die Bremsklötze der Vorderachse verschleissen relativ schnell, müssen deshalb auch öfters als die Bremsbacken oder Bremsklötze der Hinterradbremse kontrolliert werden.

Im Armaturenbrett ist eine Bremsbelagverschleissanzeige zu finden. Diese leuchtet beim Bremsen auf, wenn der bremskolbenseitige Bremsbelag einer Vorderradbremse eine bestimmte Stärke hat. Von den Bremsklotzbelägen ist dann so viel abgeschliffen, dass alle vier vorderen Bremsklötze erneuert werden müssen.

- Die hinteren Bremsbacken bzw. Bremsklötze sind immer dann zu prüfen, wenn vorne neue eingebaut werden.
- Zur Kontrolle der Bremsbelagdicke das jeweilige Rad abmontieren.

Feststellbremse nachstellen

Die Arbeiten sind im betreffenden Kapitel beschrieben.

14.3 Allgemeine Anweisungen bei Arbeiten an der Bremsanlage

Es ist äusserst wichtig, dass man beim Bestellen von Teilen der Bremse sich über die genaue Ausführung im Klaren ist (siehe oben). Die vorderen Bremsscheiben sind je nach eingebautem Motor unterschiedlich in ihrer Stärke, wodurch nicht die Minimalstärke der Bremsklötze (einschliesslich der Metallplatte) betroffen ist. Wenn es zur Mindeststärke der Bremsscheiben kommt, gelten ebenfalls verschiedene Stärken. Die breiteren Bremsscheiben sind belüftet. Scheibenbremsen als auch Trommelbremsen stellen sich von selbst automatisch nach.

Die Bremsklötze oder die Bremsbeläge dürfen nur in kompletten Sätzen gewechselt werden. Niemals Bremsteile verschiedener Hersteller an einem Fahrzeug vermischen. Falls verschlissene Bremsscheiben nachgeschliffen werden, sind beide Seiten auf das gleiche Mass zu bringen. Falls Sie dies in einer Werkstatt durchführen lassen ist dies eine Selbstverständlichkeit. Wir erwähnen dies nur, falls Sie die Absicht haben, die Scheiben in einem Schlosserbetrieb nachschleifen zu lassen. Trommelbremsen eines einheitlichen Durchmessers kommen bei der behandelten Baureihe zum Einbau. Dies betrifft auch den Durchmesser der Radbremszylinder.

Falls hydraulische Zylinder zerlegt werden, müssen die Gummimanschetten immer erneuert werden. Reparatursätze stehen zur Überholung zur Verfügung und alle im Satz enthaltenen Teile sind beim Zusammenbau zu verwenden. Ehe man jedoch einen hydraulischen Zylinder zerlegt, sollte man sich erkundigen, ob ein Reparatursatz erhältlich ist, da nicht mehr alle Hydraulikteile überholt werden.

Mineralfette oder -öle müssen von Teilen der Bremse fern gehalten werden. Alle Überholungsarbeiten müssen unter den saubersten Bedingungen durchgeführt werden. Dies bezieht sich ebenfalls auf Werkzeuge und die Hände.

Manschetten dürfen nur mit den Fingern von den Kolben gezogen werden und sind vor dem Einbau in saubere Bremsflüssigkeit einzulegen. Verschlissene oder festgefressene Zylinder immer als Ganzteil erneuern. Leichte Druckstellen einer Zylinderbohrung können mit sehr feinem Sandpapier herauspoliert werden.

Bremsflüssigkeit von Lackstellen des Fahrzeuges fern halten. Niemals aus der Anlage ausgestossene Bremsflüssigkeit wieder zum Nachfüllen verwenden. Auch Bremsflüssigkeit, welche lange ohne Verschluss gestanden hat, darf man nicht verwenden. Beim Entlüften der Bremsanlage das Bremspedal durchpumpen, bis frische Bremsflüssigkeit wieder herauskommt.

14.4 Die Vorderrad-Scheibenbremsen

14.4.1 Bremsklötze erneuern

Hinweis: Falls es möglich sein sollte, dass man die Bremsklötze wieder einbauen kann, müssen sie seitenmässig gekennzeichnet werden. Ist man im Zweifel, muss man auch vermerken, welcher Klotz innen und aussen gesessen hat (sonst arbeitet die Verschleissanzeige nicht). Durch falschen Einbau kann die Vorderradbremse ausserdem zum Ziehen verleitet werden.

Alle Scheibenbremsen arbeiten auf dem Gleitsattelprinzip mit einem Kolben. Die Bremssättel aller Fahrzeuges sind von BENDIX oder LUCAS (Girling) hergestellt. Die Grundbezeichnung bei LUCAS lautet „C57“, bei BENDIX „Serie 5“.

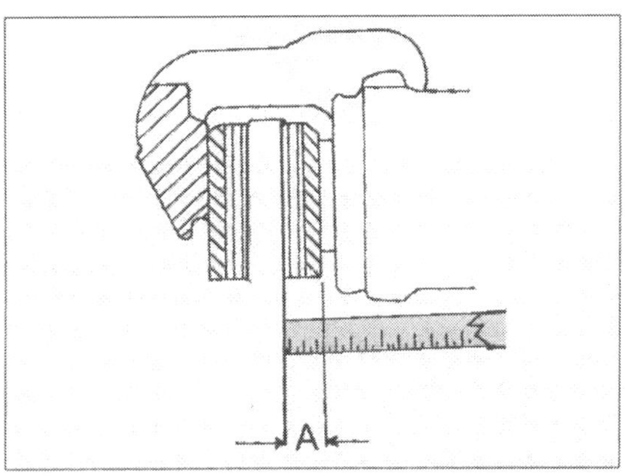

Bild 316
Ausmessen der Bremsklotzstärke im eingebauten Zustand. Das Mass „A“ ist auszumessen, d.h. Belag zusammen mit dem Bremsklotzbelag.

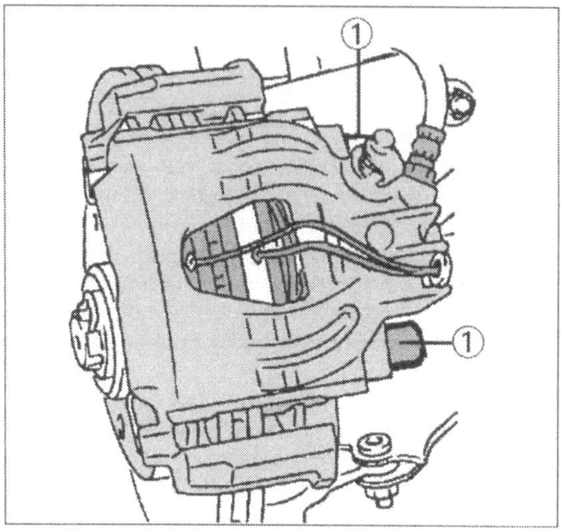

Bild 317
Die beiden Befestigungsschrauben (1) der Lucas-Girling-Bremssättel sitzen oben und unten an den gezeigten Stellen. Oben lockern, unten ausschrauben.

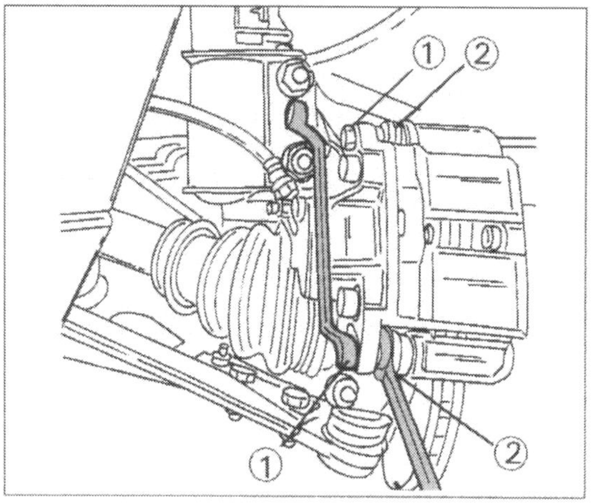

Bild 318
Ausbau der Lucas-Girling-Bremssättel. Die Schrauben (1) müssen gelöst werden, während man die Sechskante (2) an der Innenseite mit einem Gabelschlüssel gegenhält.

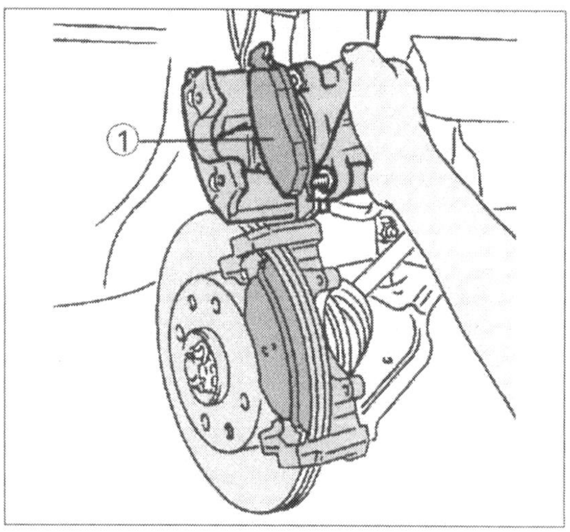

Bild 319
Den unten gelösten und oben gelockerten Bremssattelzylinder in der gezeigten Weise von den Bremsklötzen und der Bremsscheibe abheben und mit einer Drahtschlinge festbinden. Der innere Bremsklotz (1) muss vom Zylinder getrennt werden.

Die Bremsklötze müssen erneuert werden, wenn die Gesamtstärke der Klötze, einschliesslich der Metallplatte bis auf einen bestimmten Wert abgenutzt ist. Dieser Wert ist bei allen Fahrzeugmodellen gleich (ca. 4 mm). Das Mass kann mit einem Messlineal wie in Bild 316 gezeigt, ausgemessen werden, ohne dass man die Bremsklötze ausbaut. Die beiden Räder müssen dazu abgeschraubt werden, damit man die Bremsklötze sehen kann. Niemals nur eine Seite kontrollieren, da sich die Bremsklötze durchaus auf beiden Seiten unterschiedlich abnutzen können. Bremsklötze werden immer im Satz erneuert. Beim Ausbau der Bremsklötze folgendermassen vorgehen:

Lucas (Girling)-Bremsen

- Radbolzen lockern, die Vorderseite des Fahrzeuges auf Böcke setzen und die Räder abschrauben.
- Das Kabel vom Verschleissanzeiger der Bremsklötze abschliessen. Dies geschieht an der Seite des Federbeins/Bremssattels an „1" in Bild 317. Zu beachten ist, dass das Kabel für die Bremsklotzverschleissanzeige je nach Fahrzeug am inneren oder äusseren Bremsbacken angeschlossen sein kann. Beim Kauf von neuen Bremsbacken ist dies deshalb zu beachten.
- Den Bremssattel erfassen und mit einem kurzen Ruck nach aussen bewegen. Dadurch wird der Kolben in die Bohrung zurückgestossen, **aber Achtung:** Wenn der Vorratsbehälter ziemlich voll ist, kann Bremsflüssigkeit ausgedrückt werden. Kontrollieren und eventuell Flüssigkeit absaugen. Falls der Bremssattel festhängen sollte, kann man einen Schraubendreher ansetzen und Bremssattel sowie den Kolben damit zurückdrücken.
- Unter Bezug auf Bild 318, mit Hilfe eines Ringschlüssels (1) und eines Gabelschlüssels (2) zum Gegenhalten an der Innenseite, die obere Führungsschraube lockern und die untere Schraube vollkommen herausdrehen, wie es im Bild gezeigt ist. Die Schrauben sind selbstsichernd und müssen erneuert werden. Ausserdem sind sie beim Einschrauben an den Gewinden mit Gewindesicherungsmittel „Loctite" einzuschmieren.
- Den Bremssattel nach oben klappen, wie es Bild 319 zeigt und die Bremsklötze innen und aussen herausziehen. Einer der Bremsklötze wird bestimmt am Bremssattelzylinder verbleiben und muss von diesem abgenommen werden.

Hinweis: Das Bremspedal nicht betätigen, wenn Bremsklötze oder Bremssattel ausgebaut wurden.

Den Zustand der Staubschutzringe kontrollieren und ebenfalls überzeugen, dass die beiden Gummiabdichtungen für den Schutz der Gleitbolzen in gutem Zustand sind. Falls sie erneuert werden müssen, müssen das Ende des Kolbens und die beiden Bolzen mit sauberer Bremsflüssigkeit gereinigt und mit Bremsfett eingeschmiert werden. Die neuen Gummiteile montieren. Beim Einbau folgendermassen vorgehen:

- Den Kolben in die Bohrung zurückstossen. Dazu entweder eine Kolbenspannzwinge verwenden oder einen Holzblock ansetzen und den Kolben vorsichtig mit einem grossen Schraubendreher in die Bohrung drücken. Vorschriftsmässig wird dazu eine so genannte Kolbenrücksetzzange benutzt, wie man es in Bild 320 sehen kann. Achtung: Es soll nochmals erwähnt werden, dass dabei Bremsflüssigkeit aus dem Vorratsbehälter des Hauptbremszylinders auslaufen kann. Falls erwünscht, kann man etwas Flüssigkeit in der in Bild 321 gezeigten Weise absaugen.
- Die neuen Bremsklötze einsetzen. Der Bremsklotz mit dem weissen Kabel für die Verschleissanzeige kommt an die Aussenseite.

● Den Bremssattel vorsichtig nach unten über die beiden Bremsklötze setzen (Bild 319) und den Bolzen an der Unterseite einsetzen (erneuern). *Das Gewinde der Schraube mit „Loctite" einschmieren.*

● Die Schraube an der Oberseite des Bremssattels ausschrauben und durch eine neue Schraube ersetzen, *die Gewinde der Schraube ebenfalls mit „Loctite" einschmieren* und den Bolzen wieder einschrauben.

● Beide Schrauben jetzt mit einem Anzugsdrehmoment von 30 Nm anziehen. Zuerst wird die untere Schraube angezogen. Danach die obere Schraube anziehen. Dabei wieder die Innenseite des Gleitbolzens gegenhalten, wie es in Bild 318 zu sehen ist.

● Das Kabel für den Verschleissanzeiger mit dem Stecker verbinden (Bild 317). Auf einwandfreie Führung des Kabels achten.

● Das Bremspedal einige Male durchtreten, um die Bremsklötze an die Bremsscheibe zu bringen. Daran denken, dass sich neue Bremsklötze eine Weile „einbremsen" müssen.

● Fahrzeug wieder auf den Boden ablassen und die Radschrauben anziehen (100 Nm).

Bendix-Bremsen

Der Aus- und Einbau der Bremssättel geschieht in ähnlicher Weise wie es bei den Lucas-Girling-Bremsen beschrieben wurde. Der Unterschied liegt in der Befestigung des Bremssattelzylinders. Unten am Bremssattel ist ein Bolzen eingesetzt, der an der Innenseite mit einem Sicherungsstift gehalten wird. Bild 322 zeigt die Befestigung eines Bremssattels an der Unterseite. Zum Ausbau der Bremsklötze den Sicherungsstift herausziehen und den Bolzen von innen nach aussen zu ausschlagen. Der Bremssattel wird danach nach oben gekippt, wie es in Bild 319 zu sehen ist. Die Bremsklötze können danach abgenommen werden.

Falls der Bremssattel vollkommen ausgebaut werden soll, muss man die Schraube an der Oberseite des Sattels lösen. Der Bremssattelzylinder kann danach abgenommen werden.

Beim Einschlagen des Bolzens müssen die Bohrungen in Bremssattelzylinder und Bremssattelträger genau fluchten. Bolzen zuerst leicht einschlagen und danach bis zum Anschlag und den Sicherungsstift wieder einsetzen. Den Bolzen an der Oberseite an den Gewinden mit „Loctite" einschmieren und einschrauben. Mit 90 Nm anziehen.

Alle anderen Arbeiten in der beim Lucas-Bremssattel beschriebenen Weise durchführen.

14.4.2 Aus- und Einbau eines Bremssattels

Der Aus- und Einbau eines Bremssattels folgt im Allgemeinen den Anweisungen im letzten Kapitel. Der Bremssattel kann nach Ausbau der Bremsklötze abgeschraubt werden. In diesem Fall die Schrauben in Bild 318 oben und unten entfernen und den Bremssattelzylinder abnehmen (Lucas-Girling) oder den Bolzen an der Unterseite ausschlagen (Bendix) und die Schraube an der Oberseite entfernen.

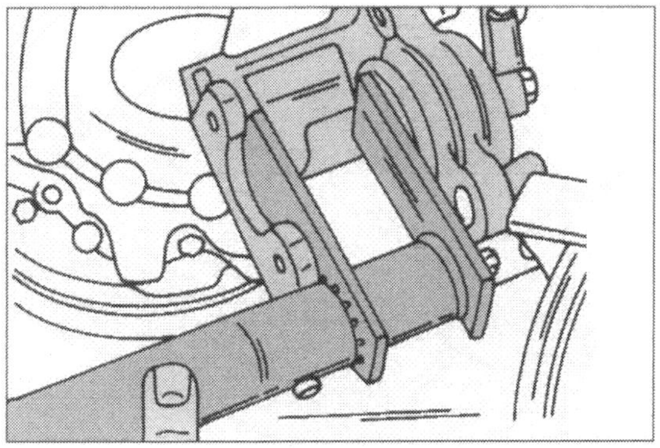

Bild 320
Kolben können mit einer Kolbenrücksetzzange in die Bohrung zurückgedrückt werden.

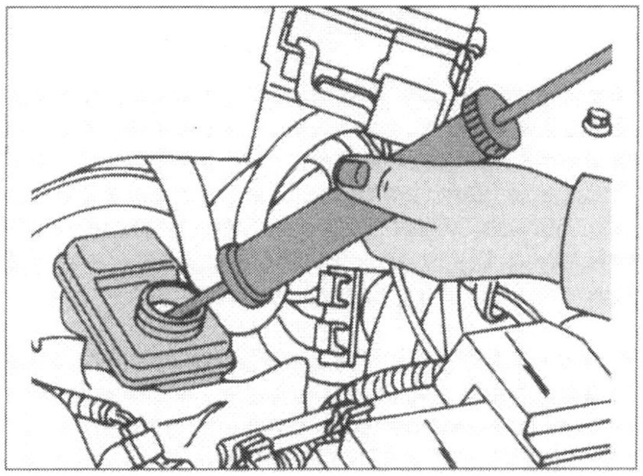

Bild 321
Bremsflüssigkeit kann in der gezeigten Weise aus dem Vorratsbehälter des Hauptbremszylinders ausgesaugt werden.

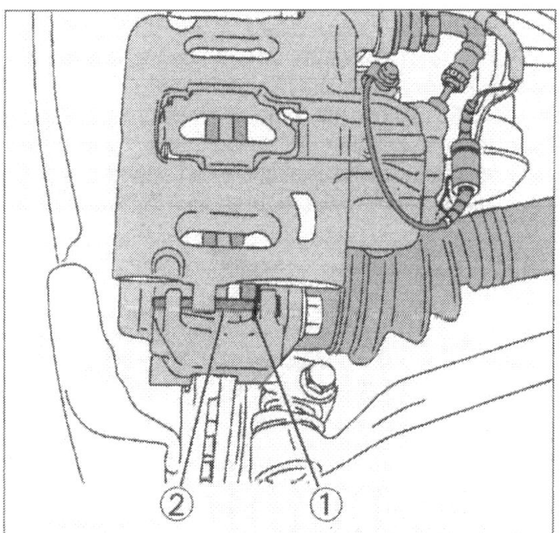

Bild 322
Bei einer Bendix-Bremse wird die Unterseite des Bremssattelzylinders mit einem Sicherungsstift (1) und einem Bolzen (2) gehalten. Oben wird eine Schraube benutzt (wie beim Lucas-Girling-Bremssattel). Das Anzugsdrehmoment der Schraube beträgt 85 Nm.

● Der Bremsschlauch kann entweder vom Bremssattel abgeschraubt werden oder ist an der Verbindung an der Bremsleitung zu trennen. Im ersten Fall ist es besser, wenn man den Schlauch am Sechskant vom Bremssattel abschraubt (nur lockern), ehe die Gleitbolzen in Bild 318 gelöst werden (Lucas-Girling) oder ein Bendix-Sattel ausgebaut wird. Im letzteren Fall die Überwurfmutter lockern und danach die Federplatte aus dem Metallhalter ausschlagen.

● Falls der Montagerahmen des Bremssattels ausgebaut werden soll, sind die beiden inneren Schrauben des Bremssattelrahmens lösen. Dies sind die beiden in Bild 323 gezeigten Schrauben bei einem Lucas-Girling-Bremssattel. Bei einem Bendix-Sattel sieht es jedoch ähnlich aus.

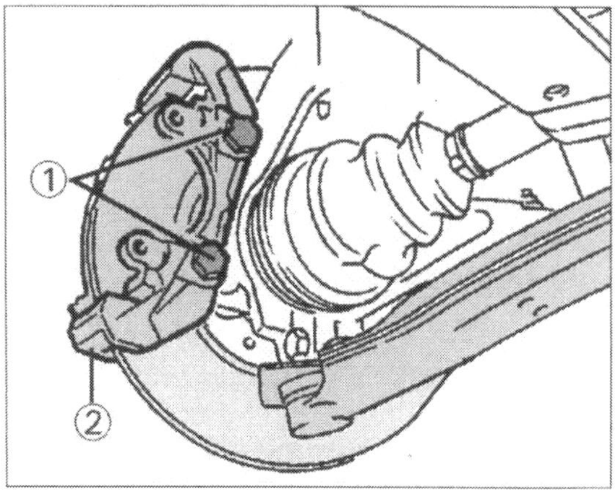

Bild 323
Die beiden Schrauben (1) halten den Bremssattelträger (2) am Achsschenkel. Bei allen Fahrzeugen sieht es ähnlich aus. Die Schrauben vor Einbau mit „Loctite" einschmieren (120 Nm).

Hinweis in beiden Fällen: Um ein Auslaufen der Bremsflüssigkeit zu vermeiden, den Deckel des Vorratsbehälters abschrauben, den Behälter bis zur Oberkante füllen, ein Stück einer Kunststofftüte auf den Behälter legen und den Deckel wieder aufschrauben. Durch die luftdichte Verbindung wird die Bremsflüssigkeit nur austropfen.

- Beim Anschliessen des Bremsschlauchs eine neue Kupferscheibe zwischen Schlauch und Bremssattel einsetzen. Wurde der Bremsschlauch am Bremssattel abgeschraubt, schraubt man den Bremssattel an den Schlauch an, bis er fast ansitzt. Dabei mit einem am Sechskant angesetzten Gabelschlüssel den Schlauch festziehen. Das endgültige Festziehen findet nach Einbau des Bremssattels statt.
- Die Befestigungsschrauben des Bremssattelmontagerahmens mit „Loctite" einschmieren und anziehen, falls der Bremssattelrahmen ausgebaut wurde. Bei allen Ausführungen werden die Schrauben mit 120 Nm angezogen. Die Führungsschrauben des Zylinders mit „Loctite" einschmieren und mit 30 Nm anziehen (Lucas-Girling) oder die obere Schraube (ebenfalls mit „Loctite" einschmieren) mit 85 Nm anziehen und den Sattel an der Unterseite mit dem Bolzen und dem Sicherungsstift befestigen (Bendix).
- Falls der Schlauch von der Bremsleitung abgeschlossen wurde, muss der Schlauch ohne Verspannung oder Verdrehung wieder angeschlossen werden. Zur Kontrolle die Räder aus einem Einschlag in den anderen drehen lassen und beobachten, dass der Schlauch nirgends anstossen kann. Die Überwurfmutter anziehen, während das Sechskant des Schlauchs gegengehalten wird.

Die Bremsanlage nach Einbau des Bremssattels entlüften. Wurde der Behälter luftdicht verschlossen, muss man die Flüssigkeit zuerst auf das vorschriftsmässige Niveau bringen. Um das Entlüften zu beschleunigen, kann man bei ausgebautem Bremssattel etwas Bremsflüssigkeit durch die Anschlussöffnung für den Bremsschlauch füllen, ehe der Schlauch angeschlossen wird (falls diese Ausbauvariante befolgt wurde). Nach dem Einbau das Bremspedal einige Male betätigen, damit sich die Bremsklötze einwandfrei gegen die Bremsscheibe ansetzen können.

14.4.3 Bremssattel überholen

Wir schlagen vor, dass man einen Bremssattel nicht überholt. Oftmals passiert es, dass man keinen Reparatursatz an Ort und Stelle erhält. Falls der Bremssattel verschlissen ist, sollte man deshalb ein Neuteil einbauen. Andernfalls kann man versuchen, den Bremssattel in einer auf Bremsenteile spezialisierten Werkstatt überholen zu lassen oder es verbleibt die offizielle Vertretung, die jedoch in den meisten Fällen den Einbau eines Neuteils empfehlen wird.

14.4.4 Bremsscheiben

Bremsscheiben können nachgeschliffen werden, solange man die angegebene Mindeststärke beibehält. Andernfalls die Scheibe(n) bei übermässigem Verschleiss erneuern. Dabei muss man sich ebenfalls an die angegebenen Masse in der Mass- und Einstelltabelle halten.

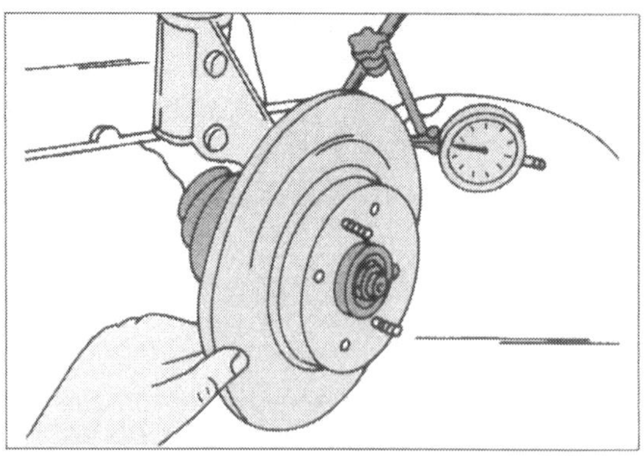

Bild 324
Ausmessen einer Bremsscheibe auf Schlag.

Die Bremsscheibe sollte mit einer Messuhr auf Schlag kontrolliert werden. Dazu die Messuhr mit einem Halter in der in Bild 324 gezeigten Weise an der Radaufhängung anbringen, dass der Messstift ca. 2 mm von der Aussenkante angesetzt wird. Beim Durchdrehen der Scheibe sollte die Nadel nicht um mehr als 0,15 mm ausschlagen.

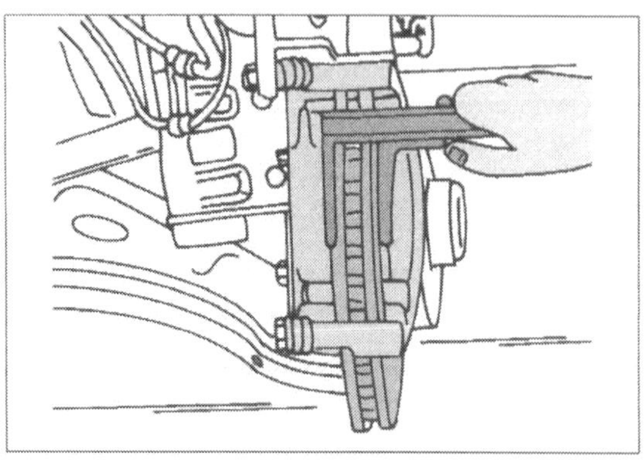

Bild 325
Ausmessen der Stärke einer Bremsscheibe im eingebauten Zustand. Hier bei einer belüfteten Bremsscheibe gezeigt.

Falls man annimmt, dass sich eine Bremsscheibe in der Stärke ihrem wirkungsvollen Ende nähert, kann man sie im eingebauten Zustand ausmessen, ehe sie ausgebaut wird. Dazu mit einem Mikrometer die Scheibe entsprechend Bild 325 ausmessen. Da sich Bremsscheiben an verschiedenen Stellen nicht im gleichen Masse abnutzen, führt man die Messung an verschiedenen Stellen des Umfangs durch. Die Ge-

samtabweichung darf 0,025 mm nicht überschreiten. Die Sollwerte der Stärken sind der Masstabelle zu entnehmen. Ist die Bremsscheibe ausgebaut, spannt man sie in einen Schraubstock ein und nimmt die Messung in der in Bild 326 gezeigten Weise vor.
Um die Scheibe auszubauen, die Bremsklötze ausbauen, wie es bereits beschrieben wurde, und die beiden Befestigungsschrauben des Bremssattels lösen, worauf der Bremssattel abgenommen werden kann. Den Montagerahmen des Bremssattels abschrauben. Bei eingebauten Festmaterialscheiben wird es möglich sein, die Bremsscheibe ohne Ausbau des Bremssattelrahmens herauszunehmen. Den Bremssattel mit einem Stück Draht an der Vorderradaufhängung festbinden.
Die Führungsschraube aus der Stirnfläche der Scheibe herausdrehen und die Bremsscheibe abnehmen (Anzugsdrehmoment der Schraube 25 Nm). Die Scheibe mit einem Gummihammer abschlagen, falls sie festsitzen sollte.
Der Einbau der Bremsscheibe geschieht in umgekehrter Reihenfolge. Die Schrauben des Bremssattelrahmens und des Bremssattels mit dem gültigen Anzugsdrehmoment anziehen (siehe oben). Bremsklötze einbauen, wie es oben beschrieben wurde. Das Fahrzeug Probe fahren und die Bremsen überprüfen. Manchmal dauert es eine Weile, bis die Bremsen ihre volle Leistungsfähigkeit erhalten haben – Vorsicht!

14.5 Hinterradtrommelbremsen

14.5.1 Erneuerung der Bremsbacken

In die Rückseite der Bremsträgerplatte ist ein Stopfen eingesetzt. Nach Herausziehen kann man mit einer Taschenlampe in die Bohrung leuchten, um die Stärke der Bremsbelagstärke zu kontrollieren.
Beim Ausbau folgendermassen vorgehen:

- Radbolzen lockern, die Rückseite des Fahrzeuges auf Böcke setzen und die Hinterräder abschrauben.
- Mit einem Hammer und einem Meissel die Nabenfettkappe vorsichtig abschlagen. Dabei die Nabe Stück für Stück durchdrehen, damit die Kappe gleichmässig herunterkommt.
- Die Bremstrommelschraube lösen und die Trommel herunterziehen. Falls die Trommel nicht sofort herunterkommt, kann man mit einem Plastik- oder Gummihammer ringsherum dagegenschlagen. Falls die Trommel dabei ebenfalls nicht gelöst werden kann, sollte, kann man einen spitzen Dorn an der in Bild 327 gezeigten Stelle in die Rückseite der Bremsträgerplatte einsetzen, um gegen den Handbremshebel zu stossen. Der Dorn drückt dabei gegen den Hebel und hebt eine Auflagewarze aus ihrer Verankerung. Die Bremsbacken werden dabei in ihre Mittelstellung zurückgebracht. Die Bremstrommel beim Ausbau hin- und herwackeln, bis sie von der Radwelle herunterkommt. Bild 328 zeigt wie die Bremsbacken nach Ausbau der Bremstrommel frei liegen.
- Die obere Rückzugfeder mit einer Zange aushängen.

Bild 326
Eine ausgebaute Bremsscheibe wird in der gezeigten Weise in der Stärke ausgemessen.

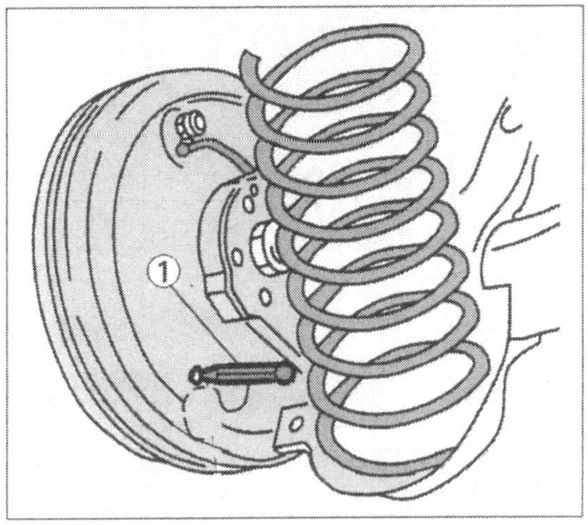

Bild 327
Festhängende Bremsbacken können durch Einsetzen eines Zylinderschaftdorns (auch ein kleiner Schraubendreher eignet sich) vom Einstellhebel in der Innenseite gelöst werden.

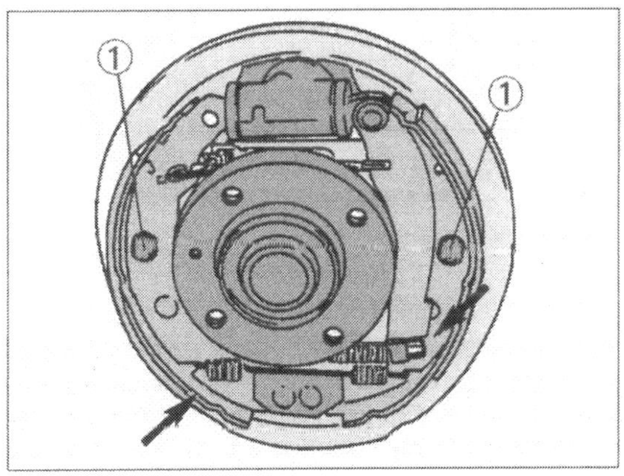

Bild 328
Ansicht der zusammengebauten Hinterradbremsen. Zuerst werden die beiden Bremsbackenankerstifte (1) ausgebaut. An der rechten Pfeilstelle ist das Handbremsseil eingehängt (am Betätigungshebel), an der linken Pfeilstelle wird die Rückzugfeder aus dem Eingriff gebracht.

- Die Ankerstifte (1) in Bild 328 von den beiden Bremsbacken entfernen. Dazu von der Rückseite der Bremsträgerplatte einen Finger gegen den Kopf des Stiftes drücken und von der Vorderseite des Bremsbackens den Federsitz mit einer Zange erfassen. Den Federsitz verdrehen, bis sich der Kopf des Stiftes aus der Sicherung des Federsitzes aushängen lässt. Den Sitz und die Feder abnehmen und den Stift aus der Rückseite herausziehen. Die gleiche Arbeit am anderen Bremsbacken durchführen.
- Das Ende des Handbremsseils (rechte Pfeil, Bild 328) mit einer Zange erfassen und nach aussen ziehen, bis sich die Feder zusammengedrückt hat und man das Seil aus dem Handbremshebel aushängen kann.
- Den äusseren Bremsbacken mit einer Hand erfassen und nach aussen ziehen, bis das untere Ende über das Widerlager gehoben werden kann, und da-

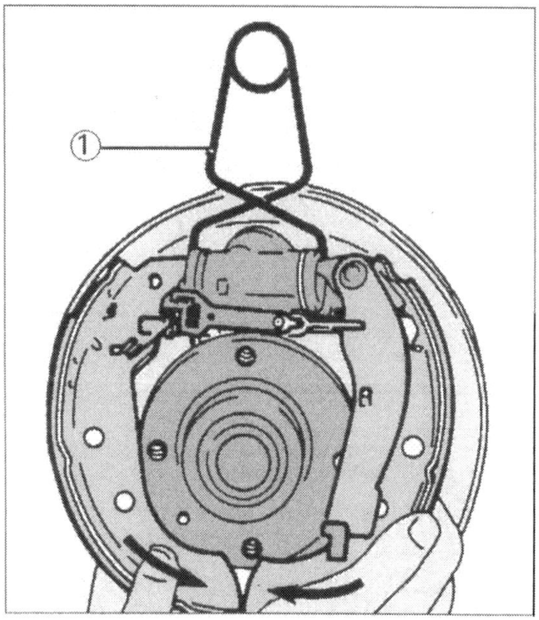

Bild 329
Zum Ausbau der Bremsbacken. Backen unten aus dem Widerlager herausheben und in Pfeilrichtung nach innen bewegen, um sie oben aus dem Eingriff zu bringen. Die Federspange (1) dient zum Zusammenhalten des Radbremszylinders. Andernfalls nach Ausbau der Backen ein Gummiband um den Zylinder wickeln.

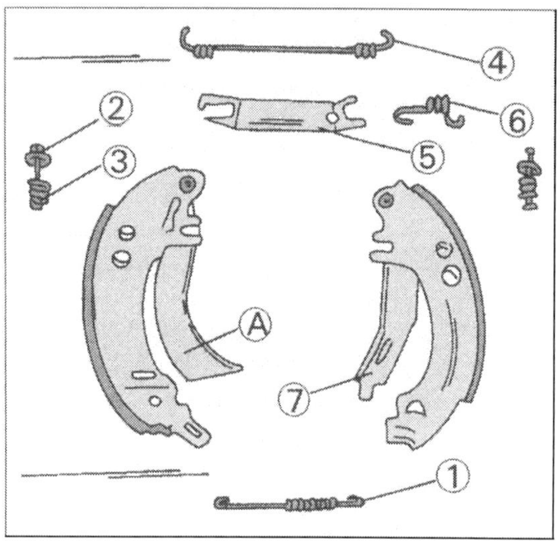

Bild 330
Die Einzelteile einer Hinterradbremse. An Stelle „A" ist eine Warze. Diese rastet aus, wenn man den Zylinderschaftdorn oder den Schraubendreher beim Lösen der Bremsbacken einschiebt (Pfeil, Bild 327).
1 Untere Backenrückzugfeder
2 Federsitz
3 Ankerbackenstift und Druckfeder
4 Obere Backenrückzugfeder
5 Druckstange mit Einsteller
6 Rückzugfeder der Druckstange
7 Handbremshebel

nach beide Bremsbacken in der in Bild 329 gezeigten Weise nach innen bewegen, bis die oberen Enden aus den Kolben der Radbremszylinder und der Druckstange für die Handbremse mit dem Versteller für die Bremsbacken frei sind. Beachten, auf welcher Seite das Verstellrädchen sitzt, da es nicht auf beiden Seiten auf der gleichen Seite liegt. Die untere Rückzugfeder und die kleine Feder zwischen dem Ausgleichshebel und dem Bremsbacken an der Oberseite werden dabei frei und können abgenommen werden. Darauf achten, dass die Staubschutzkappen des Radbremszylinders beim Abheben der Bremsbacken nicht beschädigt werden. Um zu verhindern, dass die Kolben aus dem Radbremszylinder herausgedrückt werden, kann man ein elastisches Band darum wickeln. In Bild 329 wird dies mit Hilfe einer Federspange durchgeführt. Zu beachten ist die Anordnung der Teile, damit der Zusammenbau erleichtert wird.
Kontrollieren, dass sich die Hebel an den Bremsbacken einwandfrei bewegen lassen. Es könnte sein, dass neue Bremsbacken ohne Hebel geliefert werden. In diesem Fall die Hebel von den alten auf die neuen Bremsbacken übertragen. Bild 330 zeigt die Einzelteile der Hinterradbremse auf einer Seite.
Alle Teile, einschliesslich der Bremsträgerplatte, einwandfrei reinigen. Falls Waschbenzin dazu verwendet wird, darf dieses nicht an die Gummikappen des Radbremszylinders kommen. Falls die Beläge bis auf eine Stärke von 1,0 mm abgenutzt sind, baut man neue Bremsbacken ein. Auch wenn nur noch eine Stärke von 2,0 mm verblieben ist, sollte man die Backen vielleicht erneuern. Falls die Radbremszylinder Zeichen von Leckstellen zeigen, müssen sie erneuert werden, da man sie nicht überholen kann.

Achtung: Die Bremsanlagen nicht mit Pressluft ausblasen, damit man keinen schädlichen Bremsstaub einatmet.

14.5.2 Bremsbacken einbauen

- Falls die Radbremszylinder abgeschraubt wurden, müssen sie wieder montiert werden.
- Die Anlagestellen für die Bremsbacken an der Bremsträgerplatte (insgesamt 6) mit dem Zeigefinger mit Fett einschmieren.
- Die beiden Bremsbacken an der Unterseite ansetzen und die untere Rückzugfeder in die beiden Backen einhängen. Die Feder hinter das Widerlager drücken.
- Die Verstelldruckstange in den Schlitz an der Oberseite des Bremsbackens einsetzen und den Federhaken einhängen.
- Hinteren Bremsbacken oben ansetzen. Zuerst die kleine Feder zwischen dem Bremsbacken und der Druckstange einhängen und den Federhaken in das Loch des Bremsbackens einhängen. Den Bremsbacken nach aussen ziehen, um die beiden Federn auszudehnen, bis das obere Ende des Backens in den Schlitz des Radbremszylinders eingesetzt werden kann. Dabei nicht die Staubschutzkappe des Radbremszylinders beschädigen.
- Das Handbremsseil am Hebel an der Unterseite des hinteren Bremsbackens anbringen. Die Feder des Handbremsseils zurücklassen und kontrollieren, dass das Seil einwandfrei sitzt.
- Die Bremsbacken auf der Bremsträgerplatte zentrieren.
- Die Ankerstifte von der Rückseite der Bremsträgerplatte einsetzen und von vorn die Feder und den Federsitz aufsetzen. Den Ankerstift mit einem Finger von hinten gegenhalten, den Federsitz mit einer Zange erfassen und über den Stift drücken. Wenn der Stift durch die Öffnung durchkommt, den Federsitz verdrehen, bis er mit dem Stift gesperrt ist. Die Backen nochmals auf der Bremsträgerplatte zentrieren.
- Um die Bremsbacken in die Grundstellung zu bringen, muss man das Verstellrädchen an der Druckstange verdrehen, bis die Backen, gemessen wie in Bild 331 gezeigt, einen Durchmesser von 255 mm haben (Mass „X"). Um das Mass zu verändern, wirkt man auf das Verstellrädchen (1) an der Oberseite des Bremsbackens ein. Zu beachten ist, dass die Verstellmöglichkeit im Bild auf der linken Seite liegt, auf

der anderen Seite sieht es spiegelbildlich aus. Bei dieser Gelegenheit ebenfalls den Durchmesser der Bremstrommel ausmessen. Er darf nicht mehr als 256 mm betragen (Höchstmass zur Wiederverwendung).

- Bremstrommel montieren und mit der Schraube befestigen (25 Nm).
- Die Handbremse und die Fussbremse einige Male betätigen, damit der Selbstnachstellmechanismus in die Grundstellung kommt und die Bremsbacken einwandfrei zentriert werden. Die Handbremse muss vielleicht nachgestellt werden.
- Fahrzeug auf eine kurze Probefahrt nehmen. Die Bremsen am Anfang mit Gefühl behandeln, damit sich die Bremsbacken „einbremsen" können.

14.5.3 Radbremszylinder

Die Radbremszylinder können abgeschraubt werden, nachdem man die Bremsbacken ausgebaut hat, wie es im letzten Kapitel beschrieben ist. Da man die Zylinder nicht zerlegen kann, müssen sie erneuert werden, falls man Schäden vermutet. Die Schrauben des Zylinders mit 14 Nm anziehen.

14.6 Hinterradscheibenbremsen

14.6.1 Aus- und Einbau der Bremsklötze

Der Aus- und Einbau der Bremsklötze findet in ähnlicher Weise statt, wie es beiden vorderen Bremssätteln beschrieben wurde, mit dem Unterschied, dass der gesamte Bremssattel oben und unten abgeschraubt werden muss. Ausserdem eine Feder an der Oberseite des Bremssattels lösen (siehe Bild 332).
Beim Einbau die Schrauben mit „Loctite" einschmieren und mit einem Anzugsdrehmoment von 30 Nm anziehen. Die Feder wieder einhängen.
Alle beim Einbau der Bremsklötze der an der Vorderseite genannten Hinweise gelten ebenfalls bei den Hinterradbremsen.

14.6.2 Überholung von Bremssätteln, Bremsscheiben, usw.

Alles was für die Bremssätteln an den Vorderrädern gesagt wurde, gilt ebenfalls für die Scheibenbremsen an den Hinterrädern und soll nicht noch einmal wiederholt werden.

14.6.3 Erneuerung der Handbremsbacken

Wie bereits erwähnt, befinden sich die Bremsbacken zur Betätigung der Handbremse in der Innenseite der kombinierten Bremsscheibe/Bremstrommel. Die Backen können getrennt erneuert werden, jedoch weisen wir darauf hin, dass man in diesem Fall unbedingt eine Schublehre zur Verfügung haben muss, um den Aussendurchmesser der eingebauten Bremsbacken dem

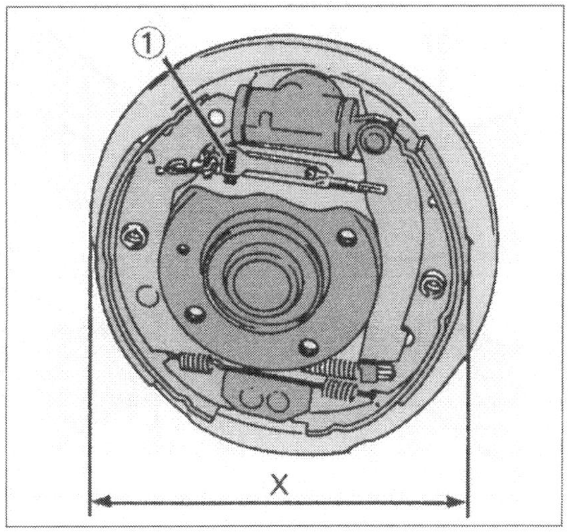

Bild 331
Ausmessen des Durchmessers der eingebauten Bremsbacken (Mass „X"). Einstellungen erfolgen an dem kleinen Rädchen (1) am Versteller.

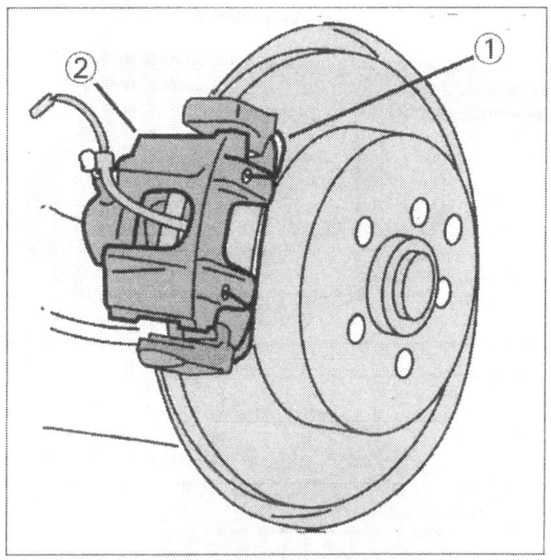

Bild 332
Eingebauter Bremssattel an der Hinterachse. Nach Aushängen der Feder (1) die Schrauben (2) oben und unten herausdrehen und den Sattel abnehmen.

Innendurchmesser der Bremsscheiben anzupassen. Andernfalls kommt die richtige Arbeitsweise der Selbstnachstellung nicht zustande.
Beim Ausbau der Bremsbacken ähnlich wie bei eingebauten Trommelbremsen vorgehen, mit dem Unterschied, dass man die Bremssättel und die Bremsscheibe ausbauen muss. Nach Lösen des Handbremsseils an der Rückseite und Aushängen des Seils an der Unterseite (wie bei der Trommelbremse) die Backen an der Unterseite auseinander drücken, bis der Versteller dazwischen herausgenommen werden kann. An der Oberseite ist ein Spreizstück eingesetzt, welches ebenfalls auszubauen ist. Unbedingt darauf achten, wie diese Teile angeordnet sind, um sie wieder richtig zusammenzubauen.
Der Einbau geschieht in umgekehrter Reihenfolge. Beim Zusammensetzen der Bremsbacken ist Bezug auf Bild 333 zu nehmen:

- **In der oberen Ansicht:** Den Versteller (1) so zwischen die Bremsbacken (3) einsetzen, dass die Verstellschraube (2) in den hinteren Bremsbacken eingreift.
- **In der unteren Ansicht:** Das Spreizstück zusammensetzen. Das Gabelstück (4) in die Kerbe (5) des Bremsbackens einsetzen, Gabelstück (6) in die Kerbe (7) des anderen Bremsbackens einsetzen.

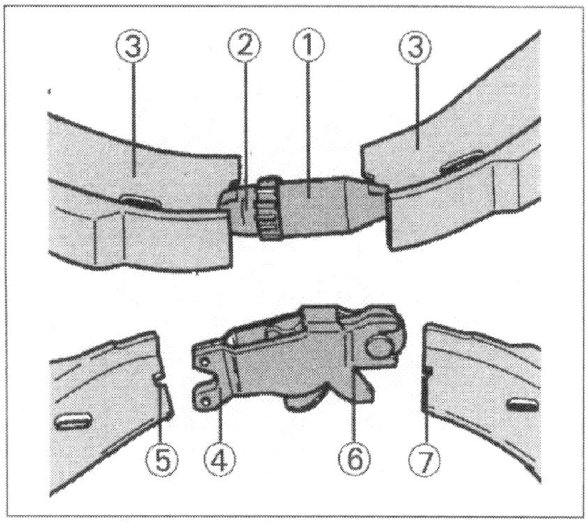

Bild 333
Zusammenbau der Bremsbacken in der Innenseite der hinteren Bremsscheibe. Auf die Zahlen wird im Text eingegangen.

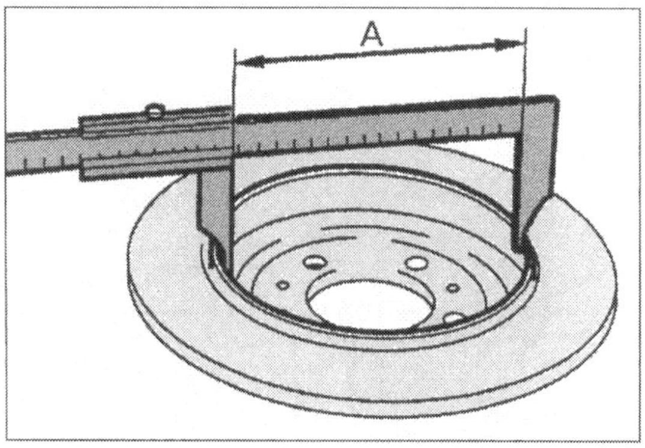

Bild 334
Ausmessen der Innenseite der Bremsscheibe. Das Mass „A“ ermitteln und entsprechend dem erhaltenen Mass „B“ in Bild 335 durch Verstellen der Bremsbacken herstellen.

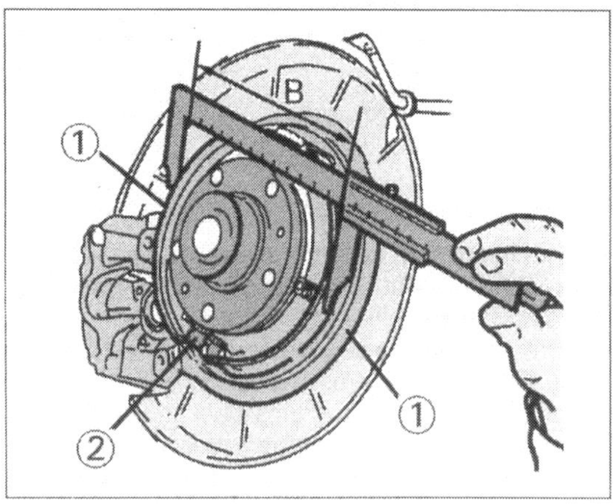

Bild 335
Ausmessen der Bremsbacken (1). Durch Verdrehen des Einstellers (2) an der Unterseite ist der richtige Spalt zwischen Bremsscheibe und Backen herzustellen.

Alle anderen Arbeiten werden danach in umgekehrter Reihenfolge durchgeführt. Die Bremsbacken müssen nach Einbau eingestellt werden. Ausserdem die Handbremsseile nachstellen.

14.6.4 Einstellen der Bremsbacken

Beim Einstellen der Bremsbacken muss man zwischen der eigentlichen Verstellung der Bremsbacken und der ebenfalls erforderlichen Einstellung der Handbremsseile unterscheiden. Eine Einstellung der Backen ist nur im Fall einer Erneuerung der Bremsbacken erforderlich. Die nachfolgende Einstellung der Handbremsseile ist unter der betreffenden Überschrift beschrieben.

- Kontrollieren, dass die Handbremsenverstellung vollkommen gelockert ist.
- Den Innendurchmesser der Bremsscheibe für die in Frage kommende Seite in der in Bild 334 gezeigten Weise ausmessen und den Wert aufschreiben. Die gleiche Messung auf der anderen Seite durchführen.
- Die eingebauten Bremsbacken in der in Bild 335 gezeigten Weise ausmessen. Die Schublehre dabei gegen die höchste Stelle der Backen (1) ansetzen. Der Backenversteller (2) wird jetzt mit einer Schraubendreherklinge verstellt, bis der 0,6 mm kleiner ist, als das für die betreffende Seite erhaltene Mass „A“ in Bild 334. Die gleiche Messung auf der anderen Seite durchführen. Das Mass könnte ohne weiteres auf beiden Seiten gleich sein, jedoch ist es auch möglich, dass sich eine Bremsscheibe/Trommel in der Innenseite mehr abgeschliffen hat als die andere.
- Die Bremsscheibe wieder montieren (Schraube mit 25 Nm anziehen) und die Handbremse einstellen, wie es später beschrieben wird.

14.7 Der Hauptbremszylinder

14.7.1 Aus- und Einbau

Der Aus- und Einbau des Zylinders ist eine einfache Angelegenheit. Der Hauptbremszylinder ist an der Stirnfläche des Bremskraftverstärkers befestigt. Die Flüssigkeit vor Ausbau des Zylinders absaugen.
Beim Ausbau:

- Den Stecker von der Warneinrichtung für den Bremsflüssigkeitsstand abziehen und das Kabel befreien.
- Die beiden Überwurfmuttern der Bremsflüssigkeitsleitungen abschrauben und die Leitungen vorsichtig zur Seite biegen.
- Die beiden Muttern des Bremszylinders an der Stirnfläche des Bremsservos abschrauben.
- Den Zylinder vorsichtig herausheben. Um keine Bremsflüssigkeit auf die Lackflächen zu tropfen, kann man einen Lappen unter den Zylinder halten.

Der Einbau des Hauptbremszylinders geschieht in umgekehrter Reihenfolge wie der Ausbau. Die Befestigungsmuttern mit 20 Nm, die Überwurfmuttern der Bremsleitungen mit 15 Nm anziehen.
Den Vorratsbehälter mit frischer Bremsflüssigkeit auffüllen und die Bremsanlage entlüften, wie es in Kapitel 14.9 beschrieben ist. Vor Wegfahrt die Wirkungsweise der Bremsen kontrollieren.

14.7.2 Hauptbremszylinder überholen

Der Hauptbremszylinder sollte nicht überholt werden. Im Schadensfall einen neuen Zylinder einbauen. Beim Bestellen des Zylinders das Fahrzeugmodell sowie die Fahrgestellnummer und das Baujahr angeben, da Zylinder manchmal ohne vorherige Bekanntmachung geändert werden.
Der Vorratsbehälter kann ausgebaut werden (falls der Zylinder erneuert wird).

14.8 Bremskraftverstärker

Eine Überholung des Bremskraftverstärkers wird nicht vorgenommen. Ein Ausfall des Bremskraftverstärkers bedeutet keinen Verlust der Bremsleistung, lediglich ist der Kraftaufwand am Bremspedal grösser, um den gleichen Bremsweg einzuhalten.

Hinweis: Falls Sie das Fahrzeug ohne laufenden Motor eine Steigung herunterrollen lassen, sollten Sie daran denken, dass sich der Unterdruck nach einigen Betätigungen der Bremsen aufbraucht und die Bremsanlage danach ohne Servounterstützung arbeitet. Der Kraftaufwand wird entsprechend höher.

Der Hauptbremszylinder muss ausgebaut werden, ehe man an den Bremskraftverstärker heran kann. Da der Aus- und Einbau des Bremskraftverstärkers mit einigen Schwierigkeiten verbunden ist und das Gerät eine sehr hohe Betriebsdauer hat, sehen wir von einer Beschreibung der Arbeiten ab. Als Hinweis sei gesagt, dass man die Verbindung zwischen der Stösselstange des Servogeräts und dem Bremspedal trennen muss, um das Servogerät auszubauen. Ebenfalls muss der Raum in der Fahrzeuginnenseite freigelegt werden.

14.9 Bremsen entlüften

Ein Entlüften der hydraulischen Anlage ist erforderlich, falls das Bremsleitungsnetz an irgendeiner Stelle geöffnet wurde oder Luft ist auf andere Weise in die Anlage gekommen.
Vor der Entlüftung der Anlage sind Schmutz und Fremdkörper von den Entlüftungsstellen und dem Einfüllverschluss des Vorratsbehälters zu entfernen.
Falls nur ein Radbremszylinder oder ein Bremssattel abgeschlossen wurde, könnte es ausreichen, wenn man nur diesen betreffenden Bremskreis entlüftet, d.h. vorn links und hinten rechts oder vorn rechts und hinten links. Andernfalls kann die Entlüftung entweder an den Hinterrädern oder an den Vorderrädern begonnen werden, jedoch ist die vom Hersteller empfohlene Reihenfolge hinten rechts, hinten links, vorn rechts und vorn links. Falls ABS eingebaut ist, wird in der Werkstatt ein Entlüftungsapparat benutzt. Die Anweisungen bei diesen Modellen sind deshalb unter Vorbehalt gegeben. Falls man bei einem solchen Fahrzeug die Bremsen entlüften will, muss man vorher die Batterie abklemmen. Dies ist wichtig.

Hinweis: Das Innere des Hydrogeräts, d.h. die Regelventile, die Pumpe, usw. kann nur in einer Werkstatt mit dem dafür zur Verfügung stehenden Entlüftungsapparat entlüftet werden. Nur falls das Gerät sich nicht entleeren konnte, können die folgenden Arbeitsschritte befolgt werden.

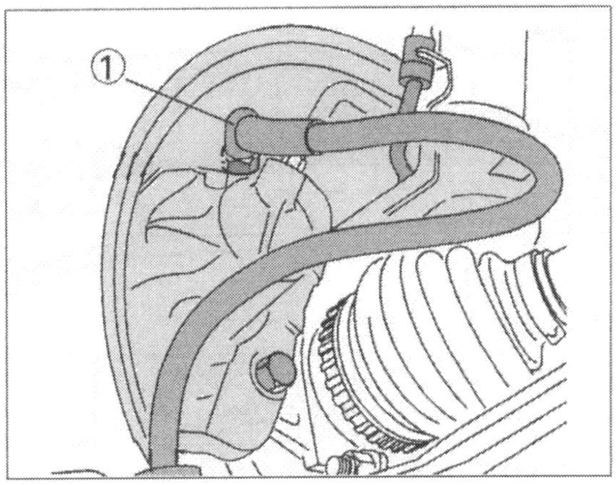

Bild 336
Entlüften der Bremsanlage an der Vorderradbremse.

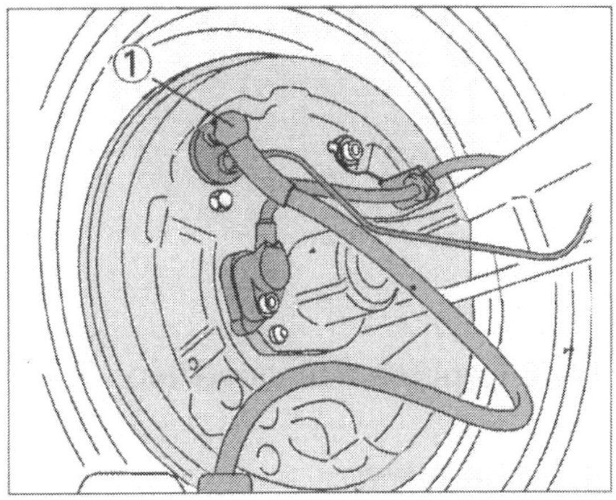

Bild 337
Entlüften der Bremsanlage an der Hinterradbremse.

- Einen durchsichtigen Kunststoffschlauch nach Entfernen der Staubschutzkappe auf das betreffende Entlüftungsventil aufstecken. Das andere Ende des Schlauches in ein mit etwas Bremsflüssigkeit gefülltes Glasgefäss einhängen. Wie dies vorn und hinten aussieht kann man Bildern 336 und 337 entnehmen.
- Bremspedal von einer zweiten Person auf den Boden durchtreten lassen. Die Entlüftungsschraube um eine halbe Umdrehung öffnen, wenn das Pedal auf dem Boden aufsitzt. Den aus dem Schlauch austretenden Flüssigkeitsstrom beobachten.
- Sobald keine Luftblasen mehr herauskommen, ist alle Luft aus der Anlage ausgeschieden. Bremspedal beim letzten Hub auf dem Boden halten und das Entlüftungsventil schliessen. Pedal langsam zurückkehren lassen.
- Gleiche Arbeiten in der angegebenen Reihenfolge an den anderen Entlüftungsschrauben durchführen.

Es wird nochmals darauf hingewiesen, dass der Stand der Bremsflüssigkeit laufend kontrolliert werden muss, sodass keine Luft in die Anlage gesaugt wird. Niemals aus der Anlage ausgepumpte Flüssigkeit wieder in den Behälter einfüllen. Auch keine Flüssigkeit verwenden, welche längere Zeit ohne Verschluss gestanden hat.

Hinweis: Obwohl sich alle Bremsflüssigkeiten eignen, sollten Sie die vom Hersteller empfohlene Flüssigkeit einfüllen.

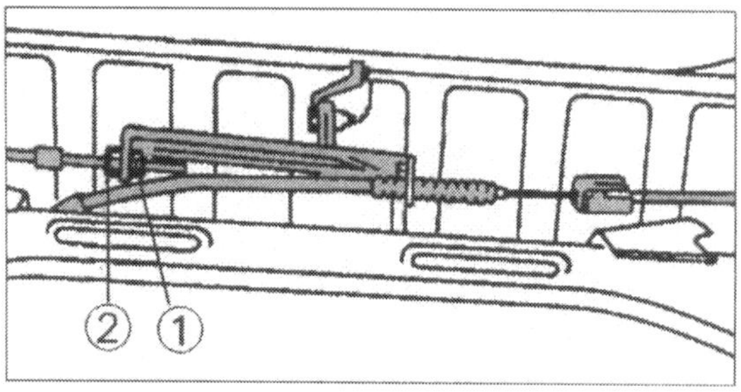

Bild 338
Zur Einstellung des Handbremsseils (bei allen Bremsenausführungen). Nach Lockern der Kontermutter (2) wird die Einstellmutter (1) entsprechend verstellt.

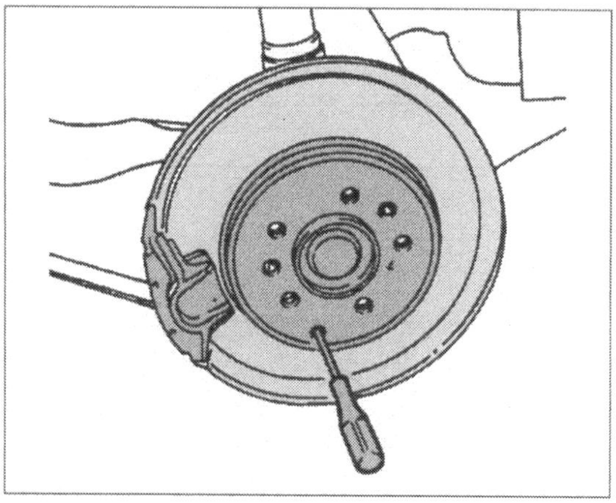

Bild 339
Einstellen der Handbremse bei eingebauten Scheibenbremsen. Einen Schraubendreher an der gezeigten Stelle einsetzen. Die Bremsscheibe muss entsprechend verdreht werden. Je nach Seite den Schraubendreher entweder nach oben oder unten bewegen (siehe Text).

14.10 Handbremse einstellen

Mit Trommelbremsen

Die Hinterräder sollten feststehen, wenn der Handbremshebel vier bis fünf Rasten angezogen wurde, nachdem man den Handbremshebel ca. viermal betätigt hat. Die Hinterräder müssen zur Kontrolle vom Boden abgehoben werden. Die Handbremse lösen und kontrollieren, ob sich die Räder frei drehen lassen. Falls eine Einstellung erforderlich ist:

- Handbremshebel bis zur fünften Raste anziehen.
- Fahrzeug hinten auf Böcke setzen.
- An der Unterseite des Fahrzeuges dem Verlauf der Handbremsseile folgen und die äussere Mutter in der Mitte des Handbremsausgleichshebel lockern. Die darunter liegende Mutter anziehen, bis man beim Durchdrehen der beiden Räder ein Schleifgeräusch vernehmen kann. Die äussere Mutter wieder festziehen. Bild 338 zeigt die Verlegung der Handbremsseile mit der Lage der Einstellmutter (1) und der davor liegenden Kontermutter (2).
- Die Wirkung der Handbremse kontrollieren. Dazu den Handbremshebel wieder fünf Rasten anziehen und kontrollieren, dass beide Hinterräder feststehen.
- Danach den Handbremshebel zurückstellen und kontrollieren, dass beide Räder sich frei durchdrehen lassen, ohne dass man Schleifgeräusche hören kann.
- Bei einer Einstellung der Handbremse die Gelegenheit wahrnehmen und die Gelenkstellen des Handbremsausgleichhebels mit etwas Mehrzweckfett einschmieren.

Mit Scheibenbremsen

Die Hinterräder müssen feststehen, wie es oben beschrieben wurde. Auch die Einstellung des Handbremsseils erfolgt in gleicher Weise (siehe Bild 338). Ehe man jedoch die Verstellung am Handbremsseil vornimmt, muss man die Bremsbacken in der Innenseite der Bremsscheiben/trommeln auf beiden Seiten einstellen, um die Backen in die richtige Stellung zu setzen.

- Die Handbremse vollkommen lösen (Hebel zurückstellen) und beide Räder abschrauben.
- Die Bremsscheibe verdrehen, bis der Verschlussstopfen in der Aussenseite der Bremsscheibe an der Unterseite steht. Den Steg in der Innenseite des Stopfens mit einer Flachzange erfassen und um eine Vierteldrehung verdrehen, bis er herausgezogen werden kann.
- Die Bremsscheibe in die in Bild 339 gezeigte Lage bringen, d.h. die Öffnung in der Bremsscheibe steht gegenüber dem Versteller für die Bremsbacken. Einen Schraubendreher einsetzen und die Zähne des Verstellers „erfühlen“. Eventuelle die Scheibe etwas weiter vorwärts oder rückwärts drehen, bis man fühlen kann, dass die Schraubendreherklinge eingegriffen hat.
- Den Versteller jetzt verdrehen, bis die Bremsscheibe feststeht. Auf der **linken Seite** das Verstellrädchen nach oben bewegen, auf der **rechten Seite** das Rädchen nach unten bewegen.
- Aus der Endstellung jedes Rädchen entgegengesetzt der angegebenen Drehrichtung um 6 Zähne zurückstellen, um den vorschriftsmässigen Spalt zwischen der Bremsscheibe und den Backen herzustellen.
- Den Verschlussstopfen wieder einsetzen. Dazu die Bremsscheibe verdrehen, bis das zum Verstellen benutzte Loch genau unten steht und den Stopfen verdrehen, bis die beiden Sicherungsnasen genau waagerecht stehen. Stopfen in dieser Stellung einsetzen (Flachzange) und verdrehen, bis er einschnappt.
- Die Handbremsseile jetzt in der oben beschriebenen Weise einstellen. Abschliessend die Räder wieder anschrauben (100 Nm).

14.10.1 Handbremsseile erneuern

Die Bremsbacken müssen ausgebaut werden, um die Bremsseile zu erneuern. Handbremsseile vor dem Einbau mit Mehrzweckfett einschmieren.
Die Handbremse muss nach Auswechseln des Seils eingestellt werden, wie es oben beschrieben wurde.

14.11 Bremskraftregler

Der Bremskraftregler ist an der in Bild 340 gezeigten Stelle an der Hinterachse eingebaut und oben und unten mit Muttern befestigt. Die untere Befestigung muss z.B. beim Ausbau von Teilen der Hinterradaufhängung gelöst werden, d.h. nach Abschrauben der Kontermutter die genaue Stellung der zweiten Mutter kennzeichnen. Beim Einbau die Mutter wieder in die alte Lage zurückbringen und die äussere Mutter dagegen kontern.

Zwei Druckmanometer sind zur Kontrolle des Bremsdrucks erforderlich und die Rückseite des Fahrzeuges muss mit verschiedenen Gewichten belastet werden, um die Drücke an den Leitungsausgängen zu kontrollieren. Aus diesem Grund empfehlen wir, dass man den Druck in einer Werkstatt kontrollieren lässt, falls ein Defekt im Druckregler vermutet wird.

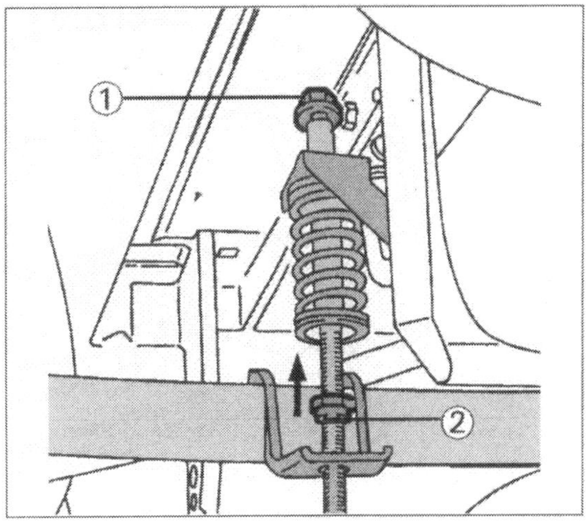

Bild 340
Eingebauter Bremskraftregler an der Hinterachse. Muttern (1) und (2) halten den Regler.

14.12 Unterdruckpumpe

Die Unterdruckpumpe ist bei Fahrzeugen mit Dieselmotor eingebaut und hat die Aufgabe den Unterdruck für den Bremskraftverstärker und alle anderen mit Unterdruck arbeitenden Teile herzustellen. Die Pumpe sitzt an der in Bild 341 gezeigten Stelle an der Seite des Motors. Zum Ausbau der Pumpe den Schlauch (1) abschliessen, die Schrauben (2) und die Mutter (3) entfernen und die Pumpe abziehen.
Der Einbau findet in umgekehrter Reihenfolge statt. Die Pumpenfläche und die Anlagefläche am Motor einwandfrei reinigen. An der Anlagefläche sind zwei Dichtringe an den in Bild 342 gezeigten Stellen eingesetzt. Diese müssen immer erneuert werden. Die Schrauben (2) und die Mutter (3) mit 25 Nm anziehen. Nicht den Unterdruckschlauch vergessen.

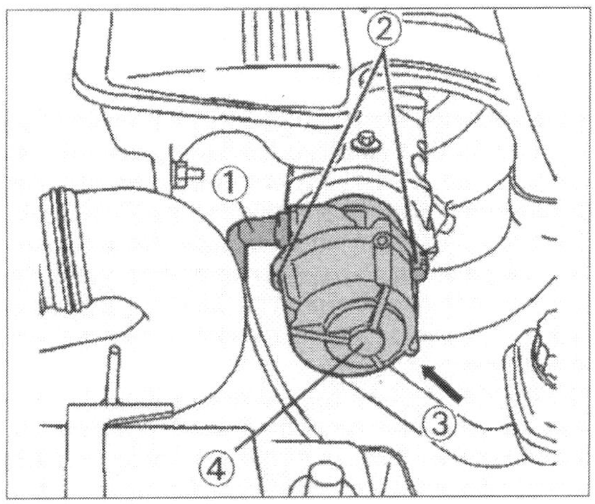

Bild 341
Einbauweise der Unterdruckpumpe.
1 Unterdruckschlauch
2 Befestigungsschrauben
3 Befestigungsmutter
4 Unterdruckpumpe

14.13 ABS-Anlage

Es ist normalerweise nicht der Sinn des Buches, auf die Arbeitsweise der ABS-Anlage einzugehen, jedoch werden Sie Ihre Anlage besser verstehen, wenn Sie wissen wie sie arbeitet. Als Erstes sollte man Folgendes wissen:
Die eingebaute Anlage ist von Bendix hergestellt. Die zur Anlage gehörenden Teile sind in Bild 343 gezeigt, wie sie im Fahrzeug angeordnet sind.
Die folgenden Teile gelten als Hauptteile der Anlage.

- Ein elektronisches Steuergerät ist in den so genannten Hydroblock integriert. Der Hydroblock sitzt vorn an der gezeigten Stellen und ist mit allen Leitungen versehen.
- Die vorderen Drehzahlfühler sind in die Achsschenkel eingebaut, die hinteren greifen in die Bremsträgerplatte ein. Die Befestigungsschrauben der vorderen und hinten Drehzahlfühler werden mit 11 Nm angezogen.
- Die Zahnkränze zum Aufspüren der Raddrehzahl sitzen vorn an der Antriebswelle (Achswelle) und hinten in der Radnabe. Da die Zahl der Zähne für diese Fahrzeuge festgelegt wurde, darf man nur Teile entsprechend der Fahrzeugausführung und des Baujahres bestellen. Zum Erneuern eines vorderen Zahnkranzes muss die Antriebswelle ausgebaut werden, zum Erneuern eines Zahnkranzes der Hinterachse muss die Radnabe ausgebaut werden, *d.h. man muss eine neue Radnabe zusammen mit dem Radlager einbauen.*

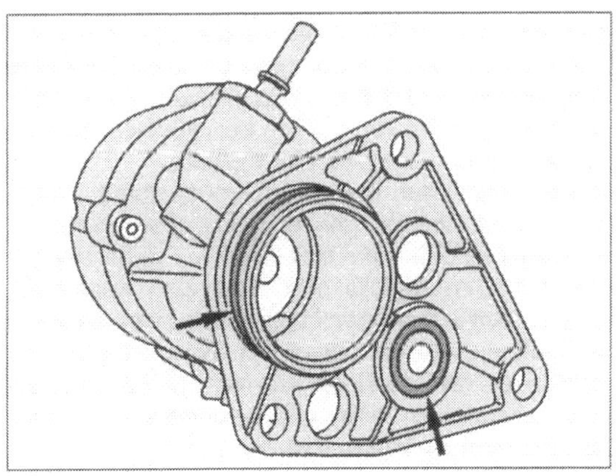

Bild 342
An der Innenseite der Unterdruckpumpe sitzen zwei „O"-Dichtringe.

Der entscheidende Sicherheitsfaktor der ABS-Anlage ist die Fähigkeit, die Räder am Blockieren zu hindern, wenn das Fahrzeug heftig abgebremst wird, wodurch die Gewährleistung besteht, dass man das Fahrzeug noch lenken kann. Auch bei einer Notbremsung besteht immer noch die Chance, dass man ein Hindernis umfahren kann, ohne dass die Hinterräder ausbrechen. Man darf aber nie vergessen, dass eine ABS-Anlage keine Wunder vollbringen kann. Falls die physikalischen Grenzen der Anlage überschritten werden, d.h. die Geschwindigkeit ist zu hoch, kann auch ein Fahrzeug mit ABS-Anlage ins Schleudern geraten.

- Die bereits oben erwähnten elektronischen Fühler zur Aufnahme der Raddrehzahl, die in die Achs-

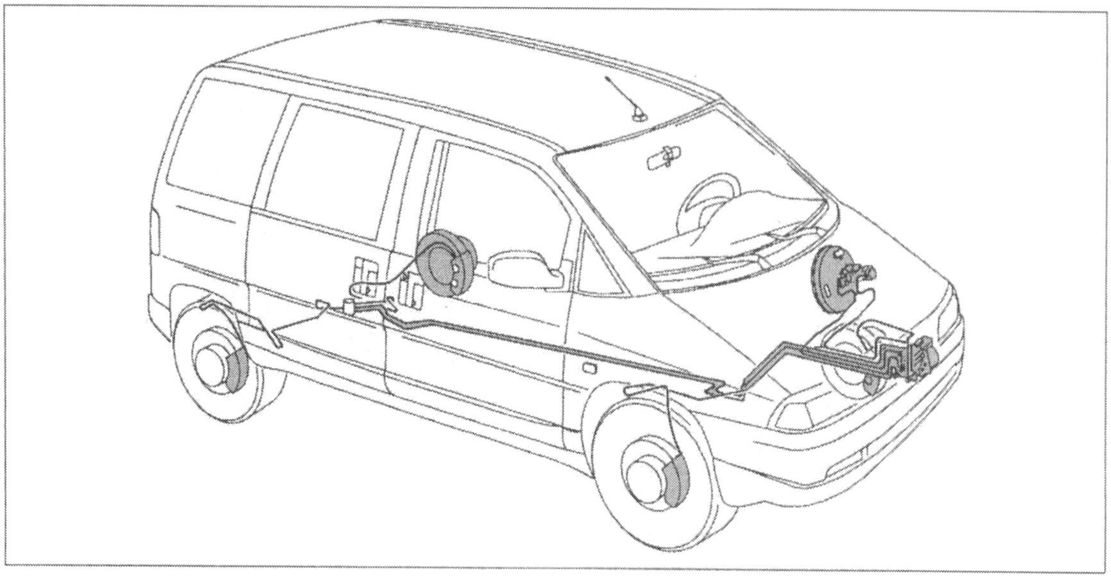

Bild 343
Die Teile der ABS-Anlage. Die Leitungen sind an der Vorderseite des Fahrzeuges mit dem Hydrogerät verbunden.

schenkel eingesetzt sind, überwachen unabhängig voneinander die Drehzahl jedes Rades, indem sie die Drehzahl der an den Antriebswellen angebrachten Zahnkränze „überwachen". Normalerweise haben die Fahrzeuge Scheibenbremsen an allen Rädern, wenn ABS eingebaut ist. Bei diesen Fahrzeugen werden jedoch auch Trommelbremsen an der Hinterachse verwendet, wie sie auch in Fahrzeugen ohne Scheibenbremsen eingebaut sind.

Da Ihnen die ABS-Anlage zusätzliche Sicherheit geben soll, empfehlen wir nicht, dass irgendwelche anderen Arbeiten daran durchgeführt werden, obwohl einige Arbeiten keine Schwierigkeiten machen. Ihre Werkstatt wird jedoch weitaus besser in der Lage sein, dies durchzuführen. Es werden aber immer Arbeiten am Fahrzeug vorkommen, die ohne Zweifel die ABS-Anlage beeinflussen. Aus diesem Grund müssen die folgenden Vorschriften bei jeglichen Arbeiten an der Bremsanlage beachtet werden:

- Alle Anschlüsse und deren unmittelbare Umgebung einwandfrei reinigen, ehe sie gelöst werden.
- Ausgebaute Teile auf eine saubere Fläche ablegen und mit Kunststoffolie oder sauberem Papier abdecken. Keine flusenden Lappen dazu verwenden.
- Geöffnete Teile der Anlage gut abdecken oder verschliessen, falls die Reparatur nicht sofort durchgeführt werden kann. Dies gilt besonders, wenn man das Fahrzeug im Freien abstellen muss.
- Nur vollkommen saubere Teile einbauen. Auf keinen Fall Teile wieder verwenden, welche längere Zeit gelegen haben.
- Mit dem Vorhandensein von Luftkompressoren, die man anstelle des Zigarrenanzünders einstecken kann, ist es immer verlockend Pressluft zum Reinigen von Teilen zu verwenden. Dies auf keinen Fall durchführen, falls Anschlüsse der Anlage geöffnet sind.

Das elektronische Steuergerät in der Anlage überprüft die einzelnen Komponenten. Falls dabei irgendwelche Störungen festgestellt werden, arbeitet die Bremsanlage in diesem Fall wie eine konventionelle Anlage ohne ABS-Anlage. Falls dies vorkommt, d.h. die Warnleuchte bleibt erhellt, muss man sich an eine Werkstatt wenden.

14.13.1 Aus- und Einbau von Teilen der ABS-Anlage

Wichtiger Hinweis: Ehe man irgendwelche hydraulische Anschlüsse am Hauptbremszylinder löst, muss man die Beschreibung der Entlüftung der Bremsanlage durchlesen, wo einige Hinweise auf eine eingebaute ABS-Anlage gegeben sind.

Aus- und Einbau eines vorderen Drehzahlfühlers

- Massekabel der Batterie abklemmen.
- Fahrzeug vorn auf Böcke setzen und das Vorderrad abschrauben.
- Dem Verlauf des Kabels vom Drehzahlfühler verfolgen und die beiden Steckerhälften auseinander ziehen. Beachten wie das Kabel verlegt ist und von den Befestigungen befreien (2 Stellen).
- Die Abdeckung über dem Raddrehzahlfühler abmontieren und danach den Fühler abschrauben.

Der Einbau findet in umgekehrter Reihenfolge statt. Die Innenseite der Bohrung in der Halterung muss einwandfrei sauber sein. Bohrung mit etwas Fett einschmieren. Den Drehzahlfühler mit 11 Nm anziehen. Darauf achten, dass das Kabel richtig verlegt wird. Die Räder vollkommen in beide Einschläge einschlagen und kontrollieren, dass sich das Kabel in keiner Stellung anderen Teilen der Radaufhängung nähern kann.

Aus- und Einbau eines hinteren Drehzahlfühlers

- Massekabel der Batterie abklemmen.
- Fahrzeug hinten auf Böcke setzen.
- Dem Verlauf des Kabels vom Drehzahlfühler verfolgen, die Kabelbefestigung lösen und den Geber ausschrauben. In Bild 308 wurde dieser Drehzahlfühler bereits gezeigt.

Der Einbau findet in umgekehrter Reihenfolge statt. Die Schraube des Drehzahlgebers mit „Loctite" einschmieren, einschrauben und mit 11 Nm anziehen. Kabel befestigen.

15.1 Einleitung

Wenn Sie den Zündschlüssel drehen, springt der Motor an. Wenn es draussen regnet oder kalt ist, schalten Sie die Scheibenwischer oder das Gebläse ein. Ein Griff an den Lichthebel genügt, und die Scheinwerfer strahlen hell in der Dunkelheit. Damit das alles funktioniert, braucht das Fahrzeug Strom. Die Liste der Stromverbraucher in Ihrem Fahrzeug ist freilich viel länger. Denn auch Systeme wie Motorsteuerung und Benzineinspritzung sowie elektrische und elektronische Bauteile bei der Dieseleinspritzanlage müssen während der Fahrt mit Energie versorgt werden. Doch so wichtig die Autoelektrik auch ist – manchem Fahrer fällt zu diesem Thema eine unangenehme Geschichte ein. Die beginnt meist damit, dass der Strom im Motorraum produziert wird. Die Arbeitsbedingungen sind dort nicht gerade ideal. Mal ist es zu kalt, mal zu warm, oft ist es feucht und manchmal richtig nass. Und weil viele Stromverbraucher an exponierten Stellen sitzen, sind Störungen programmiert. Aber auch Batterie und Lichtmaschine, die Stromerzeuger, sorgen bisweilen für Ärger. Verlieren Sie jedoch nicht gleich den Mut, wenn Sie einen Schalter drücken und nichts geschieht. Oft sitzt nur ein Kabel lose oder ein Kontakt ist korrodiert. Viele Störungen an der Elektrik lassen sich mit einfachen Mitteln beheben. Auch dann, wenn man kein Elektrik-Profi ist.

Alle in dieser Ausgabe behandelten Fahrzeuge sind mit einer elektrischen Anlage mit einer Spannungsstärke von 12 Volt ausgerüstet. Die Masserückstromführung erfolgt über die Minusklemme der Batterie. Die Batterie befindet sich im Motorraum, hat aber je nach eingebautem Motor und Betriebsbedingungen des Fahrzeuges eine unterschiedliche Kapazität. Es würde zu weit führen die einzelnen Varianten anzugeben.
Ein Schubtriebanlasser wird zum Anlassen des Motors verwendet. Der Anlassschalter bildet einen Teil des Zündschalters und erregt bei Betätigung einen im Anlasser montierten Einrückmagnetschalter. Auch der Anlasser ist je nach eingebauten Motor nicht gleich, da verschiedene Zulieferfirmen für die Anlasser in Frage kommen.
Die eingebaute Drehstromlichtmaschine hat je nach eingebautem Motor und eingebauter Ausrüstung eine unterschiedliche Leistung. Im Programm der einzelnen Hersteller stehen Aggregate von Bosch, Valeo und auch Mitsubishi zur Verfügung. Als Angabe gilt, dass Lichtmaschinen je nach Ausrüstung des Fahrzeuges zum Einbau kommen.
Die Lichtmaschine wird über einen Keilrippenriemen von der Kurbelwelle aus angetrieben. Ein elektromechanischer Regler dient zur Regulierung des Ladestromes und befindet sich auf dem hinteren Deckel.
Eine in die Instrumententafel eingesetzte Ladekontrollleuchte gibt eine Anzeige über das einwandfreie Funktionieren der elektrischen Anlage, soweit die Aufladung der Batterie betroffen ist.

15.2 Die Batterie

Die eingebaute 12-Volt-Batterie besitzt sechs Zellen, die aus positiven und negativen Platten bestehen, welche in eine Schwefelsäurelösung eingetaucht sind. Die Batterie hat die Aufgabe, den Strom zum Anlassen des Fahrzeugs, zur Beleuchtung des Fahrzeugs sowie für andere Stromverbraucher zu liefern. Die Stärke Ihrer Batterie werden Sie bestimmt kennen. Ebenfalls werden vollkommen wartungsfreie Batterien im modernen Automobilbau eingebaut. In diesem Fall können Sie viele der unten angegebenen Hinweise übersehen.
Die folgenden Arbeiten sind von Zeit zu Zeit durchzuführen, um der Batterie eine lange Lebensdauer zu geben und deren Leistung immer auf dem Höhepunkt zu halten. Die Batterie kann man als wartungsfrei bezeichnen, d.h. unter normalen Betriebsbedingungen sollte es nicht notwendig sein sie nachzufüllen. Manchmal passiert es jedoch, dass der Flüssigkeitsspiegel durch bestimmte Umstände absinkt.

- Batterie und die sie umgebenden Teile immer sauber halten. Die Oberfläche der Batterie muss immer gut trocken sein, da sich sonst zwischen den einzelnen Zellen Kriechströme entwickeln können, wovon sich die Batterie von selbst entladen kann.
- Die Batteriesäure muss jederzeit bis zur Höhe des unteren Striches an der Aussenseite des Batteriegehäuses stehen (falls eine Batterie mit durchsichtigem Gehäuse eingebaut ist) oder man entfernt die Stopfen in der Oberseite der Batterie und kontrolliert, dass die Batteriesäure oberhalb der Trennplatten in der Innenseite der Batterie steht. Zum Nachfüllen destilliertes Wasser verwenden – ***niemals Batteriesäure nachfüllen.***
- Bei kaltem Wetter die Batterie nicht in ungeladenem Zustand stehen lassen, da sie sonst einfriert. Schwach geladene Batterien frieren eher ein als geladene, d.h. man muss der Batterie die notwendige Pflege geben, um dies zu verhindern.
- Falls die Batterie verschlossen ist, kann man den Stand der Batteriesäure mit Hilfe eines Anzeigers erkennen.

15.2.1 Prüfen und Aus- und Einbau der Batterie

Säurestand: Wie bereits erwähnt, ist die Batterie entweder mit Stopfen versehen, vollkommen verschlossen oder durchsichtig (siehe oben). Die Batterie ist mit Schwefelsäure gefüllt, die mit destilliertem Wasser verdünnt wurde. Da die Wasseranteile verdunsten können, muss man gelegentlich den Säurestand überprüfen und ggf. destilliertes Wasser nachfüllen. Die Batteriesäure muss zwischen den Markierungen am Batteriegehäuse oder oberhalb der Trennplatten in der Batterie liegen. Zum Nachfüllen müssen die Stopfen ausgeschraubt werden, um destilliertes Wasser einzufüllen, bis der Säurestand stimmt.

Ladezustand: Zur Kontrolle des Ladezustandes ist ein Säureheber erforderlich. Zur Kontrolle die Ab-

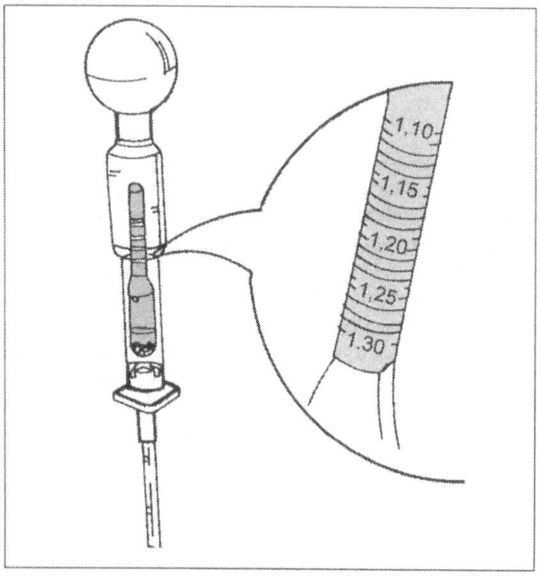

Bild 344
Ansicht eines Säurehebers zur Kontrolle des spez. Gewichts der Batteriesäure. Die Säuredichte kann direkt an der Seite der Skala abgelesen werden. Säureheber anderer Konstruktion können natürlich ebenfalls benutzt werden.

deckung abhebeln und die Spitze des Säurehebers in die sichtbare Batteriesäure eintauchen. Mit Hilfe des Gummiballs genügend Säure ansaugen, dass der Schwimmer frei schwimmen kann. Je nach Ladezustand besitzt die Säure ein unterschiedliches spezifisches Gewicht, welches durch das Eintauchen des Schwimmers in die Säure angezeigt wird. Bei einer Anzeige von 1,28 ist die Batterie voll geladen; bei 1,12 ist die Batterie vollkommen entladen. Dazwischen liegende Werte weisen auf die entsprechende Ladestärke hin. Die Anzeigen am Säureheber sind in kg/l gegeben. Bild 344 zeigt, wie ein solcher Säureheber aussieht. Andere Ausführungen können jedoch ebenfalls benutzt werden.

Aufladen der Batterie: Eine sehr entladene Batterie sollte erst nach dem Aufladen mit destilliertem Wasser aufgefüllt werden. Beim Laden steigt der Säurestand an und eine vorschriftsmässig gefüllte Batterie könnte aus diesem Grund „überkochen“. Der Ladestrom sollte am Anfang 10% der Batteriekapazität nicht überschreiten. Man muss sich deshalb vergewissern, mit welcher Batterie man es zu tun hat. Je nach Aufbau des verwendeten Batterieladegeräts wird sich der Ladestrom allmählich automatisch verringern. Die Batterie ist voll geladen, wenn sich die Säuredichte innerhalb zwei aufeinanderfolgender Stunden nicht verändert.

Hinweis: Die Anweisungen beziehen sich nicht auf vollkommen verriegelte Batterien. Bei diesen müssen Sie den Anweisungen des Herstellers zum Nachladen befolgen.

Die Verschlussstopfen der Batterie sollten ausgeschraubt und lose auf die Einfüllöffnungen gelegt werden. Damit kann das aus Sauerstoff und Wasserstoff entstehende Knallgas entweichen. Da bei lebhafter Aufladung ein Spritzen der Säure unvermeidlich ist, sollte man die Umgebung der Batterie mit Zeitungen oder Ähnlichem schützen. Wird die Aufladung in einem geschlossenen Raum durchgeführt, muss dieser gut belüftet sein. Auf keinen Fall mit nackter Flamme in die Batterieöffnungen leuchten.

Bei Verwendung mit einem Heimladegerät kann die Batterie im Auto verbleiben. Auch die Kabel braucht man nicht abzuschliessen. Anders ist es bei der Verwendung eines Schnellladegeräts: Beide Batteriekabel abklemmen um die Dioden der Drehstromlichtmaschine, die elektronischen Schaltgeräte, Autoradio, usw. nicht zu gefährden.

Aus- und Einbau: Vor dem Ausbau die beiden Batteriekabel von den Polen abschrauben. Die positive Klemme liegt unter der Abdeckklappe. Immer zuerst das Minuskabel abklemmen.
Beim Einbau der Originalbatterie zuerst die Polköpfe reinigen und mit einem guten Polfett einschmieren. Zuerst das Pluskabel anschliessen und festschrauben. Unbedingt kontrollieren, dass die Klemmen fest angezogen sind, da eine schlechte Strom- oder Masseverbindung zu Störungen führen kann. Abgesehen davon kann es zur Funkenbildung und in schlimmen Fällen dabei zu Feuer kommen.

Hinweis: Bei einem Autoradio mit Diebstahlcode muss die Eingabenummer zur Hand sein, um das Radio wieder in Gang zu setzen. Ebenfalls die Zeituhr stellen. Nach Anschliessen der Batterie das Fahrzeug eine Strecke fahren, damit das Steuergerät der Einspritz- und Zündanlage „neu lernen“ kann.

Start mit leerer Batterie: Am einfachsten ist die Verwendung von Starthilfekabeln, die aber einen kräftigen Querschnitt und starke Anschlussklemmen haben müssen, um den Strom von einer Batterie zur anderen durchzulassen. Beim Anschaffen solcher Kabel sollte man immer etwas tiefer in die Tasche greifen, um Kupferkabel zu kaufen. Aluminiumkabel sind zwar billiger, werden aber sehr heiss, sodass die Isolierung schmilzt und man sich beim Abnehmen der Klemmen die Finger verbrennen kann. Zuerst das Pluskabel an die beiden Pluskabel anklemmen und danach erst die Minuskabel anschliessen. Der „Helfer“ sollte den Motor anlassen und mit mittleren Drehzahlen laufen lassen, damit die Lichtmaschine zusätzlichen Stromauf bauen kann.
Anschieben oder Anrollen lassen sowie Anschleppen sind die bekanntesten Methoden zum Anlassen eines Motors mit schwacher Batterie.

Wagen anschieben: Mit zwei Helfern lässt sich das Fahrzeug bei gutem Motorzustand anschieben. Nur wenn der Motor aufgrund einer leeren Batterie nicht anspringt, sollte man das Anschieben versuchen.

- Zündung einschalten.
- 1. Gang einlegen. Einschalten des 2. Ganges könnte bedeuten, dass die Lichtmaschine sich zu langsam für eine gute Stromlieferung durchdreht.
- Kupplung durchtreten, Wagen anschieben lassen, bis er eine gute Geschwindigkeit erreicht hat.
- Kupplungspedal schnell zurück lassen. Der Motor wird dadurch durchgedreht und sollte anspringen.
- Kupplung sofort durchtreten und Gas geben.

Voraussetzung zum Gelingen des Startens ist, dass man damit einige Erfahrungen hat.

Wagen anschleppen: Anschleppen lassen hat immer Nachteile, da manchmal durch Ungeschicklichkeit grössere Schäden entstehen können. Denken Sie daran, dass bei stillstehendem Motor die Servounterstützung der Bremsanlage und die Servolenkung nicht arbeiten. Aus diesem Grund wollen wir keine Anweisungen zum Anschleppen angeben, mit der Ausnahme, dass man ein Abschleppseil nur an der dafür vorgesehenen Abschleppöse festbinden darf. Falls Sie selbst ein anderes Auto abschleppen wollen, muss das Abschleppseil an der Rückseite an der Abschleppöse befestigt werden. Da man, aus Erfahrung gesprochen, im Notfall nicht weiss wo sich die Abschleppösen befinden, werden sie in Bildern 345 und 346 gezeigt.

Bild 345
Falls Sie abgeschleppt werden, darf das Seil nur an der gezeigten Stelle befestigt werden.

Bild 346
Falls Sie einen anderen Verkehrsteilnehmer abschleppen, dürfen Sie das Seil nur an der gezeigten Schleppöse befestigen.

15.2.2 Defekten Verbraucher ermitteln

Liefert die am Vortag intakte Batterie keinen Strom, hat vielleicht ein defekter Verbraucher im Bordnetz den Akku über Nacht leer gesaugt. Das überprüfen Sie zunächst mit einer Strommessung. Wenn nötig, ermitteln Sie dann den betreffenden Verbraucher.

- Batterie-Minuskabel abnehmen, Kabel des Multimeters zwischen Minuspol und Batteriekabel anschliessen. Zeigt das Gerät einen Stromfluss an, ist ein Verbraucher defekt.
- Massekabel anschliessen, Sicherungskasten öffnen und eine Sicherung herausnehmen. An die Kontakte das Multimeter anschliessen. Fliesst kein Strom, ist der betreffende Stromkreis in Ordnung. Auch ein geringer Stromfluss ist kein Alarmsignal. Geräte wie Uhren, Radios und Alarmanlagen nehmen ständig Energie von der Batterie. Der Stromfluss ist freilich viel geringer als bei einem defekten Verbraucher.
- Wiederholen Sie die Messungen, bis das Gerät einen höheren Stromfluss anzeigt. Die Sicherungstabelle in Ihrer Betriebsanleitung zeigt Ihnen, welche Verbraucher zu diesem Stromkreis gehören.
- Die Verbraucher der Reihe nach ausbauen und jeweils den Strom messen. Wenn das Multimeter keinen Strom mehr anzeigt, haben Sie den Übeltäter ermittelt.

Die Lichtmaschine wird über einen Riemen an der Vorderseite des Motors angetrieben, wie es bereits oben erwähnt wurde. Getreu ihrem Namen kann die Lichtmaschine nur Drehstrom erzeugen. Diesen können wir jedoch im Fahrzeug nicht gebrauchen, denn die Batterie kann nur Gleichstrom speichern. In der Lichtmaschine sind deshalb mehrere Dioden eingebaut, die den Drehstrom in einen Gleichstrom umwandeln. Diese Dioden sind empfindlich gegen Spannungsspitzen.
Um schon bei möglichst tiefer Motordrehzahl die beste Leistung der Lichtmaschine zu erzielen, dreht die Lichtmaschine schneller als die Kurbelwelle. Man erreicht diese Drehzahlsteigerung, indem man die Riemenscheibe der Lichtmaschine kleiner wählt als die Kurbelwellen-Riemenscheibe. Der Spannungsregler ist an die Rückseite der Lichtmaschine geschraubt.

15.3 Die Drehstromlichtmaschine

In der Autofahrersprache hat sich der Begriff Lichtmaschine oder Generator für den Stromerzeuger fest eingebürgert, obwohl es schon sehr lange her ist, dass der erzeugte Strom ausschliesslich zur Fahrzeugbeleuchtung diente: Heute wollen noch zahlreiche andere Stromverbraucher mit elektrischer Energie gespeist werden. Bei stehendem Motor besorgt dies die Batterie. Sobald der Motor läuft und sich die Lichtmaschine dreht, tritt sie als Stromquelle in Aktion.
Die wartungsfreie Drehstrom Lichtmaschine erzeugt trotz ihrer relativ kleinen Baugrösse recht viel Strom. Allerdings hat sie noch mehr Vorzüge. Bereits bei Leerlaufdrehzahl des Motors werden ca. 25 A geliefert, und bei 2400/min wird bereits die Maximalleistung abgegeben. Dies sind natürlich nur Richtwerte. Ferner halten die Schleifkohlen weit über 100 000 km.

15.3.1 Vorsichtsmassnahmen bei Arbeiten an der Ladestromanlage

Ehe irgendwelche Arbeiten an der Ladestromanlage durchgeführt werden, müssen die folgenden Vorsichtsmassnahmen unbedingt eingeprägt werden:

- Niemals die Batterie oder den Spannungsregler abklemmen, während der Motor und somit die Lichtmaschine laufen. Ansonsten entstehen Spannungsspitzen, die den elektronischen Geräten schaden können.
- Niemals die Erregerklemme (Feldklemme) der Lichtmaschine oder das daran befestigte Kabel in Berührung mit Masse kommen lassen.
- Niemals die beiden Leitungen des Spannungsreglers verwechseln.
- Niemals den Spannungsregler in Betrieb bringen, wenn er mit Masse verbunden ist (sofortige Beschädigung).

● Niemals die Lichtmaschine ausbauen, wenn die Batterie nicht vorher aus dem Stromkreis genommen wurde (mindestens Minusklemme abschrauben). Andernfalls können irreparable Schäden auftreten.
● Beim Einbau der Batterie darauf achten, dass die Minusklemme an Masse angeschlossen wird.
● Niemals eine Prüflampe verwenden, die direkt an das Hauptstromnetz (110 oder 220 V) angeschlossen ist. Nur eine Prüflampe mit einer Spannungsstärke von 12 V benutzen.
● Falls eine Batterie im eingebauten Zustand mit einem Batterieladegerät aufgeladen wird, müssen die beiden Batteriekabel abgeklemmt werden. Die positive Klemme des Ladegerätes an den positiven Pol der Batterie und die negative Klemme des Ladegerätes an den negativen Pol der Batterie anschliessen. Verwechseln kann man die Klemmen kaum, da sie einen unterschiedlichen Innendurchmesser haben.
● Falsches Anschliessen der Leitungen führt zur Zerstörung der Gleichrichter und des Spannungsreglers sowie anderer elektrischer/elektronischer Bauteile.

15.3.2 Eingebaute Drehstromlichtmaschine prüfen

Während normaler Fahrt muss die Ladekontrollleuchte erlöschen. Falls dies nicht der Fall ist, liegt ein Fehler in der Drehstromlichtmaschine oder im Spannungsregler vor. Als Erstes alle Stromverbindungsanschlüsse der Drehstromlichtmaschine prüfen.
Kontrollieren, ob der Antriebsriemen einwandfrei ist. Weitere Überprüfungen sollten in einer Werkstatt durchgeführt werden, da es leicht möglich ist, dass man beim Anschliessen von Prüfgeräten an der falschen Klemme die gesamte Anlage untauglich machen kann.
Eine leichte Prüfung kann man jedoch ohne Gefahr der Beschädigung durchführen:
● Ein Voltmeter an den beiden Batterieklemmen anlegen und den Motor anlassen.
● Die Motordrehzahl bei gleichzeitiger Beobachtung des Voltmeters erhöhen und kontrollieren, dass die Anzeige zwischen 13,5 und 14,8 V liegt (Richtwerte).
● Motor weiterhin mit dieser Drehzahl laufen lassen und so viel wie möglich der Stromabnehmer einschalten. Die Spannung muss weiterhin innerhalb der angegebenen Werte verbleiben. Falls dies nicht der Fall ist, muss der Fehler im Regler liegen oder die Kohlen der Lichtmaschine sind abgenutzt. Bei hoher Anzeige (um die 20 Volt herum), können die Dioden ausgebrannt sein.
Ergibt die Prüfung, dass die Lichtmaschine defekt ist, können Sie sich günstigen Ersatz auf folgende Arten beschaffen:
● Die defekte Lichtmaschine ausbauen und in eine Autoelektrik-Werkstatt bringen. Prüfung und Reparaturen, wie das Ersetzen der Schleifkohlen oder den Einbau eines neuen Spannungsreglers, können Sie dort durchführen lassen.

15.3.3 Aus- und Einbau

Beim Ausbau der Drehstromlichtmaschine gelten im Allgemeinen die gleichen Arbeitsanweisungen, nachdem der Antriebsriemen abmontiert wurde. Erwähnen müssen wir, dass das Spannen des Antriebsriemens bei allen Ausführungen in der Werkstatt mit einem Spezialmessgerät durchgeführt wird. Im nachfolgenden Kapitel kann man jedoch einige Allgemeinanweisungen finden, nach deren Befolgung Sie den Riemen auf die ungefähre Spannung bringen können.
Beim Ausbau der LM folgendermassen vorgehen:
● Batteriekabel abklemmen.
● Die elektrischen Kabel an der Rückseite der Drehstromlichtmaschine abklemmen.
● Den Antriebsriemen ausbauen, wie es im nächsten Kapitel beschrieben wird.
● Die Befestigungsschrauben der Lichtmaschine herausdrehen und die Lichtmaschine herausnehmen. Eine Schraube sitzt oben, die andere unten.
Der Einbau geschieht in umgekehrter Reihenfolge wie der Ausbau. Der Antriebsriemen sollte am besten immer erneuert werden, da er bestimmt eine lange Betriebszeit hinter sich hat, wenn man die Lichtmaschine ausbauen musste. Den Antriebsriemen auflegen und einstellen, wie es anschliessend für den entsprechenden Motor beschrieben ist.

15.3.4 Drehstromlichtmaschine reparieren

Die Drehstromlichtmaschine und der damit verbundene Regler sollten nicht eingestellt oder repariert werden, wenn man nicht die notwendigen Erfahrungen dazu hat. Eine nicht mehr aufladende Drehstromlichtmaschine ist im Austausch gegen Rückgabe des alten Aggregates erhältlich und sollte immer eingebaut werden. Kleinere Reparaturen, wie z.B. das Erneuern der Schleifbürsten, kann man in einer Elektrowerkstatt durchführen lassen.
Die Drehstromlichtmaschine ist mit Lagern versehen, welche auf Lebenszeit geschmiert sind und keine regelmässige Wartung verlangen. Die Aussenseite der Lichtmaschine sauber halten und kein Wasser oder andere Lösungsmittel darüber laufen lassen.
Die Bürsten der Drehstromlichtmaschine laufen auf glatten Schleifringen und haben aus diesem Grund eine sehr lange Lebensdauer. Falls man ein Nachlassen der Lichtmaschinenleistung auf die Bürsten zurückführen kann, sollte man auch hier eine Elektrowerkstatt aufsuchen.

15.3.5 Antriebsriemen aus- und einbauen und erneuern

Die Verlegung des Antriebsriemens an der Vorderseite des Motors ist bei fast allen Motoren unterschiedlich, jedoch versuchen wir in der folgenden Beschreibung auf alle Motoren einzugehen.
Die verschiedenen, mit diesen Motoren am meisten in Frage kommende Anordnungen des oder der Antriebsriemen sind in Bildern 347 bis 350 gezeigt. Einige der Riemenanordnungen sind bei mehr als einem Motor eingebaut, andere sind typisch für den betreffenden Motor. Die Dieselmotoren sind mit einem so genannten dynamischen Riemenspanner versehen, welcher bei den anderen Motoren fehlt. Wie bereits

erwähnt, wird ein Messgerät zum vorschriftsmässigen Spannen des Riemens benutzt, sodass man die folgenden Anweisungen nur als behelfsmässig betrachten darf. Erfahrene Mechaniker wissen natürlich, wie stramm ein Antriebsriemen sein muss. Bei der Erneuerung des Riemens folgendermassen vorgehen

Bei allen Fahrzeugen

- Massekabel der Batterie abklemmen.
- Vorderseite des Fahrzeuges auf Unterstellböcke setzen und die Schutzverkleidung an der Unterseite abschrauben, um an alle Teile heran zu kommen. Das rechte Vorderrad abschrauben.

Fahrzeuge mit 1.8- und 2.0-Liter Benzinmotor (8 Ventile)

Bei diesem Motor kommen wieder zwei verschiedene Ausführungen in Frage, d.h. mit und ohne Klimaanlage. Die Verlegung des oder der Riemen ist Bildern 347 bzw. 348 zu entnehmen. Der Ausbau des Riemens bei eingebauter Klimaanlage ist komplizierter, da mehrere Teile ausgebaut werden müssen, um an den Riemen zu kommen.

Fahrzeuge ohne Klimaanlage (Bild 347)

- Die Schrauben (1) und (4) im Bild lockern und die Schraube (5) bis zum Anschlag anziehen. Dadurch wird die Spannrolle (2) nach oben geschoben und der Riemen wird locker und kann abgenommen werden.

Fahrzeuge mit Klimaanlage (Bild 348)

- Den oben beschriebenen Anweisungen folgen, bis man an den Riemen heran kann.
- Den Antriebsriemen (4) den Riemenspanner (5) nach aussen bewegen. Der Riemenspanner hat eine Öffnung von 3/8 Zoll, in welche man das Vierkant einer Stecknussverlängerung einsetzen kann (wie in einem Stecknusssatz kleinerer Grösse enthalten). Nachdem der Spanner vom Riemen frei ist, steckt man einen Inbusschlüssel von 4 mm in die Bohrung „a" des Riemenspanners, um ihn in dieser Lage zu halten.
- Die Schrauben (3) herausdrehen und den Riemenspanner abnehmen. Der Riemen (4) kann jetzt heruntergehoben werden.

Fahrzeuge mit 16V-Motor

Bei eingebauter Klimaanlage findet der Ausbau des Keilrippenriemens in der oben beschriebenen Weise statt. Anders sieht es bei einem Fahrzeug ohne Klimaanlage aus. In diesem Fall ist der Riemen in der in Bild 349 gezeigten Weise verlegt.

- Die beiden Schrauben (1) lockern und die Spannschraube (2) herausdrehen, bis der Riemen locker genug ist, um ihn abzunehmen. Sofort kontrollieren, dass sich die Laufrollen (3) und (4) noch leicht drehen lassen, ohne dabei Spiel aufzuweisen.

Fahrzeuge mit Dieselmotor

Bild 350 zeigt die Verlegung des Riemens bei eingebauter Klimaanlage. Aufgrund des dynamischen Riemenspanners müssen wir darauf hinweisen, dass die Erneuerung des Riemens nicht leicht ist, da dieser zum Ausbau des Riemens arretiert werden muss. Ausserdem werden das Antriebsvierkant eines Stecknusssatzes (1/2 Zoll) sowie ein mit einem 7-mm-Vierkant versehener Steckschlüssel gebraucht. Fehlt die Klimaanlage, geschieht die Verlegung des Riemens entsprechend Bild 347.

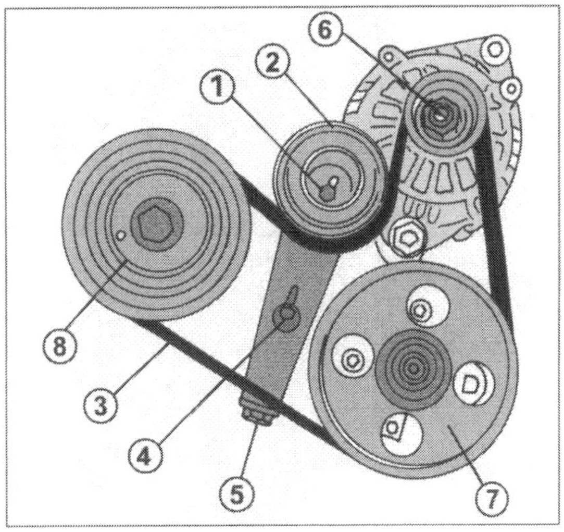

Bild 347
Der Antriebsriemen bei einem XU-Motor (8 Ventile) ohne Klimaanlage. Gilt für den 1.8-Liter-Motor sowie die 2.0-Liter-Motoren mit und ohne Abgasturbolader.

1 Schraube der Riemenspannrolle
2 Riemenspannrolle
3 Antriebsriemen (ein Riemen für alle Aggregate)
4 Feststellschraube der Riemenspannrolle
5 Einstellschraube der Riemenspannung
6 Riemenscheibe der Drehstromlichtmaschine
7 Kurbelwellenriemenscheibe
8 Riemenscheibe der Lenkhilfspumpe

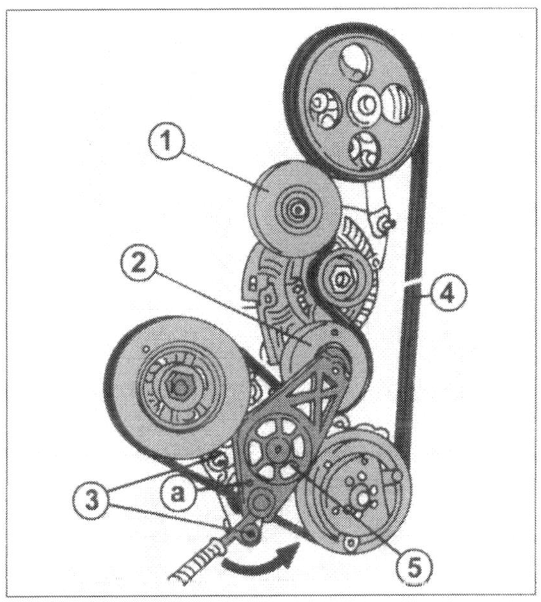

Bild 348
Der Antriebsriemen bei einem XU-Motor (8 Ventile) mit Klimaanlage. An Stelle „a" wird der 4-mm-Inbusschlüssel eingeschoben. Gilt für den 1.8-Liter-Motor sowie die 2.0-Liter-Motoren mit und ohne Abgasturbolader.

1 Führungsrolle
2 Führungsrolle
3 Schrauben der Spannvorrichtung
4 Antriebsriemen
5 Riemenspannvorrichtung

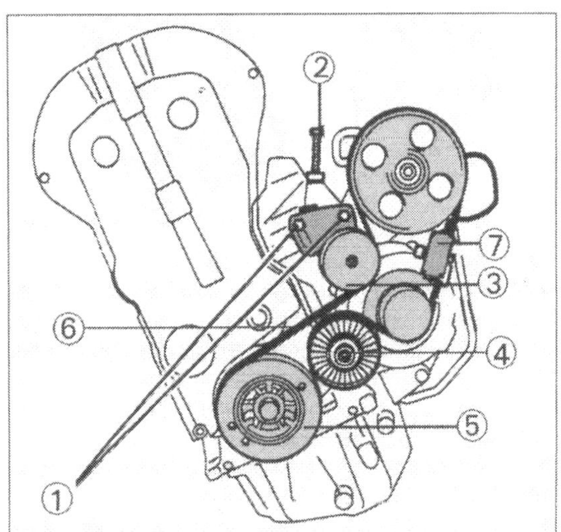

Bild 349
Anordnung des Antriebsriemens bei einem 16V-Motor ohne Klimaanlage.

1 Befestigungsschrauben, 20 Nm
2 Einstellschraube
3 Riemenführungsrolle
4 Riemenführungsrolle
5 Kurbelwellenriemenscheibe
6 Antriebsriemen
7 Spannungsmessgerät

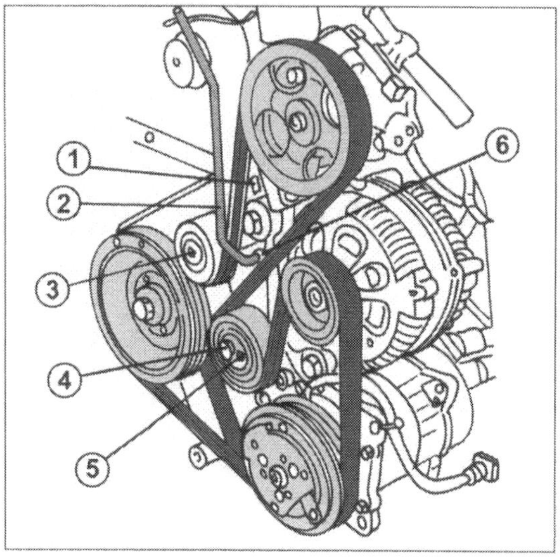

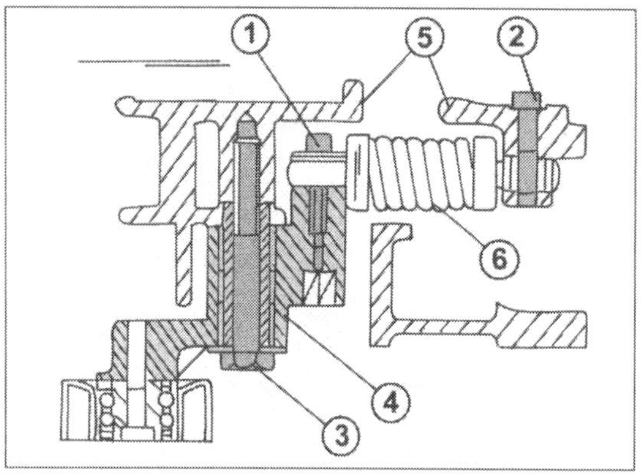

Bild 350
Anordnung des Antriebsriemens und Einzelheiten zum Aus- und Einbau des Riemens bei einem Dieselmotor mit Klimaanlage. Das untere Bild zeigt wie der dynamische Riemenspanner zusammengesetzt ist.
Oberes Bild:
1 Vierkant
2 Zum Verdrehen der Spannvorrichtung benutzter Stab
3 Riemenführungsrolle
4 Schraube, 50 Nm
5 Riemenführungsrolle
6 Arretierbohrung
Unteres Bild:
1 Schraube, 22 Nm
2 Schraube, 22 Nm
3 Schraube, 95 Nm
4 Dynamische Spannrolle
5 Drehstromlichtmaschinenaufhängung
6 Dynamische Spannvorrichtung

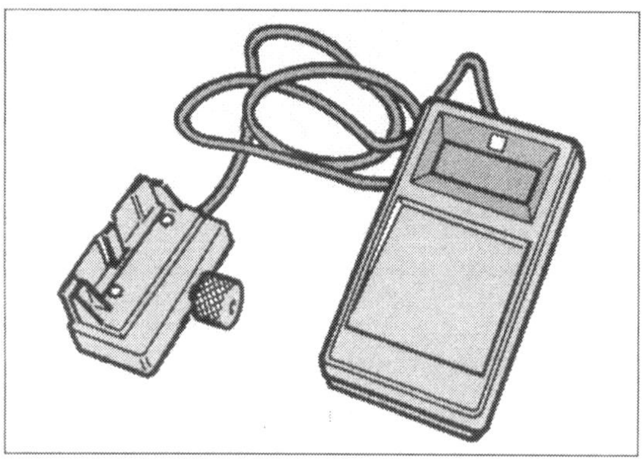

Bild 351
Das Gerät zum Messen der Antriebsriemenspannung. Es wird gegen den Riemen angesetzt und mit der Feststellschraube angeschraubt.

Fahrzeuge ohne Klimaanlage (Bild 347)
- Die Schrauben (1) und (4) im Bild lockern und die Schraube (5) bis zum Anschlag anziehen. Dadurch wird die Spannrolle (2) nach oben geschoben und der Riemen wird locker und kann abgenommen werden.

Fahrzeuge mit Klimaanlage
- Die Schraube (4) in der Mitte der Exzenterrolle (5) des dynamischen Spanners lockern.
- Die Rolle (5) muss jetzt auf eine Seite bewegt werden, bis man den im Bild gezeigten Stab in das mit (6) bezeichnete Loch und ein Loch in der Lichtmaschinenaufhängung einsetzen kann. Zum Verdrehen der Rolle muss man einen 7-mm-Vierkantschlüssel einsetzen. Der Stab ist abgebogen, damit man ihn leichter einsetzen kann, d.h. es wird möglich sein, dass man einen ähnlichen Stab benutzt, welchen man in beengtem Raum benutzen kann.
- Den Riemen von allen Riemenscheiben und Rollen herunterheben.

Hinweis: Falls der Riemen gerissen ist, muss der dynamische Spanner ebenfalls zurückgestellt werden. In diesem Fall das 13-mm-Vierkant (1) verdrehen, bis man den gezeigten Stab wie beschrieben einschieben kann. Wie aus der Beschreibung ersichtlich ist, könnte es bei der Erneuerung des Riemens Schwierigkeiten geben. *Wir schlagen deshalb vor, dass man einen solchen Riemen in der Werkstatt erneuern lässt.*

Beim Einbau des Riemens im Allgemeinen folgendermassen vorgehen:
- Den Riemen über die Riemenscheiben legen. Die Rillen des Riemens müssen einwandfrei in die Rillen der Riemenscheiben eingreifen. Danach je nach eingebautem Motor vorgehen.

Fahrzeuge mit 1.8- und 2.0-Liter-Benzinmotor (8 Ventile)
Zuerst kontrollieren, dass sich die Rolle (2) in Bild 347 sowie die Rollen (1) und (2) in Bild 348 ohne zu klemmen durchdrehen lassen. Wiederum ist das bereits genannte Spannungsmessgerät zur vorschriftsmässigen Einstellung zu benutzen. Andernfalls den Riemen auf den oben angegebenen Ausschlag einstellen. Bei der folgenden Beschreibung gilt, dass man das Messgerät in der unten stehenden Weise benutzt.
- *Bei Fahrzeugen ohne Klimaanlage* (Bild 347) die Schraube (5) lockern, um den Riemen zu spannen, und die Schrauben (1) und (4) mit 5 Nm anziehen.
- Die Kurbelwelle um vier Umdrehungen durchdrehen und die Spannung erneut ausmessen. Falls die Anzeige nicht innerhalb 60 ± 3 Seem liegt, die Schrauben (1) und (4) lockern und die Schraube (5) anziehen, bis die Spannung einstellen. Abschliessend die Schrauben (1) und (4) mit 20 Nm anziehen.

Hinweis: Der Wert gilt für einen neuen Riemen. Bei einem bereits gelaufenen Riemen wird er auf 45 Seem-Einheiten eingestellt. Wir müssen jedoch darauf hinweisen, dass das genannte Messgerät in zwei Ausführungen kommt. Weitere Einzelheiten siehe Bild 351. Ohne das genannte Messgerät ist es auch möglich, dass man den Riemen nach eigenem Ermessen spannt und die Spannung vielleicht in einer Werkstatt kontrollieren lässt. Erfahrene Mechaniker sind natürlich in der Lage die Riemenspannung zu bestimmen.

- Massekabel der Batterie wieder anschliessen und den Motor anlassen. Nachdem der Motor ca. 10 Minuten lang in Betrieb war, die Spannung des Riemens nachkontrollieren.
- *Bei Fahrzeugen mit Klimaanlage* den Riemenspanner (5) in Bild 348 montieren und die Schrauben (3) mit „Loctite" eingeschmiert einschrauben und mit 20 Nm anziehen.

● Den Riemenspanner (5) mit dem eingesetzten Stecknussvierkant in Pfeilrichtung von Bild 348 zur Seite drücken, um den an Stelle „a" eingesetzten Inbusschlüssel herauszuziehen.
● Den Riemenspanner zurücklassen, bis sich der Riemen gespannt hat. Keine weiteren Einstellungen sind erforderlich, da die Riemenspannung automatisch hergestellt wird. Abschliessend alle anderen Arbeiten in umgekehrter Reihenfolge wie beim Ausbau durchführen.

Fahrzeuge mit 2.0-Liter-16V-Motor
● *Bei Fahrzeugen mit Klimaanlage* erfolgt der Einbau des Riemens in der bei den 8V-Motoren beschriebenen Weise.
● *Bei Fahrzeugen ohne Klimaanlage* bezieht man sich auf Bild 349. Die Schrauben (1) handfest anziehen und das Messgerät für die Riemenspannung (7) an der gezeigten Laufstrecke des Riemens (6) ansetzen.
● Die Schraube (2) anziehen, bis das Messgerät eine Anzeige von 120 Seem-Einheiten bei einem neuen Riemen oder 90 Seem-Einheiten bei einem bereits gelaufenen Riemen anzeigt. In dieser Riemenstellung die beiden Schrauben (1) mit 20 Nm anziehen.
● Kurbelwelle um vier Umdrehungen in Drehrichtung durchdrehen (Messgerät vorher abnehmen) und die Spannung nachprüfen, wie es oben beschrieben wurde. Falls erforderlich weitere Nachstellungen vornehmen (Schrauben „1" lockern und auf Schraube „2" einwirken).
● Alle anderen Arbeiten in umgekehrter Reihenfolge durchführen.

Fahrzeuge mit Dieselmotor *ohne Klimaanlage*
● Das Messgerät (4) an der in Bild 352 gezeigten Stelle ansetzen. Die Schraube (1) muss locker sein.
● Die Schraube (1) anziehen, bis eine Spannung von 115 ± 10 Seom-Einheiten erhalten wird. Die Schrauben (2) und (3) mit 22 Nm anziehen und das Messgerät abmontieren.
● Die Kurbelwelle um vier Umdrehungen in Drehrichtung durchdrehen und die Riemenspannung entsprechend den obigen Anweisungen erneut kontrollieren, ohne irgendwelche der Schrauben zu lockern. Falls die Spannung nicht stimmt, entsprechende Nachstellungen wie beschrieben durchführen.
● Das Messwerkzeug abnehmen und alle anderen Arbeiten in umgekehrter Reihenfolge durchführen.

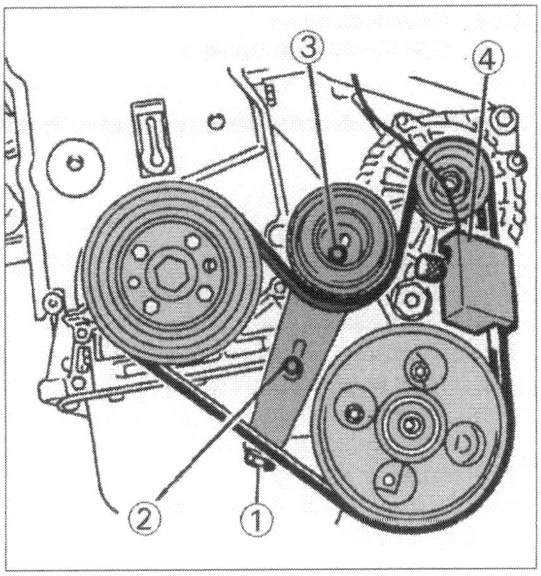

Bild 352
Das Messgerät für die Riemenspannung wird an der gezeigten Stelle angesetzt und festgeschraubt, wenn das Fahrzeug keine Klimaanlage hat.
1 Verstellschraube
2 Feststellschraube, 22 Nm
3 Feststellschraube, 22 Nm
4 Messgerät

Fahrzeuge mit Dieselmotor *mit Klimaanlage*
Bezug auf Bild 350 nehmen.
● Den Antriebsriemen entsprechend der Abbildung über die einzelnen Riemenscheiben und Rollen auflegen. Darauf achten, dass der Riemen einwandfrei mit den Rillen eingreift.
● Die Spannrolle (5) nach rechts bewegen, bis man den Stab (2) aus der Arretierbohrung (6) herausziehen kann.
● Ohne den Riemen in seiner Einbaulage zu stören, die Schraube (4) mit einem Anzugsdrehmoment von 50 Nm anziehen. Der Riemen ist einwandfrei gespannt und sollte keine Nacharbeiten erfordern.
● Die Kurbelwelle um vier Umdrehungen in Drehrichtung durchdrehen und kontrollieren, dass der Riemen richtig gespannt ist. Es muss jetzt möglich sein, dass man den Stab (2) ohne Zwang in die Bohrung (6) eingesetzt werden kann. Dies ist der Beweis einer vorschriftsmässigen Spannung.
● Alle anderen Arbeiten in umgekehrter Reihenfolge durchführen.

Hinweis – Kein Messwerkzeug vorhanden: Falls der Riemen ohne Messgerät eingestellt wird, kann man die Riemenspannung in einer Werkstatt nachkontrollieren lassen, wenn man nicht sicher ist, ob sie stimmt. Die obige Beschreibung wird Sie jedoch zur nächsten Werkstatt bringen.

15.3.6 Störungen an der Drehstromlichtmaschine

A Rote Kontrollleuchte brennt nicht beim Einschalten der Zündung

Ursache	Abhilfe
1. Batterie leer	Mit Starthilfekabeln starten oder Wagen anschleppen
2. Batteriekabel gebrochen	Batterie und Klemmen kontrollieren
3. Glühlampe defekt	Ersetzen lassen
4. Kabel zwischen Zündschloss, Kontrolllampe und Lichtmaschine unterbrochen	Stromweg mit Prüflampe kontrollieren
5. Massekabel zwischen Lichtmaschine und Motorblock unterbrochen	Kabel kontrollieren
6. Schleifkohlen abgenutzt	Erneuern
7. Spannungsregler defekt	Regler austauschen
8. Lichtmaschine defekt	Lichtmaschine reparieren lassen oder ersetzen
9. Lichtmaschine nach Motorwäsche nass geworden	Mit Pressluft ausblasen

B Rote Kontrollleuchte brennt oder glimmt bei laufendem Motor

Ursache	Abhilfe
1. Riemenantrieb schadhaft	Antrieb überprüfen
2. Kabelanschlüsse	Kontrollieren
3. Siehe A6, A7, A8	

15.4 Der Anlasser

Entweder ein von Bosch oder Valeo hergestellter Anlasser kann eingebaut sein, je nachdem, welche Aggregate während der Produktion zur Verfügung stehen. Der Anlasser wird über den Magnetschalter betätigt, indem er mit der Batterie verbunden wird. Gleichzeitig schiebt der Magnetschalter das axial bewegbare Ritzel mit Freilauf in den Starterkranz. Erst nach Einspuren des Ritzels im Starterkranz beginnt der Anlasser zu drehen. Springt der Motor an und erreicht höhere Drehzahlen als der Anlasser, so bewirkt ein Freilauf im Ritzel des Anlassers, dass der Anker nicht zu hohe Drehzahlen erreicht und damit gegen Überdrehen gesichert ist.
Wird der Anlasser erneuert, hält man sich am besten an die Empfehlungen des Lieferanten.

15.4.1 Anlasser prüfen

Um den Anlasser unter voller Batteriespannung zu kontrollieren, sind die Klemme „30" (grosse Klemme – Bosch-Anlasser) und „50" (Steckzunge rechts von der grossen Klemme) mit einem Kabel von mindestens 4,0 mm^2 Querschnitt zu verbinden.
Falls der Anlasser jetzt einwandfrei arbeitet, ist die Zuleitung zum Anlasser zu kontrollieren. Spurt der Anlasser nicht ein, muss er ausgebaut und überprüft werden.
Eine einwandfreie Prüfung des Anlassers in einer Prüfbank sollte von einer Elektrowerkstatt durchgeführt werden. Bei dieser Prüfung wird man auch feststellen können, ob sich der Anlasser überholen lässt oder erneuert werden muss.

15.4.2 Aus- und Einbau des Anlassers

- Massekabel der Batterie abklemmen.
- Wagen an der Vorderseite aufbocken.
- Leitungen vom Magnetschalter und Anlasser abklemmen.
- Die Muttern und die Schrauben der Befestigung lösen.
- Anlasser herausheben.

Der Einbau des Anlassers geschieht in umgekehrter Reihenfolge. Den Anlasser zuerst gut gegen den Montageflansch am Kupplungsgehäuse ansetzen, ehe die beiden Schrauben angezogen werden. Batterie wieder anklemmen und die Arbeitsweise des Anlassers kontrollieren.
Es wird nochmals erwähnt, dass man nur einen Anlasser für den betreffenden Motor einbauen darf. Ihre Vertragswerkstatt ist die beste Quelle, um die richtigen Informationen zu erhalten.

15.4.3 Anlasserreparaturen

Falls der Anlasser Schaden erlitten hat, ist es am besten, wenn man einen Austauschanlasser gegen Rückgabe des alten Aggregats bezieht. Dieser unterliegt der gleichen Garantie wie ein Neuteil und gibt Ihnen die erforderliche Betriebszuverlässigkeit. Ausserdem wird die Stillstandszeit des Fahrzeuges weitgehend verringert. Folgend sind jedoch einige Arbeiten angeführt, die Sie vielleicht selbst durchführen können:

- **Magnetschalter** ersetzen: Kabel zum Startermotor vom unteren Anschlussbolzen losschrauben. Den Magnetschalter vorne vom Anlassergehäuse abschrauben (Schlitzschrauben) und vom Einrückhebel aushängen. Neuen Magnetschalter in umgekehrter Arbeitsfolge einbauen.

- **Kohlebürsten** ersetzen: Den hinteren Deckel mit dem Kollektorlager abschrauben. Die Bürstenfedern abheben und die Kohlebürsten losschrauben oder ablöten. Neue Kohlen in umgekehrter Reihenfolge einbauen.

Ratgeber

Wenn der Anlasser schon einige Jahre in Betrieb ist, sollte man von Reparaturversuchen absehen und besser gleich einen Tauschanlasser einbauen. Diesen können Sie auch beim Bosch-Dienst erhalten oder in den entsprechenden Werkstätten, die sich auf Valeo-Anlasser spezialisiert haben. Andernfalls verbleibt Ihnen nur die Werkstatt.

Störungshinweis: Falls es beim Betätigen des Anlassers einmal nur „klicken" sollte, ist es möglich, dass der elektrische Kontakt am Massepol der Batterie keine einwandfreie Verbindung herstellt. Ebenfalls Anschlüsse des Massekabels an anderen Stellen kontrollieren.

15.4.4 Anlasser-Störungstabelle

A Beim Drehen des Zündschlüssels in Startstellung dreht der Anlasser langsam, gar nicht oder nur kurz

Ursache	Abhilfe
1. Kontrolllampen brennen schwach oder verlöschen:	
a) Batterie entladen	Starthilfe oder abschleppen
b) Kabelanschlüsse lose oder oxidiert	Anschlüsse kontrollieren
c) Anlasser hat Masseschluss	Anlasser überholen lassen
2. Kontrolllampen brennen hell, Klicken aus Richtung Anlasser:	
a) Kohlebürsten abgenutzt bzw. deren Anschlüsse im Anlasser gelöst	Kohlebürsten überprüfen
b) Kontakte im Magnetschalter	Magnetschalter ersetzen
c) Anlasserwicklung defekt	Anlasser überholen lassen
3. Kontrolllampen brennen, keine Geräusche vom Motor	Leitungen überprüfen

B Anlasser läuft, ohne den Motor durchzudrehen

Ursache	Abhilfe
1. Magnetschalter defekt	Ersetzen
2. Einrückvorrichtung klemmt	Anlasser überholen lassen
3. Verzahnung des Ritzels oder des Motorschwungrades beschädigt	Wagen bei eingelegtem Gang ein Stück verschieben. Startvorgang wiederholen. Andernfalls Defekt im Anlasser

C Anlasser läuft weiter, obwohl Zündschlüssel losgelassen wurde

Ursache	Abhilfe
1. Magnetschalter hängt und schaltet nicht ab	Zündung ausschalten, Magnetschalter erneuern
2. Einrückvorrichtung klemmt	Anlasser überholen lassen
3. Zünd-/Anlassschalter defekt	Schalter erneuern

D Ritzel spurt nach Anspringen des Motors nicht aus

Ursache	Abhilfe
1. Rückstellfeder des Einrückhebels lahm oder gebrochen	Zündung sofort ausschalten. Anlasser überholen lassen
2. Zahnkranz beschädigt	Ersetzen lassen oder das Schwungrad erneuern

15.5 Die Beleuchtung

Nacht und Nebel machen dem Fahrer das Leben schwer, da ist gutes Licht von höchster Wichtigkeit. Einerseits, damit Sie sehen, wohin Sie fahren und andererseits, damit andere Verkehrsteilnehmer rechtzeitig Ihr Fahrzeug erkennen. Im Innenraum sorgen viele Lämpchen für gutes Zurechtfinden bei Nacht.

Ständige Kontrolle der Beleuchtung
Der Gesetzgeber schreibt vor, dass Sie sich vor Antritt jeder Fahrt vergewissern müssen, ob auch alle Lampen am Auto brennen. So häufig wird wohl kaum jemand die Beleuchtung prüfen, aber einmal in der Woche ist andererseits auch nicht zu viel verlangt. Bei Dunkelheit geht die Kontrolle am einfachsten vor sich. In einer Kolonne reflektieren Vordermänner das Licht beider Abblendscheinwerfer oft durch die Stossstange oder die Lackierung.

Ersatzglühbirnen sollten mitgeführt werden
Immer sollte ein entsprechend gefüllter Ersatzlampenkasten an Bord sein, damit Sie unterwegs einen Lampendefekt beheben können. Als Ersatzlampen für Ihr Fahrzeug benötigen Sie Halogen-Zweifadenlampen für Fern- und Abblendlicht (H4 55/60 W), Halogen-Einfadenlampe H3 für die Nebelscheinwerfer, Birnen für die Blinkleuchten vorn und hinten (21 W), Rückfahrleuchte (21 W), Nebelschlussleuchte (21 W), Birne für das Standlicht (5 W), die Schluss/Bremsleuchten (21/5 Watt), die Kennzeichenleuchten (5 W), Seitenblinkleuchten (5 W) und andere Birnen, die Sie aber mehr Gründen des Komforts mitführen sollten.

15.5.1 Erneuerung von Glühbirnen der Aussenbeleuchtung

Die folgenden Anweisungen müssen immer beachtet werden, ganz gleich, welche Glühbirne oder Glühlampe man erneuert:

- Immer die Batterie abklemmen.
- Falls man eine durchgebrannte Glühbirne während einer Fahrt ersetzt, daran denken, dass sie und die Birnenfassung sehr heiss sind.
- Falls die Birne schon sehr lange in Betrieb war, ist es möglich, dass sich an der Birnenfassung Korrosion gebildet hat. Vor Einsetzen der neuen Birne entfernen.
- Birnen mit Renkverschluss nach innen drücken und verdrehen.
- Den Glaskörper der Glühbirne nicht mit den blossen Fingern anfassen. Ein Papiertaschentuch eignet sich am besten zum Einsetzen der Glühbirne.
- Und schliesslich – immer die Glühbirne mit der richtigen Wattstärke einsetzen.

Scheinwerferglühlampe erneuern
Die folgenden Anweisungen gelten im Allgemeinen für alle Fahrzeuge. Spezifische Anweisungen werden Sie durch die Angaben in der Betriebsanleitung ersetzen können.

- Motorhaube öffnen und an der Rückseite des Scheinwerfers die Federspange zurückklappen. Die freigewordene Abdeckung abnehmen.
- Den Kabelstecker von der Rückseite des Reflektors abziehen. Die beiden Enden der Federspange für die Birnenhalterung aus dem Eingriff bringen und die Glühlampe herausziehen.
- Die neue Glühlampe (H4) einsetzen, sodass die Führungsnasen in die Ausschnitte im Scheinwerfer kommen. Birne vollkommen eindrücken und mit der Haltefeder befestigen. Den Mehrfachstecker wieder aufstecken.
- Scheinwerferabdeckung anbringen und mit der Federspange befestigen.
- Die Scheinwerfereinstellung sollte stimmen, wenn man nur die Glühlampe ersetzt hat.

Glühlampe der Standleuchte erneuern

- In der oben beschriebenen Weise vorgehen, bis der Mehrfachstecker vom Scheinwerfer abgezogen wurde.
- Die kleine Birnenfassung erfassen und um eine Viertelumdrehung verdrehen, bis sie frei ist und herausgezogen werden kann. Die Glühlampe kann jetzt aus der Fassung gezogen werden.
- Neue Birne in umgekehrter Reihenfolge einsetzten. Der Dichtring der Birnenfassung muss noch in gutem Zustand sein.

Glühlampe der vorderen Blinkleuchte erneuern
Die gesamte Blinkleuchte muss nach vorn herausgezogen, jedoch in der Innenseite gelöst werden.

- Bei geöffneter Motorhaube am Kotflügel über der Blinkleuchte mit einem kleinen Schraubendreher von oben auf die Rastsperre zwischen dem Scheinwerfer und dem Kotflügel drücken und die Leuchte von der Aussenseite herausziehen, bis man den Kabelstecker abziehen kann.
- Die Birnenfassung nach links verdrehen und aus der Blinkleuchte herausziehen. Die Glühlampe nach innen drücken, nach links verdrehen und herausziehen.
- Der Einbau findet in umgekehrter Reihenfolge statt. Die Blinkleuchte in das Gehäuse einsetzen und fest aufdrücken, bis sie einschnappt.

15.5.2 Aus- und Einbau der Leuchten

Scheinwerfer erneuern
Da die Erneuerung immer eine Einstellung der Scheinwerfer zur Folge hat, und diese in einer Elektrowerkstatt oder in einer Vertragswerkstatt durchgeführt werden muss, sehen wir im Allgemeinen von einer Beschreibung der Arbeiten ab.

Etwas über die Scheinwerfereinstellung
Die Einstellung der Scheinwerfer erfolgt von der Rückseite. Die Scheinwerfer müssen mit einem optischen Gerät eingestellt werden. Um die strikten Gesetze nicht zu verletzen sehen wir deshalb von einer Beschreibung ab.
Die billige, bisweilen sogar kostenlose Einstellarbeit überlässt man der Werkstatt, einer Tankstelle oder

dem mobilen Prüfstand eines Autoclubs. Alle Fahrzeuge sind mir einer Leuchtweitenverstellung versehen, welche Ihnen ja bekannt sein wird. Dies abgesehen von der motorisierten Leuchtweitenverstellung, welche bei verschiedenen Modellen eingebaut ist. Der kleine Hebel an der Rückseite der Scheinwerfer ermöglicht Ihnen, die Scheinwerfer entsprechend der im Fahrzeug geführten Lasten zu stellen. Die Stellung der Hebel werden Sie durch Ihre Betriebsanleitung kennen.

15.6 Windschutzscheibenwischer

15.6.1 Scheibenwischerblatt erneuern

Nach etwa einem halben Jahr ist das Wischergummi so weit verschlissen, dass es besonders auf einer verregneten Nachtfahrt nicht mehr für einen verkehrssicheren „Durchblick" sorgen kann. Entscheiden Sie sich, ob das komplette Wischerblatt oder nur der Wischergummi erneuert werden soll. Zuerst den Wischerarm ausbauen:

- Zündung ausschalten, kontrollieren, dass die Scheibenwischerblätter in der richtigen Stellung „geparkt" sind und die Batterie abklemmen.
- Die Abdeckkappe am Wischerlager zurückklappen.
- Die Mutter des Scheibenwischerarms entfernen.
- Den Wischerarm an der Gelenkstelle halten und von der Spindel herunterziehen. Darauf achten, dass der Arm nicht auf die Windschutzscheibe aufschlagen kann. Sie müssen darauf vorbereitet sein, dass der Wischerarm klemmt. In diesem Fall die Mutter nur bis zum Ende der Spindel abschrauben und den Arm durch Hin- und Herwackeln locker machen.

Die Wischergummi können getrennt erneuert werden. Verschiedene Firmen stellen Wischerblätter für alle gängigen Fahrzeugmodelle her. Wir schlagen vor, dass Sie sich in Ihrem Autozubehörgeschäft darüber erkundigen. In den meisten Fällen können Sie die Gummi durch die gut erklärten Montageanweisungen ohne jegliche Schwierigkeiten montieren.

Der Einbau des Wischerarms geschieht in umgekehrter Reihenfolge des Ausbaus. Den Wischerarm auf die Spindel aufstecken, wenn diese in der Ruhestellung (Parkstellung) steht. Nach dem Einbau kontrollieren, dass der Wischerarm seinen vorgeschriebenen Wischbogen ausführt.

Falls Sie es nicht wissen sollten: Falls bei starkem Schneetreiben der Wischerarm nicht mehr in die Endstellung zurückkehren kann, steht der Wischermotor weiterhin unter Spannung und die Wicklung kann durchbrennen, wenn man dies eine geraume Zeit zulässt. In diesem Fall so schnell wie möglich anhalten und den Wischerarm von der Scheibe abheben, damit er wieder in die Endposition zurückkehren kann. Hält das Wischerblatt jedoch in der Mitte der Scheibe an, wenn die Zündung ausgeschaltet wird, ist dies nur ein Schönheitsfehler, welcher keinen Schaden anrichtet. Zündung erneut einschalten. Der Wischer wird jetzt in die Ruhestellung zurückkehren.

15.6.2 Aus- und Einbau des Wischersystems

Der Ausbau des gesamten Scheibenwischersystems ist eine umfangreiche Arbeit. Da es jedoch kaum vorkommen sollte, verzichten wir auf die Beschreibung.

15.7 Instrumente und Geräte

Nachfolgend führen wir einige der im Armaturenbrett sitzenden Kontrollleuchten und Instrumente an. Normalerweise wird die Funktion dieser Anzeigen als selbstverständlich angesehen. Beim Kauf eines Zweithandwagens in späteren Jahren sollten Sie jedoch die einzelnen Anzeigen in der angegebenen Reihenfolge kontrollieren. Die Aufstellung bezieht sich nur auf die hauptsächlichsten Teile. Bild 353 zeigt das Armaturenbett am Beispiel der Citroën-Minivan-Ausführung. Bei den Lieferwagen sieht es nicht so umfangreich aus.

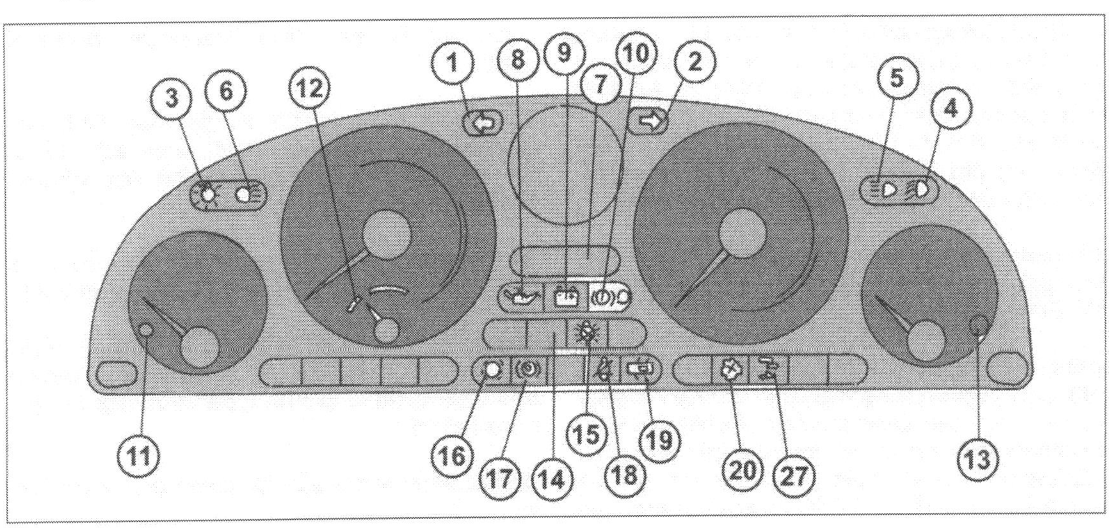

Bild 353
Das Armaturenbrett bei der Ausführung Citroën-Minivan.

Blinkleuchtenkontrolle (1 und 2, grün): Die Pfeile müssen beim Richtungsblinken einzeln und beim Einschalten der Rundumwarnblinkanlage zusammen aufleuchten. Ungleichmässiges Blinken und gleichzeitiges Blinken weist auf einen Ausfall einer Birne hin.

Stand- und Schlussleuchten (3, grün): Sind diese eingeschaltet, leuchtet die Kontrollleuchte oben links auf.

Scheinwerferabblendlicht (oben rechts, 4, grün): Gibt die Einschaltweise der Scheinwerfer an, wenn diese auf Abblendlicht geschaltet sind.

Fernlichtkontrolle (oben rechts, 5): Beim Lichthupen und bei Fernlicht muss das blaue Licht aufleuchten.

Nebelschlusslicht-Kontrolle (oben links, 6, orangefarben): Das Lämpchen muss aufleuchten, wenn die Lampe eingeschaltet ist. Auch vorn eingebaute Nebelleuchten haben eine Warnleuchte. Beide Warnleuchten sitzen auf der linken Seite der Instrumententafel.

Stop-Leuchte (Mitte, 7, rot): Leuchtet beim Bremsen auf.

Öldruckanzeige und Ladekontrollleuchte: Öldruckkontrollleuchte (8, rot) und Ladekontrollleuchte (9, rot) werden durch die entsprechenden Symbole angegeben. Sollten die Öldruckkontrollleuchte während der Fahrt aufleuchten, sofort anhalten und den Ölstand kontrollieren. Stimmt dieser, abschleppen lassen. Sollte die Ladekontrollleuchte aufleuchten, bedeutet dies, dass die Batterie nicht mehr aufgeladen wird.

Bremskontrolle (10, rot): Leuchtet bei gezogener Feststellbremse und bei fehlender Bremsflüssigkeit auf und ist mit dem entsprechenden Symbol gezeichnet (ca. in der Mitte). Falls der Handbremshebel nicht angezogen ist und die Leuchte ist erhellt, sofort den Stand der Bremsflüssigkeit kontrollieren und berichtigen. Kommt dies öfters vor, muss man die Anlage auf Leckstellen überprüfen (überprüfen lassen).

Kraftstoffanzeige (auf der linken Seite, 11, orangefarben): Bei eingeschalteter Zündung wird entsprechend angezeigt. Die Nadel steht im Verhältnis zur Gesamtfüllmenge des Tanks. Sind weniger als 5 bis 7 Liter im Tank, erleuchtet die Warnleuchte in der Tankuhr. Ein Flickern der Warnleuchte, hauptsächlich in Kurvenfahrten, zeigt Ihnen, dass es Zeit zum Auftanken wird.

Ölstandanzeige (unter dem rechten Instrument, 12, orangefarben): Warnt wenn der Ölstand des Motors in der Gefahrenzone liegt.

Kühlmittel-Temperatur (auf der rechten Seite, 13, rot): Unter Ausnahmebedingungen darf die Anzeigenadel bis zur roten Marke wandern. Bei höheren Temperaturen kocht das Kühlmittel auch im Überdruck-Kühlsystem, was ebenfalls durch eine Warnleuchte angezeigt werden kann. In diesem Fall anhalten, den Motor abstellen und dann ein oder zwei Minuten im Leerlauf laufen lassen. Dann überprüfen. Grund der Störung:

- Steigt die Anzeige nur kurzfristig bis zur roten Marke, kann man dies bei Vollgas-, Berg- oder Kolonnenfahrten bei grosser Hitze als normal ansehen.
- Nach dem Abstellen eines heissen Motors klettert die Nadel ins Rote.
- Die Wasserpumpe ist ausgefallen.
- Kühlmittelstand zu niedrig. Kontrollieren.
- Der Thermostat klemmt. Zur Kontrolle den Kühler anfühlen. Ist dieser kalt und der Thermostat ist heiss, hat man eine gute Anzeige dafür.
- Schaltet der Lüfter oder die Lüfter aus- und ein? Ist die Sicherung durchgebrannt?
- Der Kühler ist verstopft und muss gereinigt werden.

Eine Leuchte unter dem Fernthermometer leuchtet auf, wenn der Motor überhitzt. Sofort anhalten (siehe oben, Kühlwasser kocht).

Die Leuchte (14) wird nicht benutzt.

Warnleuchte für ausgefallene Glühbirnen (15, orangefarben): Selbsterklärend.

Bremsbelag-Verschleissanzeige (16, orangefarben): Leuchtet beim Bremsen, wenn die Bremsklötze vorn oder auch vorn und hinten bis auf den Mindestwert abgenutzt und reif zum Austausch sind.

ABS-Kontrolle (17, orangefarben): Die Kontrolle für das Antiblockiersystem leuchtet mit dem Einschalten der Zündung auf (nicht lange). Dreht der Motor oder spätestens, wenn schneller als 5 km/h gefahren wird, muss die Leuchte verlöschen.

Sicherheitsgurt-Warnleuchte (18, rot): Leuchtet bei eingeschalteter Zündung auf, bis man sich „angeschnallt" hat.

Tür-Warnleuchte (19, rot): Ist erleuchtet, bis alle Türen einwandfrei geschlossen sind.

Fehleraufzeichnungs-Warnleuchte (20, orangefarben): Leuchtet auf, wenn in der elektrischen Anlage eine Störung aufgetreten ist (falls der Stromabschnitt durch das Fehleraufzeichnungssystem überwacht wird).

Störungswarnleuchte (21, orangefarben): Erfüllt den gleichen Zweck wie Leuchte 20, überwacht jedoch die elektronischen Bauteile in bestimmten Sektoren des Fahrzeuges.

Tachometer: Schon kurz nach dem Anfahren muss sich die Anzeigenadel bewegen (arbeitet elektrisch).

Kilometerzähler und Tageskilometerzähler müssen sich mit der Fahrstrecke weiterdrehen. Funktioniert die Rückstellung des Tageskilometerzählers per Knopfdruck?

Drehzahlmesser: Gibt die Umdrehungen des Motors an.

Die **Uhr** läuft äusserst genau. Sie erhält ständig Strom. Wird die Batterie abgeklemmt, bleibt die Uhr stehen und muss neu gestellt werden.

Airbag-Kontrollleuchte: Mit dem Einschalten der Zündung leuchtet sie für einige 10 Sekunden. Verlöscht die Leuchte, ist der Airbag funktionsbereit.

Kontrollleuchte für Vorglühanlage: Muss beim Einschalten der Zündung und kaltem Motor aufleuchten. Andernfalls Werkstatt. Nach Ablauf der Vorglühzeit verlöscht die Leuchte. Motor sofort anlassen. Bei warmen Motor leuchtet die Lampe nicht auf.

Heckscheiben-Heizung: Leuchtet bei eingeschalteter Heizung das Kontrolllicht im Schalter?

Warnleuchte – Kondenswasser im Kraftstofffilter: Nur beim Dieselmotor, später weggelassen. Durch Aufleuchten der Lampe wird Vorhandensein von Wasser im Filter angezeigt.

15.8 Die Sicherungen

Die Sicherungen sind in einem Sicherungskasten untergebracht. Der Sicherungskasten ist mit einem Deckel verschlossen. Je nach Modell ist die Sicherungsbestückung nicht bei allen Ausführungen gleich. Auf jede einzelne einzugehen ist nicht die Absicht dieser Anleitung, vor allem, da immer die Möglichkeit besteht, dass die Anordnung der Sicherungen innerhalb der behandelten Baujahre geändert wird. Zu sagen wäre, dass sich eine Sicherungsdose neben der Batterie (mit verschiedenen Relais) im Motorraum, eine weitere ohne Relais im Motorraum und eine weitere im Beifahrerraum befindet.
Auf der Innenseite der Abdeckung finden Sie die Sicherungstabelle, in Symbolen ausgedrückt. Die Stärke der Sicherungen ist unterschiedlich und liegt zwischen 5 A und 30 A und sind mit Farbe gezeichnet. Auch hier raten wir Ihnen, dass Sie sich in der Werkstatt erkundigen, wenn eine Sicherung erneuert werden soll. Zu beachten ist jedoch, dass bestimmte Sicherungen ausser dem gut erkennbaren und übersetzbaren Symbol auch andere Stromabnehmer schützen.

Eine Sicherung brennt selten wegen Überlastung durch. Entweder wird bei Basteleien ein Kurzschluss verursacht, oder ein Gerät ist schadhaft. Meist ist irgendwo eine Verbindung zur Fahrzeugmasse entstanden. Wird der Fehler nicht gefunden, nützt der Austausch einer durchgebrannten Sicherung nichts.

- Mit dem Schaltplan klären, wann die Sicherung Strom erhält. Dies kann entweder ständig sein oder erst bei entsprechender Zündschlüsselstellung. Klären Sie, welche Verbraucher an die Sicherung angeschlossen sind.
- Statt einer neuen Sicherung verwendet man nun ein Drahtstück und überbrückt die beiden Halteklemmen der Sicherung ganz kurz (ca. 1 Sekunde). Funkt es kräftig, besteht im entsprechenden Zweig der Fahrzeugelektrik irgendwo ein Kurzschluss. Nacheinander versuchsweise die Leitungsverbindungen zu den angeschlossenen Verbrauchern auftrennen. Verschwindet das starke Funken, am gerade abgeklemmten Verbraucher den Fehler weiter suchen.
- Funkt es beim Überbrücken nicht gleich, den Zündschlüssel so weit drehen, bis an die Sicherung Strom gelangt – Nachweis mit einer Prüflampe. Entsteht beim Überbrücken nun der starke Funke, wie beschrieben die Verbraucher durchprüfen.
- Bisweilen entsteht der Kurzschluss erst dann, wenn der defekte Verbraucher eingeschaltet wird (z.B. Heckscheibenheizung, Scheibenwischer, Blinklichter, Bremslichter usw.). Die „Funkenprobe“ wird dann schwieriger, und es ist mehr Erfahrung nötig – vielleicht sollte hier ein Autoelektriker hinzugezogen werden. Leichteres Funken ist jetzt normal, weil ja ein Strom zum eingeschalteten Verbraucher fliesst. Starkes Funken deutet hingegen weiter auf einen Kurzschluss hin. Verwendet man statt der Drahtbrücke ein Amperemeter im etwa 30-Ampere-Bereich, kann man dies besser klären. Schlagartiger Vollausschlag des Zeigers zeigt den Kurzschluss an (Messkabel sofort wieder wegziehen).

Ratgeber: Wenn ein Stromverbraucher ausfällt, liegt es bisweilen auch daran, dass die Haltezungen der betreffenden Sicherung lose oder oxidiert sind, sodass der Strom nicht hindurchfliessen kann. Sicherungen herausnehmen, Haltezungen sauberkratzen und neue Sicherung einsetzen.

16 Die Auspuffanlage

Die Auspuffanlage ist ein wichtiger Teil des Motors. Sie hat die Aufgabe, die Schadstoffe im Abgas möglichst gering zu halten (Katalysatorbetrieb). Ausserdem reduziert sie die Geräusche, die bei der Verbrennung entstehen, auf ein Minimum. Alle in dieser Ausgabe behandelten Modelle sind ab Werk mit einer mehrteiligen Auspuffanlage ausgestattet. Das Ersatzteillager Ihrer Werkstatt und auch Auspuffzentren haben die verschieden Teile im Ersatzteillager. Das hat den Vorteil, dass Sie bei einer Reparatur auch einzelne Abschnitte der Auspuffanlage erneuern können.
Die Benzinmotoren sind mit einem geregelten Dreiwege-Katalysator ausgerüstet. Die Bezeichnung „geregelt“ weist darauf hin, dass die Verminderung der Schadstoffe durch die Zusammensetzung des Kraftstoff/Luft-Gemisches beeinflusst (geregelt) wird. Dazu sitzt am Einlassrohr des Katalysators die Lambda-Sonde, die den Sauerstoffanteil im Abgas ständig misst. Nach diesen Messwerten gibt das Steuergerät den Befehl zum Anreichern oder Abmagern des Kraftstoff/Luft-Gemisches. Das geschieht in rasch wechselnder Folge: Luftüberschuss zur Verbrennung der Kohlenwasserstoffe, Luftmangel zur Verringerung der Stickoxide. Die aus dieser Mischung entstehenden Abgase gelangen in den Katalysator, der sie nahezu vollständig in Stoffe wie Kohlendioxid, Wasserdampf und Stickstoff umwandelt. Ausserdem gibt es auch Fahrzeuge ohne Katalysator.

Im Auspuffsystem des Dieselmotors ist ein so genannter Oxidationskatalysator (entspricht ungeregeltem Katalysator) eingebaut. Er verringert die Emissionen von Kohlenwasserstoffen und Kohlenmonoxid um bis zu 50 Prozent. Der Katalysator ist zwar kein Russfilter, trotzdem spielt er auch bei der Reduktion der Russpartikel eine wichtige Rolle. Die gasförmigen Kohlenwasserstoffe lagern sich nämlich normalerweise an die festen Russteilchen an und erhöhen so die ausgestossene Partikelmenge. Da die Kohlenwasserstoffe aber bereits im Katalysator oxidieren, können sie sich nicht mehr mit dem Russ verbinden. Ausserdem gibt es auch Fahrzeuge mit Dieselmotor und ohne Katalysator.

Tipps für die Arbeit an der Auspuffanlage
Die folgenden Anweisungen gelten im Allgemeinen bei allen Arbeiten an der Auspuffanlage, ganz gleich um welches Fahrzeug es sich handelt.

- Auf rostigem Blech können Sie nicht mehr richtig schweissen. Der Erfolg von Reparaturen an einer durchgerosteten Auspuffanlage ist daher meist nur von kurzer Dauer. Auspuffkitt und Bandagen halten zwar recht lange, aber das Blech bricht dann bald neben der Reparaturstelle aus. Bei Auspuffanlagen mit mehr als einem Schalldämpfer kommt es häufig vor, dass nach dem Austausch des ersten wenige Monate später auch der zweite den Geist aufgibt. Werkstätten wechseln deshalb die Auspuffanlage in der Regel komplett aus. Das muss jedoch nicht immer sein. Prüfen Sie den Zustand der Anlage genau und entscheiden Sie erst dann, ob Sie einzelne Teile oder das ganze System austauschen.
- Der Wagen muss absolut sicher aufgebockt sein. Er soll schliesslich nicht kippen, wenn Sie heftig an den Rohren drehen oder ziehen.
- Wenn sich beim Ausbau eine Verbindung nicht lösen lässt, sollten Sie sie durch Überdrehen abreissen. Beim Einbau grundsätzlich neue Schrauben und Muttern verwenden.
- Haltegummis zur Sicherheit ebenfalls gleich austauschen.
- Die Rohre werden durch kräftige Drehbewegungen oder Hammerschläge getrennt.
- Falls Sie damit keinen Erfolg haben, sägen Sie die Rohrverbindung des defekten Schalldämpfers knapp 10 Zentimeter hinter der Verbindungsstelle ab. Den

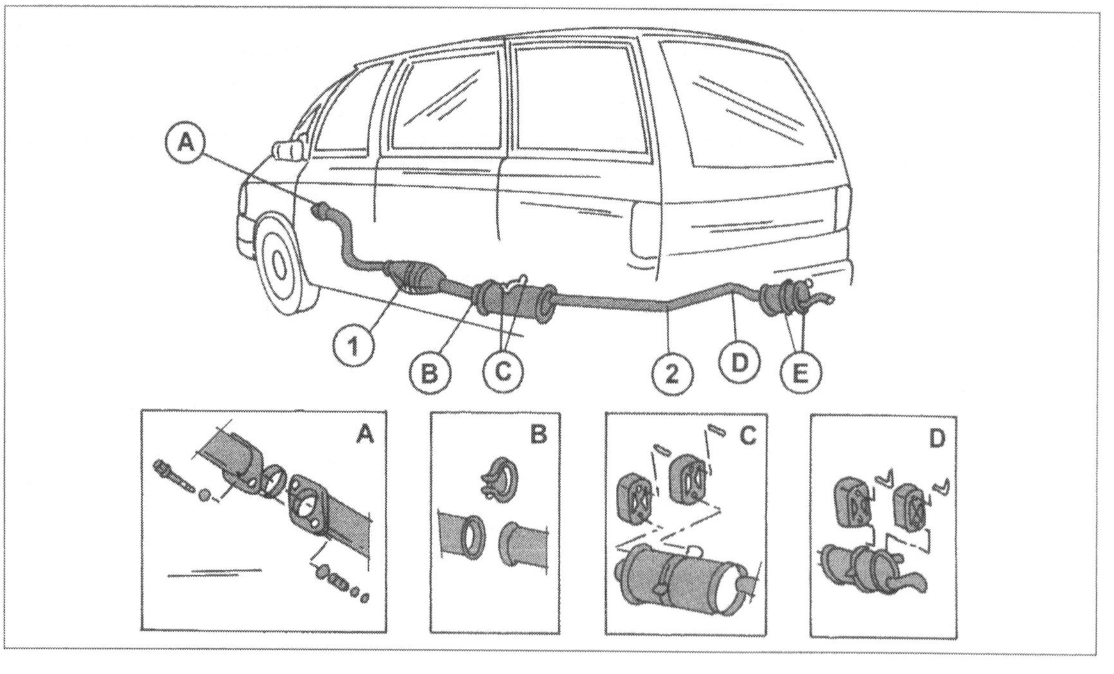

Bild 354
Die Anordnung der Auspuffanlage bei eingebautem Katalysator.
1 Katalysator
2 Zwischenrohr mit hinterem Schalldämpfer
A Befestigung des Katalysators
B Katalysatorbefestigung am Zwischenrohr
C Schalldämpferbefestigung, vorn
D Schalldämpferbefestigung, hinten
E Schnittstelle zur Erneuerung der Schalldämpfer

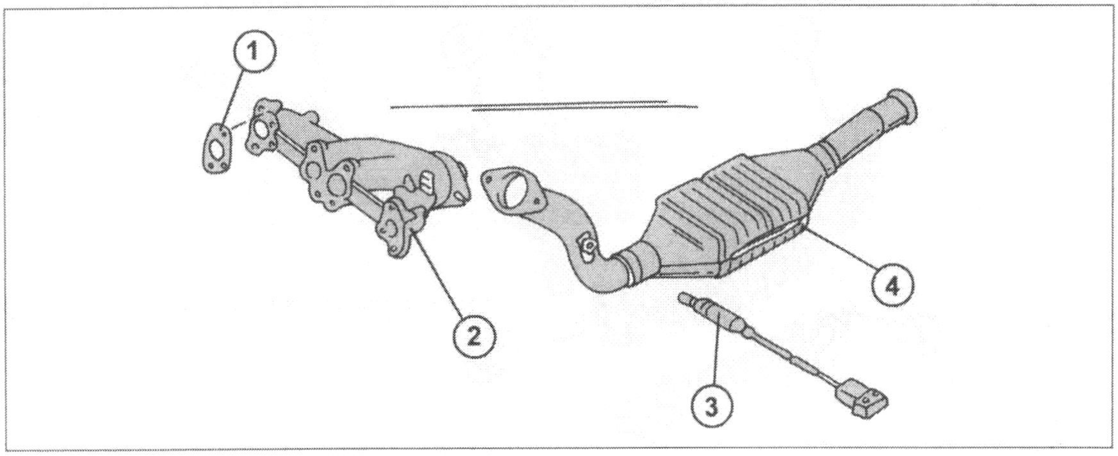

Bild 355
Vorderer Abschnitt der Auspuffanlage bei einem XU-Motor ohne Abgasturbolader.
1 Auspuffkrümmer-dichtung
2 Auspuffkrümmer
3 Lambda-Sonde mit Kabel und Stecker
4 Katalysator

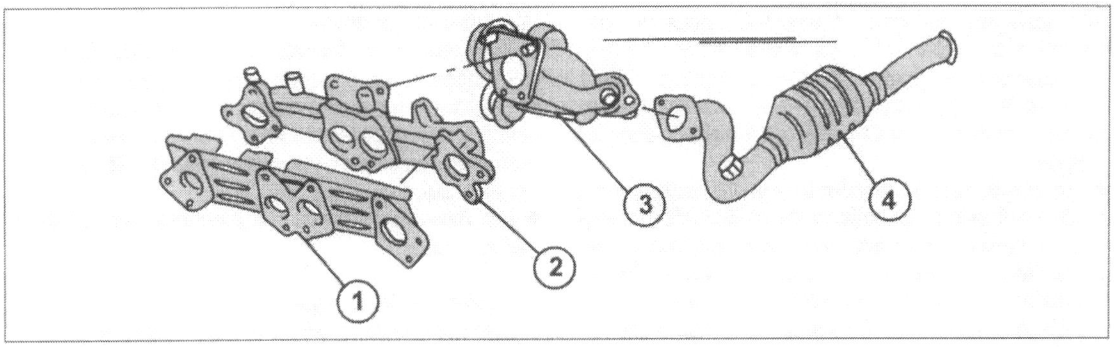

Bild 356
Vorderer Abschnitt der Auspuffanlage bei einem XU-Motor mit Abgasturbolader.
1 Auspuffkrümmer-dichtung
2 Auspuffkrümmer
3 Abgasturbolader
4 Katalysator

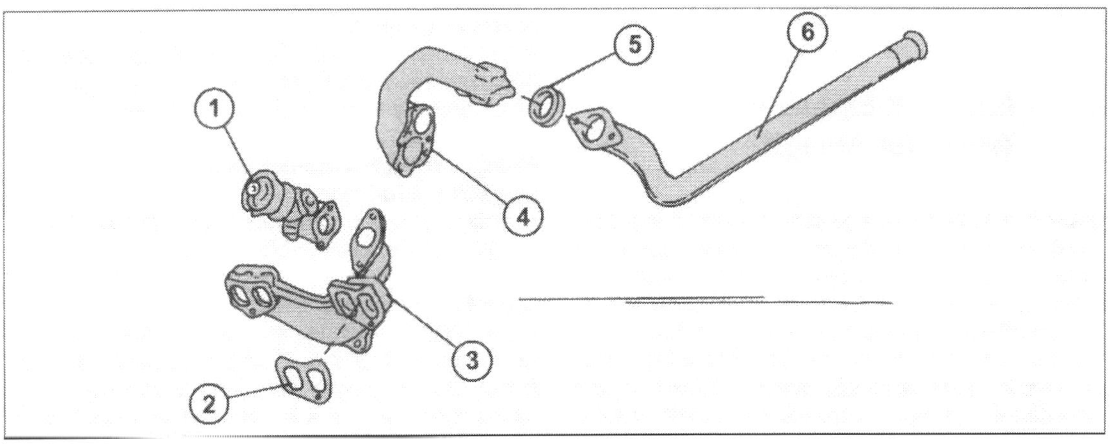

Bild 357
Vorderer Abschnitt der Auspuffanlage bei einem 1.9-Liter-Dieselmotor (XUD9).
1 Abgasrückführungsventil
2 Auspuffkrümmer-dichtung
3 Auspuffkrümmer
4 Auspuffrohrknie am Turbolader
5 Dichtung
6 Zwischenrohr zum hinteren Schalldämpfer

Rest des Rohres mit der Metallsäge in Längsrichtung aufsägen und mit einem kräftigen Schraubenzieher aufhebeln.

- Die Verschraubungen der Auspuffanlage lassen sich beim nächsten Mal leichter lösen, wenn Sie die Gewinde beim Einbau mit Kupferfett bestreichen. Das gilt auch für die Rohrverbindungen.

Aufgrund der vielen in dieser Ausgabe behandelten Fahrzeugmodelle gibt es offensichtlich Unterschiede in der Ausführung der Auspuffanlage, wobei auch der Aus- und Einbau von Teilen der Anlage beeinflusst wird.

- Bei eingebautem Benzinmotor besteht die Anlage aus drei Abschnitten, dem vorderen Rohr mit dem Katalysator, einem mittleren Rohr mit dem Hauptschalldämpfer und dem Endrohr mit dem Nachschalldämpfer. Die Zusammensetzung eine typischen Auspuffanlage ist in Bild 354 gezeigt. Zu beachten ist, dass das Rohr mit dem Katalysator nicht in alle Modelle eingebaut werden kann. Über den Teilen der Auspuffanlage sind verschiedene Wärmeschutzschilder angebracht, die jedoch bei allen Ausführungen gleich sind. Sie sind über dem vorderen Schalldämpfer, dem hinteren Schalldämpfer, unter dem Kraftstofftank und der Lenkung montiert. Auch der hintere Abschnitt der Anlage ist bei allen Ausführung gleich, zumindest ähnlich. Unterschiede sind jedoch im vorderen Abschnitt zu finden, auf welche wir kurz eingehen:
- Bei eingebautem 1.8- und 2.0-Liter-Motor mit 8 Ventilen setzt sich der vordere Abschnitt aus den in Bild 355 gezeigten Teilen zusammen.
- Bei eingebautem 2.0-Liter-Motor mit Abgasturbolader muss man sich an Bild 356 halten.
- Bei eingebautem Dieselmotor mit der Bezeichnung XUD9 (alle Motoren) entspricht die Anlage der in Bild

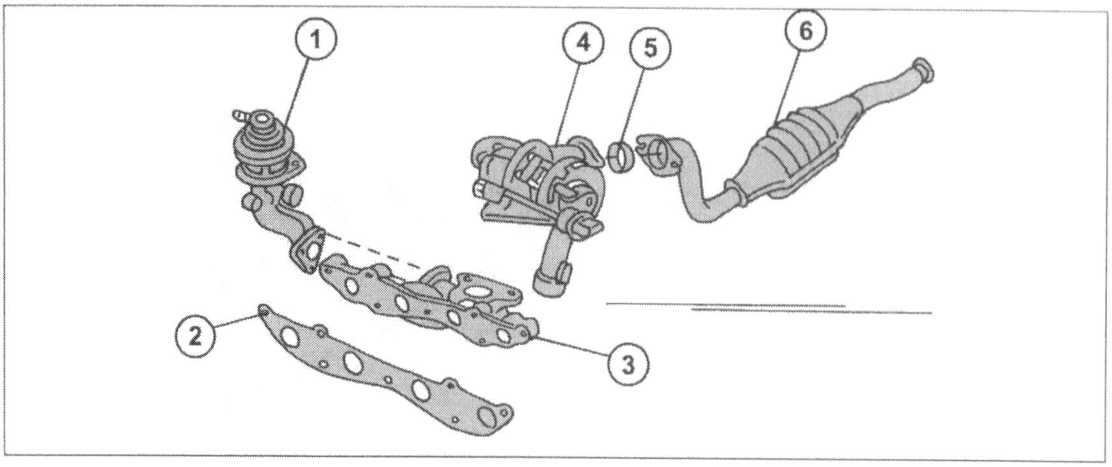

Bild 358
Vorderer Abschnitt der Auspuffanlage bei einem 2.1-Liter-Dieselmotor (XUD11).
1 Abgasrückführungsventil
2 Auspuffkrümmerprüfung
3 Auspuffkrümmer
4 Abgasturbolader
5 Dichtring
6 Oxidationskatalysator

357 gezeigten, mit dem Unterschied, dass der getrennte Katalysator fehlt, da dieser in den Hauptschalldämpfer eingesetzt ist oder direkt mit dem Rohr mit dem Schalldämpfer verbunden wird. Bei diesem Motor gehört auch das Abgasrückführungsventil zur Anlage.

● Bei eingebautem Dieselmotor mit der Bezeichnung XUD11 entspricht die Anlage der in Bild 358 gezeigten, mit dem Unterschied, dass bei diesem Motor ein Katalysator eingebaut ist, der mit dem Hauptschalldämpfer verbunden wird. Bei diesem Motor gehört ebenfalls das Abgasrückführungsventil zur Anlage.

16.1 Aus- und Einbau von Teilen der Anlage

Jeder Abschnitt der Anlage kann getrennt ausgebaut werden oder man baut die gesamte Anlage aus. Beim Erneuern die Vorderseite bzw. die Rückseite auf Unterstellböcke setzen und auf Auffahrrampen auffahren. Das Zwischenrohr besteht aus einem Stück, d.h. soll das Rohr oder der hintere Schalldämpfer erneuert werden, muss es zersägt werden. Eine markierte Schnittstelle am Rohr zeigt, wo dies durchzuführen ist. Das Neuteil wird mit einer speziellen, zur Reparatur verwendeten Schelle wieder zusammengeschraubt. Beim Anbringen der Schelle diese um die gleiche Länge über die beiden Enden des Rohres schieben.

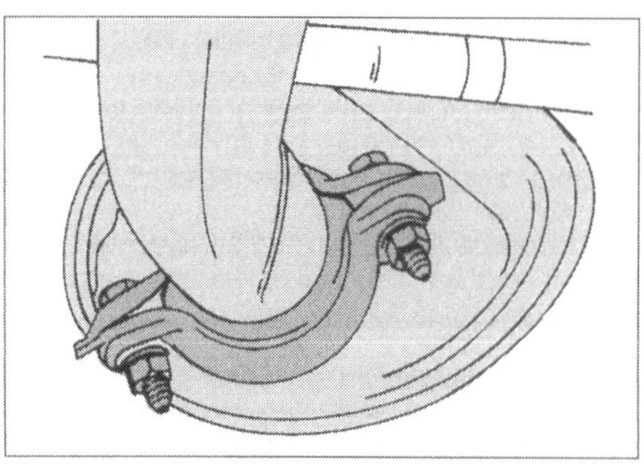

Bild 359
Die beiden Hälften der Auspuffschellen müssen gleichmässig angezogen werden, sodass der Spalt zwischen den beiden Schellenenden auf beiden Seiten gleich ist.

Vorderes Auspuffrohr

● Dem Verlauf des Kabels von der Lambda-Sonde zu den Kabelsteckern folgen und die Stecker trennen.

● Die Muttern des Rohrflansches vom Krümmer abschrauben und die Verbindung trennen. Die Dichtung entfernen. Es ist auch möglich, dass das Rohr mit einer Schraube befestigt ist.

● Die Teile des Auspuffs entsprechend der Abbildungen ausbauen.

Komplette Anlage ausbauen

● Das vordere Auspuffrohr je nach eingebautem Motor vom Auspuffkrümmer abschrauben, wie es bereits beschrieben wurde.

● Die Anlage von allen Gummischlaufen lösen und herausnehmen. Ein Helfer sollte hinzugezogen werden, damit die Anlage nicht herunterfallen kann.

Katalysator mit vorderem Rohr (je nach Ausführung)

● Entsprechend den bereits beschriebenen Anweisungen beim vorderen Rohr vorgehen.

Beim Einbau zu beachten

● Die Teile der Aufhängung nach Ausbau von Teilen der Anlage kontrollieren. Beim Einbau der Anlage dürfen die Aufhängungen nicht unter Spannung sitzen, da sie sonst bald reissen werden. Der Auspuff muss gut federnd gehalten werden.

● Die Verbindungsflansche der Rohre einwandfrei reinigen. Eventuelle mit Schmirgelleinwand abziehen. Die Dichtungen immer erneuern.

● Gummischlaufen erneuern, falls sie nicht mehr einwandfrei aussehen.

● Vor dem Zusammenbau der federgespannten Verbindung die Verbindungsflächen mit Heisslagerfett einschmieren.

● Die Halbschellen der Rohrverbindungen gleichmässig mit 15 Nm anziehen. Der Abstand zwischen den Schellenhälften muss auf beiden Seiten gleich sein (siehe auch Bild 359).

● Die Muttern des vorderen Auspuffrohres mit 35 Nm am Krümmer anziehen.

● Nach Einbau der Anlage oder deren Teile kontrollieren, dass alle Gummischlaufen die Anlage gut federnd halten und dass keine Teile des Auspuffs gegen andere Teile des Fahrzeuges anstossen können.

16.2 Katalysator

Ehe man einen Katalysator erneuert, müssen die folgenden Voraussetzungen gegeben sein:

- Das Fahrzeug muss sich in gutem Zustand befinden.
- Kraftstoffanlage, Zündanlage und Lambda-Regulierung müssen sich in gutem Zustand befinden. Der Luftfiltereinsatz muss erneuert werden, falls er bereits die im betreffenden Kapitel angegebene Kilometerleistung hinter sich hat
- Die verbleibenden Teile der Auspuffanlage dürfen keine Leckstellen haben.
- Nicht alle Fahrzeuge haben den gleichen Katalysator. Beim Kauf eines neuen Katalysators immer die Motor- und Fahrgestellnummer angeben.

Ebenfalls muss man bei einem eingebauten Katalysator Folgendes beachten:

- Niemals das Fahrzeug bei laufendem Motor abstellen, wo leicht brennbarer Unterboden sich durch den heissen Katalysator entflammen kann.
- Die Ölwanne eine Benzinmotors nicht überfüllen. Durch den Motor in die Auspuffanlage kommendes Öl kann den Katalysator beschädigen (beim Benzinmotor vor allem).
- Unbedingt vermeiden, dass man den Tank vollkommen leer fährt.
- Der Katalysator darf sich nicht überhitzen. Einspritz- und Zündanlage müssen in gutem Betriebszustand sein. Auch ein defekter Katalysator kann zu Überhitzung führen.
- Der Motor sollte sofort abgestellt werden, falls man Fehlzündungen (z.B. „Knallen") feststellen kann.
- Beim Anschleppen eines Fahrzeuges mit Katalysator muss die Anschleppstrecke auf einem Minimum gehalten werden, da der plötzlich anspringende Motor sonst den Katalysator beschädigen kann.

17 Wartungs- und Pflegearbeiten

Die meisten Wartungsarbeiten können selbst durchgeführt werden. Manchmal ist es jedoch zweckmässiger, die Wartung in einer Werkstatt durchführen zu lassen, d.h. es fehlen die notwendigen Einrichtungen oder Erfahrungen, Messgeräte sind erforderlich oder die Werkstatt kann die Arbeit einfach schneller durchführen. Vor allem wichtig sind die regelmässigen Inspektionen und Kontrollen, welche untenstehend angeführt sind. Nach einer bestimmten Fahrstrecke oder nach Ablauf einer gewissen Zeit durchzuführende Wartungsarbeiten werden meistens in der Betriebsanleitung oder im Wartungsscheckheft angegeben.
Ehe Sie mit irgendwelchen Wartungsarbeiten beginnen, möchten wir auf einige Grundregeln hinweisen, die Ihnen Zeit und Kosten ersparen werden.

Der Ersatzteilkauf
Die für Wartungs- oder Reparaturarbeiten benötigten Ersatzteile sollten Sie spätestens am Tag der Arbeit parat haben. Stellen Sie sich eine Liste der Ersatzteile zusammen, die Sie für Ihre Arbeit brauchen. Denken Sie dabei nicht nur an die direkt betroffenen Teile, sondern auch an Zubehör wie Dichtungen, Sicherungsringe und selbstsichernde Muttern. Fragen Sie zur Sicherheit den Fachmann im Ersatzteillager – er ist mit diesem Problem vertraut und sucht Ihnen die erforderlichen Teile heraus.
Reparaturen, deren Umfang Sie nicht genau abschätzen können, sollten Sie auf einen Termin legen, der Ihnen auch einen ausserplanmässigen Besuch beim Zubehörhändler erlaubt. Rechnen Sie damit, dass selbst eine Werkstatt nicht immer alle Teile auf Lager hat und diese dann erst bestellen muss. Denken Sie auch daran, dass das Lager auch Schliesszeiten hat.

Das richtige Ersatzteil
Im Laufe der Produktionszeit haben sich bestimmt Details an Ihrem Fahrzeug geändert. Deshalb entscheidet oft das Baujahr, welches Ersatzteil für Ihr Fahrzeug das richtige ist. Sie erleichtern sich und dem Verkäufer die Arbeit, wenn Sie den Fahrzeugschein mitnehmen und die Daten des Typenschilds auf einem Zettel notiert haben. Mit diesen Informationen kann ein geschulter Ersatzteilverkäufer das für Ihr Fahrzeug passende Teil mühelos aus dem Katalog oder dem vom Hersteller zusammengestellten Microfiche ermitteln. Noch wichtiger ist, dass Ihr Ersatzteilverkäufer irgendwelche Änderungen sofort feststellen kann. Manchmal ist es auch möglich, dass durch Änderung eines bestimmten Teils andere Teile davon betroffen sind und ebenfalls erneuert werden müssen. Wenn Sie auf Nummer Sicher gehen wollen: Bringen Sie das ausgebaute Altteil gleich mit zum Händler.

Originalteile oder Fremdteile?
Alle Ersatzteile, die Sie im Reparaturfall für Ihr Fahrzeug benötigen, erhalten Sie bei dem dafür zuständigen Händler. Aber Sie müssen nicht ausschliesslich dort einkaufen. Der Zubehörhandel hält ebenfalls ein breites Angebot bereit, darunter Teile von denselben Herstellern, die das betreffende Montagewerk beliefern. Vergleichen Sie die Preise, wenn Service und Lieferfähigkeit gleich sind, jedoch bestehen Sie darauf, dass die Teile von gleicher Qualität wie die Originalteile sind. Wir sind z.B. vollkommen gegen den Kauf von Bremsklötzen, welche nicht ausdrücklich vom in Frage kommenden Hersteller genehmigt und freigegeben sind. Nachfragen und Erkundigen ist hier die einzige Lösung. Supermärkte sollten Sie beim Ersatzteilkauf meiden. Die eingesparten Beträge sind gering und machen die fehlende Beratung beim Kauf von Verschleissteilen nicht wett.

Das kaufen Sie im Zubehörhandel
Obwohl es sehr schwer ist auf alle Hersteller der behandelten Fahrzeuge genauestens anzugehen, werden Sie in der folgenden Aufstellung eine Allgemeinübersicht der im Zubehörhandel erhältlichen Teile finden: Anlasser und Drehstromlichtmaschinen (welche der Originalausrüstung entsprechen müssen), Ölfilter, Luftfiltereinsätze, Glühlampen, Hauptbremszylinder, Keilrippenriemen, Kupplung komplett, Lack, Motordichtungen, Reparaturbleche und Scheinwerfer. Fragen Sie herum. Erwähnen möchten wir hier auch Auspuffanlagen. Hier steht nichts gegen den Einbau von Fremdprodukten. Wir vor allem rostfreie Anlagen, welche meistens eine bestimmte Garantie tragen. Andernfalls vergleichen Sie Preise von Originalanlagen und Fremdprodukten und deren voraussichtliche Lebensdauer.

Safety first
Bei sicherheitsrelevanten Ersatzteilen ist Sparsamkeit am falschen Platz. Bremsbeläge, Bremsscheiben, Radlager, Antriebswellen und Gelenke sollten Sie grundsätzlich in Erstausrüster- oder Originalqualität kaufen. Die meisten Billig-Produkte entsprechen bei weitem nicht der vom Hersteller geforderten Mindestqualität. Alle Hersteller sehen eine spezielle Mischung des Bremsbelagmaterials vor. Die Kennnummer ist der Werkstatt bekannt. Falls Ihr Fahrzeug nach einem ernsteren Unfall begutachtet wird und sich dabei eine nicht freigegebene Belagmischung herausstellt, kann sich dies zu Ihren Ungunsten auswirken. Ihre Sicherheit und die Sicherheit anderer Verkehrsteilnehmer muss Ihnen daher die zusätzlichen Geldausgaben wert sein. Und noch etwas. Bremsbelag- bzw. Bremsklotzmaterial ist in Originalausführung asbestfrei. Diese Gewähr haben Sie vielleicht nicht bei Billigprodukten. Auch Scheibenwischerblätter, welche in Vielzahl billiger angeboten werden, haben bestimmt nicht die gleiche Lebensdauer als vom Hersteller gelieferte.

Austauschteile
Secondhand macht bei einer Reihe von Ersatzteilen Sinn. Austauschteile der Fahrzeughersteller haben die gleiche Qualität wie ein Neuteil, sind deutlich billiger und werden mit gleicher Garantie geliefert. Auch der Zubehörhandel bietet zahlreiche neuwertige Austauschteile an. Erneuerte Elektrik-Bauteile vertreiben z.B. die Firma Bosch und auch andere in Frage kom-

mende Lieferanten über ihre Autoelektrik-Werkstätten. Aber auch der Autoverwerter ist in vielen Fällen eine gute Adresse – wenn Sie eine Reparatur besonders billig ausführen wollen und auf Äusserlichkeiten keinen grossen Wert legen. Das gilt etwa für Karosserie-Bauteile wie Türen, Stossfänger und Motorhauben. Gebrauchte Verschleissteile lohnen sich jedoch nur dann, wenn sie deutlich besser sind als die bisher im Wagen eingebauten. Bisweilen müssen Sie das gewünschte Ersatzteil selbst ausbauen. Fragen Sie auf jeden Fall nach dem Preis: Das gebrauchte Teil darf höchstens halb so teuer sein wie das Neuteil. Ein Verschleissteil darf nicht mehr als ein Viertel des Neupreises kosten.

Hier lohnen sich Austauschteile
Anlasser, Getriebe, Kupplungsdruckplatte, Kupplungs-Mitnehmerscheibe, Kurbelwelle mit Lagern, Lichtmaschine, Teilmotor, Scheibenbremssättel, Scheibenwischermotor, Schwungrad, Wasserpumpe, Zylinderblock mit Kolben, Zylinderkopf. Erkundigen Sie sich, ehe Sie entscheiden.

Wir raten: Ehe Sie sich zu grösseren Ausgaben entschliessen, erkundigen Sie sich in der Werkstatt ob es ein Austauschteil gegen Eingabe des alten Teils gibt. Nur Ihre Werkstatt ist in der Lage Ihnen dies mitzuteilen, abgesehen davon, dass hier der Platz fehlt, um viele im Austausch erhältliche Teile anzugeben.

Arbeitssicherheit
Es ist eine Selbstverständlichkeit, doch wir möchten es an dieser Stelle noch einmal ausdrücklich unterstreichen: Sicherheit hat beim Heimwerken absolute Priorität. Wagen Sie sich nur an Arbeiten, die Sie sich wirklich zutrauen können. Nehmen Sie handwerkliche Aufgaben, mit denen Sie in der Praxis bislang wenig oder gar keine Erfahrung haben, nicht auf die leichte Schulter. Fatale Folgen können mangelhaft ausgeführte Arbeit natürlich auch im Strassenverkehr haben – übrigens nicht nur für Sie, sondern auch für Dritte.

Ausser den nach Vorschrift festgelegten Wartungszwischenzeiten, gibt es aber bestimmte Arbeiten, die man ständig durchführen kann, um das Auto immer im Schuss zu haben. Auch auf diese wollen wir eingehen. Einige der Arbeiten sind auf den folgenden Seiten beschrieben, andere am Anfang der betreffenden Kapitel.

Ständige Kontrollen

- Scheibenwaschwasser auffüllen
- Scheibenwischer und Waschanlage prüfen
- Motorölstand prüfen
- Kühlflüssigkeit prüfen und nachfüllen
- Flüssigkeitsstand der Servolenkung prüfen
- Reifendruck prüfen
- Bremsen prüfen
- Bremsflüssigkeit prüfen
- Standlicht, Abblendlicht, Fernlicht prüfen
- Rücklichter und Nebelschlussleuchten prüfen
- Bremsleuchten und Blinker prüfen
- Warnblinker (Rundumwarnanlage) prüfen
- Hupe prüfen

17.1 Wartungsarbeiten

17.1.1 Motorölstand kontrollieren

Der Stand des Motoröls sollte etwa alle 600 km kontrolliert werden. Die diesbezüglichen Anweisungen wurden bereits in Abschnitt 3 gegeben und sollen nicht noch einmal wiederholt werden.

17.1.2 Bremsflüssigkeitsstand kontrollieren

Von vorn gesehen sitzt der Behälter für die Bremsflüssigkeit an der Stirnwand über dem Hauptbremszylinder. Der Behälter ist durchsichtig, sodass die Bremsflüssigkeit von der Aussenseite gesehen werden kann. Den Flüssigkeitsstand immer soeben an der „Max“-Markierung halten (siehe Bild 360). Falls erforderlich die Verschraubung abdrehen und frische Bremsflüssigkeit nachfüllen.
Sollte man öfters ein Abfallen des Bremsflüssigkeitsspiegels feststellen oder die Warnleuchte des Bremsflüssigkeitsstands leuchtet plötzlich auf, obwohl Sie regelmässige Kontrollen durchgeführt haben, kann man annehmen, dass sich die Bremsklotzbeläge oder Bremsbackenbeläge abgenutzt haben. Meistens ist es die Vorderradbremse.

Es wird meistens nicht durchgeführt! Die Bremsflüssigkeit sollte mindestens alle zwei Jahre oder alle 60 000 km gewechselt werden.

17.1.3 Bremsleuchten überprüfen

Die Arbeitsweise der Bremsleuchten kann mit Hilfe einer zweiten Person oder auch allein kontrolliert werden. Bei der ersten Methode auf die Bremse treten, während die zweite Person das Aufleuchten der Lampen kontrolliert. Sind Sie allein, rückwärts vor die Garagentür fahren und auf die Bremse treten. Die Lam-

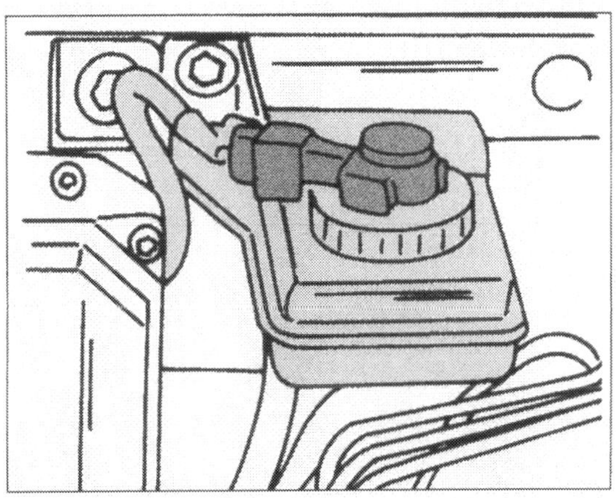

Bild 360
Der Stand der Bremsflüssigkeit muss am „Max“-Strich am Vorratsbehälter liegen.

pen scheinen rot gegen die Garagentür. Falls eine Lampe nicht aufleuchtet, die Glühbirne ersetzen; leuchten beide Lampen nicht auf, könnte der Bremslichtschalter defekt sein.

17.1.4 Beleuchtung kontrollieren

Alle Beleuchtungskörper (einschliesslich der Hupe und Warnblinkanlage) der Reihe nach durchschalten und deren Funktion kontrollieren. Rücklichter und Rückfahrscheinwerfer können am besten im Dunkeln vor der Garagentür kontrolliert werden, ohne dass man aus dem Fahrzeug aussteigt.

17.1.5 Reifendruck kontrollieren

Der Druck sollte mindestens einmal im Monat kontrolliert werden. Den Reifendruck an einer Tankstelle kontrollieren. Der Reifendruck ist auf dem Aufkleber angegeben und ist ausserdem in der Betriebsanleitung angeführt. Drücke können je nach aufmontierten Reifen unterschiedlich sein. Falls man grössere Reisen mit höheren Geschwindigkeiten vorhat, kann man den Reifendruck etwas erhöhen. Bei aufgezogenen Winterreifen gelten ebenfalls unterschiedliche Reifendrücke. Abgesehen davon gibt Ihnen der am Fahrzeug angebrachte Aufkleber den Druck der produktionsseitig montierten Reifen an. Die Betriebsanleitung wird Ihnen ebenfalls dabei behilflich sein.
Nach einer gewissen Kilometerleistung sollte man die verbleibende Profiltiefe des Reifens kontrollieren. Von Reifenherstellern werden dazu kleine Messlehren hergestellt, die man in der in Bild 361 gezeigten Weise auf den Reifen aufsetzt. Aus der Anzeige kann man die verbleibende Reifenprofiltiefe ersehen, welche laut Gesetz in allen europäischen Ländern mindestens 1,6 mm betragen muss.

17.1.6 Kühlmittelstand kontrollieren

Das kalte Kühlmittel muss zwischen den „Min"- und „Max"-Markierungen am Ausgleichsbehälter stehen oder wird im Kühler kontrolliert. Falls der Motor heiss ist, abwarten (mindestens 15 Minuten), bis das Kühlmittel abgekühlt ist. Auch dann ist ein dicker Lappen zum Öffnen des Deckels empfohlen. Den Lappen über den Deckel legen und den Deckel bis zur ersten Raste lösen und warten, bis der Druck abgefallen ist. Danach den Deckel vollkommen abschrauben. Bei den meisten Motoren sitzt der Deckel auf dem Ausgleichsbehälter (siehe auch Bild 209). Nur bei einem Fahrzeug mit 16V-Motor (2 Liter) ist er an unterschiedlicher Stelle angebracht und befindet sich, vor dem Fahrzeug stehend, ganz links. Alle 120 000 km sollte das Kühlmittel gewechselt werden (alle Motorvarianten).

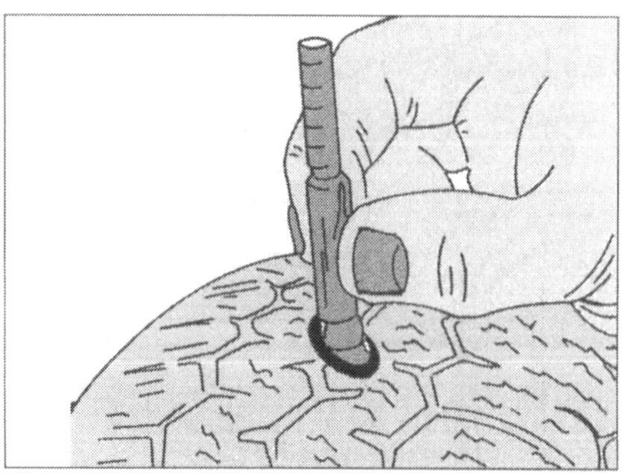

Bild 361
Kontrolle der Profiltiefe eines Reifens.

Achtung: Frostschutzmittel nur bei kaltem Motor nachfüllen.

17.1.7 Ölstand im Schaltgetriebe prüfen

Die Kontrolle wurde bereits im Abschnitt 9 beschrieben. Der Ölstand sollte alle 60 000 km kontrolliert werden.

17.1.8 Keilrippenriemen (Antriebsriemen) kontrollieren

Je nach eingebauten Aggregaten ist die Anordnung der einzelnen Keilriemen nicht bei allen Motoren gleich. Im Abschnitt „Elektrische Anlage" wird in Einzelheiten auf das Spannen der Antriebsriemen eingegangen, wenn das Fahrzeug keine Klimaanlage hat und die Spannung eingestellt werden kann. Wie beschrieben haben bestimmte Motoren eine automatische Spannvorrichtung. Bei diesen Fahrzeugen braucht man sich um die Riemenspannung nicht kümmern. Die Kontrolle der Riemen sollte alle 60 000 km erfolgen. Falls der Riemen bis zum Boden der Riemenscheiben aufliegt, muss er erneuert werden. Die Spannung der Riemen wird in der Werkstatt mit einem Spannungsmesser kontrolliert (nicht alle Motoren).

Hinweis: Die Spannung eines Keilriemens nur bei kaltem Motor überprüfen. Ist der Motor heiss, muss man ihn mindestens 30 Minuten lang stehen lassen, ehe man die Riemenspannung kontrolliert.

17.1.9 Handbremse einstellen

Durch die Abnutzung der Bremsbeläge wird der zum Anziehen der Handbremse benutzte Weg des Handbremshebels nach einer gewissen Zeit länger. Falls die Hinterräder nicht feststehen, nachdem man den Handbremshebel 4 bis 5 Zähne angezogen hat (die Hinterräder müssen angehoben sein), ist eine Nachstellung durchzuführen. Die Einstellung erfolgt an der Unterseite des Fahrzeuges und ist im Abschnitt „Bremsen" beschrieben. Bei eingebauten Scheibenbremsen an den Hinterrädern könnte es ebenfalls erforderlich sein, dass man die in der Innenseite der Bremsscheiben befindlichen Bremsbacken nachstellen muss. Nach der Einstellung die Handbremse lösen und kontrollieren, dass die Räder frei drehbar sind.

17.1.10 Nicht genannte Wartungsarbeiten

Viele der als Wartungsarbeiten zu betrachtenden Arbeiten, wie z.B. Wechsel des Motoröls und Ölfilters (15 000 km Benzin, 10 000 km Diesel) oder Luftfiltereinsatzes (60 000 km, alle Motoren), Austausch der Zündkerzen (30 000 km), Austausch des Kraftstofffilters (60 000 km Benzin, 30 000 km Diesel), Kontrolle des Verschleisses der Bremsklotz- und Bremsbackenbeläge (60 000 km), Kontrolle der Teile der Radaufhängungen, Antriebswellen, Radlagern und Gelenken, usw., Erneuerung des Zahnriemens der Steuerung (alle 120 000 km) sind in den dafür zuständigen Kapiteln beschrieben. Dazu gehören ebenfalls die Kontrolle des Flüssigkeitsstands im Vorratsbehälter der Servolenkung und eine Batterie mit ausschraubbaren Stopfen (15 000 Benzin, 10 000 km Diesel) und das Ablassen des Kondenswassers im Kraftstofffilter eines Dieselmotors, falls keine Warnleuchte im Armaturenbrett vorhanden ist (bei jedem Ölwechsel).

Hinweis: Falls man den Zahnriemen nicht selbst erneuern will, können Sie in der Werkstatt mit ca. 2 Stunden Arbeitszeit bei einem Benzinmotor und 3 $^1/_2$ Stunden bei einem Dieselmotor rechnen.

In der untenstehenden Liste folgt nochmals eine Zusammenfassung der durchzuführenden Wartungsarbeiten nach Empfehlung des Herstellers:

Kontrollen

- Zündkerzen, kontrollieren, evtl. ersetzen, alle 30 000 km. Falls der Motor einwandfrei läuft, können Sie sich diese Arbeit bis zur nächsten Wartung ersparen
- Bremsklotzverschleiss, alle 30 000 km
- Verschleiss der Bremsklötze der Handbremse (bei Scheibenbremsen), alle 60 000 km
- Verschleiss der Bremsbacken (Trommelbremsen), alle 60 000 km
- Antriebsriemen der Aggregate, alle 60 000 km

Erneuern

- Ölfilter (Benziner), alle 15 000 km erneuern, Dieselmotor alle 10 000 km
- Pollenfilter, alle 15 000 km erneuern lassen (dauert ca. 10 Minuten)
- Kraftstofffilter, Benzinmotor, alle 60 000 km, Dieselmotor alle 30 000 km
- Bremsflüssigkeit, alle 60 000 km
- Motorkühlmittel, alle 2 Jahre
- Steuerzahnriemen, alle 120 000 km
- Luftfiltereinsatz, Benziner, ohne Abgasturbolader, alle 60 000 km
- Luftfiltereinsatz, Benziner, mit Abgasturbolader, alle 30 000 km
- Luftfiltereinsatz, Dieselmotor, alle 30 000 km

Öl- und Flüssigkeitsstände

- Motoröl (Benziner), alle 15 000 km wechseln, Diesel alle 10 000 km
- Schaltgetriebe, Ölstand alle 60 000 km kontrollieren
- Behälter der Scheibenwaschanlage, alle 15 000 km nachfüllen, falls nicht früher durchgeführt
- Säurestand der Batterie kontrollieren (falls möglich), alle 15 000 km, Diesel alle 10 000 km
- Flüssigkeitsstand der Servolenkung, alle 15 000 km kontrollieren

Notizen

Benzinmotor

1.8-Liter-Motor	LFW (L3)-- XU7JP
2.0-Liter-Motor, 6 Ventile, ohne Abgasturbolader	RFU (L3) – XU10J2C
2.0-Liter-Motor, 8 Ventile, mit Abgasturbolader	RXG (L3) – XU10J2CTE
2.0-Liter-Motor, 16 Ventile	RFV (L4) – XU10J4R

(Angaben in Klammer weisen auf den Stand der Abgasregulierung)

Motor – Allgemeine Angaben

Bauart:	Vierzylinder-Viertaktmotor, quer im Motorraum. Mit hängenden Ventilen und Nockenwelle im Leichtmetall-Zylinderkopf. Nockenwelle durch Zahnriemen angetrieben. Zylinderblock aus Leichtmetalllegierung mit Laufbüchsen (1.8-Liter-Motor) oder Gusseisenzylinderblock mit eingearbeiteten Zylinderbohrungen (2.0-Liter-Motoren)
Anzahl der Zylinder	4
Zylinderinhalt:	
– 1.8-Liter-Motor	1761 cm^3
– 2.0-Liter-Motoren	1998 cm^3
Zylinderbohrung:	
– 1.8-Liter-Motor	83,00 mm
– 2.0-Liter-Motoren	86,00 mm
Kolbenhub:	
– 1.8-Liter-Motor	81,40 mm
– 2.0-Liter-Motoren	86,00 mm
Zündfolge	1-3-4-2
Verdichtungsverhältnis:	
– 1.8-Liter-Motor	9,25 : 1
– 2.0-Liter-Motor, ohne Turbolader	9,5 : 1
– 2.0-Liter-Motor, mit Turbolader	8,0 : 1
– 2.0-Liter, 16V-Motor	9,5 : 1
Motorleistung:	
– 1.8-Liter-Motor	72,5 kW (100 PS) bei 5750/min
– 2.0-Liter-Motor, ohne Turbolader, 8 Ventile	89,0 kW (123 PS) bei 5750/min (auch 121 PS)
– 2.0-Liter-Motor, mit Turbolader, 16 Ventile	108 kW (150 PS) bei 5800/min (auch 147 PS)
– 2.0-Liter-Motor, 16 Ventile	97 kW (132 PS) bei 4299/min
Max. Drehmoment:	
– 1.8-Liter-Motor	147 Nm bei 2600/min
– 2.0-Liter-Motor, ohne Turbolader	170 Nm bei 2600/min
– 2.0-Liter-Motor, mit Turbolader, 8 Ventile	235 Nm bei 2900/min
– 2.0-Liter, 16 Ventile	180 Nm bei 4200/min

Motor – Allgemeine Angaben

Zylinderkopf	
Werkstoff	Leichtmetalllegierung
Kopfhöhe, Fläche zu Fläche (normal)	158,93 mm (16V-Motor 136,8 ± 0,05 mm)
Nachschleifen	0,2 mm
Max. Verzug der Zylinderkopffläche	0,05 mm
Zylinderkopfdichtung	Synthetischer Werkstoff, trocken montiert
Montagerichtung	„TOP“ von oben lesbar.

Stärke der Dichtung	
– Normale Stärke	1,2 mm
– Reparaturgrösse, alle ausser 16V-Motor	1,45 mm (16V-Motor 1,40 mm)
Hersteller	Meillor
Ventilführungen	
Werkstoff	Gusseisen
Aussendurchmesser – Nenngrösse	13,00 mm
Reparaturgrösse 1	13,29 mm
Reparaturgrösse 2	13,59 mm
Innendurchmesser	8,0 mm
Länge – Einlassventilführungen	38,80 mm
Länge – Auslassventilführungen	44,95 mm
Ventilsitze	
Ventilsitzwinkel	90°, alle Ventile
Breite des Ventilsitzes	1,70 mm (Einlass), 2,20 mm (Auslass)
Ventilsitzringerneuerung	In der Werkstatt durchführen lassen
Ventile	
Ventilschaftdurchmesser, alle Ventile	7,980 – 0,01 mm
Ventiltellerwinkel:	
– Einlassventile	90°
– Auslassventile	90°
Ventiltellerdurchmesser:	
– Einlassventile	41,60 mm (16V-Motor 37,7 mm)
– Auslassventile	34,50 mm (16V-Motor 29,7 mm)
Max. Nachschleifen der Ventilschaftenden	0,20 mm
Min. zulässige Ventiltellerkante	0,50 mm
Laufspiele der Ventile in den Führungen:	
– Einlassventile	0,02 – 0,042 mm
– Auslassventile	0,04 – 0,06 mm

Ventilfedern

Hinweis: Federn von Einlass- und Auslassventilen sind gleich.

Drahtdurchmesser	4,5 mm
Federdurchmesser	33,70 mm
Nockenwelle und Steuerung	
Anzahl der Wellenlager	5, in Zylinderkopf eingearbeitet
Nockenwellenantrieb	Durch Zahnriemen. Treibt ebenfalls die Wasserpumpe an. Spannungseinstellung durch Exzenterspannrolle. Handeinstellung. Sollte mit Messinstrument eingestellt werden. Antrieb beide Nockenwellen des 16V-Motors durch Zahnriemen.
Zahnriemen:	
– Drehrichtung	Durch Pfeil eingezeichnet
– Spannungseinstellung	Sollte mit Messinstrument eingestellt werden
– Regelmässige Erneuerung (empfohlen)	Alle 120 000 km oder 5 Jahre
Nockenwellenaxialspiel	0,07 - 0,13 mm
Ventilsteuerung	Nicht verstellbar
Kolben und Pleuelstangen	
Kolbenausführung	Aluminiumlegierung und drei Kolbenringen. Kolbenbolzen zur Einlassseite zu versetzt.
Kolbenbolzenpassung	Presspassung in Pleuelauge und schwimmend in Kolben gelagert
Einbaurichtung der Kolben	Pfeil zur Steuerseite gerichtet
Kolbengrössen	Verschiedene Grössenklassen
Messstellen des Kolbendurchmessers	Siehe Haupttext
Kolbennenndurchmesser – 1.8-Liter-Motor	82,967 mm
– Übergrösse 1	83,217 mm
– Übergrösse 2	83,567 mm
Laufspiel der Kolben	0,03 - 0,05 mm

Kolbennenndurchmesser – 2.0-Liter-Motoren	85,967 mm
– Übergrösse 1	85,217 mm
– Übergrösse 2	85,567 mm
Laufspiel der Kolben	0,03 - 0,05 mm

Kolbenringe

Anzahl der Ringe	2 Verdichtungsringe, 1 Ölabstreifring
Montagerichtung	„TOP" von oben lesbar
Kolbenringstossspiele:	
– Obere Verdichtungsringe	0,20 - 0,40 mm
– Mittlere Verdichtungsringe	0,16 - 0,35 mm

Pleuelstangen und Pleuellager

Pleuelaugendurchmesser	22,000 mm

Kurbelwelle

Bauart	Anzahl der Lager 5
Bauart der Lagerung	Lagerschalen, Anlaufhalbscheiben zur Regulierung des Axialspiels
Material des Lagermetalls	Aluminium/Zinn
Kurbelzapfendurchmesser:	
– Nenndurchmesser	50,000 mm
– Reparaturdurchmesser	49,700 mm
– Nachschleiftoleranzen	bis -0,016 mm
Hauptlagerzapfendurchmesser:	
– Nenndurchmesser	60,000 mm
– Reparaturdurchmesser	59,700 mm
– Nachschleiftoleranzen	bis -0,019 mm
Stärke der Hauptlagerschalen:	
– Nennstärke	Je nach Farbkennzeichnung unterschiedlich. Kann nur in der Werkstatt bestimmt werden.
Lage der Farbkennzeichnung	An der Kante der Lagerschale
Axialspiel der Kurbelwelle	0,07 - 0,32 mm (neu)
Stärke der Halbscheiben (Axialspielregelung)	1,85 (normal), 1,95, 2,00 und 2,05 mm

Dieselmotor – Allgmeine Angaben

Bauart	Vierzylinder-Dieselmotor mit indirekter Einspritzung, quer zur Fahrtrichtung eingebaut. Mit hängenden Ventilen (2 pro Zylinder, XUD9-Motor oder 3 Ventilen pro Zylinder, XUD11-Motor) und einer Nockenwelle im Zylinderkopf aus Aluminiumlegierung. Nockenwelle durch Zahnriemen angetrieben.
Eingebaute Motoren:	
– 1.9-Liter-Motor	XUD9 TF (D8B) oder XUD9 BTF (DHX)
– 2.1 Liter-Motor	XUD11BTE
Anzahl der Zylinder	4
Zylinderinhalt:	
– 1.9-Liter-Motor (XUD9)	1905 cm^3
– 2.1-Liter-Motor (XUD11)	2088 cm^3
Zylinderbohrung:	
– 1.9-Liter-Motor (XUD9)	83,00 mm
– 2.1-Liter-Motor (XUD11)	85,00 mm
Kolbenhub:	
– 1.9-Liter-Motor (XUD9)	88,00 mm
– 2.1-Liter-Motor (XUD11)	92,00 mm
Verdichtungsverhältnis:	
– 1.9-Liter-Motor	23 : 1
– 2.1-Liter-Motor	21,5 ±1,5 : 1

Motorleistung:	
– XUD9 TF/D8B-Motor (W2)	67,5 kW (92 PS) bei 4000/min
– XUD9BTF/DHX-Motor	66 kW (90 PS) bei 4000/min
– XUD11-Motor (L3)	80 kW (110 PS) bei 4300/min
Max. Drehmoment:	
– XUD9 TF/D8B-Motor	196 Nm bei 2250/min
– XUD9BTF/DHX)-Motor	196 Nm bei 2250/min
– XUD11-Motor	250 Nm bei 2000/min

Dieselmotor – Mechanische Angaben

Hinweis: Sich auf den 1.9-Liter-Motor beziehende Daten werden mit „XUD9" identifiziert, der 2.1-Liter-Motor ist mit „XUD11" angegeben.

Zylinderkopf

Kopfhöhe, Fläche zu Fläche:	
– 1.9-Liter-Motor	152 mm ± 0,05 mm
– 2.1-Liter-Motor	110 mm ± 0,05 mm
Nachschleifhöhe	Nachschleifen nicht zulässig. Werkstatt befragen
Max. Verzug der Zylinderkopffläche	0,03 mm (2.1-Liter-Motor 0,05 mm)

Länge der Zylinderkopfschrauben – 1.9 Liter

Schrauben ohne Führungszapfen:	
– Neu/Verschleissgrenze	120 mm/121,50 mm (DHX/XUD9BTF-Motor 146,8 mm)
Schrauben mit Führungszapfen:	
– Neu/Verschleissgrenze	146,8/150,5 mm (D8B/XUD9TF-Motor)

Hinweis: Aufgrund der Verwendung mehrerer Zylinderkopfschraubenausführungen muss die genaue Motorkennzeichnung beim Kauf von neuen Schrauben angegeben werden. Die obigen Angaben sind nur Richtwerte.

Durchmesser der Nockenwellenlagerbohrungen im Kopf – 1.9 Liter

Nr. 1, Schwungradseite	27,500 - 27,533 mm
Nr. 2	28,000 - 28,033 mm
Nr. 3	28,500 - 28,533 mm

Durchmesser der Nockenwellenlagerbohrungen im Kopf – 2.1 Liter

Nr. 1	42,565 mm + 0,025 mm
Nr. 2	43,715 mm + 0,025 mm
Nr. 3	44,856 mm + 0,025 mm
Nr. 4	46,015 mm + 0,025 mm
Nr. 5	47,185 mm + 0,025 mm

Zylinderkopfdichtung

Überstehmass der Kolben	Siehe Kapitel 2A.3.2

Ventilführungen

Aussendurchmesser – Nenngrösse (XUD9)	14,002 mm (13,000 mm XUD11)
– Reparaturgrösse 1 (XUD9)	14,290 mm (13,290 mm XUD11)
– Reparaturgrösse 2 (XUD9)	14,590 mm (13,590 mm XUD11)
Durchmesser der Aufnahmebohrungen im Kopf (XUD9)	13,981 mm Nenngrösse (12,981 XUD11)
– Reparaturgrösse 1	14,211 mm (XUD11 13,211 mm)
– Reparaturgrösse 2	14,511 mm (XUD11 13,511 mm)
Innendurchmesser der Führungen – XUD9 und XUD11	8,020 mm
Einbauhöhe, Führung/untere Fläche des Kopfes:	
– XUD9-Motor	36,5 ± 0,5 mm
– XUD11-Motor	41,0 ± 0,5 mm
Spiel der Ventile in Ventilführungen:	
– Einlassventile	0,015 - 0,230 mm
– Auslassventile	0,035 - 0,250 mm

Ventilsitze	
Ventilsitzwinkel	90°
Breite des Ventilsitzes – Auslass/Einlass	2,45/3,00 mm
Aussendurchmesser der Ventilsitze – Einlassventile (XUD):	
– Nenndurchmesser	40,136 mm (XUD11 35,00 mm)
– Reparaturgrösse 1	40,461 mm (XUD11 35,30 mm)
– Reparaturgrösse 2	40,661 mm (XUD11 35,50 mm)
Aussendurchmesser der Ventilsitze – Auslassventile (XUD9):	
– Nenndurchmesser	34,120 mm (XUD11 35,00 mm)
– Reparaturgrösse 1	34,437 mm (XUD11 35,30 mm)
– Reparaturgrösse 2	34,637 mm (XUD11 35,50 mm)
Aufnahmebohrung im Zylinderkopf – Einlassventile (XUD9):	
– Nenndurchmesser	40,000 mm (XUD11 35,00 mm)
– Reparaturgrösse 1	40,300 mm (XUD11 35,30 mm)
– Reparaturgrösse 2	40,500 mm (XUD11 35,50 mm)
Aufnahmebohrung im Zylinderkopf – Auslassventile: (XUD9)	
– Nenndurchmesser	34,000 mm
– Reparaturgrösse 1	34,300 mm
– Reparaturgrösse 2	34,500 mm
Aufnahmebohrung im Zylinderkopf – XUD11-Motor wie Einlassventile	
Ventile	
Ventilschaftdurchmesser (XUD9 und (XUD11):	
– Einlassventile	7,995 - 8,005 mm
– Auslassventile	7,970 - 7,985 mm
Ventiltellerwinkel	90°
Ventiltellerdurchmesser (XUD9):	
– Einlassventile	38,50 mm ± 0,10 mm (XUD11 33,90 mm)
– Auslassventile	33,00 mm ± 0,20 mm (XUD11 33,90 mm)
Min. Länge der Ventile (XUD9):	
– Einlassventile	112,4 mm (XUD11 122,30 mm)
– Auslassventile	111,85 mm (XUD11 121,90 mm)
Ventilfedern	
Drahtdurchmesser	3,80 mm (XUD11 3,5 mm)
Wicklungsinnendurchmesser	29,60 mm (XUD11-Motor nicht vorhanden)
Länge unter Belastung von 32 kg	42,80 mm ((XUD11-Motor nicht vorhanden)
Länge unter Belastung von 55 kg	33,30 mm (XUD11-Motor nicht vorhanden)
Ventilspiele – Nur XUD9-Motor	
– Motor kalt – Einlassventile	0,15 mm (Toleranz ± 0,08 mm)
– Motor kalt – Auslassventile	0,30 mm (Toleranz ± 0,08 mm)
– Motor warm	Nicht gestattet
Vorkammern	
Nenndurchmesser	32,005 mm (XUD11 34,00 mm)
Reparaturgrösse 1	32,450 mm (XUD11 34,40 mm)
Reparaturgrösse 2	32,650 mm (XUD11 35,60 mm)
Nenntiefe	4,000 mm (auch XUD11-Motor
Reparaturgrösse 1	4,100 mm (XUD11 4,200 mm)
Reparaturgrösse 2	4,300 mm (XUD11 4,300 mm)
Ventilsteuerung	Kann nicht verstellt werden

Kolben und Pleuelstangen

Kolbenausführung	Aluminiumlegierung mit drei Kolbenringen.	
Kolbenbolzenpassung	Schwimmend in Kolben und Pleuelstangenauge. Mit Sicherungsringen auf beiden Seiten gehalten.	
Einbaurichtung der Kolben	Kolbenmulde auf Seite der Einspritzpumpe	
Kolbengrössen	Zwei oder drei Grössenklassen (XUD11)	
	XUD9-Motor	***XUD11-Motor***
Nenndurchmesser	82,920 mm	84,920 mm
Übergrösse 1	84,420 mm	85,170 mm
Übergrösse 2	83,720 mm	85,520 mm
Übergrösse 3	—	85,720 mm
Kolbenlaufspiel	0,062 - 0,078 mm	

Kolbenringe

Anzahl der Ringe	2 Verdichtungsringe, 1 Ölabstreifring
Montagerichtung	„TOP" von oben lesbar
Breite der Kolbenringe:	
– Oberer Ring	2,00 mm (XUD11 3,0 mm)
– Mittlerer Ring	2,00 mm
– Ölabstreifring	3,00 mm
Kolbenringstossspiele:	
– Erster Ring	0,15 - 0,35 mm (XUD11 0,30 – 0,50 mm)
– Zweiter Ring	0,80 - 1,00 mm (XUD11 0,30 – 0,50 mm)
– Ölabstreifring	0,80 - 1,00 mm (XUD11 0,25 – 0,50 mm)
Verteilung am Kolbenumfang	Jeweils in Abständen von 120°

Kolbenbolzen

Aussendurchmesser	28,00 mm - 0,006 mm (XUD11 30,00 - 0,006 mm)
Länge	67,90 - 0,03 mm (XUD11 71,50 mm)

Pleuelstangen und Pleuellager

Werkstoff	Geschmiedeter Stahl, „I"-Querschnitt
Bauart	Lagerschalen
Material	Aluminium-Zinn
Länge der Pleuelstangen zwischen Bohrungsmittelpunkten	145,0 mm ± 0,025 mm (alle Motoren)
Durchmesser der Pleuellagerbohrung	53,695 mm (alle Motoren)
Durchmesser der Pleuelaugenbohrung (XUD9)	28,00 mm (XUD11 30,00 mm)
Pleuellagerschalen – Stärke:	
– Nennstärke	1,828 mm (XUD11 1,827 mm)
– Reparaturgrösse	1,978 mm (XUD11 1,997 mm)

Kurbelwelle

Bauart	Anzahl der Lager 5
Bauart der Lagerung	Lagerschalen
Material des Lagermetalls	Aluminium/Zinn
Hauptlagerzapfendurchmesser:	
– Nenndurchmesser	60,00 mm
– Reparaturdurchmesser	57,70 mm
–Toleranzen	bis -0,019 mm
Kurbelzapfendurchmesser	
– Nenndurchmesser	50,000 mm
– Reparaturdurchmesser	49,700 mm
– Toleranzen	bis - 0,016 mm
Axialspiel der Kurbelwelle	0,07 - 0,32 mm
Stärke der Halbscheiben:	2,300 mm, 3 Übergrössen in Stufen von je 0,10 mm, mit Schmiernute zur Kurbelwellenwange zu einlegen. XUD11 = 1,850 mm, 3 Übergrössen in Stufen von je 0,10 mm.

Stärke der Hauptlagerschalen (alle Motoren):	
– Nennstärke	1,842 mm
– Reparaturgrösse	1,992 mm

Nockenwelle und Steuerung

Anzahl der Wellenlager	3 (XUD9) oder 5, in Zylinderkopf eingearbeitet
Nockenwellenantrieb	Durch Zahnriemen. Treibt ebenfalls die Einspritzpumpe und die Wasserpumpe an.
Zahnriemen:	
– Drehrichtung	Durch Pfeil eingezeichnet (Uhrzeigersinn, auf Stirnseite gesehen.
– Spannungseinstellung	Sollte mit Messinstrument eingestellt werden.
Nockenwellenaxialspiel	0,025 - 0,114 mm
Nockenwellenradialspiel	0,04 - 0,082 mm

Zylinderblock

Bauweise	Zylinderbohrungen direkt in Zylinderblock eingearbeitet. Reparaturstufen wie bei Kolben.	
Zylinderbohrungsdurchmesser:	***XUD9***	***XUD11***
– Nenndurchmesser	83,000 mm	85,000 mm
– Reparaturgrösse 1	83,50 mm	85,250 mm
– Reparaturgrösse 2	83,80 mm	85,600 mm
– Reparaturgrösse 3	—	85,800 mm
– Schleiftoleranzen	0 bis 0,018 mm	
Zylinderblockhöhe zwischen Dichtflächen – Alle Motoren	235 mm ± 0,05 mm	
Max. Nachschleifmass – Alle Motoren	0,20 m	
Min. Mass nach Nachschleifen – Alle Motoren	234,80 mm	

Motorschmierung

Ölfüllmenge:	
– 1.8-Liter-Motor, Benzin, Stahlblechölwanne, mit Ölfilter	4,8 Liter
– 1.8-Liter-Motor, Benzin, Stahlblechölwanne, ohne Ölfilter	4,5 Liter
– 1.8-Liter-Motor, Benzin, Alu-Ölwanne, mit Ölfilter	4,8 Liter
– 1.8-Liter-Motor, Benzin, Alu-Ölwanne, ohne Ölfilter	4,5 Liter
– 2.0-Liter-Motor, Stahlblechölwanne, mit Ölfilter	4,9 Liter
– 2.0-Liter-Motor, Stahlblecholwanne, ohne Ölfilter	4,6 Liter
– 2.0-Liter-Motor, Alu-Ölwanne, mit Ölfilter	4,9 Liter
– 2.0-Liter-Motor, Alu-Ölwanne, ohne Ölfilter	4,2 Liter
– XUD9-Motor – Ohne Ölfilter	4,0 Liter, alle Ölwannen
– XUD9-Motor – Mit Ölfilter	4,2 Liter, alle Ölwannen
– XUD11-Motor – Ohne Ölfilter, Stahlblechölwanne	4,3 Liter
– XUD11-Motor – Mit Ölfilter, Stahlblechölwanne	4,5 Liter
– XUD11-Motor – Ohne Ölfilter, Alu-Ölwanne	3,8 Liter
– XUD11-Motor – Mit Ölfilter, Alu-Ölwanne	4,0 Liter
Unterschied zwischen „Min." und „Max."	ca. 3,3 Liter
Ölsorte	SAE 10W40 oder 15W40, Mehrbereichsöl oder nach Vorschriften des Herstellers.
Ölwechselintervalle	Alle 7500 km bei intensiven Betrieb, sonst alle10 000 km
Systembauart	Druckschmierung durch Zahnradölpumpe, durch Kette von der Kurbelwelle angetrieben. Ölfilter mit daran angeschraubtem, wassergekühltem Ölkühler.
Öldruck – XU-Motor:	
– bei 1000/min	2,0 bar
– bei 3000/min	5,0 bar

Öldruck – XUD-Motoren:	
– Min. Öldruck	2,5 bar im Leerlauf
– Öldruck bei 80°C	3,5 bar bei 4000/min
Öldruckschalter	Erhellt die Öldruckwarnleuchte im Armaturenbrett, wenn der Öldruck unter 0,8 bar abfällt.
Ölfilter	Mit auswechselbarem Wegwerf-Filtereinsatz an der Aussenseite des Zylinderblocks montiert.
– Wechselzeiten	Zusammen mit dem Motoröl (alle 15 000 km Benziner; alle 10 000 km Diesel oder mindestens einmal im Jahr).
Ölkühler	Falls eingebaut, spezifisch dem Motor zugestellt

Kühlanlage

Bauart	Verschlossene Anlage mit Pumpenumlaufunterstützung. Anlage bestehend aus: Kühler, Ausgleichsbehälter, Dehngefäss, Wasserpumpe, Kühlmittelregler (Thermostat) und elektrischer Ventilator, geschaltet durch Thermoschalter in der Unterseite des Kühlers. Falls eingebaut, Ölkühler mit der Kühlanlage verbunden.
Wasserpumpe:	
Bauart und Antrieb	Am Zylinderblocks montiert. Durch Steuerzahnriemen von der Kurbelwelle aus angetrieben.
Kühler	Aluminiumkühler mit Wasserkasten. Vor dem Motor montiert, mit getrenntem Ausgleichsgefäss.
Öffnungsdruckwert der Verschlusskappe	In Kappe eingezeichnet (1,4 bar)
Kühlungsventilator	Elektrischer Ventilator (oder 2), hinter dem Kühler montiert und durch Thermoschalter betätigt.
Thermostat	Wachselement, in eigenem Gehäuse.
– Öffnungstemperatur	ca. 88°C, alle Motoren
– Vollkommen geöffnet bei	ca. 100 - 102°C, alle Motoren
– Weg des Thermostatstiftes bei dieser Temperatur	7,5 mm
Temperaturgeber	In Thermostatgehäuse eingeschraubt. Elektrisch mit der Warnleuchte im Kombiinstrument verbunden. Leuchte erhellt sich bei Überhitzung. Schliesstemperatur der Kontakte 118°C.
Füllmenge der Anlage	Je nach Ausführung. Der Betriebsanleitung zu entnehmen.
– 1.8-Liter-Motor (Benzin)	ca. 8,0 Liter
– 2.0-Liter-Motor (Benzin)	ca. 8,5 Liter
– Dieselmotoren	ca. 9,0 Liter
Frostschutzmittel (empfohlen)	Wie vom Hersteller empfohlen, z.B. Procor 3000
Wechselzeiten, Frostschutzmittel	Alle 2 Jahre

Einspritz- und Zündanlage - Benzinmotoren

Bauart	Siehe entsprechenden Abschnitt. Zündung wird gemeinsam mit der Einspritzung durch elektronisches Steuergerät reguliert.
Zündzeitpunkt	Durch Steuergerät reguliert
Zündfolge	1-3-4-2
Lage des Zylinders Nr. 1	Am Schwungradende

Zündspule

Bauart	Siehe unter „Einspritzanlagen“
Widerstand bei 20°C (ungefähr):	
– Primärwiderstand	0,5 - 0,8 Ohm
– Sekundärwiderstand	14,6 Kiloohm (Bosch), 8,6 Kiloohm (Valeo)

Zündkerzen

Eingebaute Kerzen	Immer den letzten Empfehlungen folgen
Anzugsdrehmoment	25 Nm

Dieseleinspritzanlage

Einspritzpumpe	Drehverteilerpumpe
– XUD9TF-Motor, Abgasregulierung L und Y	Bosch VE 49F
– XUD11BTE	Bosch, LP01

Spezifisch für XUD9-Motor, Abgasregulierung L und Y (Bosch)

Statischer Einspritzpunkt auf OT	0,66 mm
Dynamischer Einspritzpunkt	12,5 ± 1° bei 800/min
Leerlauf, ohne Klimaanlage	750 - 800/min (800/min Sollwert)
Leerlauf, mit Klimaanlage	800 - 850/min (850/min Sollwert)
Max. Drehzahl ohne Belastung	5100/min
Schnellleerlauf	950 ± 50/min
Abwürgdrehzahl	1500 ± 100/min
Einspritzdüsenkörper	KCA 17 S 42
Einspritzdruckeinstellung	175 bar

Spezifisch für XUD11-Motor

Leerlauf, ohne Klimaanlage	750 - 800/min (750/min Sollwert)
Leerlauf, mit Klimaanlage	750 - 800/min (750/min Sollwert)
Max. Drehzahl ohne Belastung	5100/min
Schnellleerlauf	Je nach Kühlmitteltemperatur
Einspritzdüsenkörper	LCR343

Kupplung

Bauart	Einscheibentrockenkupplung mit Tellerfeder
Hersteller	Valeo oder LUK
Eingebaute Kupplung:	
– 1.8/2.0-Liter-Motor	Valeo, 215 mm Durchmesser oder 228 mm (Turbo) und 16V
– 1.9/2.1-Liter-Dieselmotor	Valeo, 215 mm Durchmesser oder 228 mm (XUD11)
– Bei Neuteilen	Den Ersatzteillisten zu entnehmen. Änderungen könnten vorgenommen worden sein.
Kupplungsbetätigung	Mechanisch, Kupplungsseil, automatische Nachstellung, alle Modelle
Kupplungspedaleinstellung	Nicht erforderlich
Kupplungsdrucklager	Verkapseltes Kugellager, in ständiger Verbindung mit dem Kupplungskörper

Mechanisches Getriebe und Differential

Eingebaute Getriebe

Alle Fahrzeugmodelle	Fünfganggetriebe. Eingebauter Getriebetyp je nach eingebautem Motor.
– 1.8/2.0-Liter-Motor	Ausführung BE3/5, Kennzeichnung beginnt mit „CL". Bei 2.0-Liter-Motor ab 1998, Kennzeichnung beginnt mit „TA".
– 2.0-Liter-Turbomotor	Ausführung ME5K, ML5E ab 1998. Kennzeichnung beginnt mit „20".
– 2.0 Liter 16V-Motor	Ausführung „ML5"
– 1.9-Liter-Dieselmotor	Ausführung ME5K, ME5E sowie ME5T ab ca. 1997. Kennzeichnung beginnt mit „20".
– 2.1-Liter-Dieselmotor	Ausführung ML5E, ML5T ab ca. 1997

Getriebeübersetzungen	Je nach Motor und Fahrzeug unterschiedlich. Angeführte Angaben sind Beispiele

Mit 1.8-Liter-Motor (Baujahr 2000)

1. Gang	3,45 : 1
2. Gang	1,87 : 1
3. Gang	1,28 : 1
4. Gang	0,95 : 1

5. Gang	0,80 : 1
Rückwärtsgang	3,33 : 1
Antriebsübersetzung	4,53 : 1

Mit 1.8-Liter-Motor, 121 PS (Baujahr 2000)

1. Gang	3,46 : 1
2. Gang	1,87 : 1
3. Gang	1,28 : 1
4. Gang	0,95 : 1
5. Gang	0,74 : 1
Rückwärtsgang	3,39 : 1
Antriebsübersetzung	4,53 : 1

Mit 1.8-Liter-Motor, 132 PS (Baujahr 2000)

1. Gang	3,25 : 1
2. Gang	1,78 : 1
3. Gang	1,19 : 1
4. Gang	0,90 : 1
5. Gang	0,73 : 1
Rückwärtsgang	3,15 : 1
Antriebsübersetzung	4,64 : 1

Mit 1.8-Liter-Turbomotor, 147 PS (Baujahr 2000)

1. Gang	3,42 : 1
2. Gang	1,87 : 1 oder 1,82 : 1
3. Gang	1,25 : 1 oder 1,28 : 1
4. Gang	0,97 : 1
5. Gang	0,77 : 1 oder 0,76 : 1
Rückwärtsgang	3,15 : 1 oder 3,33 : 1
Antriebsübersetzung	4,21 : 1

Mit 1.9-Liter-Dieselmotor (Baujahr 2000)

1. Gang	3,42 : 1
2. Gang	1,94 : 1
3. Gang	1,25 : 1
4. Gang	0,75 : 1 oder 0,88 : 1
5. Gang	0,67 : 1
Rückwärtsgang	3,15 : 1
Antriebsübersetzung	4,54 : 1

Mit 2.1-Liter-Dieselmotor (Baujahr 1999)

1. Gang	3,81 : 1
2. Gang	1,88 : 1
3. Gang	1,12 : 1
4. Gang	0,80 : 1
5. Gang	0,61 : 1
Rückwärtsgang	3,15 : 1
Antriebsübersetzung	4,79 : 1

Zu beachten: Aufgrund der vielen Varianten und Modelle ist es unmöglich, auf alle eingebauten Getriebe und Antriebsübersetzungen einzugehen. Anhand der Getriebekennzeichnung sind Sie in der Lage, im Ersatzteillager Ihrer Werkstatt die genauen Übersetzungen zu erhalten. Unbedingt immer ein Getriebe mit der gleichen Kennzeichnung einbauen. Abschnitt „Schaltgetriebe“ gibt weitere Einzelheiten.

Getriebeöl

Füllmenge	2,0 Liter
Ölstandskontrolle	Alle 60 000 km
Ölwechsel	Nicht vorgesehen
Ölsorte	Empfohlen ESSO oder SHELL 75W80-Getriebeöl SAE 75W/80W nach API GL5

Lenkung

Bauart	Servolenkung, Zahnstangenlenkung. Auf Sonderwunsch mit Airbag auf Fahrer- und Beifahrerseite.
Lenkungsübersetzung:	
– Mit Servounterstützung	15,75 : 1
Wendekreis:	
– Zwischen Bordsteinen	11,75 m
– Zwischen Wänden	12,35 m
Lenkhilfspumpe:	
– Antrieb	Durch Keilriemen
Lenkungsflüssigkeit:	
– Füllmenge	1,7 Liter
– Flüssigkeitssorte	Wie in automatischen Getrieben
– Flüssigkeitsstandkontrolle	Alle 15 000 km (Diesel alle 10 000 km)

Vorderradaufhängung

Bauart	Einzelradabfederung mit Federbeinen, unteren Dreiecksquerlenkern, Schraubenfedern und Kurvenstabilisator. Federbeine und Stossdämpfer formen die Aufhängungselemente. Befestigung des Kurvenstabilisators mit Hilfe von Koppelstangen zwischen Querlenker und Nebenrahmen.
Schraubenfedern	Konzentrisch um die Stossdämpfer herum montiert. Einbaurichtung ist wichtig.
Kurvenstabilisator:	
– Montageweise	Mit Montageschellen und Gummilagern am Querträger und mit Koppelstangen zwischen Querlenker und Stabilisatorstange verbunden.
Durchmesser des Kurvenstabilisators	Je nach Modell, Normalausführung 25 mm

Vorderradgeometrie

Hinweis: Den Vorderwagen nur fachmännisch vermessen lassen. Bei den Angaben handelt es sich nur um Richtwerte, da z.B. Fahrzeuge mit unterschiedlichem Motor unterschiedliche Werte haben. Nur die Werkstatt hat die Werte der einzelnen Modelle.

Sturz der Vorderräder	0° ± 30'
– Verstellung	Einstellung nicht möglich
– Abweichende Werte bei Kontrolle	Aufgrund von Verzug der Radaufhängung
Nachlauf der Vorderräder	3° 30' ± 30', nicht verstellbar
Spreizung	11° 28', nicht verstellbar
Spureinstellung, Fahrzeug leer	+1 bis +3 mm über beide Räder, Vorspur
Einstellung	1 Umdrehung des Spurstangenrohres verstellt die Vorspur um ca. 3 mm

Erklärung: *Vorspur* bedeutet, dass Räder an der Vorderseite enger zusammenstehen, *Nachspur* bedeutet, dass Räder an der Rückseite enger zusammenstehen.

Vorderradlager

Bauart	Radnabe auf einem Doppelreihenkugellager montiert und in Achsschenkel eingepresst.
Radlageraxialspiel	0 bis 0,05 mm

Hinterradaufhängung

Bauart	Einzelradabfederung der Hinterräder mit Verbundlenkerachse, Längslenkern, Querlenkerstange (Panhardstab) und Kurvenstabilisator Teleskop-Stossdämpfer.

Bremsanlage

Bauart	Zweikreisbremsanlage, System diagonal geteilt, mit Bremsdruckregler im hinteren Bremskreis. Mit oder ohne Bosch-ABS. Alle Fahrzeuge mit Bremskraftverstärker (Bremsservo). Handbremse wirkt auf Hinterräder. Mit Scheibenbremsen an den Vorderrädern (belüftet) oder Vierradscheibenbremsen, je nach eingebautem Motor.
Vorderradbremsen	
Bauart	Lucas-Girling-Scheibenbremsen C57 mit Gleitbremssätteln. 1 Kolben pro Zylinder. Jumpy und Scudo mit Bendix-Bremsen, Serie 5.
Bremsscheibenausführung	Bei allen eingebautem Motoren belüftet
Bremsscheibendurchmesser	281,0 mm (Jumpy/Scudo 257,0 mm)
Bremsscheibenstärke:	
– Belüftete Bremsscheiben	20,4 mm (Jumpy/Scudo), andere 26,0 mm
Min. Bremsscheibenstärke:	
– Belüftete Bremsscheiben	18,4 mm (Jumpy/Scudo), andere 24,0 mm
Bremssattelzylinderdurchmesser	57,00 mm, alle Modelle
Min. Bremsklotzstärke (ohne Metallplatte) – Alle	2,0 mm
Max. Seitenschlag der Bremsscheibe	0,07 mm
Hinterrad-Trommelbremsen	
Hersteller	Bendix mit automatischer Nachstellung
Radbremszylinderdurchmesser	20,60 mm, Jumpy/Scudo 19,00 mm
Bremstrommeldurchmesser	255,0 mm, alle Modelle
Max. zulässiger Bremstrommeldurchmesser	256,0 mm, alle Modelle
Min. Stärke der Bremsbeläge	1,0 mm (1,5 mm bei Kontrolle)

Hinweis: „Bei Kontrolle“ bedeutet, dass man die Bremsbacken erneuern sollte, wenn man bei der Kontrolle der Belagstärke den angegebenen Wert feststellt.

Hinterradscheibenbremsen	
Hersteller	Bendix FR36, Festsattel
Durchmesser der Bremsscheiben	295,0 mm
Stärke der Bremsscheiben	10,0 mm
Min. zul. Stärker der Bremsscheiben	8,0 mm
Max. zul. Schlag der Bremsscheiben	0,07 mm
Durchmesser der Bremssattelzylinder	36,0 mm
Stärke der Bremsklötze	17,0 mm
Min. zul. Stärke der Bremsklötze (mit Metallplatte)	7,0 mm
Hauptbremszylinder	
Kolbendurchmesser	23,8 mm (Jumpy/Scudo 22,2 mm)
Bremsflüssigkeit	Nach Norm SAE J 1703 DOT 4
Regelmässige Erneuerung	Alle 40 000 km oder alle 2 Jahre
ABS	
Eingebaute Anlage	Bendix. Mit zwei Drehzahlfühlern an den Vorderrädern und zwei an den Hinterrädern. Mit lastenabhängigem, getrennten Bremsdruckregler.
Vorderradbremsen	Wie Modelle mit belüfteten Bremsscheiben
Hinterradbremsen	Mit Scheibenbremsen hinten

Elektrische Anlage

Batterie	
Spannung	12 Volt
Kapazität	Je nach Fahrzeug
Einbaulage der Batterie	Motorraum

MASS- und EINSTELLDATEN

Ladezustand:	
– Voll geladen	1,285 g/cm² oder 32° Baumé
– 75% geladen	1,242 g/cm² oder 28° Baumé
– 50 % geladen	1,200 g/cm² oder 24° Baumé
– 25 % geladen	1,161 g/cm² oder 20° Baumé
– Vollkommen entladen	1,125 g/cm² oder 16° Baumé
Drehstromlichtmaschine	
Eingebaute Lichtmaschine	Valeo oder Bosch 50 oder 70 A (700 oder 980 Watt)
Ausführung	Je nach Motor, Ersatzteillisten befragen
Lichtmaschinenantriebsriemen	Siehe betreffender Abschnitt
Anlasser	
Eingebauter Anlasser	Valeo oder Bosch
Ausführung	Je nach Motor, Ersatzteillisten befragen
Glühbirnentabelle	
Hauptscheinwerfer	H4 55/60 Watt
Nebelscheinwerfer	H3 55 Watt
Brems/Schlussleuchte	21/5 Watt
Nebelschlussleuchte	21 Watt
Rückfahrleuchte	21 Watt
Blinkleuchten	21 Watt
Kennzeichenleuchten	5 Watt
Standleuchten, vorn	5 Watt

Füllmengen

Motor	Siehe unter „Motorschmierung“ in diesem Abschnitt.
Schaltgetriebe	2,0 Liter
Bremsanlage (ca.):	
– Ohne ABS	0,7 Liter
– Mit ABS	1,0 Liter
Kraftstofftank	80 Liter
Servolenkung	1,7 Liter
Kühlanlage	Siehe unter „Kühlanlage“ in diesem Abschnitt

Benzinmotoren

Zylinderkopfschrauben – 1.8 Liter:	
– 1. Stufe	60 Nm
– 2. Stufe	Vollkommen lockern
– 3. Stufe	20 Nm
– 4. Stufe	Winkelanzug 300°
Zylinderkopfschrauben – 2.0 Liter, 8 und 16 Ventile:	
– 1. Stufe	35 Nm
– 2. Stufe	70 Nm
– 3. Stufe	Winkelanzug 160°
Schraube des Nockenwellenkettenrades	35 Nm
Lagerdeckel der Nockenwelle	15 Nm
Schwungradschrauben	50 Nm
Schraube der Kurbelwellenriemenscheibe	130 Nm (siehe auch Haupttext)
Steuerdeckelschrauben	10 Nm
Zylinderkopfhaube	10 Nm
Schrauben des Zahnriemenspanners	16 Nm
Hauptlagerdeckelschrauben	70 Nm
Pleuellagerdeckel:	
– 1. Stufe	40 Nm
– 2. Stufe	Vollkommen lockern
– 3. Stufe	20 Nm + 70° Winkelanzug
Ölablassstopfen	30 Nm
Motoraufhängungen	Siehe entsprechendes Kapitel
Ansaugkrümmer	20 Nm
Wasserpumpe	15 Nm
Kupplungsschrauben	15 Nm
Zündkerzen	25 Nm

Dieselmotoren (XUD)

Zylinderkopfschrauben:	
– 1. Stufe	20 Nm
– 2. Stufe	60 Nm
– 3. Stufe	Mit Gradscheibe 220° (XUD9) 180° (XUD11) im Winkelanzug nachziehen
Hauptlagerdeckel	70 Nm
Pleuellagerdeckel:	
– 1. Stufe	20 Nm
– 2. Stufe	70° Winkelanzug (Gradscheibe)
Schwungradschrauben	50 Nm
Kurbelwellenriemenscheibe:	
– 1. Stufe	40 Nm
– 2. Stufe	60° Winkelanzug (Gradscheibe)
Einspritzdüse in Zylinderblock	90 Nm
Spannrolle für Zahnriemen	18 Nm
Laufrolle für Zahnriemen	18 Nm
Ölkühler an Zylinderblock	65 Nm
Antriebsrad der Einspritzpumpe	50 Nm
Steuerrad an Nockenwelle	43 Nm
Nockenwellenlagerdeckel	20 Nm
Öldruckschalter	30 Nm
Ölablassstopfen in Ölwanne	30 Nm
Wasserablassstopfen in Zylinderblock	25 Nm
Wasserpumpe	15 Nm
Zylinderkopfhaube	8 Nm
Kupplung an Schwungrad	20 Nm
Ölpumpe	18 Nm
Einspritzpumpe, vorn	18 Nm
Einspritzpumpe, hinten	20 Nm
Einspritzleitungen, Überwurfmuttern	25 Nm
Motoraufhängung	Siehe betreffendes Kapitel
Kühlmitteleinlassgehäuse	Voranzug 5 Nm, danach 18 Nm
Glühkerzen	25 Nm
Schraube des Kraftstofffilters	15 Nm
Thermoschalter	18 Nm
Auspuffkrümmer	30 Nm
Ansaugsammelrohr	20 Nm
Ölwannenschrauben	16 Nm (alle Ausführungen)

Antriebswellen

Antriebswellenmuttern	100 Nm, Winkelanzug 60°
Muttern des Stützlagers	10 Nm
Klemmschraube/Mutter, Achsschenkel an Federbein	110 Nm
Spurstangenkugelgelenk an Lenkhebel	35 Nm
Bremssattelschrauben an Achsschenkel	Siehe „Bremsanlage“
Radbolzen	100 Nm

Vorderradaufhängung

Klemmschraube des Aufhängungskugelgelenks	70 Nm (1, Bild 301, an Achsschenkel)
Koppelstange des Stabilisators	85 Nm (2, Bild 301), an Querlenker
Klemmschrauben des Achsschenkels	110 Nm (3, Bild 301), an Federbein
Querlenkerbefestigung:	
– Schrauben (1) und (2) in Bild 304	110 Nm, vordere Lagerung
– Schrauben (3) in Bild 304	85 Nm, Kurvenstabilisatorlager
– Schrauben (4) in Bild 304	110 Nm, hintere Lagerung
Koppelstange an Kurvenstabilisator	70 Nm
Kolbenstangenmutter, oberes Federlager	90 Nm
Oberes Federbeinlager an Karosserieblech	45 Nm (1, Bild 294)
Antriebswellenmuttern	Siehe unter „Antriebswellen“
Muttern der Spurstangengelenkbolzen	35 Nm
Bremssattelschrauben	Siehe „Bremsanlage“
Radbolzen	100 Nm
ABS-Drehzahlfühler (falls eingebaut)	10 Nm

Hinterradaufhängung

Achswellenmutter, hinten	100 Nm
Radbolzen	100 Nm
Stossdämpferbefestigung, oben	90 Nm
Stossdämpferbefestigung, unten	65 Nm
Kurvenstabilisator an Karosserie	60 Nm
Bremsträgerplatten an Hinterachse	35 Nm

Lenkung

Schrauben der Lenkungsbefestigung	100 Nm
Muttern der Spurstangengelenke	35 Nm
Kontermuttern der Gelenke an der Innenseite der Spurstangen	35 Nm
Kontermutter am Spurstangenrohr	40 Nm
Radbolzen	100 Nm
Klemmschraube des Lenkungsgelenks	20 Nm
Lenkradmutter	35 Nm
Schrauben der Lenksäule	20 Nm
Hochdruck/Niederdruckleitung an Lenkung	30 Nm

Bremsanlage

Entlüftungsschrauben	8 Nm
Bremsschlauchanschlüsse	17 Nm
Überwurfmuttern der Bremsleitungen	15 Nm
Gleitbolzen für Bremssättel, vorn	30 Nm
Schrauben des Bremssattelträgers, vorn	120 Nm
Schrauben des Bremssattels, hinten	30 Nm
Mutter der Hinterradnaben	100 Nm
Mutter der Vorderradnaben (Achswellen)	Siehe unter „Antriebswellen“
Radbolzen	100 Nm
Bremsscheiben an Radnaben	25 Nm
Bremstrommeln an Radnaben	25 Nm
Leitungen der Radbremszylinder (hinten)	17 Nm
Leitungen des Hauptbremszylinders	13 Nm
Muttern des Hauptbremszylinders	14 Nm
Muttern des Bremskraftverstärkers	15 Nm
Schrauben, Handbremshebel	15 Nm
ABS-Drehzahlfühler an Achsschenkel	10 Nm

Schaltplanverzeichnis

Legende zu den Schaltplänen

Die meisten Schaltpläne sind als schematische Anordnung gezeigt. Im Allgemeinen kann man sagen, dass die Schaltpläne ziemlich kompliziert sind, jedoch versuchen wir auf den folgenden Zeilen eine Hilfestellung zum Verstehen zu geben. Abgesehen von den Kabelfarben, welche untenstehend angegeben sind, werden auch verschiedene Buchstaben in den Schaltplänen verwendet, die die folgende Bedeutung haben und unter Bezug auf Bild 362 und 363 verständlich gemacht werden:

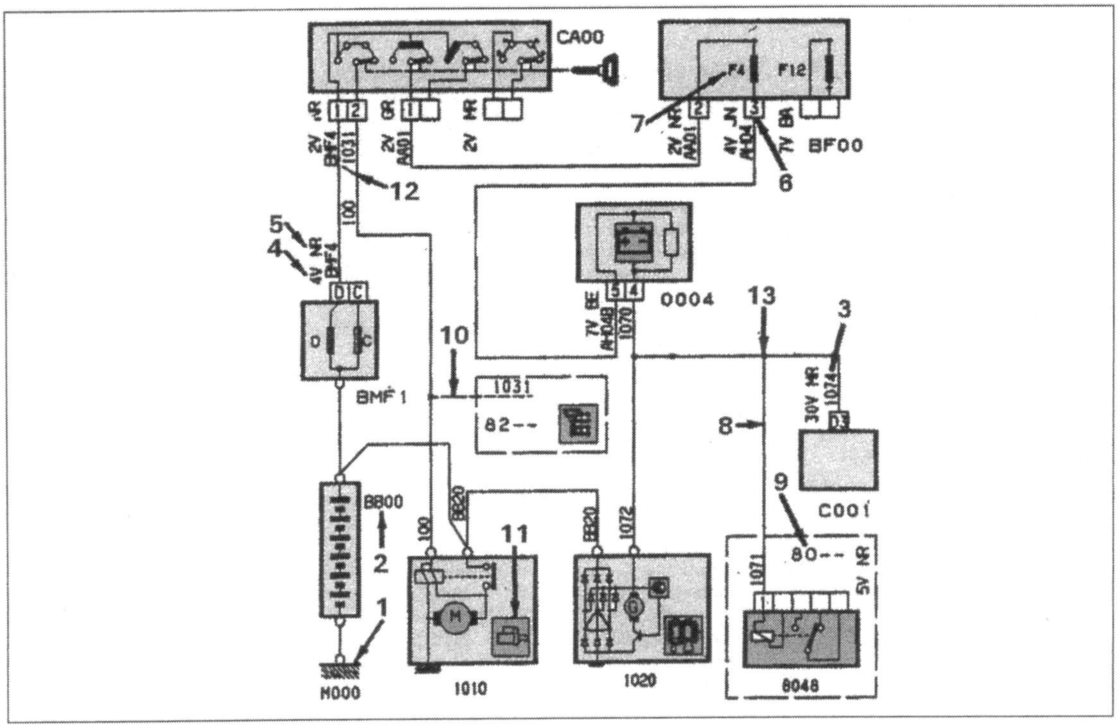

Bild 362
Die Lage der in den schematischen Schaltplänen angegebenen Bezeichnungen.

1 Darstellung der Massestelle
2 Bezeichnung des Stromabnehmers
3 Kabelnummer
4 Anschlussstelle des Kabels
5 Farbe des Kabels
6 Anschlussstelle des Kabels
7 Sicherungsnummer
8 Darstellung einer Leitung zu anderem Stromkreis
9 Nummer der Funktion
10 Nur auf bestimmte Modelle zutreffend
11 Schaltdiagramm des Strromabnehmers
12 Verbindungskabel
13 Kabelverzweigung

In den eigentlichen Schaltplänen sind ausser den oben erwähnten die folgenden Bezeichnungen angegeben:

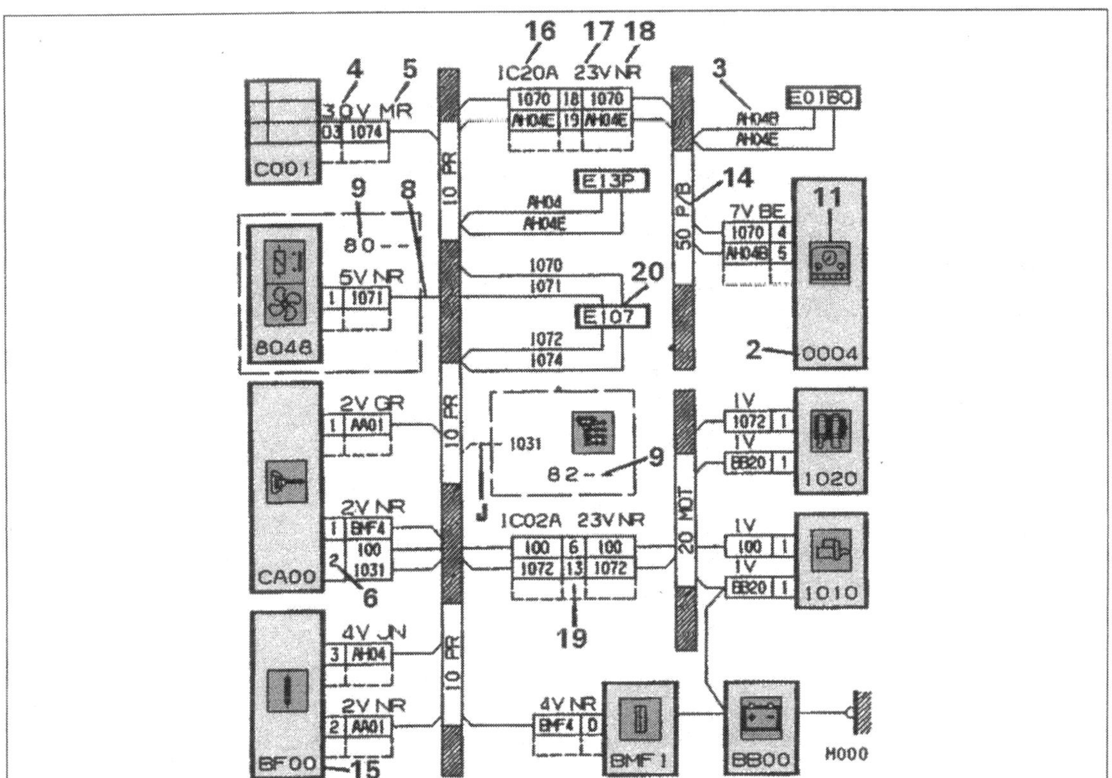

Bild 363
Die eigentlichen Schaltpläne haben ausser den in Bild 362 gezeigten Einzelheiten die gezeigten Angaben.

14 Kennzeichnung des Kabelstrangs
15 Diagramm der Sicherungsdose
16 Nummer der Kabelverbindung
17 Anschlussverbindung
18 Farbe des Verbindungskabels
19 Teilweise Anschlussverbindung
20 Zusammenschluss von Kabeln

Bezeichnung der Stromabnehmer. Nicht alle Stromabnehmer sind bei den behandelten Modellen eingebaut. Mit „XX“ bezeichnete Stromabnehmer bedeuten, dass mehrere Funktionen damit bedient werden. Zum Beispiel „C004“ (Diagnoseanschluss für Armaturenbrett) wird als „CXXX“ angegeben, da andere mit „C“ bezeichnete Anschlüsse den gleichen Zweck aber für unterschiedliche Stromabnehmer verrichten.
Alle Stromabnehmer sind mit Symbolen versehen. Einige sind selbsterklärend, bei anderen muss man jedoch scharf nachdenken.

BB00	Batterie
BB10	Stromlieferungskasten
BF00	Sicherungsdose, Innenraum
BF01	Sicherungsdose, Motorraum
BF02	Sicherungsdose, Kofferraum
BH12	Sicherungsdose, 12 Sicherungen
BH28	Sicherungsdose, 28 Sicherungen
BMF1	Hauptsicherungsdose
BMF2	Hauptsicherungsdose
BMF3	Hauptsicherungsdose
BMF4	Hauptsicherungsdose
C001	Diagnoseanschluss
CA00	Zündschalter
C001	Diagnoseanschluss
CXX	Testanschlüsse
DRA0	Abgeschirmter Masseanschluss
MF175	Sicherung, Motorraum, 175 A
PS00	Anschlussleiste
V004	Warnleuchte
V1000	Ladekontrollleuchte
V1100	Warnleuchte, Test der Zündanlage
V1150	Warnleuchte, Vorglühanlage
V1200	Warnleuchte, Test der Einspritzanlage
V1300	Warnleuchte, Motordiagnose
V1700	Warnleuchte, momentaner Fehler
V2000	Warnleuchte, Nebelschlussleuchte
V2010	Warnleuchte, vordere Nebelleuchten
V2300	Warnleuchte, Rundumblinkanlage
V2310	Warnleuchten, Blinkleuchten
V2320	Warnleuchte, linke Blinkleuchte
V2330	Warnleuchte, rechte Blinkleuchte
V2600	Warnleuchte, Standlicht
V2610	Warnleuchte, Abblendlicht
V2620	Fernlichtkontrollleuchte
V2660	Warnleuchte, vordere Nebelleuchten
V4010	Warnleuchte, Kühlmittelmangel
V4017	Warnleuchte, Batteriesäurestand
V4020	Warnleuchte, Kühlmitteltemperatur
V4040	Warnleuchte, Wasserstand der Scheibenwaschanlage
V4050	Warnleuchte, Wasser im Kraftstofffilter
V4110	Öldruckkontrollleuchte
V4120	Warnleuchte, Motorölstand niedrig
V4130	Warnleuchte, Öltemperatur
V4300	Warnleuchte, Kraftstoffreserve
V4400	Warnleuchte, Handbremse
V4410	Warnleuchte, Bremsflüssigkeitsstand
V4420	Warnleuchte, Handbremse und Bremsflüssigkeit
V4430	Warnleuchte, Bremsklotzverschleiss
V4440	Warnleuchte, Glühbirnenausfall
V4700	Warnleuchte, Tür geöffnet
V4730	Warnleuchte, Sitzgurte
V4800	Warnleuchte, Katalysator überhitzt
V6560	Warnleuchte, Airbag
V6235	Warnleuchte, Diebstahlwarnanlage
V6561	Warnleuchte, Seitenairbag
V7000	Warnleuchte, ABS
V8110	Warnleuchte, beheizte Heckscheibe
VXXX	Andere Warnleuchten, dem System zugeteilt
1000	Anlasssperrschalter, Getriebeautomatik
1005	Anlasssperrelais
1010	Anlasser
1020	Drehstromlichtmaschine
1030	Signalrelais, Motor läuft
1040	Allgemeines Relais
1041	Notabstellschalter
1042	Allgemeines Stromrelais
1043	Rückstellknopf, Notabstellschalter
1044	Diodengerät
1045	Zusatzrückstellknopf, Notabstellschalter
1104	Elektrisches Schaltventil, Einspritzverstellung
1105	Verstärkermodul, Zündanlage
1115	Geber, Zylindererkennung
1120	Klopfgeber
1125	Fahrpedalschalter
1127	Stromrelais, Zündanlage
1130	Steuergerät, Zündung
1131	Zündspule (bis 1135), je nach Motor
1150	Steuerrelais, Vorglühanlage
1155	Vorglührelais
1156	Nachglührelais
1157	Thermoschalter, Nachglühung
1160	Vorglühkerzen
1161	Vorglühkerzen (bis 1164)
1200	Kraftstoffpumpenrelais
1201	Einspritzpumpenrelais
1203	Notabstellschalter
1204	Sicherheitsrelais, Notabstellschalter
1205	Sicherung, Kraftstoffpumpe
1208	Dieseleinspritzpumpe
1210	Kraftstoffpumpe
1211	Tankgeber-Pumpe (Benzin)
1215	Schaltventil, Aktivkohlebehälter (Benzin)
1220	Geber, Kühlmitteltemperatur
1225	Stufenmotor, Leerlaufregulierung (Benzin)
1240	Ansauglufttemperaturgeber (Benzin)
1244	Elektromagnetisches Ventil (Benzin)
1247	Wasserthermoschalter, AGR (Benzin)
1250	Steuergerät, Abgasrückführung (AGR, Benzin)
1251	Unterdruckpumpe, AGR (Benzin)
1252	Korrekturrelais, Einspritzverstellung
1254	Schalter, Belastungshebel, AGR
1255	Kraftstoffabsperrventil, Diesel
1270	Widerstand, Ansaugkrümmervorwärmung
1304	Doppelrelais, Motorelektronik
1312	Druckgeber, Ansaugluft
1313	Geber, Motordrehzahl
1316	Geber, Drosselklappenstellung
1320	Elektronisches Steuergerät, Motorelektronik
1330	Einspritzeinheit
1331	Einspritzventil (bis 1334)
1345	Beheizungsrelais, Lambda-Sonde
1348	Sicherung, Lambda-Sondenbeheizung
1350	Lambda-Sonde, Auspuffrohr
1400	OT-Geber
1500	Relais, Kühlungslüfter
1501	Sicherung, Kühlungslüfter
1502	Stromrelais, linker Lüfter
1503	Stromrelais, rechter Lüfter
1504	Stromrelais, linker und rechter Lüfter
1505	Thermalschalter, Kühlungslüfter
1508	Stromrelais, Lüfter, Langsamstufe
1509	Stromrelais, Lüfter, Schnellstufe
1505	Thermoschalter, Kühlungslüfter
1506	Widerstand, Kühlungslüfter
1508	Stromrelais, Lüfter, Langsamstufe
1509	Stromrelais, Lüfter, Schnellstufe
1510	Kühlungslüfter
1511	Lüfter rechts (1512 links)
1526	Zeitschalter, Kühlungslüfter
1620	Geber, Fahrzeuggeschwindigkeit
1621	Geber, Fahrzeuggeschwindigkeit, Automatik
1630	Steuergerät, Automatik

16XX	Elemente der Getriebeautomatik
0002	Schalter, Licht und Blinker
0004	Instrumententafel
0005	Scheibenwischer/ wascher-Schalter
2000	Schalter, Nebelschlussleuchte
2001	Schalter, Licht und Scheibenwischer
2005	Relais, Nebelschlussleuchte
2010	Nebelschlussleuchte (bis 2015)
2100	Bremslichtschalter
2110	Zusätzliche Bremsleuchte (bis 2112)
2200	Schalter der Rückfahrleuchte
2300	Schalter, Rundumblinkanlage
2305	Blinkgeber
2320	Blinkleuchte, vorn links
2325	Blinkleuchte, vorn rechts
2340	Seitenblinkleuchte, links
2345	Seitenblinkleuchte, rechts
2410	Relais, Abblendlicht
2500	Hupendruckknopf
2520	Signalhupe (bis 2522)
2605	Relais, Abblendlicht
2606	Relais, Fernlicht
2610	Scheinwerfer, links
2615	Scheinwerfer, rechts
2620	Vordere Seitenleuchte, links
2625	Vordere Seitenleuchte, rechts
2630	Schlussleuchtengruppe, links
2633	Kennzeichenleuchte, rechts
2635	Schlussleuchtengruppe, rechts
2636	Kennzeichenleuchte, links
2665	Relais, Nebelleuchten
2670	Nebelleuchte, links
2675	Nebelleuchte, rechts
3000	Türkontaktschalter, vorn links
3001	Türkontaktschalter, vorn rechts
3002	Türkontaktschalter, hinten links
3003	Türkontaktschalter, hinten rechts
3004	Innenleuchte (bis 3013)
3019	Schalter, Innenleuchte, hinten
3020	Innenleuchte, hinten
3029	Schalter, mittlere Innenleuchte
3030	Mittlere Innenleuchte
3031	Kartenleselampe, vorn rechts
3033	Kartenleselampe, vorn links
3050	Widerstandsschalter, Beleuchtung
3051	Leuchte, Betätigung der Klimaanlage
3053	Beleuchtung, Aschenbecher
3060	Leuchten (bis 3086)
3065	Kartenleseleuchte
3086	Schalter, Innenleuchte (blau)
3087	Schalter, Parkleuchten
3088	Relais, Parkleuchten
31XX	Verschiedene Leuchten
4010	Schalter, Kühlmittelstand
4020	Thermalschalter, Kühlmittel
4025	Thermoschalter und Temperaturgeber für Motorkühlmittel
4026	Fernthermometer in Instrumenttafel
4050	Geber, Wasser im Kraftstoff
4060	Anzeiger, Batterieladezustand
4100	Elemente für Öl/ Öldruckanzeige (bis 4106)
4110	Öldruckschalter
4120	Geber, Motorölstand
4310	Kraftstoffuhr
4311	Spannungsregler, Kraftstoffuhr
4315	Tankgeber, Kraftstoffuhr
4400	Schalter an der Handbremse
4410	Kontaktschalter, Bremsflüssigkeit
4420	Relais, ABS-Warnleuchte
4430	Kontakt, Bremsklotzverschleissanzeige, vorn links
4430	Kontakt, Bremsklotzverschleissanzeige, vorn rechts
5010	Zeitschalter, Windschutzscheibenwischermotor
5015	Windschutzscheibenwischermotor
5100	Pumpe der Windschutzscheibenwaschanlage
5210	Zeitschalter, Heckscheibenwischer
5211	Wischermotor hinten links
5212	Wischermotor, hinten rechts
5405	Pumpe der Scheinwerferreinigungsanlage
5406	Schalter der Scheinwerferreinigungsanlage
5410	Wischermotor, Scheinwerfer, links
5115	Wischermotor, Scheinwerfer, rechts
6004	Schalter, Fahrerseite, elektrische Fensterbetätigung
6005	Schalter, Beifahrerseite, elektrische Fensterbetätigung
6021	Relais, elektrische Fensterbetätigung
6040	Fensterhebemotor, Fahrerseite, elektrische Fensterbetätigung
6235	Betriebsgerät, Türverriegelung
6240	Schliessmotor, linke Tür
6245	Schliessmotor, rechte Tür
6255	Schliessmotor, rechte Seitentür
6260	Schliessmotor, Hintertüren
6406	Schalter, elektrischer Rückblickspiegel
6410	Elektrischer Aussenspiegel, Fahrerseite
6415	Elektrischer Aussenspiegel, Beifahrerseite
6540	Betriebsgerät, Gurtstraffer
6575	Vorspanner, Sitzgurt, Fahrerseite
6576	Vorspanner, Sitzgurt, Beifahrerseite
7000	Raddrehzahlfühler, ABS, vorn links
7001	Druckschalter, Servolenkung
7005	Raddrehzahlfühler, ABS, vorn rechts
7010	Raddrehzahlfühler, ABS, hinten links
7015	Raddrehzahlfühler, ABS, hinten rechts
7020	Elektronisches Steuergerät, ABS
7025	ABS-Hydrogerät
7029	Sicherung, ABS-Pumpe
7030	Pumpe, ABS
7220	Zeituhr
8000	Schalter, Klimaanlage
8005	Relais, Luftgebläse, Langsamstufe
8006	Thermogeber, Verdunstungsgerät
8007	Druckschalter, Klimaanlage
8008	Geber, Temperatur, mit Klimaanlage
8010	Temperatursteuereinheit, mit Klimaanlage
8020	Luftkompressor, Klimaanlage
8040	Regler, Luftgebläseregulierung
8041	Schalter, Zusatzheizung
8046	Widerstand, Luftgebläsedrehzahl
8048	Relais, Zusatzheizung
8050	Luftgebläsemotor
8060	Luftgebläsemotor, Zusatzheizung
8061	Relais, Klimaanlage
8065	Betriebsventil, Zusatzheizung
8100	Zigarrenanzünder, vorn
8110	Schalter, beheizte Heckscheibe
8115	Relais, beheizte Heckscheibe
8116	Zeitschalter, Beheizung der Heckscheibe
8118	Beheizte Heckscheibe, links
8119	Beheizte Heckscheibe, rechts
8120	Element, beheizte Heckscheibe
8310	Beheizter Sitz, Fahrerseite
8410	Radio
8420	Lautsprecher, links
8425	Lautsprecher, rechts

Verzeichnis der Kabelstränge – Abkürzungen

AVID	Kabelstrang, vorn rechts
AVIG	Kabelstrang, vorn links
ABR	ABS-Kabelstrang
F/AV	Kabelstrang, Frontblech
GMV	Kabelstrang, Kühlungslüfter
ES/P	Kabelstrang, Scheinwerferreinigungs-anlage
EV/AV	Scheibenwischerkabelstrang
MOT	Kabelstrang, Motor
ABR	Kabelstrang, ABS
ABR/AV	Kabelstrang, ABS, vorn
ABR/PB	Kabelstrang, ABS, Armaturenbrett
S/CH	Kabelstrang, Sitzheizung
PLAF/C	Kabelstrang, zusätzliche Innenleuchte
P/B/C	Kabelstrang, zusätzlich für Armaturenbrett
P/B	Kabelstrang, Armaturenbrett
PLAF	Kabelstrang, Innenleuchten
PLAF/AR	Kabelstrang, hintere Innenleuchte
CLM	Kabelstrang, Klimaanlage
CL/AD	Kabelstrang, Zusatzheizung
PR AV/G	Kabelstrang, linke Vordertür
PR AR/G	Kabelstrang, linke Hintertür
PR AR	Kabelstrang, Hintertür
PR AV/I/D	Kabelstrang, zweite Vordertür
PR AV/D	Kabelstrang, rechte Vordertür
PR AR/D	Kabelstrang, rechte Hintertür
LI PR	Kabelstrang, Türverbindung
AG/G	Kabelstrang, hinten links
AR/D	Kabelstrang, hinten rechts
AR/SP	Kabelstrang, hinten, unter Fahrzeugboden
INT/F/AV G	Kabelstrang, Türkontaktschalter, vorn links
INT/F/AV D	Kabelstrang, Türkontaktschalter, vorn rechts

Kabelfarbenerklärung

BA = weiss
BE = blau
BG = beige
GR = grau
JN = gelb
MR = braun
MV = lila
NR = schwarz
OR = orangefarben
RG = rot
RS = rosa
VE = grün
VI = violett
VJ = grün/gelb

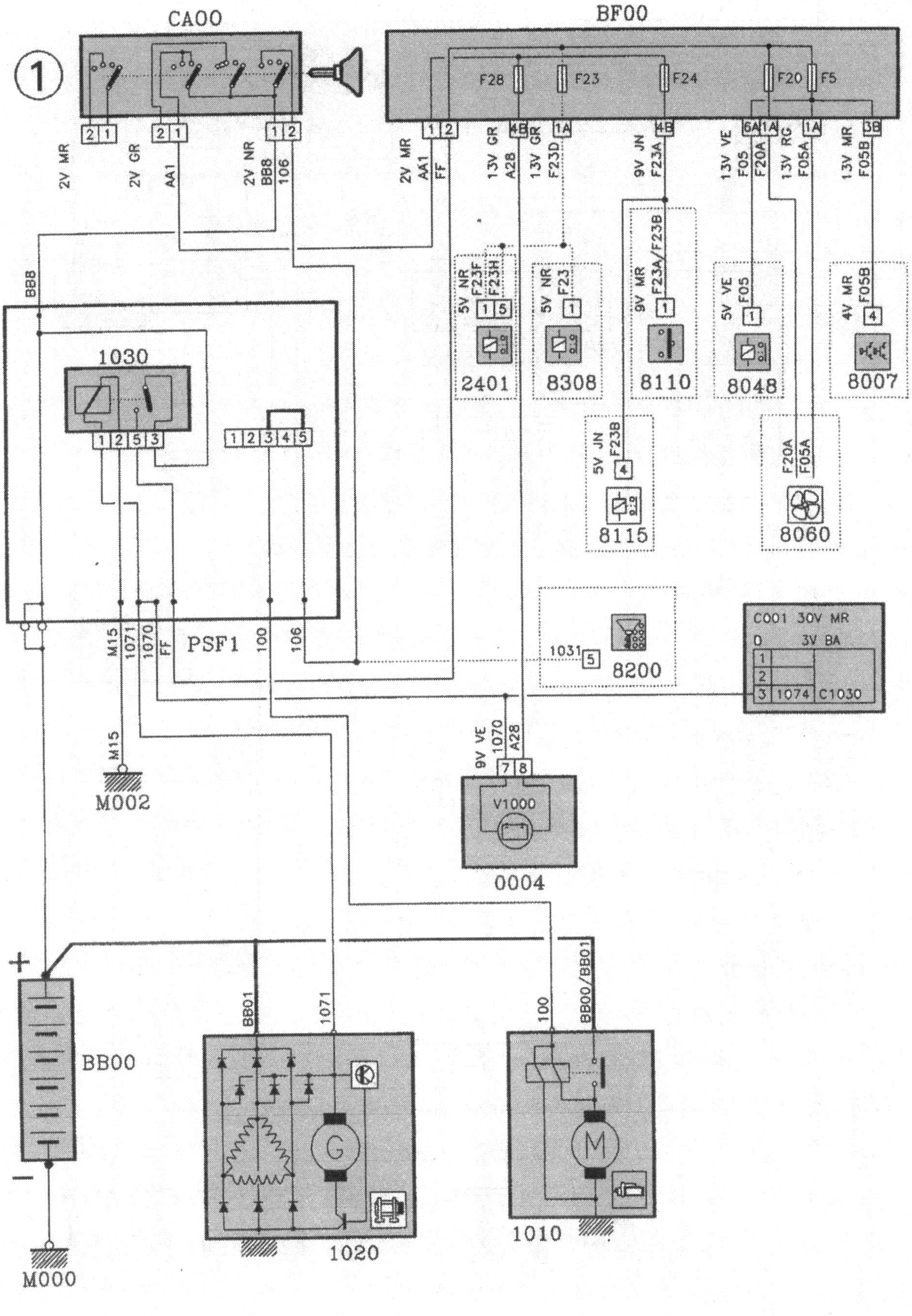
1
CA00
BF00
F28
F23
F24
F20
F5
2V MR
2V GR
AA1
2V NR
BB8
106
2V MR
AA1
FF
13V GR
A28
13V GR
F23D
9V JN
F23A
13V VE
F05
F20A
13V RG
F05A
13V MR
F05B
BBB
5V NR
F23F
F23H
2401
5V NR
F23
8308
9V MR
F23A/F23B
8110
5V VE
F05
8048
4V MR
F05B
8007
1030
5V JN
F23B
8115
F20A
F05A
8060
PSF1
M15
1071
1070
FF
100
106
1031
8200
C001 30V MR
3V BA
1074
C1030
9V VE
1070
A28
V1000
0004
M15
M002
BB00
BB01
1071
1020
100
BB00/BB01
1010
M000

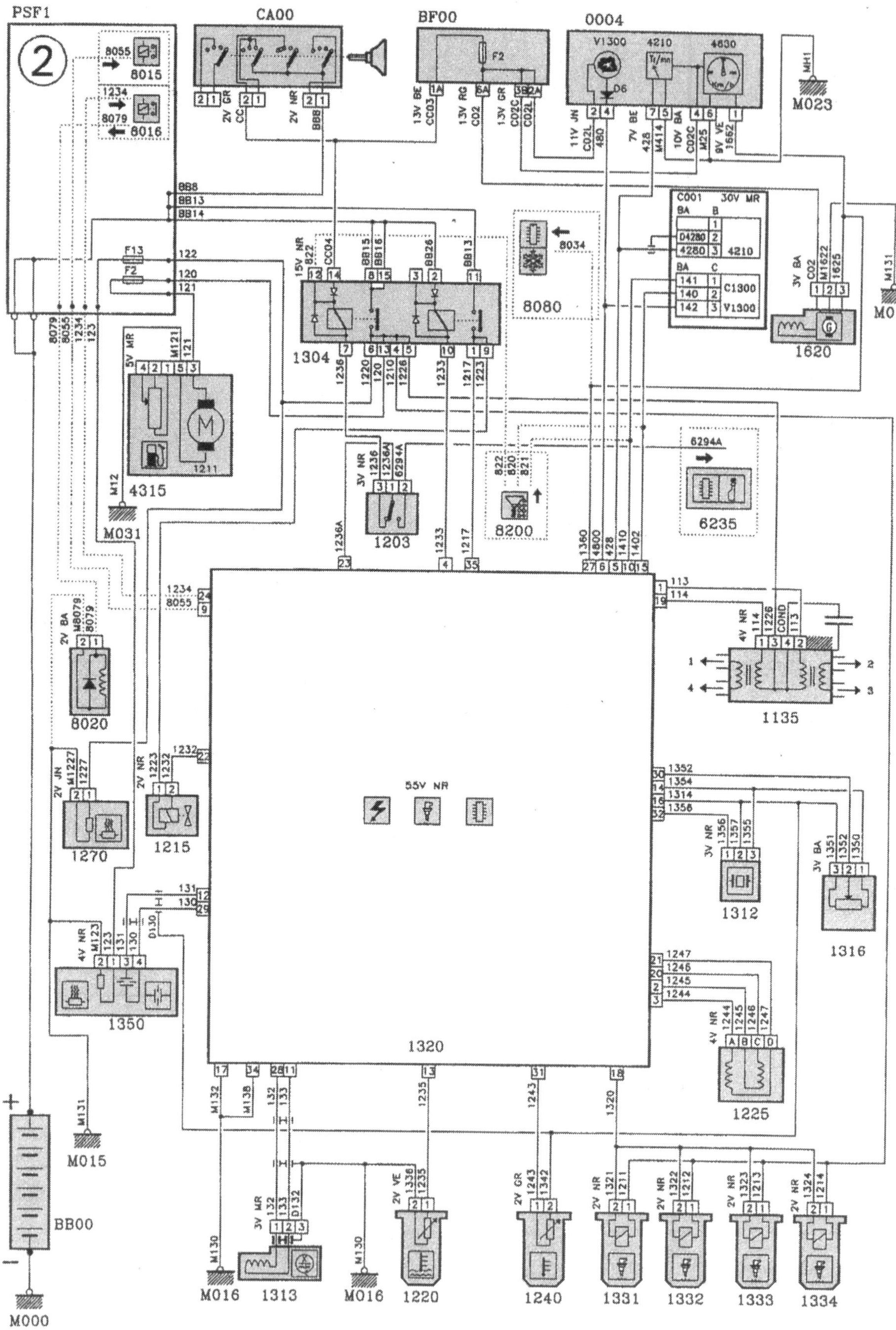
PSF1
CA00
BF00
0004
V1300
4210
4630
M023
8055
8015
1234
8079
8016
C001
30V MR
8034
8080
M015
1620
1304
4315
M031
1203
8200
6294A
6235
1135
8020
1270
1215
55V NR
1312
1316
1350
1320
1225
BB00
M000
M016
1313
1220
1240
1331
1332
1333
1334

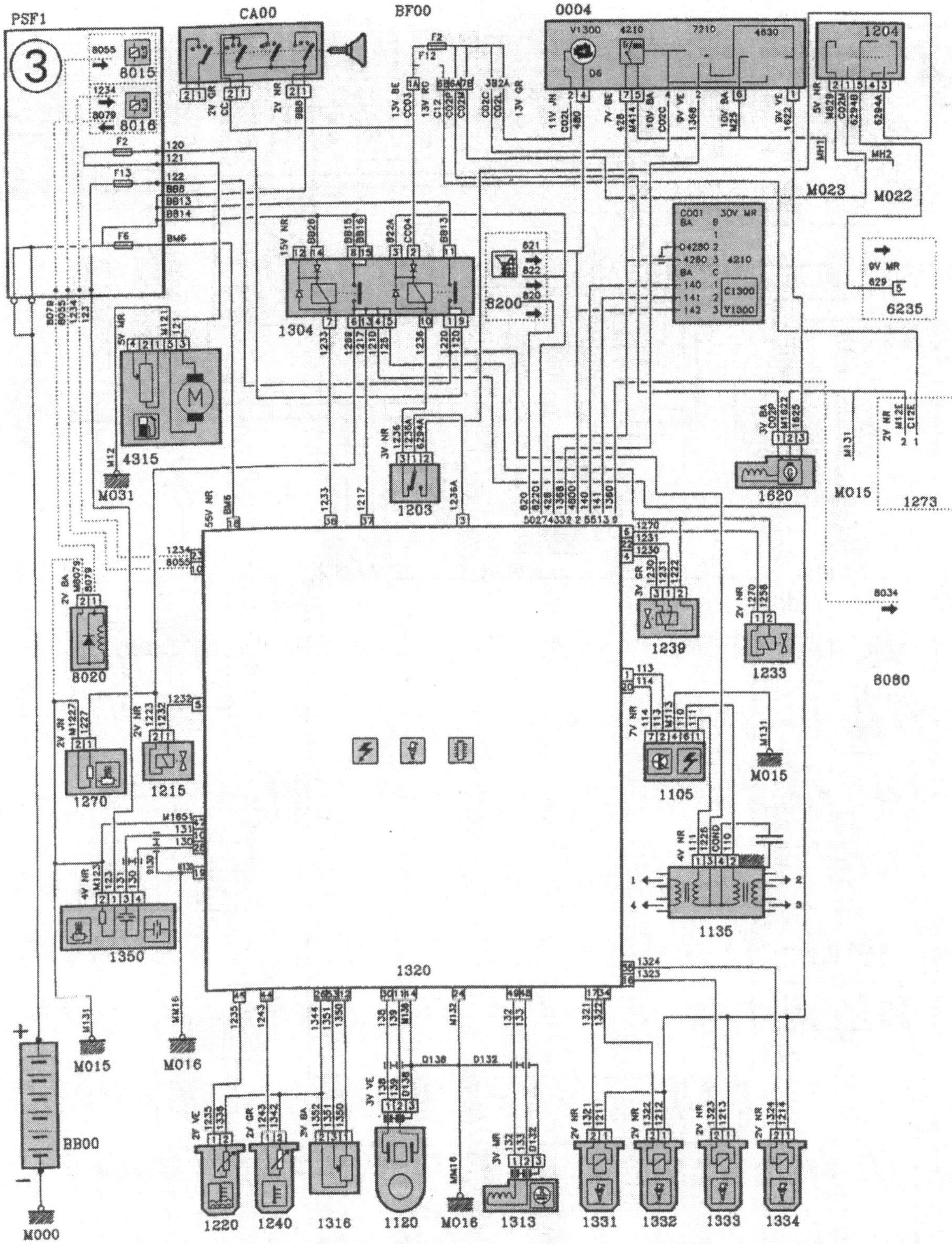
PSF1
3
CA00
BF00
0004
1204
8015
8016
M023
M022
1304
8200
6235
4315
M031
1203
1620
M015
1273
8034
8080
1239
1233
8020
1270
1215
1105
M015
1135
1350
1320
M015
M016
BB00
M000
1220
1240
1316
1120
M016
1313
1331
1332
1333
1334

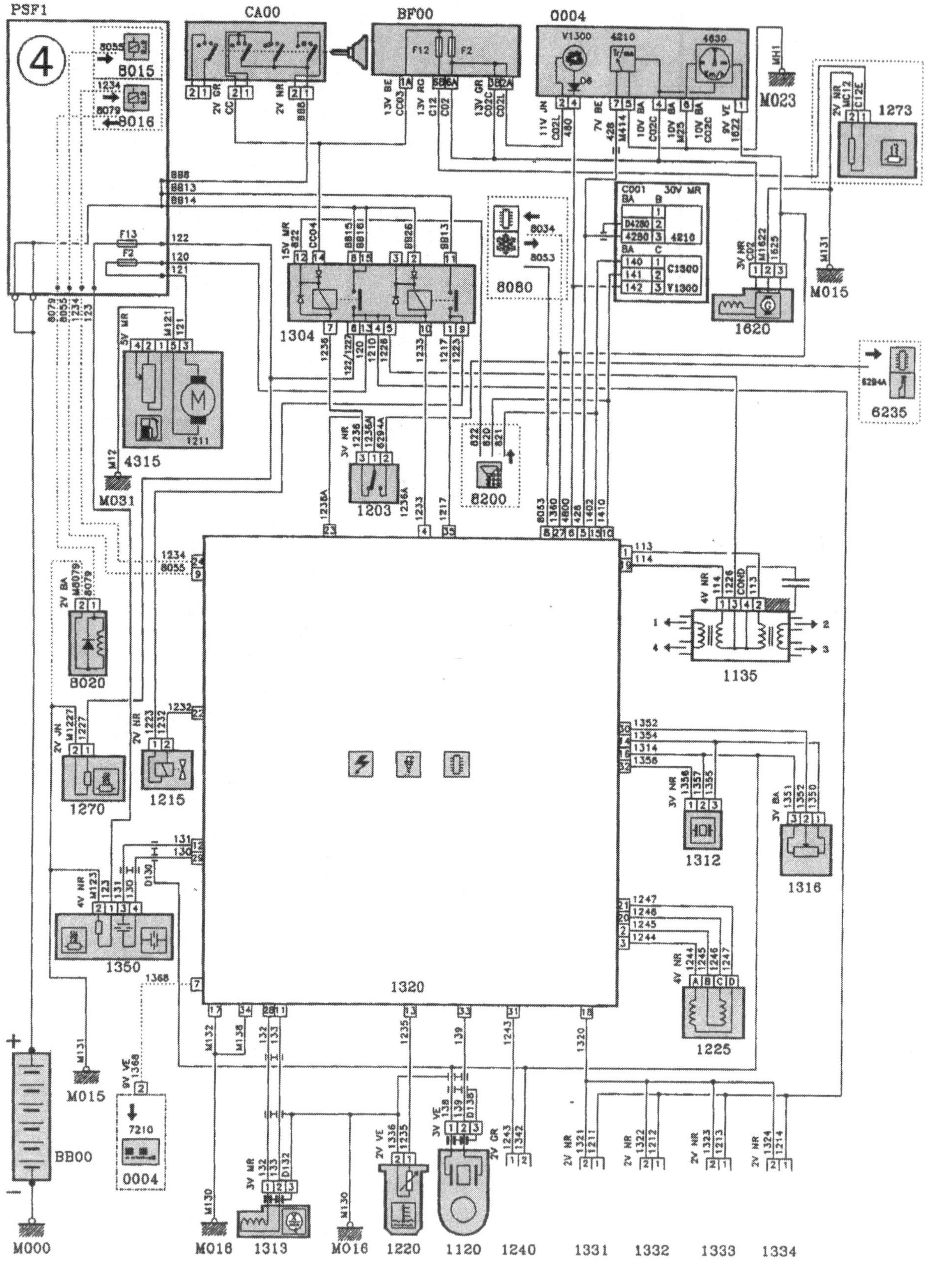
PSF1
CA00
BF00
0004
4
8015
8016
M023
1273
8080
1620
M015
6235
1304
4315
M031
1203
8200
1135
8020
1270
1215
1312
1316
1350
1320
1225
BB00
M000
M016
1313
1220
1120
1240
1331
1332
1333
1334

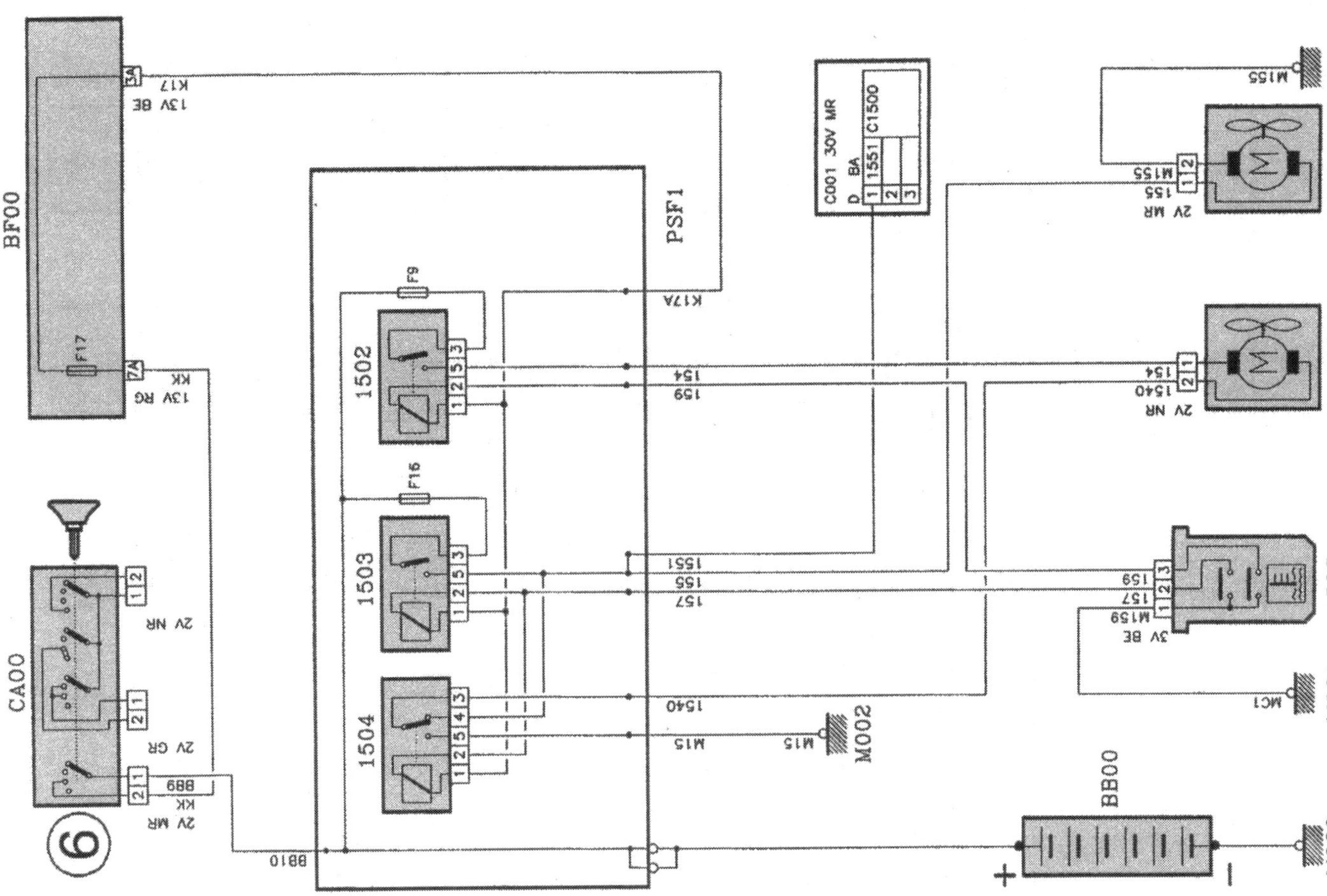
BF00
CA00
PSF1
F17
F16
F9
1502
1503
1504
1505
1511
1512
BB00
M000
M001
M002
M003
C001 30V MR
C1500
K17A
BB10
13V RG
13V BE
2V MR
2V GR
2V NR
3V BE

6

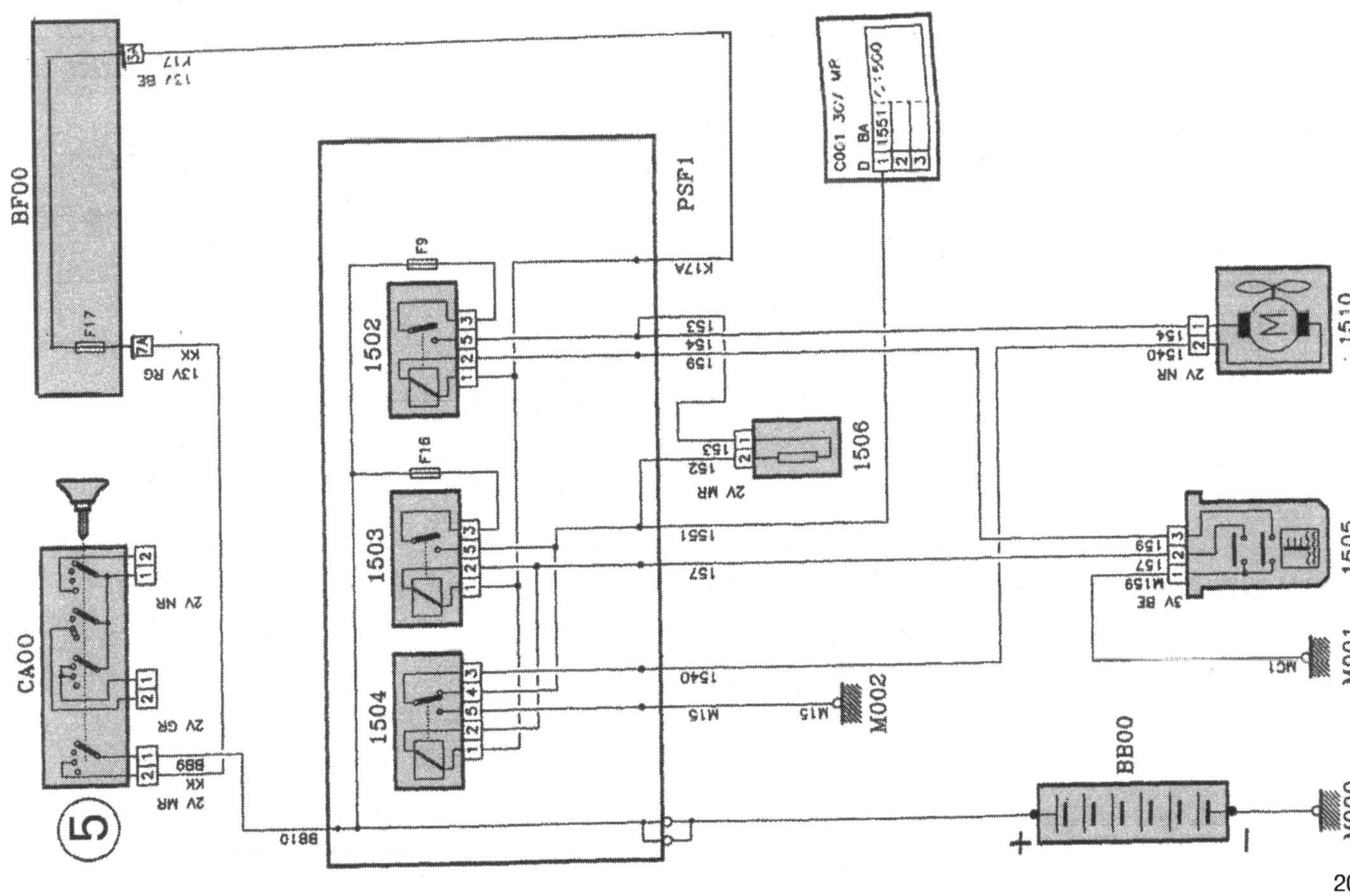
BF00
CA00
PSF1
F17
F16
F9
1502
1503
1504
1505
1506
1510
BB00
M000
M001
M002
K17A
BB10
13V RG
13V BE
2V MR
2V GR
2V NR
3V BE

5

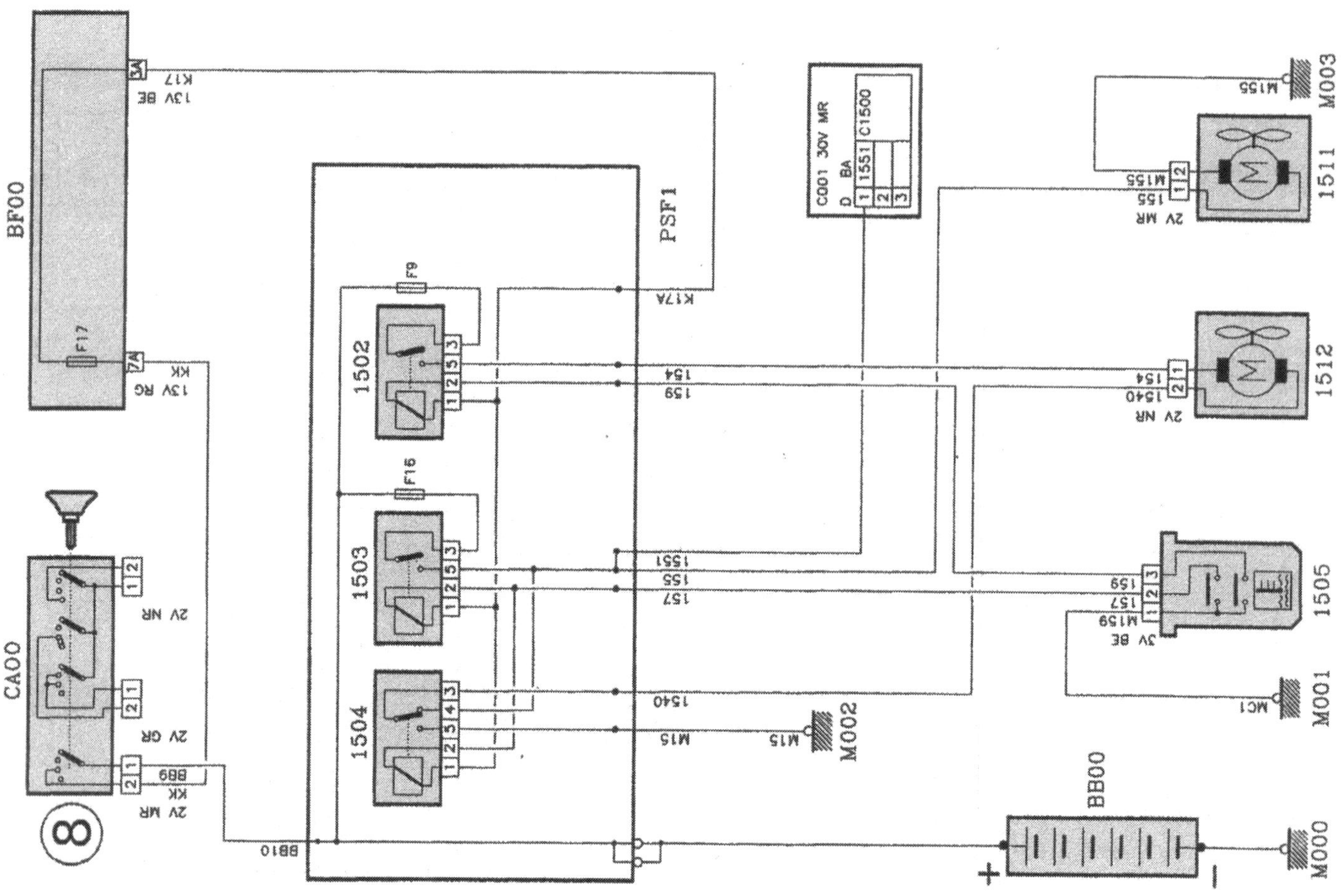
8
BF00
F17
CA00
PSF1
F9
F16
1502
1503
1504
C001 30V MR
D BA
C1500
1551
K17
K17A
BB10
BB9
13V BE
13V RG
KK
2V MR
2V GR
2V NR
3V BE
154
155
157
159
1540
M15
M155
M159
MC1
1505
1510
1511
1512
BB00
M000
M001
M002
M003

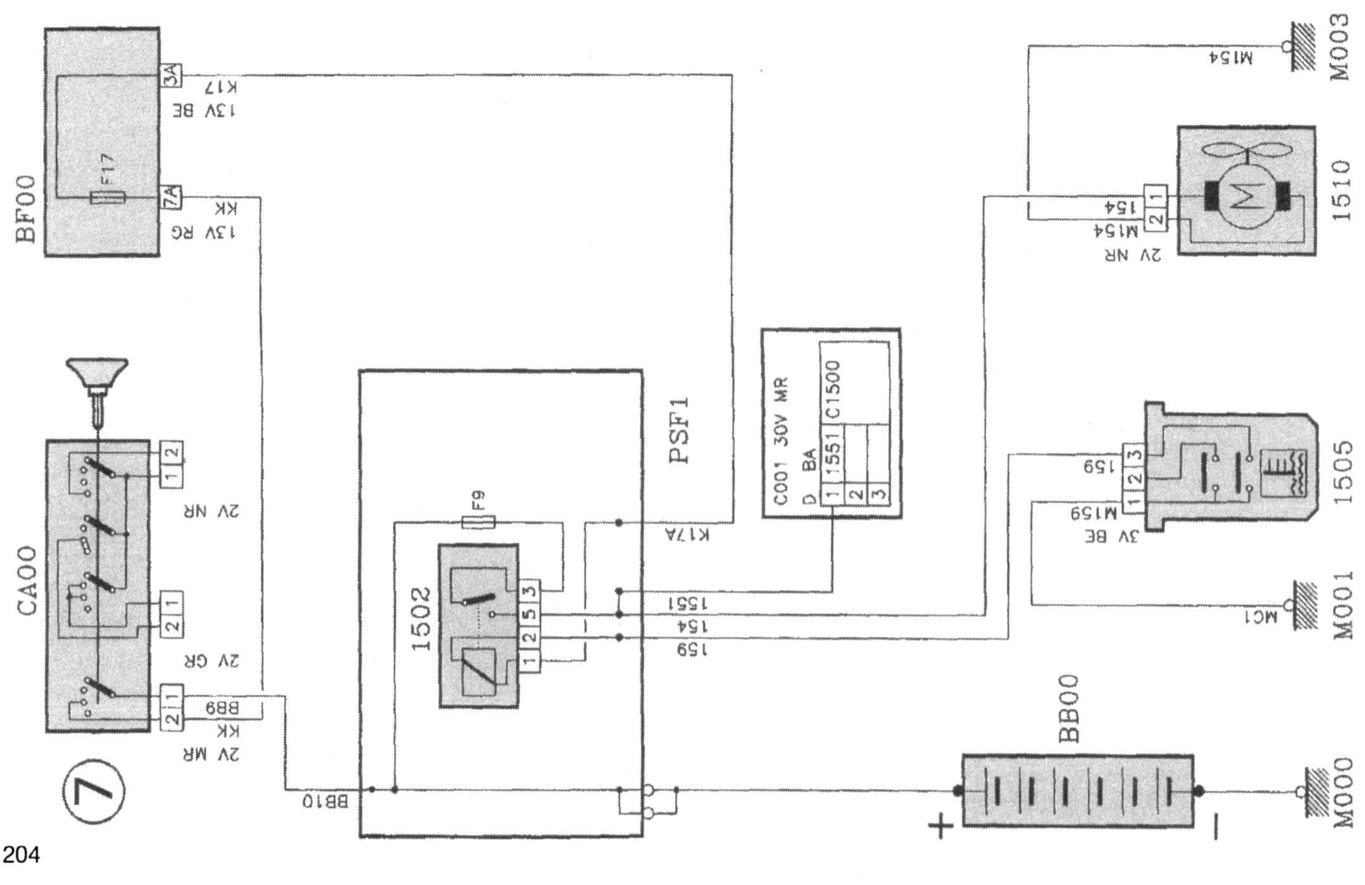
7
BF00
F17
CA00
PSF1
F9
1502
C001 30V MR
D BA
C1500
1551
K17
K17A
BB10
BB9
13V BE
13V RG
KK
2V MR
2V GR
2V NR
3V BE
154
159
M154
M159
MC1
1505
1510
BB00
M000
M001
M003

9

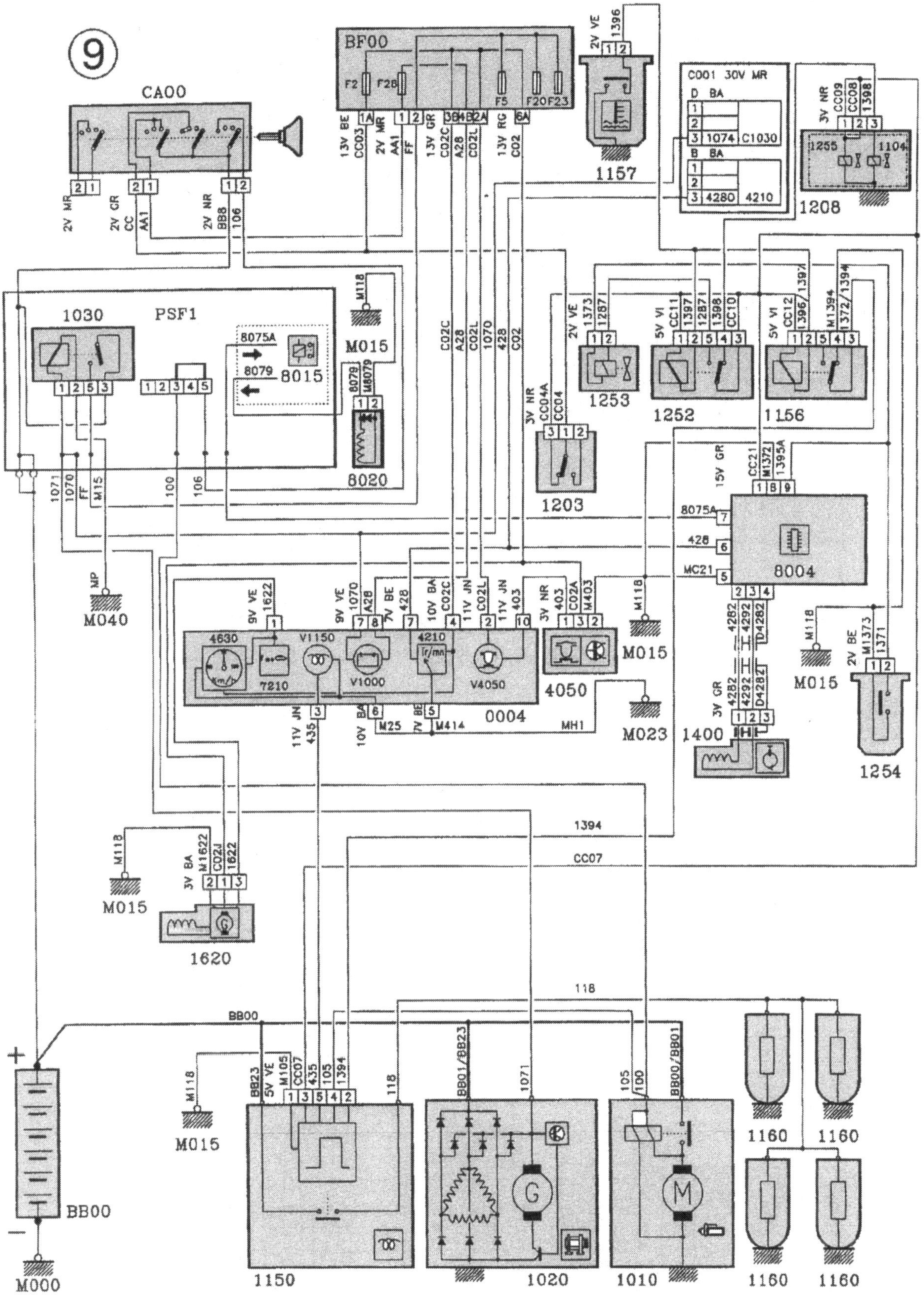

CA00
BF00
1157
C001 30V MR
1208
1030
PSF1
8015
8020
M015
1253
1252
1156
1203
8004
M040
0004
4050
M023
1400
1254
1620
BB00
M000
1150
1020
1010
1160
1394
CC07
118

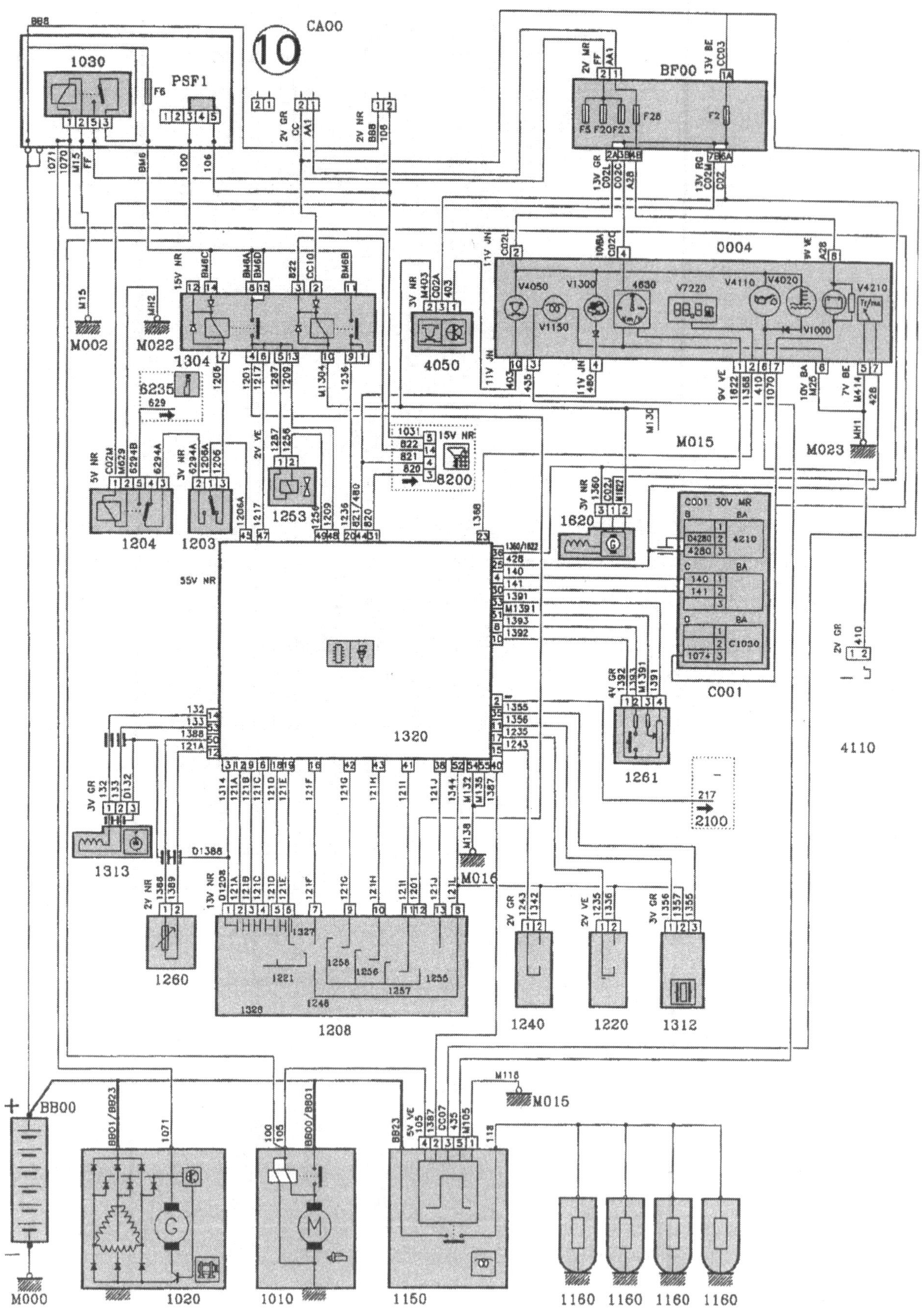
10
CA00
1030
PSF1
BF00
0004
1304
4050
8200
6235
1204
1203
1253
1620
C001
1320
1261
2100
1313
1260
1208
1240
1220
1312
4110
M002
M022
M015
M023
M016
BB00
M000
1020
1010
1150
1160
1160
1160
1160

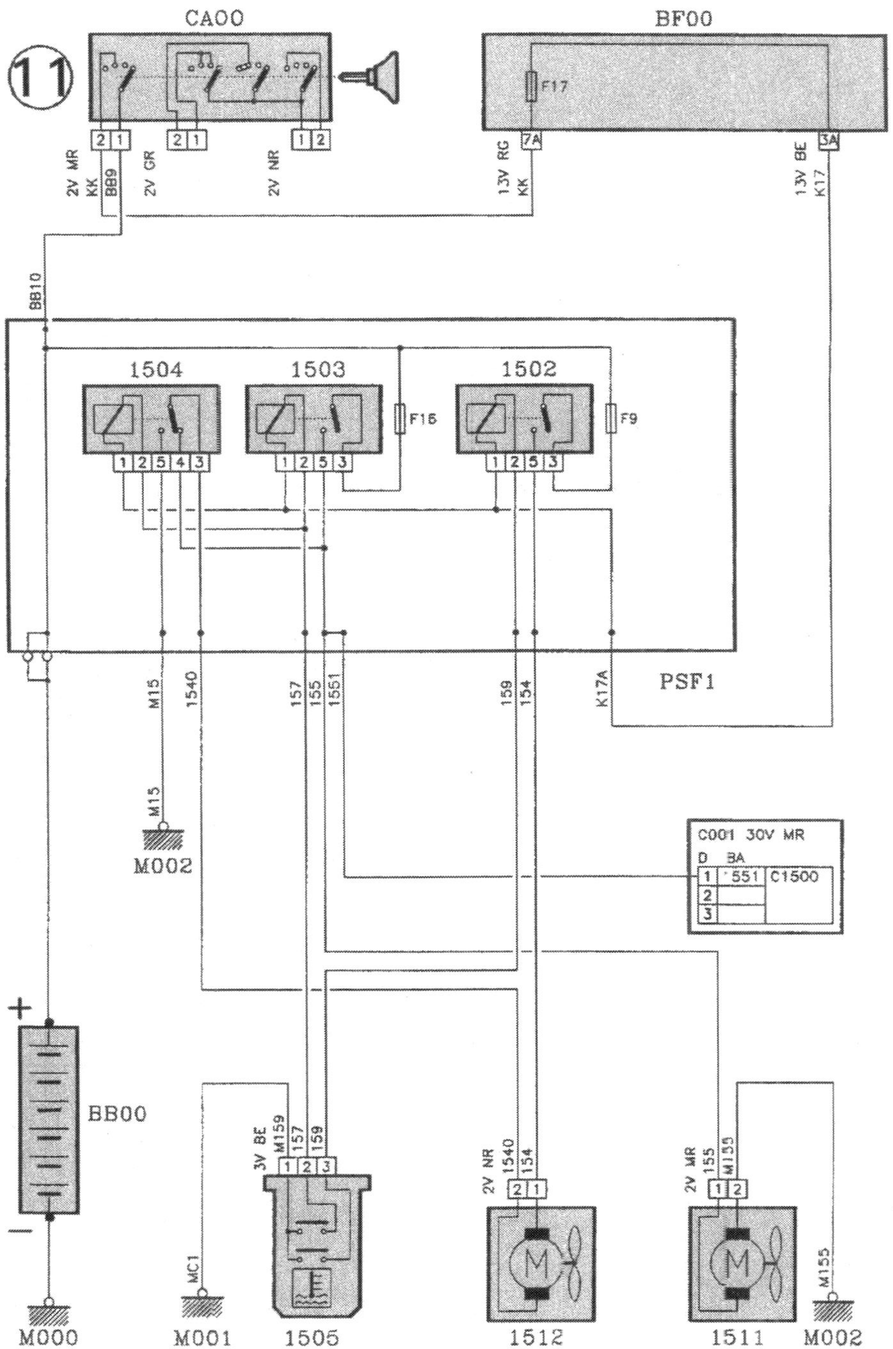
11
CA00
BF00
F17
2V MR
KK
BB9
2V GR
2V NR
13V RG
KK
13V BE
K17
7A
3A
BB10
1504
1503
1502
F16
F9
PSF1
M15
1540
157
155
1551
159
154
K17A
M002
C001 30V MR
D BA
1 551 C1500
BB00
3V BE
M159
2V NR
2V MR
155
M155
MC1
M000
M001
1505
1512
1511

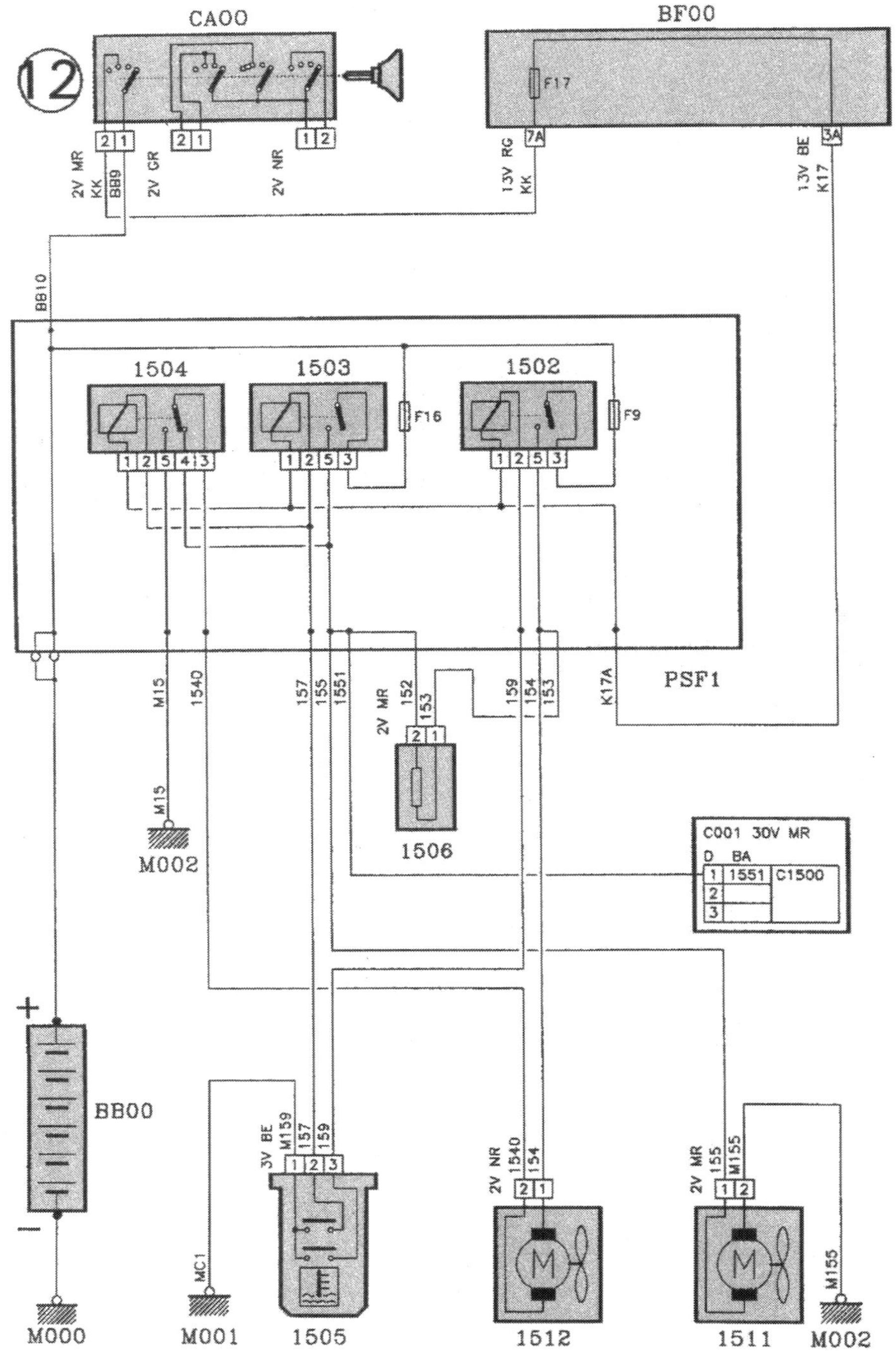
12
CA00
BF00
F17
2V MR
KK
BB9
2V GR
2V NR
13V RG
KK
13V BE
K17
7A
3A
BB10
1504
1503
1502
F16
F9
PSF1
M15
1540
157
155
1551
2V MR
152
153
159
154
153
K17A
1506
M002
C001 30V MR
D BA
1 1551 C1500
BB00
3V BE
M159
2V NR
2V MR
155
M155
MC1
M000
M001
1505
1512
1511

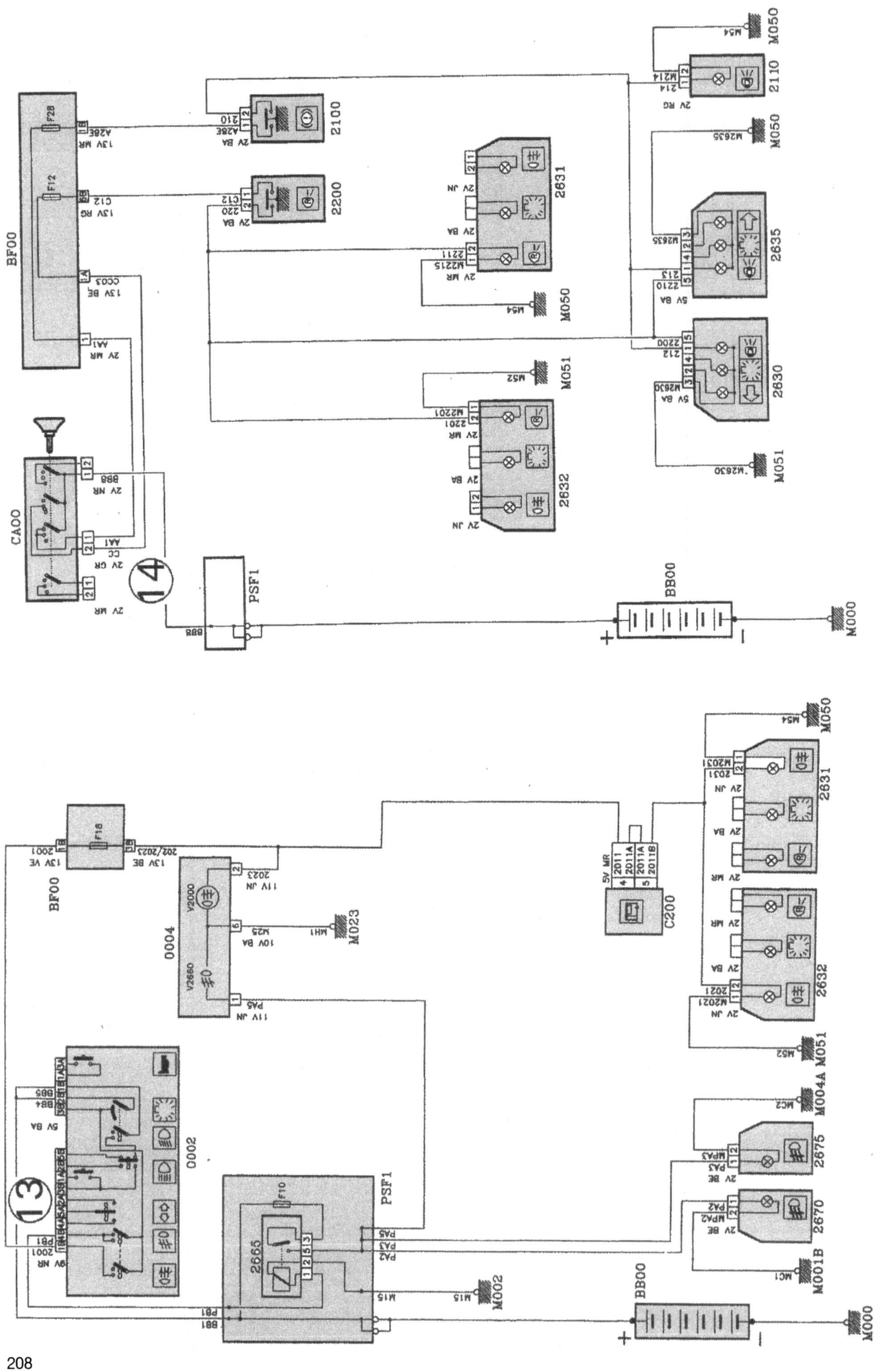

BF00
CA00
14
PSF1
BB00
M000
2100
2200
2110
2631
2632
2630
2635
M050
M051
13
0002
0004
C200
2665
2670
2675
M001B
M002
M004A
M023

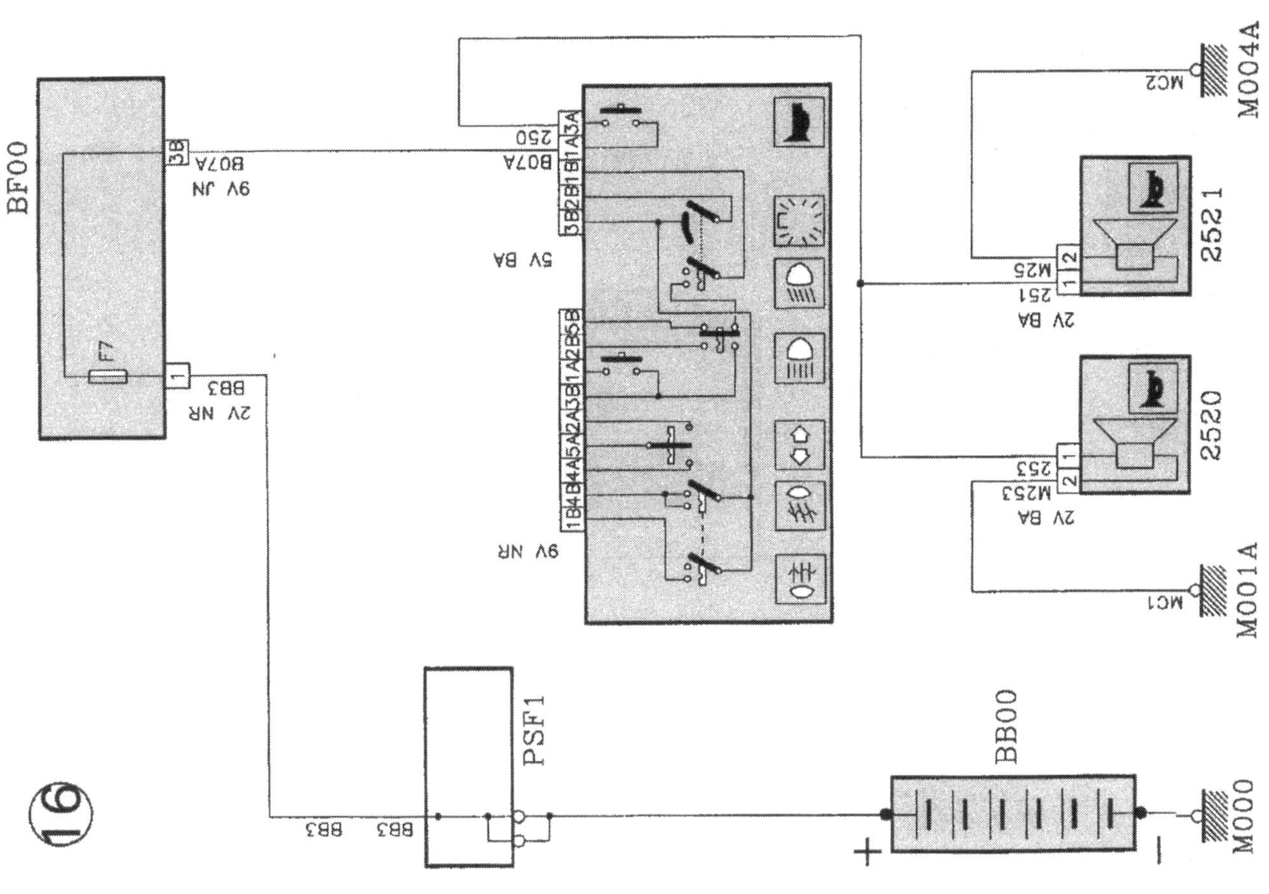
16
BF00
F7
PSF1
BB00
M000
2520
2521
M001A
M004A

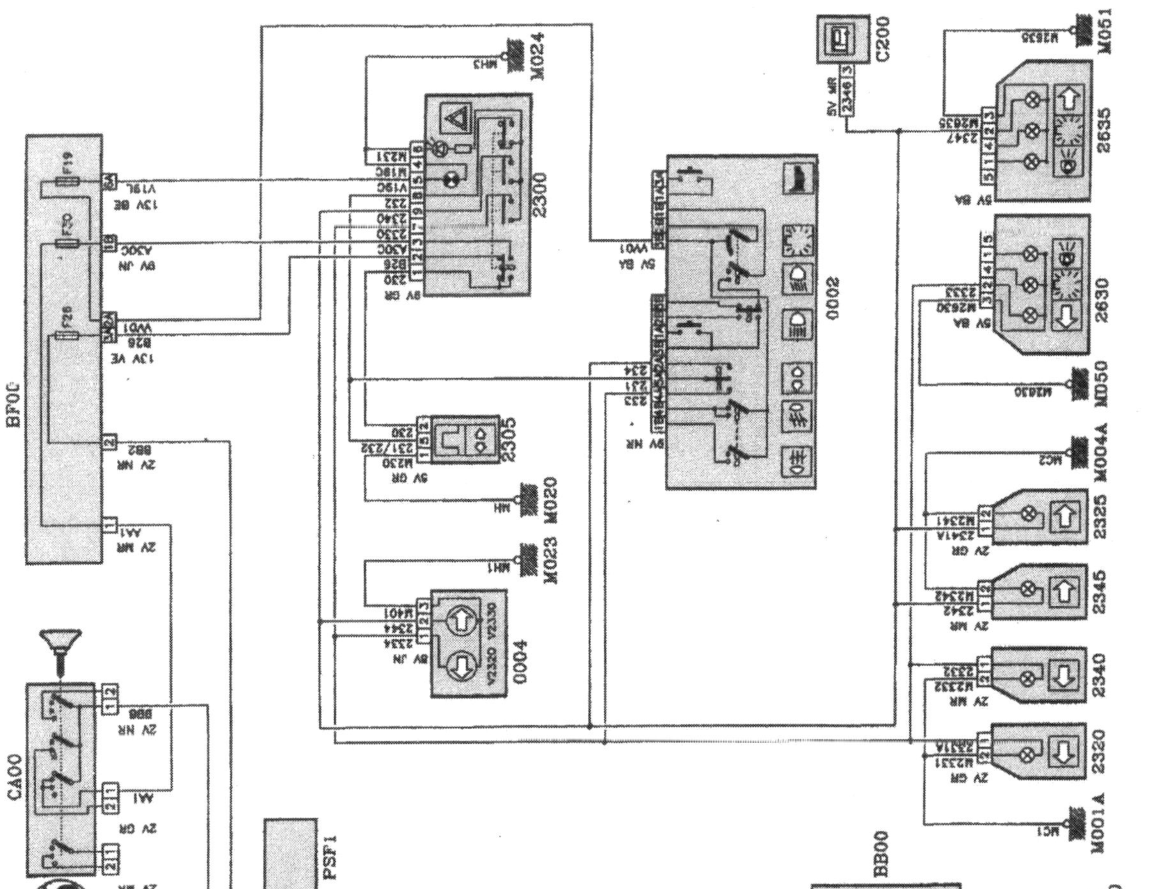
15
CA00
BF0C
PSF1
BB00
M000
2300
2305
0002
0004
2320
2340
2345
2325
2630
2635
C200
M001A
M004A
M020
M023
M024
M050
M051

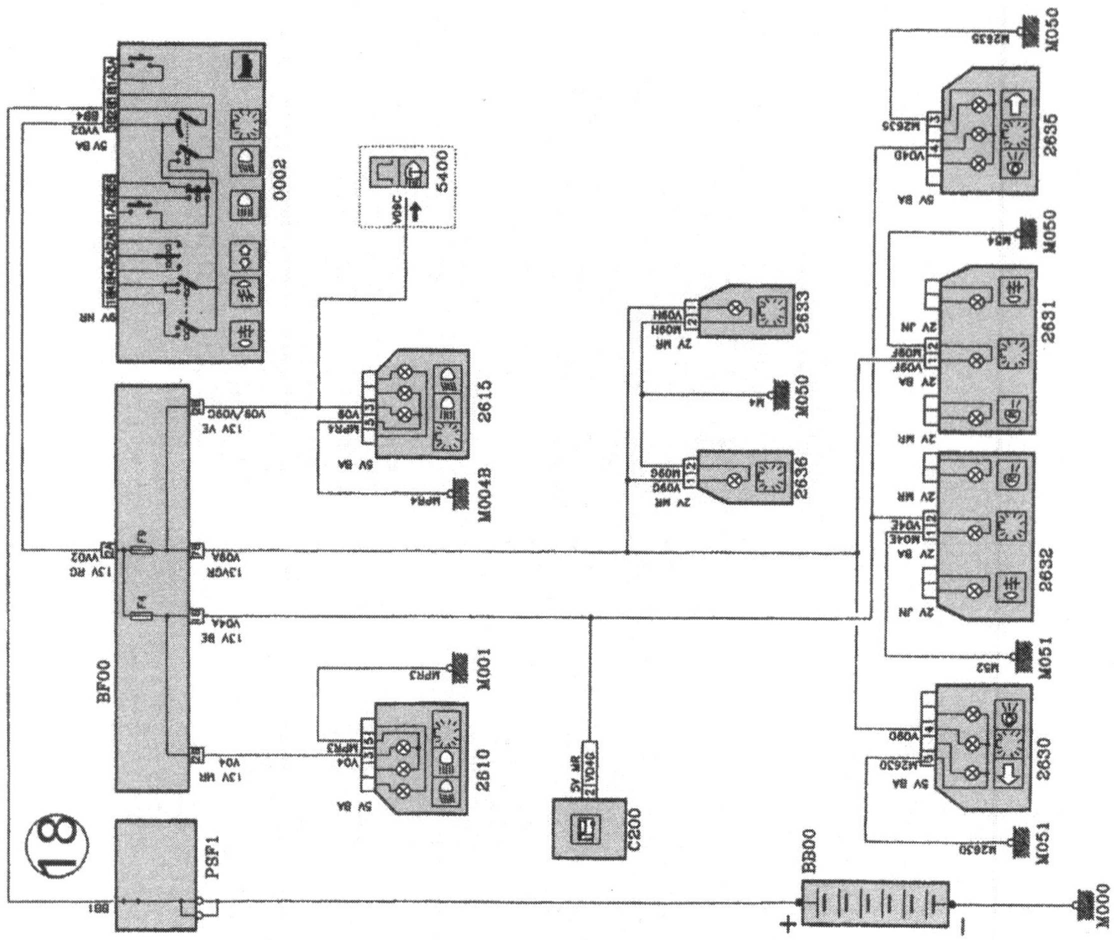
18
PSF1
BF00
0002
5400
2615
2610
C200
2636
2633
2630
2632
2631
2635
M004B
M001
M050
M051
BB00
M000

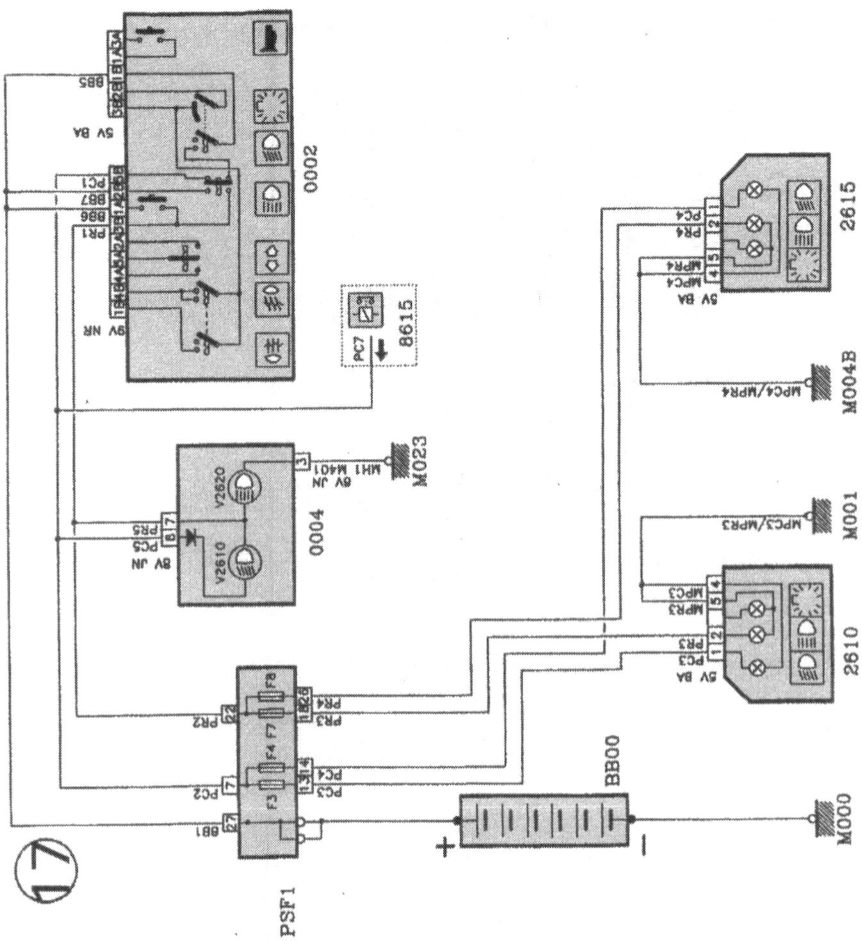
17
PSF1
0002
8615
0004
M023
2615
2610
M004B
M001
BB00
M000

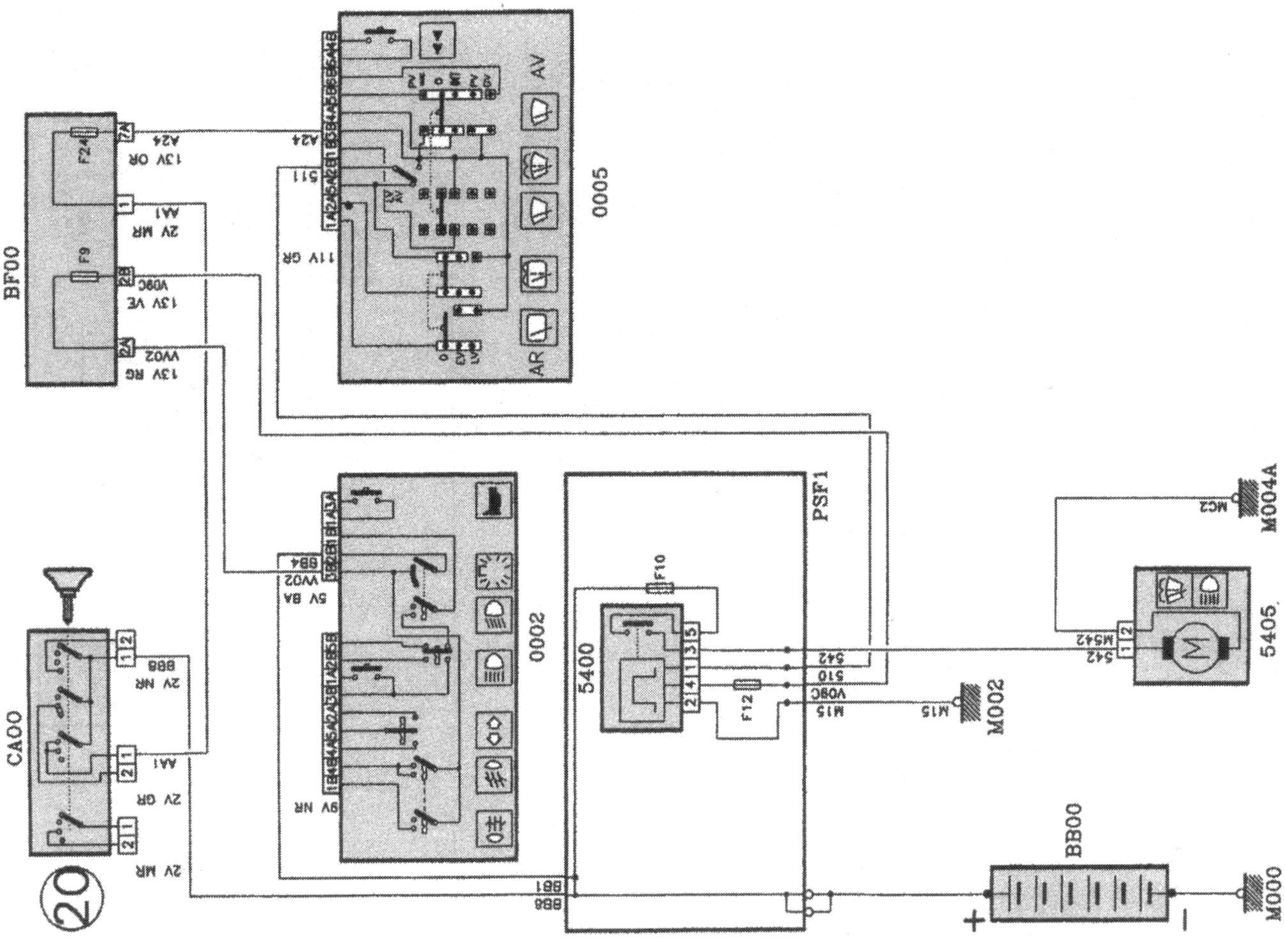
20
BF00
CA00
0005
0002
PSF1
5400
5405
BB00
M002
M004A
M000

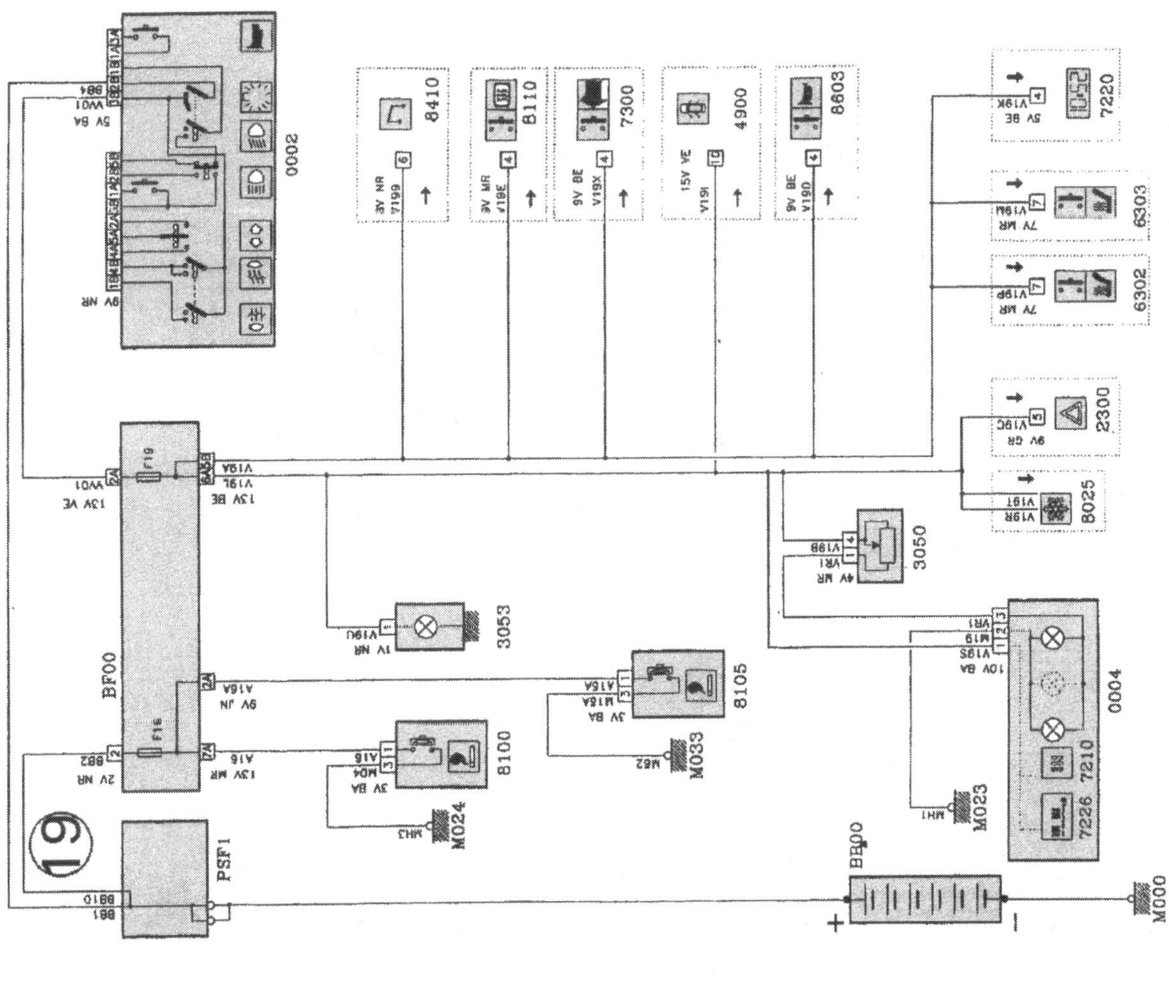
19
BF00
PSF1
0002
8410
8110
7300
4900
8603
7220
6303
6302
2300
8025
3050
3053
8105
8100
0004
7210
7226
BB00
M000
M023
M024
M033

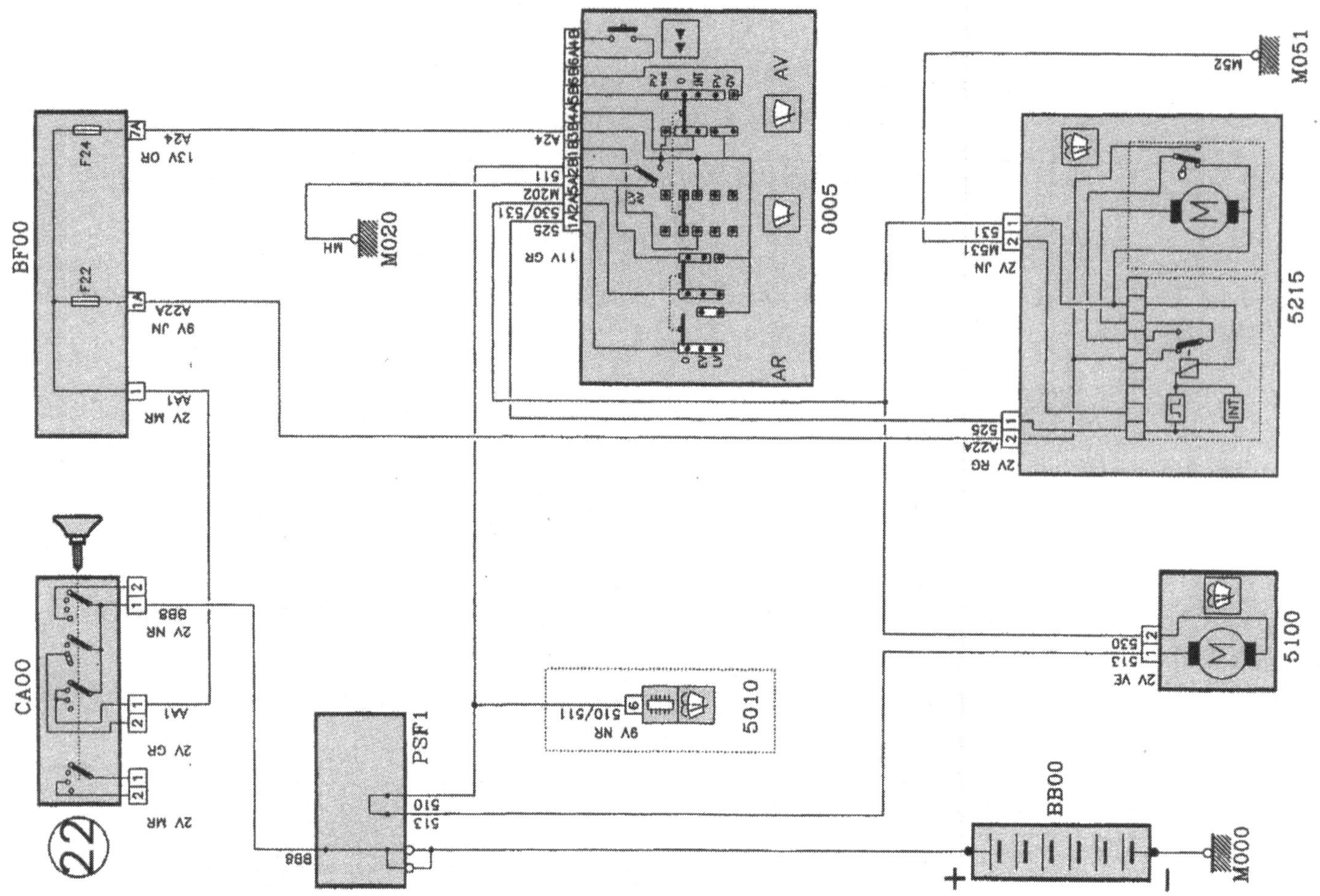

22
BF00
CA00
PSF1
BB00
0005
5010
5100
5215
M020
M000
M051

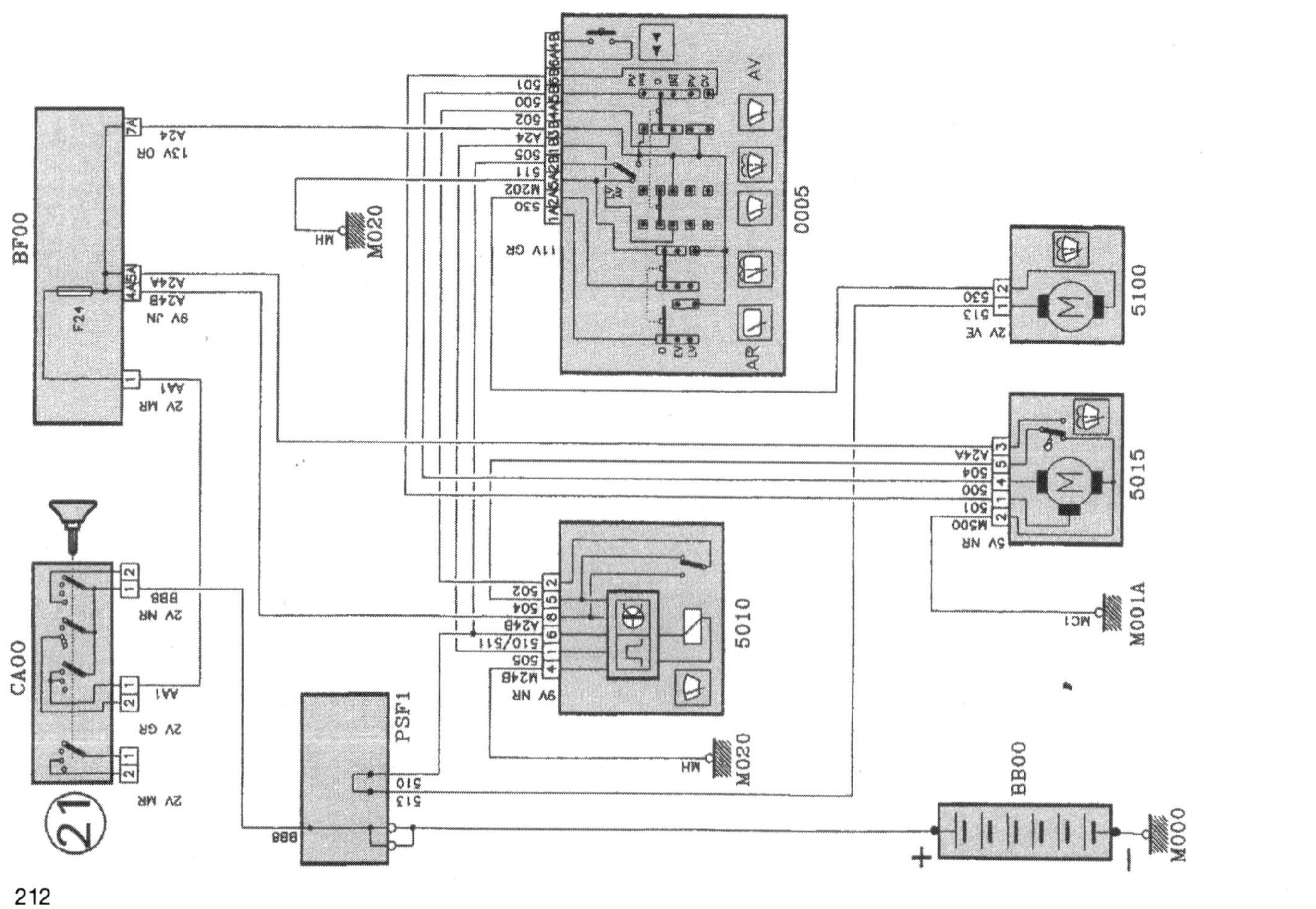

21
BF00
CA00
PSF1
BB00
0005
5010
5015
5100
M020
M000
M001A

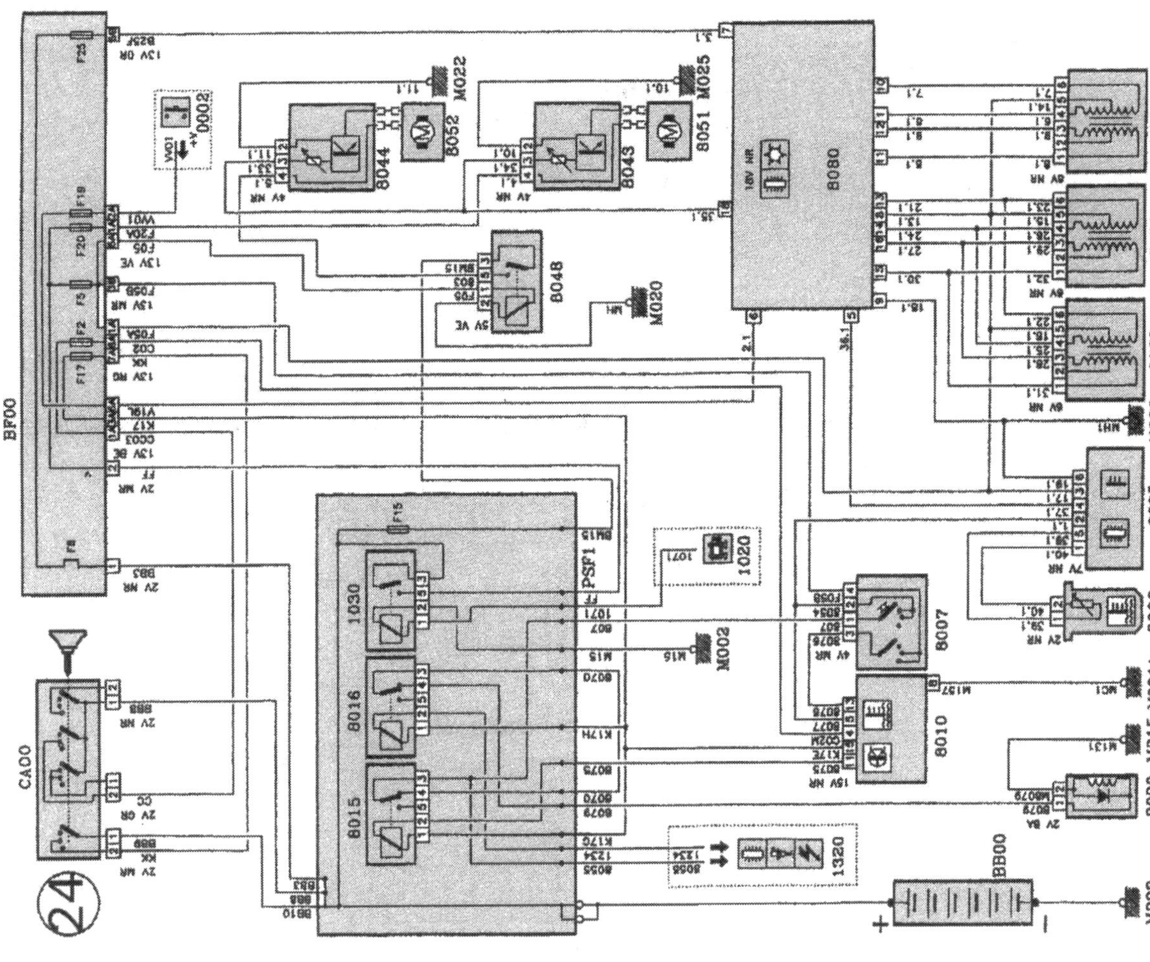
24
BF00
CA00
PSF1
1030
8016
8015
1020
1320
BB00
M000
M002
8007
8010
8006
8020
M001A
M015
8035
M023
8068
8069
8065
8080
8048
M020
8044
8052
M022
8043
8051
M025
0002

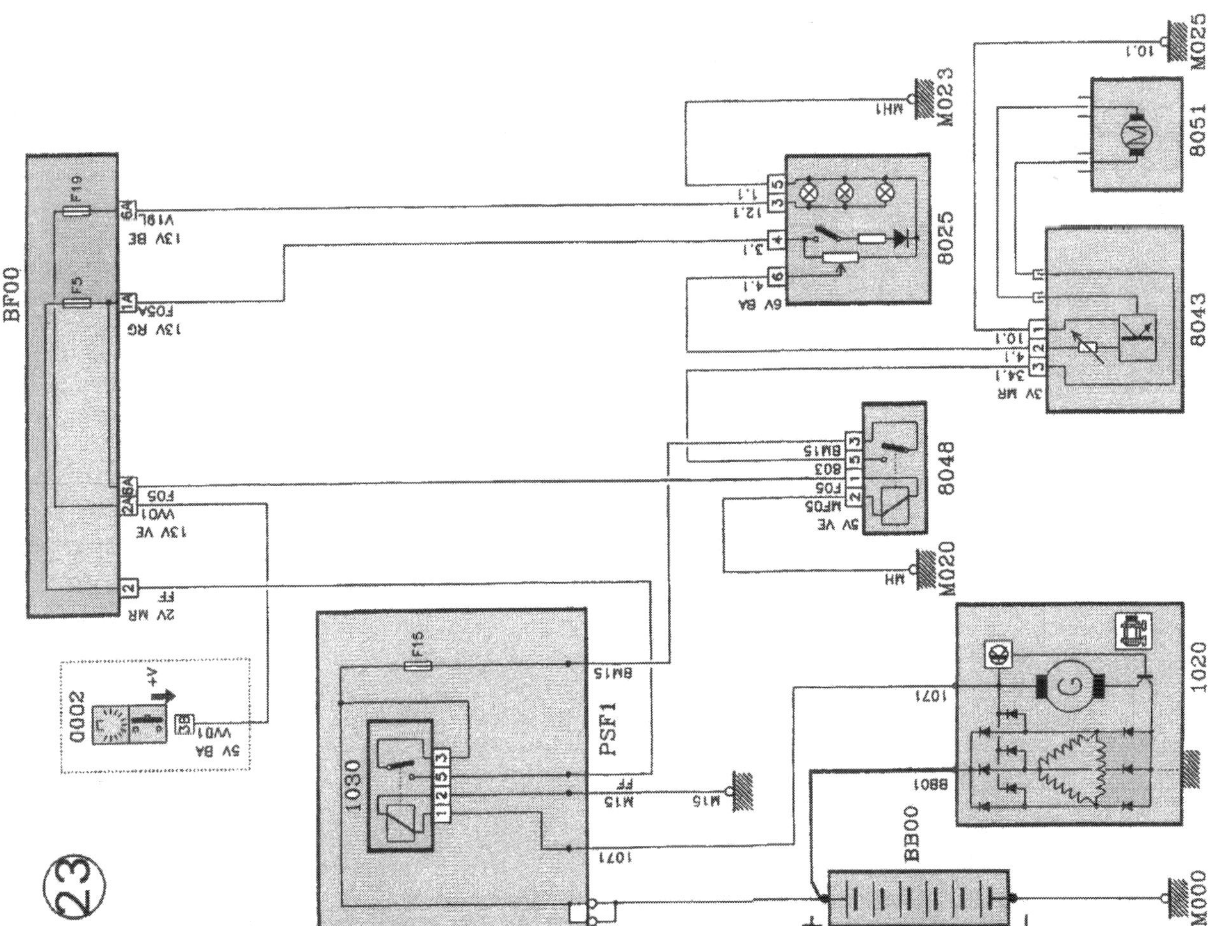
23
BF00
0002
PSF1
1030
BB00
M000
1020
8048
M020
8043
8051
M025
8025
M023

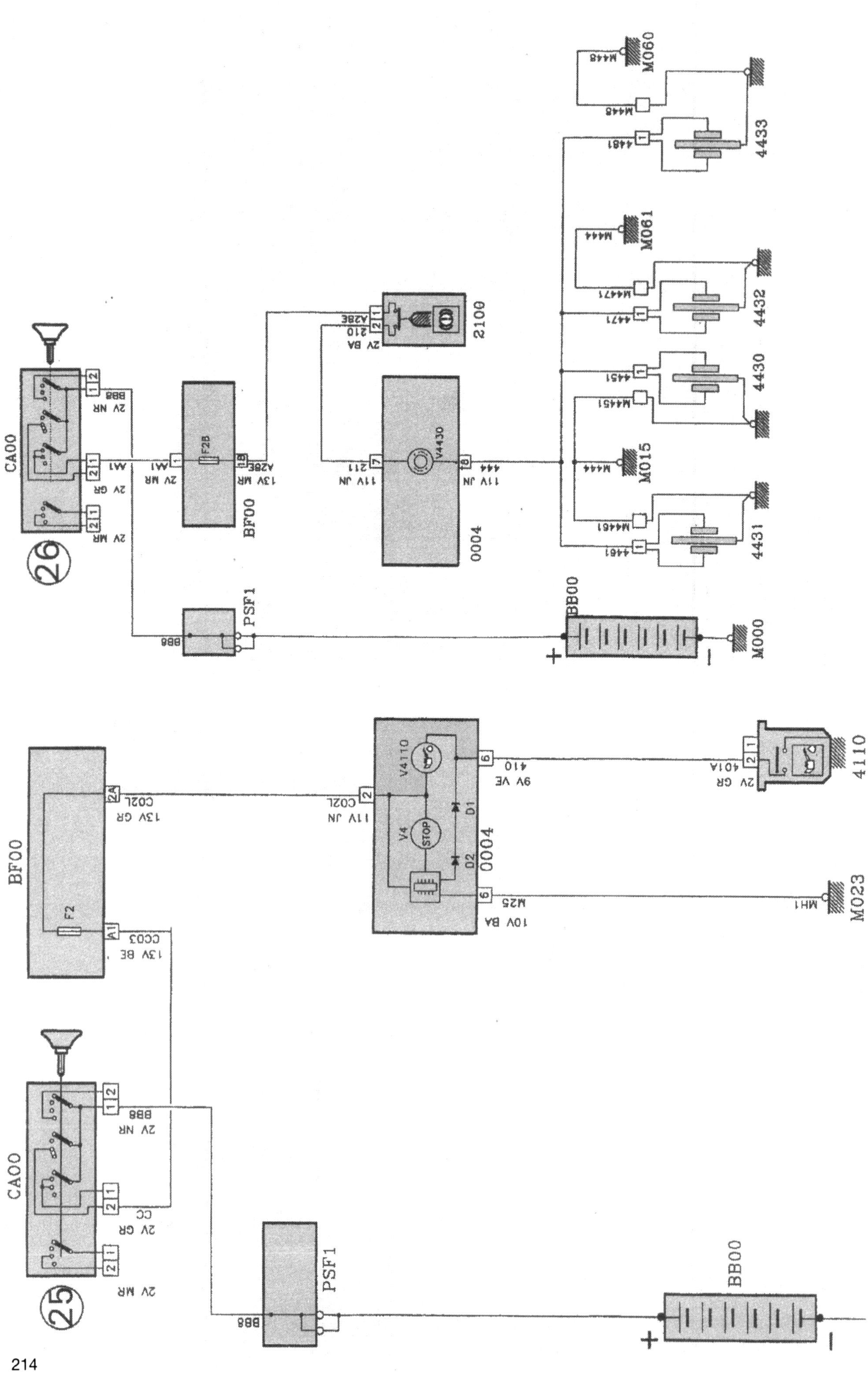

25
CA00
2V MR
2V GR
CC
2V NR
BB8
PSF1
BB8
BB00
+
−
BF00
F2
13V BE
CC03
13V GR
C02L
11V JN
C02L
0004
V4
STOP
V4110
D1
D2
10V BA
M25
9V VE
410
2V GR
401A
4110
MH1
M023
26
CA00
2V MR
2V GR
AM1
2V NR
BB8
BF00
F2B
2V MR
13V MR
A28E
PSF1
BB8
BB00
M000
0004
V4430
11V JN
211
11V JN
444
2100
2V BA
210
A28E
4431
4461
M4461
M015
M444
4430
4451
M4451
4432
4471
M4471
M061
M444
4433
4481
M448
M060
M448

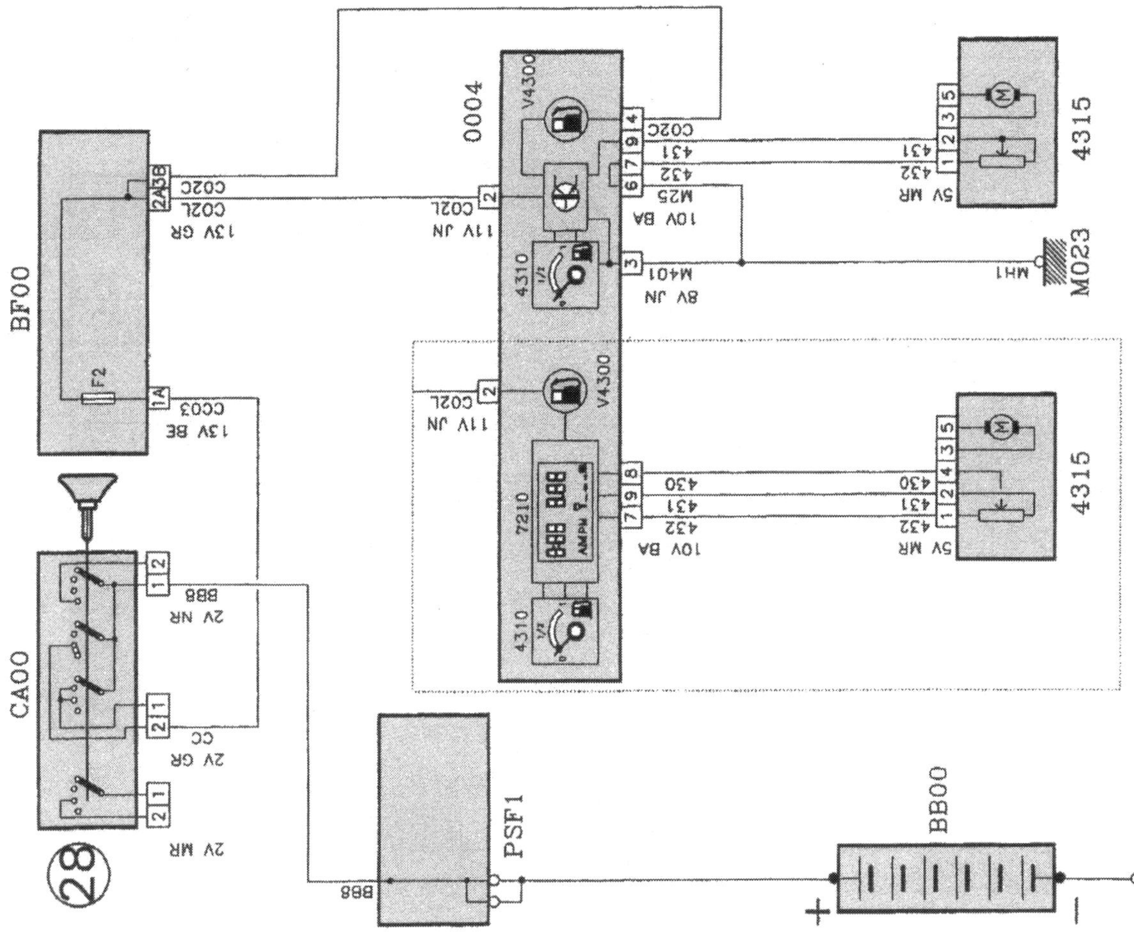
28
CA00
BF00
F2
0004
V4300
4310
7210
4315
4315
M023
PSF1
BB00
M000

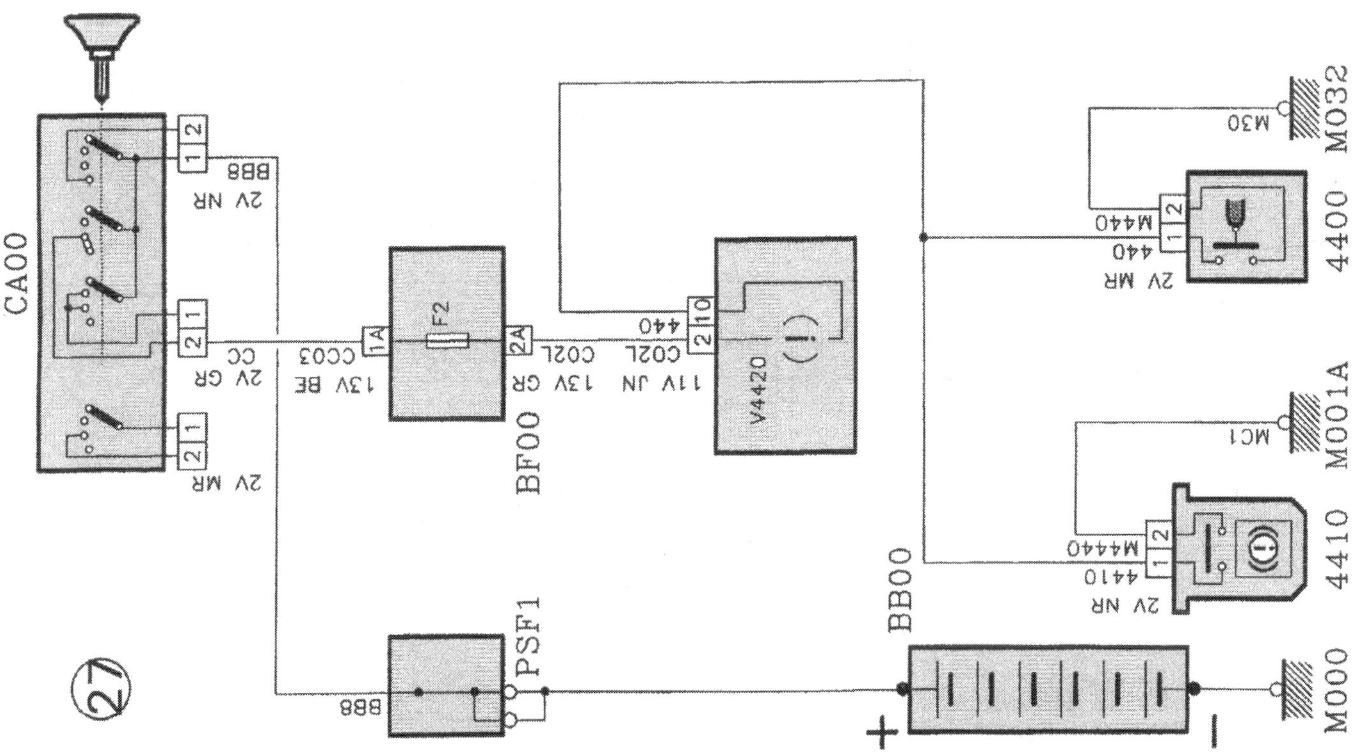
27
CA00
BF00
F2
V4420
PSF1
BB00
M000
4410
M001A
4400
M032

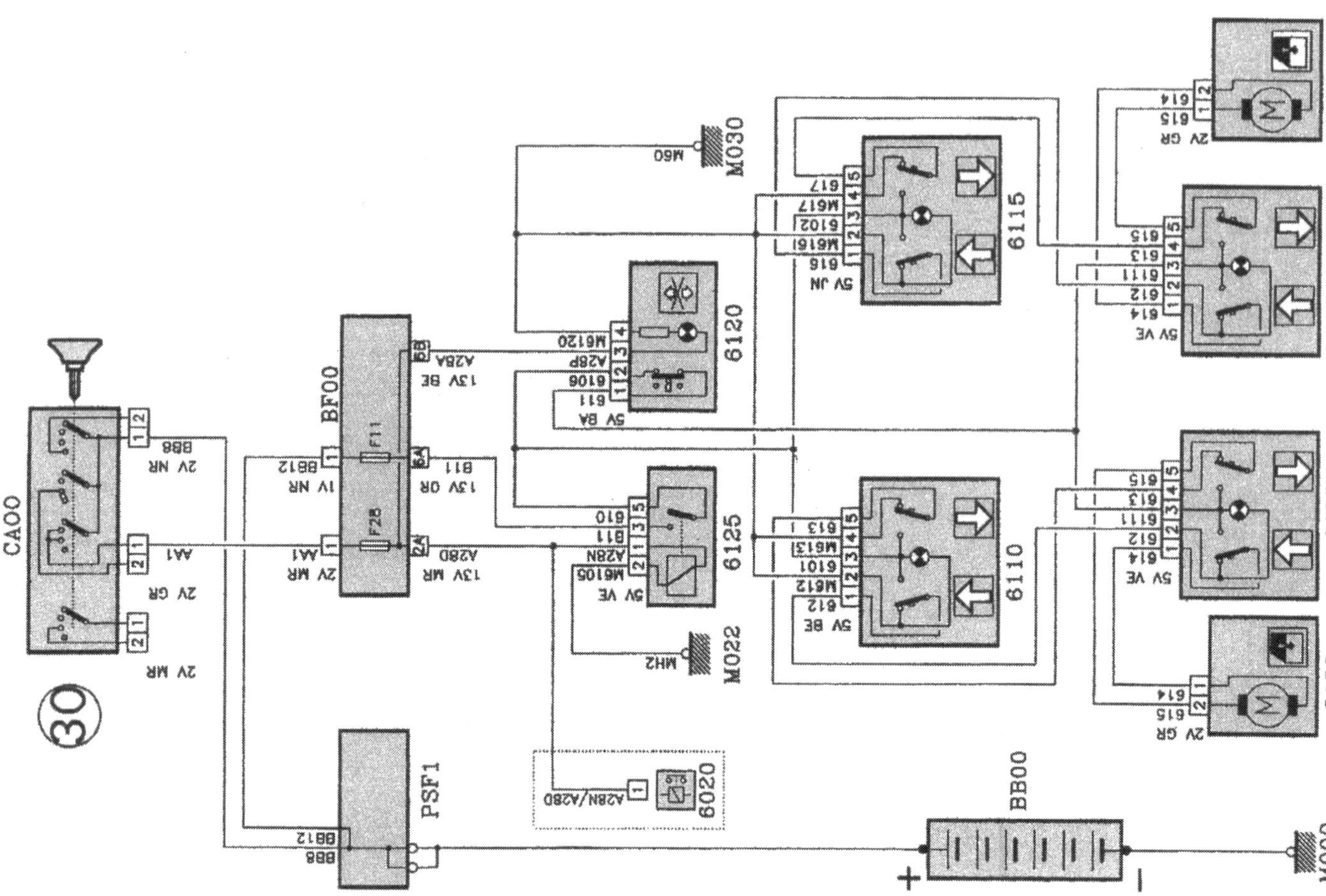
30
CA00
BF00
PSF1
BB00
M000
M022
M030
6020
6125
6120
6110
6115
6100
6105
6130
6135

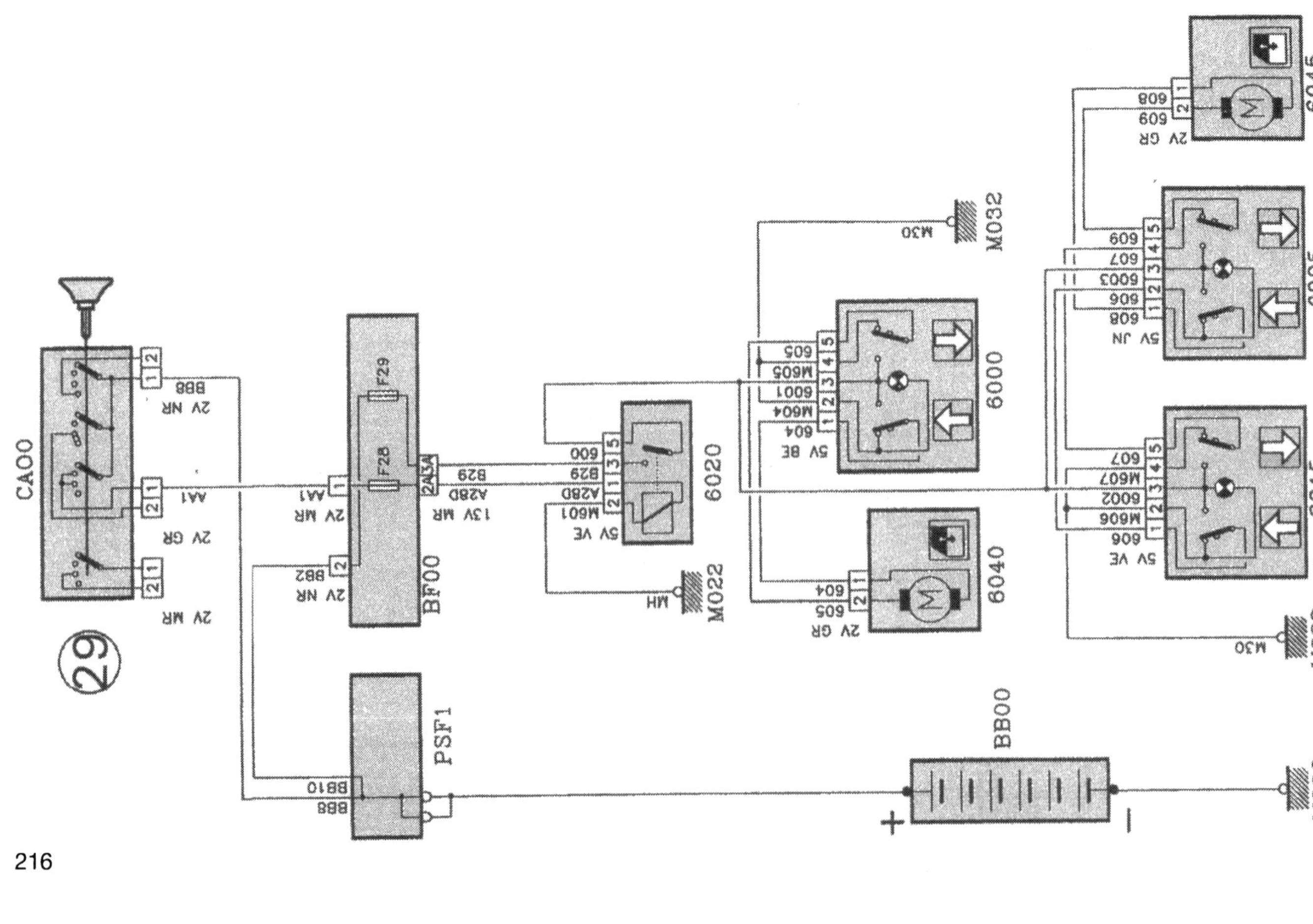
29
CA00
BF00
PSF1
BB00
M000
M022
M032
6020
6000
6040
6015
6005
6045

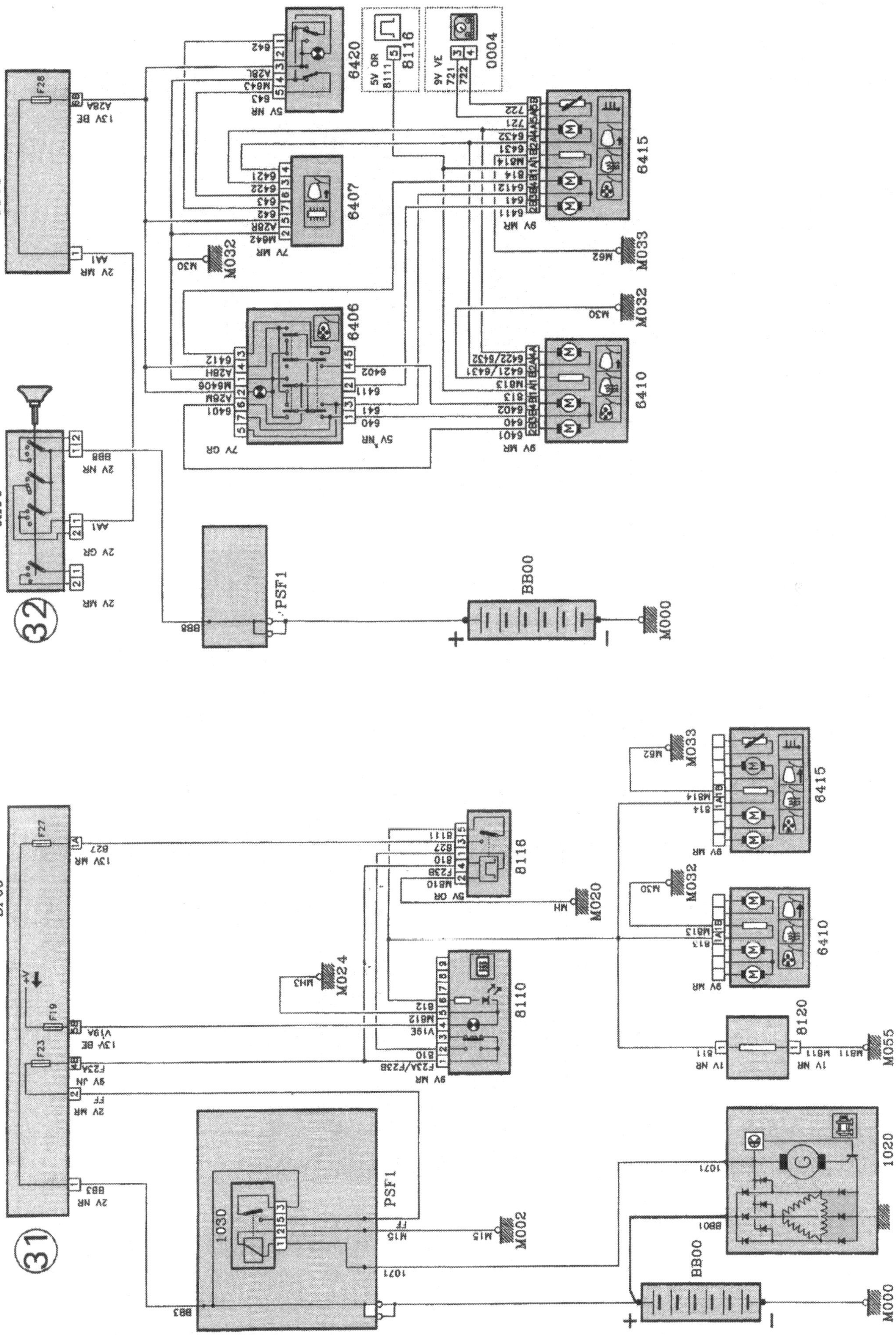
32
BF00
CA00
PSF1
BB00
M000
M032
M033
6406
6407
6410
6415
6420
8116
0004
31
1030
1020
8110
8120
M002
M020
M024
M055

FSC
www.fsc.org
MIX
Papier | Fördert gute Waldnutzung
FSC® C083411

Kolibri 360 GmbH
Ferdinand-Jühlke-Straße 7
99095 Erfurt, Deutschland
produktsicherheit@kolibri360.de